城门山铜矿花岗闪长斑岩剖面(图3-8)

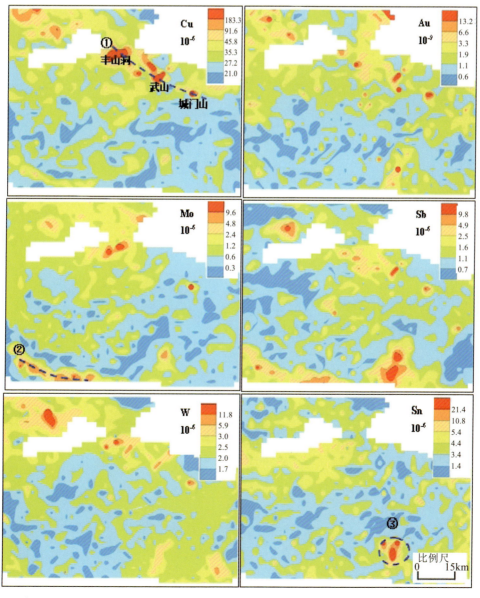

瑞昌幅(H-50-(20))1：20万水系沉积物测量成矿元素地球化学图(图3-11)

城门山铜矿氧化带中的孔雀石图(图3-9)　　　城门山铜矿次生富集带中的辉铜矿(图3-10)

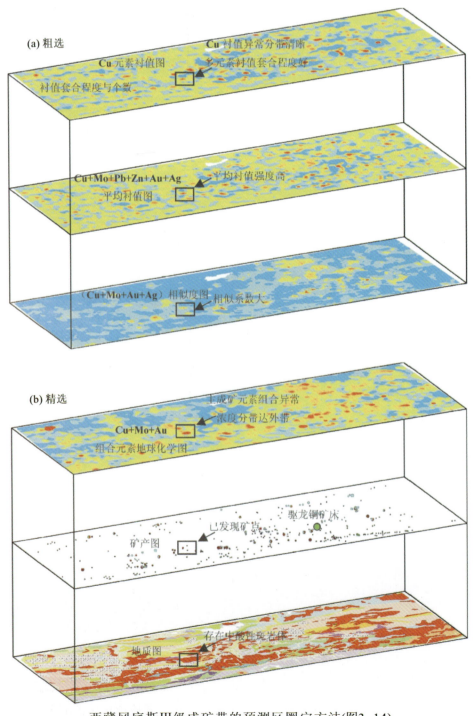

西藏冈底斯Ⅲ级成矿带的预测区圈定方法(图3-14)

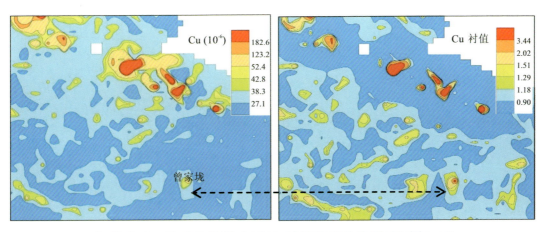

九瑞矿田Cu地球化学图(左)和Cu衬值地球化学图(右)(图3-17)

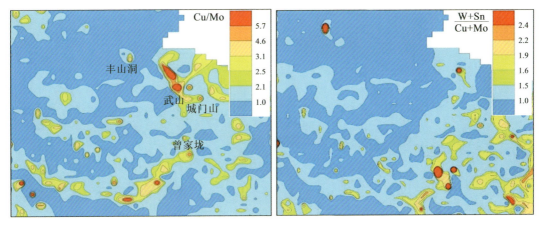

九瑞矿田Cu/Mo比值地球化学图(左)和(W+Sn)/(Cu+Mo)比值地球化学图(右)(图3-18)

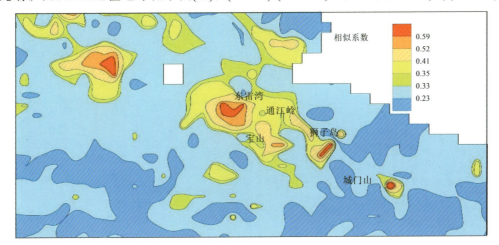

城门山铜矿床地球化学相似度图(元素组合为Cu+Mo+Au+Zn+Sb+Ag+W)(图3-20)

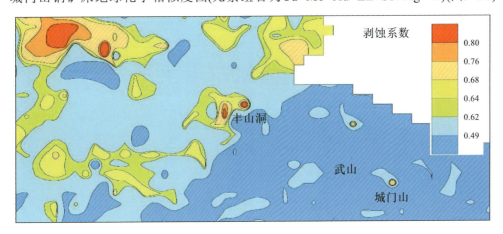

九瑞矿田(W+Sn+Mo)/(As+Sb+Hg+W+Sn+Mo)比值地球化学图(图3-22)

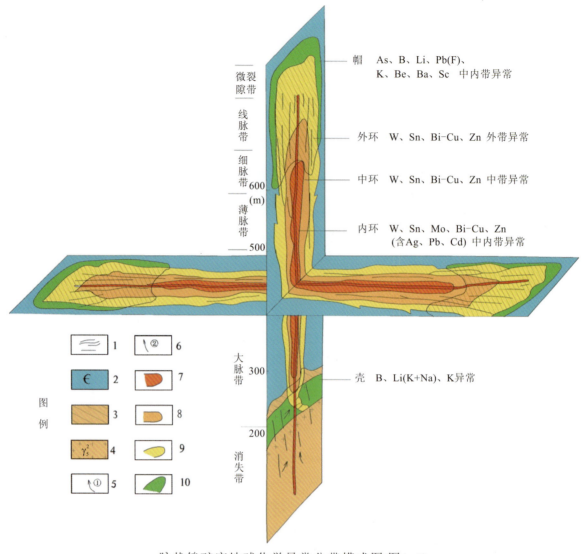

脉状钨矿床地球化学异常分带模式图(图4-1)

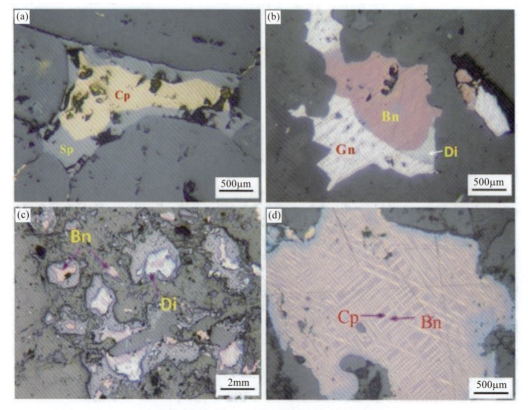

甲玛矿区矿石矿物组合和矿石结构(图4-4)

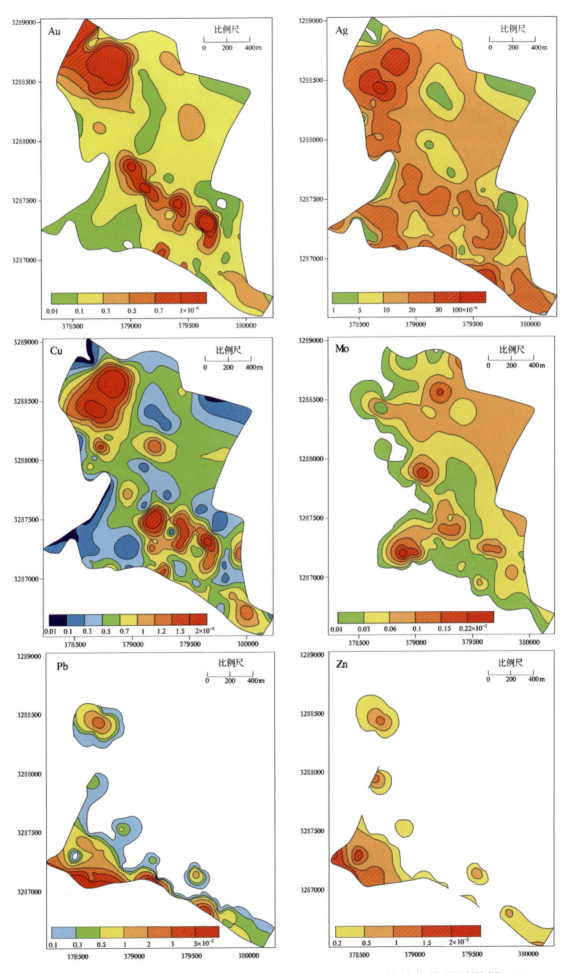

甲玛铜多金属矿床成矿元素(Au、Ag、Cu、Mo、Pb、Zn)地球化学平面图(图4-7)

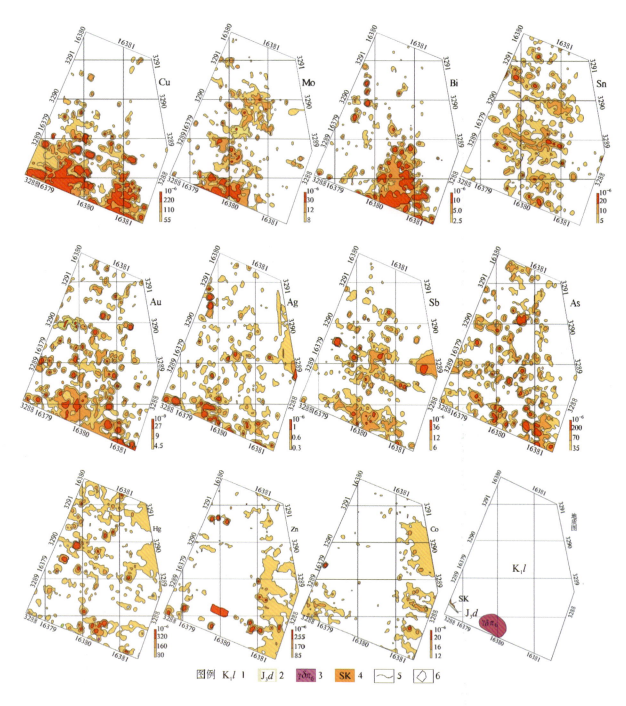

甲玛铜多金属矿床土壤地球化学测量各种元素的地球化学异常图(图4-10)

铜厂矿床各种类型B脉特征图(图4-15)

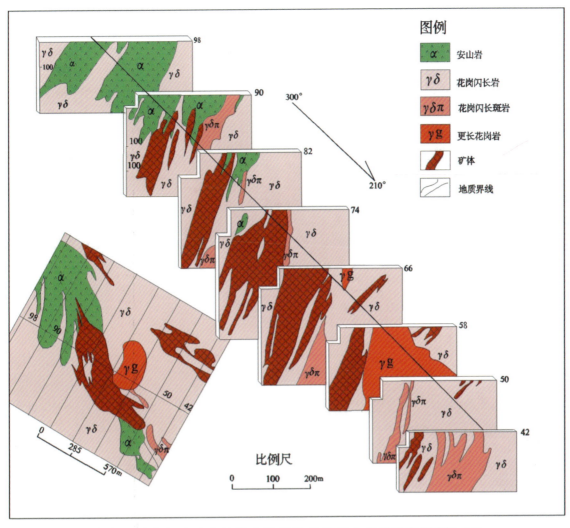

多宝山矿床与成矿有关的岩浆岩及矿体形态产状示意图(图4-31)

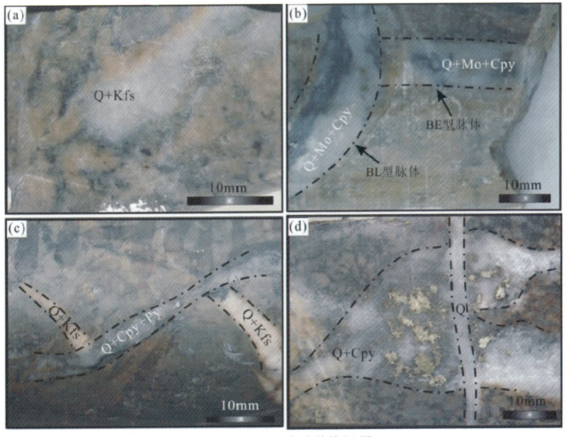

多宝山斑岩铜(钼)矿床脉体特征(图4-33)

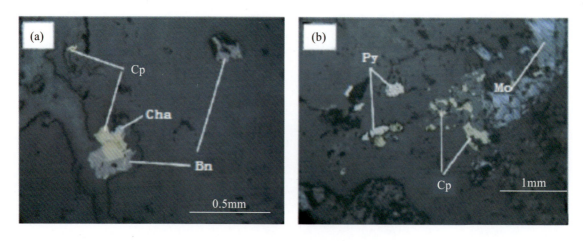

延西铜矿床岩石及铜矿化的显微照片(图4-58)

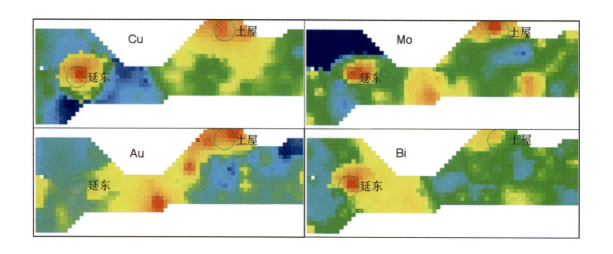

土屋延东铜矿区1:5万土壤地球化学异常剖析图(图4-63)

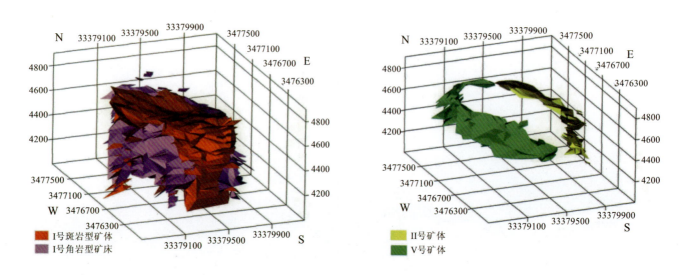

玉龙矿区Ⅰ号、Ⅱ号和Ⅴ号矿体模型(图4-70)

玉龙斑岩铜矿矿石结构构造(图4-72)

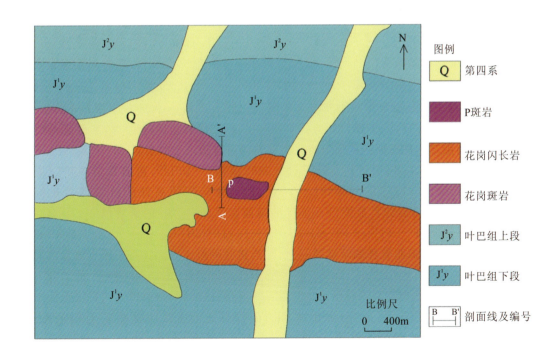

驱龙铜矿床地质简图(图4-89)

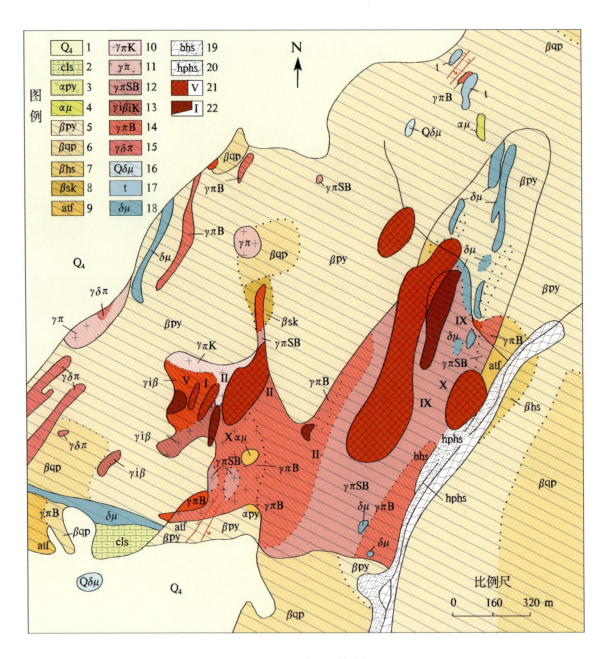

纳日贡玛铜钼矿床地质图(图4-81)

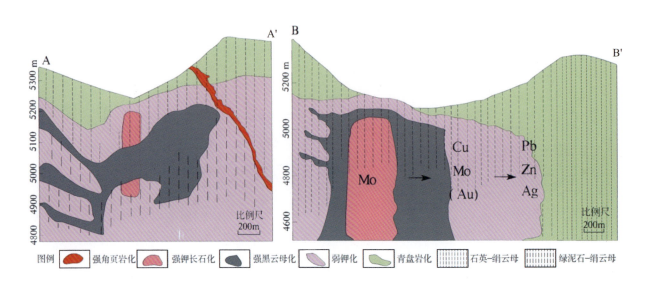

驱龙铜矿蚀变矿化与元素分带(图4-91)

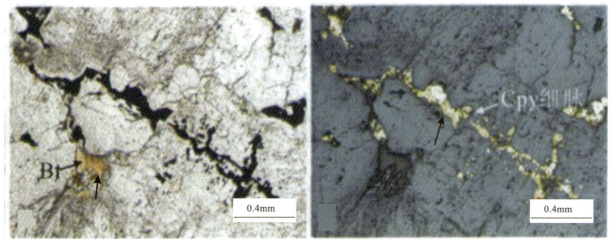

偏光显微镜照片　　　　　　　　　　　　　反光显微镜照片

黄铜矿细状构造(图4-92)

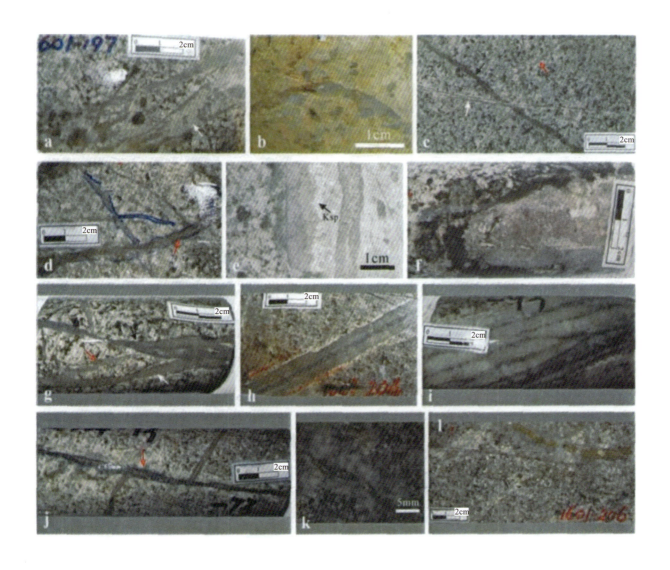

石英+辉钼矿+黄铜矿脉(图4-93)

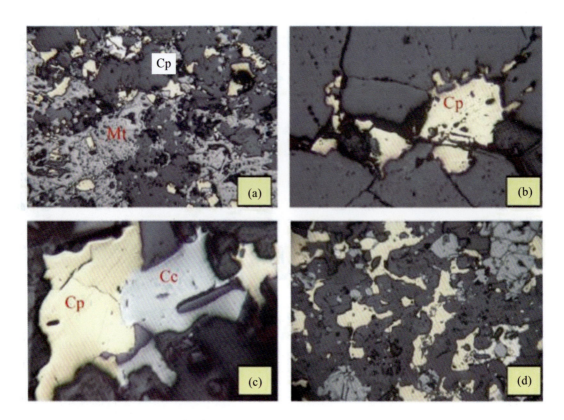

典型矿石组成及矿物组构(图4-101)

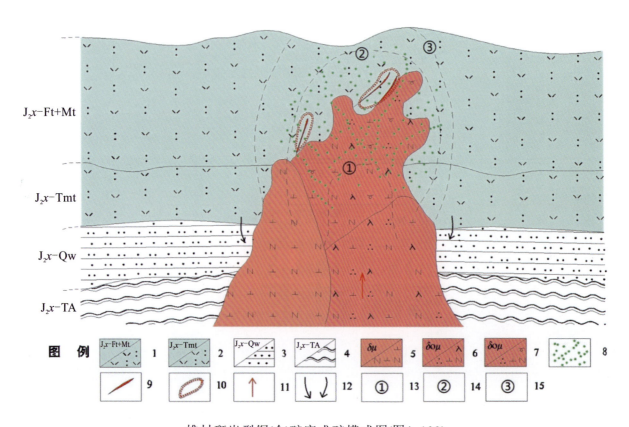

雄村斑岩型铜(金)矿床成矿模式图(图4-109)

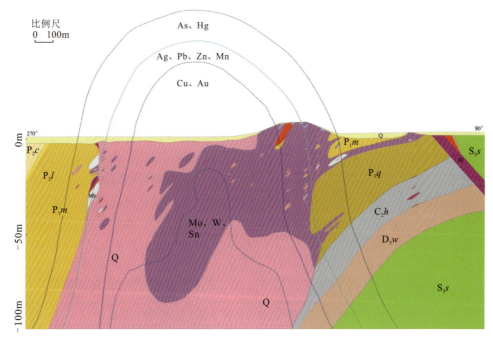

江西九江城门山原生晕分带模式(图4-117)

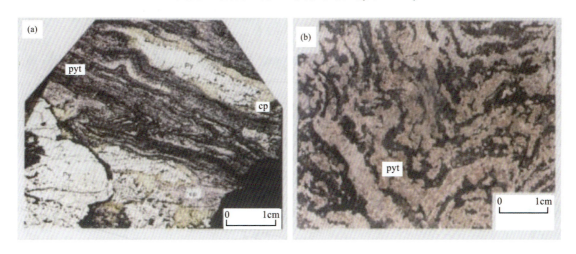

冬瓜山层状矿体中典型矿石结构构造(图4-120)

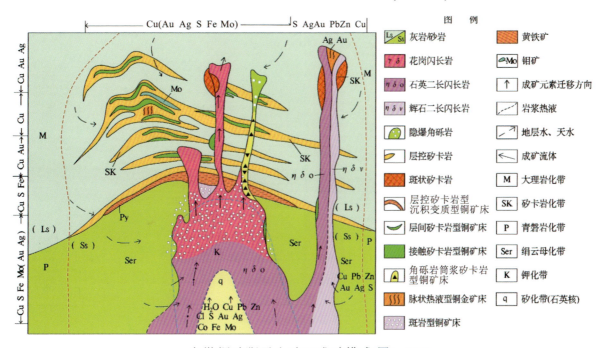

安徽铜矿狮子山矿田成矿模式(图4-127)

通道相的脉状矿体(左图)和通道相的网脉状矿化(右图)(图4-157)

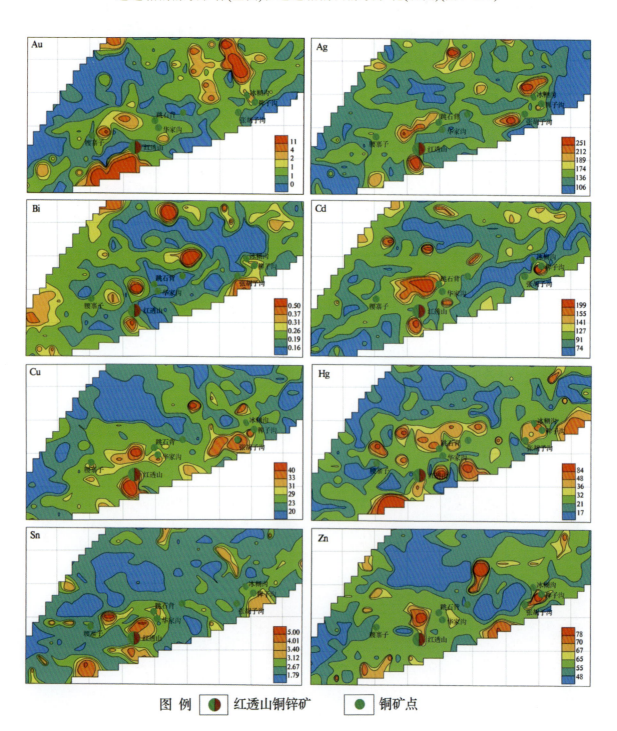

辽宁抚顺清原红透山铜矿1:20万水系沉积物地球化学图(图4-162)

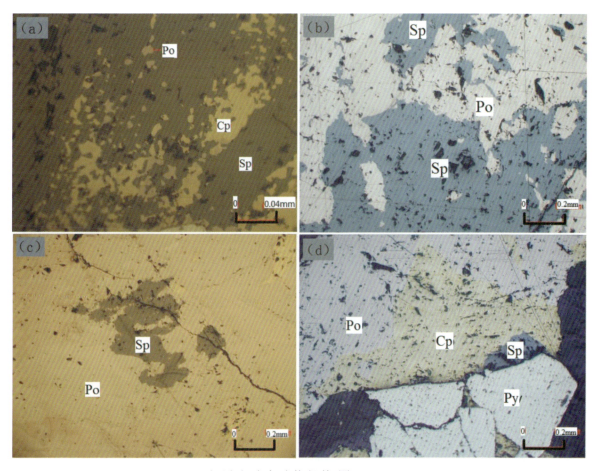

红透山矿床矿物组构(图4-159)

德尔尼矿床野外照片和光片照片(图4-172)

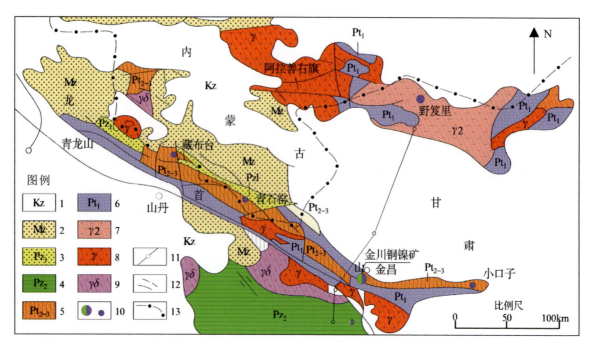

金川铜镍矿床地理位置及地质分布图(图4-189)

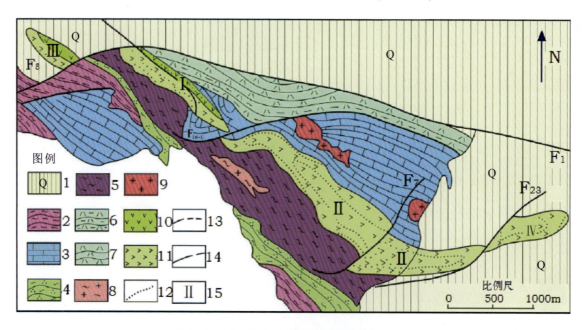

金川含矿超镁铁岩体地质略图(图4-190)

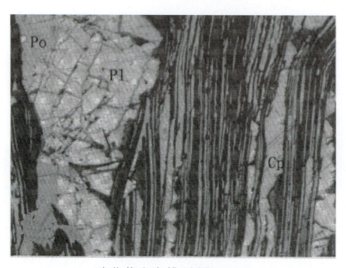

硫化物定向排列(图4-194)

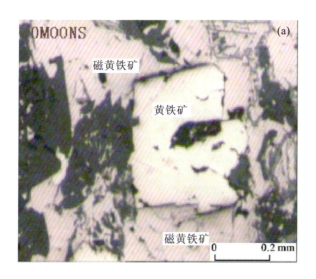
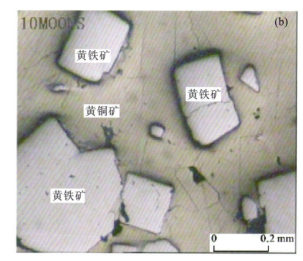
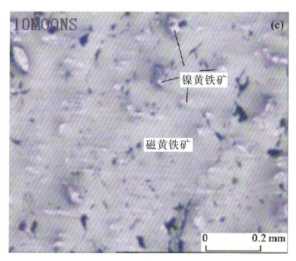
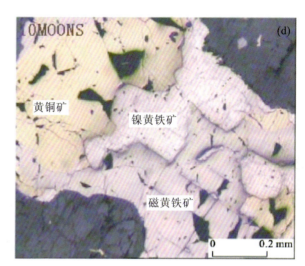

喀拉通克铜镍矿中矿石矿物之间的关系(图4-206)

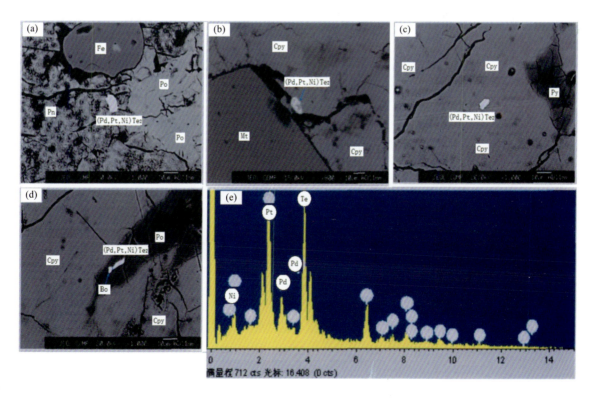

喀拉通克矿床碲镍铂钯特征图(图4-207)

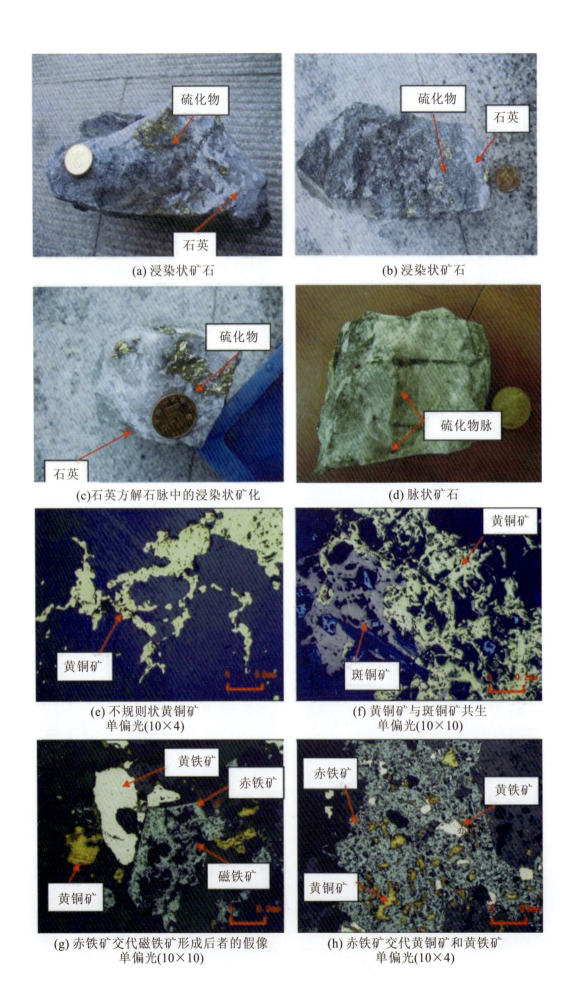

铜矿峪铜矿浸染型和脉型铜矿石(图4-237)

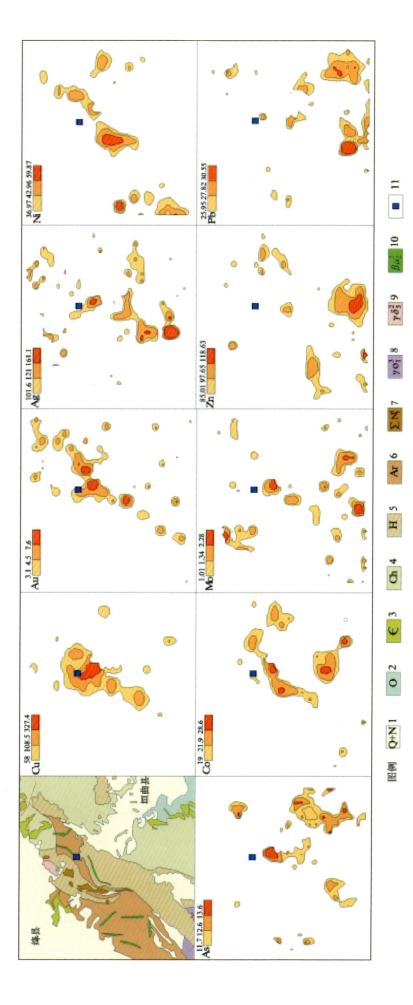

山西省中条山铜矿集区区域地球化学剖析图（据山西地质调查院修编，2011）（图4-246）

(a) 通道相石英白云石硫化物脉
(南和沟铜矿，CM94)

(b) 硅质钠长岩中顺层石英碳酸岩脉
(南和沟铜矿，CM92)

(c) 块状矿化

(d) 条带状矿化

胡篦型铜矿矿石构造(图4-240)

(a) 浅紫交互与矿体关系：矿体位于浅紫交互界面
靠浅色一侧(落及木乍采矿场K_2ml)

(b) 砂岩中的浅紫交互现象
(石门坎1号大坑，K_2ml)

(c) 泥岩层中断裂带浅紫交互现象
(074DB-9石门坎背斜东翼K_1p，镜头朝300°)

(d) 泥岩层的浅紫交互现象
(火箭山穹隆北东翼K_1p)

浅紫交互现象(图4-277)

(a) 浸染状辉铜矿矿石，发育含斑铜矿-黄铜矿石英脉分别代表主成矿期和次成矿期(K_2ml)

(b) 浸染状辉铜矿-斑铜矿矿石，发育含斑铜矿-黄铜矿石英脉分别代表主成矿期和次成矿期(K_2ml)

(c) 含星点状黄铁矿的浅色砂岩(K_2ml)

(d) 界牌附近表氧化矿体(K_2ml)

矿石组构(图4-278)

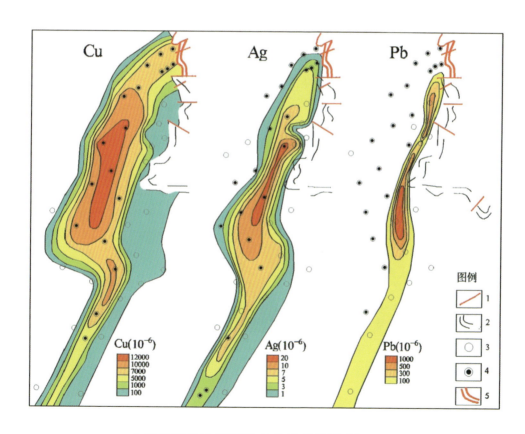

六苴铜矿钻孔岩石地球化学异常图(图4-281)

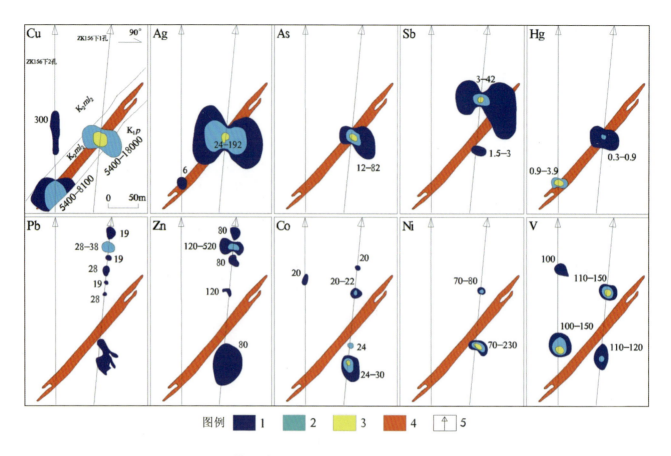

156勘探线地球化学异常剖面图(图4-282)

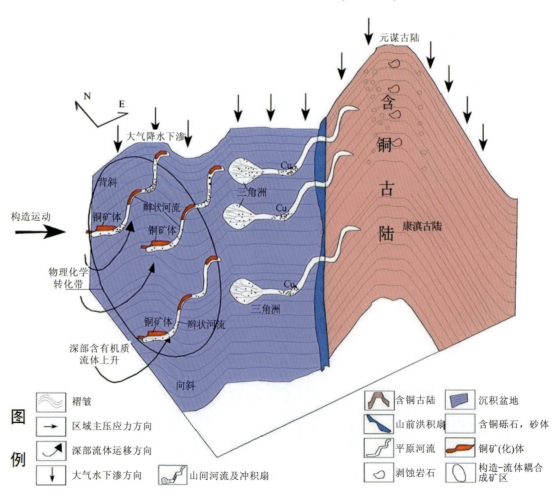

楚雄盆地砂岩型铜矿的成矿模式(图4-284)

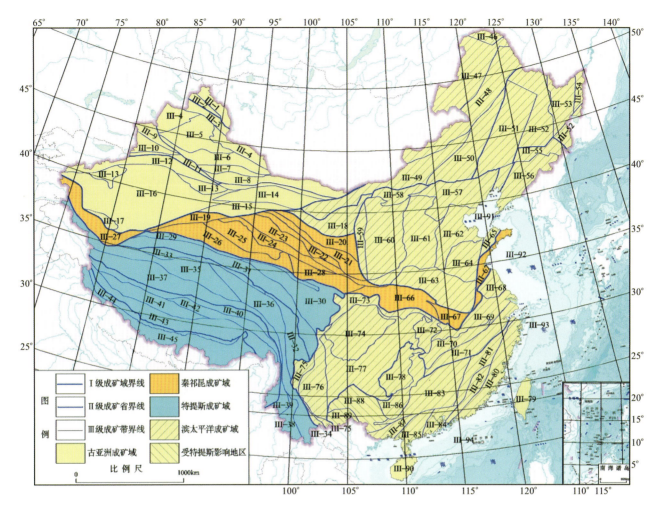

中国Ⅲ级成矿区带划分方案(图6-1)

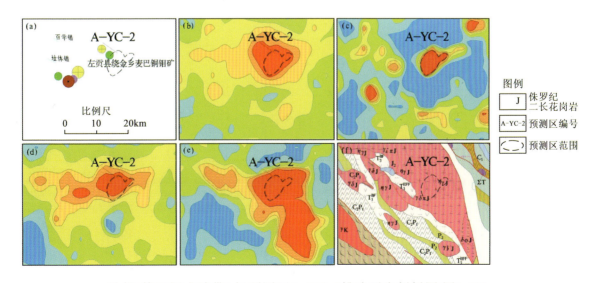

昌都-普洱铜成矿带A级预测区A-YC-2挑选要素剖析图(图6-23)

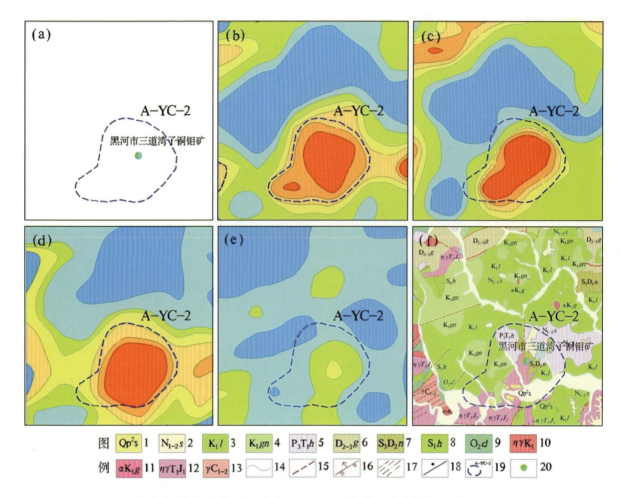

多宝山铜成矿带A级预测区A-YC-2挑选要素剖析图(图6-24)

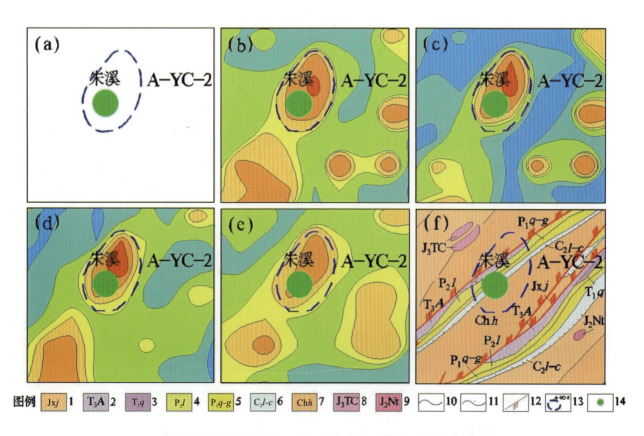

德兴矿田A级预测区A-YC-2挑选要素剖析图(图6-25)

中国地质调查局全国重要矿产资源潜力评价项目
2013年湖北省社会公益出版专项资金　资助
全国化探资料应用研究系列丛书

中国铜矿地质地球化学找矿模型及地球化学定量预测方法研究

Zhongguo Tongkuang Dizhi Diqiu Huaxue Zhaokuang Moxing Ji
Diqiu Huaxue Dingliang Yuce Fangfa Yanjiu

马振东　龚鹏　龚敏　胡小梅　李娟　等编著

内 容 简 介

本书以全国矿产资源潜力评价理论和方法为指导,提出了我国铜矿资源地球化学定量预测的工作思路和方法技术,并以长江中下游、西藏冈底斯、云南香格里拉铜多金属成矿带及滇中层控砂岩型铜矿为例,进行了"建模""圈区""算量"铜矿地球化学定量预测的核心过程。

本书在充分吸收前人成果的基础上,建立了我国斑岩型、矽卡岩型、海相火山岩型、陆相火山岩型、铜镍硫化物型、海相黑色岩系型、海相杂色岩系型、陆相红色砂岩型及热液脉型等9类25个铜矿床地质地球化学找矿模型;汇总集成了全国各省(市、自治区)完成的铜矿定量预测成果,共圈定了1 184个铜预测区,采用类比法和面金属量法预测我国铜矿潜在资源量约1.8×10^8 t。

本书内容丰富、资料翔实、数据可靠,可供从事矿产资源潜力评价、勘查地球化学研究人员及矿床、地球化学专业的师生参考。

封面为江西九江城门山"三位一体"铜钼多金属矿床(马振东摄于2006年)

图书在版编目(CIP)数据

中国铜矿地质地球化学找矿模型及地球化学定量预测方法研究/马振东,龚鹏,龚敏,胡小梅,李娟等编著.—武汉:中国地质大学出版社,2014.5
 ISBN 978-7-5625-3279-8

Ⅰ.①中…
Ⅱ.①马…②龚…③龚…④胡…⑤李…
Ⅲ.①铜矿床-地球化学勘探-中国②铜矿床-地球化学-成矿预测-中国
Ⅳ.①P618.410.8

中国版本图书馆 CIP 数据核字(2014)第 079000 号

中国铜矿地质地球化学找矿模型 **及地球化学定量预测方法研究**	马振东 龚鹏 龚敏 胡小梅 李娟 等编著	
责任编辑:段连秀	策划编辑:蓝 翔 段连秀	责任校对:张咏梅
出版发行:中国地质大学出版社(武汉市洪山区鲁磨路388号)		邮政编码:430074
电 话:(027)67883511	传真:67883580	E-mail:cbb@cug.edu.cn
经 销:全国新华书店		http://www.cugp.cug.edu.cn
开本:880毫米×1230毫米 1/16	字数:970千字	印张:28.5 图版:24
版次:2014年8月第1版		印次:2014年8月第1次印刷
印刷:武汉市籍缘印刷厂		印数:1—1 000册
ISBN 978-7-5625-3279-8		定价:490.00元

如有印装质量问题请与印刷厂联系调换

序

中国地质大学(武汉)以马振东教授为首的科研群体编著了《中国铜矿地质地球化学找矿模型及地球化学定量预测方法研究》一书，它是全国矿产资源潜力评价项目中的一项子课题的成果。在2008年至2013年期间，本书自以全国矿产资源潜力评价理论和方法为指导，在进行长江中下游铜多金属成矿带、西藏冈底斯铜多金属成矿带铜矿地球化学定量预测方法试点研究的基础上，提出了我国铜矿资源地球化学定量预测的工作思路与方法技术，并指导开展了全国各个省(市、自治区)铜矿产资源地球化学定量预测工作，使我国勘查地球化学从定性走向定量预测迈出了重要的一步。

本书作者在充分吸收前人研究思路、成果的基础上，以我国已有的1∶20万或1∶50万区域地球化学数据为主，综合利用1∶5万～1∶1万中大比例尺的地球化学资料，以现代成矿、成晕理论为指导，以信息技术为手段，以"源"→"动"→"储"→"变"为基本建模思路，在Ⅲ级成矿带的尺度上，研究成矿区(带)的基础地质、成岩成矿规律、理论地球化学及勘查地球化学特征，研究总结典型矿床(矿田)的异常特征，建立了斑岩型、矽卡岩型、海相火山岩型、陆相火山岩型、铜镍硫化物型、海相黑色岩系型、海相杂色岩系型、陆相红色砂岩型及热液脉型等9类25个铜矿床地质地球化学找矿模型，为我国铜矿资源预测区的圈定和铜矿资源地球化学定量预测提供可类比的"标准样本"依据。

本书在长江中下游成矿带、西藏冈底斯及藏东"三江"成矿带铜矿地球化学定量预测研究成果基础上，汇总集成了各省(市、自治区)完成的铜矿定量预测成果，编制形成了全国铜矿资源潜力(预测区数量、预测资源量)地球化学预测成果图。全国共圈定了1 184个铜预测区，采用类比法和面金属量法，预测我国铜矿潜在资源量$18\,258.9 \times 10^4$ t。

本书作者在全国Ⅲ级成矿带上开展铜矿地球化学定量预测研究过程中，以成矿元素演化为主线，突出了地质、地球化学结合，地质科学与现代信息技术的结合，优选出一批具有找矿潜力的预测区，估算出具有一定可信度的资源量，其核心可概括为："建模""圈区""算量"。在这一过程中，创建了地球化学定量预测的理论、方法体系，开创了我国中比例尺地球化学定量预测的先河，为全国其他矿产的地球化学定量预测起到了示范作用。

承担此项研究的中国地质大学（武汉）地球化学研究所师生是一个优秀的科研团队，他们基于海量基础数据、前人的成果及学校人才优势的宽广平台，在勘查地球化学学科领域上自强不息、务实严谨、善于思考、敢于创新，默默无闻地劳作着、反复地摸索尝试着……。今天专著终于付梓了，这里凝聚着他们六年来日日夜夜的心血，也是全国勘查地球化学界的专家、同仁们集体智慧的结晶。在此，特向作者们和全国勘查地球化学界的专家、同仁们表示衷心的敬意。

在勘查地球化学领域，无论是矿区尺度，还是区域甚至全国尺度，均积累了大量的地球化学调查数据，如何运用新思路、新方法、新技术，深入挖掘数据背后隐藏的成矿信息，从而揭示成矿规律，为矿产勘查提供科学依据，将一直是现代勘查地球化学界的热点和难点。本次铜矿资源地球化学模型与定量预测研究为其他矿种资源量预测提供一个可借鉴思路和方法。当前，迫切需要对其他紧缺矿种地球化学定量评价方法开展研究。为此，我殷切期望有关部门把这项研究列入长期工作规划，稳定支持，逐步完善，不断创新发展，为我国矿产勘查、社会经济发展作出新贡献！

叶天竺

2014 年 5 月

前　言

全国矿产资源潜力评价项目,是我国矿产资源方面的一次重要的国情调查。其目的是通过系统总结地质调查和矿产勘查工作成果,全面掌握矿产资源现状,科学评价未查明矿产资源潜力,建立真实准确的矿产资源数据,为实现找矿重大新突破提供资源勘查依据。矿产资源地球化学模型建立与定量预测研究为其中的一项子课题,中国地质大学(武汉)自2008年承担该课题至今,先后在长江中下游铜多金属成矿带(2008年)、西藏冈底斯铜多金属成矿带(2009年)开展了铜矿资源定量预测的试点研究,探索出一套斑岩型(矽卡岩型)铜矿产资源地球化学模型建立和定量预测的方法技术。2010年6月在苏州举办了全国矿产资源潜力评价化探定量预测培训班,之后在全国各省(市、自治区)以本课题的方法技术为指南进行铜矿产资源地球化学定量预测。经过全国各个省的实践表明,该方法圈定的预测区和估算的资源量具有较好的可信度(龚鹏等,2012)。通过五年多来的不断尝试和总结,初步形成了以基础地质、成岩成矿机制、理论地球化学、勘查地球化学及GIS技术为一体的综合性研究思路。

项目在充分吸收前人研究思路、成果的基础上,以我国已有的1∶20万(1∶50万)区域地球化学数据为主,综合利用1∶5万~1∶1万中大比例尺的地球化学资料,以现代成矿、成晕理论为指导,以现代计算机技术为手段,以"源"→"动"→"储"为基本建模思路,在Ⅲ级成矿带的尺度上,充分研究成矿区带的基础地质、成岩成矿规律、理论地球化学及勘查地球化学特征,研究总结典型矿床(矿田)的异常特征,建立矿床(矿田)、成矿带的地球化学找矿模型,为预测区的圈定和资源量的估算提供可类比的依据。简而言之,建立典型矿床地球化学找矿模型是一个"源"→"动"→"储"→"变"的正演过程;而成矿区带内预测区的圈定及资源量的估算是一个"变"→"储"→"动"→"源"的反演追踪过程。

根据工作思路,在Ⅲ级成矿带上开展地球化学定量预测,制定的技术路线是地质、地球化学宏观与微观结合的过程(元素→矿石矿物→矿体→矿床→矿田→矿集区→矿带),也是地学与现代信息技术(GIS)学科交叉的过程,在这个过程中优选出一批具有找矿潜力的预测区,估算出具有一定可信度的资源量。其过程的核心可概括为:"建模"、"圈区"(异常识别和异常评价)和"算量"。

"建模":地质-地球化学找矿模型的建立是区域找矿预测区圈定和资源量估算的基础,它是作为从已知到未知类比的"标准样本",它的科学合理性与否直接关系到找矿预测区圈定和资源量估算的可信度。

"圈区":从地球化学异常识别和评价的视角进行预测区的圈定,其关键在于元素组合选取的合理性和遵循成岩-成矿-成晕同系统性以及多参数联合示踪的指导原则。

"算量":类比法和面金属量法为本次全国铜定量预测中两种资源量估算方法,与前人估算方法相比,其特色在于重视成矿作用"源"→"动"→"储"→"变"的研究和深入挖掘不同尺度勘查地球化学数据隐藏的成矿信息,强调成矿作用与地球化学信息的关联性分析。并首次把相似系数和剥蚀系数两个参数引入了估算资源量的计算公式中,使估算的资源量与客观实际更加吻合。

在以上研究思路指导下,通过五年多来的不断尝试和总结,获得了以下主要成果。

(1)以全国矿产资源潜力评价理论和方法为基础,在开展长江中下游和冈底斯铜成矿带地球化学定量预测方法试点的基础上,提出了我国铜矿资源地球化学定量预测工作思路和方法技术,即以我国已有的 1∶20 万(1∶50 万)区域地球化学数据为主,综合利用 1∶5 万~1∶1 万中大比例尺的地球化学资料,以现代成矿、成晕理论为指导,以现代计算机技术为手段,以"源"→"动"→"储"为基本建模思路,在Ⅲ级成矿带的尺度上,充分研究成矿区带的基础地质、成岩成矿规律、理论地球化学及勘查地球化学特征,研究总结典型矿床(矿田)的异常特征,建立矿床(矿田)、成矿带的地球化学找矿模型,为预测区的圈定和资源量的估算提供可类比的依据。

(2)提出了我国铜矿地质-地球化学找矿模型建立的思路和方法,以前人(1980—2012 年)资料归纳整理为主,建立了斑岩型、矽卡岩型、海相火山岩型、陆相火山岩型、铜镍硫化物型、海相黑色岩系型、海相杂色岩系型、陆相红色砂岩型及热液脉型 9 类 25 个铜矿床地质-地球化学找矿模型,为我国铜矿资源地球化学定量预测奠定了基础。

(3)指导了全国各省(市、自治区)开展了全国铜矿资源地球化学定量预测工作,在此基础上,汇总集成了全国各省(市、自治区)完成的铜矿地球化学定量预测成果,编制形成了全国铜矿资源潜力地球化学定量预测成果图,并圈定了 1 184 个铜矿预测区,采用类比法和面金属量法,预测全国铜资源量为 $18 258.9×10^4$ t。

(4)通过全国铜矿地球化学定量预测,研究并初步总结了地球化学定量预测的理论、方法体系,开创了我国中比例尺地球化学定量预测的先河,为全国其他矿产的地球化学定量预测起到了示范作用,使我国勘查地球化学从定性走向定量预测迈出了重要的一步。

本书是依托矿产资源地球化学模型建立与定量预测研究项目编写的,始于 2011 年 6 月,历时 2 年,是全国各省铜矿资源地球化学定量预测的共同成果。本书由前言、六个章节和结束语组成,其中第一章为国内外研究现状,第二章为中国铜矿资源概况,第三章介绍了中国铜矿资源地球化学定量预测的理论基础、工作思路及方法技术,第四章为建立的 25 个中国重要铜矿地质、地球化学找矿模型,第五章为 4 个中国铜矿资源地球化学定量预测研究实例,第六章为中国铜矿资源潜力预测成果。其具体编写和分工如下:

前言、第一章、第二章和第三章主要由马振东、龚鹏、龚敏编写;第四章主要由龚鹏、龚敏、胡小梅、李娟、熊燃、赵波、金希、刘文博、仇一凡、张航、吴亚飞等编写和绘图;第五章主要由龚敏、龚鹏、熊燃、赵波、金希、胡小梅、李娟、仇一凡、宋圆圆、余根华等计算、绘图和编写;第六章主要由龚鹏、胡小梅、李娟、仇一凡、马振东等计算、绘图和编写;结束语由马振东和龚鹏编写。任天祥对全书地球化学部分的文表图逐一作了审阅,并提出修改建议。全书由马振东和龚鹏统稿。

本书研究自始至终是在中国地质调查局、全国矿产资源潜力评价项目办公室、中国地质调查局发展研究中心和化探资料应用汇总组领导和专家的指导下开展的,叶天竺、王全明、奚小环、牟绪赞、任天祥、邓志奇、谭永杰、向运川、施俊法、王永华、陈国光、张华、汪明启、龚庆杰、吴轩、刘荣梅等对本项目研究给予了大力支持和指导,提出了许多宝贵的建议和修改意见;中国地质科学院地球物理地球化学勘查研究所张振海、孔牧、徐仁廷及各大区、各省化探项目组负责人对研究工作的顺利开展也给予了积极的协作和诚恳的帮助(表1);中国地质大学(武汉)张锦高、王焰新、邢相勤、欧阳建平、周爱国、张克信、邢作云、曾键年、成秋明、郑有业、夏庆霖、李长安、鲍征宇、凌其聪、张志、刘修国、闭向阳、任利民、王德珲、贾先巧、刘大毛、涂玲等领导和老师提供了良好的科研工作环境和氛围;另外,在研究工作开展及本书编写过程中引用了前人(1980—2012 年)专著、期刊论文、博士硕士论文、专题报告等大量资料,在此一并表示诚挚的感谢!

编著者
2013 年 5 月

表 1　各省(市、自治区)参加研究工作的主要完成人员名单

省(市、自治区)名称	主要完成人员	报告名称
辽宁	李玉超、乌爱军	辽宁省矿产资源潜力评价——辽宁省铜地球化学定量预测成果报告
吉林	杨复顶、李任时	吉林省铜定量预测成果报告
黑龙江	那晓红、胡晓芳	黑龙江省矿产资源潜力评价——黑龙江省铜地球化学定量预测成果报告
河北	宫进忠、师淑娟、刘俊长、王轶轲	河北省矿产资源潜力评价——铜地球化学定量预测成果报告
河南	丁汉铎、张燕平、解庆锋	河南省铜矿地球化学定量预测成果报告
内蒙古	张青、马志超、樊永刚	内蒙古自治区铜矿地球化学定量预测成果报告
山东	韩健、邢宝石、韩轲	山东省化探资料应用成果报告
山西	张双奎、靳职斌	山西省铜地球化学定量预测成果报告
北京	程新彬、郭熙凤	北京市铜矿资源定量预测报告
天津	王卫星	天津市矿产资源潜力评价化探资料应用成果报告(第七章)
福建	夏春金、黄茜	福建省潜力评价化探资料应用成果研究报告(第七章)
江苏	杨用彪、黄顺生	江苏省(含上海市)铜矿地球化学定量预测专题报告
江西	江俊杰、张娟	江西省矿产资源潜力评价化探资料应用成果报告(第七章)
浙江	康占军、刘军保	浙江省铜地球化学定量预测报告
安徽	赵华荣、李明辉、盛岑	安徽省矿产资源潜力评价化探资料应用成果报告(第六章)
广东	严己宽、玉强忠	广东省铜矿地球化学定量预测报告
广西	钟志标、何儒芳	广西铜矿地球化学模型建立与定量预测研究成果报告
湖北	严向军、徐春燕、胡晓明	湖北省铜地球化学定量预测报告
湖南	苏正伟、黄逢秋	湖南省铜矿地球化学模型建立与定量预测研究成果报告
海南	何玉生、张固城	海南省铜矿地球化学模型建立与定量预测研究成果报告
云南	李开毕、杨功	云南省铜矿地球化学模型建立与定量预测研究工作报告
西藏	惠广领、杜光伟、陈惠强	西藏自治区矿产资源潜力评价——地球化学定量预测方法研究报告
贵州	胡从亮、袁义生、刘应忠	贵州省矿产资源潜力评价化探资料应用成果报告
四川	周雪梅、刘应平	四川省矿产资源潜力评价——铜矿资源量地球化学定量预测报告
重庆	刘应平、周雪梅、谭德军	重庆市矿产资源潜力评价——铜矿资源量地球化学定量预测报告
甘肃	刘元平、刘养雄、宋秉田、高洋	甘肃省矿产资源铜矿地球化学定量预测成果总结
宁夏	李新虎、王志强、王超	宁夏回族自治区铜地球化学定量预测报告
青海	许光、李明喜、任智斌	青海省铜地球化学定量预测报告
陕西	安兴	陕西省矿产资源潜力评价——铜资源量地球化学定量预测成果报告
新疆	周军、李惠、任燕	新疆矿产资源潜力评价——铜地球化学定量预测成果报告

目 录

第一章 国内外研究现状 (1)

第一节 国内外矿产预测方法概述 (1)
一、矿产资源预测研究现状 (1)
二、地球化学定量预测方法评述 (1)

第二节 找矿模型研究进展 (3)
一、找矿模型概况 (3)
二、地球化学找矿模型的历史沿革及问题 (3)

第二章 中国铜矿资源概况 (5)

第一节 铜矿床类型 (5)
第二节 铜矿床的时空分布特征 (7)
第三节 我国铜矿产品产销状况 (8)
第四节 我国铜矿资源的主要特点 (8)

第三章 中国铜矿资源地球化学定量预测的理论基础、工作思路及方法技术 (10)

第一节 铜矿资源地球化学定量预测的理论基础 (10)
一、铜矿资源地球化学定量预测的基本单元——Ⅲ级成矿区带 (10)
二、Ⅲ级成矿区带内成矿作用的"源""动""储"分析 (12)
三、成矿后环境演变过程中成矿元素的"变"与"不变" (16)

第二节 铜矿资源地球化学定量预测的工作思路与方法技术 (24)
一、工作思路 (24)
二、方法技术 (25)

第四章 中国重要铜矿地质、地球化学找矿模型 (37)

第一节 建立地质、地球化学找矿模型的理论基础 (37)
一、建模的基本思路 (37)
二、建模的理论基础 (37)
三、建模的几个基本概念 (38)
四、地质、地球化学找矿模型的构建内容 (39)

第二节 地质、地球化学找矿模型实例 (40)
一、矿床地质特征 (41)

二、矿床地球化学特征 …………………………………………………………………………… (43)

三、表生地球化学异常特征 ………………………………………………………………………… (47)

四、成矿模式 ………………………………………………………………………………………… (50)

五、重要控矿因素 …………………………………………………………………………………… (51)

第三节　我国重要Ⅲ级成矿区带的铜矿床地质、地球化学找矿模型 ……………………………… (52)

一、斑岩型铜矿床地质、地球化学找矿模型 ……………………………………………………… (52)

二、矽卡岩型铜矿床地质、地球化学找矿模型 …………………………………………………… (137)

三、海相火山岩型铜矿床地质、地球化学找矿模型 ……………………………………………… (158)

四、陆相火山岩型铜矿床地质、地球化学找矿模型 ……………………………………………… (201)

五、铜镍硫化物型铜矿床地质、地球化学找矿模型 ……………………………………………… (210)

六、海相黑色岩系铜矿床地质、地球化学找矿模型 ……………………………………………… (233)

七、海相杂色岩系铜矿床地质、地球化学找矿模型 ……………………………………………… (261)

八、陆相杂色岩系铜矿床地质、地球化学找矿模型 ……………………………………………… (283)

九、热液型铜矿床地质、地球化学找矿模型 ……………………………………………………… (290)

十、铜矿床地质、地球化学找矿模型中成矿作用分析("源""动""储") ……………………… (300)

第五章　中国铜矿资源地球化学定量预测研究实例 ………………………………………… (312)

第一节　长江中下游铜多金属成矿带铜矿资源地球化学定量预测 ……………………………… (312)

一、矿田地质、地球化学找矿模型 ………………………………………………………………… (313)

二、矿带区域地质、地球化学特征 ………………………………………………………………… (318)

三、预测区的圈定与铜矿资源量的估算 …………………………………………………………… (327)

第二节　西藏冈底斯铜多金属成矿带铜矿资源地球化学定量预测 ……………………………… (333)

一、矿田地质、地球化学找矿模型 ………………………………………………………………… (334)

二、矿带区域地质、地球化学特征 ………………………………………………………………… (341)

三、矿带地质、地球化学找矿模型 ………………………………………………………………… (354)

四、预测区的圈定与铜矿资源量的估算 …………………………………………………………… (354)

第三节　香格里拉陆块铜多金属成矿带铜矿资源地球化学定量预测 …………………………… (360)

一、香格里拉陆块铜矿床地质、地球化学找矿模型 ……………………………………………… (361)

二、香格里拉陆块矿带区域地球化学特征 ………………………………………………………… (379)

三、预测区圈定依据与分级准则 …………………………………………………………………… (386)

四、香格里拉铜多金属成矿带铜矿资源量估算 …………………………………………………… (386)

五、香格里拉铜多金属成矿带铜矿预测区与云南省铜矿预测工作区对比 ……………………… (388)

第四节　上扬子成矿省滇中层控型铜矿资源地球化学定量预测 ………………………………… (388)

  一、滇中铜矿床地质特征 …………………………………………………………………………（388）

  二、滇中铜矿床地球化学特征 ……………………………………………………………………（391）

  三、滇中砂岩型铜矿区域地球化学特征 …………………………………………………………（394）

  四、地质、地球化学找矿标志 ……………………………………………………………………（401）

  五、预测区圈定准则及成矿远景区的圈定 ………………………………………………………（403）

第六章　中国铜矿资源潜力预测成果 …………………………………………………………………（406）

 第一节　汇编原则和基本思路 …………………………………………………………………………（406）

 第二节　铜矿（参与资源量估算）资源储量的统计分布特征 ………………………………………（409）

  一、铜矿床（参与资源量估算）数量分布特征 …………………………………………………（409）

  二、铜矿床资源储量分布特征 ……………………………………………………………………（411）

  三、矿床规模分布特征 ……………………………………………………………………………（414）

  四、矿床类型分布特征 ……………………………………………………………………………（414）

 第三节　预测铜矿资源潜力的统计分布特征 …………………………………………………………（415）

  一、预测区数量分布特征 …………………………………………………………………………（415）

  二、预测资源量分布特征 …………………………………………………………………………（416）

  三、预测区规模分布特征 …………………………………………………………………………（420）

  四、预测类型分布特征 ……………………………………………………………………………（421）

 第四节　铜矿床（参与资源量估算）及其预测区的空间分布特征 …………………………………（421）

 第五节　铜矿资源预测结果的可信度评价 ……………………………………………………………（424）

 第六节　预测成果的量及时空分布特征分析 …………………………………………………………（426）

 第七节　部分重要预测区成果剖析 ……………………………………………………………………（427）

  一、昌都-普洱成矿带（Ⅲ-36）A-YC-2预测区 ……………………………………………（428）

  二、东昆仑成矿带（Ⅲ-26）A1-YC-402预测区 ……………………………………………（429）

  三、觉罗塔格-黑鹰山成矿带（Ⅲ-8）B-YC-26预测区 ……………………………………（429）

  四、东乌珠穆沁旗-嫩江成矿带——多宝山-黑河成矿亚带（Ⅲ-48-①）A-YC-2预测区 …（430）

  五、突泉-翁牛特成矿带（Ⅲ-50）Cu-22-2预测区 …………………………………………（431）

  六、武功山-杭州湾成矿带（Ⅲ-71）A-YC-2预测区 ………………………………………（432）

第七章　结束语 …………………………………………………………………………………………（433）

参考文献 …………………………………………………………………………………………………（435）

第一章 国内外研究现状

第一节 国内外矿产预测方法概述

矿产资源一直是发展中国家工业化进程推进和发达国家经济持续发展的重要保障之一,统计数据表明,近年来我国各类大宗重要矿产品消耗量与日俱增且越来越依赖于国外进口,为尽快扭转这样的不利局面,必须在全球新一轮的矿产资源勘查热潮中做到立足国内,面向全球。那么如何对我国已取得的丰富地质资料进行综合研究,科学地评估其矿产资源的潜力呢?2006年中国地质调查局启动了全国矿产资源潜力评价项目,其重要目标之一就是构建出一套行之有效的评价技术体系,完成全国25个重要矿种的资源潜力的全面"体检"。

在此背景下,作为全国矿产资源潜力评价的重要组成部分之一的地球化学定量预测,我们在充分总结和吸纳前人矿产资源预测研究成果的基础上,提出了以现代成矿理论和地球化学成晕理论为指导,以区域地球化学调查数据为主,以现代信息技术(GIS)为手段,在Ⅲ级成矿带尺度上探索矿产资源地球化学定量预测的方法技术,其核心为地质、地球化学找矿模型的建立和定量预测方法的选取。

一、矿产资源预测研究现状

矿产资源预测的核心是研究矿产资源在某一地区"有没有"、"在哪里"以及"有多少"的问题,分别对应定性预测、定位预测和定量预测。我国矿产资源预测工作的快速发展始于20世纪80年代,经过不断吸收国外理论和一定自主创新后,近10年来取得了一大批丰硕的成果。尤其是伴随着GIS技术的成熟,逐渐朝数字化、自动化方向迈进。其中开发了一系列基于GIS平台或独立运行的应用软件评价系统,如具有代表性的MARK3(Duval J S,2000;Lisitsin V,2010)、Arc-WofE(Porwal A K,et al,2006;陈建平等,2005)、MRAS(肖克炎等,2006;黄文斌等,2011)、GeoDAS(成秋明,2006)、MORPAS(秦东悦,2010)、MRQP(Wang Y,et al,2008)、MRPM(Chen Y L,2004)、KCYC(叶水盛,2007)、DPIS(百万成等,2004)、单元簇等应用系统(张振飞等,2001)。

上述开发的矿产资源预测系统主要是以数理统计理论为基础,在数据源上注重多元地学信息的融合(地质矿产、地球物理、地球化学、遥感、重砂等),预测数学模型以各类证据权模型占主导地位,大部分是基于GIS平台二次开发而成,其目标主要应用于区域远景找矿区的优选和资源潜力的定量评价。其中基于MRAS、GeoDAS和MORPAS已经在国内外发表了诸多研究成果,特别是MRAS和GeoDAS在全国矿产资源评价项目中已被列为矿产预测的重要辅助决策系统(娄德波等,2010a;成秋明等,2009)。最近"Ore Geology Reviews"期刊出版了关于资源勘查和定量估算的论文专辑(Porwal A K,et al,2010),汇编了国外在矿产资源预测中的最新研究成果。

二、地球化学定量预测方法评述

地球化学定量预测属于矿产资源预测研究的一部分,是以不同尺度地球化学调查数据为主,对相应尺度的矿产资源潜力进行定性和定量评价。早在20世纪美国学者就发现美国本土26个元素的地壳丰度与可采储量的吨位呈线性关系(McKelvey V E,1960),之后很多学者跟进相关的研究并做了大量卓有成效的工作,取得了众多成果(Garrett R G,1978;Mookherjee A,et al,1994;Nishiyama T,et al,1995)。前苏联学者索诺沃夫很早就研究了分散晕内金属量的计算、位移的估计以及含矿程度的评价(阮天健等译,

1964),并创立了估算资源量的面金属量法;之后,欧美学者建立了应用于某一岩石类型单元、区域及地质省的丰度关系模型(Celenk O,et al,1978);我国学者谢学锦和刘大文等提出了地球化学块体法(谢学锦等,2002;刘大文,2002),从巨型矿床有巨量成矿物质供应的角度,用地球化学块体代表巨量物源供应的地区,给出了块体内矿产资源定量估算的方法,地球化学块体法针对我国不同地区和不同矿种进行了较为广泛的应用(刘大文等,2005;刘长征等,2011)。

需要指出的是,无论哪一种地球化学定量预测方法,均需要扎实的成矿地质基础和对成矿规律的深刻理解,只有建立在这样的基础上,才可能使挑选的各类预测变量符合或接近成矿的客观实际。近年来通过西藏冈底斯成矿带的找矿实践表明,在西部工作程度极低的地区可以优选出少量相互关联、目标一致、最能揭示某种类型成矿本质特征的关键信息组合,就可能导致该类型矿床被发现(郑有业等,2009)。而区域1:20万、1:50万水系沉积物测量地球化学异常是关键信息组合之一,因此,预测时必须强调变量的关联性及关键信息的合理组合。

目前丰度法、面金属量法、地球化学块体法是勘查地球化学界中应用最广泛的三种定量预测方法。从表1-1中获知,三种方法涉及的预测矿种较多,研究尺度跨越较大,计算原理均为相似类比,资源量估算公式也均得到不同程度的修正和完善。三种方法的差异之处在于丰度法要求矿床的勘探数据最为详细(储量、相对密度等),其次是面金属量法,最后是地球化学块体法;丰度法估算对象可从矿田→矿带→成矿省,乃至全球,而面金属量法和地球化学块体法主要应用于矿田和矿带尺度;面金属量法已被集成至MRAS系统中(娄德波等,2010a)。近年来有学者在GeoMDIS2000系统中开发了地球化学块体谱系树图自动绘制方法(周晓东等,2007),通过谱系树图自动绘制的实现,大幅度提高了出图结果的工作效率和精确度,但仍未开发出集地球化学块体筛选、谱系树图绘制和资源量估算为一体化的应用程序。

表1-1 地球化学定量预测方法分类

预测方法	预测矿种	研究区	主要数据特征	公式是否修正	文献来源
丰度法	Cu	安徽罗昌河-月山	勘探数据、水系沉积物测量		赵鹏大等,1994(1980年预测)
	Fe	攀西钒钛磁铁矿地区	勘探数据、岩体Fe平均含量等	是	杨本瑞等,1985
	Mn	中国陆壳	储量、丰度等	是	黎彤,1992
	Cu、Mo	玉龙斑岩铜矿带	勘探数据、2条1:20万岩石测量剖面	综合	罗怀松,1992
	Sn、W等	湘南	勘探数据、1:20万水系沉积物测量	是	罗长清,1993
	Au	刺猬沟-苍林	勘探数据、1:5万水系沉积物测量	是	裴尧,2008
面金属量法	Ag	大兴安岭东南部	勘探数据及地球化学数据等	是	叶水盛等,2008
	斑岩型Cu	东天山地区	1:20万水系沉积物测量	是	丁建华等,2007;丁建华等,2010
	Cu、Pb、Zn等	香格里拉地区		是	卢映祥等,2010
	铜镍型Cu	东天山地区		是	娄德波等,2010b
地球化学块体法	Sn	中国			刘大文,2002
	W	中国华南			谢学锦等,2002
	B	辽东地区		是	周永恒等,2011

尽管地球化学块体法已被作为全国重要矿产总量预测的五种方法之一(肖克炎等,2007),但是在实际应用中仍需进一步探索和完善以下几个方面的问题:

(1)地球化学块体法的初衷是对大型或巨型矿床而提出的,这对块体的面积提出了一定的要求(>1 000 km^2),其决定因素不仅在于成矿物质的大量供应需要尺度的支撑,而且还取决于采样密度(一个组合样在1∶20万水系沉积物测量中代表4km²);因此,地球化学谱系树的划分只有在一定尺度上进行才能和采样密度相匹配,这样资源量的估算更具参考价值。

(2)成矿率参数的计算主要受矿种、矿床类型、块体级别、景观条件、勘查程度等因素的制约,因此,必须科学合理地计算成矿率,这就需要利用已知矿床最新的储量资料和地球化学块体内"原生态"的数据。

(3)块体级别的划分需符合客观实际,块体级别的划分尚无细则,尤其是块体下限、空间数据的插值参数怎样设置最佳,需要反复试验后而定;地球化学块体划定不仅仅从几何形态上区分,更要注重结合成矿地质背景、成矿机制及多元素共存的实际情况,尝试进一步区分不同成因类型的块体和多元素叠合的块体是很有必要的,单纯考虑成矿物质量的供应有一定的局限性。

(4)由于地球化学块体法本质上也是基于相似类比的原理,因此预测时需要注意预测深度和预测矿床类型的合理外延,尤其是对于预测深度而言,并非所有的矿种或者地区的预测深度均能高达1km,只有与实际研究区的矿床类型、预测矿种的勘探现状、自然景观等因素结合起来,选取一个合理的预测深度,这样预测结果可能更具说服力。另外,地球化学块体法仅适用于成矿物质的源区处于所研究的地球化学块体内,然而不少矿床的物源是深源的(>1km),成矿作用基本不受1km之内表壳岩系元素丰度的制约,这样对该方法应用的矿床类型应有所限制。

综上所述,无论是丰度法,还是面金属量法和地球化学块体法,均需在实践过程中不断完善,特别是计算参数的补充和修正。因此,如何从区域地球化学数据入手,充分提取其中有利的成矿信息?如何通过这些有利的成矿信息进行预测区的优选和资源量的估算?如何对已有估算方法进一步完善和修正?……对于这些问题的深入探讨,将会促进地球化学定量预测工作的发展具有重要的现实意义和科学价值。五年多来,项目组通过全国铜矿资源地球化学定量预测方法技术的研究实践,总结出一套研究思路、评价技术和估算方法,特别是对资源量的计算方法中的参数进行了适当的修正和完善。

第二节 找矿模型研究进展

一、找矿模型概况

找矿模型在成矿理论研究、矿产勘查及资源预测评价中具有十分重要的地位。我国不同学者从各自的视角表述了其内涵:施俊法等认为找矿模型是以找矿为目的,包括概述、地质特征、矿床成因和找矿标志等内容构成的有机整体(施俊法等,2011),并出版了《世界找矿模型与矿产勘查》专著。毛景文等把找矿模型和成矿模型统称为矿床模型,是矿床形成的地质背景、过程、时空分布规律和找矿标志的高度概括(毛景文等,2012)。按照不同的区分原则对找矿模型进行分类:如按研究内容将找矿模型分为地质找矿模型、地球物理找矿模型、地球化学找矿模型、遥感找矿模型和地质-地球物理-地球化学找矿模型等;有的按研究尺度分为区域找矿模型、矿田找矿模型和矿床找矿模型等;还有按维数分为二维找矿模型和三维找矿模型等。

项目组在2008—2012年进行我国铜矿资源地球化学模型建立与定量预测研究过程中,充分认识到地质-地球化学找矿模型的建立是区域找矿预测区圈定和资源量估算的基础,是从已知到未知类比过程中的"标准样本",关系到找矿预测区圈定和资源量估算的可信度,在矿产资源潜力评价中占有极其重要的地位。

二、地球化学找矿模型的历史沿革及问题

前人是以地球化学异常特征为主要内容来构建找矿模型。侧重勘查地球化学的原生晕分带理论,针对Au、Ag、Cu、Pb、Zn、W、Sn、Mo等矿种建立了众多矿床原生晕找矿模型,列出了原生晕的轴向(垂向)、水平分带序列,提出了判别剥蚀深度的元素组合比值等指标,其目的主要应用于矿区及外围盲矿的预测。

刘泉清等1983年提出了成矿-成晕地球化学模式(刘泉清等,1983),他们总结了成矿和成晕的统一性、多元性、系列性与层次性的特点;然后,吴承烈等进一步提出了"地球化学概念模型"和"地球化学异常

模式"的术语及二者间的异同(吴承烈,1993;吴承烈等,1998),即"异常模式"是指对地球化学异常的形态、结构、元素组合、含量变化等各种特征所做的客观描述,而"概念模型"是指在一系列实测的矿床地球化学异常模式基础上,按矿种和类型进行综合、归纳,以文字、图件、表格等形式对某类矿床地球化学特征的概括。

除从找矿模型概念的角度探讨外,不少研究者还从大量找矿实践中汇编了众多典型矿床的原生地球化学找矿模型(模式)研究范例,如早期有色金属工业总公司北京矿产地质研究所编的10个有色及贵金属矿田(床)地球化学异常模式(中国有色金属工业总公司北京矿产地质研究所编,1987),接着欧阳宗圻等主编的15个《典型有色金属矿床地球化学异常模式》(欧阳宗圻等,1990),以及李惠编著的《石英脉和蚀变岩型金矿床地球化学异常模式》(李惠,1991);至90年代,邹光华等汇编了绿岩带型、变质碎屑岩型、沉积岩系及火山-次火山岩型4种类型共计65个金矿的找矿模型实例(邹光华等,1996),吴承烈等主编了斑岩型、矽卡岩型、复合型、铜镍硫化物型、海相火山岩型、沉积变质热液改造型及热液型7类铜矿床的《中国主要类型铜矿勘查地球化学模型》(吴承烈等,1998)和同年李惠等编著出版的《大型、特大型金矿盲矿预测的原生叠加晕模型》(李惠等,1998);2011年李惠等又系统总结了以金矿为主的构造叠加晕找矿模型最新的成果(李惠等,2011);2006年刘崇民列举了Cu、Pb-Zn、Au等矿种的原生地球化学异常模式(刘崇民,2006)。除原生地球化学异常模式的系统总结外,2002年史长义等系统论述了13个矿田2个矿带(近40个铜矿床)的区域地质、地球化学异常结构模式(史长义等,2002)。

从上述地球化学找矿模型的历史沿革中发现:

(1)以往所建立地球化学找矿模型由于缺乏成岩-成矿-成晕同系统建模的思想,往往侧重成晕部分,忽略了成晕母体的成岩、成矿作用的系统研究。

(2)内生成矿作用和表生风化作用的关联性研究不够,缺少内生与表生之间"量(成矿元素丰度)、质(赋存形式)、动(成矿物质活化迁移的动力机制和有关的物理化学环境)"的有机联系,局限于土壤和岩石测量的中大比例尺地球化学数据的多元统计分析;另外,示踪的元素种类偏少,与1:20万水系沉积物测量的39种元素不配套,而且以往测试分析方法迥异和分析测试精度参差不齐。

(3)缺乏多介质、多参数指标的空间统计分析和地球化学异常的成因,大部分是以展示元素含量空间变化的地球化学图为主,较少从成矿作用"源""动""储"的视角解释评价异常形成的内在机制。

(4)建立的找矿模型多是描述性的地球化学异常模型,综合矿床地质、成岩与成矿机制、理论地球化学和勘查地球化学等内容为一体的找矿模型研究较少,这势必降低了预测区的圈定和资源量估算的可信度。

第二章 中国铜矿资源概况

我国地处欧亚板块、印度洋板块和太平洋板块三大板块的交汇处,加之,世界三大铜成矿域(古亚洲成矿域、滨太平洋成矿域、特提斯-喜马拉雅成矿域)均通过我国,因此地质构造复杂、铜成矿条件多样、矿床类型齐全。

第一节 铜矿床类型

据赵一鸣(2006)、黄崇轲(2001)等统计表明,全球各种主要铜矿类型在我国境内均已发现,包括斑岩型、矽卡岩型、海相火山岩型、陆相火山岩型、铜镍硫化物型、海相杂色岩系型、陆相杂色岩系型、海相黑色岩系型(Sedex)和热液型等(表2-1)和本次研究的我国25个各类典型矿床的分布见图2-1。其中斑岩型、矽卡岩型和海相火山岩型铜矿床为我国主要的工业类型,其储量合计占全国各类铜矿床总储量的80%左右(王全明,2005)。

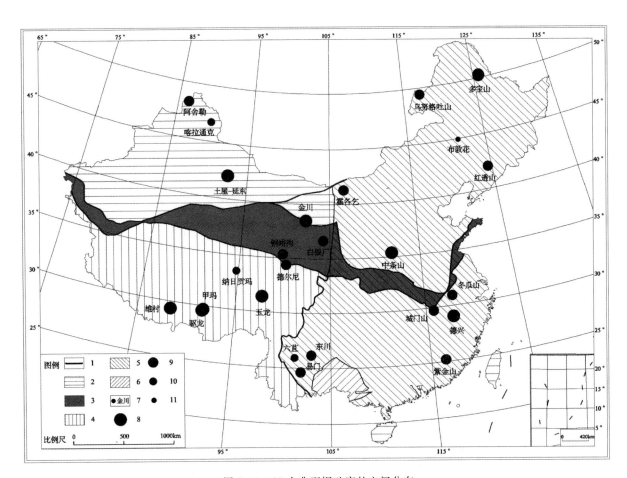

图2-1 25个典型铜矿床的空间分布

1—成矿域界线;2—古亚洲成矿域;3—秦祁昆成矿域;4—特提斯成矿域;5—滨太平洋成矿域;
6—受特提斯影响地区;7—铜矿床名称;8—超大型;9—大型;10—中型;11—小型

表 2-1 我国铜矿床的主要类型及主要地质特征(据赵一鸣,2006;任天祥等,1998 修改补充)

矿床类型		地质背景	含矿围岩	围岩蚀变	金属矿物组合	成矿元素	伴生元素	典型矿床
与中酸性侵入岩有关	斑岩型铜矿床	两大构造单元汇聚部位及构造隆起单元的边部,矿田(床)受复合构造控制	钙碱性到碱钙性和碱性系列的斑岩及硅铝质外接触带岩石	具强烈的面型钾化带-石英绢云母化带-泥化带-青磐岩化带蚀变	黄铁矿、黄铜矿、斑岩矿、辉钼矿、少量方铅矿、闪锌矿等	Cu(Mo)	Au、Ag、Bi、Mo、Re、Pb、Zn、Se、Te	江西德兴,西藏玉龙、驱龙,云南普朗,黑龙江多宝山
	矽卡岩型铜矿床	板内构造岩浆活动带,矿带受深大断裂控制	深源中酸性侵入岩与碳酸盐岩的内外接触带或附近	强烈钙镁矽卡岩化、硅化、大理岩化、碳酸盐化	黄铜矿、辉钼矿、磁铁矿、磁黄铁矿、斑铜矿、辉铜矿、闪锌矿	Cu、W、Sn、Mo	Fe、Au、Ag、Pb、Zn、Bi、Se、Te	湖北铜绿山,江西城门山、武山,安徽铜官山
海相火山岩型	与绿岩有关的黄铁矿型矿床	洋脊、弧后拉张盆地裂陷扩张带	镁铁-超镁铁岩(蛇绿岩)-基性火山岩系列	强烈碳酸盐化、蛇纹石化,其次为透闪石化、硅化、绿泥石化、滑石化、金云母化	主要为黄铁矿,次为黄铜矿、磁黄铁矿、闪锌矿、磁铁矿、(钴镍黄铁矿)赤铁矿等	Cu、Zn;Cu、Co	Au、Ag、Cd、Se,次要 Ga、In、Ni、Tl、Te、Ge、Pt 族元素等	辽宁红透山,青海德尔尼
	与细碧角斑岩有关的黄铁矿型矿床	岛弧带、弧后盆地大陆边缘裂谷带	偏碱性海相火山岩、细碧角斑岩及流纹-安山-玄武岩系列	强硅化、绿泥石化、绢云母化、钠长石化、碳酸盐化	主要为黄铁矿,其次为黄铜矿、磁黄铁矿、闪锌矿、白铁矿	Cu;Cu、Zn;Cu、Zn、Pb	Au、Ag、Bi、Pb、Zn、Cd	新疆阿舍勒,甘肃白银厂,云南大红山,浙江西裘
陆相火山岩型矿床(中酸性陆相火山岩型)		火山断陷盆地中火山岩建造,受深大断裂控制	富含钾质的英安斑岩-流纹岩系列	强烈的硅化、石英-明矾石化、石英-迪开石化、石英-绢云母化、冰长石化等	自然金、黄铁矿、黄铜矿	Cu、Au	Ag、Bi、Pb、Zn、Cd	福建紫金山
与基性-超基性有关的铜镍硫化物矿床		沿古大陆边缘、陆内裂谷或陆内深大断裂分布拉张环境中,地幔岩上涌的产物	为分异良好的高镁铁质基性-超基性杂岩体	强烈蛇纹石化、滑石化、次闪石化、绿泥石化、金云母化、绢云母化、碳酸盐化等	磁黄铁矿、镍黄铁矿、黄铜矿、磁铁矿	Cu、Ni、(Co)	Au、Ag、Co、Cr、Pt、Pb、Se、Te	甘肃金川,新疆克拉通克,吉林红旗岭
海相杂色岩系铜矿床		受陆内裂谷(坳拉槽)或隆起区的边缘海槽控制	碳酸盐岩建造,粉砂岩、砂页岩、砂岩等细碎屑岩建造	弱硅化、碳酸盐化、绿泥石化、重晶石化等	辉铜矿、斑铜矿、黄铜矿、黄铁矿	Cu	Au、Ag、Pb、Zn	云南东川,云南易门
陆相杂色岩系铜矿床		产于中新生代沉积盆地(云南滇中盆地、湖南沅麻盆地、衡阳盆地及云南兰坪-普洱盆地)	陆相杂色碎屑岩系	蚀变弱,紫色岩石褪色化、碳酸盐化	辉铜矿、斑铜矿、黄铜矿、辉银矿、自然银	Cu、Ag	Au、Pb、Zn(U)	云南六苴,湖南麻阳九曲湾,湖南柏坊
海相黑色岩系铜矿床(Sedex 型)		产于裂谷或裂陷槽(中元古代)	海底热水沉积建造(碳质板岩、重晶石、碳酸盐岩等)	硅化、电气石化、透辉-透闪石化、白云母化、阳起石化、绿泥石化、碳酸盐化	黄铜矿、硫黄铁矿、黄铁矿、斑铜矿、辉铜矿、硫钴矿、钴镍黄铁矿	Cu、Pb、Zn	Ag、As、Au、Co、Mo、Se	内蒙古霍各乞,山西中条山,青海铜峪沟
热液型铜矿床		位于线性构造(断裂破碎带、不整合面等)地段	硅铝质(碎屑岩、中酸性火山岩、花岗岩类等)岩石	蚀变范围窄,硅化、绢云母化、绿泥石化、碳酸盐化、萤石化等	黄铜矿、黄铁矿、方铅矿、闪锌矿、辉银矿	Cu、Pb、Zn	Pb、Zn、Au、Ag、Mo、W	内蒙古布敦花,江西朱溪,福建管查,广东钟丘洋

第二节 铜矿床的时空分布特征

据黄崇轲等(2001)对中国铜矿床时空分布规律的研究表明：中国铜矿的空间分布在古亚洲成矿域、滨太平洋成矿域和特提斯-喜马拉雅成矿域（即北部成矿域、东部成矿域和西南成矿域）。在三大成矿域内铜矿床的时空分布特征简述如下。

(1) 北部成矿域（包括秦祁昆成矿域）：主要成矿时代为古生代和前寒武纪（其东部及东北部叠加了中生代的滨太平洋的成矿作用），产出铜矿类型主要为斑岩型、岩浆铜镍硫化物型、海相火山岩型，其中以富产岩浆铜镍硫化物矿床为特色（红旗岭、金川、克拉通克和黄山等铜镍硫化物矿床）。

(2) 东部成矿域（滨太平洋成矿域的中国部分）：主要成矿时代为中生代，铜矿类型以斑岩型和矽卡岩型占绝对优势（斑岩型占东部成矿域的45%，矽卡岩型约为40%）。东部成矿域以矽卡岩型铜矿床为特点，全国矽卡岩型铜矿床多分布在长江中下游铜成矿带、钦杭东段铜成矿带及燕辽铜带。

(3) 西南成矿域：涉及西藏、云南、青海西部及四川西部等地区，主要包括特提斯-喜马拉雅成矿域和相邻的扬子陆块西缘。其成矿时代可概括为"一老一新"，"一老"是指赋存于扬子陆块上元古宙的海相火山岩型大红山铜矿、拉拉厂铜矿床以及元古宙的东川、易门的海相杂色岩系型铜矿床，"一新"是指以喜马拉雅期为主要成矿时代的斑岩型铜矿床，其含矿斑岩体侵位和成矿时代为41~34Ma（以玉龙斑岩型铜矿床为代表）、24~16Ma（以驱龙斑岩型铜矿床为代表）。该成矿域主要矿床类型为斑岩型、海相（陆相）杂色岩系型及海相火山岩型。其中海相、陆相杂色岩系型具有较大规模的储量是另一大特色。

综上所述，我国铜矿成矿时代虽然从太古宙到第四纪都有不同程度的分布，但主要集中在中新生代，其次是中新元古代。据黄崇轲等(2001)统计，中新生代占63.6%，元古宙占17.9%。而铜成矿空间分布主要集中在西藏冈底斯、"三江"、赣东北、长江中下游、滇中、祁连山以及黑龙江东部和内蒙古地区等，在这些成矿区带内已探明铜储量占全国铜总储量的85%以上。

根据国土资源部2010年统计（周平等，2012），全国铜储量主要分布于江西、甘肃、安徽、黑龙江、云南、新疆、西藏、福建、青海等10个省/区，总计占全国铜储量的87%，其中江西(27%)、甘肃(13%)和安徽(9%)分别位列全国前三位（见图2-2）。若以富铜矿储量统计，2010年全国富铜矿储量居前5位的是安徽(24%)、甘肃(18%)、云南(12%)、新疆(11%)和西藏(9%)。2010年统计全国铜查明的资源量主要集中在西藏、江西、云南3个省/区，接近全国查明资源量的50%，其中西藏(21%)、江西(16%)和云南(12%)，分别位居全国各省/区查明资源量的前三位（图2-3）。

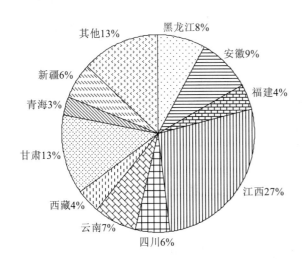

图2-2 2010年全国铜储量主要分布省/区
（引自周平等，2012）

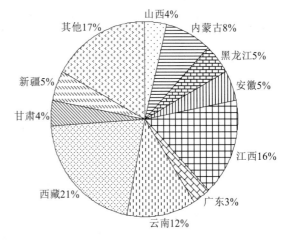

图2-3 2010年全国铜矿查明资源储量主要分布省/区
（引自周平等，2012）

第三节 我国铜矿产品产销状况

据周平等统计(2012)，我国从1949年以来，铜精矿与精炼铜产量及消费量见图2-4所示。在20世纪90年代中期我国铜精矿和精炼铜产量经历了一次大幅度的增长，2000—2010年又进入了一个快速增长期。铜精矿产量从2000年的59.26×10^{4}t迅速攀升至2008年的107.61×10^{4}t，2009年受国际金融危机的影响有所回落(104.4×10^{4}t)，但2010年又快速回升，创115.5×10^{4}t的历史新高，10年间产量翻一番多。精炼铜产量则从2000年的137×10^{4}t一路飙升到2010年的454×10^{4}t，增幅高达233%。然而，与精炼铜的需求及消费量相比，我国的铜精矿和精炼铜的产量增速似乎显得微不足道。如图2-4所示，1998年以前我国铜资源供销量基本保持平衡。在1999年以后的10年里，我国铜资源消费量呈现出直线高增长的势态，精炼铜的供应缺口越来越大。据世界金属统计年报数据显示，1999年我国表观铜消费量的缺口为85.5×10^{4}t，至2010年我国表观铜消费量已达792×10^{4}t，占全球消费总量的比例达41.32%，同期精炼铜产量仅为457×10^{4}t，供应缺口已达335×10^{4}t。

综上所述，从1998年到2010年，我国的表观铜消费量增长了约664×10^{4}t，而同期精炼铜产量仅增长了336×10^{4}t，总缺口达到328×10^{4}t，我国铜资源供应形势严峻，自产率严重不足，约45%精炼铜需要依赖进口。因此，铜矿资源是我国目前急需而紧缺的矿种之一。

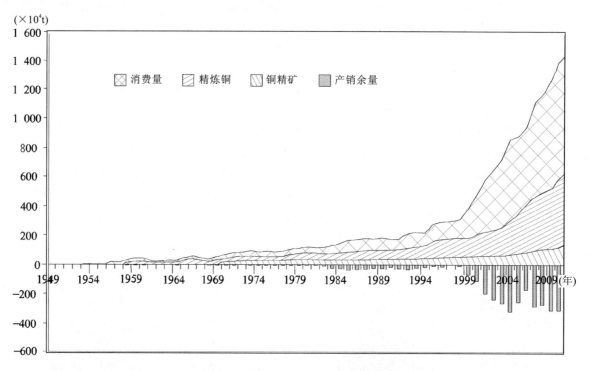

图2-4　1949—2010年中国铜精矿与精炼铜产量(周平等，2012)
产销余量为精炼铜产量与消费量之差，负值表示供应缺口

第四节 我国铜矿资源的主要特点

概括起来，我国铜矿资源的主要特点如下：

(1)中小型矿床多，大型超大型矿床少。据周平等(2012)统计，我国中小型铜矿床数占总矿床数的93.5%，而大型-超大型矿床仅占6.5%。另外，铜矿储量分布较为分散，就保有储量的矿产规模而言，大型铜矿床占有率偏少(仅占42%)，中小型铜矿床的保有储量偏多(27%、31%)，不利于规模化的开发利用。

(2) 铜矿石贫矿多、富矿少。中国铜矿床平均品位为 0.87%，品位＞1% 的铜储量约占全国铜矿总储量的 35.9%，在大型矿床中，品位＞1% 的铜储量仅占 13.2%，特别是大型、超大型斑岩型铜矿床的矿石品位普遍偏低，一般为 0.5%，占总保有储量的 35%，与世界著名铜矿床相比，矿石质量较差是制约我国铜矿开发利用的内在因素之一。

(3) 共伴生矿多，单一矿少。这是我国的铜矿类型所决定的。斑岩铜矿中，多数矿床共生 Mo，伴生 Au、Ag、In、Ge、Tl、Re、Cd、Se，以及 Pt 族元素；矽卡岩铜矿中，Cu、Fe、Pb、Zn、W 经常共生在一个矿床中，并伴生有 Be、Sn、Mo、Au、Ag、Ge、Ga、Re、Cd、Se、Te 等；海相火山岩型铜多金属矿床中，Cu、Pb、Zn 和黄铁矿常共生产出，并伴生有 Ag、Au、Se、Cd、In、Tl、Mo、Co 等；铜镍硫化物型矿床中，Cu、Ni 共生，伴生 Co、Pt 族元素、Au、Ag、Ga、Ge、Tl、Se、Te 等；沉积岩中层状铜矿床常伴生 Pb、Zn、Ti、V、Ni、Co、Sn、Au、Ag、Hg、Ga、Ge、Tl、V、Th、Se 等。在铜矿床的开发中这些元素具有很大的综合利用价值，回收共伴生组分既可以取得巨大经济效益，又对矿山环境保护有利。

(4) 老矿山资源危机与新矿山尚未投产并存。我国已开发的七大铜等有色金属基地(江西铜基地、云南铜基地、白银铜基地、东北铜基地、铜陵铜基地、大冶铜基地、中条山铜基地)主要集中在我国的中东部和南部，自然条件较好，地质工作程度较高，经济、技术较发达，但是矿山经过多年的开采，其中七大铜业基地大多已进入了中晚期，并出现了不同程度的资源危机；自 2002 年以来，我国新发现了一大批铜矿产地，累计探获新增铜金属量 $1\,200\times10^4$ t 多，资源量 $3\,674\times10^4$ t，主要分布在我国西部的东天山、"三江"流域及西藏冈底斯巨型铜多金属成矿带。由于新发现的铜矿产地，其自然地理条件较差，经济欠发达，目前尚未有新矿山的投产以及形成新的铜业基地。

鉴于上述事实，本着立足国内大力开展铜矿资源勘查，同时面向海外市场的宗旨，以缓解我国目前及未来铜矿资源供需突出的矛盾为目标。因此，以我国已有的勘查地球化学数据为主线，建立地球化学找矿模型，开展中国铜矿资源地球化学定量预测研究，从而遴选并圈定一批具有找矿前景的铜矿预测区，并估算其资源潜力是一项急需而又十分必需的工作。

第三章 中国铜矿资源地球化学定量预测的理论基础、工作思路及方法技术

资源量预测属于成矿预测的范畴,现代成矿预测一般分为定性和定量预测。而定量预测从预测尺度上可分为两种:一是矿区深部与外围的预测,充分利用现代 GIS 平台对地质体进行三维模型的创建,从可视化角度开展深部矿体预测和资源量的估算;二是区域成矿预测,应用各种成矿理论和技术开展资源潜力评价(赵鹏大等,1999;王世称等,2000;肖克炎和王勇毅,2006;朱裕生和肖克炎,2007)。本项目铜矿资源地球化学定量预测就是在充分吸纳前人研究成果的基础上,以现代成矿成晕理论为指导,以 GIS 平台为主要技术手段,开展全国Ⅲ级成矿带内的铜矿资源定量预测。

第一节 铜矿资源地球化学定量预测的理论基础

为什么地球化学可以进行矿产资源(有色金属、贵金属等)的定量预测呢?其理论基础是"见微而知著",那就是在成矿作用过程中所形成的宏观地质体(控矿构造、含矿岩浆岩、矿源层、矿体、矿石、围岩蚀变、原生地球化学晕及成矿后的次生土壤、水系沉积物地球化学晕……)的同时,还形成了大量肉眼难以辨别的元素(元素相态)、同位素成分的微观踪迹,其中包含着大量重要的定性和定量的成矿作用时空信息,只要应用现代测试分析手段分析这些微观踪迹,便可揭示成矿作用(成矿元素的"量""质""动")的奥秘。也就是通过观察元素(同位素)之微,以求认识成矿作用之著,简称"见微而知著"。

一、铜矿资源地球化学定量预测的基本单元——Ⅲ级成矿区带

成矿区带是指在某一成矿区带内具有主导的成矿地质环境、地质演化历史及与之相应的区域成矿作用,其内具有相应元素浓集的成矿信息以及相应时代形成的各类矿床组合。它们往往有规律地集中分布,能反映矿床资源的区域特征和控制因素。因此,成矿区带中区域成矿规律的研究是矿产资源勘查和预测评价的基础(徐志刚,2008)。成矿区带的划分主要依据区域成矿的地质构造环境及区域成矿作用的性质、产物(矿种)、强度及其他有关的矿化信息。

成矿区带的划分级别可从全球性的成矿域,到大区域的成矿省,区域性的成矿区带及地区性的成矿亚区(亚带)、矿集区(矿田)等不同等级。陈毓川(1999)主编的《中国主要成矿区带矿产资源远景评价》将我国的成矿单元分为5级。

Ⅰ级:全球成矿区带,亦称"成矿域",它对应全球构造。

Ⅱ级:Ⅰ级成矿域中的次级成矿区带,亦称"成矿省",对应于某个单元或跨越几个大地构造单元,成矿作用形成于几个或一个大地构造-岩浆旋回的地质历史时期。

Ⅲ级:Ⅱ级成矿单元内的次级成矿区带,亦称"成矿区带",其范围总体上相当于成矿省内较大级别、相对独立的构造-成矿单元,它是一种或者多种矿化集中分布区,成矿作用受控于某一构造岩浆带、岩相带、区域构造或变质作用。在Ⅲ级成矿区带内还可细分出Ⅳ级(矿化集中区)和Ⅴ级(矿田)成矿单元。其中Ⅲ级成矿区带是成矿区带划分研究的核心,也是各省、自治区乃至大区和全国进行区域成矿规律研究和重要矿产资源潜力评价和预测的基础。

现以云南省Ⅲ级成矿区带划分为例,云南省具有极为复杂的铜矿成矿地质构造环境,参考徐志刚(2008)的成矿区带划分及结合云南省成矿区带划分的实际情况,将云南省成矿区带划分为:2个Ⅰ级成矿域、4个Ⅱ级成矿省和13个Ⅲ级成矿带(见表3-1、图3-1),在与铜成矿关系密切的8个Ⅲ级成矿带中总

结区域地质和矿床地质特征、成岩与成矿规律以及关键的控矿因素,分析各类地球化学特征与异常规律,最后提炼出典型矿床的地质地球化学找矿模型。

表 3-1 云南省铜矿地球化学建模与定量预测成矿区带划分

Ⅰ级(成矿域)	Ⅱ级(成矿省)	Ⅲ级成矿带	典型铜矿床
Ⅰ₁ 特提斯成矿域	Ⅱ₁ 腾冲(造山系)成矿省	Ⅲ₂ 腾冲(岩浆弧)Sn、W 多金属成矿带	大硐厂
	Ⅱ₂ 三江(造山带)成矿省	Ⅲ₃ 保山-镇康(陆块)Cu 多金属成矿带	核桃坪、金厂河
		Ⅲ₄ 昌宁-澜沧(造山带)Cu 多金属成矿带	官房、老厂、铜厂街
		Ⅲ₅ 兰坪-普洱(陆块)Cu 多金属成矿带	大平掌、白秧坪、金满
		Ⅲ₇ 香格里拉(陆块)Cu 多金属成矿带	普朗、雪鸡坪、红山、羊拉
Ⅰ₂ 滨太平洋成矿域	Ⅱ₃ 上扬子(陆块)成矿省	Ⅲ₈ 丽江-大理-金平(陆缘裂陷)Cu 多金属成矿带	永胜宝坪、铜厂河、马厂箐、白马寨、铜厂、龙脖河
	Ⅱ₄ 华南成矿省	Ⅲ₉ 滇中(基底隆起带)Cu 多金属成矿带	大红山、东川式、易门式、烂泥坪式、六苴
		Ⅲ₁₃ 个旧-文山-富宁 Sn、Cu 多金属成矿带	个旧、白牛厂、都龙

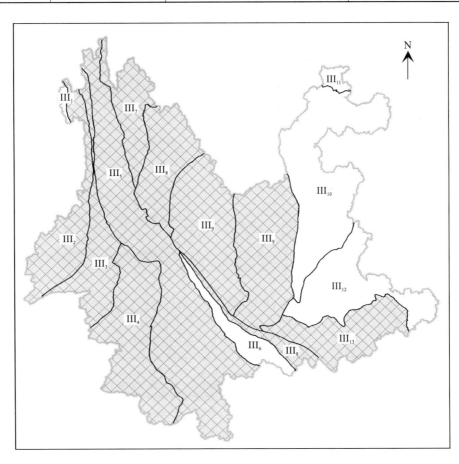

图 3-1 云南省铜矿地球化学定量预测Ⅲ级成矿区带范围(阴影部分)

Ⅲ₁.拉萨地块成矿带;Ⅲ₂.腾冲成矿带;Ⅲ₃.保山-镇康成矿带;Ⅲ₄.昌宁-澜沧成矿带;Ⅲ₅.兰坪-普洱成矿带;
Ⅲ₆.墨江-绿春成矿带;Ⅲ₇.香格里拉成矿带;Ⅲ₈.丽江-大理-金平成矿带;Ⅲ₉.滇中成矿带;
Ⅲ₁₀.昭通-曲靖成矿带;Ⅲ₁₁.四川盆地成矿带;Ⅲ₁₂.罗平-开远成矿带;Ⅲ₁₃.个旧-文山-富宁成矿带

而与成矿区带分级对应的地球化学体系也呈现为：地球化学域、地球化学省、地球化学区带、矿田晕、矿床晕、矿体晕等不同级别的地球化学异常。各级地球化学异常是经历了地壳形成与演化的原始差异，又经受了后期不同规模的岩浆、沉积、变质及成矿作用的叠加改造的产物，同时表生作用过程中把这些特征传递（遗传）给某些表生天然物质（各种松散覆盖层、水系沉积物、生物和水）中，因此各级地球化学异常的厘定对矿产资源潜力评价和勘查具有重要的战略和战术意义。

本次全国铜矿资源地球化学定量预测研究就是以Ⅲ级成矿区带为基本预测单元，其内铜矿资源地球化学定量预测涉及成矿作用的根本前提——物质基础，即成矿物质的来源、运输和浓集机制及成矿环境等问题。

二、Ⅲ级成矿区带内成矿作用的"源""动""储"分析

翟裕生等（1999）提出了"成矿系统"的定义"成矿系统是指在一定的时空域中，控制矿床形成保存和变化的全部地质要素和成矿作用的动力过程，以及所形成的矿床系列、矿化异常系列所构成的整体，是具有成矿功能的一个自然系统"。概括地说，一个成矿系统包括：控矿要素；成矿作用过程；形成的矿床系列；成矿后变化保存四个方面的基本内容（图3-2）。成矿系统的概念从事物的系统性出发，将地质历史中复杂万千的成矿作用赋予系统的观点进行解读，将成矿的环境、要素、动力、作用、过程、产物、异常和变化作为一个自然作用的整体来研究，从而使成矿作用的研究实现了从现象到机理、静态到动态、定性到定量以及局部到整体的转变，进而极大提高了成矿预测的科学性和准确性。

陈毓川等（2007）提出"成矿系列"的概念：在特定的时空范围内发生的成矿作用全过程及其产物。它包含着时间、空间（成矿环境）、成矿作用及矿床组合四要素。

那么，如何从地球化学视角认识成矿作用呢？其实质以成矿元素（伴生元素）的来源、运输及浓集机制为主要研究内容，即对应成矿作用的"源""动""储"分析。

源：指成矿元素（伴生元素）在成矿前是从哪一个（主要的）地质体中活化→迁移→沉淀富集的。

动：指的是哪一次（主要的）地质作用具有使成矿元素活化→迁移→沉淀的机制。

储：指的是成矿元素在哪些地质体的空间位置中最有利于沉淀富集。

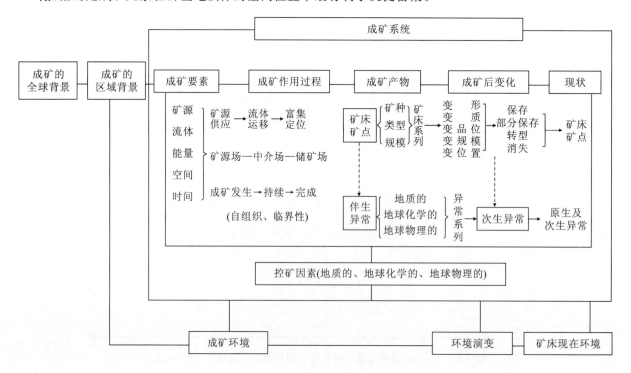

图3-2 成矿系统结构图（翟裕生等，1999）

(一)岩石圈元素丰度是成矿作用的物质基础

成矿元素在区域岩石圈中的分布是不均匀的,一般将富含某种(某些)成矿元素的区域称之为地球化学省,它是提供成矿物质的主要源区。在我国东部铜矿资源丰富,尤其是扬子陆块为我国重要的铜地球化学省,究其原因何在。张本仁院士(1994)用科马提岩补偿法和Ringwood地幔岩模型法,对我国华北陆块南缘、扬子陆块北缘及秦岭造山带进行了上地幔Cu、Au、Mo等成矿元素的估算和地壳各圈层相应成矿元素的计算(表3-2)。

表3-2 长江中下游及邻区岩石圈成矿元素丰度值

成矿元素	上地幔					地 壳										大陆地壳		
	华北陆块南缘		扬子陆块北缘			华北陆块南缘					扬子陆块北缘							
	A	C	B	A	D	SC	UC	MC	LC	TC	SC	UC	MC	LC	TC	UC	LC	TC
Cu	12	7	62	93	31	12	16	20	20	19	12	21	26	27	24	25	90	75
Au	2.6	2.4	0.7	0.9	0.53	0.8	0.6	0.5	0.4	0.5	0.7	0.7	0.7	0.7	0.7	1.8	3.4	3.0
Mo	1.3	1.7	1.1	0.2		1.3	1.3	1.4	1.7	1.4	0.88	0.58	0.43	0.68	0.56	1.5	0.8	1.0
备注	A:用科马提岩补偿法计算;B:用Ringwood地幔模型估算;C:以科马提岩样品代表地幔的成分;D:上地幔元素丰度(Anderson,1983),引自张本仁(2002)(单位:Au含量为10^{-9},Cu、Mo为10^{-6})。SC:沉积盖层;UC:上地壳;MC:中地壳;LC:下地壳;TC:总地壳;引自高山(1994)															(Taylor and McLennan,1995)		

(1)由表3-2清晰可见,扬子陆块北缘上地幔最富铜($62\times10^{-6}\sim93\times10^{-6}$),因此处于扬子陆块北缘的长江中下游地区Cu元素具有较丰富的成矿物质基础。区域上地幔的组成制约着深源成岩成矿作用,致使铜矿成为长江中下游的优势矿产之一。

(2)扬子陆块北缘地壳各层圈中Cu的丰度($21\times10^{-6}\sim27\times10^{-6}$)明显偏低。这一特征显示,处于扬子陆块北缘的长江中下游地区沉积作用、变质作用过程中Cu等成矿元素不具明显的富集趋势,而深源中酸性岩浆分异作用是长江中下游地区铜成矿作用的主导机制(表3-3)。

表3-3 长江中下游地区中生代两个成矿系列地质地球化学特征

特征 \ 岩系	深源中酸性花岗岩系列 (以成Cu亚系列为例)	壳熔酸性花岗岩系列 (以W、Sn亚系列为例)
侵位构造背景	陆内板块碰撞拼接带	板内隆起边缘断裂带
源 区	幔壳混熔	壳 源
岩石类型	闪长玢岩、石英闪长玢岩、花岗闪长(斑)岩	二长花岗岩、黑云母二长花岗岩、二云母碱长花岗岩
副矿物组合	磁铁矿、磷灰石、榍石、锆石	钛铁矿、石榴石、黄玉、锆石、磷灰石
岩石化学特征	低硅、富碱、富钾	高硅、富碱、铝过饱和
成矿元素组合	Cu、Au(Mo)	W、Sn、Li、Nb
稀土元素特征	右倾平滑型,$\delta Eu=0.8\sim1$	右倾"V"字型,$\delta Eu=0.2\sim0.35$
$(^{87}Sr/^{86}Sr)_i$	$0.7050\sim0.7100$	$0.7197\sim0.7206$
$^{238}U/^{204}Pb$	低μ值($8\sim9$)	高μ值(>10)
$\delta^{18}O$全岩(‰)	$8\sim10$	>10
$\varepsilon Nd(t)$	$-11\sim-13$	$-5\sim-7$
典型矿床	城门山、武山	香炉山、曾家垅、大湖塘

对于扬子陆块北缘另一个中生代岩浆成矿系列是与W等有关的壳源酸性花岗岩系列,由于两者的成岩源区迥异,前者是以熔融富铜的上地幔,后者是重熔富钨的褶皱基底(表3-4)。因此它们的成岩成矿地球化学特征不同。一个形成了以铜为主的优势矿产区,另一个形成了以钨为主的赣西北修水-武宁巨型矿集区(图3-3)。因此,区域岩石圈的成矿元素丰度,是Ⅲ级成矿区带成矿作用的物质基础。

表3-4 扬子陆块东段元古代褶皱基底钨等成矿元素丰度

地区	层位 (Pt_{2-3})	样品 件数	成矿元素($\bar{X}$)							资料来源
			W	Au	Ag	Sb	As	Cu	Pb	Zn	
赣东北 双桥山群	上亚群	34		22.5	0.05	1.0	47	41	39	111	刘英俊和沙鹏,1989
	下亚群	84		2.0	0.06	0.8	14	49	45	121	
赣西北	九岭群	70	3.28	3.41	0.162	1.45	9.90	43.4	36.6	99.5	刘英俊和高维敬,1992
湘东北	冷家溪群	46	5.4	3.7	0.05	1.9	25.6	36.1	54.1	145	刘英俊和马东升,1991
湘西北 (沃溪)	冷家溪群	30	4.4	3.6	0.05	1.1	8.4	60	40	148	
	板溪群	36	5.2	3.4	0.05	2.1	2.3	33	25.6	137	
大陆上地壳			2.0	1.8	0.05	0.2	1.5	25	20	71	Taylor and McLennan,1995

注:$\bar{X}$为各成矿元素质量分数的平均值,其中Au为10^{-9},其他为10^{-6}

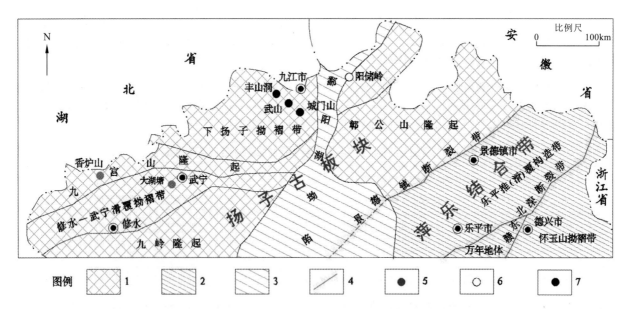

图3-3 赣北九瑞铜矿集区与修武钨矿集区分布图(据刘勇和周贤旭修改,2010)
1—扬子古板块;2—萍乐结合带;3—中新生代坳陷;4—深大断裂;5—钨矿床;6—钼矿床;7—铜矿床

(二)成矿元素的富集机制是成矿作用是否发生的决定因素和必要条件

从上述理论分析和实践研究表明,矿源系统(岩浆岩、矿源层)的成矿元素丰度是成矿作用发生的有利因素和必要条件,但决非是成矿作用的决定因素和充分条件。而成矿元素是否发生了从矿源系统中活化迁移,富集成矿作用的机制才是成矿作用的决定因素和充分条件。成矿元素在这个过程中的行为称之为"动"。

例如,在长江中下游地区与中酸性小斑岩体有关的矿床,马振东等(1997)提出了三级"岩浆泵"的富集机制模型(图3-4),认为三级"岩浆泵"是Cu等成矿元素活化迁移、富集成矿的机制,也是Cu等成矿元素"动"的地质营力。

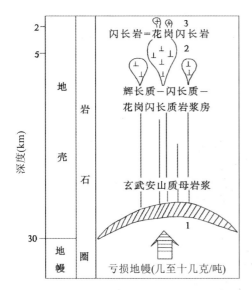

图 3-4 九瑞地区铜三级"岩浆泵"富集示意图（马振东和单光祥，1997）

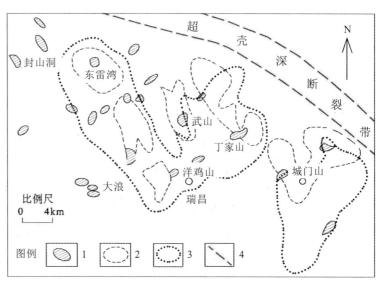

图 3-5 九瑞地区地表小岩体与深部隐伏岩基示意图（马振东和单光祥，1997）

1—地表中酸性小岩体；2—隐伏岩体；3—深部岩基；4—断裂

由图 3-4 可知：处于华北（大别）陆块及扬子陆块碰撞造山带缝合线附近的长江中下游地区是软流圈上拱部位，那里地壳最薄。经过强烈的地幔交代作用，原始地幔岩浆分异出来的富 Cu 熔体与下地壳英闪长质-英闪质-花岗闪长质的片麻岩发生局部熔融，形成了玄武-安山质母岩浆房，其 Cu 含量为 $90\times10^{-6}\sim110\times10^{-6}$，其深度约 20~30km，这是第一级岩浆泵站。

在深部地壳范围内玄武-安山质母岩浆不断分离结晶，沿着壳幔断裂分异出辉长质-闪长质-花岗闪长质岩浆，由于熔浆结构所产生的晶体场效应，Cu^{2+} 等过渡族元素离子，倾向于在岩浆熔体中富集，其 Cu 含量为 $50\times10^{-6}\sim100\times10^{-6}$（暗色包体测定），形成深度约 2~3km 至 4~5km，这是二级岩浆泵站。

在近地表 0.5~2km 所形成的闪长岩、花岗闪长岩小岩株、小岩墙，就是目前所研究的含矿小岩体，它是铜富集的第三级岩浆泵站（含铜几十至几百克/吨），同时也是重要的赋矿空间，在它们与围岩的接触带、顶缘冷缩裂隙、隐爆角砾岩带、围岩层间破碎带附近，在深部岩浆气液流体多期多次叠加作用下，使之发生普遍蚀变、矿化，局部形成工业矿体、富矿体。

由于多级岩浆泵的多期多次的"泵吸"作用，源源不断地把 Cu 等成矿物质从深部带到地壳浅部，在有利的环境下富集成矿，这可能就是小岩体形成大矿床的主导因素。图 3-5 是江西城门山、武山铜矿床及外围出露地表及深部隐伏岩体空间分布示意图（据赣西北地质队对九瑞地区航磁电算资料推测），其深部 1.5~2.7km 有 6 个隐伏岩株，规模 13~56km²，推测这可能是第二级岩浆泵站。

从以上长江中下游铜多金属成矿带地质地球化学特征分析，深源岩浆分异作用是中国东部（长江中下游）铜成矿作用的主导机制。

（三）"地球化学障"是成矿元素沉淀富集的有利场所——"储"

成矿作用是寓于各种地质作用中的，是地球物质的化学运动形式，元素在哪里沉淀富集呢？从地球化学的视角分析，受元素所处的物理化学条件所控制，尤其是物理化学条件剧变的环境最有利沉淀反应发生，即元素沉淀的环境和场所——"地球化学障"。例如，地质环境中的裂隙带是减压降温的环境；孔隙度小渗透性差的泥质层是成矿溶液运移的隔挡层；碳酸盐岩层是成矿溶液酸碱度的缓冲剂；碳质层、基性岩体中暗色造岩矿物中 Fe^{2+}、Mn^{2+}、Mg^{2+} 等是成矿溶液发生氧化还原的还原剂；风化黏土层是成矿元素良好的吸附剂。如江西九江城门山"三位一体"铜多金属矿床，其"三位"就是成矿元素 Cu 富集的有利场所："第一位"矽卡岩型铜矿体赋存于花岗闪长斑岩与二叠系、三叠系碳酸盐岩的接触带；"第二位"是斑岩铜

(钼)矿体富于花岗闪长斑岩(石英斑岩)岩体顶部、边缘裂隙带;而"第三位"层状含铜块状硫化物矿体则是泥盆系五通组石英砂岩与石炭系黄龙组碳酸盐岩假整合面上层间破碎带。这些部位都是物理化学条件剧变的赋矿空间(图3-6)。

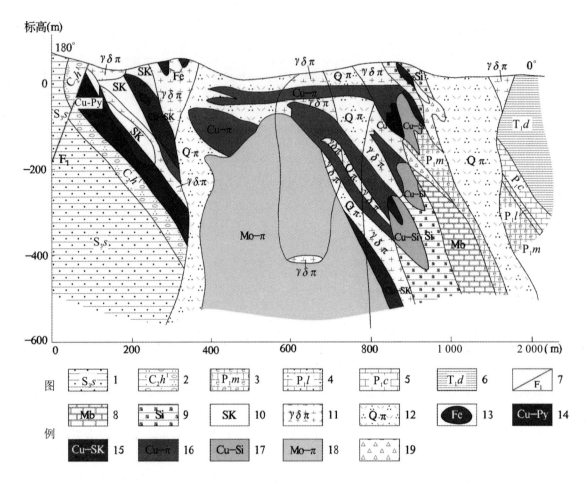

图3-6 城门山"三位一体"铜矿床东西向剖面图(据王忠玲修改,1991;马振东修改,2013)
1—志留系纱帽组;2—石炭系黄龙组;3—二叠系茅口组;4—二叠系龙潭组;5—二叠系长兴组;6—三叠系大冶组;
7—断层编号;8—大理岩;9—硅质岩;10—矽卡岩;11—花岗闪长斑岩;12—石英斑岩;13—褐铁矿;
14—块状硫化物铜硫矿;15—矽卡岩铜矿;16—斑岩铜矿;17—含铜硅质岩;18—斑岩钼矿;19—构造角砾岩

三、成矿后环境演变过程中成矿元素的"变"与"不变"

我们知道,经过地壳内成岩、成矿作用所形成的岩石和矿物,由于地壳构造变动进入表生环境后,则使岩石和矿物处于一个与原生环境截然不同的物理化学状态。因为岩石和矿物中的元素要在表生环境中达到新的化学平衡,必然会发生不同程度的物理化学变化,因此有的变化剧烈,而有的变化微弱,物理化学的变化导致了各种次生地球化学介质的形成和演变(图3-7)。然而这种变化,无论是内因(元素的地球化学性质、含量、赋存形式及组合特征等)的制约,还是受外因(地球化学景观——地形、气候、植被……)的影响,"变"是绝对的,"不变"是相对的。

一般认为,地表是一个常温常压的环境,富含游离氧、二氧化碳、有机质及多组分水介质的物理化学综合环境。在这种环境中将发生各种物理作用、化学作用和生物作用。然而在地表重力作用、水流力的作用下,各种粒级的碎屑可以搬运很远的距离,从数量上看固相迁移远远超过液相、气相。因此,固相迁移所形成的地球化学异常在追踪原生环境中处于主导地位,这也就解释了为什么土壤和水系沉积物是地球化学勘查(找矿)中应用最广、效果较好的介质。

水系沉积物是江河流域内各种岩石(矿石)经风化作用后所形成产物的天然组合,而土壤是风化基岩上岩石(矿石)经风化作用后所形成的残留物,它们均对基底和盖层的地球化学特征及各种地质作用(成矿作用)留下的微观踪迹具有良好的指示意义。故此可以通过微观踪迹揭示的信息来恢复和追踪原生环境的地质背景,进一步可以利用水系沉积物、土壤中的元素含量、异常规模(异常面积、异常强度)、元素组合等地球化学特征来识别未知区的找矿前景和资源潜力。

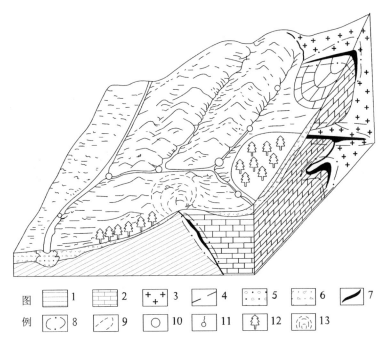

图 3-7 各种地球化学异常相互关系的示意图(阮天健和朱有光,1985)

1—页岩;2—灰岩;3—花岗岩;4—断层;5—冲积层;6—残坡积物;7—矿体;8—岩石地球化学异常;9—土壤地球化学异常;10—水系沉积物地球化学异常;11—水文地球化学异常;12—生物地球化学异常;13—气体地球化学异常

(一)表生环境中元素的"变"

地质体(矿体)从原生环境转变为次生环境的过程中,"变"是绝对的,它们的含量、赋存形式及在空间中集中、分散的位置将发生变化。下面以江西九江城门山铜矿床为例,剖析元素在表生环境中的"变"。

1. 含矿花岗闪长斑岩在风化作用过程中常量元素的地球化学特征

(1)含矿花岗闪长斑岩风化程度。江西九江城门山铜矿床地处长江中下游湿润低山丘陵地区,其景观条件具有空气潮湿、植被发育和有机质丰富的特点,含矿花岗闪长斑岩三面临湖,风化作用强烈,氧化作用、次生淋滤、富集作用十分明显(图 3-8)。据马振东等(2008)对风化花岗闪长斑岩从+125m 至-45m 高程的采样分析表明:利用化学蚀变指数 CIA(chemical index of alteration)(Nesbitt and Young,1982)可以较好地衡量该区的硅酸盐风化程度(表 3-5)。

从表 3-5 可知(吴俊华和龚敏等,2010):

①在+125m 至-45m 高程之间存在两个明显的风化旋回;第一个风化旋回对应自+44m 高程的极强风化程度的花岗闪长斑岩(CIA=97,K/Na=0.5),至-45m 高程的中等风化程度的花岗闪长斑岩(CIA=73,K/Na=11.7);第二个风化旋回对应自+120m 高程左右的极强风化花岗闪长斑岩(CIA=98,K/Na=1.0),至+54m 高程的中等风化程度的花岗闪长斑岩(CIA=71,K/Na=7.0)。

②据 Fe^{3+}/Fe^{2+} 比值分析,Fe^{3+}/Fe^{2+}=4.3~15.7,说明这两个风化旋回均处于强氧化带。

③Cu 成矿元素在含矿岩体的氧化带(+125m~-45m)为淋滤流失带,从原岩的 $596×10^{-6}$ 锐减至 $349×10^{-6}$,在地表 B 层土壤中 Cu 含量为 $129×10^{-6}$。

图 3-8 城门山铜矿花岗闪长斑岩剖面(图中数字为表 3-5 中样号)

表 3-5 城门山铜矿床花岗闪长斑岩化学风化指数($CIA=Al_2O_3/(Al_2O_3+CaO+Na_2O+K_2O)\times 100$)

高程(m)	样号	岩性	化学风化指数(CIA)	K/Na	Fe^{3+}/Fe^{2+}	$Cu(10^{-6})$	$Au(10^{-9})$
125	CH-1-S	土壤				129	20
119	CH-2-1	极强风化花岗闪长斑岩	98	1.0	8.7		
109	CH-3-1	强风化花岗闪长斑岩	79	21.5	11.9		
90	CH-4-1			5.7	11.8		
54	CH-5-1		71	7.0	10.1		
44	CH-6-1	极强风化花岗闪长斑岩	97	0.5	13.8	349	55
28	CH-7-1	强风化花岗闪长斑岩	79	10.1	11.7		
13	CH-8-1			12.8	4.3		
4	CH-9-1			17.4	13.5		
-6	CH-10-1		81	6.8	6.0		
-44	CH-11-1		73	11.7	15.7		
赣西北地质大队资料,1990		未风化花岗闪长斑岩	59	2.5	1.6	596	30
下扬子地台(迟清华和鄢明才,2007)		花岗闪长斑岩(111)	61	0.9	0.5	15	0.32

注:前9个样号与图 3-8 中的序列号对应,如 CH-1-S 与 1 对应,依次类推

(2)含矿花岗闪长斑岩在风化作用过程中常量元素的地球化学行为。通过对含矿花岗闪长斑岩风化作用过程中组分(%)得失的估算(表 3-6)表明:

①岩体中碱金属、碱土金属元素大量淋失,Ca 淋失率为 86.6%~98.2%,Na 的淋失率为 86.6%~87.0%,K 的淋失率为 23.7%~38.4%。

②FeO、MgO、MnO、P_2O_5 显著减少;而 Si、Al、Ti、Fe^{3+} 残留下来。

2. 含矿花岗闪长斑岩在风化作用过程中微量元素的地球化学特征

含矿岩体在风化作用过程中 Ti、Nb、Ta、Zr、Hf、REE 等元素的地球化学行为对找矿具有重要的示踪意义。从地球化学亲和性的角度分类,这些元素都是典型的亲氧元素,具有强烈的亲氧性,在表生作用条件下基本上是稳定的,主要残留在风化壳中。

表 3-6 城门山铜矿床含矿花岗闪长斑岩风化作用过程中组分(%)得失的估算

组分	I*	II*	I₁(4)	I₂(6)	II₁(5)	A₁	A₂	A₃	B₁	B₂	B₃	C₁(%)	C₂(%)	C₃(%)
SiO_2	64.02	71.67	67.65	71.81	69.67	58.75	65.18	60.01	−5.27	1.16	−11.66	−8.2	1.8	−16.3
TiO_2	0.46	0.19	0.76	0.65	0.41	0.66	0.59	0.35	0.20	0.13	0.16	43.5	28.3	84.2
Al_2O_3	15.05	12.43	17.33	16.58	14.43	15.05	15.05	12.43	0.00	0.00	0.00	0.0	0.0	0.0
Fe_2O_3	2.40	1.75	2.57	2.22	4.82	2.23	2.02	4.15	−0.17	−0.38	2.40	−7.0	−15.8	137.1
FeO	1.41	0.81	0.22	0.18	0.20	0.19	0.16	0.17	−1.22	−1.25	−0.64	−86.5	−88.7	−79.0
MnO	0.060	0.050	0.006	0.004	0.006	0.005	0.0036	0.005	−0.055	−0.056	−0.045	−91.7	−93.3	−90.0
MgO	1.59	0.74	0.58	0.23	0.20	0.50	0.21	0.17	−1.09	−1.38	−0.57	−68.6	−86.8	−77.0
CaO	3.42	1.34	0.52	0.07	0.03	0.45	0.06	0.026	−2.97	−3.36	−1.31	−86.6	−98.2	−97.8
Na_2O	2.76	0.47	0.43	0.40	0.52	0.37	0.36	0.45	−2.39	−2.40	−0.02	−86.6	−87.0	−4.7
K_2O	4.10	7.69	2.91	3.45	5.44	2.53	3.13	4.69	−1.57	−0.97	−3.00	−38.4	−23.7	−39.1
P_2O_5	0.19	0.05	0.03	0.03	0.04	0.08	0.027	0.034	−0.11	−0.16	−0.02	−57.9	−84.2	−31.0
H_2O^+	3.88	1.44	5.95	3.79	3.41	5.17	3.44	2.94	1.29	−0.44	1.50	33.2	−11.3	104.0
CO_2			0.46	0.35	0.30	0.40	0.32	0.26						
LOI	3.88	1.88	5.98	5.07										
总量	99.34	98.63	99.48	99.76	99.48	86.84	90.77	86.14	−13.36	−9.23	−13.86			

注：I* 未风化花岗闪长斑岩，II* 未风化石英斑岩，I₁ 强-中风化花岗闪长斑岩(第二风化旋回)，I₂ 强-中风化花岗闪长斑岩(第一风化旋回)，II₁ 强-中风化石英斑岩(第一风化旋回)；$A_1 = I^* \times 0.8684$(风化系数：未风化岩石 Al_2O_3/风化岩石 $Al_2O_3 = 15.05/17.33 = 0.8684$)，同理 $A_2 = I_2 \times 0.9077$, $A_3 = II_1 \times 0.8614$；$B = A - I^*$(或 II^*)；$C = 100 \times B/I^*$(或 II^*)。* 赣西北地质大队资料，1990；括号中为样品数

(1) 含矿花岗闪长斑岩岩体中 Ti、Nb、Zr、Hf 等元素的恢复。为了恢复原岩(未风化含矿花岗闪长斑岩)中的 Ti、Nb、Ta、Zr、Hf 等元素的含量，利用表 3-6 中所估算的花岗闪长斑岩中的 Ti 在第一风化旋回和第二风化旋回中增加了 28.3% 和 43.5%；另外，由于 Nb、Ta、Zr、Hf 等元素与 Ti 的地球化学性质十分相似，在自然界各种作用中往往形成完全的类质同象。因此，Nb、Ta、Zr、Hf 等元素可参照 Ti 元素在风化作用中增加的比例来估算(表 3-7)。

由表 3-7 可见：

① 含矿花岗闪长斑岩与正常的花岗闪长斑岩、正长花岗岩相比，具有低 Ti、Nb、Ta、Zr、Hf 的特征(含矿花岗闪长斑岩 Ti: $2249 \times 10^{-6} \sim 2553 \times 10^{-6}$, Nb: $6.2 \times 10^{-6} \sim 10.8 \times 10^{-6}$, Ta: $0.59 \times 10^{-6} \sim 0.65 \times 10^{-6}$, Zr: $108 \times 10^{-6} \sim 134 \times 10^{-6}$, Hf: $4.46 \times 10^{-6} \sim 4.53 \times 10^{-6}$)。

② 由于 Nb 和 Ta、Zr、Hf 元素的地球化学性质十分相似，两者密切共生，即使在强烈的风化作用过程中，含矿花岗闪长斑岩中 Nb/Ta 和 Zr/Hf 比值基本保持不变(Nb/Ta=11.0~14.4, Zr/Hf=25.6~29.7)。

综上所述，城门山铜矿床的含矿中酸性小岩体具有低 Ti、Nb、Ta、Zr、Hf 等元素丰度及较稳定的 Nb/Ta 和 Zr/Hf 比值的特征，可作为矿田(矿带)评价含矿酸性小岩体重要的地球化学指标之一。

(2) 含矿花岗闪长斑岩岩体在风化作用过程中的稀土元素地球化学行为。

① 由于含矿花岗闪长斑岩长期处于潮湿多氧、植被发育及酸性水溶液环境下，含稀土元素的造岩矿物(长石、云母等)大量分解、稀土元素从矿物中活化，呈可溶水的络合物形式迁移，在风化壳的表层中(表 3-8)，当 CIA=97 时，在强风化的条件下，$\sum REE$ 仅为 78.85×10^{-6}，而相对弱风化的花岗闪长斑岩，其 CIA 值为 73~81，稀土元素总量($\sum REE$)为 141.20×10^{-6}。

表 3-7 风化及未风化含矿岩体中 Ti、Nb、Ta、Zr、Hf 等元素的丰度特征　　　　（单位：×10⁻⁶）

风化旋回	样号	岩性	质量分数（风化岩石/未风化岩石）			Nb/Ta	质量分数（风化岩石/未风化岩石）		Zr/Hf
			Ti	Nb	Ta		Zr	Hf	
第二风化旋回	CH-2-1	强风化花岗闪长斑岩	3729/2599	15.8/11.0	1.09/0.76	14.5	178/124	6.34/4.42	28.1
	CH-3-1		3437/2395	15.4/10.7	1.13/0.79	13.6	160/111	6.41/4.47	25.0
	CH-4-1		3930/2739	17.0/11.8	1.15/0.80	14.8	172/120	6.85/4.77	25.1
	CH-5-1		3556/2478	13.7/9.5	0.93/0.65	14.7	155/108	6.38/4.46	24.3
	平均		3663/2553	15.5/10.8	1.01/0.75	14.4	166/116	6.50/4.53	25.6
第一风化旋回	CH-6-1	强风化花岗闪长斑岩	2939/2291	7.2/5.6	0.52/0.41	13.8	147/115	5.13/4.00	28.7
	CH-7-1		2850/2221	6.3/4.9	1.02/0.80	6.1	166/129	5.69/4.43	29.2
	CH-8-1		3139/2447	9.3/7.2	0.86/0.67	10.8	198/154	6.22/4.85	31.8
	CH-9-1		2701/2105	6.5/5.1	0.61/0.48	10.7	159/124	5.40/4.21	29.4
	CH-10-1		2998/2337	12.4/9.7	1.08/0.84	11.5	206/161	7.36/5.14	28.0
	CH-11-1		2686/2094	5.6/4.4	0.44/0.34	12.7	158/124	5.06/3.94	31.2
	平均		2885/2249	7.9/6.2	0.76/0.59	11.0	172/134	5.81/4.53	29.7
花岗闪长岩(111)*			2775	11.4	0.86	13.3	160	4.9	32.7
碱(正)长花岗岩(191)*			980	30	3.2	9.4	165	7.2	22.9

注：花岗闪长斑岩第一风化旋回 TiO_2 增加了 28.3%，第二风化旋回 TiO_2 增加了 43.5%；带*号的花岗闪长岩、碱（正）长花岗岩均采集于扬子地台东缘地区，花岗闪长岩的采样数 111 件，组合样分析 17 件，碱（正）长花岗岩的采样数为 191，组合样分析 25 件，数据来源（迟清华和鄢明才，2007）

表 3-8 城门山铜矿风化花岗闪长斑岩稀土元素地球化学特征

风化旋回	样号	CIA	δEu	ΣCe/ΣY	ΣREE(×10⁻⁶)
第一风化旋回	CH-6-1	97	0.94	3.99	78.85
	CH-7-1	79	0.75	5.21	142.42
	CH-8-1	79	0.79	4.50	97.79
	CH-9-1	81	0.84	6.50	110.97
	CH-10-1	81	0.83	7.70	141.42
	CH-11-1	73	0.87	3.94	141.20
未风化花岗闪长斑岩		59	0.81	6.00	104.98

②含矿的花岗闪长斑岩在风化作用过程中，虽然稀土元素总量（ΣREE）有较大的变化，但是稀土配分模式、ΣCe/ΣY 及 δEu 等特征基本保持不变，稀土配分模式为较缓右倾，无明显的铕异常（δEu=0.81）。

3. 含矿花岗闪长斑岩中 Cu 元素在风化作用过程中的地球化学行为

在含矿花岗闪长斑岩中碱金属、碱土金属大量流失，Si、Al、Ti、Fe^{3+} 等元素残留富集的表生地球化学过程中，成矿元素 Cu 的地球化学行为如何呢？形成含铜碳酸盐、黏土矿物吸附及次生富集。

（1）含矿风化花岗闪长斑岩中 Cu 的地球化学行为。表 3-5 显示：未风化花岗闪长斑岩中 Cu 的含量为 596×10⁻⁶，近 170m 厚度的中-强风化花岗闪长斑岩中 Cu 仅剩 349×10⁻⁶，那么原生含矿花岗闪长斑岩中 Cu 的去向何处呢？在强风化含铜花岗闪长斑岩中 Cu 的去向为以下三种形式：含铜碳酸盐（孔雀石、蓝铜矿）、黏土矿物吸附及次生富集（辉铜矿）。

其一，原生含铜矿物（主要是黄铜矿）在表生氧化作用下，形成$CuSO_4$，$CuSO_4$易溶于水，在地表水或浅成地下水中迁移，在遇到碳酸盐岩时，形成Cu的碳酸盐$CuCO_3 \cdot Cu(OH)_2$（孔雀石）和$Cu_3(CO_3)_2(OH)_2$（蓝铜矿）等（图3-9）。

$$CuFeS_2 + 4O_2 = CuSO_4 + FeSO_4$$
黄铜矿

$$3CuSO_4 + 3CaCO_3 + H_2O = (CuCO_3)_2 \cdot Cu(OH)_2 + 3CaSO_4 + CO_2$$
蓝铜矿

$$2CuSO_4 + 2CaCO_3 + H_2O = CuCO_3 \cdot Cu(OH)_2 + 2CaSO_4 + CO_2$$
孔雀石

其二，Cu^{2+}离子被花岗闪长斑岩中长石的风化最终产物——高岭土等黏土矿物吸附，固着在纳米级黏土矿物表面。

$$\text{黏土}-Ca^{2+} + Cu^{2+} + SO_4^{2-} \qquad \text{黏土}-Cu^{2+} + Ca^{2+} + SO_4^{2-}$$
$$\quad\text{固}\qquad\qquad\text{液}\qquad\qquad\qquad\quad\text{固}\qquad\qquad\text{液}$$

其三，次生富集带中Cu元素的富集。

含铜花岗闪长斑岩氧化带中相当部分的$CuSO_4$沿裂隙、断裂带往下渗滤至次生富集带（缺氧的还原环境），Cu^{2+}与原生硫化物（黄铁矿、黄铜矿）中金属发生置换反应，形成Cu_2S（辉铜矿）、CuS（铜蓝），在地壳上升剥蚀速度小于氧化速度、地势较平缓的条件下，形成了Cu的次生富集带，其中Cu的含量高达几~24%（图3-10）。

$$5CuFeS_2 + 11CuSO_4 + 8H_2O = 8Cu_2S + 5FeSO_4 + 8H_2SO_4$$
辉铜矿

$$CuFeS_2 + CuSO_4 = 2CuS + FeSO_4$$
铜蓝

图3-9　城门山铜矿氧化带中的孔雀石图　　　　图3-10　城门山铜矿次生富集带中的辉铜矿

(2) 残留在地表土壤中Cu的地球化学行为。含矿花岗闪长斑岩残积土壤中，氧化作用、水解作用、生物化学作用十分彻底完全，淋滤作用极为强烈，迁出的可溶性$CuSO_4$也愈多，但是残留在土壤层中Cu的成矿元素还是远远高出背景值，城门山含矿花岗闪长斑岩中B层土壤（40~50cm）Cu的含量高达129×10^{-6}。它们主要以残渣态、铁锰氧化态及有机态形式赋存于土壤中（表3-9）。

表3-9　含矿花岗闪长斑岩残积B层中Cu的相态分析　　　　（单位：$\times 10^{-6}$）

样号	全量	水提取态	吸附态	有机态	铁锰态	活动态总量	残渣态	残渣率	资料来源
CH-1-5	129	0.09	0.33	7.9	11.0	19.32	109.7	15%	马振东等，2008

(二)水系沉积物测量中 Cu 等成矿元素的"不变"

上述讨论了风化作用过程中,中-强风化程度的含矿花岗闪长斑岩和其残积土壤(B 层)中常量元素、微量元素和成矿元素 Cu 的地球化学行为。它们是该区汇水盆地中水系沉积物的重要提供者之一,因此,该流域的水系沉积物中必将显示矿床(矿田)地质作用、成矿作用的地球化学特征的微观踪迹。虽然其过程的"黑匣子"尚不十分清楚,但其继承性的特征是客观存在的。这就是为什么可用水系沉积物的地球化学特征来进行区域成矿预测区的圈定及估算资源量的理论依据,下面以九瑞铜多金属矿田为例。

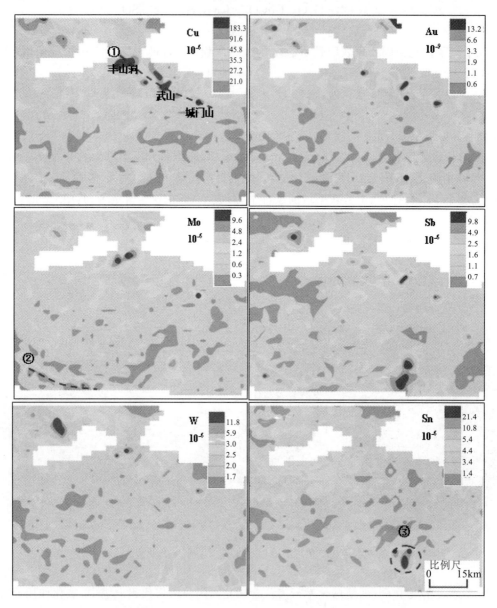

图 3-11 瑞昌幅(H-50-(20))1∶20 万水系沉积物测量成矿元素地球化学图
①②③对应"两带一块"的空间格局,图幅经纬度范围:115°E～116°E,29°20′N～30°N

(1)由图 3-11 中 Cu 等元素的地球化学图可清晰显示:1∶20 万水系沉积物测量成矿元素的异常空间分布特征继承了九瑞矿田各种地质、地球化学特征,九瑞矿田内成矿元素的异常具有"两带一块"的空间分布格局。

"第一带"(①):异常呈北西向,为 Cu、Au、Mo、Ag、Pb、Zn、As、Sb 等元素组合,他们与中酸性小岩体的空间对应关系基本一致,反映了九瑞铜多金属矿田的地球化学成矿信息,其中城门山、武山、封山三个铜矿床位置均有清晰的异常显示。

"第二带"(②)：异常呈近东西向，为 Mo、Sb、Zn、Ag、V、As 等元素组合，他们是由震旦纪(Z)、寒武纪(∈)地层的碳质页岩、含碳硅质岩深海相沉积矿源层引起的分散矿化，并非矿床所引起的异常。

"一块"(③)：异常呈北东向，为 Sn、W、Sb、Mo、Zn、Ag、As 元素组合，这块的多元素叠合、分带清晰的异常区主要与壳熔酸性花岗岩有关的曾家垅锡多金属矿床有关。

显然，异常呈北西向 Cu、Au、Mo、Ag、Pb、Zn、As、Sb 等元素组合异常才是与中酸性小岩体有关的铜多金属矿床引起的异常。

(2) 从九瑞矿田三个已知铜矿床区域地球化学特征(表3-10)中清晰可见：1∶20万水系沉积物测量中成矿元素的异常含量、异常规模及组分分带的清晰程度与九瑞铜多金属矿田中的城门山、武山、丰山洞等大型铜多金属矿床地表的矿化规模密切相关。并且，各矿床的高规格化面金属量的元素示踪了矿床的主成矿元素：城门山的成矿元素组合为 Cu+Mo+Au；武山的成矿元素组合为 Cu+Ag；丰山洞的成矿元素组合为 Cu+Mo。

综上所述，地质体(矿体)从原生环境转变为次生环境的过程中，具有地球化学特征的继承性(如同遗传基因——DNA)，因此，可以用来示踪区域成矿地质环境，示踪成矿的区域地球化学异常结构特征，确定主成矿元素，推测矿床类型、预测区资源量及判别矿床的剥蚀程度等。

表3-10 九瑞矿田三个已知铜矿床区域地球化学特征

矿区	元素	平均含量	异常面积	背景值	面金属量	规格化面金属量	元素组合
江西九江城门山铜矿床	W	6.39	12.78	2.00	56.10	28.05	Cu、Mo、Au、Sb、Ag、W、Zn
	Sn	8.1	7.06	3.4	33.18	9.76	
	Mo	23.63	5.75	0.60	132.42	220.70	
	Cu	261.8	16.73	27.2	3 924.86	144.30	
	Pb	76.9	12.76	25.6	654.59	25.57	
	Zn	307.3	4.66	67.0	1 119.80	16.71	
	Cd	1 935.95	3.46	427.00	5 220.97	12.23	
	Au	10.44	15.09	1.10	140.94	128.13	
	Ag	443	8.84	87	3 147.04	36.17	
	As	43.9	3.49	11.9	111.68	9.38	
	Sb	5.14	12.11	1.10	48.92	44.48	
江西瑞昌武山铜矿床	W	5.47	14.37	2.00	49.86	24.93	Cu、Ag、Au、Pb、Sb、As
	Sn	8.1	0.81	3.4	3.81	1.12	
	Mo			0.60			
	Cu	365.6	27.23	27.2	9 214.63	338.77	
	Pb	113.5	24.48	25.6	2 151.79	84.05	
	Zn	160.8	7.23	67.0	678.17	10.12	
	Cd	1 563.34	10.16	427.00	11 545.21	27.04	
	Au	11.16	18.99	1.10	191.04	173.67	
	Ag	2 282	41.98	87	92 146.10	1 059.15	
	As	69.5	12.77	11.9	735.55	61.81	
	Sb	7.73	15.22	1.10	100.91	91.74	

续表 3-10

矿区	元素	平均含量	异常面积	背景值	面金属量	规格化面金属量	元素组合
湖北阳新丰山洞铜矿床	W	6.55	45.26	2.00	205.93	102.97	Cu、Mo、Ag、W、Pb
	Sn	8.1	10.38	3.4	48.79	14.35	
	Mo	11.31	56.14	0.6	601.26	1 002.10	
	Cu	398.2	90.28	27.2	33 493.88	1 231.39	
	Pb	78.7	45.52	25.6	2 417.11	94.42	
	Zn	179.0	34.7	67.0	3 886.40	58.01	
	Cd	1 674.47	15.57	427.00	19 423.11	45.49	
	Au	6.39	13.5	1.10	71.42	64.92	
	Ag	1024	44.48	87	41 677.76	479.05	
	As	51.4	22.87	11.9	903.37	75.91	
	Sb	4.62	15.57	1.10	54.81	49.82	

注：面金属量＝异常面积×（平均含量－背景值）；规格化面金属量＝面金属量/背景值，异常面积单位为 km²；单位：Au、Ag、Cd 含量为 10^{-9}，其他为 10^{-6}

第二节　铜矿资源地球化学定量预测的工作思路与方法技术

一、工作思路

项目在充分吸收前人研究思路、成果的基础上，以我国已有的 1∶20 万（1∶50 万）区域地球化学数据为主，综合利用 1∶5 万～1∶1 万中大比例尺的地球化学资料，以现代成矿、成晕理论为指导，以现代计算机技术为手段，以"源"→"动"→"储"为基本建模思路，在Ⅲ级成矿带的尺度上，充分研究成矿区带的基础地质、成岩成矿规律、理论地球化学及勘查地球化学特征，研究总结典型矿床（矿田）的异常特征，建立矿床（矿田）、成矿带的地球化学找矿模型，为预测区的圈定和资源量的估算提供可类比的依据。

简而言之，建立典型矿床地球化学找矿模型是一个"源"→"动"→"储"→"变"的正演过程；而成矿区带内预测区的圈定及资源量的估算是一个"变"→"储"→"动"→"源"的反演追踪过程（图 3-12）。

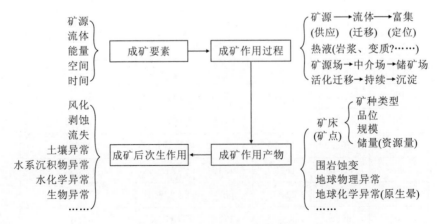

图 3-12　地球化学找矿模型的构建思路（翟裕生等修改，1999）

二、方法技术

(一)技术路线

根据工作思路,在Ⅲ级成矿带上开展地球化学定量预测,其技术路线见图3-13。这是地质、地球化学宏观与微观结合的过程(元素→矿石矿物→矿体→矿床→矿田→矿集区→矿带),也是地学与现代信息技术(GIS)学科交叉的过程,在这个过程中优选出一批具有找矿潜力的预测区,估算出具有一定可信度的资源量。

由图3-13可知,地球化学的定量预测的找矿模型的建立是奠基性的工作,其建模的精细程度直接关系到预测结果的可信度。因此,从内容上而言,主要涵盖了地质特征和地球化学异常特征两大部分,属于以二元信息为主的矿产预测。对于成矿的地质特征分析,主要是从典型矿床成矿作用的"源""动""储"三个方面进行考察,其中"源"指的是金属元素成矿前是从哪一个(主要)地质体中活化-迁移-沉淀富集成矿的?"动"指的是哪一次(主要)地质作用具有使金属元素富集的机制?"储"指的是金属元素在哪些空间位置最有利于沉淀富集?

而对于地球化学异常特征的分析,其特点具有多元性,即在GIS环境下,统计示踪成矿信息的多种地球化学参数,分析多种地球化学采样介质测量而获取的异常信息,结合成矿背景解析多种尺度(矿区→矿田(矿集区)→矿带)的成矿规律。简而言之,建模的过程是一个充分综合基础地质、成岩成矿机制、理论地球化学和勘查地球化学等学科及提取成矿信息的过程。

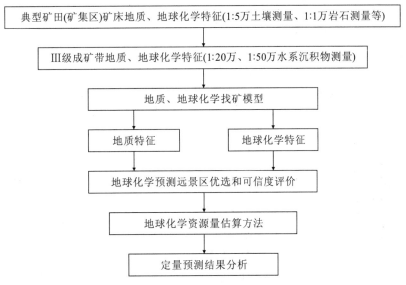

图3-13 地球化学定量预测技术路线

(二)评价技术

地球化学定量预测的关键评价技术是圈定找矿远景预测区,其主要圈定依据包含地球化学异常特征和地质矿产特征两部分。具体为元素综合异常图、相似度图、预测元素衬值图、多元素平均衬值图、单元素衬值个数以及地质矿产图(表3-11),其中的各类地球化学图件是通过不同的数学处理方法,从多角度揭示地球化学成矿信息(详细内容另文专述);根据各类预测要素耦合程度的高低区分三个等级,根据有无预测元素对应的矿点或矿化点分为A级(有矿点或矿化点存在)与B级(无矿点或矿化点存在),进一步根据特征指示元素组合相似程度的高低,区分出C级(相似度图中的相似度异常无三级或二级异常分带),从可靠程度评价预测远景区为A级高于B级,B级高于C级。以西藏冈底斯成矿带驱龙斑岩型铜矿床预测远景区的圈定为例,详细列举了其圈定预测远景区的依据,并对预测远景区的可信度分为A、B、C三个等级(表3-12)。

表 3-11　地球化学定量预测远景区圈定依据与可信度分级

地球化学预测远景区圈定的依据		可信度分级			备　注
		A 级	B 级	C 级	
地球化学异常特征	综合异常图	√	√	√	预测元素综合异常至少具外带
	相似度图	√	√		异常分带清晰,至少两级分带
	预测元素衬值图	√	√	√	预测元素衬值有异常(至少外带)
	多元素平均衬值图	√	√	√	异常分带明显,异常强度较高
	单元素组合衬值图（个数）	$\geqslant n$	$\geqslant n$	$\geqslant n+1$	有预测元素衬值异常,且多元素衬值异常的套合程度高(重叠面积大)
地质矿产特征	矿产图	√			预测元素对应的矿点或矿化点
	地　层				矿源层("源""储")
	构　造				成岩、成矿通道("动")
	火成岩				矿质富集("热源""物源")

注:地质矿产要素与一定的矿床类型紧密相关,即视具体类型而综合分析;√表示必须具备的要素,n 为个数,一般小于选取的特征指示元素的总数

表 3-12　西藏冈底斯多金属成矿带驱龙斑岩型铜矿床地球化学铜定量预测远景区圈定与可信度分级

地球化学预测远景区圈定的依据		可信度分级			备　注
		A 级	B 级	C 级	
地球化学异常特征	Cu+Mo+Au 综合异常图	√	√	√	预测元素综合异常至少具外带
	Cu+Mo+Au+Ag 相似度图	√	√		异常分带清晰,至少两级分带
	Cu 衬值图	√	√	√	Cu 衬值有异常(至少外带)
	Cu+Mo+Pb+Zn+Au+Ag 平均衬值图	√	√	√	异常分带明显,异常强度较高
	Cu、Mo、Pb、Zn、Au、Ag 单元素组合衬值图(个数)	$\geqslant 3$	$\geqslant 3$	$\geqslant 4$	有 Cu 元素衬值异常,且多元素衬值异常的套合程度高(重叠面积大)
地质矿产特征	矿产图	√			Cu 矿点或矿化点(包含 Cu 多金属矿点或矿化点)
	地　层	矽卡岩型围岩为碳酸盐岩			接触带形成矽卡岩型矿床
	构　造	断裂交汇部位或有断裂穿过			成岩、成矿通道("动")
	火成岩	中新世中酸性斑岩体为成矿母岩			矿质富集("热源""物源")

在表 3-12 中,以 A 级预测远景区圈定的依据为例,Cu+Mo+Au 综合异常图中异常达外带以上,Cu+Mo+Au+Ag 相似度图中异常分带清晰,至少具有两级分带,Cu+Mo+Pb+Zn+Au+Ag 平均衬值图中异常分带明显,异常强度较大,Cu、Mo、Pb、Zn、Au、Ag 六个单元素的组合衬值图中,有 Cu 衬值异常(异常至少达外带),且有不低于三个元素的衬值异常套合程度高,即衬值异常的重叠面积较大;此外,有 Cu 的矿点或矿化点存在(包括以 Cu 为主的多金属矿点或矿化点);又根据斑岩型矿床形成的控制因素分析,要求预测区必须存在中新世的中酸性斑岩体,而对地层没有选择性,因为斑岩体若与碳酸盐岩接触则可形成矽卡岩型矿体(若斑岩体与碎屑岩接触则可形成角岩型矿体);另外要求预测远景区处在断裂构造的交汇部位或者有断裂穿过。只有在上述特征全部具备的条件下,才将该预测远景区优选为驱龙式的 Cu 地球化学预测远景区。

在实际操作过程中,预测远景区的优选评价可概括为"两步走",第一步为"粗选",主要针对主成矿元素和重要伴生元素的地球化学异常特征初步遴选出一批满足各类地球化学异常的区域;第二步为"优选",主要针对地质矿产特征和进一步的地球化学异常特征,从而在粗选的基础上进行深入的"精挑细选"。以利用图层分析的方法在西藏冈底斯Ⅲ级成矿带内圈定斑岩铜矿预测区为例(图3-14):首先粗选,在以驱龙典型铜矿床作为"标准样本"的 Cu+Mo+Au+Ag 相似度图、Cu+Mo+Pb+Zn+Au+Ag 组合元素平均衬值图以及对应单元素衬值套合程度、套合元素的个数等预测要素图上粗选出一批预测区(图3-14a);然后精选,在地质图、矿产图、Cu+Mo+Au 组合元素地球化学图、(Cu+Mo+Au)/(Pb+Zn+Ag)比值图、Cu含量或衬值的点位图以及水系分布图等综合考虑,进一步对预测区进行精选和可信度分级(图3-14b)。这个过程可以通过GIS的空间分析和图层分析完成,也可以通过样本点的条件检索实现。

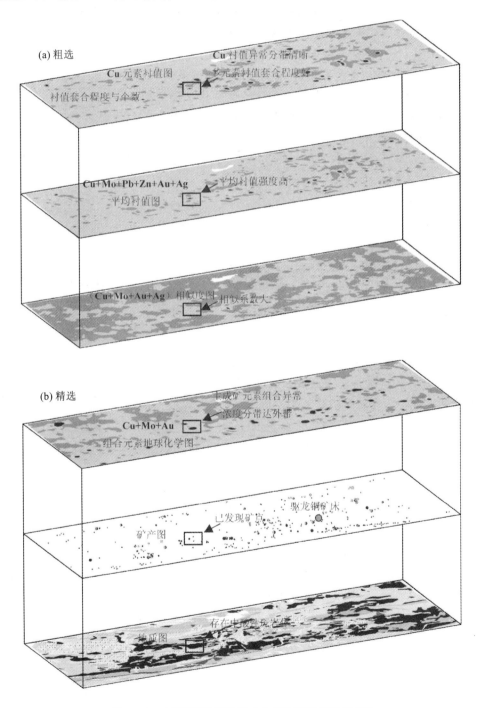

图3-14 西藏冈底斯Ⅲ级成矿带的预测区圈定方法

(三)估算方法

地球化学资源量的估算方法可简述为:在已知区内,通过经验统计或计算机模拟的方式建立已知区典型矿床的未剥蚀储量(P_u)与地球化学异常统计参数(C、B)之间的数学关系(图3-15),为简化计算的过程,下面以最简单的线性关系为例,推导资源量估算的计算公式。已知区的资源量计算公式为(3-1)式。根据成矿系列理论和"就矿找矿"的原则,把这个线性方程推广至成矿地质条件类似的预测区,其计算公式为(3-2)式。

$$P_{u_{已知}}/(1-F_{已知}) = C_{已知} \times S_{已知} \times H_{已知} \times \rho_{已知} \times M_{e_{已知}} \quad (已知区) \quad (3-1)$$

式中:$P_{u_{已知}}$为已知区典型矿床目前资源量;$F_{已知}$为已知区典型矿床的剥蚀系数;$C_{已知}$为已知区典型矿床的地球化学异常内的平均值;$S_{已知}$为已知区典型矿床的地球化学异常面积;$H_{已知}$为已知区典型矿床的平均勘探深度;$\rho_{已知}$为已知区典型矿床的岩石密度;$M_{e_{已知}}$为已知区典型矿床的成矿率。

$$P_{u_{预测}}/(1-F_{预测}) = C_{预测} \times S_{预测} \times H_{预测} \times \rho_{预测} \times M_{e_{预测}} \quad (预测区) \quad (3-2)$$

式中:$P_{u_{预测}}$为预测区典型矿床目前资源量;$F_{预测}$为预测区典型矿床的剥蚀系数;$C_{预测}$为预测区典型矿床的地球化学异常内的平均值;$S_{预测}$为预测区典型矿床的地球化学异常面积;$H_{预测}$为预测区典型矿床的平均勘探深度;$\rho_{预测}$为预测区典型矿床的岩石密度;$M_{e_{预测}}$为预测区典型矿床的成矿率。

由(3-1)式除以(3-2)式得:

$$\frac{P_{u_{已知}}/(1-F_{已知})}{P_{u_{预测}}/(1-F_{预测})} = \frac{C_{已知}}{C_{预测}} \times \frac{S_{已知}}{S_{预测}} \times \frac{H_{已知}}{H_{预测}} \times \frac{\rho_{已知}}{\rho_{预测}} \times \frac{M_{e_{已知}}}{M_{e_{预测}}} \quad (3-3)$$

通过相似系数(R),假定$\rho_{预测} \times M_{e_{预测}} = R \times \rho_{已知} \times M_{e_{已知}}$,假定$H_{预测} = H_{已知}$

则(3-3)式简化为:

$$\frac{P_{u_{已知}}}{P_{u_{预测}}} = \frac{C_{已知}}{C_{预测}} \times \frac{S_{已知}}{S_{预测}} \times \frac{1}{R} \times \frac{1-F_{已知}}{1-F_{预测}} \quad (3-4)$$

由(3-4)式可计算出预测区的资源量,称之为类比法资源量;若(3-4)式中的地球化学异常平均值(C)减去背景值(B)则为剩余异常平均值,此时计算公式为(3-5)式,其计算出预测区的资源量称之为面金属量法。

$$\frac{P_{u_{已知}}}{P_{u_{预测}}} = \frac{C_{已知}-B_{已知}}{C_{预测}-B_{预测}} \times \frac{S_{已知}}{S_{预测}} \times \frac{1}{R} \times \frac{1-F_{已知}}{1-F_{预测}} \quad (3-5)$$

以上两种地球化学定量预测估算方法即为本次全国铜矿产资源地球化学模型建立与定量预测研究中推荐的两种资源量估算方法。与前人估算方法相比,其特色在于重视成矿作用"源"→"动"→"储"的研究和深入挖掘不同尺度勘查地球化学数据隐藏的成矿信息,强调成矿作用与地球化学信息的关联性分析;此外,结合原生晕分带理论和次生异常对原生异常的继承性,研究了根据矿床剥蚀程度(前缘晕、矿体晕、矿尾晕)在区域地球化学异常中所呈现的相应元素组合特征,从而计算出判别矿床相对剥蚀程度的剥蚀系数,以及根据前人提出

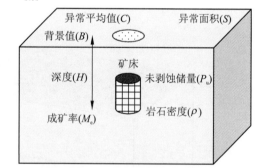

图3-15 地球化学资源量的估算方法示意图

的相似性指标计算公式(任天祥等,1998),对其进行一定改进和完善后,选取关联性最强的一组成矿元素组合通过距离公式计算了相似系数,用来示踪预测区与已知区之间的相似程度。在实际应用过程中,把这两个计算参数引入到估算资源量的计算公式中,使估算的资源量与客观实际更加吻合。

(四)评价技术和估算方法中的几个重要地球化学参数

1. 异常识别

异常识别是异常评价的基础,其本质是从背景场中分辨出异常场。而影响异常识别的因素包括样品采集代表性、测试分析准确性、数据处理方法(专业辅助工具、异常下限计算方式、网格化方法和参数)等。

随着 GIS 技术的不断成熟，以 GIS 平台二次开发或独立运行的地球化学专业软件极大提高了海量数据处理的效率，利用专业软件对数据进行管理、分析和制图已成为一种发展趋势。像 Geosoft、GeoExpl、GeoIPAS、GEEMS 等公益或商业性软件在科研、生产部门中均得到了广泛应用，还有如 MRAS、GeoDAS 和 Morpas 等综合性预测软件的地球化学模块也能提供数据处理和制图功能。上述软件集成了诸多地球化学异常识别方面的方法，是科研和生产人员的重要辅助工具。

近年来有关异常识别的精度（李晓晖等，2011；张冬梅等，2012）、弱小和低缓异常（复合、叠加异常）的增强（陈志军等，2009；李宝强等，2010；成秋明，2011；金俊杰和陈建国，2011；Cheng Q M，2012；张焱和周永章，2012）、分布型式的判定（Allegre C J and Lewin E，1995；刘向冲等，2011）等问题一直是众多研究者讨论的热点。

项目组在区域地球化学定量预测中，利用 MapGIS 和 GeoExpl 软件，在参考有关国家和行业标准、应用技术要求以及数据模型（向运川等，2010；左群超等，2011）的基础上，分别讨论衬值异常和比值异常的识别效果，其分级统一采用累积频率的方式分为七个区间（依次对应负异常区、低背景区、背景区、高背景区、异常外带、异常中带、异常内带）。

（1）衬值异常。衬值处理技术能够有效识别弱缓异常，其计算方式多种多样，但计算原理相近。以子区中位数衬值滤波法为例，其基本原理为：把地球化学背景看成一个连续起伏变化的曲面，用窗口代替子区，以小窗口为局部噪音，以大窗口为局部背景来拟合地球化学背景变化趋势，用小窗口与大窗口的平均值（背景值、中位数）之比作为衬值，从而达到识别弱缓异常的目的，众多实例证实应用效果较好（史长义等，1999；赵荣军，2006；费光春等，2008）。由此可见，相比于规范术语中的衬值含义（同义词为异常衬度或衬度，等于异常内元素平均含量与背景值之比），这里的衬值是通过窗口技术实现，因此取值即可大于 1 也可小于 1，含义更为丰富。根据窗口的尺寸大小和窗口的取值模式可计算出不同的衬值，以九瑞地区 Cu 元素在 GeoExpl 软件中单点衬值处理为例来讨论衬值异常的识别，笔者认为最优大窗口尺寸的选取是其中的难点。在九瑞矿田 Cu 元素衬值的最佳大窗口挑选中（图 3-16），主要是通过大窗口尺寸按一定的步长设置多个尺寸开展对比试验，最终挑选一个和实际情况吻合最佳的窗口尺寸。在图 3-16 中随着大窗口尺寸的增加，低分位值越来越低，高分位值越来越高，却在某一尺寸时存在一个"拐点效应"，即随着尺寸的继续加大，高分位值增加趋缓或降低，这样势必造成在衬值地球化学图中的异常出现畸形，不利于异常的解释。因此，九瑞矿田 Cu 元素大窗口的最佳尺寸选择为拐点处的 11，这既能达到强化低缓异常的目的，也能起到适当突出"高、大、全"异常的效果。当 Cu 衬值地球化学图与 Cu 地球化学图相比时，弱缓异常的增强效果十分明显（图 3-17）。

在单元素衬值异常识别的基础上，再选择代表某一矿床类型的标型元素组合，用来绘制衬值异常的多元素组合异常图和综合异常图。这类综合性的图件在保留识别弱缓异常效果的同时，也可用于预测远景区的挑选和异常的定量评价。

（2）比值异常。元素比值分析的应用十分广泛，在区域地球化学异常识别中，根据不同的特征指示元素或元素组合比值，可以利用它们区分同一矿化类型成矿元素的主次及不同矿化类型。以九瑞矿田成矿元素的 Cu/Mo（背景值均匀化）、(Cu+Mo)/(W+Sn) 地球化学图为例（图 3-18 右图），武山矿床 Cu/Mo 比值大于 5.7（图 3-18 左图），示踪其 Cu 矿化远强于 Mo 矿化，而城门山和丰山洞矿床 Cu/Mo 比值则远低于武山矿床（这与表 3-13 中三个矿床的主成矿元素组合一致）；而曾家垅矿床的 (W+Sn)/(Cu+Mo) 地球化学异常（图 3-18 右图）尤为显著，这一信息示踪曾家垅锡多金属矿床与城门山、武山等铜多金属矿床属于两个迥然不同的矿化类型（成矿系列）。

2. 异常评价

异常评价是根据异常识别的结果，对特征异常的性质和远景所做的评估。因此，在元素地球化学异常识别的基础上，需要进一步挖掘矿化信息及评价研究区的找矿潜力。本书在建立异常评价原则的基础上，对规格化面金属量、相似系数和剥蚀系数三个重要参数进行讨论。

（1）异常评价原则。王瑞廷等在总结区域地球化学异常八种评价方法的基础上，发现已有评价方法缺乏从成岩成矿系统的发展演化上去认识异常的表象和本质，同时认为表生因素对异常的制约和异常形成

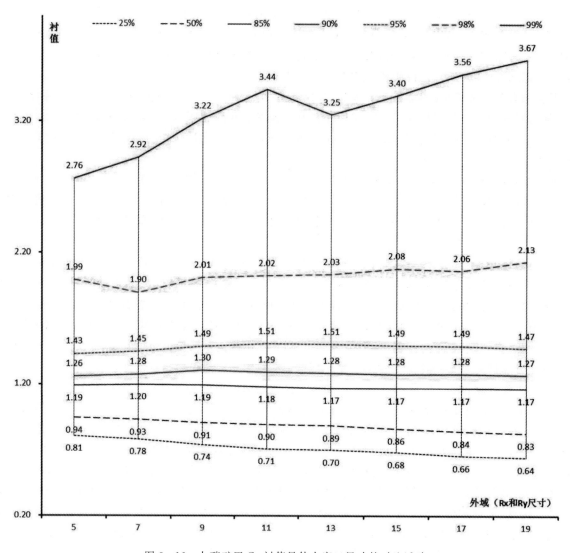

图 3-16 九瑞矿田 Cu 衬值最佳大窗口尺寸的对比试验

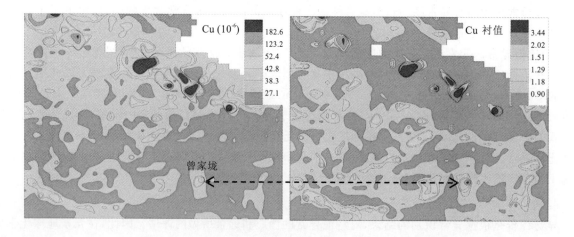

图 3-17 九瑞矿田 Cu 地球化学图(左)和 Cu 衬值地球化学图(右)
虚线所指位置是曾家垅锡多金属矿床

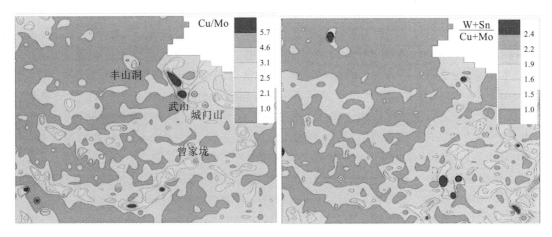

图 3-18 九瑞矿田 Cu/Mo 比值地球化学图（左）和（W+Sn）/（Cu+Mo）比值地球化学图（右）

各元素均进行背景值均匀化变换

的机制及异常产生的地质-地球化学环境的研究不足（王瑞廷等，2005）。针对以上缺陷，我们在开展区域地球化学评价中，与前人方法相比，其特色在于重视成矿作用"源"→"动"→"储"的研究和深入挖掘不同尺度勘查地球化学数据隐藏的成矿信息，强调成矿作用与地球化学信息的关联性、示踪参数的多元性，及原生晕分带理论和次生异常对原生异常的继承性为原则。以成矿地质背景相似的Ⅲ级成矿带为单元，首先，对数据进行必要的清洗和调平（清洗错误、重复和不完整数据及综合考虑图幅、景观分区、地质单元等因素的影响）。然后对数据统计分析处理和编图，再针对各类地球化学异常特征进行区域评价。

以长江中下游铜多金属成矿带九瑞矿田为例，对 1:20 万水系沉积物 Cu、Au、Mo、Sb、W、Sn 等地球化学图中的异常进行解释评价（图 3-11）。从图 3-11 中获知在九瑞矿田内 Cu 等成矿元素的异常空间分布特征继承了九瑞矿田各种地质、地球化学特征。显然，异常呈北西向 Cu、Au、Mo、Ag、Pb、Zn、As、Sb 等元素组合异常才是与中酸性小岩体有关的铜多金属矿床引起的异常。

（2）规格化面金属量。谢学锦院士早在 1979 年针对区域化探异常的评价提出了九条准则（谢学锦，1979）：区域异常面积、异常强度、异常规模、元素组合特征、元素分带特征、地球化学省的存在、有利的地质环境、有意义的航空物探异常及与已知有经济价值矿床之间的相似性。这些评价准则至今仍不失其有效性，他认为异常规模是异常面积与异常强度综合在一起的一个参数，可用面金属量来衡量，为了使含量级次不同元素的异常规模可以对比，谢先生建议异常强度规格化，用衬度表示，衬度等于异常面积内异常的平均值与背景值或异常下限之比。次年，谢学锦等规定异常衬度的计量单位为 1，面积为 $1km^2$，异常衬度与异常面积的乘积称之为规格化的面金属量，用作异常评序（谢学锦等，1980）。随后，罗素菲建议将各类异常中的每一个异常的成矿元素与前缘元素 NAP 值累加起来，用这种累加值作为异常评序的参考值（罗素菲，1986），这种异常评序思路既考虑了元素分类，也考虑了矿床的剥蚀程度，有利于同种矿床类型引起异常的对比。孙焕振等在异常评价中认为元素对或元素组之间的比值有时可用来进行矿床或矿化类型的判别和矿床剥蚀程度的评价，并把异常规模和面金属量两个名词等同，同时异常规模也可以用异常平均值与背景值或异常下限之比值，后再与异常面积的乘积来度量（孙焕振和童霆，1989），相当于谢学锦提出的 NAP。从 20 世纪 90 年代以来，应用 NAP 值对单元素或多元素异常进行评序，并对多元素组合表达式及预测矿床主矿种等方面作了大量的尝试（李武俊和唐开金，1991；史长义，1993；张艳宜和史晓红，1995；杨永忠，1999；况蜀鄂和曾春明，2000；李爱生和韩志安，2001；赵志强等，2004；焦保权等，2008；薛浩江等，2009；牟云，2012），其中不乏提出了一些改进的建议，如提倡计算与矿化密切的一组元素的累加或累乘的 NAP（张世照，1991）；或根据组分分带理论计算综合 NAP，其值等于主要成矿元素的 NAP 与前缘元素的 NAP 之和再减去尾晕元素的 NAP（程培生，2002）。

对于上述的规格化的面金属量（NAP）和规格化异常规模，本书提出三个问题进行讨论：1）异常规模是否与面金属量等义？2）规格化异常规模和规格化面金属量有何区别？3）规格化方式有哪些？

本书认为异常规模不等于面金属量,这在地球化学勘查术语(GB/T 14496-1993)和地球化学勘查技术符号(GB/T 14839-1993)中作了明确定义和符号规定(异常规模是表征异常面积大小与强度的综合性参数对应 dimension of anomaly 或 anomaly dimension,用 A_d 表示,而面金属量是在异常范围内,各异常点的元素剩余含量(测定含量减去背景值)的平均值与异常面积的乘积(以平方米百分率表示),对应 areal productivity,用 P_s 表示),既然面金属量和异常规模是有明确区别的两个术语,而且计算方法和含义有差别,那么对这二者分别进行规格化后就应该分别称为规格化异常规模和规格化面金属量。因此,谢学锦提出的 NAP 实际上为规格化异常规模。另外,规格化的计算方式至少可以采用三种数据变换方法(标准化、极差、均匀化等),前述均采用均匀化变换的方式,而均匀化变换中可用背景值、中位数、异常下限等方式,因此在计算规格化异常规模(Normalized Anomaly Dimension, NAD)或规格化面金属量(Normalized Areal Productivity, NAP)时,必须列出计算的公式和指明各项参数代表的含义。笔者在 2008 年地球化学定量预测研究中提出:直接对面金属量用背景值进行规格化变换,称之为"规格化面金属量",现考虑到规格化面金属量与 NAP 的计算方式类似及尽可能不用含义相近新名词的原则。因此,本书将原"衬度异常量"改用"规格化面金属量"这一术语,后者相比前者的字面含义更明确。

以长江中下游铜多金属成矿带九瑞矿田中三个铜矿床成矿元素和伴生元素的统计参数为例(表3-10),从表中清晰可见:1:20万水系沉积物中成矿元素异常的算术平均值、异常面积和规格化面金属量(背景值均匀化)及主成矿元素组合与九瑞铜多金属矿田中的城门山、武山、丰山洞等大型铜多金属矿床地表的矿化规模密切相关,并且三个铜矿床中规格化面金属量(原"衬度异常量")排序靠前的元素示踪了矿床的主成矿元素,即城门山的成矿元素组合为 Cu+Mo+Au;武山的成矿元素组合为 Cu+Ag+Au;丰山洞的成矿元素组合为 Cu+Mo+Ag,可见用规格化面金属量计算的三个矿床主成矿元素组合与矿床实际完全吻合。

(3)相似系数。区域地球化学异常识别是一个求异的过程,而异常分类则是以求同为主的评价过程,除了区域地球化学勘查规范(DZ/T 0167-2006)中甲、乙、丙、丁类异常的定性分类外,如何对其进一步定量评价?通常利用多元统计分析的手段进行样品分类、元素组合划分和相关性判别等,如判别分析、聚类分析、相关分析等。笔者在前人(任天祥等,1998)工作的基础上,提出地球化学相似系数的概念,其基本含义是衡量"观测样本"与代表典型矿床矿化信息的"标准样本"之间相似程度的一个指标。具体计算方式为:设典型矿床所在空间位置为一个虚拟的"标准样本",用元素组合和合理的含量示踪其矿化信息,而后用距离公式计算"观测样本"与"标准样本"之间的距离值,再把距离值通过变换后使其处于[0~1]的区间内,最终这个区间内的值称为地球化学相似系数或相近系数。下面详述地球化学相似度图的绘制流程(图3-19)。

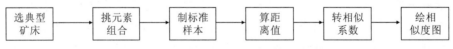

图 3-19 地球化学相似度图的绘制流程

第一步,选典型矿床:在Ⅲ级成矿带内选择典型的矿床(矿化信息和矿床类型的代表性及空间位置的独立性),总结其成矿的地质、地球化学特征。

第二步,挑元素组合:典型矿床的矿化信息无论是在原生环境,还是在次生环境中都有较好的对应关系。在原生环境中,矿化信息主要以矿体、矿石矿物的形式产出;而在次生环境中,矿化信息表现为不同介质中各种指示元素的地球化学异常。也就是说,可用一定元素组合的次生异常表示其原生的矿化信息。因此,在区域1:20万水系沉积物地球化学测量中按下述三条准则挑选元素组合:

①所选元素在地球化学图中具有清晰的内中外三级浓度分带(1:50万数据可适当放宽到中外带)。
②所选元素与预测矿种存在一定相关性(经验判断或多元统计分析获知)。
③所选元素是该矿床常见的有用组分(主要矿石矿物)或伴生组分(次要矿石矿物)。

第三步,制"标准样本":符合上述挑选准则的元素组合即为"标准样本"的标型元素组合,制"标准样本"就是对其赋值,为取值的代表性和稳健性,一般为三级浓度分带中内带(中带)的算术平均值,目的是避免特高值的畸变影响。因此,"标准样本"蕴含三层含义:一是"标准样本"对应一组元素组合;二是"标准样本"中标型元素组合赋予了浓度分带中内带或中带的算术平均值,并隐含一个虚拟的空间位置;三是"标准样本"相对观测样本而言,其虚拟空间位置与典型矿床所在位置一致,并非实际采样坐标。

需要指出的是,为能尽可能多反映研究区内的不同矿床类型的异常信息,可选取多个有代表性的典型矿床,制成一个"标准样本"系列,以九瑞矿田内城门山、武山、丰山洞三个铜矿床的"标准样本"为例(表3-13),选取的相似度元素组合各具特色,不仅元素数量不同,元素组合也有差异。

表3-13 九瑞矿田"标准样本"的元素组合(城门山、武山、丰山洞铜矿床)

矿床名称	矿床类型	成矿元素	伴生元素	矿石矿物组合	相似度元素组合
城门山	斑岩型、矽卡岩型、块状硫化物型	Cu、Mo、Au	W、Zn、Ag、Sb	主要为黄铁矿、黄铜矿、辉钼矿、闪锌矿、磁铁矿,次为胶黄铁矿,少量磁黄铁矿	Cu+Mo+Au+Zn+Sb+Ag+W
武山	块状硫化物型、矽卡岩型	Cu、Au、Ag	Pb、As、Sb	主要为黄铁矿、黄铜矿、白铁矿、辉铜矿、针铁矿,次为闪锌矿、方铅矿等	Cu+Au+Ag+Pb+As+Sb
丰山洞	矽卡岩型、斑岩型	Cu、Mo、Ag	Pb、W	主要为黄铁矿、黄铜矿、辉钼矿、斑铜矿、磁铁矿	Cu+Ag+Pb+Mo+W

第四步,算距离值:为消除不同元素间量纲的影响,需先对元素数据统一除以各自背景值(中位数)或者取对数,再利用距离公式计算距离值,计算见公式(3-6)与公式(3-7),依实际情况二者任选其一。

$$D(si) = \left\{ \left[\sum_{k=1}^{p} \left(\frac{X_{sk} - X_{ik}}{C_k} \right)^2 \right] \Big/ p \right\}^{1/2} \quad (3-6)$$

$$D(si) = \left\{ \left[\sum_{k=1}^{p} (\lg(X_{sk}) - \lg(X_{ik}))^2 \right] \Big/ p \right\}^{1/2} \quad (3-7)$$

式中:s为已知典型矿床(标准样本);i为被判别的观测样本(实际分析的组合样);p为元素组合的个数;X_{sk}为"标准样本"的第k个元素(如Cu)的取值;X_{ik}为第i个观测样本在第k个元素上的取值;C_k为第k个元素的背景值(中位数);$D(si)$为观测样本与"标准样本"的距离值。

第五步,转相似系数:对以上相似距离值按公式(3-8)进行转换。

$$R = 1 - D(si)/\max(D) \quad (3-8)$$

式中:$\max(D)$为$D(si)$的最大值;R为观测样本与"标准样本"的地球化学相似系数或相近系数。R越大,代表相似程度越高。

第六步:绘相似度图:与地球化学图的编制要求类似,对转换的相似系数绘制相似度图,通常采用累积频率的方式进行分级,各地区视实际情况可略微调整相似系数的阈值。在九瑞矿田中以选择相似度图累计频率分级98%对应的分位值为该区的相似系数阈值为例,其含义是仅占九瑞矿田总样本2%的"观测样点"(预测区)与"标准样本"(典型矿床)的矿化信息相似。图3-20是以城门山铜矿床作为"标准样本"绘制的相似度图,图中黑色区域表示"观测样本"(通江岭、宝山、东雷湾、狮子岛)与"标准样本"(城门山)的相似系数大于0.59,因此可以认为其矿化信息与城门山铜矿床的相似程度超过59%;当研究区内存在多个"标准样本"时,必须进行成矿地质条件和相似系数的比较后,按就近原则,挑选一个最佳相似系数近似定量评价异常信息的相似性。

相似系数为异常的求同评价提供了一个新的途径。但需要说明的是,目前计算公式中的各个元素是等权重的,为了能精确反映矿化信息的主次关系,可对典型矿床一定邻域内的数据,采用多元统计的方法对各个元素赋权重;另外,相似度图还应结合"观测样本"的成矿地质背景及其他地球化学参数(比值图、多元素平均衬值图、因子得分图等)进行综合解释评价。

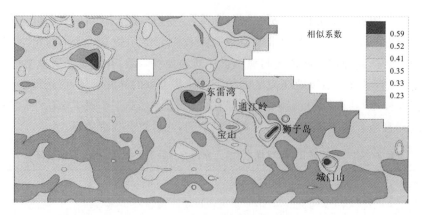

图 3-20 城门山铜矿床地球化学相似度图(元素组合为 Cu+Mo+Au+Zn+Sb+Ag+W)

(4)剥蚀系数。矿体的产出状态(出露、隐伏、掩埋)不仅决定了勘查工作中的找矿方法,而且还影响着矿产预测的成效。因此,在矿产资源地球化学模型建立与定量预测研究中,典型矿床和预测区的剥蚀程度的厘定是十分关键的问题之一。对于判别典型矿床剥蚀程度,前人通过矿床原生晕的测量数据,根据热液矿床的原生异常分带理论,计算出分带序列后,利用矿尾晕与前缘晕元素组合之比指示矿体的埋藏深度,这种矿区尺度的剥蚀程度研究已经积累了丰富的资料;而关于区域尺度利用 1∶20 万水系沉积物数据来示踪矿床剥蚀程度的讨论涉及较少。本书判别矿床剥蚀程度的基本出发点是:借鉴原生晕的原生异常分带理论,在矿床成矿后风化剥蚀过程中,当矿床剥蚀到一定程度时,其次生异常(土壤、水系沉积物)的特征将呈现原生异常相应深度的元素组合,如岩浆热液型铜矿床为未-浅剥蚀程度,一般是矿头(前缘)晕(As、Sb、Hg 等元素)在地表占优势,如果是浅-中等剥蚀程度,则矿体晕(Cu、Pb、Zn、Au 等元素)异常强、面积大,而矿尾晕(W、Sn、Mo、Bi 等元素)发育则对应于深剥蚀矿床。因此,可将原生晕的原生异常组分分带的特点,然后用 1∶20 万水系沉积物数据计算矿尾晕与矿尾晕加上前缘晕的比值,该比值称之为剥蚀系数,能近似定量地示踪所评价地区矿床的剥蚀程度。剥蚀程度可用累加 NAP 值三角图和矿尾晕与前缘晕之比的比值图两种形式表示,现以累加 NAP 值三角图的制作为例,介绍三角图的绘制过程和判别剥蚀程度的方法(比值图的绘制较简单,在此不赘述)。

第一步,确定元素组合:通过典型矿床的岩石原生晕分带(垂向、水平)特征和区域地球化学异常规律的总结,分别确定前缘晕、矿体晕和矿尾晕的元素组合,对应三角图的三个端元。

第二步,计算三个端元的累加 NAP 值:即在所选元素的区域地球化学异常图中,统计各个元素的异常面积和异常内的算术平均值,计算其面金属量和 NAP 值,然后对每个端元内单元素的 NAP 进行累加(表 3-14)。

表 3-14 九瑞矿田矿尾晕(W+Sn+Mo)、矿体晕(Cu+Pb+Au)和前缘晕(As+Sb+Hg)的累加 NAP 值

序号	铜矿床(矿点)	W+Sn+Mo	Cu+Pb+Au	As+Sb+Hg
1	城门山	283.25	342.35	69.48
2	武 山	40.33	666.89	196.41
3	丰山洞	1 228.09	1 547.07	120.90
4	丁家山	0.78	7.44	0.00
5	东雷湾	102.38	411.91	476.44
6	通江岭	9.13	358.99	61.25
7	狮子岛	45.16	70.30	26.06

注:1~4 为铜矿床,5~7 为铜矿点

第三步,绘制累加 NAP 值三角图:在专业绘图软件中(Sigmaplot 或 Grapher)对累加 NAP 值在进行三角图投点。判别剥蚀程度的方法为:若投点越靠近矿尾晕端元,说明剥蚀程度越高,相应剥蚀系数越大;反之,若投点越靠近前缘晕端元,说明剥蚀程度越低,相应剥蚀系数越小,剥蚀系数的值为[0,1]区间内。以九瑞矿田内的累加 NAP 值三角图判别剥蚀程度为例(图 3-21),从图 3-21 中可知丰山洞和城门山的投点比较接近,若假定靠近 As-Sb-Hg 端元时剥蚀系数为 0,而靠近 W-Sn-Mo 端元时剥蚀系数为 1,那么丰山洞和城门山的剥蚀系数可赋值为 0.4,而狮子岛的剥蚀系数可赋值为 0.3,丁家山和东雷湾的剥蚀系数可赋值为 0.1,通江岭和武山的剥蚀系数可赋值为 0.05,其中剥蚀系数值越大说明剥蚀程度越深,反之越小。事实证明,累加 NAP 值三角图的剥蚀程度判别结果与九瑞矿田的实际情况完全吻合。此外,在九瑞矿田的(W+Sn+Mo)/(As+Sb+Hg+W+Sn+Mo)元素组合比值地球化学图中(图 3-22),亦清晰地显示了剥蚀程度的高低,即为丰山洞>城门山>武山。

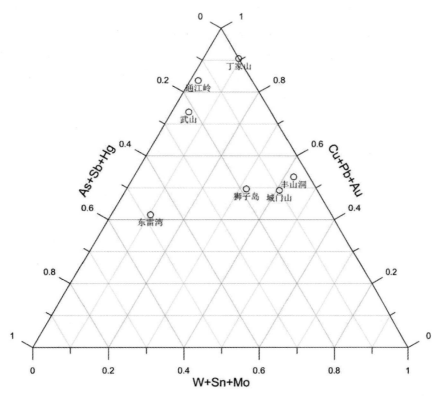

图 3-21 九瑞矿田累加 NAP 值三角图(4 个铜矿床和 3 个铜矿点)

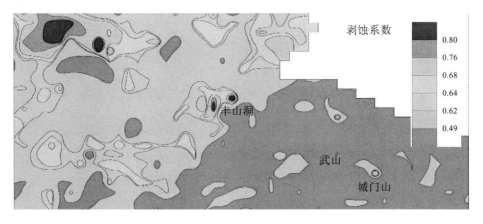

图 3-22 九瑞矿田(W+Sn+Mo)/(As+Sb+Hg+W+Sn+Mo)比值地球化学图
各元素均进行背景值均匀化变换

五年来,在我国铜矿资源潜力评价区域地球化学定量预测实践中,在前人研究的基础上,就其几个关键性的问题进行了探索和试验,获得如下几点认识:

① 异常识别和异常评价在区域地球化学定量预测中占有重要地位,在解释和评价矿致异常过程中,当异常与已知矿床(点)比较时除了遵循吻合度和精确度都高的一般原则外,还应遵循成岩-成矿-成晕同系统性,异常解释评价多参数的指导原则。

② 在异常识别环节,当利用识别弱缓异常的衬值处理技术时,最优窗口尺寸的反复试验和综合比较是关键,它直接决定了信息提取的有效性;而利用比值异常识别同一矿化类型成矿元素的主次及不同矿化类型时,其关键是元素对或者元素组合选取的合理性。

③ 在异常评价环节,对传统的面金属量和异常规模及规格化面金属量(NAP)等术语的含义进行了重新厘定,认为传统规格化面金属量(NAP)相当于规格化异常规模(NAD),并非真正意义上的规格化面金属量(NAP),并建议今后使用规格化面金属量(NAP)时应列出其计算公式中各项参数的含义。预测实践表明:典型矿床的规格化面金属量(NAP)能够示踪预测区主成矿元素和重要伴生元素。

④ 论述了相似系数和剥蚀系数的内涵、计算方法和作用,这两个参数的引入进一步提升了地球化学资源量估算的可信度。另外指出"标准样本"中元素组合的选取和含量的赋值及计算公式中不同元素的权重仍需不断完善。

第四章 中国重要铜矿地质、地球化学找矿模型

区域地球化学定量预测是全国重要矿产资源潜力评价项目的组成部分之一,为了提高其预测结果的可信度,建立科学合理的地质-地球化学找矿模型是关键,它是地球化学找矿预测区圈定和资源量估算类比的"标准样本"。依据铜矿资源地球化学定量预测的技术路线,在Ⅲ级成矿带内建立典型矿床的地质、地球化学找矿模型(简称建模),是区域找矿预测区的圈定和资源量估算的基础。

第一节 建立地质、地球化学找矿模型的理论基础

一、建模的基本思路

本书提出的建立地质、地球化学找矿模型的基本思路是:以地质背景和成矿作用分析为基础,充分利用GIS技术,以区域地球化学调查数据为主线,综合各种中大比例尺地球化学资料,按照三级成矿带内发育的成矿系列,开展各类地球化学异常信息的提取、解释评价。总之,建模不仅包含各种地球化学特征参数的统计,而且包括地球化学异常所示踪的成矿作用("源""动""储")信息,以及成岩、成矿、成晕机制的深入分析和相互联系。

建立典型矿床地质-地球化学找矿模型是一个从成矿作用("源"→"动"→"储")到表生作用("变")的正演过程(图3-12)。图3-12中的"源"是指成矿的金属物质、成矿的热液流体以及成矿的热能等成矿要素的提供者;"动"又称为"运",指成矿物质在岩浆→流体→成矿过程中(成矿元素活化、迁移直至沉淀富集)的动力机制(温度、压力、Eh、pH、氧逸度……),根据成矿物质运移的轨迹,成矿作用可划分出不同的成矿期次和成矿阶段;"储"指成矿作用的产物赋存的空间、数量和种类,包括成矿元素和金属矿物的空间分带、不同类型矿体的赋存位置、矿床的金属储量或资源量等;"变"指成矿后的次生作用(表生作用),也就是成矿元素从内生环境到表生环境中,由于物理化学条件的改变,使其从岩石→土壤→水系沉积物中的含量、赋存状态和空间分布发生了变化。只有在准确分析成矿作用("源""动""储")的基础上,才可能科学合理解释表生作用条件下形成的各类地球化学异常("变"),而解释评价地球化学异常的过程恰好为从表生作用到成矿作用的反演过程,也就是"变""储""动"和"源"四个环节相互有机融合的过程。

二、建模的理论基础

地质、地球化学找矿模型涉及到多学科的理论:如成矿模式(陈毓川等,1993;裴荣富,1995)、成矿系列(程裕淇等,1979;翟裕生,1996;翟裕生等,2008;陈毓川等,1998)、成矿系统(翟裕生,1999,2007;翟裕生等,2008)、成矿区带划分(陈毓川,1999;徐志刚,2008)、地学元素和离子周期表(Railsback L B,2003)、稳定和放射性同位素示踪、原生晕测量(邵跃,1997)、地球化学块体(Xie X,*et al*,2004)和GIS空间统计分析等理论,并参考各类地质、地球化学和地理信息的规范、标准或技术要求,应用GIS技术建立起来的模型。下面重点阐释笔者在构建地质、地球化学找矿模型过程中,总结其具有的四个基本特征。

1. 同系统性

成岩、成矿、成晕是地壳内的同一地质体沿着基本相同的运动途径,经历着大致相同的地质作用,在同一个成矿系统中不同的时空尺度下演化的不同产物。前二者以宏观的岩石、矿物的形式出现,而后者是以微观的元素(同位素)的形式体现。因此在建模时,首先要考虑成岩-成矿-成晕同系统特性,既要表示成岩、成矿的规律,又要反映成晕的地球化学特征及元素(元素组合)在不同物理化学条件下迁移演化的规律。

2. 系列性

由于成矿、成晕作用是一个多成因、多来源、多阶段的"系列化"过程,因此在建模时要考虑在一定的地质环境中所形成的在时间、空间和成因上的密切联系的一组矿床类型,即同一个成矿、成晕作用下的系列产物。同样,原生晕的形成和组分分带是多种成因机制的综合结果。

3. 多元性

在建模时要遵循多信息、多参数综合示踪的原则。既要利用内生成矿系统中主量元素、微量元素、稀土元素和同位素等多种参数的示踪,又要注重统计表生地球化学异常的众多指标(背景值、异常下限等);既要重视反映内外生物理化学环境的参数变化,又要解释表生地球化学异常特征与原生地球化学特征之间"变"与"不变"的关系。

4. 级次性

以Ⅲ级成矿区带为例,它是区域地球化学定量预测的基本单元,它由次一级的成矿单元(矿集区、矿田)所构成,二者是整体与部分的关系,因此具有一定的尺度和层次。即某种类型矿床的成矿、成晕作用在不同级次(矿带、矿田、矿床、矿体、矿物)中表现出相应的地质、地球化学特征,它们之间既相互关联,又各具特性。

以上四个基本特征概括了地质、地球化学找矿模型的特色,有别于纯粹的矿床成因模型,所以说是区域地球化学定量预测中建模的理论基础。

三、建模的几个基本概念

1. 矿床的成矿模式

矿床成矿模式即为矿床形成的成因模式,它是对矿床赋存的地质环境、矿化作用随时间、空间演化所显示的各类特征以及成矿物质来源、迁移机理等主要要素的概括、描述和解释;同时也是成矿规律研究的重要表述形式之一(陈毓川等,1993)。从矿床的内、外部特征出发,其基本内容为:区域地质背景(大地构造单元、区域地层、构造、岩浆岩、矿产……);局部成矿环境(赋矿地层时代和岩性特征、含矿岩体的地质与地球化学特征、控矿构造);矿体空间分布与产状;矿石类型、矿物组合及结构构造;矿化蚀变类型及分带特征;矿床成因机理与类型;控矿因素与找矿标志;参考陈毓川(1993)主编的《中国矿床成矿模式》有关章节。

2. 矿床(矿体)地球化学异常模式

矿床(矿体)地球化学异常模式是指对元素的量变规律、组合特征、结构特征等各种地球化学指标与矿床(矿体)空间关系的描述;是用来对矿区及外围地球化学异常的评价和大比例尺的矿产预测,尤其是对矿区外围与深部盲矿体的预测(吴承烈,1993)。

3. 地质、地球化学找矿模型

地质、地球化学找矿模型是指在众多基础地质资料的基础上,以一系列实测地球化学参数为主线,按照矿种和矿床类型综合与归纳,通过文、图、表等形式对矿田(矿带)的地质、地球化学特征进行概括。其主要研究内容不仅包含各种地球化学统计参数,而且包括地球化学异常与成矿作用"源""动""储"相关的基础地质特征,以及它们之间的相互联系和对成岩、成矿、成晕机制的认识与深入分析。其重要功能是应用在Ⅲ级成矿区带(包括工作程度较低的新区)内的矿产资源预测(预测区的圈定、矿化类型的判别以及潜在资源量的估算等方面)。

4. Ⅲ级成矿带成矿系列的地质、地球化学找矿模型

陈毓川(2007)提出的成矿系列的主要内容是:矿床是地质环境中的组成部分,成矿作用是形成地质环境的地质作用中的一个组成部分;矿床在自然界并非单个存在,而是以有成因联系的矿床自然体存在,在各个地质历史阶段的构造环境(单元)中与一定的地质成矿作用有关,形成有成因联系的矿床组合的自然体,称为矿床成矿系列。因此,在Ⅲ级成矿带内所形成的各时期各类矿床成矿系列具有一定的演化规律、分布规律及内在联系,具有一定的继承性及演变性,并可有叠加、改造的过程。这样在Ⅲ级成矿带的成矿系列中，可建立若干个既有联系、又各具特色的系列矿田(矿床)地质、地球化学找矿模型。

四、地质、地球化学找矿模型的构建内容

矿田地质-地球化学找矿模型是Ⅲ级成矿带找矿预测区圈定及资源量估算类比的"标准样本"，它是建模的重点。

矿田地质-地球化学找矿模型是在典型矿床的成矿模式和矿床(矿体)的地球化学异常模式的基础上扩展和演化而来，以突出矿田(矿带)找矿信息和明确预测目标的重要控矿因素及总结各类地球化学找矿标志的模型。具体包含以下三部分内容。

1. 矿田中典型矿床的成岩、成矿时空规律和成矿模式

由于矿田是一个成岩-成矿-成晕的复杂系统，因此必须从整体上认识矿田内的各个地质单元之间(地层、构造、火山-岩浆、成矿作用的"源、动、储")的时空规律，而精确的年代学数据能够制约成岩和成矿的时限，成矿模式则为成矿规律提炼的结果，可用文、图和表的形式表达。

2. 矿田内成岩-成矿-成晕的各种地球化学示踪参数

地球化学示踪参数分为成岩、成矿地质背景，地球化学异常特征和地球化学异常的控制因素等(表4-1)，其基本含义分述如下：

成岩、成矿地质背景：是指在与成矿环境、成矿作用有关的各类地质体(围岩、岩体、矿体、矿石、矿物)中成矿元素和重要伴生元素(同位素)的含量及分布特征参数，利用这些特征参数来分析矿源、元素共生组合，及示踪在成矿作用中元素分散、富集与迁移的规律。

表4-1 矿田地质-地球化学找矿模型的示踪参数

内　容		项　目
成岩、成矿地质背景	围岩、岩体、矿体、矿石、矿物	常量元素、微量元素(稀土元素)、成矿元素、同位素、流体包裹体成分等
地球化学异常特征(成矿元素和重要伴生元素)	含量和分布特征	背景值、算术平均值、几何平均值、众数值、中位数、峰度、偏度等
	富集与贫化特征	标准离差、变异系数、异常衬度(衬值)、浓集克拉克值、浓集系数等
	分带特征	垂直(轴向)分带(从下至上)、水平分带(从内往外)
	异常形态	线状、带状、面状等
	异常特征	异常分带、浓度梯度、浓集中心、异常下限、异常峰值、线金属量、面金属量、规格化面金属量(NAP)、规格化异常规模等
	其他	剥蚀系数、相似系数等
地球化学异常的影响因素(成矿元素和重要伴生元素)	元素赋存形式	独立矿物(硫化物相、氧化物相、硅酸盐相、金属相等)、类质同象等
	元素迁移、沉淀的物理化学参数	温度、压力、酸碱度、氧化还原电位、元素迁移络离子的配位体(F^-、Cl^-、S^{2-})及络离子的稳定常数等

地球化学异常特征：是指成矿元素和重要伴生元素在岩石、土壤和水系沉积物中含量和分布、富集与贫化、异常形态和异常特征等；热液型矿床原生晕的垂直(轴向)和水平分带等。

地球化学异常的影响因素：是指控制各类地球化学异常形成的因素，即元素在内生和表生环境中的赋存形式、迁移和沉淀的物理化学参数，它们是控制原生和次生地球化学异常中元素行为的环境因素。

3. 矿田内典型矿床的重要控矿因素

它是指形成矿床物质来源、富集机制和储藏空间等影响因素，又是矿床形成必要条件的总结，也为勘查地球化学方法的选择指明了方向。

4. 编制地质、地球化学找矿模型

前人在1983年就提出构建成矿-成晕地球化学模式（欧阳宗圻等,1990），其基本思路为：在已选择的成矿模式图上配以成岩、成矿、成晕的各种地球化学特征，各种晕的分布、规模、组合、分带、介质环境等用图解、表格等形式表达其在时间、空间、成因上的联系及演化关系（图4-1）。

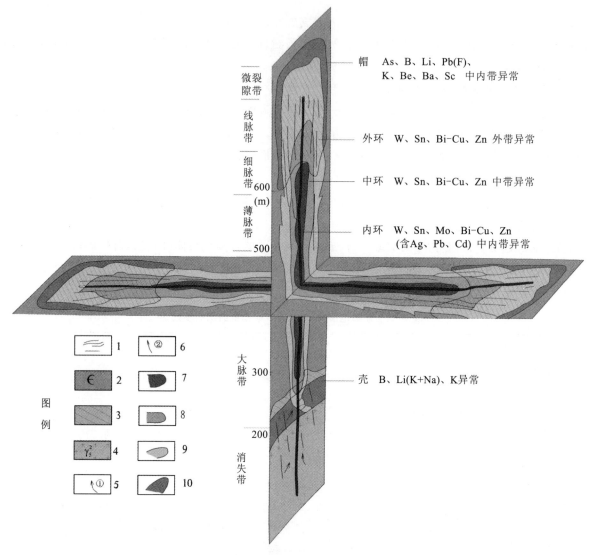

图4-1 脉状钨矿床地球化学异常分带模式图（引自欧阳宗圻等,1990）
1—石英脉带；2—寒武系砂板岩；3—伟晶岩壳；4—花岗岩；5—岩浆演化晚期矿液汇集方向；
6—花岗岩碱质交代W进一步富集；7—异常内环；8—异常中环；9—异常外环；10—帽晕、壳晕

第二节 地质、地球化学找矿模型实例

按照地质、地球化学找矿模型建立的基本思路、理论基础和主要内容，以西藏冈底斯甲玛"三位一体"（矽卡岩型、角岩型和斑岩型）铜多金属为例，通过系统收集近年来与甲玛铜多金属矿床有关成岩-成矿-成晕作用的大量文献（即包括"源""动""储""变"等信息）。按照从区域到矿区，从成矿地质特征到地球化学特征的编排原则，汇编了甲玛铜多金属矿床的地质、地球化学找矿模型。

甲玛-驱龙矿集区位于冈底斯岩浆弧内，处于拉萨地块Ⅲ级成矿带内，与成矿直接有关的是喜山晚期的二长花岗斑岩和花岗闪长斑岩。含矿斑岩体侵位到新生界不同层位的岩类中，通过了强烈接触交代蚀变和成矿热液的作用，形成了甲玛"三位一体"的Cu、Mo(Pb、Zn、Au、Ag、W)矿床。

一、矿床地质特征

甲玛矿区内地层从中侏罗统至下白垩统均有出露，总体走向NWW向。下白垩统林布宗组（K_1l）以泥质板岩为主夹砂岩和石英砂岩，底部岩石角岩化强烈为矿体顶板，底板为上侏罗统多底沟组（J_3d）结晶灰岩夹碎屑灰岩，矽卡岩型矿体产于多底沟组矽卡岩中，呈层状、似层状产出。矿区地表花岗斑岩仅以岩脉产出，但角岩化和绢英岩化蚀变在层状矿体北侧林布宗组中广泛发育，并伴随强烈Cu、Mo硫化物矿化所形成的斑岩型、角岩型铜、钼矿体，甲玛矿区"三位一体"（矽卡岩型、角岩型和斑岩型）的矿化格局为矿区北部隐伏花岗斑岩体蚀变矿化所致（图4-2）。

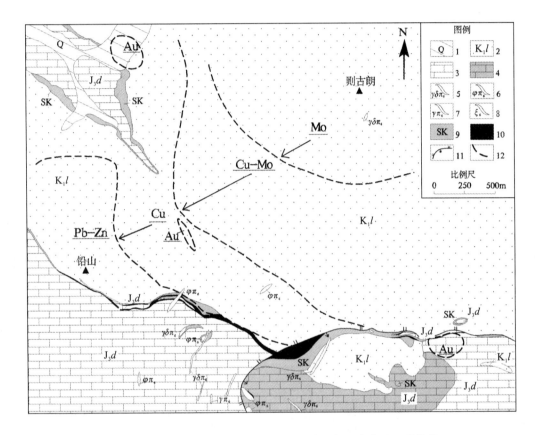

图4-2 甲玛铜多金属矿床元素平面分带与地质叠合图（据郑文宝等简化，2010）
1—第四系残坡积物、冲洪积物；2—下白垩统林布宗组砂板岩、角岩；3—上侏罗统多底沟组灰岩、大理岩；
4—矽卡岩化大理岩；5—花岗闪长斑岩脉；6—石英钠长斑岩脉；7—花岗斑岩脉；8—花岗细晶岩脉；
9—矽卡岩；10—矽卡岩型矿体；11—滑覆构造断裂；12—元素分带界线

甲玛铜多金属矿矽卡岩型矿体总体上为隐伏-半隐伏，多在林布宗组与多底沟组层间构造带的矽卡岩中，严格受地层层位控制。矽卡岩型矿体呈层状、厚板状，呈上陡下缓"椅状"（图4-3中Ⅰ-1表示），角岩型钼（铜）矿体产于层状、厚板状矽卡岩型矿体顶板角岩中（图4-3中Ⅱ-1表示），斑岩型钼（铜）矿体产于花岗斑岩体中。

矿区蚀变发育，可见矽卡岩化、角岩化、绢云母化、硅化、大理岩化、绿帘石化、绿泥石化、碳酸盐化及泥化，其中以矽卡岩化、角岩化（图4-3）、绢云母化、硅化、大理岩化为主，碳酸盐化和泥化为后期蚀变，不同程度叠加于其他蚀变之上。

原生矿石矿物主要为黄铜矿、斑铜矿、黝铜矿、辉铜矿、铜蓝、辉钼矿、方铅矿、闪锌矿，其次为硫钴矿、镍矿物、铋矿物、碲银矿、黄铁矿、毒砂等（图4-4）。矿石构造以浸染状和细脉网脉状为主，团块状构造和角砾状构造次之，矿石结构为反应边结构、残余结构、格状结构等。

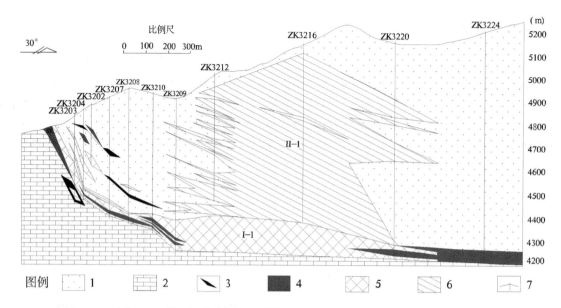

图 4-3　甲玛铜多金属矿 32 勘探线地质剖面图(唐菊兴等,2010)

1—林布宗组板砂岩;2—多底沟组灰岩;3—花岗斑岩脉;4—矽卡岩;5—矽卡岩型铜多金属矿;
6—角岩型钼(铜)矿体;7—钻孔编号及位置

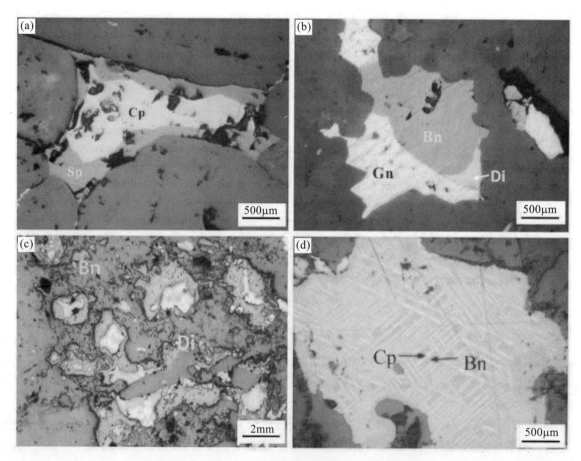

图 4-4　甲玛矿区矿石矿物组合和矿石结构(郑文宝等,2010)

(a)闪锌矿沿黄铜矿边缘交代形成反应边结构;(b)斑铜矿与方铅矿和蓝辉铜矿连生,接触边平直;
(c)斑铜矿被蓝辉铜矿交代呈残余结构;(d)黄铜矿在斑铜矿中呈格状结构;
Cp—黄铜矿;Sp—闪锌矿;Bn—斑铜矿;Gn—方铅矿;Di—蓝辉铜矿

二、矿床地球化学特征

从建模的成岩-成矿-成晕同系统的观点出发，甲玛 Cu、Mo(Pb、Zn)多金属矿床在形成矽卡岩型-角岩型-斑岩型矿体的同时，还形成肉眼难以鉴别的元素、同位素的微观信息。前者以宏观的岩石、矿物的形式出现，而后者是以成矿元素及主要伴生元素及示踪物源的铅、硫同位素组成的形式体现。

(一) 含矿中酸性斑岩地球化学特征

甲玛矿床内产出的岩浆岩主要有花岗斑岩、花岗闪长斑岩、二长花岗斑岩、(石英)闪长玢岩等整体呈近东西、北西、南东、近南北向的放射状分布，均发育不同的围岩蚀变并与 Cu、Mo、Pb、Zn 矿化密切相关 (秦志鹏，2010；秦志鹏等，2012)，除花岗斑岩与埃达克岩的亲缘性较差外，其他斑岩具有似埃达克岩的地球化学特征(表 4-2)，高 Sr，低 Y 和 Yb，且高 Sr/Y，富集轻稀土元素，亏损重稀土元素，负 Eu 异常和负 Ce 异常。

表 4-2 甲玛矿区含矿中酸性斑岩体的地球化学特征

含矿岩体	氧化物/元素	变化范围	稀土元素配分模式图解
花岗闪长斑岩(8)、二长花岗斑岩(14)、(石英)闪长玢岩(4)	SiO_2	59.86~69.24	IPD18 为花岗闪长斑岩，ZGL 为二长花岗斑岩，Jm1501 为(石英)闪长玢岩
	Al_2O_3	14.10~16.55	
	Na_2O	3.71~6.28	
	K_2O	1.33~4.21	
	Na_2O/K_2O	1.01~3.21	
	A/CNK	1.18~1.59	
	MgO	0.82~2.35	
	Sr	283~1110	
	Y	4.79~8.69	
	Yb	0.42~0.77	
	Sr/Y	40.84~157.00	
	∑REE	70.35~175.02	
	LILE	富集 Rb、Cs、Th、U、K 等	
	HFSE	强烈亏损 Sc、Ti	
	∑LREE/∑HREE	12.93~37.30	
	$[\omega(La)/\omega(Lu)]_N$	16.51~64.75	
	δEu	0.88~1.07	
	δCe	0.87~0.97	

注：括号内数字为样品件数，氧化物质量分数为%，微量元素和稀土元素质量分数为 10^{-6}，原始数据来源(秦志鹏，2010)，稀土元素标准化的球粒陨石的 REE 丰度引自(Taylor S R, et al, 1985)，δEu 采用几何平均值计算，δCe 采用算术平均值计算

(二) 铅同位素组成特征

甲玛矿区矿石铅同位素组成十分稳定，变化范围小，$^{206}Pb/^{204}Pb$：18.484~18.752，$^{207}Pb/^{204}Pb$：15.547~15.686，$^{208}Pb/^{204}Pb$：38.288~39.740(表 4-3)，与矿区花岗斑岩、二长花岗斑岩和似埃达克岩全岩铅同位素组成十分相似，落在相同的投点域内(图 4-5 虚线内)，示踪二者之间的同源信息，即成矿元素 Cu、Mo 主要来源于岩浆成矿热液。

表 4-3 甲玛铜多金属矿床含矿斑岩和矿物硫化物铅同位素组成

样号	测定矿物	$^{206}Pb/^{204}Pb$	$^{207}Pb/^{204}Pb$	$^{208}Pb/^{204}Pb$	资料来源
JM-03	黄铜矿	18.725	15.615	38.987	曲晓明等,2001
JM-03	方铅矿	18.728	15.608	38.961	
JM-17	黄铜矿	18.752	15.638	39.058	
JM-17	方铅矿	18.752	15.633	39.047	
JM-19	花岗斑岩	18.765	15.622	38.997	
JM-21	花岗斑岩	18.753	15.616	38.966	
JM-16	二长花岗斑岩	18.628	16.626	38.930	曲晓明等,2002
JMY-01	二长花岗斑岩	18.639	15.620	38.924	
JMY-04	二长花岗斑岩	18.661	15.618	38.960	
YXK-22	黄铁矿	18.685	15.657	38.288	周云等,2012
RY	黄铁矿	18.557	15.597	38.939	
YXK-1-B1	黄铁矿	18.600	15.628	38.952	
YXK-20	方铅矿	18.588	15.634	39.010	
YXK-4-B7	辉钼矿	18.484	15.547	39.740	
YXK-30	黄铜矿	18.607	15.625	38.944	
JM09-4	黄铜矿	18.584	15.620	38.956	
XBS	花岗斑岩	18.405	15.598	38.596	秦志鹏,2010
TWQ	花岗斑岩	18.392	15.626	38.659	
DLF	花岗斑岩	18.338	15.578	38.634	
IPD18	似埃达克岩	18.397	15.563	38.558	
DFY	似埃达克岩	18.530	15.626	38.876	
TSPD13	似埃达克岩	18.528	15.644	38.914	
JMKSH3	方铅矿	18.661	15.686	39.135	李永胜等,2012
JMKSH8	方铅矿	18.603	15.643	39.011	
JMK56	方铅矿	18.640	15.669	39.086	

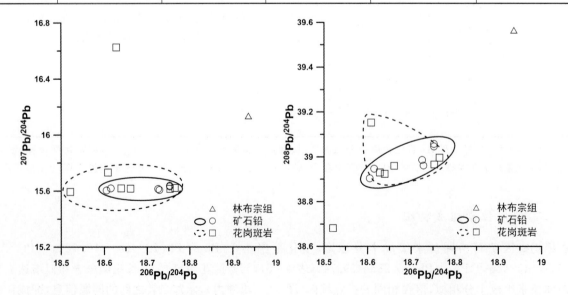

图 4-5 甲玛矿区含矿岩体和硫化物矿石 $^{207}Pb/^{204}Pb$-$^{206}Pb/^{204}Pb$ 和 $^{208}Pb/^{204}Pb$-$^{206}Pb/^{204}Pb$ 散点图

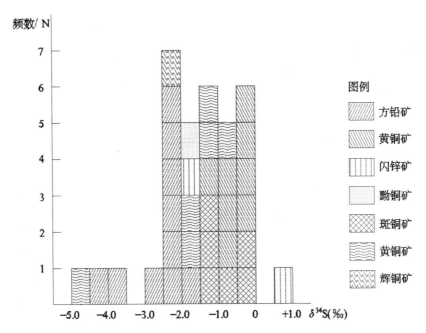

图 4-6 甲玛铜多金属矿床矿石硫化物硫同位素组成频数直方图(李永胜等,2012)

(三)硫同位素组成特征

甲玛矿区 $\delta^{34}S$ 的组成变化范围为：$-4.9‰\sim0.5‰$，变化范围较窄，且峰值分布区间为 $-2.5‰\sim0$；硫同位素直方图呈明显的"塔式"分布(图 4-6)，示踪硫源较单一，硫同位素分馏基本达到平衡，硫源以深源岩浆来源为主。

(四)成矿元素水平分带特征

由甲玛矿区铜多金属矿成矿元素(Au、Ag、Cu、Mo、Pb、Zn)水平分布图(图 4-7)可知，成矿元素的空间分布明显受矿化类型所控制：

(1)Cu、Au、Ag 元素空间套合好，主要分布在下白垩统林布宗组的砂板岩、角岩内，为角岩型 Cu、Au 矿化所致。

(2)Mo 元素在矿区北部明显富集，从空间分布上与 Cu 元素有局部重叠，为角岩型铜钼矿石或单钼矿石所引起。

(3)Pb、Zn 元素呈北西向带状分布，与上侏罗统多底沟组灰岩、大理岩和下白垩统林布宗组砂板岩构造面的矽卡岩型铅锌矿石相对应。

成矿元素异常强度大，互相叠合好，分带清晰，具有"高、大、全"的异常特征，示踪着角岩带深部的岩浆热液系统。而 Pb、Zn 元素在 Cu、Mo 元素的西南侧，呈带状分布，与地表 Pb、Zn 矿化走向一致。平面总体分带从北东至西南为 Mo→Cu、Mo、Au→Cu(Mo、Au)→Pb、Zn(Cu)(图 4-7)。

(五)成矿元素垂向分带特征

甲玛 0 线剖面成矿元素垂直分带趋势为：从下至上(从北到南)元素从 Mo→Cu、Mo、Au→Cu(Mo、Au)→Pb、Zn，示踪着成矿元素从中高温向中低温运移、沉淀、富集(图 4-8)。

从以上甲玛"三位一体"铜多金属矿床成岩、成矿、成晕体系中所呈现出的成矿元素、同位素特征，清晰地示踪着：

(1)Cu 等元素的成矿作用与深源中酸性含矿岩体密切有关，成矿物质主要来源于岩浆热液。

(2)在岩浆热液多期多次蚀变、矿化作用下，成矿元素在不同赋矿空间成矿(岩体顶缘冷缩裂隙、岩体隐爆角砾岩带、围岩层间破碎带、岩体与围岩接触带等)，形成矽卡岩型、角岩型和斑岩型铜钼多金属矿体。

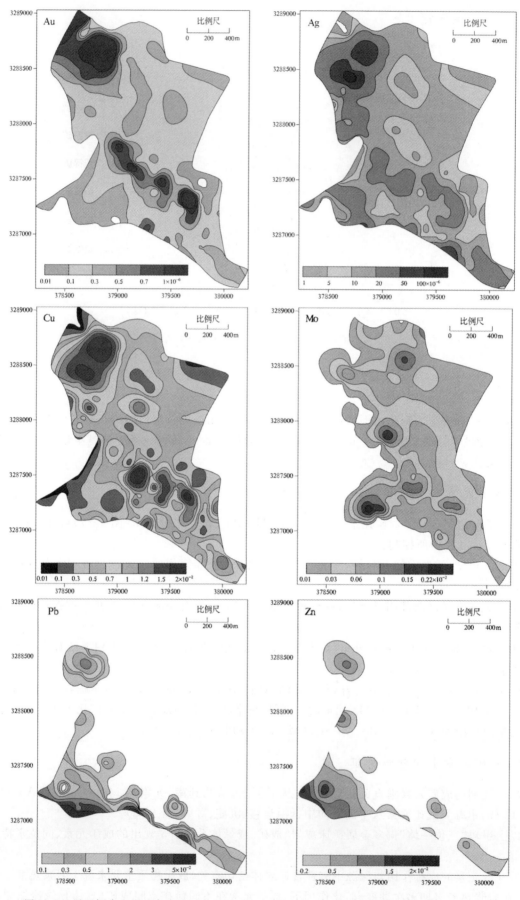

图 4-7 甲玛铜多金属矿床成矿元素(Au、Ag、Cu、Mo、Pb、Zn)地球化学平面图(郑文宝,2009)

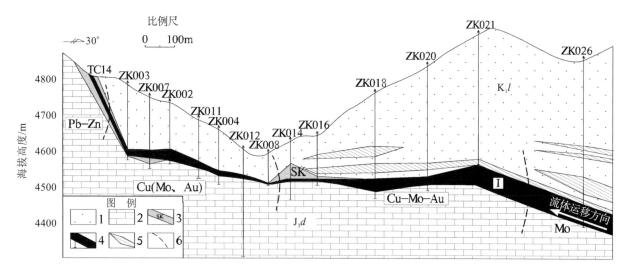

图 4-8 甲玛铜多金属矿床 0 号勘探线元素分带图（据郑文宝等修改，2010）

1—林布宗组砂板岩、角岩；2—多底沟组灰岩、大理岩；3—矿化矽卡岩；4—矽卡岩型铜多金属矿体；
5—角岩型矿体；6—矿石类型和成矿元素分带界线

（3）Cu 等成矿元素在岩浆热液体系迁移过程中，由于各成矿元素的地球化学性质及赋矿空间物理化学条件的差异，形成与之相应的元素水平、垂直分带的空间分布形态。

甲玛铜多金属矿床的特征为表生作用下形成的土壤和水系沉积物地球化学异常的解释提供了依据。

三、表生地球化学异常特征

甲玛铜多金属矿床从原生环境转变为次生环境的过程中，次生地球化学异常继承了原生甲玛矿床的成矿地质、地球化学特征（如同遗传基因 DNA）。因为水系沉积物是汇水流域内各种岩石（矿石）风化产物的天然组合，土壤是已风化基岩之上岩石（矿石）风化作用的残留疏松物，它们对基底和盖层的地球化学特征及各种地质作用（成矿作用）所留下的印迹（岩石地球化学异常、土壤地球化学异常、水系沉积物地球化学异常等）有良好的继承性。因此，可以根据水系沉积物、土壤中元素的异常含量、异常规模（异常面积、强度和元素组合）的地球化学特征来示踪成矿带内地质体的空间展布，圈定找矿预测区及估算资源量。

（一）区域地球化学异常特征（1∶20 万水系沉积物测量）

从 1∶20 万水系沉积物地球化学图中获知（图 4-9）：

（1）驱龙-甲玛矿集区 Cu、Mo、Pb、Ag 等成矿元素的异常在空间上呈多个浓集中心沿 NEE 向带状展布，浓集中心对应着驱龙、甲玛等铜矿床，异常规模大，走向大体与区域构造线方向一致。

（2）甲玛矿区所在位置 Cu、Mo、Pb、Ag、Zn、W、Bi、As、Sb 等元素的异常含量高、浓度分带清晰，在空间上互相叠合，Cu、Mo、Pb、Ag 等元素的浓集中心指示了矿床产出位置，这些主成矿和伴生元素的异常组合与该矿床的矿石矿物组合（黄铜矿、辉钼矿、方铅矿、闪锌矿、自然银、白钨矿、辉铋矿等）相对应。

（3）驱龙-甲玛矿集区内水系沉积物中 Au 异常不发育。

统计驱龙-甲玛矿集区 1∶20 万水系沉积物中甲玛矿床所在位置的地球化学指标，包括各元素的背景值、异常下限、中带和内带下限、异常面积、面金属量和规格化面金属量（面金属量与驱龙矿集区背景值之比）等，具体结果见表 4-4。

从表 4-4 中清晰可知：

（1）成矿元素的异常含量、异常规模及组合分带的清晰程度与驱龙、甲玛、拉抗俄等大型铜多金属矿床地表的矿化规模有关。

（2）具有内、中、外带（未列表）的元素与矿床的主成矿元素及主要伴生元素相对应。

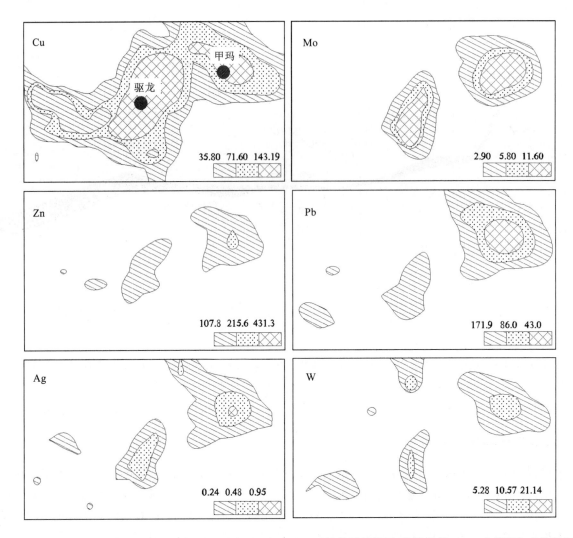

图 4-9 驱龙-甲玛矿集区内成矿元素(Cu、Mo、Pb、Zn、Ag、W)地球化学异常图(马振东等,2009 内部研究成果报告)
元素含量单位:10^{-6},原始数据来源 1∶20 万水系沉积物测量

表 4-4 驱龙-甲玛矿集区内甲玛铜多金属矿床的区域地球化学异常特征

元素	背景值	异常下限	中带下限	内带下限	异常面积（km²）	面金属量	规格化面金属量	成矿元素组合
Ag	0.090	0.150	0.310	0.610	202.59	57.47	660.62	
As	19.4	32.5	65.1	130.1	164.13	7 743.81	398.28	
Au	1.50	3.67	7.34	14.68				
Cd	0.15	0.25	0.50	1.0	77.48	17.70	122.10	
Cu	25	37	75	149	152.49	20 058.83	804.03	Mo、Pb、Cu、Ag
Mo	0.68	1.39	2.78	5.56	173.82	3 327.31	4 929.34	
Pb	26	37	74	148	185.08	37 203.98	1 426.75	
Sb	1.05	1.96	3.92	7.83	111.01	288.75	276.05	
W	2.9	4.8	9.6	19.1	95.25	564.75	193.54	
Zn	71	98	195	390	98.58	8562.21	120.5	

单位:Au 元素含量为 10^{-9},其他均为 10^{-6},数据来源 1∶20 万水系沉积物测量,引自马振东等,2009 内部研究成果报告

(3) 规范化面金属量高的元素为矿床的主成矿元素：驱龙(Cu、Mo、Ag)，甲玛(Cu、Mo、Pb、Ag)，拉抗俄(Cu、Ag、Mo)。

(4) 驱龙-甲玛铜钼多金属矿集区中已知矿床主要元素的规范化面金属量由于产出的围岩条件的不同(矿床类型)及成矿元素地球化学性质的差异等因素，它们既有相似之处，又各具特色。

(二)地球化学异常特征(1:1万土壤地球化学测量)

甲玛矿区 1:1 万 12km² 的土壤测区分布在林布宗组巨厚层硅化角岩上方。从元素组合特征分析为 Cu、Mo、Au、Ag、Sn、Bi 等元素异常，尤其是 Mo、Sn、Bi 三个元素的异常互相叠合较好，与林布宗组巨厚层硅化角岩中角岩型钼(铜)矿体相对应，而 As、Sb、Hg、Pb、Zn、Co、Ni 等元素异常则分布在外围，As、Sb、Hg 元素异常分布范围大，形成弥漫性异常特征，示踪着角岩中浸染状硫化物矿化信息(图 4-10)。

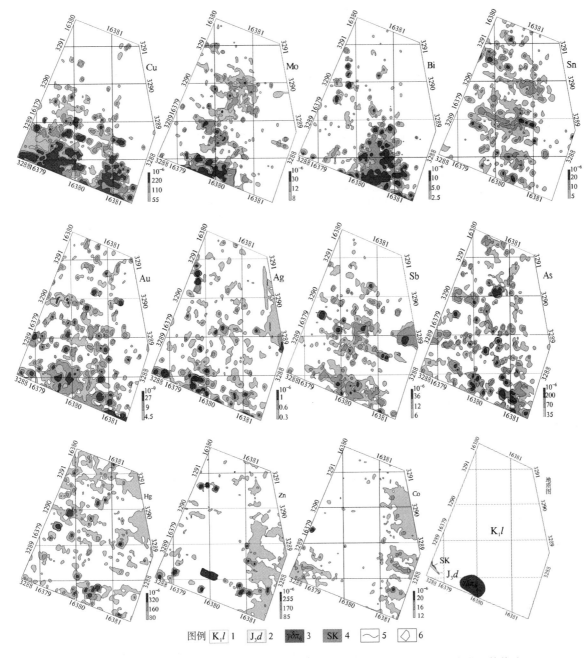

图 4-10 甲玛铜多金属矿床土壤地球化学测量各种元素的地球化学异常图(据唐菊兴等修改，2011)

1—下白垩统林布宗组砂板岩、角岩；2—上侏罗统多底沟组灰岩、大理岩；3—喜马拉雅晚期花岗闪长斑岩；
4—矽卡岩；5—地质界线；6—1:1万土壤测量范围

由上述获知：甲玛矿区水系沉积物、土壤等次生介质对原生成矿作用地球化学信息具有良好的继承性特征，因此可以根据他们的地球化学特征去示踪矿床的主成矿元素和伴生元素、矿体（矿化）的空间位置及判别矿床类型等。

（三）矿床地质、地球化学特征（表4-5）

表4-5　甲玛"三位一体"（矽卡岩型-角岩型-斑岩型）铜多金属矿床地质、地球化学特征

成矿系列	与中新世深源中酸性岩浆活动有关的铜、钼、金、银、铅锌多金属成矿系列（唐菊兴等，2012）
成矿环境	矿床产于冈底斯造山带由汇聚造山向伸展走滑转换的过渡环境
矿床类型	"三位一体"（矽卡岩型-角岩型-斑岩型）铜多金属矿床
赋矿地层	上侏罗统多底沟组（J_3d）大理岩、灰岩及下白垩统林布宗组（K_1l）板岩、角岩
控矿构造	多底沟组（J_3d）与林布宗组（K_1l）层间破碎带、裂隙带；岩体与围岩的内外接触带
含矿岩体	喜山期花岗斑岩、花岗闪长斑岩、二长花岗斑岩、（石英）闪长玢岩
成岩时代	斑岩脉的锆石 SHRIMP U-Pb 协和年龄分别为（14.2±0.2）Ma（花岗斑岩）、（14.1±0.3）Ma（花岗闪长斑岩）（应立娟等，2011）
成矿时代	7件辉钼矿 Re-Os 等时线年龄为（15.18±0.98）Ma（李光明等，2005） 27件辉钼矿 Re-Os 等时线年龄为（15.22±0.59）Ma（应立娟等，2010）
矿体产状	主矿体受地层层间断裂控制，呈层状、似层状产出，为矽卡岩矿体，矽卡岩矿体顶板为角岩型矿体。在深部隐伏花岗闪长斑岩与围岩接触带为斑岩型矿体
矿石矿物	主要为黄铜矿、斑铜矿、辉钼矿、方铅矿、闪锌矿、磁黄铁矿、黄铁矿、黝铜矿等
结构构造	矿石结构为反应边结构、残余结构、格状结构等；矿石主要为稠密浸染状、块状、细脉浸染状及条带状构造
围岩蚀变	以矽卡岩化、硅化、绢云母化和角岩化为主，硫酸盐化和泥化为晚期蚀变，叠加于早期蚀变之上
指示元素组合	主成矿元素为 Cu、Mo，伴生元素为 Au、Ag、Pb、Zn、As、Sb 等
矿床规模（超大型）	Cu：$410×10^4$ t，1％以上品位 $255.6×10^4$ t；Mo：$24.3×10^4$ t，平均品位 0.054％；伴生 Au：105.9t，平均品位：$0.34×10^{-6}$；伴生 Ag：6 675.4t，平均品位 $14.12×10^{-6}$；Pb+Zn：$58×10^4$ t，Pb 平均品位 1.01％，Zn 平均品位 0.75％。以上资源量以 331+332 为主（引自唐菊兴等公开讲义②）
矿体剥蚀程度	矽卡岩型矿体浅剥蚀，角岩型和斑岩型矿体未出露（属隐伏矿体）
Ⅰ级地理景观	高寒山区
地球化学异常元素组合	Cu+Mo+Pb+Zn+Ag+W+Bi（水系沉积物地球化学测量）；Cu+Mo+Bi+Sn+Au+Ag+As+Sb（土壤地球化学测量）；Cu+Mo+Pb+Zn+Au+Ag（岩石地球化学测量）
成矿元素垂向分带	Mo→Cu、Mo、Au→Cu(Mo、Au)→Pb、Zn

四、成矿模式

成矿模式可用不同的方法表示，甲玛矿床已建立了直观形象的图解式（周云，2010；宋磊等，2011；王崴平等，2011；郑文宝等，2011）和脉络清晰的流程图式（邓军等，2002）。下面以王崴平等建立的矿床为例（图4-11），阐述矿床的形成机制：中新世中期，冈底斯隆升与剥蚀，产生埃达克质岩及软流圈物质的上升，使早期斑岩体侵入围岩。中新世晚期，大量的岩浆流体和气体汇集于斑岩体顶部，形成大量的裂隙，产生广泛的蚀变与矿化。在岩浆热力作用下，下白垩统林布宗组砂板岩和上侏罗统灰岩发生接触变质作用，形成角岩、角岩化砂岩和大理岩。其结果在岩体内部和近斑岩体的角岩中形成细脉浸染型矿化，在接触带形成矽卡岩型矿化。矽卡岩型矿体主要赋存于上侏罗统多底沟组灰岩和下白垩统林布宗组接触带的矽卡岩中，呈层状为主，矿体相对较稳定；角岩中形成角岩型钼（铜）矿体。

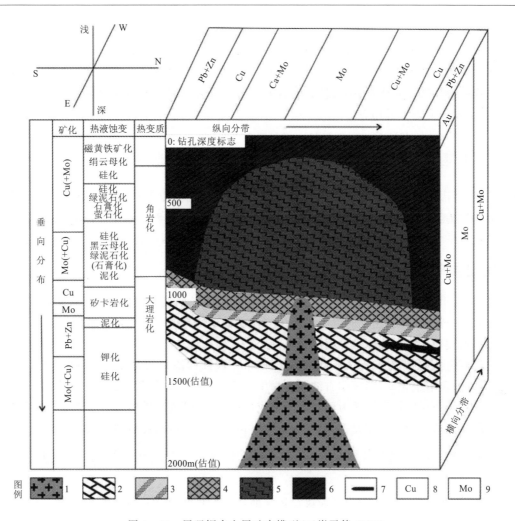

图 4-11 甲玛铜多金属矿床模型（王崴平等，2011）

1—二长花岗斑岩；2—大理岩、灰岩；3—硅灰石矽卡岩；4—石榴子石矽卡岩；5—角岩；
6—碳质板岩、砂板岩；7—推覆构造运动方向；8—铜元素；9—钼元素

与甲玛矽卡岩-角岩型-斑岩型矿体空间位置相对应的元素分带：平面总体分带从北东至西南为 Mo→Cu、Mo、Au→Cu(Mo、Au)→Pb、Zn(Cu)；垂直分带趋势为：从下至上（从北至南）元素从 Mo→Cu、Mo、Au→Cu(Mo、Au)→Pb、Zn。

五、重要控矿因素

(1) 隐伏深源中酸性岩浆作用是"多位一体"铜多金属成矿作用的主导机制。

(2) 林布宗组砂板岩与多底沟组碳酸盐岩的构造滑移面是矽卡岩型铜多金属矿的控矿构造，林布宗组砂板岩角岩化是角岩型铜钼矿化的主要赋矿围岩，花岗斑岩、花岗闪长斑岩和二长花岗斑岩等岩体顶缘冷缩裂隙是斑岩钼（铜）矿体的赋矿空间。

从甲玛铜多金属矿床找矿模型中获知：第一，它充分体现了"源"→"动"→"储"→"变"的建模思路，即 Pb、S 同位素组成有效示踪了 Cu、Mo 等成矿元素的来源（"源"），由于与中酸性斑岩体有关的岩浆作用是甲玛矿床形成的主导动力机制，所以含矿岩体的地球化学特征反映了驱动成矿物质和成矿流体运移的岩浆性质（"动"），而围岩层间破碎带、岩体与围岩接触带、岩体顶缘冷缩裂隙等是矽卡岩型、角岩型和斑岩型矿体的赋矿空间（"储"），通过土壤测量和水系沉积物测量所呈现的地球化学异常，在继承岩石（矿石）原生地球化学异常特征的基础上发生了变异（元素含量、元素组合、赋存形式和空间位置等变异，即"变"）。第二，它诠释了建模的四个基本特征，即遵循成岩-成矿-成晕同系统的指导思想（同系统性），认识到矽卡岩型、角岩型和斑岩型 Cu、Mo 等矿体所构成的一个复合成矿系列（系列性）；从主量元素到微量元素和稀土

元素,从同位素到各地球化学异常参数的多元指标,进而利用各种参数的多元指标来示踪成岩-成矿-成晕的特征(多元性);分别从面上(成矿省、成矿带等)和点上(矿田、矿区)制约成矿的地质背景和剖析成矿的时空规律,从而了解区域和矿田(矿床)两种尺度的地质和地球化学特征(级次性)。第三,它涵盖了构建地质-地球化学找矿模型的主要内容,即囊括了成岩成矿的时空分布规律和成矿模式,又包含了多种地球化学示踪参数及重要控矿因素等内容。

第三节 我国重要Ⅲ级成矿区带的铜矿床地质、地球化学找矿模型

根据各铜矿成因类型在我国铜矿储量(资源量)中所占的比例,依次对斑岩型、矽卡岩型、海相火山岩型(以上三种类型为我国主要铜矿成因类型,其储量占全国总储量的80%以上)、陆相火山岩型、铜镍硫化物型、海相黑色岩系型、海相杂色岩系型、陆相杂色岩系型及热液型铜矿建立地质、地球化学找矿模型。

一、斑岩型铜矿床地质、地球化学找矿模型

斑岩型铜矿是世界上最重要的铜矿类型之一。我国的斑岩型铜矿的储量(资源量)也居各类铜矿之首。与斑岩铜矿床成矿作用有密切时空关系的斑岩体属钙碱性到碱钙性和碱性系列。含矿斑岩体的特点为小而复式,多次侵位。岩源为深部壳幔混合源。

我国斑岩铜矿主要分布在东部成矿域(钦杭成矿带东段江西德兴)、北部成矿域(多宝山-黑河成矿带中的黑龙江多宝山斑岩铜钼矿床、额尔古纳成矿带中内蒙乌奴格吐山斑岩铜钼矿和新疆觉罗塔格-黑鹰山成矿带中的土屋-延东斑岩铜钼矿最为著名)、西部成矿域("三江"成矿带内的藏东玉龙、青海纳日贡玛、云南普朗;西藏冈底斯成矿带内的驱龙、甲玛、雄村等)。斑岩型铜矿的资源潜力巨大。

(一)钦杭成矿带东段铜多金属成矿带(Ⅲ-71)矿田(矿床)德兴铜矿田(富家坞、朱砂红、铜厂)地质、地球化学找矿模型

钦-杭结合带,系指扬子陆块和华夏陆块在晋宁期发生碰撞拼贴形成的巨型结合带。钦-杭结合带呈反S状蜿蜒于中国东南部。地质构造和成矿因素复杂,成矿作用具有多期叠加、多源混杂等特点。铜矿资源是该成矿带的优势矿产资源之一。成矿带在赣中自北向南可分为三个铜矿亚带:北部为朱溪-村前铜矿带,以中小型为主;中部为德兴-东乡铜金矿带,拥有铜厂、富家坞超大型铜矿和金山超大型金矿,朱砂红、银山大型铜矿等;南部为永平铜矿带,主要为永平海底热水喷流叠改型大型铜矿床。它是我国少数几条潜力巨大的铜矿成矿带之一。现以江西德兴斑岩型铜矿田为例,建立江西德兴斑岩型铜矿田(富家坞、朱砂红、铜厂)地质、地球化学找矿模型。

1.区域(矿床)地质特征

江西德兴铜矿田是我国东部大陆环境最具代表性的特大型斑岩铜矿床,它处于扬子陆块与华南陆块碰撞拼合而成的钦杭成矿带的东段,位于扬子陆块东南缘赣东北深大断裂附近(图4-12)。

矿田内主要出露一套中元古界双桥山群浅变质岩,是以泥质(少量砂质)和英安质火山碎屑沉积物为主的岩石,经浅变质作用形成的板状千枚岩、千枚岩和变质沉凝灰岩为主,少量水云母板岩等浅变质岩。矿田内岩浆岩主要是燕山早期第三阶段的浅成-超浅成花岗闪长斑岩,含矿花岗闪长斑岩呈小岩株产出。

矿田内富家坞、朱砂红、铜厂三个主要的含铜斑岩体中轴线走向北西310°~340°(图4-13),其铜矿体在空间上围绕三个岩体呈倾向北西的空心筒状形态,即产在花岗闪长斑岩和泥砂质浅变质岩的内外接触带,主要矿化不在岩体中心,而在斑岩体外接触带构造裂隙密集区段(图4-14)。

矿床围岩蚀变是"岩体中心式"叠加"接触带中心式"的面型蚀变分带特征,面型蚀变分带主要受岩体和接触带控制。各蚀变带环绕接触带呈空心筒状分布。蚀变类型和蚀变程度均依岩体及其接触带发生有规律的变化(表4-6)。

矿石矿物成分复杂,其中种类高达50多种(占矿石总量4%~5%),以黄铁矿、黄铜矿居多,其次是辉铜矿、斑铜矿和砷黝铜矿。矿石构造以脉状、浸染状及细脉浸染状为主(图4-15)。

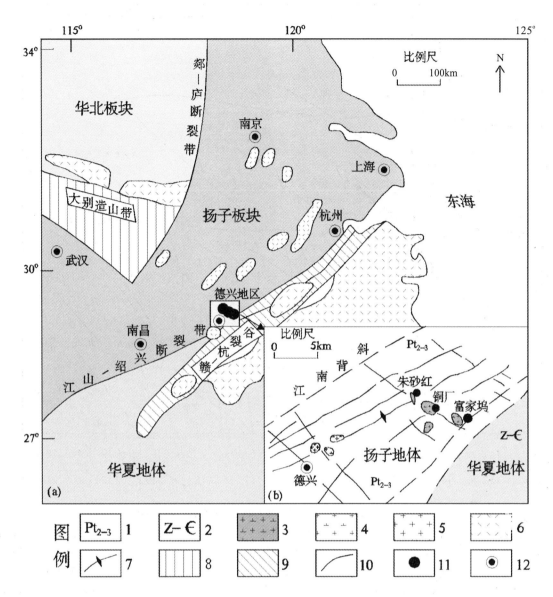

图 4-12 德兴斑岩铜矿田区域构造图(潘小菲和宋玉财,2009)

1—元古代双桥山群火山-沉积岩;2—震旦纪—寒武纪火山岩-沉积岩;3—中生代花岗闪长斑岩;4—中生代英安斑岩;
5—晚侏罗系火山岩;6—侏罗-白垩系火山岩;7—背斜轴;8—造山带;9—裂陷带;10—断裂;11—斑岩铜矿床

表 4-6 德兴铜矿田面型蚀变分带特征(朱训和黄崇轲,1983)

岩 性	蚀变类型及分带	蚀变强度
花岗闪长斑岩	($\gamma\delta\pi_1$)绿泥石(绿帘石)-伊利石化带 ($\gamma\delta\pi_2$)绿泥石(绿帘石)-水白云母化带 ($\gamma\delta\pi_3$)石英-绢云母化带-钾长石化带	弱 ↑
接触带		强
千枚岩夹变质沉凝灰岩	($\gamma\delta\pi_3$)石英-绢云母化带-钾长石化带 ($\gamma\delta\pi_2$)绿泥石(绿帘石)-水白云母化带 ($\gamma\delta\pi_1$)绿泥石(绿帘石)-伊利石化带	↓ 弱

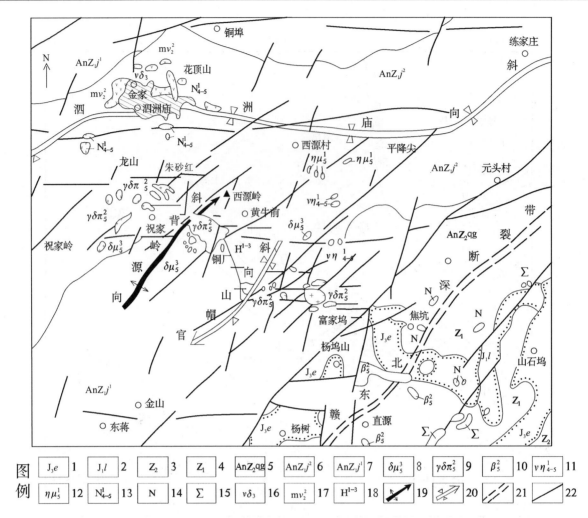

图 4-13 矿田及外围地质构造略图（朱训和黄崇轲，1983）

1—侏罗系上统鹅湖岭组；2—侏罗系下统林山组；3—震旦系上统；4—震旦系下统；5—前震旦系漆工群；6—前震旦系九岭群九都组上段；7—前震旦系九岭群九都组下段；8—燕山晚期闪长玢岩；9—燕山早期花岗闪长斑岩；10—燕山早期玄武岩；11—海西-印支期辉长辉绿岩；12—印支期辉绿玢岩；13—海西-印支期基性岩；14—基性岩；15—超基性岩；16—加里东期辉石闪长岩；17—晋宁期角闪辉长岩；18—面型热液蚀变带；19—倾伏背斜；20—向斜；21—深断裂带；22—断裂

2. 矿床地球化学特征

（1）铅同位素组成特征。由表 4-7、图 4-16 可知：德兴斑岩铜矿铜厂、富家坞矿石铅（黄铁矿）铅同位素相对较均一（虚线投点域），$^{206}Pb/^{204}Pb$：17.954～18.320，$^{207}Pb/^{204}Pb$：15.407～15.517，$^{208}Pb/^{204}Pb$：37.933～38.153，而与之有成因联系的含矿斑岩体具铅同位素组成（实线投点域）与矿石铅相似，相应的比值分别为 17.688～18.377，15.478～15.614，37.210～38.491，两者投点域基本吻合。而在德兴矿田东南侧的大茅山壳熔黑云母花岗岩基的铅同位素组成（点线投点域）与含矿斑岩体矿石铅迥然有别，其投点域明显具较高的放射成因铅同位素组成，三类地质体的铅同位素组成特征清晰地示踪了德兴斑岩铜矿的矿质来源——深源花岗闪长斑岩小岩株（铜厂、富家坞、朱砂红）。

（2）硫同位素组成特征。从表 4-8 中铜厂、朱砂红、富家坞 169 个硫化物的硫同位素组成的 $\delta^{34}S$ 值来分析：各矿床的 $\delta^{34}S$ 值十分相似，变化范围小，$\delta^{34}S$ 位于 −4.01‰～3.1‰ 之间，呈"塔式"分布，且 $\delta^{34}S$‰ 集中在零值左右，明显具深源硫的特征。

（3）含矿岩体地球化学特征。由表 4-9 可见：含矿花岗闪长斑岩的 SiO_2 为 63.00%～65.05%，富 K_2O、Na_2O，贫 MgO、CaO；ΣREE 为 60.933×10^{-6}，$\Sigma Ce/\Sigma Y$ 为 5.59，δEu 为正值；富 Rb、Th，高 Sr（>400×10^{-6}），贫 Ti、Nb、Ta、Zr、Hf 等，低 Y、Yb；富含 Cu、Mo、Ag、Au 等成矿元素。

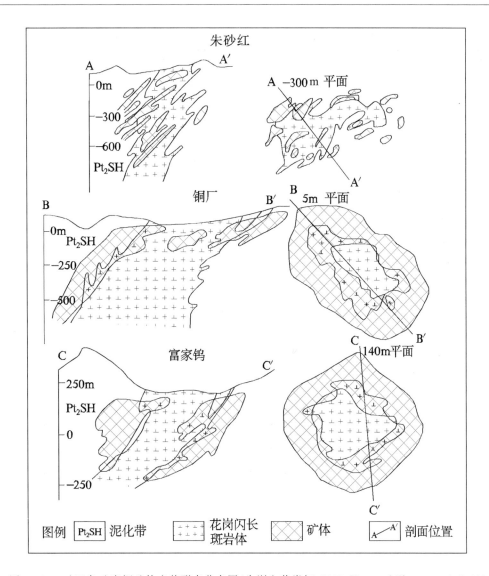

图 4-14 矿田各矿床铜矿体产状形态分布图(朱训和黄崇轲,1983;Hou and Zhang,et al,2011)

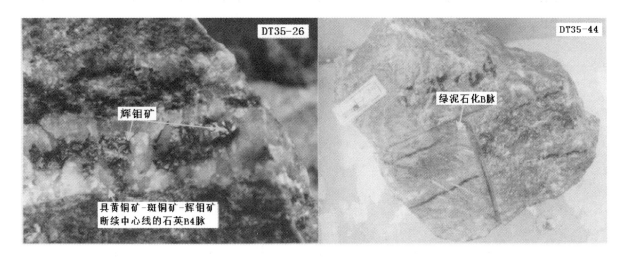

图 4-15 铜厂矿床各种类型 B 脉特征图(潘小菲和宋玉财,2009)

左图为具黄铜矿-斑铜矿-辉钼矿断续中心线的石英 B4 脉;右图为绿泥石化 B 脉,含少量石英和黄铁矿

表 4-7 德兴斑岩铜矿床矿石铅、含铜斑岩体、大茅山岩体铅同位素组成

采样位置	样 号	测试对象	$^{206}Pb/^{204}Pb$	$^{207}Pb/^{204}Pb$	$^{208}Pb/^{204}Pb$	资料来源
铜 厂	TC-3-2	黄铁矿	18.167	15.515	38.018	周清，2011
	TC-11	黄铁矿	18.082	15.477	37.959	
	TC-14	黄铁矿	18.046	15.467	38.035	
	TC-17	黄铁矿	18.320	15.480	38.019	
	TC-18	黄铁矿	18.178	15.517	38.098	
富家坞	FJW-1	黄铁矿	18.033	15.451	37.888	
	FJW-2	黄铁矿	18.037	15.435	37.933	
	FJW-3	黄铁矿	17.954	15.407	37.935	
	FJW-4	黄铁矿	18.133	15.496	38.153	
	FJW-7	黄铁矿	18.016	15.511	37.951	
江西大茅山双溪站	Jx009	黑云母花岗岩	18.139	15.591	38.470	张理刚等，1995
	Jx010	中细粒花岗岩	18.279	15.548	38.509	
	Jx011	黑云母花岗岩	18.345	15.624	39.355	
	Jx012	中粒黑云二长花岗岩	18.288	15.546	38.610	
德 兴	TC-3-1	含矿斑岩体	18.377	15.614	38.491	周清，2011
	TC-12	含矿斑岩体	17.933	15.381	37.392	
	TC-15	含矿斑岩体	17.949	15.479	37.717	
	FJW-10	含矿斑岩体	17.975	15.500	37.848	
	FJW-11	含矿斑岩体	18.018	15.550	37.946	
	FJW-14	含矿斑岩体	18.004	15.547	37.975	
	ZSH-2	含矿斑岩体	18.018	15.478	37.634	
	ZSH-3	含矿斑岩体	17.688	15.523	37.210	

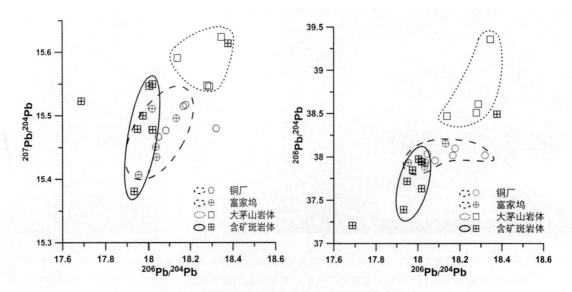

图 4-16 德兴斑岩铜矿床硫化物矿石铅同位素组成

表4-8 德兴斑岩铜(钼)矿田硫同位素组成

采样矿区	测定矿物	样品数(件)	$\delta^{34}S$(‰) 变化范围	$\delta^{34}S$(‰) 算术平均值	资料来源
铜厂	黄铁矿	116	$-2.5\sim+3.1$	$+0.36$	朱训和黄崇轲,1983
铜厂	黄铜矿	20	$-2.8\sim+1.4$	-1.07	
朱砂红	黄铁矿	17	$-0.8\sim+1.1$	$+0.05$	
朱砂红	黄铜矿	3	$-2.1\sim+0.3$	-0.83	
朱砂红	闪锌矿	1	-4.01	-4.01	
朱砂红	方铅矿	1	-2.41	-2.41	
富家坞	黄铁矿	8	$-0.6\sim+1.0$	$+0.45$	
富家坞	黄铜矿	3	$-0.1\sim+1.0$	$+0.54$	

表4-9 德兴斑岩铜矿含矿中酸性岩体地球化学特征(朱训和黄崇轲,1983)

	氧化物及元素(同位素)		微量元素	
含矿岩体花岗闪长斑岩	SiO_2	$(63.00\sim65.05)\%$	ΣREE	60.933×10^{-6}
	Al_2O_3	$(15.34\sim16.67)\%$	$\Sigma Ce/\Sigma Y$	5.59
	Na_2O+K_2O	$(6.37\sim7.65)\%$	δEu	1.143
	Na_2O/K_2O	$1.05\sim1.21$	富Rb、Th,高Sr($>400\times10^{-6}$),贫Ti、Nb、Ta、Zr、Hf等,低Y、Yb	
	$(^{87}Sr/^{86}Sr)_\lambda$	0.7043		
	Cu	$(132\sim300)\times10^{-6}$		
	Mo	$(2\sim50)\times10^{-6}$		
	Ag	140×10^{-9}		
	Au	40×10^{-9}		
	富K_2O、Na_2O,贫MgO、CaO			

(花岗闪长斑岩/球粒陨石配分曲线图)

3. 矿田(矿床)地球化学异常特征

(1)德兴铜矿田1:20万水系沉积物测量地球化学异常特征(图4-17)。江西德兴-银山铜多金属成矿亚带由德兴斑岩型铜钼矿田(铜厂、富家坞、朱砂红矿床)、银山铜多金属矿田(银山、西山、北山等多金属矿床)和金山金矿床(大型)组成。

据前人(任天祥和伍宗华,1998)研究表明:

① 德兴-银山铜多金属成矿亚带内1:20万水系沉积物测量地球化学异常形成了规模巨大的Cu、Au、Zn、Pb、Ag等元素的地球化学异常,三级浓度分带清晰,异常浓集中心与铜矿床、金矿床、铜(铅锌)矿床(田)相对应。

② 德兴铜钼矿田形成了以Cu、Au、Mo为主的地球化学异常,具有浓度高、规模大的特点,异常的中带包围了整个矿田,其中Cu、Au异常的规模最大;银山矿田形成了以Ag、Pb、Au为主的地球化学异常,也具有浓度高、规模大的特征,异常中带包围了整个矿田的异常组合(表4-10)。

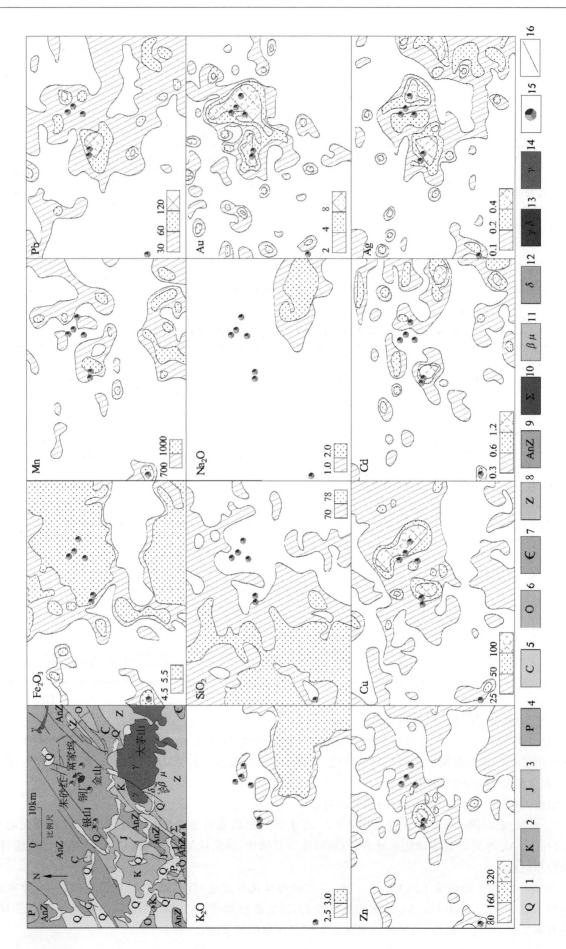

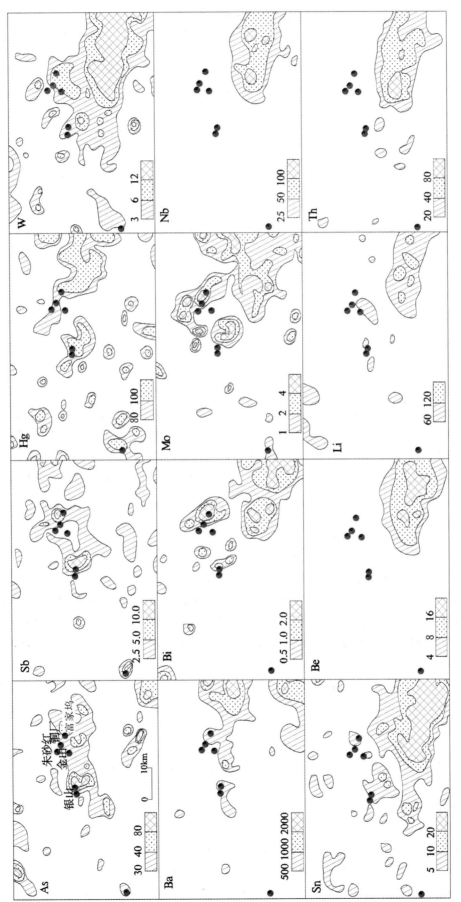

图4-17 江西德兴-银山铜多金属成矿带区域地质1:20万水系沉积物地球化学异常图
（区域地质图由中华人民共和国矿产图1:20万乐平幅缩编）

1-第四系；2-白垩系；3-侏罗系；4-二叠系；5-石炭系；6-奥陶系；7-寒武系；8-震旦系；9-前震旦系；10-超基性岩；11-辉绿岩；12-闪长岩；13-花岗闪长岩；14-花岗岩；15-多金属矿；16-实测、推测断层（单位：Au、Hg含量为10^{-9}，氧化物为10^{-2}，其他为10^{-6}）

表 4-10　江西德兴-银山铜多金属成矿带区域地球化学异常特征(任天祥和伍宗华,1998)

元素		银山多金属矿田					德兴铜钼矿田				
		Ac	R	$\bar{x}$	δx	S/km^2	Ac	R	$\bar{x}$	δx	S/km^2
成矿元素与伴生元素组合	Cu	4.2	27.1~922	104	198	72	11.4	61.8~1615	284	338	88
	Pb	5.4	60~420	161	128	80	1.9	31~240	57.2	49	68
	Zn	2.3	83~691	222	188	64	1.3	84.6~127	105	22	48
	Ag	22	0.12~21.96	2.18	4.9	76	3.5	0.11~1.35	0.35	0.3	88
	Au	4.7	2.1~52.4	9.4	11.3	76	12.1	2.3~107	24.2	24	88
	Cd	5.2	0.3~12.2	1.5	3.0	56	1.8	0.3~1.2	0.54	0.3	48
	As	5.4	26~380	108	111	36	2.3	21~75	46	18	36
	Sb	5.8	3~98	17.4	26.8	44	2.6	3.2~31.5	7.8	8.1	40
	Hg	1.7	89~244	135	49.7	48	1.6	80~280	131	53	48
	B	1.2	70.8~96	81	11	12	—	—	—	—	—
	W	1.7	3~16.8	5.2	3.4	56	2.5	3~13.0	7.4	3.0	64
	Sn	1.2	5~8.9	6.0	1.2	40	1.3	5~9.2	6.3	1.4	28
	Mo	8.0	1.1~39.0	8.0	11.6	36	8.6	1.1~56.2	8.6	14.4	76
	Bi	5.7	0.75~7.2	2.9	2.5	16	4.5	0.74~7.0	2.2	1.8	60

Ac—衬值;R—含量范围;$\bar{x}$—算术平均值;(Au、Hg 含量为 10^{-9},其他为 10^{-6});δx—离差;S/km^2—异常面积

③德兴斑岩铜矿田东南侧大茅山黑云母花岗岩基出露区具 W、Sn、Be、Bi、Nb、Th、Li 等元素异常,与铜矿田呈现迥异的元素组合(Cu、Mo、Au、Pb、Zn、Ag、Cd、As、Sb、Hg 等),呈现燕山晚期壳熔酸性花岗岩元素组合特征。

④1:20 万水系沉积物异常,从东北德兴矿田向西南银山矿田具有明显的分带现象,呈现从 Cu、Mo→Au、Cu→Ag、Pb、Zn、Cu 元素组合的变化规律。

(2)德兴铜矿田地表 1:5 万岩石地球化学特征。

铜厂铜矿田地表 1:5 万岩石地球化学特征(图 4-18)如下:

①Cu、Mo、Ag、W、Bi 等元素构成矿田异常的内部带,而 Pb、Zn、Mn、Ni、Co 则构成矿田的外部带,其中 Cu、Mo、W、Bi、Ag 异常浓集中心很好地对应三个矿床,并在铜厂及富家坞矿床显示了围绕岩体接触带的环状分布特征。Cu、Ag 两元素在外部带及内部带均有异常显示,只是内部带异常更强,呈面状分布且浓度变化明显,而在外部带异常较弱,浓度变化不显著。

②朱砂红与铜厂外部带元素异常连为一体,分别显示内部带元素异常的浓集中心(两者相距较近),而富家坞矿床显示了独立矿床的元素分带特征(与铜厂矿床相距较远)。

③1:5 万岩石测量清晰地显示了矿田异常模式的细节。

(3)铜厂铜矿床岩石地球化学异常特征(中、浅剥蚀)。

① 铜厂铜矿床钻孔岩石地球化学异常特征。铜厂铜矿床已剥蚀至地表,属于中-浅剥蚀。成矿元素 Cu、Mo、Ag 浓集中心在岩体与围岩接触带(矿体),而 Mn、Co、Pb 元素分布在两侧(图 4-19),成矿元素 Cu、Mo、Ag 具垂向分带,其中 Mo 相对于 Cu 往往偏下部富集,而 Ag 相对于 Cu 往往偏上部富集,W、Sn 偏下部浓集(图 4-20)。

岩石异常对矿床剥蚀程度的示踪。利用岩石异常的前缘晕累乘与矿尾晕累乘之比,即(Pb×Mn)/(Cu×Mo)或(Pb×Zn×Mn)/(Cu×Mo×Sn),该比值从矿体下盘→矿体→矿体上盘分别从 0.5→<1→12,从 2.2→<1→56(表 4-11)。由表 4-11 可知,矿体上盘岩石原生晕累乘比值显著大于矿体下盘,而矿体中部比值最低(图 4-21)。

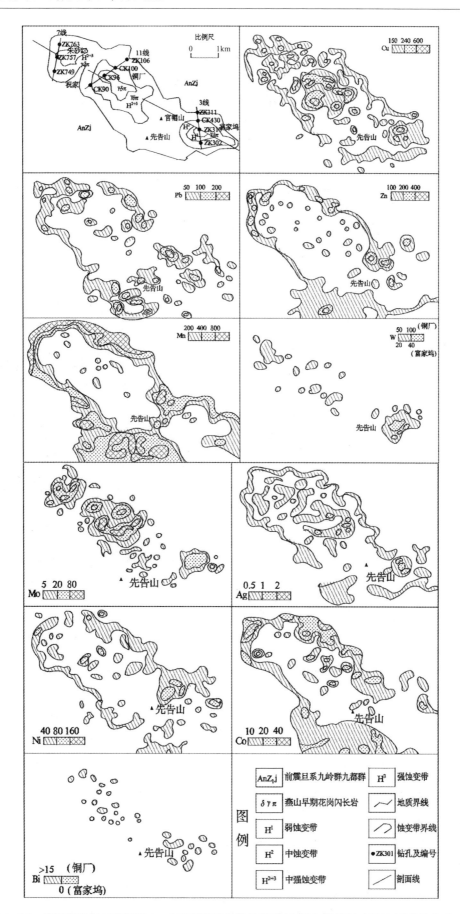

图 4-18 德兴斑岩铜(钼)矿田 1:5 岩石地球化学异常图(朱训和黄崇轲,1983)(单位均为 10^{-6})

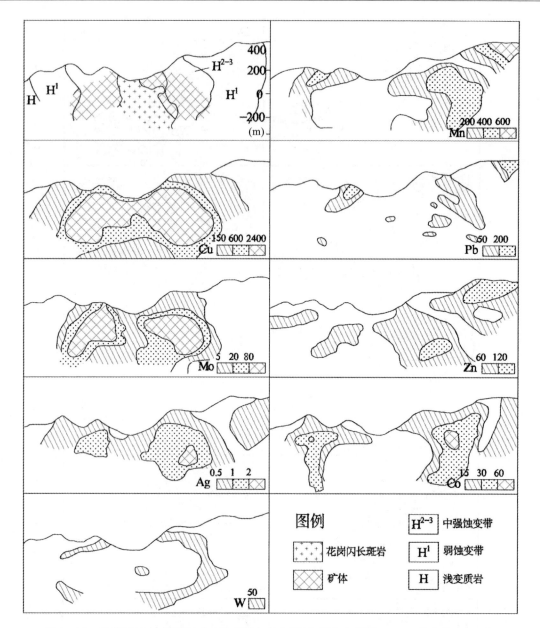

图 4-19 德兴铜厂 11 线剖面成矿元素横向分布图(朱训和黄崇轲,1983)(单位均为 10^{-6})

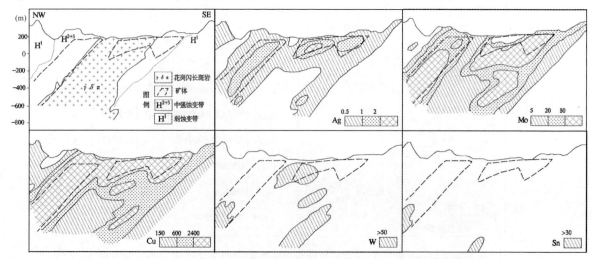

图 4-20 德兴铜厂纵剖面成矿元素垂向分布图(朱训和黄崇轲,1983)(单位均为 10^{-6})

表 4-11 铜厂矿床纵剖面累乘指数的变化特征

岩矿石名称		采样位置	样品数(件)	(Pb×Mn)/(Cu×Mo)	(Pb×Zn×Mn)/(Cu×Mo×Sn)
上盘岩石		弱蚀变浅变质岩(H^1)	28	12	56
矿体	上部	−100m 标高以上	46	0.12	0.3
	中部	−100～−400m 标高	22	0.003	0.012
	下部	−400m 标高以下	20	0.03	0.09
下盘岩石		中弱蚀变浅变质岩(H^{1+2})	36	0.5	2.2

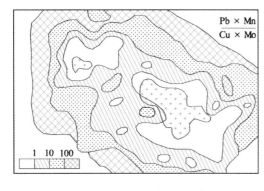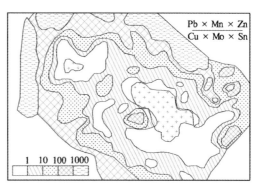

图 4-21 铜厂矿床成矿元素组合比值图(朱训和黄崇轲,1983)

② 铜厂铜矿床地表岩石地球化学异常特征。地表岩石异常浓度分带明显,自矿体向外浓度呈有规律的几何级数递减,可划分为内、中、外三级浓度带(表 4-12),内带 Cu:>2 400×10^{-6},Mo:>80×10^{-6},Ag:>2×10^{-6},直接指示铜、铜钼矿体位置;中带异常是近矿蚀变围岩矿化所致;外带异常示踪远矿蚀变围岩。

表 4-12 铜厂铜矿成矿元素浓度分带

矿床		浓度带(×10^{-6})	异常面积(km^2)	平均浓度(×10^{-6})
铜厂	Cu	内带(>2 400)	0.3	5 000
		中带(600～2 400)	0.67	1 200
		外带(150～600)	1.31	300
	Mo	内带(>80)	0.58	200
		中带(20～80)	0.72	35
		外带(5～20)	0.7	8
	Ag	中带(>1)	0.2	1.6
		外带(0.5～1)	1.55	0.6

(4)富家坞铜矿床岩石地球化学异常特征(中等剥蚀)。

① 富家坞铜矿床钻孔岩石地球化学异常特征。Cu、Mo、Ag 元素异常围绕花岗闪长斑岩接触带分布,具清晰的浓度分带,而 Pb、Zn、Mn、Co 异常在接触带的外侧有较弱的零星分布;K_2O、Rb 等元素在接触带及中-弱蚀变带异常较强(图 4-22)。

② 富家坞铜矿床地表岩石地球化学异常特征。由图 4-23 可知:Cu、Mo 在平面上呈面型分布,并围绕花岗闪长斑岩的接触带形成一个完整的环状异常带,具有明显的浓度分带。Ag 异常也呈面型,但其强度较弱。Pb、Zn、Mn、Co、Ni 等元素异常分布在矿区西北部。在岩体接触带也有较弱不连续的 Pb、Mn 及少量 Zn、Ni 异常。

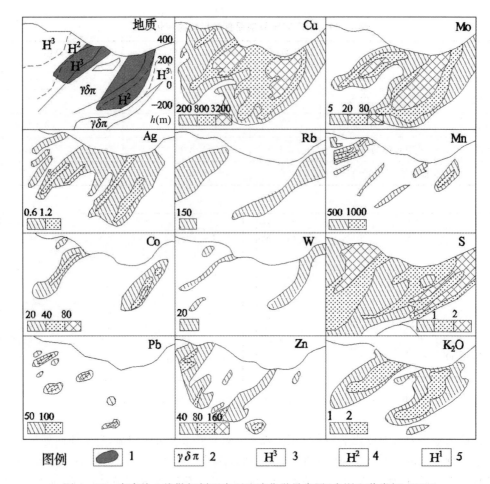

图 4-22 富家坞 3 线勘探剖面岩石地球化学异常图(朱训和黄崇轲,1983)
1—铜钼矿体;2—花岗闪长斑岩;3—石英绢云母化带;4—绿泥石、水云母化带;5—绿泥石、伊利石化带
(单位:氧化物、S 含量为 10^{-2};其他为 10^{-6})

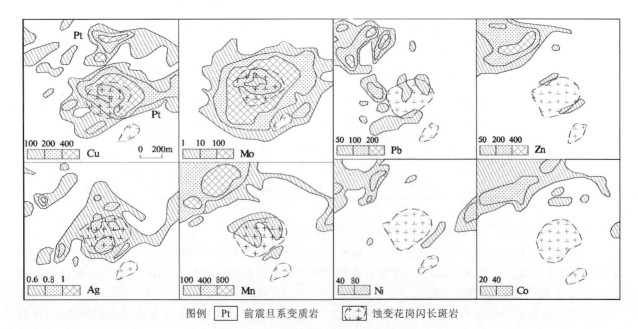

图 4-23 富家坞矿区岩石地球化学异常图(吴承烈和徐外生,1998)
(单位均为 10^{-6})

综上所述,具中等剥蚀的富家坞铜矿床的岩石异常结构在空间上是一个完整的筒状。成矿元素和主要伴生元素的分带从矿体向围岩一侧具清晰的组分分带:Mo、Cu、Ag、Se、Sb、Au→W、Sn、Bi、As→Pb、Zn、Cd、Co、Mn,而从矿体至岩体方向则分带不明显。

(5)朱砂红铜钼矿床岩石地球化学异常特征(浅隐伏)。

① 朱砂红铜钼矿床钻孔岩石地球化学异常特征。由图 4-24 可知:Cu、Mo、Ag 异常与矿体关系密切。Pb、Zn、Mn、Co 异常均位于矿体上部及侧翼。W 异常零星分布且不连续,在矿体下部也分布少量异常。

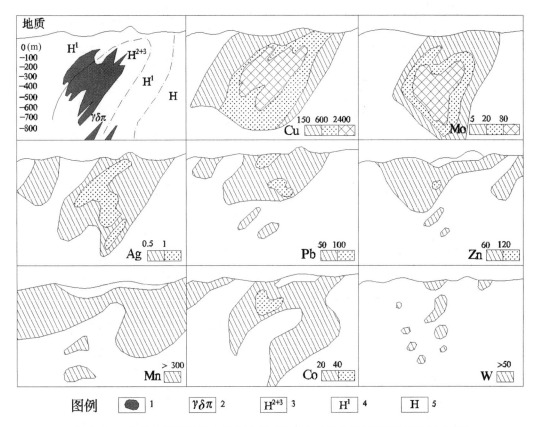

图 4-24　朱砂红铜钼矿床 7 线钻孔剖面地球化学异常图(朱训和黄崇轲,1983)
1—矿体;2—花岗闪长斑岩;3—中强蚀变带;4—弱蚀变带;5—浅变质岩(单位均为 10^{-6})

② 朱砂红铜钼矿床地表岩石地球化学异常特征。由图 4-25 可见,隐伏铜钼矿体上方的蚀变矿化范围内均具有较强的 Cu、Mo、Au、Ag、Se、Sb、W、Sn 等成矿元素和主要伴生元素的异常,Cu、Ag、Bi 元素在弱蚀变带围岩南北侧有较宽的高背景带,Au 在更远处仍有明显的局部异常(主要为金山式 Au 矿化所致)。Mn、Cd、Zn、Pb 在矿体外侧异常明显。

朱砂红隐伏铜钼矿床与富家坞中等剥蚀铜钼矿床地表异常的共性是成矿元素及主要伴生元素具有明显的组分分带。但朱砂红隐伏矿床的异常特征是大多数指示元素异常重叠在一起。

4. 德兴铜矿田主要地质、地球化学特征(表 4-13)

5. 德兴铜矿田成矿模式(图 4-26)

(1)中生代深源同熔型(I 型)中酸性花岗闪长岩侵位于中晚元古代经浅变质的火山-沉积岩系(Pt_{2-3})。

(2)在岩体的内外接触带($\gamma\delta\pi^1$、$\gamma\delta\pi^2$、$\gamma\delta\pi^3$、H^3、H^2、H^1)形成了斑岩型 Cu、Mo、Au、Pb、Zn、Ag 的矿化蚀变分带,从下往上为:Mo→Mo、Cu→Cu、Mo、Au→Cu、Pb、Zn→Pb、Zn、Ag。

(3)期后,在中晚元古代基底之上覆盖的上侏罗统火山岩中形成了次火山脉状 Cu、Pb、Zn、Ag 矿床(银山铜铅锌银矿床)。

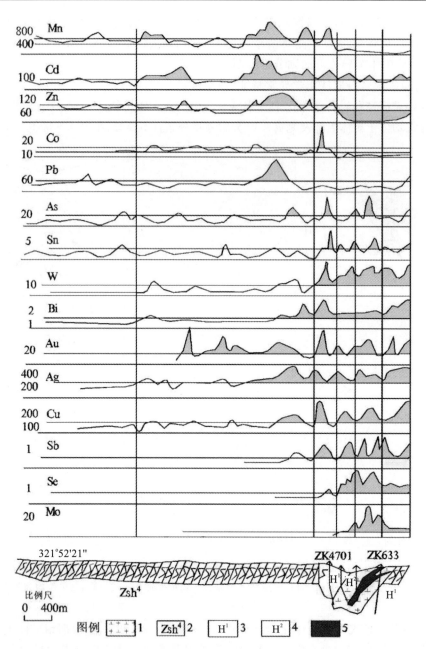

图 4-25 朱砂红铜钼矿床地表岩石地球化学异常图（吴承烈和徐外生，1998）
1—花岗闪长斑岩；2—前震旦系浅变质岩；3—弱蚀变带；4—中等蚀变带；5—铜（钼）矿体
（单位：Au、Ag、Hg、Cd 含量为 10^{-9}，其他为 10^{-6}）

6. 德兴铜矿田控矿因素

(1) 赋矿围岩双桥山群为中晚元古代的一套古岛弧火山-沉积岩系，含 Cu 为 78×10^{-6}，为 Cu 的成矿提供了一定的物质基础。

(2) 燕山期深熔中酸性岩浆侵位成岩是铜钼矿化的主导成矿机制，为铜主要成矿物质来源。

(3) 岩体与围岩接触带，岩体顶缘冷缩裂隙，围岩层间破碎带是物理化学（温度、压力、浓度、孔隙度等）梯度剧变带，是成矿元素沉积的有利空间。

7. 德兴斑岩铜矿田地质、地球化学勘查模型

综上所述，吴承烈和徐外生等（1998）建立了德兴式斑岩铜（钼）矿床的地质、地球化学勘查模型（图 4-27），并总结了矿田地球化学异常找矿标志。

表 4-13 德兴铜矿田主要地质、地球化学特征

成矿系列	与深源中酸性岩浆活动有关的铜多金属成矿系列
成矿环境	浙赣拗陷深断裂带
矿床类型	斑岩型 Cu、Mo、Au 矿床
赋矿地层	中上元古界火山-沉积浅变质岩系
含矿岩体	花岗闪长斑岩
成岩时代	SHRIMP 锆石 U-Pb:(171±3)Ma(王强和赵振华等,2004)
成矿时代	富家坞矿床的辉钼矿 Re-Os 加权平均年龄为(170.9±1.1)Ma(周清,2011)
矿体产状	围绕岩体与围岩接触带呈斜楔空心筒状(倾向 320°,倾角 30°~50°)
矿石矿物	以黄铁矿、黄铜矿为主,其次为辉银矿,少量黝铜矿、砷黝铜矿、辉钼矿及自然金
结构构造	他形、半自形粒状结构、包含结构、粒间充填结构为主;细脉浸染状构造为主,次为细脉状和浸染状
围岩蚀变	主要有硅化、绢云母化、钾长石化、黑云母化、水白云母化、伊利石化和绿泥石化,其次为绿帘石、碳酸盐化
成矿及伴生元素组合	成矿元素:Cu、Mo、Au、Ag;伴生元素:Pb、Zn、Cd、W、Sn、As、Sb、Bi 等(中上部富 Cu、Ag,中下部富 Mo)
矿床规模	844.7×10^4 t(Cu:0.450%~0.501%)(远景 271.8×10^4 t)
剥蚀程度	中-浅剥蚀
典型矿床	铜厂、富家坞、朱砂红
地理景观	湿润中低山丘陵

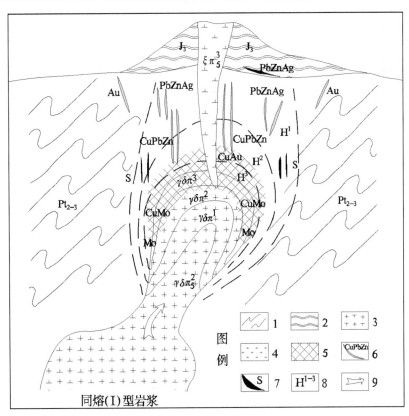

图 4-26 德兴铜矿田成矿模式

1—Pt$_{2-3}$中上元古界火山-沉积浅变质岩系;2—J$_3$上侏罗统火山岩系;3—γδπ 燕山期花岗闪长岩(γδπ^1、γδπ^2、γδπ^3 分别为弱、中、强蚀变花岗闪长岩);4—ξπ$_5^3$正长斑岩;5—CuMoAu 矿体;6—脉状 CuPbZn、PbZnAg 矿体;7—脉状黄铁矿;8—H^1、H^2、H^3 分别为弱、中、强含蚀变浅变质岩系;9—岩浆流动方向

(1) 成矿指示元素为 Cu、Mo、Au、Ag、Se、Sb、Bi、W、As、Co、Pb、Zn、Cd、Mn、F、Cl、I 等 18 种成矿元素及主要伴生元素。围岩蚀变作用的指示元素和氧化物为 Rb、K_2O、Na_2O、MgO、Fe、Sr、Ti、Ni 等。

(2) 成矿元素和指示元素具有明显的面型水平分带特点：中心带以 Mo、Cu、Ag、Au、Bi、Se 元素组合为主；边缘带为 Pb、Zn、Cd、Mn 等元素组合。矿床的垂直分带自下而上为：Mo→Cu、Ag→Pb、Zn、Mn。

(3) 异常形态特征：平面上异常围绕岩体呈等轴状的面型展布，元素组合分带自矿体向围岩为 Cu、Mo、Ag、Au、Se(Sb)→(W、Sn)As、Co、Pb、Cd、Mn。剖面上异常呈钟状分带由岩体向围岩发展，垂向上由下至上为 Mo→Mo、Cu、Ag、Au、Se→As、Co、Pb、Zn、Cd、Mn 的分带。

(4) 具有反映热液蚀变作用的亲石元素和亲铁元素的共轭异常，其负异常（带出部位）为中强蚀变带，而正异常则为围岩中的带入部位（蚀变外带），共轭异常范围示踪了蚀变带的范围。

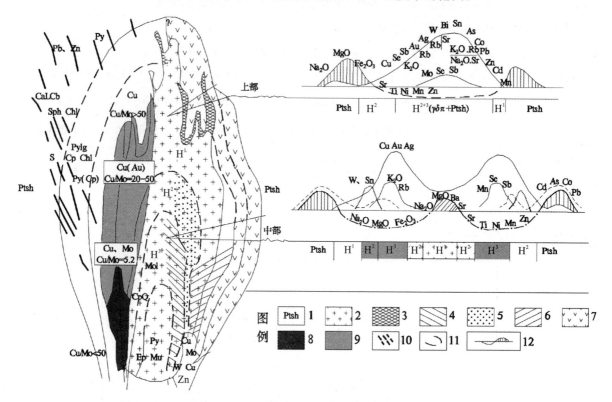

图 4-27 德兴式斑岩铜（钼）矿床地质、地球化学勘查模型（吴承烈和徐外生，1998）
1—元古宙双桥山群；2—燕山早期第二阶段花岗闪长斑岩；3—爆破角砾岩；4—钾长石-绿泥（帘）石-水云母化带；5—绿泥石-水云母化带；6—石英-水云母化带；7—绿泥（帘）石-水云母化带；8—钼矿体；9—铜矿体；10—矿脉；11—蚀变交界线；12—共轭异常；H^1—弱蚀变带；H^2—中蚀变带；H^3—强蚀变带；Cp-黄铜矿；Py-黄铁矿；Mol-辉钼矿；Lg-镜铁矿；Gal-方铅矿；Sph-闪锌矿；Ep-绿帘石；Mu-硬石膏；Q-石英；Chl-绿泥石；Cb-碳酸盐矿物

（二）多宝山-黑河 Cu、Mo、Au、Fe、Zn 成矿亚带（Ⅲ-48-①）多宝山铜钼矿床地质、地球化学找矿模型

中国北部成矿域分布着各时期各种构造环境下的斑岩铜（钼）矿床（图 4-28），从东至西有多宝山-阿尔山成矿带中的多宝山斑岩铜矿床、额尔古纳成矿带中的乌奴格吐山斑岩铜（钼）矿床、觉罗塔格-黑鹰山成矿带中土屋-延东斑岩铜（钼）矿床及 2006 年发现的东戈壁大型高品位斑岩钼矿床（王斌，2011）。北部成矿域具有寻找大型、超大型斑岩铜（钼）矿床的巨大潜力。

1. 多宝山铜矿田（矿床）地质特征

多宝山斑岩铜钼矿田位于中国北部古亚洲成矿域多宝山-阿尔山斑岩成矿带（图 4-28），大兴安岭褶皱带与松嫩沉降带的交接部位。嫩江大断裂从西侧通过（图 4-29a）。区域构造线为北东向，矿田构造线呈北西向，花岗闪长岩体与矿体延展方向都为北西向，矿田内有多宝山铜钼矿床、铜山铜钼矿床（图 4-29b）。

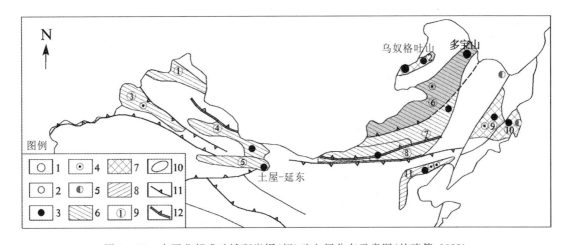

图 4-28 中国北部成矿域斑岩铜(钼)矿空间分布示意图(杜琦等,1988)

1—大型;2—中小型;3—Cu;4—Mo;5—Cu-Au;6—华力西期主成矿期;7—华力西期到燕山成矿期;8—燕山为主成矿期;9—成矿带编号;10—矿带边缘线;11—板块俯冲带;12—板块缝合线;②—额尔古纳斑岩铜成矿带;⑤—觉罗塔格-黑鹰山斑岩铜成矿带;⑥—多宝山-阿尔山斑岩铜(钼)矿成矿带

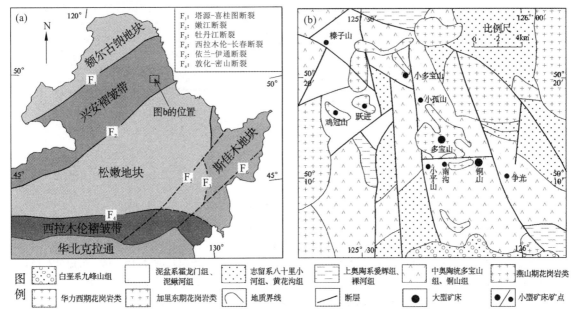

图 4-29 多宝山斑岩铜矿床大地构造位置和区域地质简图(刘军和武广,2010)

多宝山铜矿田地层沿北西-南东走向呈条带状展布,出露地层为奥陶-泥盆系,中奥陶多宝山组(O_2d)为矿区主要赋矿地层,岩性为一套中性、中酸性火山岩(以安山岩为主)所组成的火山-沉积建造(图4-30)。多宝山组安山岩、中性凝灰岩是矿田铜的重要矿源层(表4-14),多宝山组铜含量平均可达130×10^{-6}。

矿田与成矿有关的岩浆岩为加里东中期的花岗闪长岩和海西中期的花岗斑岩,它们在时空关系上与成矿作用密不可分。多宝山矿床内的矿体基本上沿北西向弧形构造带环绕花岗斑岩体分布。多数矿体呈透镜状、条带状沿片理产出。矿体沿倾向分岔呈掌指状尖灭(图4-31)。

多宝山斑岩铜钼矿床的围岩蚀变具多期多阶段的特征,其中与斑岩铜矿有密切关系的第三期花岗闪长斑岩的蚀变作用为最强,种类最多(图4-32),在花岗斑岩和花岗闪长斑岩中的主要蚀变为黑云母化、钾长石化、钠长石化、硅化、绿帘石化、绿泥石化、绢云母化、碳酸盐化、硫酸盐化和高岭土化等。

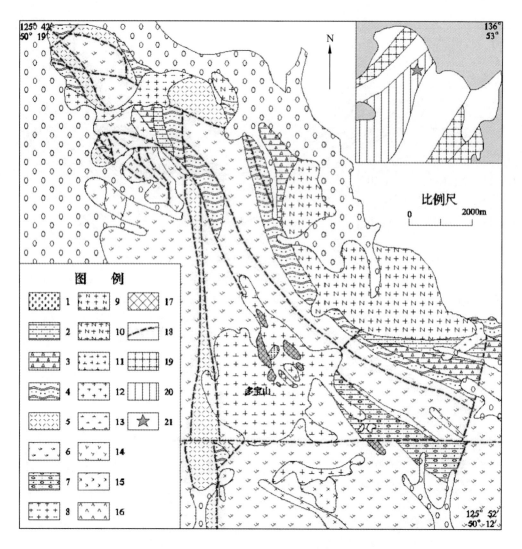

图 4-30 多宝山斑岩铜矿床矿田地质图(王喜臣和王训练,2007)

1—现代堆积;2—中志留统八十里小河组;3—下志留统黄花沟组;4—上奥陶统爱辉组;5—上奥陶统裸河组;6—中奥陶统多宝山组;7—中奥陶统铜山组;8—燕山中期黑云母花岗岩;9—海西晚期更长花岗岩;10—海西晚期斜长花岗岩;11—海西中期花岗闪长岩;12—海西中期花岗闪长斑岩;13~16—为加里东期:13—石英闪长岩;14—闪长岩;15—闪长玢岩;16—粗斑安山岩;17—铜矿体;18—断层;19—海西-燕山期成矿带;20—加里东-海西期成矿带;21—多宝山铜矿位置

表 4-14 多宝山铜矿区各组地层中元素平均含量(杜琦等,1988)

统	组	代号	样数(个)	地层厚度(m)	元素($\times 10^{-6}$)					氧化物(%)		备注
					Cu	Pb	Zn	Co	Ni	K_2O	Na_2O	
下志留统	黄花沟组	S_1h	4	606	68	13	142	33	21	3.21	1.85	
上奥陶统	爱辉组	O_3a	3	605	73	16	113	23	15	2.82	1.29	
	裸河组	O_3l	2	995	100	16	240	38	29	1.20	2.13	定量分析数据
中奥陶统	多宝山组	O_2d	31	4 864	130	13	203	20	33	2.16	2.52	
	铜山组	O_2t	20	1 551	80	10	156	21	12	1.46	3.02	
区域地层中元素的平均含量					86	15	152	20	12	2.48	2.51	
地壳中元素的平均含量					63	12	94	25	89	2.32	2.87	

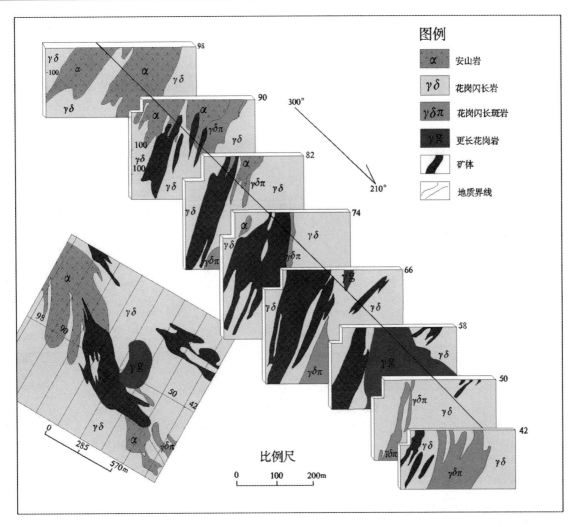

图 4-31 多宝山矿床与成矿有关的岩浆岩及矿体形态产状示意图

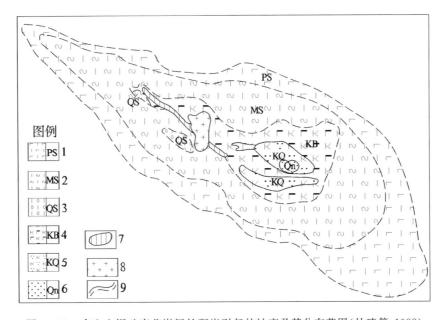

图 4-32 多宝山铜矿床花岗闪长斑岩引起的蚀变及其分布范围(杜琦等,1988)

1—青磐岩-绢云母化;2—绿泥石-绢云母化;3—石英-绢云母化;4—钾长石-黑云母化;5—钾长石-石英化;6—强石英化(即石英核);7—花岗闪长斑岩;8—更长花岗岩;9—实测和渐变地质界线

矿石矿物成分:铜矿石为主,钼矿石少见。矿石矿物总量在3%左右,主要为黄铜矿、黄铁矿、斑铜矿、辉钼矿等,偶见黝铜矿、闪锌矿、方铅矿、自然铜、自然金等。自矿体中心向外,特征的金属矿物依次是斑铜矿→黄铜矿→黄铁矿。脉石矿物平均占97%,以石英、绢云母、绿泥石和碳酸盐为主,其次为绿帘石、黑云母、绿泥石和钠长石等。主要成矿元素:Cu、Mo,主要伴生元素:Au、Ag、Re、Se和Pt族元素。矿石构造为浸染状、细脉状为主(图4-33)。

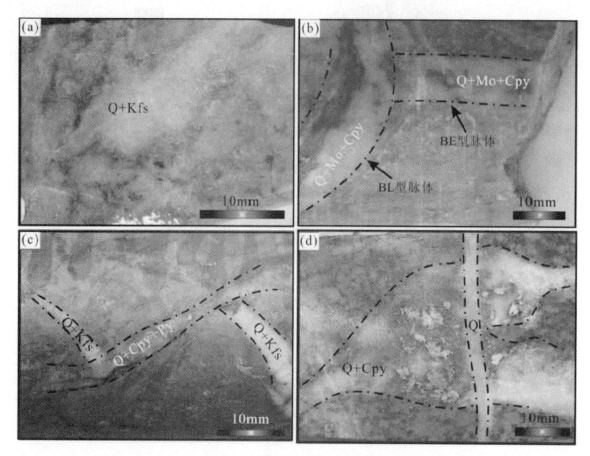

图4-33 多宝山斑岩铜(钼)矿床脉体特征(刘军和武广,2010)
(a)石英+钾长石脉,呈不规则状;(b)晚阶段石英+辉钼矿+黄铜矿脉穿切早阶段石英+辉钼矿+黄铜矿脉;
(c)石英+钾长石脉被石英+黄铜矿+黄铁矿脉(穿切);(d)石英+黄铜矿呈细脉状

2. 多宝山铜矿床地球化学特征

(1)铅同位素组成特征。矿床矿石铅同位素组成变化稳定(其变化范围0.3~0.4之间)(表4-15)。$^{206}Pb/^{204}Pb$:17.560~17.966;$^{207}Pb/^{204}Pb$:15.434~15.568;$^{208}Pb/^{204}Pb$:37.300~37.707。示踪其成矿物质来源于低U、Th丰度的源区(华北陆块铅同位素地球化学省)。

表4-15 多宝山铜矿田矿石铅同位素组成(杜琦等,1988)

样 号	样品位置	$^{206}Pb/^{204}Pb$	$^{207}Pb/^{204}Pb$	$^{208}Pb/^{204}Pb$
ⅣKPb 1	多宝山矿床	17.996	15.568	37.707
ⅣKPb 2	铜山矿床	17.630	15.485	37.415
ⅣKPb 3	铜山矿床	17.560	15.434	37.300
ⅣKPb 4	争光矿点	17.592	15.461	37.350

(2)硫同位素组成特征。从图4-34、表4-16可见,矿床$\delta^{34}S$变化范围窄-5.2‰~3.3‰,平均-0.77‰,其频数直方图上明显呈"塔式"分布,其硫来源单一,示踪深源硫的特征。

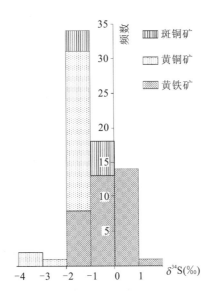

图4-34 多宝山铜矿床硫同位素组成直方图(冯健行,2008)

表4-16 多宝山铜矿田66号勘探线(3号矿体)硫同位素横向变化组成特征

米距	黄铁矿$\delta^{34}S$(‰)	黄铜矿$\delta^{34}S$(‰)	斑铜矿$\delta^{34}S$(‰)
-250	0.47(9)		
-200	0.4(5)	-1.23(8)	
-150	-0.85(2)		
-100	1.1(1)	-1.62(4)	-0.2(1)
-50	-0.54(5)	-1.2(4)	-1.9(2)
0	-0.1(1)	-1.27(2)	-0.83(3)
50	-0.69(1)	-1.8(2)	-0.7(1)
100	-1.22(3)	-1.24(2)	-1.3(1)
150	-1.58(2)	-3.08(2)	
200	-1.32(3)	-2.11(1)	
250	-0.86(3)	-1.92(1)	
300	-0.9(1)		
平均值	-0.17	-0.60	-0.62

注:括号内数字为样品数,中国地科院矿床所,1979

(3)含矿岩体地球化学特征(表4-17)。

3. 多宝山铜矿床地球化学异常特征

(1)多宝山铜矿田1:20万水系沉积物地球化学异常特征。对多宝山铜成矿带1:20万水系沉积物数据进行处理,统计各种地球化学参数,制作单元素地球化学异常图。多宝山铜成矿带9种元素(Cu、Pb、Zn、Mo、W、Au、Ag、As、Sb)的区域性地球化学特征见多宝山成矿带地球化学参数表(表4-18)。

表 4-17　多宝山斑岩铜矿含矿岩体地球化学特征

主量元素	微量元素（×10⁻⁶）
SiO_2:71.1%；Al_2O_3:13.36%； Na_2O+K_2O:7.35%；Na_2O/K_2O:1.14； 花岗闪长斑岩（3件,内部相）	贫 Ti(110)、Nb(5)、Zr(104)等元素,低 Yb(22)
同位素	成矿元素
$(^{87}Sr/^{86}Sr)_0$:0.7047(花岗闪长岩) $(^{87}Sr/^{86}Sr)_0$:0.7054(花岗闪长斑岩)	Cu:80；Mo:4.3(花岗闪长斑岩)
原生晕水平分带： 以岩体中矿体为中心由内向外： Cu、Mo、Au、Ag、Se、Sb、Bi、K_2O、Rb→Co、As、Mn、Pb、Zn、Hg、F	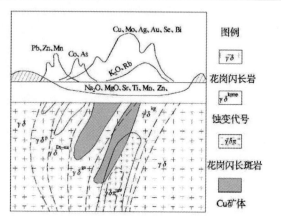 多宝山斑岩铜矿床原生地球化学异常模式(吴承烈和徐外生,1998)

表 4-18　多宝山成矿带地球化学参数表

参数＼元素	Cu	Pb	Zn	Mo	W	Au	Ag	As	Sb
样品数	2 521	2 521	2 521	2 510	2 510	2 521	2 521	2 521	2 518
最大值	232.9	106.5	816.0	39.43	53.4	60.72	926.4	222.9	18.6
最小值	7.6	13.0	22.0	0.52	0.57	0.12	29.6	1.6	0.12
平均值	25.26	21.76	74.30	1.59	2.02	1.99	77.64	11.14	0.48
中位数	24.1	21.3	73.0	1.32	1.92	1.32	68.0	8.5	0.41
标准差	11.80	3.92	20.97	1.24	1.21	2.81	50.99	10.87	0.52
几何均值	23.55	21.50	72.76	1.41	1.92	1.45	70.99	8.99	0.41
几何标准差	9.23	3.2	14.36	0.70	0.63	1.52	30.11	7.06	0.24

注：Au、Ag 含量为 10^{-9},其他为 10^{-6}

　　1:20 万组合异常编号 HS-12 为多宝山铜矿田所致,异常呈北西向分布,主要由两部分组成,东南部以 Cu、Mo 为主,伴生 Zn、Pb 元素异常,Cu、Mo 为矿异常,Zn、Pb 为近矿异常；西北部为远矿异常,有明显浓集中心,由 Au、Ag、Zn 元素组成,Cu-9 号异常涵盖整个组合异常。

　　东南部 Cu、Mo、Zn、Pb 异常为矿致异常,西北部 Au、Ag、Zn 远矿异常由构造原因局部富集所致,组合异常分布与北西向构造及分布的矿源层相关。异常参数特征见表 4-19,异常剖析图见图 4-35。

表 4-19 多宝山铜矿田 HS-12 异常特征表

元素	极大值	衬度	异常衬值平均值	∑规模
Cu	65.4	40.5	1.3	143.5
Mo	7.3	5.2	2.0	21.4
Zn	102.8	102.8	1.2	3.2
Pb	27.0	27.0	1.1	2.6
Au	9.4	9.4	3.0	17.6
Ag	160.9	140.4	1.4	17.5
Zn	161.2	114.7	1.4	16.7

注：Au、Ag 含量为 10^{-9}，其他为 10^{-6}

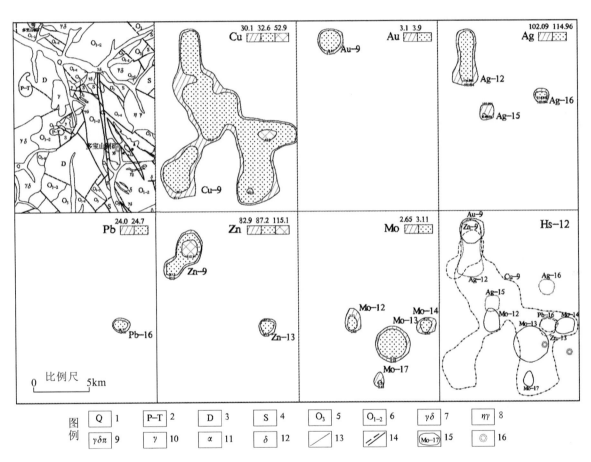

图 4-35 多宝山铜矿田 1:20 万水系沉积物异常剖析图

1—第四系；2—二叠-三叠系花朵山组；3—泥盆系腰桑南组、泥鳅河组；4—志留系八十里小河组、黄花沟组、卧都河组；5—上奥陶系爱辉组、裸河组；6—中下奥陶系多宝山组、铜山组；7—燕山期花岗闪长岩；8—燕山期二长花岗岩；9—加里东期花岗闪长斑岩；10—海西期花岗岩；11—安山岩；12—闪长岩；13—地质界线；14—实测断层及推测断层；15—异常编号及异常范围；16—铜矿点（单位：Au、Ag 含量为 10^{-9}，其他为 10^{-6}）

(2)地表岩石地球化学异常特征。从多宝山和铜山矿床地表岩石异常显示具有较好的水平分带（图 4-36、图 4-37）。

① Cu 异常明显受北西向构造带控制，Cu 异常中带为绢云母化带和钾化带，内带（>1000×10^{-6}）为矿体赋存部位（铜山矿床的异常内带紧紧围绕矿体），均具明显浓度梯度变化。

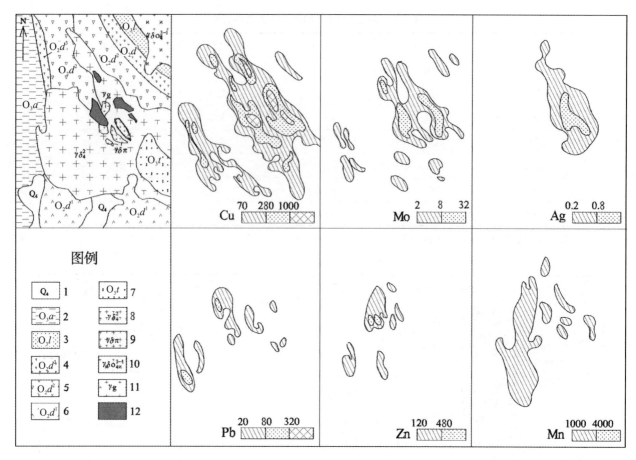

图 4-36 多宝山矿床岩石地球化学异常图(杜琦等,1988)

1—第四系;2—爱辉组;3—裸河组;4—多宝山组三段;5—多宝山组二段;6—多宝山组一段;7—铜山组;
8—花岗闪长岩;9—花岗闪长斑岩;10—斜长花岗岩;11—更长花岗岩;12—矿体(元素单位均为 10^{-6})

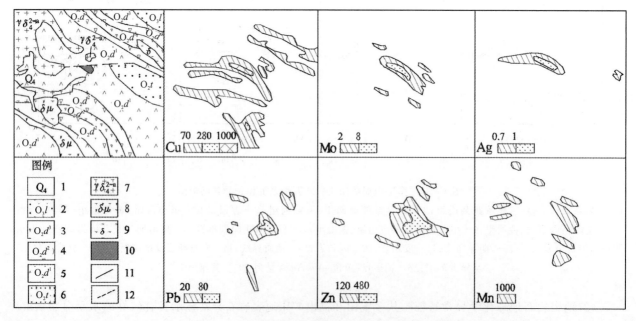

图 4-37 铜山矿床岩石地球化学异常图(杜琦等,1988)

1—第四系;2—裸河组;3—多宝山组三段;4—多宝山组二段;5—多宝山组一段;6—铜山组;7—花岗闪长岩;
8—闪长玢岩;9—闪长岩;10—矿体;11—地质界线;12—实测及推测断层(元素单位均为 10^{-6})

② Mo元素异常分布亦受构造控制。外带与绢云母化带重合,中带与矿体出露位置基本一致。Ag与Cu、Mo元素展布相似。

③ Pb、Zn、Mn元素在Cu、Mo、Ag的外侧分布,尤其是矿体倾伏部位较为明显。

(3) 钻孔岩石地球化学异常特征。从多宝山矿床307、311、321线剖面钻孔异常剖析(图4-38~图4-40)。

① Cu外带($70×10^{-6}$~$280×10^{-6}$)包围着雁形排列的矿体群;中带($280×10^{-6}$~$1000×10^{-6}$)为矿带和矿化带部位;>$1000×10^{-6}$的内带为矿体赋存部位。

② Mo元素与Cu异常相似,外带:$2×10^{-6}$~$8×10^{-6}$;中带:$8×10^{-6}$~$32×10^{-6}$;内带:>$32×10^{-6}$。

③ Ag异常在剖面上的展布与Cu、Mo基本吻合。

④ Pb、Zn、Co元素异常主要分布在矿体的上下盘和前缘,异常强度较低,整个矿带以出现外带异常为主,其中以上盘异常更为突出。

⑤ Mn元素主要分布在矿体的上下盘,矿体中部Mn的含量很低(<$200×10^{-6}$),而在矿带边缘为Mn的异常区(>$800×10^{-6}$)。因此,Mn元素分布规律是富集于矿体边缘。

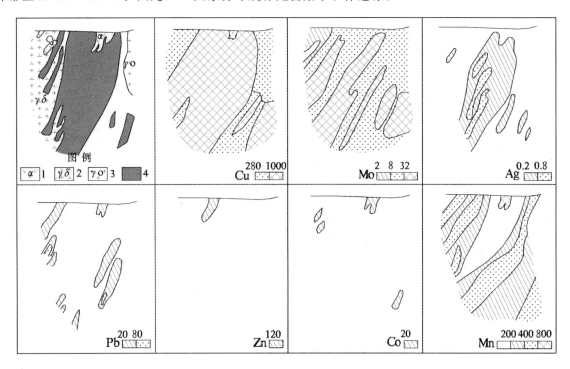

图4-38 多宝山矿床307线岩石地球化学异常剖面图(杜琦等,1988)
1—安山岩;2—花岗闪长岩;3—更长花岗岩;4—矿体(元素单位均为10^{-6})

(4) 原生晕比值——示踪矿床的剥蚀程度。从铜山矿床原生晕比值示踪矿床的剥蚀程度(表4-20),利用$(W+Bi)×10^2/(As+Sb)$高值示踪矿体剥蚀程度较大。

表4-20 多宝山铜矿床原生晕比值(据赵元艺和赵广江修改,1995)

截面位置	$\dfrac{(W+Bi)×10^2}{(As+Sb)}$
矿体前缘	2.90
矿头	58.70
矿中	150.40
矿尾	961.70

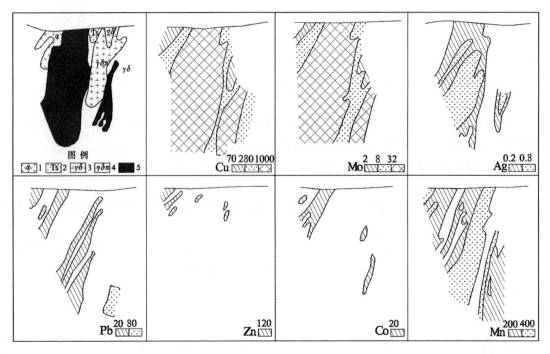

图 4-39　多宝山矿床 311 线岩石地球化学异常剖面图（杜琦等，1988）

1—安山岩；2—凝灰砂岩；3—花岗闪长岩；4—花岗闪长斑岩；5—矿体（元素单位均为 10^{-6}）

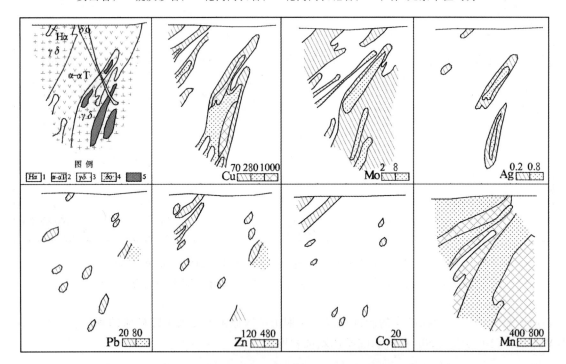

图 4-40　多宝山矿床 321 线岩石地球化学异常剖面图（杜琦等，1988）

1—角岩化安山岩；2—安山岩、中性凝灰岩；3—花岗闪长岩；4—石英闪长岩；5—矿体（元素单位均为 10^{-6}）

（5）铜元素在矿床周围的降低场——示踪矿质来源。多宝山铜矿床和铜山铜矿床均被较完整和明显的降低场所包围，从图 4-41 中可见，两矿床之间的 Cu 元素降低场宽度较大，大于 2 000m，铜山矿床两侧降低场总宽度达 1 500m。

矿床周围 Cu 的降低场，沿矿带走向方向延伸较远，但降低场宽度随着与矿带距离的加大而变窄。降低场中的 Cu 含量变化较大，按 1072 线矿床两侧降低场中 Cu 的定量分析表明：Cu 的平均含量为 40×10^{-6}，而矿带外围正常场 Cu 的平均含量为 130×10^{-6}（中奥陶统多宝山组 O_2d）。

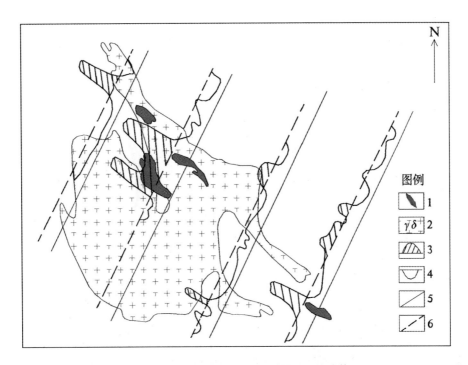

图 4-41　矿床周围铜元素分布平面剖面图(杜琦等,1988)

1—铜矿体;2—花岗闪长岩;3—铜元素增高场;4—铜元素降低场;5—勘探线;6—中奥陶统地层平均含量

4. 多宝山铜矿床主要地质、地球化学特征(表 4-21)

表 4-21　多宝山铜矿床主要地质、地球化学特征

成矿系列	与深源中酸性岩浆活动有关的铜多金属成矿系列
成矿环境	北东向嫩江大断裂西侧
矿床类型	斑岩型 Cu、Mo 矿床
赋矿地层	中奥陶统多宝山组(O_2d),岩性为以安山岩为主的火山-沉积建造
控矿构造	北西向构造线控制含矿花岗闪长岩体与矿体延展
含矿岩体	加里东中期花岗闪长岩,海西中期花岗斑岩
成岩时代	288～217Ma(Rb-Sr 法、K-Ar 法、Sm-Nd 法)
成矿时代	Re-Os 法测年(506±14)Ma(赵一鸣和毕承思等,1997)
矿体产状	多数矿体呈透镜状、条带状沿片理产出,矿体沿倾向呈掌指状尖灭
矿石矿物	主要为黄铜矿、黄铁矿、斑铜矿、辉钼矿
结构构造	浸染状构造、细脉状构造
围岩蚀变	与花岗闪长斑岩岩浆热液活动有关的蚀变为黑云母化、钾长石化、钠长石化、硅化、绿帘石化、绿泥石化、绢云母化、碳酸盐化、高岭土化等
成矿及伴生元素组合	主要成矿元素:Cu、Mo;主要伴生元素:Au、Ag、Re、Se 和 Pt 族元素
矿床规模	多宝山铜储量 244.33×10^4t(朱训,1999);铜山铜储量 80×10^4t(杜琦和马晓阳,2008)
剥蚀程度	多宝山铜矿中等剥蚀
典型矿床	多宝山、铜山
地理景观	森林沼泽区

5. 多宝山铜矿床成矿模式

加里东中期深部岩浆房中的熔浆往地壳浅部不断泵吸作用的同时,对围岩进行抽吸(根据杜琦计算,抽吸范围达1 000km³)围岩物质(深成水,成矿物质……)进入岩浆熔体中,在运移至地壳浅部,物理化学条件骤变的环境下,多期多次富集叠加成矿(图4-42)。

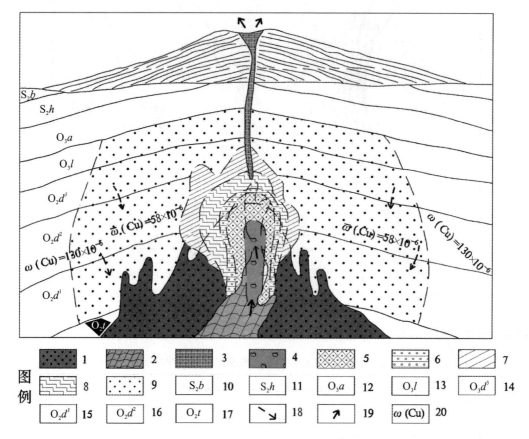

图4-42 多宝山铜矿床成矿模式图(杜琦和马晓阳,2008)

1—花岗闪长岩或岩浆房的顶部;2—花岗闪长斑岩或张性裂隙通道;3—火山颈相岩石;4—石英核;5—钾长石-石英蚀变亚带;6—钾长石-黑云母蚀变亚带;7—绢云母化带;8—绢云母叠加钾长石-黑云母蚀变亚带;9—青磐岩化带;10—中志留统八十里河组;11—下志留统黄花沟组;12—上奥陶统爱辉组;13—上奥陶统裸河组;14—中奥陶统多宝山组第三岩性段;15—中奥陶统多宝山组第二岩性段;16—中奥陶统多宝山组第一岩性段;17—中奥陶统铜山组;18—流体渗透方向;19—流体排放方向;20—铜平均含量

6. 多宝山铜矿床控矿因素

(1)北东向区域构造与北西向的次级构造的直交复合叠加部位是成岩成矿的有利部位。

(2)加里东中期中酸性岩体(花岗闪长岩、花岗闪长斑岩)呈岩株状产出,并伴有同岩浆系列的岩体和岩脉。

(3)有利的赋矿围岩(中奥陶统多宝山组安山岩、中性凝灰岩等)为成矿提供了重要的矿源。

(三)额尔古纳 Cu、Mo、Pb、Zn、Ag、Au、萤石成矿亚带(Ⅲ-47-①)乌奴格吐山铜钼矿床地质、地球化学找矿模型

1. 乌奴格吐山铜钼矿床地质特征

乌奴格吐山铜钼矿床位于西伯利亚板块与华北板块之间的大兴安岭古生代褶皱带的西北侧。矿区产于此构造带外侧的中生代火山岩带的相对隆起区内,NW和NE向断裂交汇处,并受古火山机构控制(图4-43)。

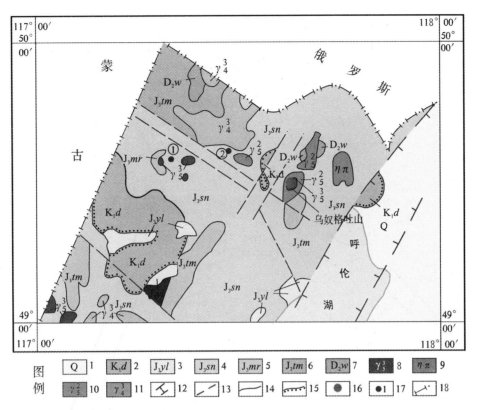

图 4-43 满洲里乌奴格吐山区域地质简图(张海心,2006)

1—第四系；2—白垩系下统大磨拐河组；3—侏罗系上统伊力克得组；4—侏罗系上统上库力组；5—侏罗系上统木瑞组；6—侏罗系上统塔木兰沟组；7—泥盆系中统乌奴耳组；8—燕山晚期花岗岩类侵入体；9—二长斑岩；10—燕山早期花岗岩类侵入体；11—海西晚期花岗岩类侵入体；12—一般断裂；13—推测断裂；14—地质界限；15—不整合界限；16—大型矿床；17—矿点及编号；18—国界线；①—哈拉胜格拉陶勒盖多金属矿段；②—长岭斑岩钼矿点

乌奴格吐山矿区岩性主要是酸性、中酸性火山岩-次火山杂岩体,组成较完整的火山机构。其中早期岩浆活动形成二长花岗斑岩、流纹斑岩和流纹质晶屑凝灰熔岩,晚期岩浆活动形成的英安质角砾熔岩和一些中性、中酸性脉岩。侵入较早的二长花岗斑岩直接与成矿有关,为成矿母岩。铜钼矿体主要产在火山管道的内外接触带,部分二长花岗斑岩、黑云母花岗岩及二者的接触带,矿化蚀变强烈(图4-44)。

火山管道呈近于直立的筒状,主要为二长花岗斑岩所占据,并被 F_7 断层分为南北两个矿段,北矿段二长花岗斑岩呈岩枝状,侵位于黑云母花岗岩中,南矿段呈规模较小的多个岩枝产出。矿体为筒状、半环状、似层状(图 4-45)。

矿床具典型斑岩蚀变分带,从二长花岗斑岩中心向外依次分为三个蚀变带:①石英-钾长石化带,钼矿体;②石英-绢云母化带,铜矿体或铜钼矿体;③伊利石-水云母化带;黄铁矿脉及铅、锌、银矿化(图 4-46)。

主要矿石矿物为黄铜矿、辉钼矿、黄铁矿,次为磁铁矿,少量方铅矿、闪锌矿、斑铜矿、辉铜矿、赤铁矿,地表浅部见铜、钼氧化矿物。Cu 的平均品位：0.46%,Mo 的平均品位：0.055%。

主要成矿元素 Cu、Mo,主要伴生元素 Au、Ag、Re、Pb、Zn、Bi 等。

由于地壳的抬升,浅成成因的乌奴格吐山斑岩铜钼矿床已遭受剥蚀：北矿段剥蚀较深,已至钾化带；南矿段剥蚀相对较浅,为石英-绢云母化带(图 4-47)。

2. 乌奴格吐山铜钼矿床地球化学特征

(1) 铅同位素特征。乌奴格吐山未蚀变二长花岗斑岩的铅同位素组成具有较高的放射性成因铅,$^{206}Pb/^{204}Pb$ 为 18.5631~18.9262,$^{207}Pb/^{204}Pb$ 为 15.5684~15.5981,$^{208}Pb/^{204}Pb$ 为 38.2554~38.5285；而矿石铅同位素组成具有相对较低的放射性成因铅,$^{206}Pb/^{204}Pb$ 为 18.357~18.526,$^{207}Pb/^{204}Pb$ 为 15.498~15.633,$^{208}Pb/^{204}Pb$ 为 37.997~38.421(表 4-22)。

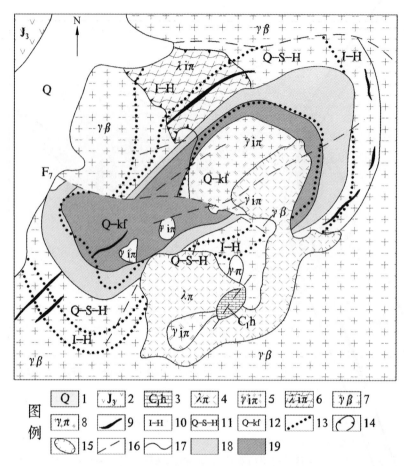

图 4-44 乌奴格吐山斑岩铜钼矿床地质略图(陈殿芬和艾永德德,1996)

1—第四系;2—侏罗系上统安山玢岩;3—古生代安山岩、结晶灰岩;4—流纹质角砾凝灰熔岩;5—二长花岗斑岩;6—流纹质晶屑凝灰熔岩;7—黑云母花岗岩;8—花岗斑岩;9—流纹斑岩;10—伊利石-水云母化带;11—石英-绢云母-水云母化带;12—石英-钾长石化带;13—蚀变带界线;14—火山管道构造;15—爆发角砾岩筒;16—断层;17—地质界线;18—铜矿化;19—钼矿化

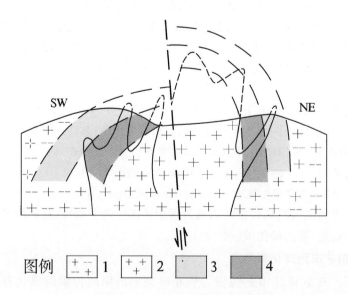

图 4-45 乌奴格吐山斑岩铜钼矿床南北两矿段矿体产状(金力夫和孙凤兴,1990)

1—黑云母花岗岩;2—次斜长花岗斑岩;3—铜矿体;4—钼矿体

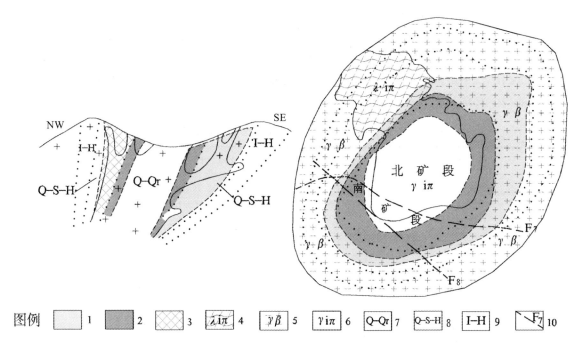

图 4-46 蚀变矿化分带剖面图(左,顶部主矿体部分被剥蚀)及平面图(右)(任国栋,1987)
1—铜矿体;2—钼矿体;3—矿体(铜、钼);4—流纹质晶屑凝灰熔岩;5—黑云母花岗岩;6—二长花岗斑岩;
7—石英-钾长石化带;8—石英-绢云母-水云母化带;9—伊利石-水白云母化带;10—断层

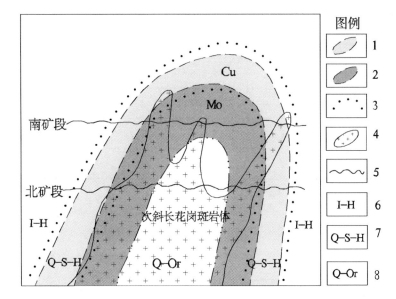

图 4-47 乌奴格吐山斑岩铜钼矿床剥蚀程度示意图(金力夫和孙凤兴,1990)
1—铜矿化;2—钼矿化;3—蚀变带界线;4—次斜长花岗斑岩体;5—矿段;6—伊利石-水白云母化带;
7—石英-绢云母-水白云母化带;8—石英-钾长石化带

从表4-22和图4-48可知:斑岩体的全岩铅(可能为锆石、钍石等富含 U、Th 的副矿物所致)和矿石铅同位素组成是有差异的,前者较富放射性成因铅(实线投点域),后者相对具较低放射性成因铅(钾长石铅同位素组成和矿石铅同位素组成基本一致)(虚线投点域),这一信息示踪着成矿物质来源除了岩浆源外,尚有围岩(基底)物质的加入。

(2)硫同位素组成特征。矿床金属硫化物硫同位素组成 $\delta^{34}S$ 值为 $-0.2‰\sim3.5‰$,平均值为 $2.57‰$,呈"塔式"分布,为典型的深源硫的特征(图 4-49)。

(3) 二长花岗斑岩地球化学特征。乌奴格吐山二长花岗斑岩 SiO_2:平均 70.60%;Al_2O_3:平均 14.86%;Na_2O+K_2O:平均 8.46%;Na_2O/K_2O:1.20~1.37;稀土总量 ΣREE:66.58×10^{-6}~80.63×10^{-6},平均 71.92×10^{-6};$\Sigma LREE/\Sigma HREE$:平均 20.87;δEu:0.78~0.89,平均:0.84;低 Sr:26.70×10^{-6}~95.55×10^{-6},平均:47.94×10^{-6};富集 Rb、Ba、K,亏损 Th、Nb、Ta、Ti,具埃达克质岩特征。成矿元素 Cu:128×10^{-6},Mo:95.5×10^{-6}(表 4-23 和图 4-50)。

表 4-22 乌奴格吐山二长花岗斑岩全岩和矿石铅同位素组成

产地	样号	岩性	$^{206}Pb/^{204}Pb$	$^{207}Pb/^{204}Pb$	$^{208}Pb/^{204}Pb$	资料来源
乌奴格吐山	WS-1	新鲜斑岩:二长花岗斑岩	18.926 2	15.598 1	38.528 5	陈志广和张连昌,2008
	WS-2		18.563 1	15.568 4	38.255 4	
	WS-3		18.664 2	15.572 1	38.318 5	
	WS-4		18.798 9	15.591 8	38.419	
	WS-5		18.913 4	15.595 9	38.428 4	
	WS-6	蚀变斑岩	19.019 2	15.590 1	39.503 2	
	23-258	黄铁矿	18.414	15.575	38.212	李朝阳和徐贵忠,2000
	61-131	黄铁矿	18.357	15.525	38.048	
	88-44	黄铁矿	18.397	15.536	38.106	
	62-386	闪锌矿	18.369	15.577	38.212	
	62-387	方铅矿	18.358	15.559	38.128	
	23-192	钾长石	18.433	15.633	38.421	
	60-500	黄铁矿	18.526	15.567	38.387	
	43-273	黄铁矿	18.379	15.498	37.997	

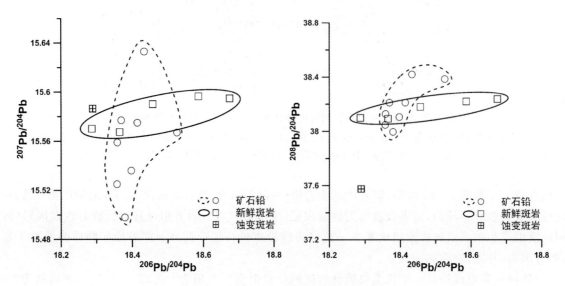

图 4-48 乌奴格吐山矿床铅同位素投点图

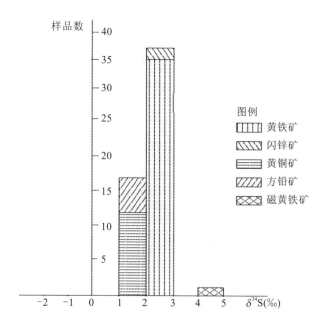

图4-49 乌奴格吐山矿床δ³⁴S"塔式"分布图(张海心,2006)

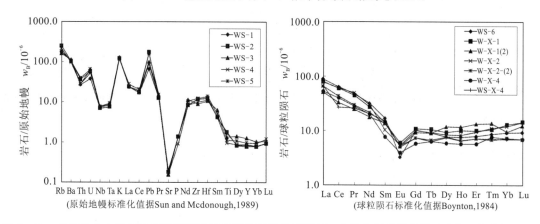

图4-50 乌奴格吐山铜钼矿床新鲜斑岩样品微量元素蛛网图(左)和蚀变斑岩样品稀土元素配分曲线图(右)
(陈志广和张连昌,2008)

表4-23 内蒙古乌奴格吐山二长花岗斑岩地球化学特征

主量元素	微量元素
SiO_2:70.03%～71.70%,平均70.60% Al_2O_3:14.65%～15.42%,平均14.86% Na_2O+K_2O:8.53%～8.61%,平均8.46% Na_2O/K_2O:1.20～1.37	ΣREE:(66.58～80.63)×10⁻⁶,平均71.92×10⁻⁶ $\Sigma LREE/\Sigma HREE$:16.62～22.30,平均20.87 δEu:0.78～0.89,平均0.84 低Sr:(26.70～95.55)×10⁻⁶,平均47.94×10⁻⁶ 低Y:(3.60～5.75)×10⁻⁶,平均4.34×10⁻⁶ 富集Rb、Ba、K,亏损Th、Nb、Ta、Ti
同位素	成矿元素
$(^{87}Sr/^{86}Sr)_0$:0.705 22～0.706 90,平均:0.706 09 二长花岗斑岩全岩: $^{206}Pb/^{204}Pb$:18.563～18.926,平均18.773 $^{207}Pb/^{204}Pb$:15.568～15.598,平均15.585 $^{208}Pb/^{204}Pb$:38.319～38.529,平均38.390 U-Pb法定年:(183.3±0.6)Ma(秦克章等,1999)	Cu:128×10⁻⁶;Mo:95.5×10⁻⁶ 矿化分带从岩体到围岩: Mo(W)→Mo、Cu→Cu→Cu、Pb、Zn→As、Ag

3. 乌奴格吐山铜钼矿床地球化学异常特征

(1) 沉积物测量地球化学异常特征。由图 4-51 可看出：矿床上 Cu、Pb、Au、Mo、Bi、Cd、Zn、W、As 等元素异常主要呈等轴状分布，北东向展布。Cu、Pb、Ag、Mo 等元素套合好，强度高，具有明显的浓度分带，浓集中心部位与矿体相吻合。Zn、W、Au、Bi、Cd 在矿体外围表现为低缓异常。

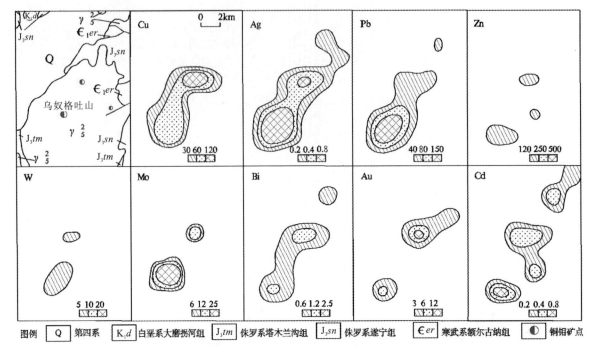

图 4-51　乌奴格吐山铜矿田 1:20 万化探异常剖析图（乌奴格吐山勘探报告）（单位：Au、Ag 含量为 10^{-9}，其他为 10^{-6}）

(2) 土壤测量地球化学异常特征。从矿区 1 线土壤剖面测量结果表明（图 4-52）：自矿化中心向外元素分带明显：Mo(W)→Mo、Cu→Cu→Ag、As(Pb、Zn)。

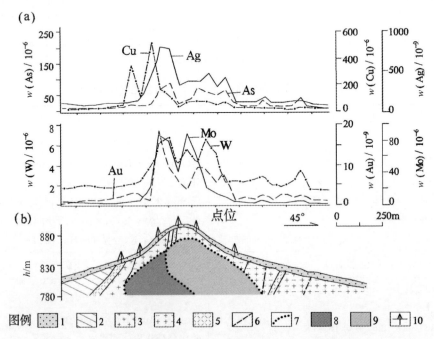

图 4-52　乌奴格吐山铜钼矿床 1 线综合剖面图（黄力军和刘瑞德，2004）

1—第四系；2—次英安质角砾熔岩；3—次斜长花岗斑岩；4—黑云母花岗岩；5—流纹斑岩；
6—断层；7—蚀变带界线；8—钼矿化带；9—铜矿化带；10—勘探线

(3) 岩石地球化学异常特征。通过对矿床原生晕线金属量的计算结果表明，分带序列从上往下为：As (Sb) - Ag - (Hg) - Pb - Zn - Cu - Mo，分带序列前面的元素为前缘晕，而 Cu、Mo 元素在矿体中、下部聚集，为矿中、矿尾晕（表 4 - 24）。

表 4 - 24 乌奴格吐山矿床原生晕线金属量（据王荣全和宋雷鹰，2007）

标高(m)	Cu	Mo	Pb	Ag	As	Sb	Hg	Zn
750	15.5	6.67	32.19	58.5	48.1	16	91	49.14
550	14.35	1.95	5.84	13.3	15.43	48.5	22	17
350	18.57	31.13	1.16	1.1	0.11	5.6	2	6.53

测试单位：黑龙江有色地勘局测试所，2003。线金属量单位：m%

4. 乌奴格吐山铜钼矿床主要地质、地球化学特征（表 4 - 25）

表 4 - 25 乌奴格吐山铜钼矿床主要地质、地球化学特征

成矿系列	与深源中酸性岩浆活动有关的铜多金属成矿系列
成矿环境	北东向额尔古纳-呼伦深断裂（得尔布干深大断裂）西侧上盘
矿床类型	斑岩型 Cu、Mo 矿床
赋矿地层	赋矿围岩为酸性、中酸性火山岩-次火山杂岩体
控矿构造	矿体受古火山机构控制（北东向和北西向断裂交汇处环形断裂所控制）
含矿岩体	二长花岗斑岩、黑云母花岗岩
成岩时代	二长花岗斑岩锆石 U - Pb 年龄(188.3 ± 0.6)Ma（秦克章和李惠民，1999）
成矿时代	蚀变岩绢云母 K - Ar 年龄(183.5 ± 1.7)Ma（秦克章和李惠民，1999）
矿体产状	矿体为筒状、半环状、似层状
矿石矿物	主要矿石矿物为黄铜矿、辉铜矿、黄铁矿，次为磁铁矿，少量方铅矿、闪锌矿、斑铜矿、辉钼矿等
结构构造	浸染状构造、细脉状构造
围岩蚀变	具面型蚀变分带，从二长花岗斑岩中心往外依次为：石英-钾长石化带（钼矿体）→石英-绢云母化带（铜矿体、铜钼矿体）→伊利石-水白云母化带（黄铁矿脉及 Pb、Zn、Ag 矿化）
成矿及伴生元素组合	主成矿元素为 Cu、Mo，主要伴生元素为 Au、Ag、Re、Pb、Zn、Bi 等
矿床规模	Cu 资源量 185×10^4t，品位 0.46%；Mo 资源量 40×10^4t，品位 0.026%；Ag 资源量 28×10^4t
剥蚀程度	北矿段剥蚀较深，为中等剥蚀程度；南矿段剥蚀相对较浅
典型矿床	乌奴格吐山
地理景观	半荒漠区

5. 乌奴格吐山铜钼矿床成矿模式

由图 4 - 53 可知：

(1) 燕山早期两大陆块之间的大陆裂谷拉张伸展，使之深源岩浆上侵，岩浆喷出与侵入作用形成了火山通道；随后成矿流体上升产生蚀变矿化。

(2) 成矿后 NW 向断裂使南盘上升，北盘下落。第三纪后矿区处于上升剥蚀阶段，已达中等剥蚀程度。

6. 乌奴格吐山铜钼矿床控矿因素

(1) 北东向额尔古纳-呼伦深断裂（得尔布干深大断裂）西侧上盘，受次一级北东向和北西向及环形断裂的控制。

(2) 矿体受早燕山期火山通道内及外侧分布的复合岩体（二长花岗岩）和火山岩（流纹质晶屑凝灰熔岩等）的制约。

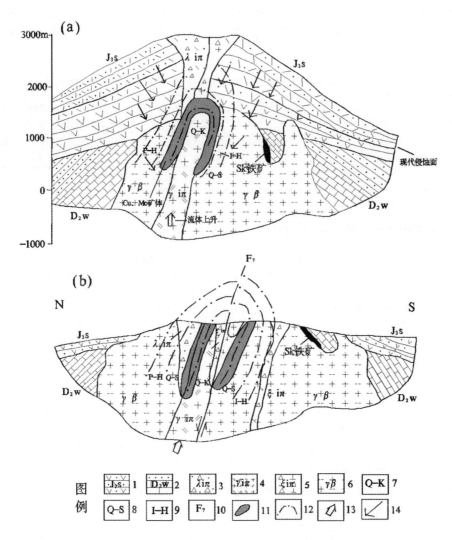

图 4-53 乌奴格吐山斑岩铜钼矿床成矿模式图(张海心,2006)

(a)矿体形成模式图;(b)断层及侵入角砾熔岩破坏、现代剥蚀面示意图;1—侏罗系上统火山岩;2—泥盆系中统乌奴耳组地层;3—流纹质晶屑凝灰熔岩;4—斜长花岗斑岩;5—英安质角砾凝灰熔岩-英安岩;6—黑云母花岗岩;7—石英钾化蚀变带;8—石英绢云母化蚀变带;9—伊利石水云母化蚀变带;10—断层;11—铜钼矿体;12—蚀变带界限;13—流体上升方向;14—天水运动方向

(四)觉罗塔格-黑鹰山 Cu、Mo 成矿带(Ⅲ-8)土屋-延东铜矿床地质、地球化学找矿模型

1. 土屋-延东铜矿床地质特征

东天山铜矿带中土屋-延东斑岩铜矿田位于塔里木板块和准噶尔微板块碰撞带北侧的觉罗塔格晚古生代石炭纪火山岛弧北侧,北为大草滩断裂,南以康古尔塔格深大断裂为界。在晚石炭世早期汇聚阶段沉积了复理石建造夹基-中-酸性火山岩建造,中期大规模钙碱性系列花岗岩侵入,土屋-延东含矿岩体属该阶段的产物(图 4-54)。

土屋-延东斑岩铜矿田由土屋和延东两个矿区构成(图 4-55)。矿床产于上石炭统企鹅组火山-沉积岩系中。该组下部为中细粒砂岩夹沉凝灰岩;中部为玄武岩、安山岩夹火山角砾岩;上部为细(粉)砂岩、含砾长石岩屑粗砂岩夹凝灰岩。地层已发生褶皱,形成近东西向似箱状背斜,并遭受韧性变形。

成矿斑岩体是由早期闪长玢岩和晚期的斜长花岗斑岩体组成的复合岩体,成矿与斜长花岗斑岩关系密切,岩体呈近东西向长条状分布于似箱状背斜核部(图 4-56),岩体已卷入韧性变形,局部糜棱岩化并矿化。斜长花岗斑岩锆石 U-Pb 年龄为(334±3)Ma(陈富文和李华芹,2005)。

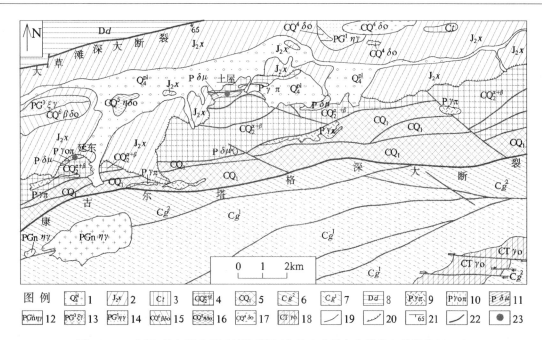

图 4-54　土屋-延东铜矿田区域地质图(扎日木合塔尔和塔依尔依玛木,2004)

1－第四系;2－西山窑组粗、细、粉砂岩;3－土屋组长石岩屑砂岩及沉凝灰岩;4－企鹅山群第二组安山岩、玄武岩;5－企鹅山群第一组长石岩屑砂岩、砾岩;6－干墩岩组第二岩段砂质千糜岩、片理化糜棱岩化长石岩屑砂岩;7－干墩岩组第一段千糜岩、绢云千糜岩及片理化沉凝灰岩等;8－大南湖组花岗岩、闪长岩;9－长石石英斑岩;10－斜长花岗斑岩;11－闪长玢岩;12－中细粒黑云母二长花岗岩;13－细粒斑状(文象)正长花岗岩;14－中细-粒斑状黑云母二长花岗岩;15－微细-细粒斑状黑云角闪云英闪长岩;16－中细粒(斑状)角闪石英二长花岗岩;17－弱糜棱岩化角闪黑云石英闪长岩;18－弱糜棱岩化细粒斑状黑云角闪斜长花岗岩;19－地质界线;20－角度不整合界线;21－产状;22－断(层)裂;23－大型铜矿床

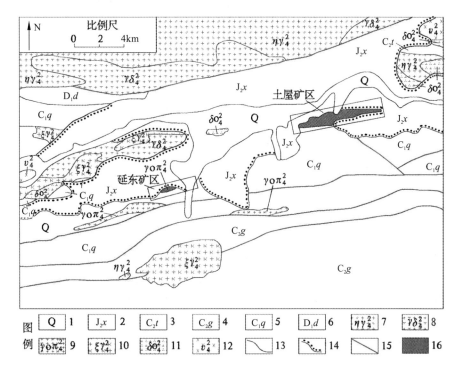

图 4-55　新疆哈密土屋-延东矿田区域地质略图(陈富文和李华芹,2005)

1－第四系;2－中侏罗统西山窑组;3－上石炭统土屋组;4－上石炭统干墩岩组;5－下石炭统企鹅山组;6－下泥盆统大南湖组;7－二长花岗岩;8－花岗闪长岩;9－斜长花岗斑岩;10－钾长花岗岩;11－石英闪长岩;12－辉长岩;13－地质界线;14－角度不整合界线;15－断层;16－矿体

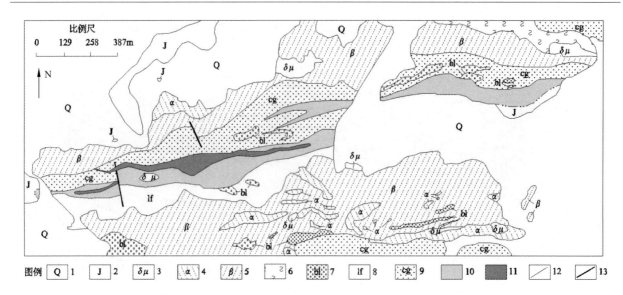

图 4-56 新疆土屋铜矿区地质图(任秉琛和杨兴科,2002)

1—第四系;2—上侏罗统泥岩;3—闪长玢岩;4—中性熔岩;5—基性熔岩;6—英安质火山角砾岩;7—角砾熔岩;
8—凝灰岩;9—含砾砂岩;10—Cu 矿化体 0.2%~0.7%;11—Cu 矿化体>0.7%;12—地质界线;13—断层

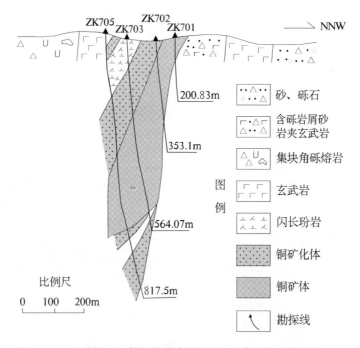

图 4-57 土屋铜矿 7 勘探线综合剖面图(庄道泽和王世称,2003)

铜矿体主要赋存于斑(玢)岩体内,少量分布于围岩中。矿体呈似透镜状雁列分布,平剖面均呈"多"字形排列组合。矿体走向 NEE,向南陡倾斜(图 4-57)。矿体蚀变类型齐全,分带明显,自矿体中心向两侧可分为:强硅化带→石英、绢云母带→绢云母(泥化、石膏化)→青磐岩化带。

矿石类型为细脉浸染状铜(钼)矿。金属矿物简单,以黄铜矿、黄铁矿为主(图 4-58),少量斑铜矿、铜蓝和辉铜矿。Cu:平均品位 0.75%(钻孔),Au:伴生 Au 平均品位 0.29×10^{-6}。

2. 土屋-延东铜矿床地球化学特征

(1)铅同位素组成特征。从表 4-26 和图 4-59 中可知:成矿母岩花岗斑岩(2 件)、企鹅山群火山岩铅同位素组成变化范围很小(实线投点域)。企鹅山组火山岩铅同位素组成为:$^{206}Pb/^{204}Pb$:17.872 1~18.071 6(安山岩样品为 18.622 7);$^{207}Pb/^{204}Pb$:15.457 1~15.506 4;$^{208}Pb/^{204}Pb$:37.524 8~37.774 8(仅

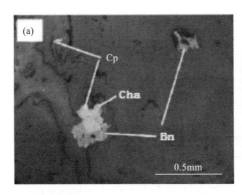 

图 4-58 延西铜矿床岩石及铜矿化的显微照片(张达玉和周涛发,2010)
(a)黄铜矿、斑铜矿共生,边部生成了辉铜矿;(b)浸染状的黄铁矿、黄铜矿和辉钼矿共生
矿物代号:Cp—黄铜矿;Cha—辉铜矿;Bn—斑铜矿;Py—黄铁矿;Mo—辉钼矿

个别样品为 38.152 9)。矿石铅同位素组成变化亦小:$^{206}Pb/^{204}Pb$:17.805 9~17.819 9;$^{207}Pb/^{204}Pb$:15.464 1~15.473 3;$^{208}Pb/^{204}Pb$:37.477 9~37.522 2,可见二者为同源产物。

而雅满苏组火山岩铅同位素组成的变化范围较大(虚线投点域),具相对较高的放射性成因铅,其铅同位素组成为:$^{206}Pb/^{204}Pb$:18.083 4~18.596 7;$^{207}Pb/^{204}Pb$:15.527 3~15.611 0;$^{208}Pb/^{204}Pb$:37.946 2~38.466 6。

表 4-26 土屋-延东矿田赋矿围岩、含矿岩体及矿石铅同位素组成

岩矿石	样 号	测定对象	$^{206}Pb/^{204}Pb$	$^{207}Pb/^{204}Pb$	$^{208}Pb/^{204}Pb$	资料来源
企鹅山群	TW-4	玄武岩	18.006 5	15.496 6	37.728 8	
	TW-4-1	玄武岩	18.051 0	15.502 1	37.773 7	
	TW-6-1	安山岩	18.622 7	15.506 4	38.152 9	
	TW-7	玄武岩	18.071 6	15.479 9	37.866 3	
	TW-8	玄武岩	18.006 4	15.476 3	37.724 1	
	TW-9	玄武安山岩	17.997 3	15.479 1	37.774 4	
	TW-10	玄武岩	17.988 8	15.468 3	37.646 5	
	TW-12	玄武岩	17.917 6	15.457 1	37.601 6	
	YD-3	玄武安山岩	17.872 1	15.466 5	37.524 8	
雅满苏组	YM-8	细碧岩	18.225 6	15.527 3	38.027 9	侯广顺和唐红峰,2006
	YM-16	辉绿岩	18.083 4	15.536 3	37.946 2	
	YM-17	玄武岩	18.328 1	15.582 6	38.197 3	
	YM-19	粒玄岩	18.163 6	15.549 8	38.039 6	
	JX-22	细碧岩	18.453 8	15.604 6	38.400 5	
	JX-24	细碧岩	18.596 7	15.611 0	38.466 6	
	JX-36	玄武岩	18.220 8	15.566 6	38.228 3	
花岗斑岩	TW-33	花岗斑岩	17.913 4	15.472 8	37.657 0	
	TW-35	花岗斑岩	18.059 1	15.480 0	37.749 2	
矿 石	TW-19	黄铜矿	17.817 0	15.473 0	37.522 2	
	TW-20		17.819 9	15.473 3	37.518 0	
	TW-21		17.805 9	15.464 1	37.477 9	
	TW-22		17.811 2	15.467 2	37.498 8	

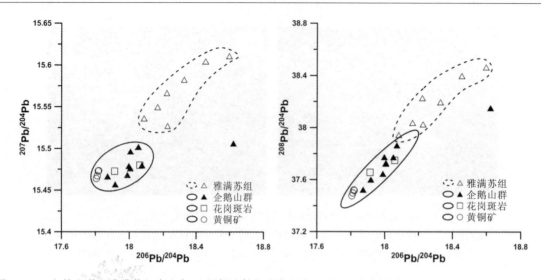

图 4-59　企鹅山群和雅满苏组火山岩、土屋铜矿斜长花岗斑岩和矿石的铅同位素组成(侯广顺和唐红峰,2006)

(2)硫同位素组成特征。矿石硫同位素组成变化范围小,δ^{34}S 在$-0.9‰\sim1.3‰$之间,平均 $0.336‰$,呈"塔式"分布(图 4-60),示踪为深源硫同位素组成。

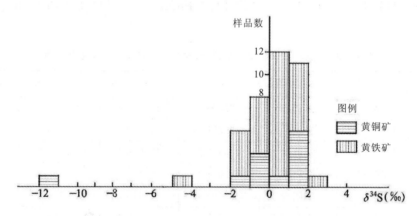

图 4-60　土屋铜矿矿石硫同位素组成直方图(韩春明,2003)

(3)含矿斑岩体地球化学特征(表 4-27 和图 4-61)。

表 4-27　斜长花岗斑岩体地球化学特征

主量元素(10 件)	微量元素(9 件)
SiO_2:64.34%～72.28%,平均 68.99% Al_2O_3:12.32%～17.71%,平均 15.52% Na_2O+K_2O:3.13%～8.30%,平均 6.33% Na_2O/K_2O:1.25～7.83,平均 3.35	ΣREE:$24.87\times10^{-6}\sim55.88\times10^{-6}$,平均 42.82×10^{-6} ΣLREE/ΣHREE:5.27～11.53,平均 9.10 δEu:0.90～1.58,平均 1.28 高 Sr(610×10^{-6}),低 Rb、Th、Nb、Ta、Ti 及 Y、Yb
同位素	成矿元素
$(^{87}Sr/^{86}Sr)_0$:0.704 7(7 件蚀变样品) δ^{34}S:$-0.5‰\sim1.2‰$,平均 $0.5‰$(7 件) $^{206}Pb/^{204}Pb$:17.913～18.059(2 件) $^{207}Pb/^{204}Pb$:15.473～15.480(2 件) $^{208}Pb/^{204}Pb$:37.657～37.749(2 件)	YX-07 样品:延西斜长花岗岩 Cu:$1\,930\times10^{-6}$ Mo:28×10^{-6}

据陈文明和曲晓明,2002;侯广顺和唐红峰,2005;张连昌和秦克章,2004;张达玉和周涛发,2010 等数据综合

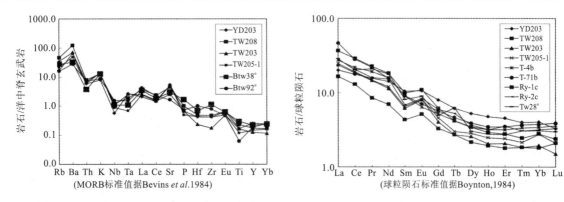

图 4-61 土屋斜长花岗斑岩的微量元素蛛网图(左)及其 REE 配分曲线图(右)(据张连昌和秦克章,2004)

(4)土屋-延东铜矿带成岩成矿年龄测定。由表 4-28 所示,成矿带内各含矿岩体的成岩年龄为 322～334Ma,成矿年龄为 323～326Ma。

表 4-28 土屋-延东斑岩铜矿带成岩成矿年龄测定

采样点	测定对象	测试方法	年龄(Ma)	资料来源
延 西	矿化斜长花岗斑岩	辉钼矿 Re-Os 等时线	326.2±4.5	张达玉和周涛发,2010
土屋-延东	48 号探槽斜长花岗斑岩(土屋东)	锆石 SHRIMP U-Pb	333±2	刘德权和陈毓川,2003
	ZK001 孔斜长花岗斑岩(延东)	锆石 SHRIMP U-Pb	334±2	
	含矿斜长花岗斑岩(土屋)	锆石 SHRIMP U-Pb	333±3	陈富文和李华芹,2005
	含矿斜长花岗斑岩(延东)	锆石 SHRIMP U-Pb	334±4	
	细脉浸染状辉钼矿脉	辉钼矿 ReI-Os 等时线	343	张连昌和秦克章,2004
	脉状辉钼矿	辉钼矿 ReI-Os 等时线	323±2	芮宗瑶和王龙生,2002
赤 湖	斜长花岗斑岩	锆石 SHRIMP U-Pb	322±10	吴华和李华芹,2006

3. 矿田地球化学异常特征

(1)沉积物测量地球化学异常特征。1:20 万区域水系沉积物测量数据显示:土屋-延东铜矿处于 Cu、Sr 异常区,Al_2O_3、B、Cd、Co、Cr、Fe、Hg、Mg、Mn、Ni、P、Sb、Sn、Ti、V、Zn 的高背景区,见表 4-29 和图 4-62。

表 4-29 土屋-延东铜矿地球化学环境(新疆地质调查院,2011)

地球化学环境	元　　素	累频分级(%)
正异常	Cu(47.63)、Sr(535.33)	92～100
高背景	B(26.93)、Cd(90)、Co(13.87)、Cr(30.43)、Hg(12)、Mn(885.67)、Ni(25.8)、P(1 012)、Sb(0.58)、Sn(1.37)、Ti(4 493.33)、V(115.67)、Zn(70.5)、Al_2O_3(14.61)、Fe_2O_3(5.72)、MgO(2.43)	75～92
背景值	As(8.3)、Au(1.4)、F(341.67)、La(21.9)、Li(17.17)、Mo(0.91)、Pb(6.53)、W(0.94)、Y(25.57)、Zr(167.33)、SiO_2(62.19)、Na_2O(3.87)、CaO(4.41)	25～75
低背景	Ag(45.67)、Ba(484)、Bi(0.14)、Nb(8.13)、Th(2.83)、U(1.37)、K_2O(1.72)	8～25
负异常	Be(0.97)	0～8

注:Au、Ag、Cd、Hg 元素含量为 10^{-9},氧化物为 10^{-2},其他为 10^{-6}

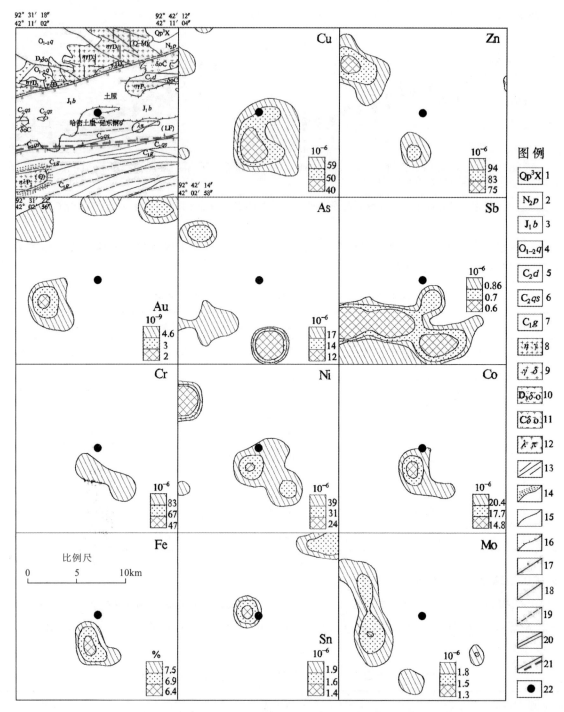

图 4-62　土屋-延东铜矿区 1∶20 万化探剖析图（新疆地质调查院，2011）

1—第四系晚更新世；2—新-古近系葡萄沟组；3—下侏罗统八道湾组；4—奥陶系恰干布拉克组；5—上石炭统底坎尔组；
6—上石炭统脐山组；7—下石炭统干墩岩组；8—二长花岗岩；9—花岗闪长岩；10—上泥盆系石英闪长岩；11—石炭系
石英闪长岩；12—次火山岩流纹斑岩；13—中性岩脉、基性岩脉；14—角岩化；15—实测地质界线；16—实测不整合界线；
17—逆断层；18—性质不明断层；19—推测断层；20—区域大断裂；21—区域深大断裂；22—铜矿点

异常近东西走向，形成土屋-延东 Cu、Au、Ni、Cr、Sn 异常区。这些异常具有规模较大、套合好、浓集中心清晰的特点。主成矿元素 Cu 异常面积 35km²，异常平均值 51.66×10⁻⁶；Zn 异常面积 6.69km²，异常平均值 80.8×10⁻⁶；Au 异常面积 15km²，异常平均值 2.82×10⁻⁹。上述局部异常叠加在 Cu 的高背景和异常中。而在土屋-延东铜矿田北西侧的完全套合的 Cu、Ni、Zn 等多元素组合异常与辉长岩、橄榄岩、辉绿岩有关。

(2)土屋-延东铜矿田 1∶5 万土壤地球化学异常特征。土壤地球化学测量显示(图 4-63),在土屋地区圈定铜异常面积约 7km²,主要元素组合为 Cu、Mo、Au(Ni、Ag、Zn、Cd),异常区覆盖土屋、土屋东矿体;在延东地区圈定铜异常面积约 6km²,元素组合为 Cu、Mo、Bi(Ag、W、Zn、Pb、Cd),异常呈走向近东西向的椭圆状。上述特征显示土屋、延东铜矿元素组合为 Cu、Mo、Au、Ag、Zn,这些元素异常分布范围与矿化带地表分布基本一致。

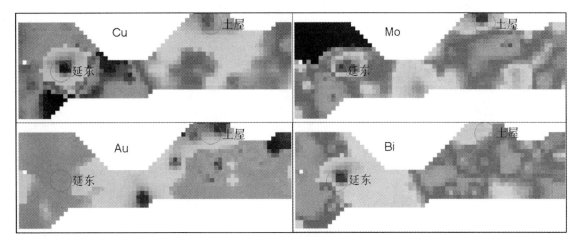

图 4-63 土屋延东铜矿区 1∶5 万土壤地球化学异常剖析图(新疆地质调查院,2011)

(3)土屋铜矿区 1∶2 万土壤地球化学异常特征。土壤测量结果表明(图 4-64),元素以 Cu 为主,具有 Cu、Au、Mo、Ag、Bi 等元素为内带,零星的 Zn、Sb、Cd、W、Pb、As 等弱异常为中-外带的组合特征。

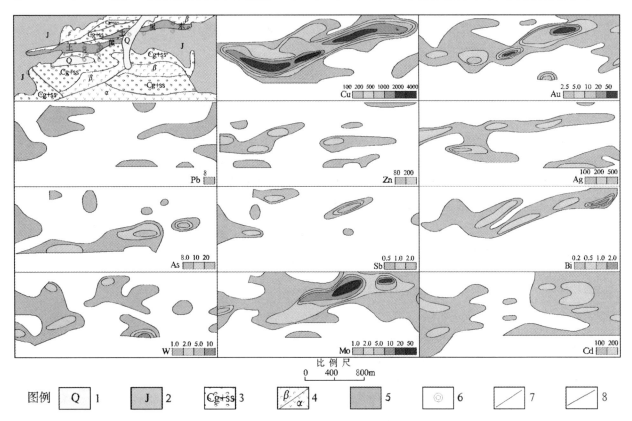

图 4-64 土屋铜矿区土壤测量地球化学异常图(新疆地质调查院,2011)

1—第四系;2—侏罗系;3—复成分砾岩;4—玄武岩/安山岩;5—铜矿体;6—钻孔;7—地质界线;
8—断层(Au、Ag、Cd 元素含量为 10^{-9},其他为 10^{-6})

(4)延东铜矿区1∶2万土壤地球化学异常特征。土壤测量结果表明(图4-65):Cu、Au、Mo、W、Bi 的异常平面分布基本一致,具明显的浓集中心的三级浓度分带,Cu最高含量可达2 380×10^{-6},As、Au、Pb、Sb等元素分布在铜矿体的东南侧,呈现了从北西往南东的元素分带特征:Cu、Mo、W、Bi(矿体)→As、Au、Pb、Sb(外围)。

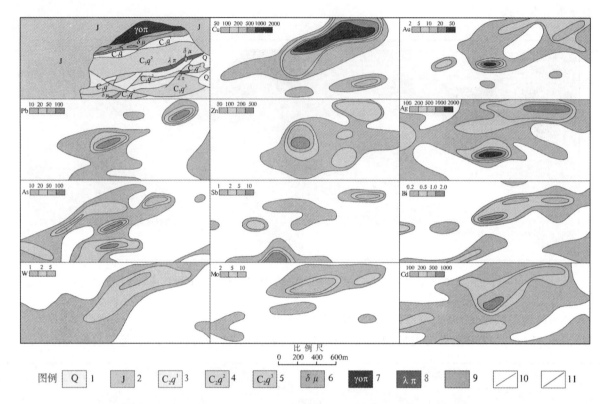

图4-65 延东铜矿区土壤测量地球化学异常图(新疆地质调查院,2011)

1—第四系;2—侏罗系;3—企鹅山组下段;4—企鹅山组中段;5—企鹅山组上段;6—闪长玢岩;7—斜长花岗斑岩;
8—石英钠长斑岩;9—铜矿体;10—地质界线;11—断层(Au、Ag、Cd元素含量为10^{-9},其他为10^{-6})

(5)延东地表岩石地球化学异常特征。从0线剖面地表岩石异常特征分析(图4-66):Cu、Mo、Au异常与矿体范围位置相当,构成矿体主体异常。Pb、Zn(K、Na、Mn、Ni)等元素分布在矿体的上下盘。而主要的伴生元素W、Sb(Hg)等元素与矿体重合(矿体陡倾所致,垂直水平分带不清晰)。

4. 土屋-延东铜(钼)矿床主要地质、地球化学特征(表4-30)

表4-30 土屋-延东铜(钼)矿床主要地质、地球化学特征

成矿系列	与深源中酸性岩浆活动有关的铜多金属成矿系列
成矿环境	塔里木陆块北缘的被动大陆边缘
矿床类型	斑岩型Cu、Mo矿床
赋矿地层	为下石炭统企鹅山群第二组,灰绿-紫红色拉斑玄武岩、杏仁状橄榄玄武岩、安山岩、玄武安山岩夹少量火山(集块)角砾岩、复成分砾岩和砂岩
控矿构造	近东西向层间断裂带线性构造制约,岩体就位及成矿作用均受此控制
含矿岩体	成矿斑岩体是由早期闪长玢岩和晚期斜长花岗斑岩组成的复式岩体,成矿与斜长花岗斑岩密切相关
成岩时代	矿化斜长花岗斑岩体锆石SHRIMP微区原位U-Pb测年,其中土屋矿区为(334±3)Ma,延东矿区为(333±4)Ma(陈富文和李华芹,2005)
成矿时代	辉钼矿Re-Os等时线年龄为晚石炭世(323±2)Ma(芮宗瑶和王龙生,2002)

续表 4-30

矿体产状	矿体呈不均匀的厚板状，陡倾斜产出，走向均呈近东西与康古尔断裂带展布平行，各矿体呈首尾相接的雁行斜列展布特征
矿石矿物	黄铜矿、斑铜矿、辉铜矿、碲银矿、蓝辉铜矿、磁铁矿及辉钼矿
成矿系列	与深源中酸性岩浆活动有关的铜多金属成矿系列
结构构造	矿石呈稀疏浸染状和细脉状构造
围岩蚀变	以矿体为中心，向两侧矿化蚀变分带为石英核（强硅化）—绢云母化带—黑云母化带—石英-绢云母化带—泥化带—青磐岩化带；黑云母化和硅化带蚀变带强烈叠加时，Cu 矿化富集强度增加
成矿及伴生元素组合	主要成矿元素：Cu、Mo，主要伴生元素：Au、Ag、Zn、W、Pb 等元素
矿床规模	累计探明储量 65×10^4 t
剥蚀程度	浅剥蚀
典型矿床	土屋-延东
地理景观	干旱荒漠区

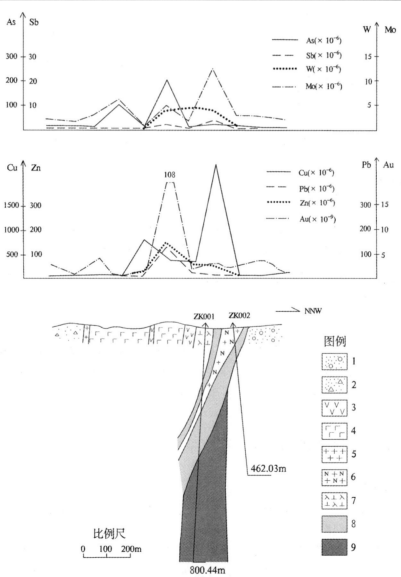

图 4-66　延东铜矿 0 勘探线综合剖面图（庄道泽，2003）

1—含砾砂岩、粉砂岩；2—含砾岩屑砂岩夹火山角砾岩；3—安山岩；4—玄武岩；5—花岗岩；6—斜长花岗斑岩；7—闪长玢岩；8—铜矿化体；9—铜矿

5. 土屋-延东铜(钼)矿床成矿模式

土屋-延东斑岩铜矿田产于觉罗塔格晚古生代火山岛弧中,成矿作用与晚石炭世早期汇聚阶段钙碱性火山-深成岩建造有关,赋矿岩体为斜长花岗岩及围岩(玄武质火山岩、火山碎屑岩),岩体就位及成矿均受线性构造控制,致使矿体呈厚板状特征,并且首尾相接,这一特征与康古尔断裂带平行的空间配置模式有关(图4-67)。

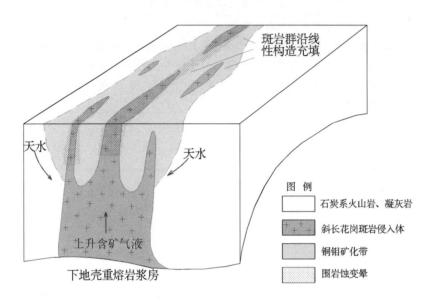

图4-67　新疆哈密土屋-延东斑岩铜(钼)矿成矿模式图(刘德权和陈毓川,2003)

6. 土屋-延东铜(钼)矿床控矿因素

(1)成矿岩体和铜钼矿化为晚古生代岛弧环境中的洋壳板块俯冲作用的产物。
(2)近东西向的线性层间断裂构造控制了岩体的就位和成矿元素的富集。
(3)下石炭统企鹅山组的中-基性火山岩(玄武岩、安山岩)是有利的赋矿围岩。

(五)昌都Cu、Pb、Zn、Ag、Fe、菱镁矿-石膏成矿亚带(Ⅲ-36-①)玉龙铜矿床、纳日贡玛铜钼矿床地质、地球化学找矿模型

昌都Cu多金属亚带属特提斯-喜马拉雅构造成矿域的东段,位于印度洋板块和亚洲大陆强烈碰撞、挤压、伸展地带。受到印度洋板块北东部犄角突兀构造作用的影响。藏东地区在三江陆内裂谷构造作用下,地质构造复杂多样,岩浆作用频繁发育,成矿条件十分有利,是我国重要的Cu、Au多金属等矿床的成矿远景区域。其中有著名的"三江"藏东玉龙铜多金属巨型成矿带及青海纳日贡玛斑岩铜钼矿床(图4-68)。

Ⅰ. 玉龙斑岩铜矿床地质、地球化学找矿模型

1. 玉龙铜矿床地质特征

玉龙斑岩铜矿带位于青藏高原东部的羌塘地体内,羌塘地体挟持于金沙江缝合线(二叠纪)和班公湖-怒江缝合线(中侏罗世)之间(图4-68)。

玉龙铜矿是藏东"三江"昌都地区的一个特大型(6.62Mt,1981)斑岩铜矿床,含矿斑岩体为黑云母二长花岗斑岩,侵位于甘龙拉背斜南部的转折端,其直接围岩为上三叠统甲丕拉组($T_3 j$)砂岩、泥岩和上三叠统波里拉组($T_3 b$)碳酸盐岩、碎屑岩,岩体空间形态呈"蘑菇"状,平面上呈"梨形",地表出露面积0.64km²(图4-69)。

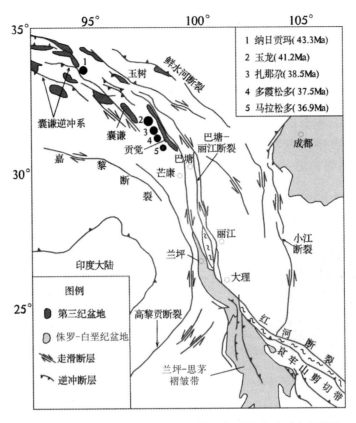

图 4-68 纳日贡玛-玉龙斑岩铜矿带大地构造位置图(杨志明和侯增谦,2008)

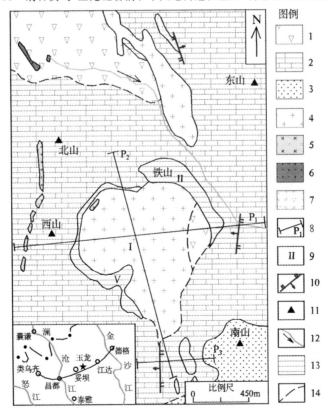

图 4-69 玉龙斑岩铜矿床矿区地质图(唐菊兴和张丽,2006)

1—上三叠统甲丕拉组碎屑岩;2—上三叠统波里拉组灰岩、大理岩;3—上三叠统阿堵拉组粉砂岩、泥岩;
4—二长花岗斑岩;5—钠长斑岩;6—花岗闪长玢岩;7—石英二长斑岩;8—剖面及编号;9—矿体编号;
10—逆断层;11—山峰;12—溪沟及流向;13—铁帽;14—推测地层界线

根据各矿化体的特征,划分了五种矿体类型(斑岩型、接触带矽卡岩型、接触带角岩型、接触带矽卡岩-次生氧化富集型、隐爆角砾岩型)。Ⅰ号矿体(斑岩型、角岩型、隐爆角砾岩型、矽卡岩型)富集 Cu、Mo,而Ⅱ号矿体为次生氧化富集型矿体,富含 Cu-Ag-Co-Au,Ⅴ号矿体亦为次生氧化富集型矿体,以 Cu-Co-W-Ag-Au 组合为主(图 4-70)。

Ⅰ号矿体共得到铜金属量为 $530\times10^4\,t$,铜的平均品位为 0.55%;Ⅱ号矿体铜金属量 $40\times10^4\,t$,铜的平均品位 1.63%;Ⅴ号矿体铜金属量 $87\times10^4\,t$,铜的平均品位 2.16%。总计金属量约为 $657\times10^4\,t$。

含矿斑岩体呈中心式的面型蚀变分带,由岩体中心往外依次为:钾化(钾硅化)→石英绢云母化→泥化→矽卡岩化(角岩化)→青磐岩化(图 4-71)。

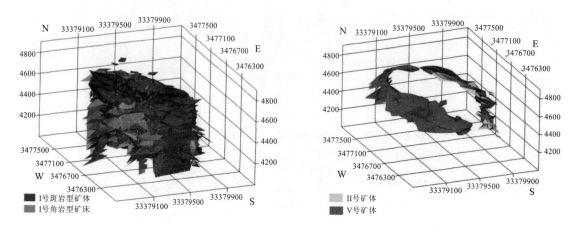

图 4-70 玉龙矿区Ⅰ号、Ⅱ号和Ⅴ号矿体模型(王丽梅和陈建平,2010)

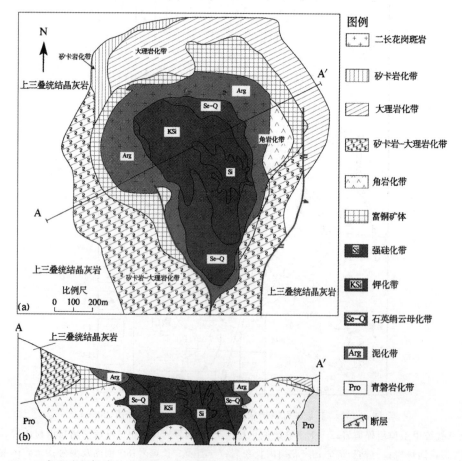

图 4-71 玉龙斑岩铜矿床蚀变分带平面、剖面示意图(唐仁鲤和罗怀松,1995)(据 Hou Z Q 等,2003)

矿石矿物组合主要为黄铜矿、黄铁矿、辉钼矿、辉铜矿(图 4-72a、b),次为蓝辉铜矿、蓝铜矿、孔雀石等,矿石构造为细脉浸染状、隐爆角砾状、网脉状(图 4-72c、d)等。

图 4-72　玉龙斑岩铜矿矿石结构构造(a、b 据陈建平和唐菊兴,2009;c、d 据唐菊兴,2003)
(a)嵌晶结构:自形晶黄铁矿镶嵌于黄铜矿中;(b)产于岩石裂隙中脉状黄铜矿局部被黄铁矿交代,
两者边缘又被斑铜矿交代呈反应边结构;(c)隐爆角砾岩型矿石;(d)细脉浸染状矽卡岩型矿石

2. 玉龙铜矿床地球化学特征

(1)铅同位素组成特征。由表 4-31 和图 4-73 可知:玉龙斑岩铜矿含矿斑岩体全岩铅同位素组成变化范围小(虚线投点域),在投点图中集中分布。$^{206}Pb/^{204}Pb=18.7136\sim18.8240$,$^{207}Pb/^{204}Pb=15.6456\sim$

表 4-31　玉龙斑岩铜矿带含矿岩体全岩及矿石铅同位素组成

矿床	样号	岩矿石	$^{206}Pb/^{204}Pb$	$^{207}Pb/^{204}Pb$	$^{208}Pb/^{204}Pb$	资料来源
玉龙	Y1-9	二长花岗斑岩	18.713 6	15.657 8	38.897 4	Jiang Y H and Jiang S Y, et al,2006
	Y1-11		18.750 9	15.672 8	38.963 1	
	Y1-13		18.735 8	15.660 9	38.937 1	
	Y1-16	正长花岗斑岩	18.712 5	15.645 6	38.866 8	
	Y1-18	碱长花岗斑岩	18.824 0	15.665 0	38.999 0	
	Y2-1	二长花岗斑岩	18.730 7	15.661 0	38.923 5	
	Y2-2	石英二长斑岩	18.718 0	15.652 2	38.895 1	
	Y2-4	二长花岗斑岩	18.719 5	15.654 4	38.894 3	
	Y2-7		18.717 7	15.645 6	38.874 4	
	Y2-9		18.734 9	15.662 8	38.933 0	
	Y83-271	石英二长斑岩	18.779	15.647	38.924	张玉泉和谢应雯,1998
	Y83-284		18.757	15.642	38.903	

续表 4-31

矿床	样号	岩矿石	$^{206}Pb/^{204}Pb$	$^{207}Pb/^{204}Pb$	$^{208}Pb/^{204}Pb$	资料来源
扎那	Z82-136	二长花岗斑岩	18.867	15.661	38.963	张玉泉和谢应雯,1998
扎那	Z83-437	正长花岗斑岩	18.870	15.648	38.955	张玉泉和谢应雯,1998
多霞松多	D83-375	二长花岗斑岩	18.852	15.634	38.915	张玉泉和谢应雯,1998
莽总	M83-404	二长花岗斑岩	18.883	15.629	38.921	张玉泉和谢应雯,1998
玉龙矿区Ⅱ号矿体	ZK32-11	松散状黄铁矿	18.818	15.605	38.673	胡明铭和郑明华,1999
玉龙矿区Ⅱ号矿体	ZK32-W5	松散状黄铁矿	18.796	15.589	38.598	胡明铭和郑明华,1999
玉龙矿区Ⅱ号矿体	96ZK34-10	松散状黄铁矿	18.714	15.654	38.935	胡明铭和郑明华,1999
玉龙矿区Ⅱ号矿体	96ZK36-5	块状黄铁矿	18.892	15.781	39.258	胡明铭和郑明华,1999
玉龙矿区Ⅱ号矿体	ZK51-8	细脉浸染状黄铁矿	18.819	15.634	38.801	胡明铭和郑明华,1999
玉龙矿区Ⅱ号矿体	96ZK51-10	细脉浸染状黄铁矿	18.762	15.626	38.782	胡明铭和郑明华,1999
玉龙矿区Ⅱ号矿体	95ZK55-9	细脉浸染状黄铁矿	18.355	15.371	38.261	胡明铭和郑明华,1999
T_3j围岩	ZK44-6 Ⅱ号矿体底板角岩	细脉浸染状黄铁矿	19.604	15.693	39.132	胡明铭和郑明华,1999
T_3j围岩	P1-19	砂岩(色公弄)	19.621	15.743	40.080	胡明铭和郑明华,1999
玉龙	Y107-198	二长花岗斑岩	18.733	15.626	38.890	马鸿文,1990
玉龙	Y109-535	二长花岗斑岩	18.890	15.682	39.119	马鸿文,1990
玉龙	Y111-87	二长花岗斑岩	18.608	15.488	38.528	马鸿文,1990
玉龙	Y115-86	二长花岗斑岩	18.805	15.648	38.866	马鸿文,1990
玉龙	Y115-90	石英二长斑岩	18.733	16.626	38.890	马鸿文,1990
玉龙	Y115-235	二长花岗斑岩	18.772	15.617	38.820	马鸿文,1990
马拉松多	A7-170	正长花岗斑岩	18.861	15.608	38.821	马鸿文,1990
马拉松多	A7-575	正长花岗斑岩	18.826	15.608	38.872	马鸿文,1990
马拉松多	A8-213	正长花岗斑岩	18.888	15.643	38.955	马鸿文,1990
马拉松多	A19-400	正长花岗斑岩	18.864	15.615	38.869	马鸿文,1990
多霞松多	D3-190	碱长花岗斑岩	18.871	15.622	38.920	马鸿文,1990
多霞松多	D3-462	碱长花岗斑岩	18.867	15.586	38.799	马鸿文,1990
多霞松多	D5-400	碱长花岗斑岩	18.788	15.583	38.801	马鸿文,1990
多霞松多	D18-246	碱长花岗斑岩	18.869	15.627	38.911	马鸿文,1990
玉龙	YQ3-008	外围3号二长花岗斑岩	18.728	15.608	38.775	马鸿文,1990
玉龙	Py-Y	浸染状黄铁矿	18.740	15.662	39.003	马鸿文,1990
马拉松多	G1-A7-550/576	昂可弄细脉状方铅矿	18.669	15.612	38.740	马鸿文,1990
多霞松多	Py-D	浸染状黄铁矿	18.677	15.606	38.681	马鸿文,1990

15.6728,$^{208}Pb/^{204}Pb$:38.8668～38.9990。此外,Ⅱ号矿体的矿石铅同位素组成(实线投点域)与含矿斑岩体铅同位素组成十分相似,二者落在同一投点域内,示踪其物源的一致性。

而围岩及赋存其中的黄铁矿具有较高的放射性成因铅,明显落在与Ⅱ号矿体及玉龙含矿斑岩体投点域范围外,这一特征示踪两者不同的物源,地层中物源明显受U、Th放射性元素的影响。

(2)硫同位素组成特征。玉龙斑岩铜矿的硫同位素组成在不同类型矿石中差异是明显的(图4-74)。斑岩体中细脉浸染型硫化物$δ^{34}S$变化范围小(-0.5‰～3.8‰),具深源硫特征;砂卡岩型和似层状硫化

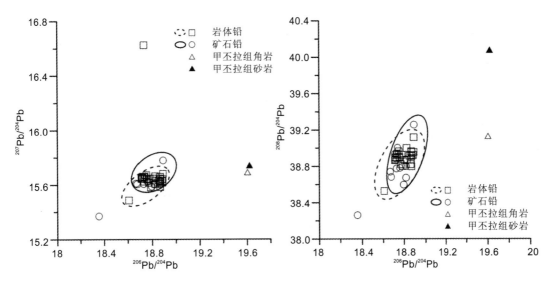

图 4-73 玉龙斑岩铜矿带含矿岩体全岩铅及矿石铅同位素组成投点图

物中 δ^{34}S 值与斑岩型硫化物相似;而斑岩体外接触带角岩型矿石中硫化物 δ^{34}S 变化范围大($-21.4‰\sim 2.34‰$),且趋向于负值,矿区外围含铜砂岩型硫化物 δ^{34}S 值为$-11.49‰$,这一信息示踪着地层中生物硫的加入。另外,在矿化灰岩、大理岩中硫化物 δ^{34}S 值明显偏重硫($1.4‰\sim 13.8‰$),这是海水硫酸盐参与成矿作用的产物。从各矿石类型硫同位素组成特征分析,玉龙铜(钼)矿床硫是多源的。

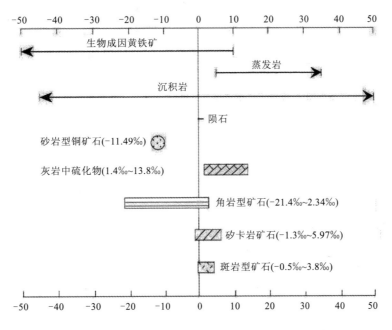

图 4-74 玉龙铜矿床各类矿石中硫化物的硫同位素组成(唐菊兴,2003)

(3)玉龙斑岩铜(钼)矿成岩、成矿年龄。玉龙斑岩铜矿床的复式岩体 SHRIMP 锆石 U-Pb 年龄为(43.6 ± 0.8)Ma(石英二长斑岩)和(41.0 ± 1.0)Ma(黑云母二长花岗斑岩)(郭利果和刘玉平,2006),Re-Os 等时线成矿年龄约为(41.6 ± 1.4)Ma(Re-Os 法等时线年龄)(唐菊兴和王成辉,2009)。

(4)含矿酸性小岩体地球化学特征。由表 4-32 可见,玉龙斑岩铜(钼)矿带含矿酸性小岩体岩石类型为:二长花岗岩、正长花岗岩、碱长花岗岩、碱长正长斑岩。岩石化学特征:富 K 贫 Na,铝过饱和。成岩物质来源:下地壳和上地幔。岩石成因类型:"Ⅰ"型花岗岩(钾玄质岩石)。

表 4-32 玉龙斑岩铜(钼)矿带含矿酸性小岩体地球化学特征

主量元素	微量元素
SiO_2:69.76%(76) Al_2O_3:14.95%(76) Na_2O+K_2O:8.47%(76) Na_2O/K_2O:0.708(76)	ΣREE:(209.88~400.88)×10^{-6}(4) $\Sigma LREE/\Sigma HREE$:11.29~25.91(4) 富 Rb、Zr、Hf、Th、U,高 Sr(>500×10^{-6}),贫 Nb、Ta、Ti、Ba,低 Yb、Y
同位素	成矿元素
$(^{87}Sr/^{86}Sr)_i$:0.706~0.708 $^{206}Pb/^{204}Pb$:18.608~18.890(15) $^{207}Pb/^{204}Pb$:15.488~15.682(15) $^{208}Pb/^{204}Pb$:38.528~39.119(15)	全岩:Cu:(100~500)×10^{-6},Mo:(2~300)×10^{-6} 单矿物:斑晶钾长石:(10~67)×10^{-6} 　　　黑云母:(30~300)×10^{-6} 　　　角闪石:191.3×10^{-6}
元素水平分带	稀土元素配分曲线(玉龙二长花岗斑岩)
内带:Mo、Cu ↓ 内中带:Cu、Mo、W、Bi、Au ↓ 中外带:Cu、Co、Mn、Pb、Zn、Ag ↓ Sb、Bi	(稀土元素配分曲线图,样品/球粒陨石,样品编号:96P1-14、96P1-16、96P1-21、96P1-24)

3. 玉龙铜矿床地球化学异常特征

(1)玉龙斑岩铜矿带 1:20 万水系沉积物测量地球化学异常特征。从图 4-75 中清晰可见:

① Cu、Mo、Au、Ag 等主成矿元素呈北北西向条带状分布,与成矿带各含矿斑岩体的空间分布一致,异常具分带清晰、元素套合好等特征。Cu、Mo、(W)、Au、Ag 元素内带(中带)浓集中心与各矿床分布位置一一对应。

② Pb、Zn、Cd、As、Sb、Bi 等主要伴生元素异常与主成矿元素基本一致,但 Ag、Pb、Zn、Cd、Mn、As、Sb、Hg 等元素在斑岩铜矿带东西两侧亦有异常显示,分析为 Pb、Zn、Ag 等矿化所致。

(2)矿区 1:5 万土壤测量地球化学异常特征。在矿区土壤地球化学异常中(图 4-76),形成以岩体为中心的 Cu、Mo、Au、Ag、W、Bi、Sb、Pb、Cd 等元素组合异常。各元素异常的浓度分带明显,异常互相套合呈同心环状,其平面总体形态呈椭圆形,面积达 36km²。

(3)矿区元素水平分带。综合土壤(岩石)的元素分布特征,成矿元素具明显的水平分带(图 4-77),从岩体到围岩依次为 Mo、Cu→Cu、S、Bi、W→Co、Pb、Zn、Ag。

(4)成矿元素垂直分带。西藏玉龙式斑岩铜钼矿床蚀变矿化分带从下往上为(图 4-78):钾化黏土化带((W)、Co、Re、Mo)→绢英岩化带(Cu、B、Bi、S、Au、Ag)→青磐岩化带(Pb、Zn、Sb、As、Mn、Ba)。

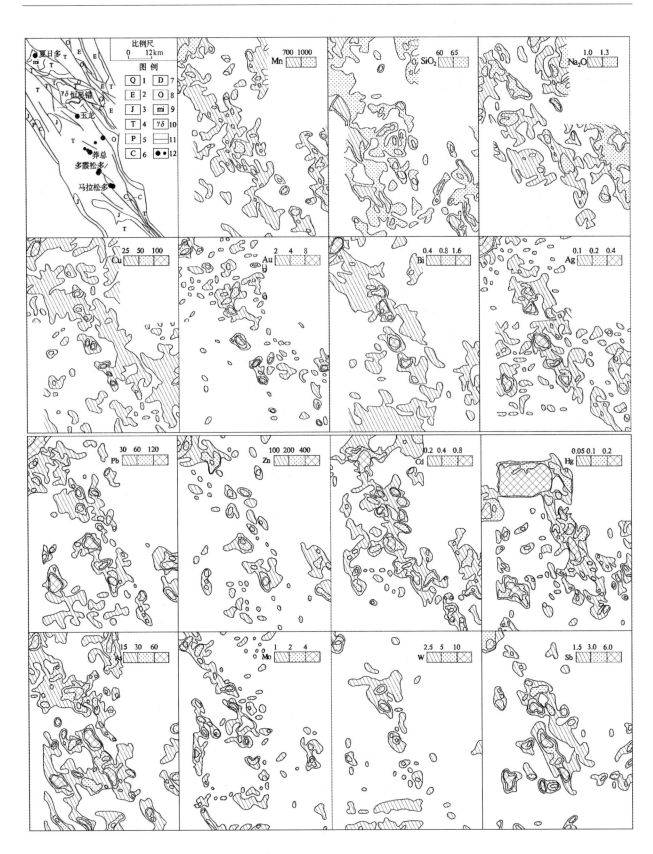

图 4-75　西藏玉龙-马拉松多斑岩铜矿带区域 1∶20 万水系沉积物地球化学异常图

1—凝灰质砂砾岩、火山岩；2—钙质碎屑岩夹火山岩；3—砂岩、砂砾岩夹泥岩、灰岩；4—砂页岩、灰岩、火山岩；
5—砂板岩、砂页岩、灰岩；6—灰岩夹页岩；7—碎屑岩、灰岩；8—杂色板岩夹石英砂岩；9—片麻岩、石英岩、混合岩；
10—中酸性侵入岩；11—断裂；12—铜矿体（单位：氧化物含量为％，Au 为 10^{-9}，其他元素为 10^{-6}）

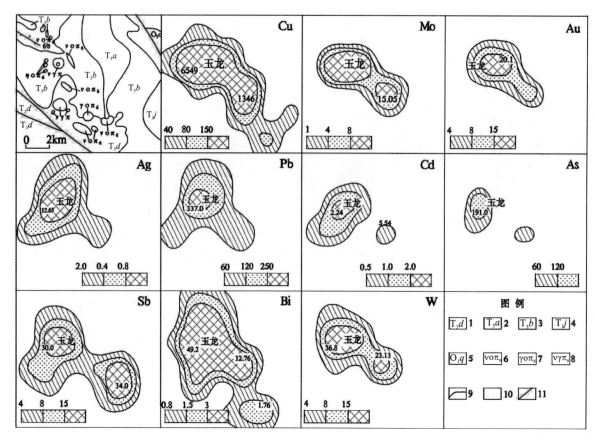

图 4-76 玉龙铜(钼)矿床地球化学异常剖析图(姚敬金和张素兰,2002;据杨孔声等,1991 年资料编绘)
1—上三叠统夺盖拉组;2—上三叠统阿堵拉组;3—上三叠统波里拉组;4—上三叠统甲丕拉组;5—下奥陶统
青泥洞组;6—石英二长斑岩;7—石英钠长斑岩;8—二长花岗岩;9—地质界线;10—逆断层;
11—性质不明断层(单位:Au 含量为 10^{-9},其他为 10^{-6})

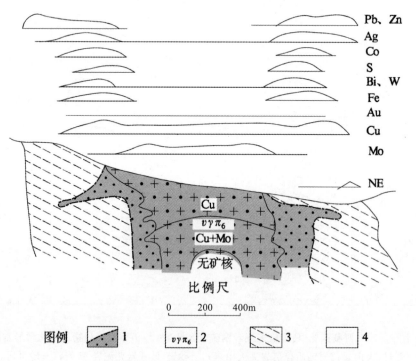

图 4-77 玉龙斑岩铜矿床元素矿化水平分带示意图(马鸿文,1990)
1—矿体界线;2—二长花岗斑岩;3—蚀变围岩;4—未蚀变围岩

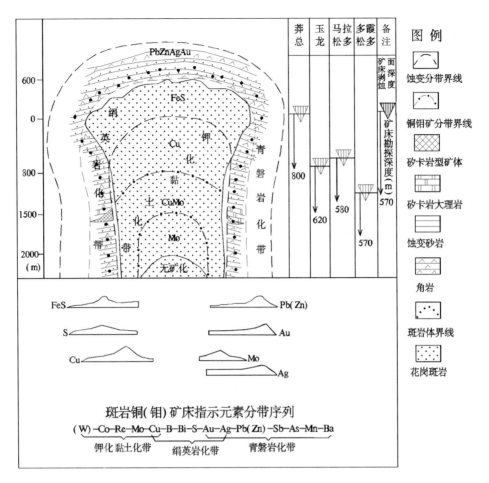

图 4-78　西藏玉龙式斑岩铜钼矿床成矿元素分带图（王永坤和张学全，1992）

4. 玉龙铜矿床主要地质、地球化学特征（表 4-33）

表 4-33　玉龙铜矿床主要地质、地球化学特征

成矿系列	与深源中酸性岩浆活动有关的铜多金属成矿系列
成矿环境	属特提斯-喜马拉雅构造成矿域的东段，位于印度洋板块和亚洲大陆强烈碰撞、挤压、伸展地带
矿床类型	斑岩型 Cu、Mo 矿床
赋矿地层	上三叠统灰岩、砂岩、泥岩、粉砂岩
控矿构造	金沙江断裂西侧，玉龙背斜倾伏端轴部，温泉断裂西侧多组断裂交汇处
含矿岩体	二长花岗岩、正长花岗斑岩、碱长花岗岩、碱长正长斑岩等，呈小岩株，面积 0.64 km²
成岩时代	锆石 SHRIMP 年成矿前石英二长斑岩为 (43.6 ± 0.8) Ma，成矿期黑云母二长花岗斑岩为 (41.0 ± 1.0) Ma（郭利果和刘玉平，2006）
成矿时代	Re-Os 等时线年龄为 (41.6 ± 1.4) Ma（唐菊兴和王成辉，2009）
矿体产状	矿体平面上呈梨形、半环形，剖面上呈杯形及似层状、不规则状
矿石矿物	主要矿石矿物为黄铜矿、黄铁矿、辉钼矿、辉铜矿
结构构造	细脉浸染状、隐爆角砾状、网脉状构造

续表 4-33

围岩蚀变	含矿岩体呈中心式面型蚀变分带，由岩体中心往外依次为：钾化（钾硅化）→石英绢云母化→泥化→矽卡岩化（角岩化）→青磐岩化
成矿及伴生元素组合	主成矿元素 Cu、Mo；主要伴生元素 Ag、Co、Au、Re、Pt、Zn、Pb、Bi、W
矿床规模	657×10^4 t（远景资源量可达 $1\,000 \times 10^4$ t）
剥蚀程度	浅-中等剥蚀
典型矿床	玉龙、马拉松多、多霞松多、莽总
地理景观	高寒山区

5. 玉龙铜矿床三阶段成矿作用（图 4-79）

成矿早期以岩浆水为主，随着岩浆的冷凝结晶，岩体发生钾硅酸盐蚀变、矽卡岩化，期间一小部分的铜硫化物发生沉淀，大部分的铜仍存在硅酸盐矿物晶格中。

成矿中期随着岩浆的上升冷凝、结晶，在岩体内部和斑岩体的角岩中形成细脉浸染型矿化，在接触带形成矽卡岩型矿化，在隐爆角砾岩中形成角砾岩型矿化，在内外接触带上发生钾硅化和绢英岩化。

成矿晚期以天水为主，地壳的抬升，矿体与地下水发生垂向的氧化淋滤作用，形成了一般硫化物矿床的表生分带，即氧化淋滤带—硫化物富集带—氧化物富集带。

随着地壳的继续抬升和地表的剥蚀，铜等有用组分溶解于水形成侧向顺层迁移，原来形成的氧化物、硫化物富集带再次被溶解，当矿液到达矿体延伸方向的中部时，铜、铁的氧化物或金、银等元素形成次生氧化物富集带和硫化物富集带。

6. 玉龙铜矿床成矿模式

从矿带成矿地质发展历史、矿床特征、斑岩侵位和成矿流体对流循环等机制出发，芮宗瑶等（1984）提出一个适用于玉龙矿带的斑岩铜（钼）矿的成矿模式（图 4-80）：该模式强调印支期广泛强烈的玄武-安山岩岩浆喷发（图 4-80c）；始新世-渐新世时期矿带东侧温泉-海通断裂强烈活动，晚三叠世沉积层对斑岩岩浆侵位具有屏蔽作用，深部岩浆房持续长期的热流体和矿质的补给作用，热流体中高挥发分组分（Cl、H_2S）对有用金属活化、迁移、堆积起着主导作用（图 4-80d）。

7. 玉龙铜矿床控矿因素

玉龙铜矿床是一个受内外生成矿作用叠加作用形成的一个复合型（多位一体）矿床。控矿因素可概括为以下四点：

（1）云母二长花岗斑岩提供了大量 Cu、Mo 等矿源及成矿元素迁移富集的热源。

（2）甘龙拉背斜南段的倾伏端构成的鼻状构造圈闭控制矿体的产出和分布。

（3）三叠统甲丕拉组初始富集的 Cu 等成矿元素矿源层为始新世斑岩成矿系统进一步叠加富集，形成似层状矿体。

（4）地壳抬升后的垂向氧化和侧向叠加作用为次生氧化富铜矿体的形成提供了良好的条件。

Ⅱ. 纳日贡玛铜钼矿床地质、地球化学找矿模型

1. 纳日贡玛铜钼矿床地质特征

青海纳日贡玛斑岩铜钼矿床位于金沙江断裂带与澜沧江断裂之间的羌塘地体东北缘，是我国著名的"三江"铜多金属巨型成矿带的北延部分（图 4-68），区内发育着 NW 向逆冲推覆和走滑断裂。受区域构造控制，自二叠纪以来，印支期、燕山期、喜山期均有规模不同的岩浆侵位，而与纳日贡玛铜钼矿化密切的主要为喜山期的花岗斑岩，矿带内具有良好的成矿远景。

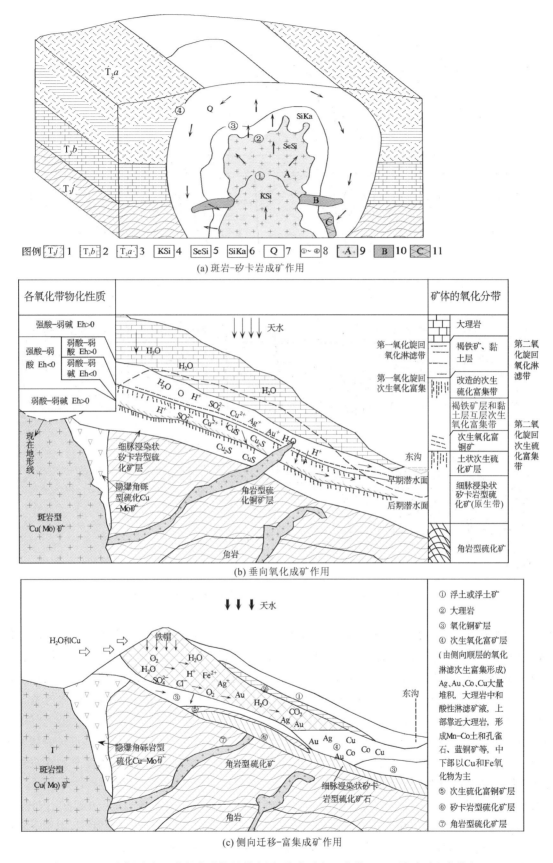

图 4-79 玉龙铜矿床三阶段成矿作用示意图(陈建平和王成善,1998;陈建平和唐菊兴,2009)
1—上三叠统甲丕拉组;2—上三叠统波里拉组;3—上三叠统阿堵拉组;4—钾硅化带;5—绢英岩化带;
6—硅化黏土化带;7—青磐岩化带;8—蚀变带间界线;9—细脉浸染型矿化;10—矽卡岩性矿化;11—角岩型矿化

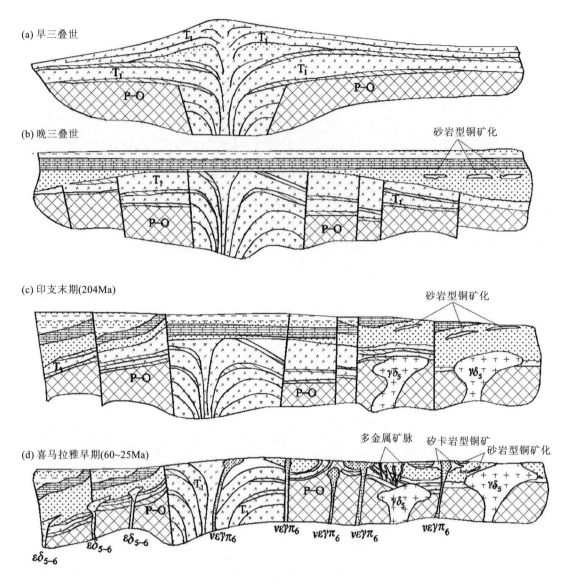

图 4-80 玉龙斑岩铜(钼)矿地质发展历史及其成矿模式图解(芮宗瑶等,1984)

纳日贡玛矿区内出露的地层主要为中-下二叠统开心岭群尕笛考组 C 段砂岩、板岩、灰岩和 D 段玄武岩,玄武岩局部相变为安山玄武岩、安山岩及中酸性火山碎屑岩等。区内岩浆岩呈岩株状侵入到中-下二叠统尕笛考组玄武岩中,以喜山期花岗岩为主。受北西向和北东向两组构造的复合控制,斑岩体平面上呈"V"字型(岩体面积 0.96km²),岩体地表可见"火烧皮"氧化带。与成矿关系密切的斑岩体为黑云母花岗斑岩及稍晚侵位的浅色细粒花岗斑岩和石英闪长玢岩(图 4-81)。

纳日贡玛铜钼矿床的铜矿体主要分布在黑云母花岗斑岩及蚀变玄武岩捕掳体和靠近斑岩体的蚀变玄武岩中,呈带状、板状、不规则状分布(图 4-82),铜品位 0.21%~0.72%。钼矿体主要分布在斑岩体内的绢云母化-硅化-青磐岩化带中,呈透镜状和条带状分布,钼品位 0.025%~0.24%。

矿石矿物主要为辉铜矿、黄铜矿、黄铁矿,其次为辉钼矿、铜蓝、孔雀石等,偶见方铅矿、闪锌矿、磁铁矿、黝铜矿、白钨矿、黑钨矿等,矿石以细脉浸染状矿石为主。矿化具空间分带,从上往下,由钼→钼(铅锌)→钼铜→铜。元素具垂直分带,从下往上由 Mo→Mo(Pb、Zn)→Mo、Cu→Cu(图 4-82)。

矿区内斑岩体蚀变发育,蚀变规模及总面积远大于岩体分布范围,呈同心环状分布。蚀变内带以硅化-绢云母化、钾化为主。多沿 NE 向裂隙发育,蚀变外带以青磐岩化、黄铁矿化和角岩化为主,呈面状展布(图 4-83)。

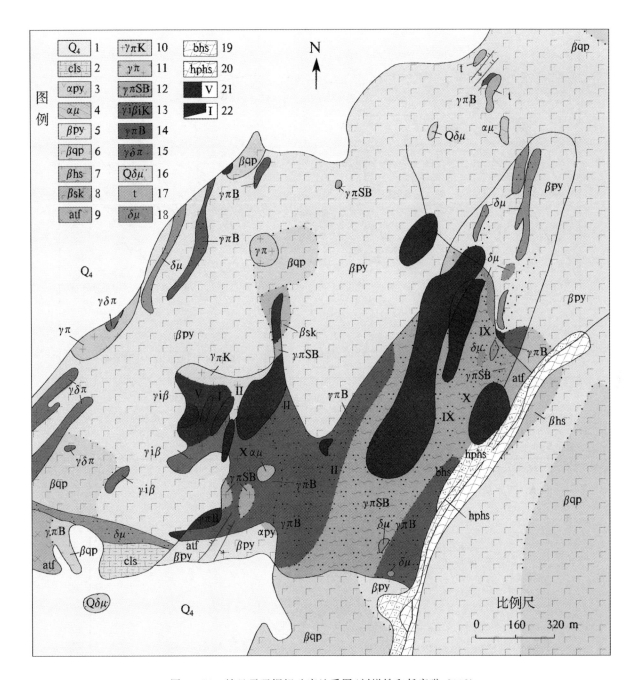

图 4-81 纳日贡玛铜钼矿床地质图（刘增铁和任家琪，2008）

1—现代冰碛、冲积、坡积；2~9—下二叠统中基性火山岩组；2—泥质灰岩夹泥质粉砂岩；3—黄铁矿化青磐岩化安山岩；4—安山玢岩；5—黄铁矿青磐岩化玄武岩；6—青磐岩化玄武岩；7—角岩化玄武岩；8—矽卡岩化玄武岩；9—玄武质集块凝灰岩；10—高岭土化浅色细粒花岗斑岩；11—浅色细粒花岗斑岩；12—硅化绢云母化黑云母花岗斑岩；13—硅化高岭土化黑云母花岗斑岩；14—黑云母花岗斑岩；15—花岗闪长斑岩；16—石英闪长玢岩；17—细晶岩；18—闪长玢岩；19—黑云长英角岩；20—角闪斜长角岩；21—钼矿体编号；22—铜矿体编号

2. 纳日贡玛铜钼矿床地球化学特征

(1) 铅同位素组成特征。纳日贡玛各类斑岩体富放射性成因铅同位素组成（实线投点域），$^{206}Pb/^{204}Pb$：18.410~19.147，$^{207}Pb/^{204}Pb$：15.609~15.669，$^{208}Pb/^{204}Pb$：38.577~39.383（表 4-34），与玉龙斑岩带斑岩体铅同位素组成相似。2 件矿石铅同位素组成投点落在成矿岩体投点域内（图 4-84），示踪了成矿物质主要来源于成矿斑岩体。

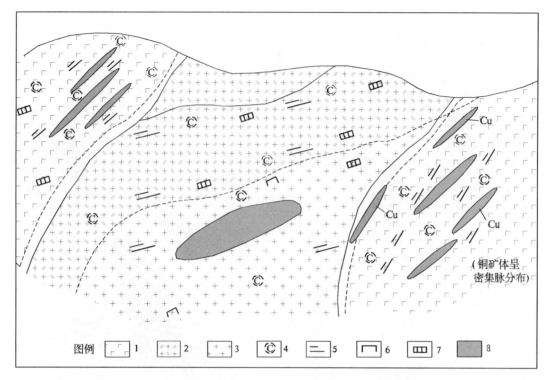

图 4-82 纳日贡玛矿区铜钼矿体空间分布示意图(刘增铁和任家琪,2008)
1—玄武岩;2—二长花岗岩;3—花岗斑岩;4—硅化;5—绢云母化;6—青磐岩化;7—黄铁矿化;8—矿体

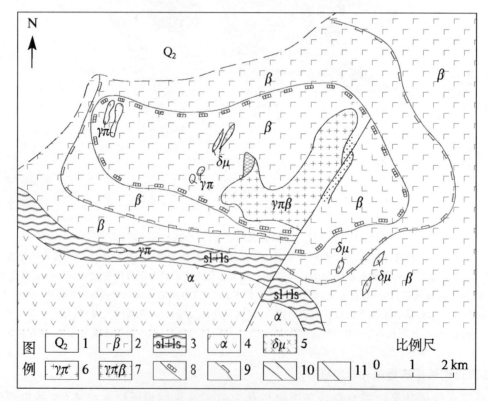

图 4-83 纳日贡玛铜钼矿床蚀变分带特征略图(刘增铁和任家琪,2008)
1—现代冰川;2—玄武岩;3—板岩夹灰岩;4—安山岩;5—闪长玢岩;6—花岗斑岩;
7—黏土化、硅化、绢云母化含矿黑云母花岗斑岩;8—黄铁矿青磐岩化范围;
9—青磐岩化范围;10—矽卡岩化范围;11—角岩化范围

表 4-34 纳日贡玛斑岩型铜钼矿床铅同位素组成

样 号	测定对象	$^{206}Pb/^{204}Pb$	$^{207}Pb/^{204}Pb$	$^{208}Pb/^{204}Pb$	资料来源
801-4	浅色细粒花岗斑岩	19.147	15.638	39.205	杨志明和侯增谦，2008
T803-11		19.018	15.614	39.383	
N013-1	石英闪长玢岩	18.410	15.619	38.577	
T801-2		18.592	15.618	38.723	
301-115	细粒黑云母花岗斑岩	18.808	15.669	39.009	
301-117		18.755	15.609	38.809	
T1201-3	粗粒黑云母花岗斑岩	18.955	15.625	39.121	
404-81		18.818	15.616	38.999	
P8TC3-5	方铅矿	18.749	15.602	38.829	鲁海峰和薛万文，2006
P8TC3-5		18.764	15.622	38.845	

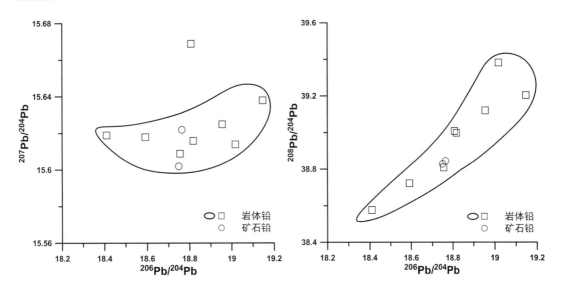

图 4-84 纳日贡玛斑岩型铜钼矿床铅同位素组成

（2）硫同位素组成特征。矿石矿物（4件黄铁矿）硫同位素组成十分均一，变化范围窄，$\delta^{34}S$ 为 7.16‰～7.50‰，平均值为 7.35‰（表 4-35），示踪硫质来源于深部上升过程中受到地层内海水硫酸盐的混合。

表 4-35 纳日贡玛硫稳定同位素组成（周伟和王玉德，2007）

序 号	样 号	测定对象	$\delta^{34}S(‰)$	备 注
1	ZK301-24	黄铁矿	7.50	
2	ZK301-24		7.38	重复样
3	P8TC3-5		7.48	
4	P8TC1-3		7.16	
5	P8TC3-8		7.24	

(3)含矿斑岩体的地球化学特征(表4-36)。

表4-36 纳日贡玛含矿岩体(黑云母花岗斑岩)地球化学特征(杨志明和侯增谦,2008)

主量元素	微量元素
SiO_2:67.1%~72.3% Al_2O_3:13.3%~15.4% K_2O+Na_2O:7.5%~8.0% K_2O/Na_2O:0.8~1.3	ΣREE:(120.0~1 220.35)$\times 10^{-6}$ $\Sigma LREE/\Sigma HREE$:6.368~7.699 δEu:0.634~0.813
同位素	成矿元素
$(^{87}Sr/^{86}Sr)_0$:0.7084~0.7052 $^{206}Pb/^{204}Pb$:18.41~19.15(8) $^{207}Pb/^{204}Pb$:15.61~15.67(8) $^{208}Pb/^{204}Pb$:38.60~39.38(8)	富集Sr:(340~701)$\times 10^{-6}$,平均504$\times 10^{-6}$ 富Rb、K、Th,亏损Nb、Ta、Ti、P 低Y、Yb,具埃达克质岩的地球化学特征
元素水平分带	稀土元素配分曲线
内带:Mo、W、Sn、Cu ↓ 中带:Pb、Zn、Ag(Cu) ↓ 外带:As、Mn(Co)	

3. 纳日贡玛铜钼矿田地球化学异常特征

(1)1:20万水系沉积物测量地球化学异常特征。由图4-85可见:

① Cu、Mo、Ag、W、Bi等成矿元素及伴生元素总体呈NW向带状分布,为NW和NE向断裂复合控制的斑岩体及矿床(点)所控制。

② Pb、Zn、Cd等元素异常的展布受玄武岩出露所制约。

③ Sb、Ba等元素异常分布在矿田的外围。

(2)1:5万水系沉积物测量地球化学异常特征。矿区及外围Cu、Mo、Pb、Zn、Ag、W、Sn、As、Mn等元素异常发育,分带清晰,叠合程度好(图4-86):

① Cu、Mo异常规模大,呈面型分布,Cu、Mo元素浓集中心基本相同;

② Ag、W、Co、Mn、Ni亦与Cu、Mo浓集中心套合,但强度相对较低;

③ Pb、Zn元素呈NW向展布,具带状分布,As异常在Cu、Mo异常外围;

④ Sn、W异常呈现在岩体部位。因此确定元素的水平分带为:内带Mo、W、Sn、Cu;中带Pb、Zn、Ag(Cu);外带As、Mn(Co)。

第四章 中国重要铜矿地质、地球化学找矿模型

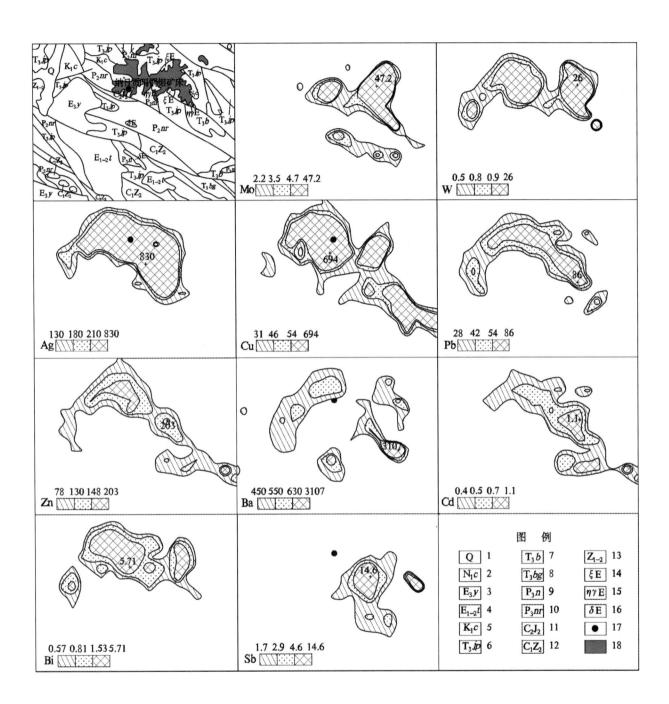

图 4-85 纳日贡玛铜钼矿床 1:20 万水系沉积物测量综合异常剖析图（青海省地调院，2011）

1—第四系；2—晚第三系查保马组；3—渐新统雅西错组；4—古-始新统沱沱河组；5—早白垩系错居日组；6—晚三叠系甲丕拉组；7—晚三叠系波里拉组；8—晚三叠系巴贡组；9—晚二叠系那益雄组；10—晚二叠系诺日尕日保组；11—晚石炭系加麦弄群；12—早石炭系杂多群；13—震旦系；14—早第三纪正长岩；15—早第三纪二长花岗岩；16—早第三纪闪长岩；17—铜矿化点；18—矿体（单位：Ag 含量为 10^{-9}，其他为 10^{-6}）

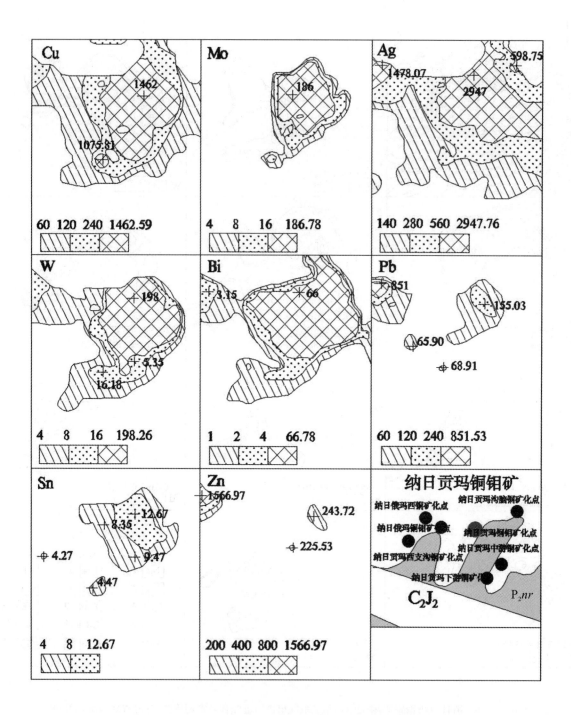

图 4-86 纳日贡玛铜钼矿床 1:5 万水系沉积物测量地球化学异常图(青海省地调院,2011)

C_2J_2—晚石炭系加麦弄群;P_2nr—晚二叠系诺日尕日保组(单位:Ag 含量为 10^{-9},其他为 10^{-6})

4. 纳日贡玛铜钼矿床主要地质、地球化学特征(表4-37)

表4-37 纳日贡玛铜钼矿床主要地质、地球化学特征

成矿系列	与深源中酸性岩浆活动有关的铜多金属成矿系列
成矿环境	属特提斯-喜马拉雅构造成矿域的东段,位于印度洋板块和亚洲大陆强烈碰撞、挤压、伸展地带
矿床类型	斑岩型Cu、Mo矿床
赋矿地层	下二叠统玄武岩、玄武安山岩
控矿构造	金沙江断裂南侧,杂多背斜北翼,格龙涌断裂北侧,与北东向次级断裂交汇处
含矿岩体	黑云母花岗岩为主,少量黑云母花岗闪长斑岩、石英二长斑岩等,呈小岩株,面积0.96km²
成岩时代	黑云母花岗斑岩SHRIMP锆石U-Pb年龄为(43.3±0.5)Ma(杨志明和侯增谦,2008)
成矿时代	6件辉钼矿Re-Os等时线年龄为(40.86±0.85)Ma(王召林和杨志明,2008)
矿体产状	铜矿体呈带状、板状、不规则状分布,钼矿体呈透镜状、条带状
矿石矿物	矿石矿物主要为辉铜矿、黄铜矿、黄铁矿、辉钼矿等
结构构造	矿石以细脉浸染状构造为主
围岩蚀变	蚀变呈同心环状,面型分布,内带为硅化-绢云母化、钾化;外带以青磐岩化、黄铁矿化、角岩化为主
成矿及伴生元素组合	主成矿元素Cu、Mo,伴生元素W、Ag、Sn、Au、Bi、Pb、Zn、Mn、Ni、Co
矿床规模	资源量$31.5×10^4$t,可望达大型
剥蚀程度	浅-中等剥蚀
典型矿床	纳日贡玛
地理景观	高寒山区

5. 纳日贡玛铜钼矿床成矿模式(图4-87)

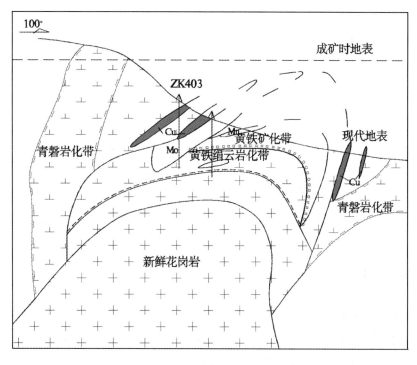

图4-87 纳日贡玛理想成矿模式图(郭贵恩和马彦青,2010)

喜山早-中期,在 NW 向构造带的控制下,黑云母花岗斑岩体在浅成-超浅成环境下侵入到二叠纪尕笛考组玄武岩地球化学障中;岩浆结晶作用晚期含矿热液流体沿着岩体顶部和边部的冷缘裂隙迁移、沉淀富集成矿;后期由于地壳的抬升,经剥蚀后形成元素的水平分带,即呈现斑岩体(钼矿化)→接触带(钼、铜矿化)→围岩(铜矿化)的特征。

6. 纳日贡玛铜钼矿床控矿因素

(1)喜山早-中期黑云母花岗斑岩是 Cu、Mo 成矿母岩。

(2)北东向与北西向断裂构造的复合部位是成岩成矿的有利空间。

(3)中-下二叠统尕笛考组玄武岩为 Cu、Mo 元素沉淀的地球化学障,是赋矿的有利围岩。

(六)拉萨地块 Cu、Au、Mo、Fe、Sb、Pb、Zn 成矿带(Ⅲ-43)驱龙铜钼矿床、甲玛铜多金属矿床、雄村铜(金)矿床地质、地球化学找矿模型

西藏冈底斯铜多金属成矿带属中新世后,冈底斯造山带由汇聚造山向伸展走滑转换的过渡,由于软流圈上涌,深部物质减压、分熔等因素,诱发深熔作用,形成富含挥发分、侵位能力极强的花岗岩浆,沿次级北东向控盆控岩(控矿)断裂侵位,形成一系列的斑岩体、成矿小岩体及火山岩,造就了巨型的斑岩铜多金属成矿带。甲玛-驱龙矿集区位于冈底斯岩浆弧内,与成矿直接有关的是喜山晚期的二长花岗斑岩和花岗闪长斑岩。含矿斑岩体侵位到新生界不同层位的岩类中,通过强烈接触交代蚀变和成矿热液的作用,形成了驱龙、甲玛等斑岩型-矽卡岩型的 Cu、Mo 多金属矿床。雄村斑岩型铜(金)矿集区位于冈底斯南缘晚燕山期-早喜马拉雅期陆缘岩浆弧东段南缘,是冈底斯成矿带上目前发现的唯一一个与新特提斯洋壳早期俯冲作用有关的斑岩-浅成低温热液型铜金矿床(图 4-88)。

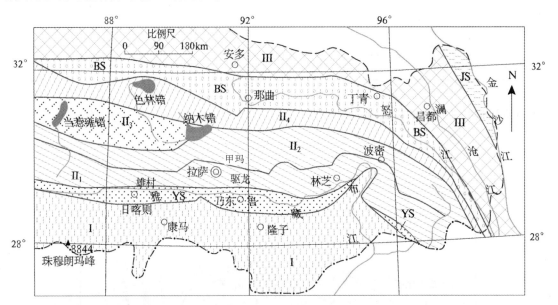

图 4-88 西藏冈底斯铜多金属成矿带大地构造位置图(底图据西藏自治区地质志附图)(唐菊兴和王登红,2010)

Ⅰ—印度板块北部;Ⅱ—冈底斯-念青唐古拉地体;Ⅱ₁—冈底斯燕山-喜马拉雅期陆缘岩浆弧;Ⅱ₂—念青唐古拉断隆;
Ⅱ₃—措勤-纳木错燕山期弧后盆地;Ⅱ₄—班戈-嘉黎早燕山期陆缘岩浆弧;Ⅲ—羌塘-三江复合地体;
YS—雅鲁藏布江板块缝合带;BS—班公湖-怒江板块缝合带;JS—金沙江缝合带

Ⅰ. 驱龙铜钼矿床地质、地球化学找矿模型

1. 驱龙铜钼矿床地质特征

驱龙矿区内出露地层为中侏罗统叶巴组(J_2y)次火山岩,中新世荣木错拉黑云母二长花岗岩侵入其中;含矿岩体主要为石英斑岩、二长花岗斑岩、花岗斑岩等,地表出露 $0.15\sim0.75\ km^2$,呈岩枝状、岩株状产出,侵位于荣木错拉黑云母二长花岗岩中(图 4-89)。

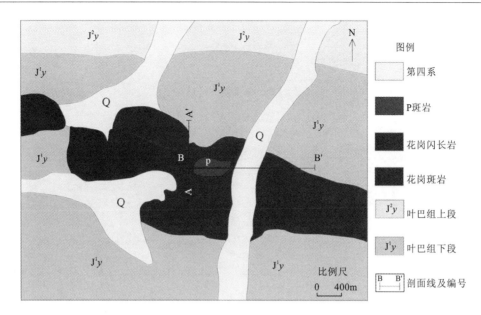

图 4-89 驱龙铜矿床地质简图(杨志明,2008)

五个铜钼矿体(CuⅠ、CuⅡ、CuⅢ、CuⅣ、CuⅤ)主要产于含矿斑岩体与黑云母二长花岗岩的内外接触带(图 4-89)。剖面上全岩矿化特征:地表露头不好,形成隐伏矿体,矿体受岩体形态、规模控制,呈不规则状并在深部连接成为整体(图 4-90)。

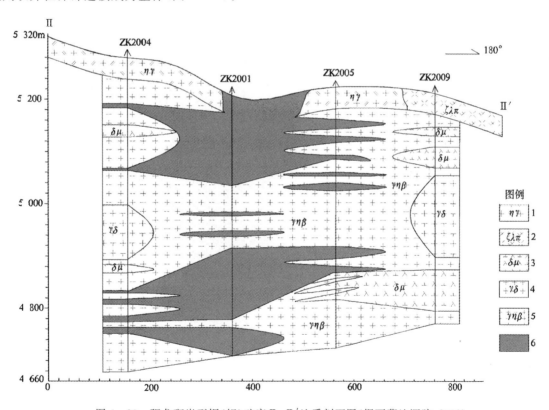

图 4-90 驱龙斑岩型铜(钼)矿床Ⅱ-Ⅱ′地质剖面图(据西藏地调院,2002)
1—二长花岗岩;2—流纹英安岩;3—闪长玢岩;4—花岗闪长岩;5—黑云母花岗斑岩;6—斑岩铜钼矿体

围岩蚀变矿化分带以含矿斑岩体为中心→向外,蚀变:钾化+黄铁绢英岩化+硬石膏化→黏土化+黄铁绢英岩化+硬石膏化→青磐岩化;矿化:黄铁矿+黄铜矿化→黄铜矿化→黄铜矿+辉钼矿;元素:Mo→Cu、Mo(Au)→Pb、Zn、Ag(图 4-91)。

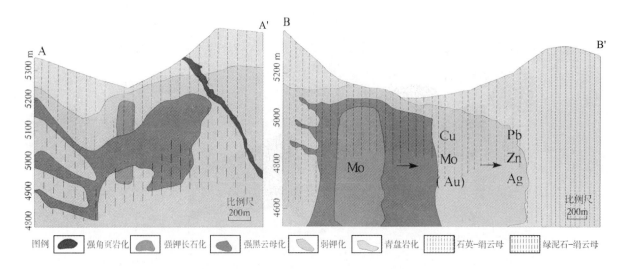

图 4-91 驱龙铜矿蚀变矿化与元素分带(杨志明,2008)

其 A-A′、B-B′剖面位置见图 4-89

矿石矿物为黄铜矿、辉钼矿、辉铜矿、自然铜、黝铜矿、斑铜矿及黄铁矿、白铁矿、磁铁矿等,矿石构造主要为浸染状构造、细脉浸染状网脉状等构造(图 4-92)。铜矿化主要与早期黄铜矿+黑云母脉有关,贡献了整个 Cu 矿化约 60%以上的资源量。钼矿化主要以稍晚的石英+辉钼矿+黄铜矿脉体产出,该脉贡献整体 Mo 矿化约 60%以上(图 4-93)。

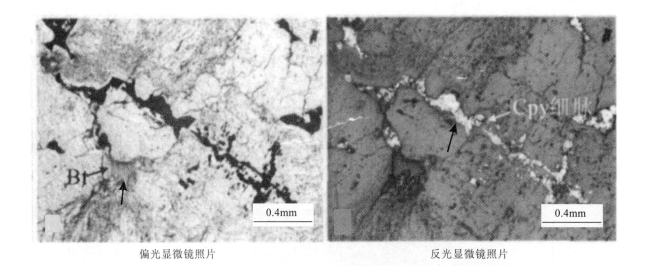

图 4-92 黄铜矿细状构造(杨志明,2008)

2. 驱龙铜钼矿床地球化学特征

(1)铅同位素组成特征。从含矿斑岩二长花岗斑岩全岩铅同位素组成特征看,其组成十分稳定(除少数样品外,QK12、3911-90、601-89)(表 4-38)。$^{206}Pb/^{204}Pb:18.4861\sim18.7148$,$^{207}Pb/^{204}Pb:15.6109\sim15.6499$,$^{208}Pb/^{204}Pb:38.6821\sim39.1531$,变化范围很窄,在投点图上集中分布(图 4-94)(虚线投点域)。矿石铅(5 件黄铜矿)铅同位素组成十分均一(实线投点域),与含矿岩体铅同位素组成相似(表 4-38),投点域均落在岩石铅投点域内,这一信息示踪着成矿物质主要来源于深部岩浆。

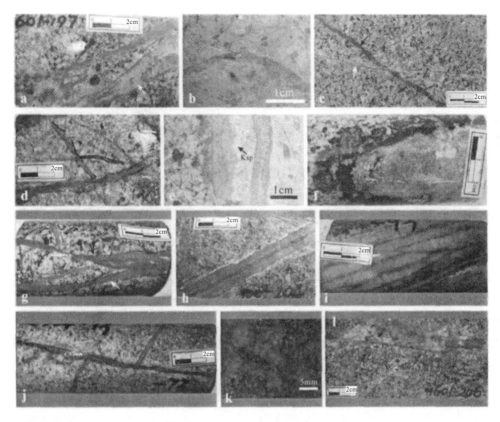

图 4-93 石英+辉钼矿+黄铜矿脉(杨志明,2008)

表 4-38 驱龙斑岩型铜(钼)矿床铅同位素组成特征

	样号	测定对象	$^{206}Pb/^{204}Pb$	$^{207}Pb/^{204}Pb$	$^{208}Pb/^{204}Pb$	资料来源
	QK02	二长花岗斑岩	18.510 4	15.613 3	38.741 5	孟祥金和侯增谦,2006
	QK12		18.608 3	15.732 9	39.153 1	
	QK19		18.521 0	15.594 6	38.682 1	
	QK24	黄铜矿	18.541 5	15.598 4	38.745 2	
	QK31		18.493 2	15.577 1	38.647 0	
	QK38		18.537 3	15.614 5	38.782 7	
	QK39		18.590 9	15.604 7	38.856 8	
	QK49		18.442 6	15.576 2	38.556 9	
Ⅱ号斑岩体	ZK111	二长花岗斑岩	18.506 1	15.612 1	38.785 9	王亮亮,2007
	ZK167		18.504 9	15.614 2	38.774 1	
	ZK179		18.501 2	15.614 8	38.790 1	
	ZK184		18.489 1	15.610 9	38.771 7	
	ZK230		18.496 2	15.613 5	38.785 7	
	ZK565		18.486 7	15.609 9	38.745 0	
	ZK584		18.486 1	15.612 2	38.760 7	
	QL01-39	斑岩(早侏罗世)	18.530 8	15.649 9	38.825 8	杨志明和侯增谦,2011
	QL01-47		18.531 2	15.647 8	38.831 9	
	3911-90		18.714 8	15.631 7	38.934 0	
	3911-93		18.522 0	15.616 4	38.749 6	
	QL01-52		18.541 7	15.647 1	38.831 8	
	1513-58		18.537 1	15.651 6	38.842 1	
	601-89		18.648 8	15.624 2	38.805 3	

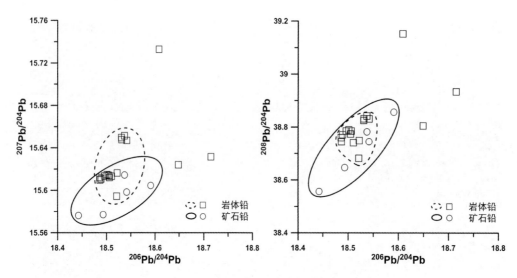

图 4-94 驱龙斑岩型铜(钼)矿床铅同位素组成投点图

(2)硫同位素组成特征。驱龙矿床的黄铜矿硫同位素组成比较均一,变化较小,$\delta^{34}S$ 为 $-6.3‰\sim-1.0‰$,均值 $-2.76‰$,与含矿斑岩体的硫同位素组成较为一致 $-1.1‰\sim-2.1‰$,显示出深源岩浆硫同位素组成的特点,即硫主要来源于深源岩浆,基本没有受到陆壳沉积物硫源的混染。蚀变矿物硬石膏 $\delta^{34}S:12.5‰\sim14.4‰$(表 4-39)。

表 4-39 西藏冈底斯驱龙斑岩铜矿床含矿斑岩与矿石矿物硫同位素组成

矿床	样号	岩石/矿物	$\delta^{34}S(‰)$	资料来源
驱龙	QK02	二长花岗斑岩	-1.1	孟祥金和侯增谦,2006
	QK12		-1.6	
	QK19		-2.1	
	QK24	黄铜矿	-1.5	
	QK31		-2.7	
	QK38		-1.0	
	QK39		-2.3	
	QK49		-6.3	
	O2-9	硬石膏	14.1	
	O2-10		14.4	
	QK34		12.5	
	QK36		12.6	

(3)含矿岩体地球化学特征(表 4-40)。

表 4-40 驱龙矿床含矿岩体地球化学特征

Ⅰ号含矿斑岩体地质特征	驱龙矿床的含矿斑岩体为喜山晚期的二长花岗岩和黑云母花岗岩(17.0Ma),其中Ⅰ号含矿斑岩体为二长花岗岩,地表呈椭圆状,面积约 0.15km² 的小岩株,岩体侵位浅,剥蚀程度低
常量元素	$SiO_2:67.02\%\sim79.96\%$,平均 71.32%;$K_2O>Na_2O$,$K_2O/Na_2O=1.62$ $Al_2O_3:11.51\%\sim15.27\%$,平均 13.94%;高 Fe_2O_3/FeO 比值(平均 1.29)(浅成、亲氧环境)
微量元素	低稀土总量:$\Sigma REE:(63.9\sim109.5)\times10^{-6}$;高轻稀土:$\Sigma Ce/\Sigma Y:7.59\sim9.91$ 弱 δEu 异常—正 δEu 异常:$\delta Eu:0.79\sim1.44$,平均 1.08;高 Sr,平均 531×10^{-6};低 Y $(2.43\sim5.30)\times10^{-6}$,平均 4.57×10^{-6};低 Ti,贫 Nb、Ta、Zr、Hf
成矿元素	$Cu:(1\,148\sim2\,082)\times10^{-6}$;$Mo:(9.10\sim181.90)\times10^{-6}$

续表 4-40

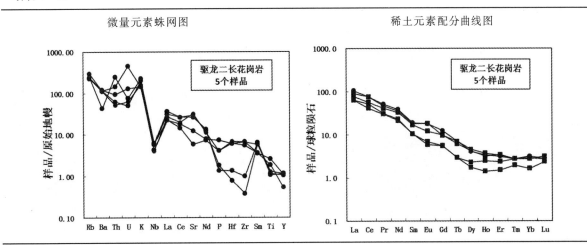

3. 驱龙铜钼矿田（矿床）地球化学异常特征

（1）加密 1:20 万水系沉积物测量地球化学异常特征。杨少平和张华等（2006）在 232km² 的驱龙铜多金属矿集区内进行加密水系沉积物测量（采样密度为 1 点/km²），圈出了以 Cu 为主的多元素组合异常，其中以目前勘查区为浓集中心的异常面积最大，强度最高，呈北东向展布。Mo 元素异常范围与 Cu 相比较小，但浓集中心明显，分带清晰（图 4-95）。

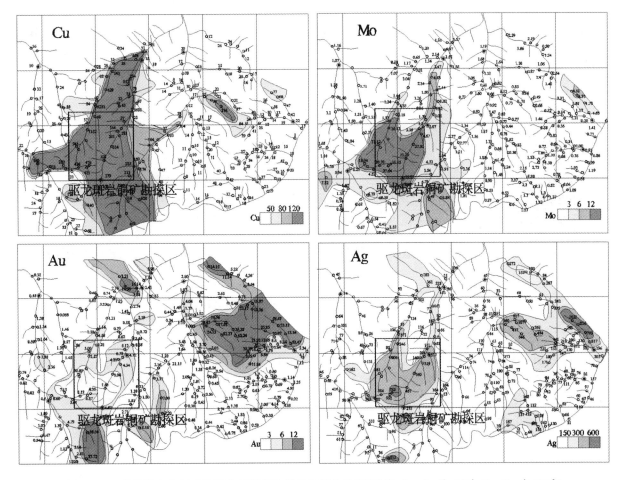

图 4-95　驱龙铜多金属矿集区水系沉积物测量地球化学图（单位：Au、Ag 为 10^{-9}；Cu、Mo 为 10^{-6}）

(2)Cu、Mo 元素剖面深部空间分布特征。从驱龙矿床 A—A′(S—N),B—B′(W—E)两个剖面深部 Cu、Mo 元素分布来看(图 4-96):Cu 元素分布范围比 Mo 元素广;Cu、Mo 元素由于矿化阶段的先后,其富集空间部位有异,Cu 矿体主要富集偏西的深部,而 Mo 矿体富集部位偏东部(稍浅部位)。

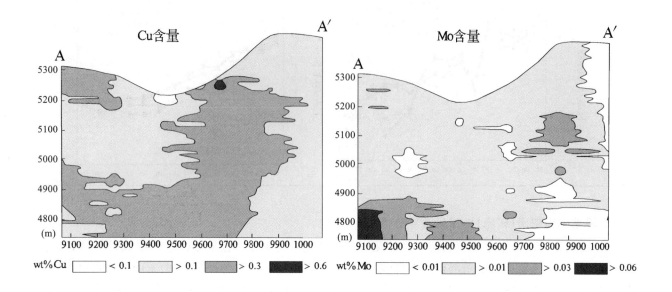

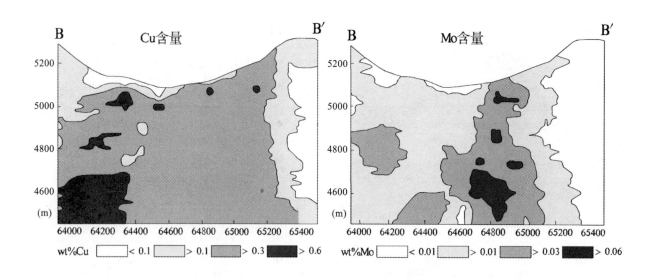

图 4-96 驱龙矿床 Cu、Mo 元素空间分布特征示意图(杨志明,2008)
A—A′剖面为南北向,B—B′为东西向,剖面位置见 4-89

(3)地表岩石地球化学异常特征。地表岩石 Cu、Mo 主成矿元素异常强度高、规模大,Cu 最高可达 $2\,100\times10^{-6}$,Mo 最高值为 600×10^{-6},Ag 元素与 Cu、Mo 异常叠合较好;Au、Hg、As、Sb、Bi、B 异常在主矿体的外侧;Mn、Co、Zn、Ni 等元素在矿化体部位呈低值区;K_2O、Na_2O 在矿化体位置,前者高后者低,示踪蚀变强钾贫钠化(图 4-97)。

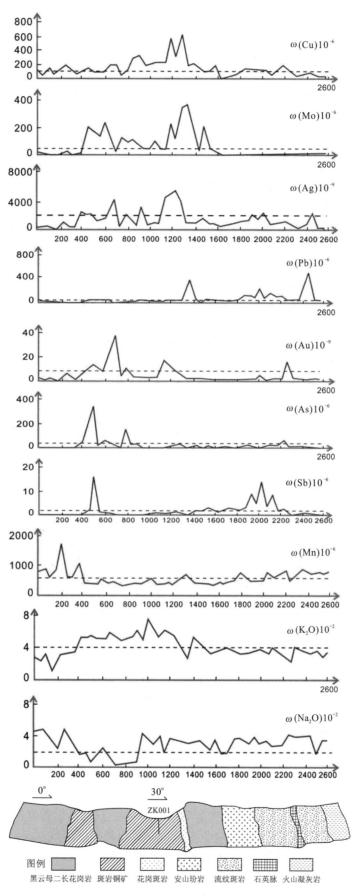

图 4-97 驱龙矿区岩石地球化学剖面测量(刘崇民和胡树起,2003)

4. 驱龙铜钼矿床主要地质、地球化学特征(表 4-41)

表 4-41 驱龙铜钼矿床主要地质、地球化学特征

成矿系列	与深源中酸性岩浆活动有关的铜多金属成矿系列
成矿环境	矿床产于冈底斯造山带由汇聚造山向伸展走滑转换的过渡环境
矿床类型	斑岩型 Cu、Mo 矿床
赋矿地层	中侏罗统叶巴组(J_2y)凝灰岩,中新世荣木错拉黑云母二长花岗岩
控矿构造	东西向构造破碎带
含矿岩体	石英斑岩、二长花岗斑岩、花岗斑岩等,呈小岩株状、枝状产出,面积 $0.15 \sim 0.75 km^2$,侵位于荣木错拉黑云母二长花岗岩中
成岩时代	同一钻孔不同标高的黑云母二长花岗斑岩 SHRIMP 锆石 U-Pb 加权平均年龄分别为 $(16.35\pm0.40)Ma$、$(16.38\pm0.46)Ma$(王亮亮和莫宣学,2006)
成矿时代	6 件辉钼矿 Re-Os 等时线年龄为 $(16.41\pm0.48)Ma$(孟祥金和侯增谦,2003)
矿体产状	矿体受岩体形态、规模所控制,呈不规则状,并在深部连成整体
矿石矿物	主要矿石矿物为黄铜矿、辉钼矿、辉铜矿、自然铜、黝铜矿、斑铜矿及黄铁矿、白铁矿、磁铁矿等
结构构造	矿石构造为浸染状、细脉浸染状及网脉状
围岩蚀变	以含矿斑岩体为中心向外,蚀变为钾化+黄铁绢英岩化+硬石膏化→黏土化+黄铁绢英岩化+硬石膏化→青磐岩化
成矿及伴生元素组合	主成矿元素为 Cu、Mo,伴生元素为 Au、Ag、Pb、Zn、As、Sb 等
矿床规模	资源量为 $710\times10^4 t$(杨志明,2008),远景资源量达 $1\,500\times10^4 t$
剥蚀程度	浅剥蚀
典型矿床	驱龙
地理景观	高寒山区

5. 驱龙铜钼矿床成矿模式

斑岩型(矽卡岩型)Cu(多金属)或 Cu-Mo 矿化一起构成了冈底斯斑岩铜矿成矿系统。矿化类型与斑岩体侵位的围岩环境有关(图 4-98)。当斑岩体侵位于火成岩区或砂板岩系,矿化类型主要为 Cu、Cu-Mo 矿化为主,矿体主要赋存在斑岩体及其与围岩接触带中。当斑岩体侵位于碳酸盐岩区时,发生强烈的铅锌铜多金属矿化,形成矽卡岩容矿的脉状、块状乃至层状、似层状多金属矿体(孟祥金,2004)。

6. 驱龙铜钼矿床控矿因素

(1)中新世冈底斯造山带由汇聚向伸展转换的成矿构造环境。

(2)高钾、富碱、过铝、强烈富集轻稀土的深源中酸性小岩体是铜钼的成矿母岩。

(3)矿化类型与斑岩体侵位的岩性有关,侵位于硅铝质岩石(火成岩、砂板岩)中形成细脉浸染型斑岩 Cu、Mo 矿体,侵位于碳酸盐岩的围岩中则形成矽卡岩型脉状、块状及层状多金属矿体。

Ⅱ. 雄村铜(金)矿床地质、地球化学找矿模型

1. 矿床地质特征

雄村斑岩型铜(金)矿集区位于冈底斯南缘晚燕山期-早喜马拉雅期陆缘岩浆弧东段南缘,岩浆弧与昂仁-日喀则中-新生代弧前盆地转换部位。Ⅱ级构造单元属于拉达克-冈底斯弧盆系,Ⅲ级构造单元为拉达克-南冈底斯-下察隅岩浆弧(图 4-88)。雄村斑岩型铜(金)矿床是冈底斯成矿带上目前发现的唯一一个与新特提斯洋壳早期俯冲作用有关的斑岩-浅成低温热液型铜金矿床。

雄村矿区出露地层主要为早-中侏罗统雄村组($J_{1-2}x$)中酸性凝灰岩、安山质凝灰岩、粉砂岩夹基性凝灰岩、全新统冲积物-崩积物。其中中酸性凝灰岩和安山质凝灰岩是铜金矿体的主要赋矿围岩,总体呈北西向展布(图 4-99)。

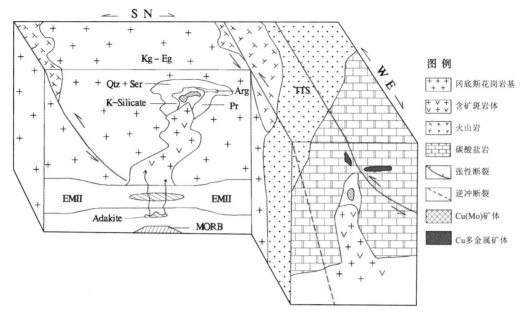

图 4-98 西藏冈底斯成矿带斑岩型(矽卡岩型)矿床成矿模式(孟祥金,2004;李冰,2006)

TTS—三叠—第三系岩系;EMII—富集地幔;Pr—青磐岩化带;Arg—泥化带;K-Silicate—钾硅酸盐化带;
Qtz+Ser—石英绢云母化带;Adakite—埃达克岩;Qtz+Ser—石英绢云母化带

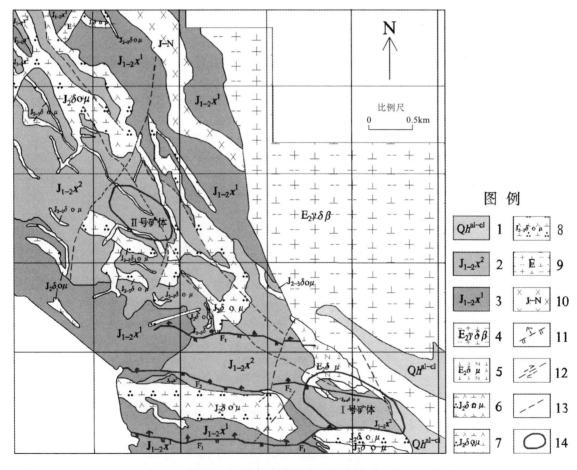

图 4-99 雄村矿区地质简图(黄勇,2009)

1—全新统冲积物-崩积物;2—下-中侏罗统雄村组火山凝灰岩;3—下-中侏罗统雄村组粉砂岩夹基性凝灰岩;4—始新世黑云母花岗闪长岩;5—始新世含斜长石斑晶的基性侵入岩;6—晚侏罗世石英闪长玢岩;7—中侏罗世角闪石英闪长玢岩;8—早-中侏罗世含眼球状石英斑晶的闪长玢岩;9—始新世长英质侵入体;10—侏罗世辉绿-辉长岩墙;11—逆冲断层;12—平移断层;13—产状或性质不明断层;14—矿体边界

矿区内与成矿有关的岩浆岩为含眼球状石英斑晶的石英闪长玢岩,经锆石 U-Pb 同位素测年结果表明,其加权平均年龄为(173±3)Ma(唐菊兴和黎风佶,2010)。

矿体由Ⅰ、Ⅱ、Ⅲ号铜金矿体组成,Ⅰ号矿体为一倾向北东的北西走向的巨型透镜体,剖面上呈似层状、层状(图 4-100)。矿化局限在 F_1、F_2 断层之间。

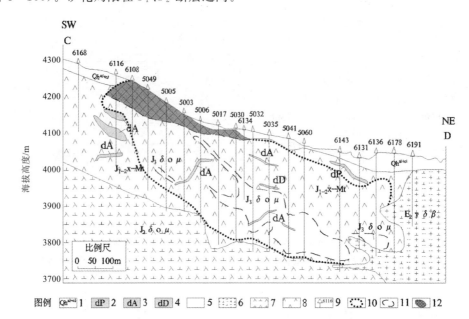

图 4-100　雄村铜金矿 3 号勘探线Ⅰ号矿体剖面图(唐菊兴和黄勇,2009)

1—第四系覆盖层;2—伟晶岩脉;3—安山岩脉;4—闪长岩脉;5—含眼球状石英斑晶的闪长玢岩($J_3\delta o\mu$);
6—黑云母花岗闪长岩($E_2\gamma\delta\beta$);7—角闪石英闪长玢岩($J_2\delta o\mu$);8—凝灰岩($J_{1-2}x$-Mt);
9—钻孔及编号;10—矿体界线;11—玢岩中的矿体;12—氧化矿体

矿石为细脉浸染状和脉状铜(金、银)矿。矿石矿物为黄铜矿、黄铁矿、磁黄铁矿,其次为闪锌矿、方铅矿、辉钼矿、辉铜矿、毒砂、辉砷铜矿和蓝铜矿等(图 4-101)。

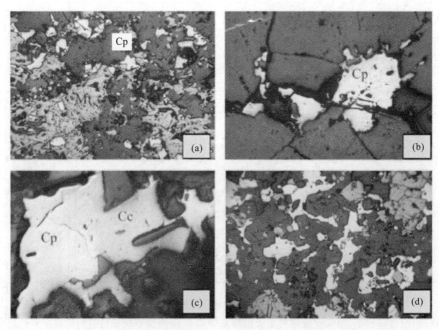

图 4-101　典型矿石组成及矿物组构(黄勇,2009)

1—它形晶磁铁矿(Mt)、黄铜矿(Cp)和磁黄铁矿(50×);2—它形晶黄铜矿产于脉石矿物中(石英)(100×);3—它形晶黄铜矿+辉铜矿(Cc),辉铜矿交代黄铜矿(100×);4—黄铜矿+磁黄铁矿沿脉石矿物(石英)颗粒间充填结晶-交代(100×)

蚀变有早期钾硅酸盐化(钾长石化、黑云母化)，主要分布在含眼球状石英斑晶的闪长玢岩内部。红柱石次生石英岩化(硅化)，发育在玢岩体与围岩的接触带中；并叠加在外围黄铁绢英岩化带上，是最主要的含矿蚀变岩型。还有黄铁绢英岩化、青磐岩化，主要表现为细粒的阳起石-绿帘石化(图4-102)。

主要成矿元素为Cu、Au，主要伴生元素Ag、Mo、Co、Ni、Pb、Zn、Cd、As、Sb、Bi等。

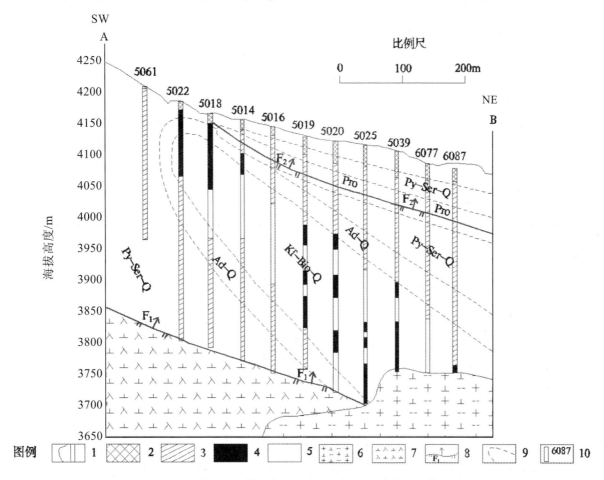

图4-102 雄村1号矿体矿化强度与蚀变剖面图(唐菊兴和黄勇，2009)

1—铜品位线；2—第四系；3—赋矿凝灰岩；4—含眼球状石英斑晶的闪长玢岩中钾硅酸盐化带；5—含眼球状石英斑晶的闪长玢岩中的强硅化带；6—始新世黑云母花岗闪长岩；7—中侏罗世角闪石英闪长玢岩；8—逆断层；9—蚀变分界线；10—钻孔及其编号；Kf-Bio-Q—钾硅酸盐化与硅化带；Ad-Q—红柱石次生石英岩化带；Py-Ser-Q—黄铁绢英岩化带；Pro—青磐岩化带

2. 矿床铅硫同位素地球化学特征

(1)铅同位素组成特征。雄村斑岩型铜金矿与成矿有关的岩浆岩(英安斑岩)，其铅同位素组成：$^{206}Pb/^{204}Pb$：18.170~18.432，$^{207}Pb/^{204}Pb$：15.533~15.549，$^{208}Pb/^{204}Pb$：37.993~38.392，变化相对较小(表4-42)，与驱龙斑岩铜(钼)矿成矿岩体的铅同位素组成迥然有别，后者具较高的放射性成因铅同位素组成。

矿石铅同位素组成的变化范围较小(实线投点域)，与英安斑岩的铅同位素一致(虚线投点域)，在坐标图上两者投点域十分接近，示踪其物质来源一致性。与晚期侵入的黑云母花岗闪长岩铅同位素组成迥然有异(图4-103)。

(2)硫同位素组成特征。雄村斑岩型铜金矿床硫化物硫同位素组成较均一，$\delta^{34}S$：-2.173‰~1.791‰，均值为-0.215‰(见表4-43)，具深源岩浆硫同位素组成特征。脉石矿物重晶石$\delta^{34}S$：13.7‰。

表 4-42 雄村斑岩铜金矿床铅同位素组成

样 号	测定对象	$^{206}Pb/^{204}Pb$	$^{207}Pb/^{204}Pb$	$^{208}Pb/^{204}Pb$	备 注
5018-150m	黄铁矿	18.259 8	15.568 0	38.307 2	黄勇,2009
5015-292.3m		18.169 4	15.543 3	38.139 1	
5029-231.1m		18.170 1	15.544 4	38.150 0	
5029-280.7m		18.161 6	15.538 4	38.126 8	
6171-270.8m		18.181 9	15.550 2	38.176 6	
XC5-01	花岗闪长斑岩	18.432	15.533	38.392	曲晓明和辛洪波,2007
XC5002		18.170	15.485	37.993	
XC5012		18.178	15.488	38.002	
XX-09	英安斑岩	18.205	15.549	38.106	
XX-29		18.183	15.527	38.125	
XX-30		18.219	15.546	38.127	

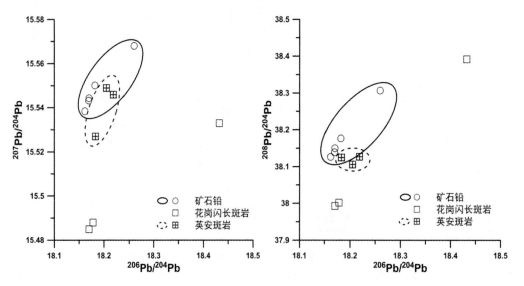

图 4-103 雄村斑岩型铜(金)矿床铅同位素组成图

表 4-43 雄村斑岩型铜金矿床硫化物硫同位素组成

样 号	测试矿物	$\delta^{34}S_{CDT}(‰)$	备 注
5018-150m	黄铜矿	-0.292	黄勇,2009
5015-292.3m	黄铁矿	1.791	
5029-231.1m	黄铁矿	-2.173	
6171-270.8m	黄铁矿	-0.187	
XC-05(黄铁矿-黑云母)	黄铁矿	-0.6	徐文艺和曲晓明,2006
XC-12(钾长石-电气石-黄铁矿)似伟晶岩脉	黄铁矿	2.7	
XC-15(黄铁矿-闪锌矿重晶石)	黄铁矿	-0.1	
	闪锌矿	-0.8	
	重晶石	13.7	
XC-18(石英-黄铁矿-闪锌矿)	黄铁矿	0.1	
XC-23(高岭石-黄铁矿)	黄铁矿	-0.4	

3. 地球化学异常特征

(1) 1∶50万水系沉积物测量地球化学异常特征。由图4-104可知：

① Cu、Au元素在燕山期石英闪长玢岩与雄村组火山沉积碎屑岩的接触带两侧具有明显的异常，异常分带清晰，套合较好，面积大，Cu内带可达64.53×10^{-6}，Au的内带为6.33×10^{-9}。

② Pb、Zn、Cd、As、Sb等元素在Cu、Au异常外侧零星分布。

③ Mo、Sn元素在矿田的北东侧（仁钦则铜矿点）有异常显示。

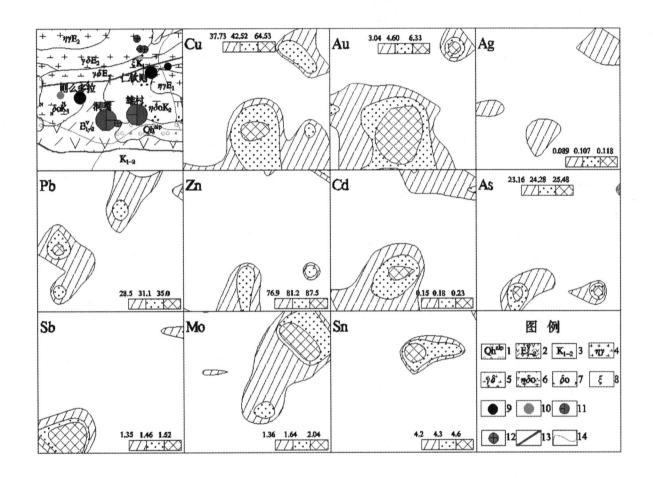

图4-104 雄村-洞嘎矿田1∶50万水系沉积物地球化学异常图（Au、Ag含量为10^{-9}，其他为10^{-6}）
1—全新统砂岩；2—古-始新统杂色泥灰岩、灰岩；3—上-中白垩统含砾砂岩、粉砂岩；4—二长花岗岩；5—花岗闪长岩；6—石英二长闪长岩；7—石英闪长岩；8—正长岩；9—铜矿；10—铅矿；11—金铜矿；12—金矿；13—断层；14—水系

(2) 矿区1∶1万土壤地球化学异常特征。矿区土壤Cu、Au、Ag、Mo元素异常明显，分带清晰，套合程度较好，均呈北西-南东向分布，与赋矿围岩走向一致，主要分布在中部，其均值Cu:57.4×10^{-6}，Au:15×10^{-9}，Ag:170×10^{-9}，Mo:1.9×10^{-6}。Pb、Zn异常主要分布在两侧，局部与Cu、Au、Mo异常重叠（图4-105）。

(3) 矿区钻孔岩石地球化学异常特征。4 000m标高钻孔岩石异常图（图4-106）中清晰显示了Cu、Au、Ag异常位于矿体中心部位，强度大，分带清晰，呈北西-南东向展布；而反映蚀变特征的K、Rb(Na、Ca)元素在矿体中心呈低值区（次生石英岩化带、黄铁绢英岩化带），而在两侧的青磐岩化带则呈高值区。因此，元素分带：Cu、Au、Ag→K、Rb→Pb、Zn。Pb、Zn元素位于矿体外围的两侧，W、Mo元素异常分别位于南、北两侧。

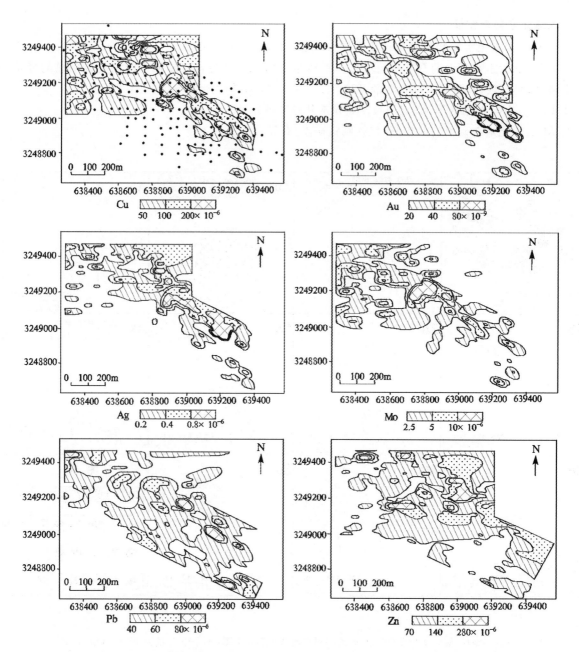

图 4-105　西藏谢通门县雄村矿区土壤地球化学异常图(郎兴海和陈毓川,2010)
Cu异常图中黑点为钻孔

(4)成矿元素垂向分布特征(图 4-107)。

① Cu、Au、Ag 元素矿化浓集中心明显,范围大,主要分布在石英闪长玢岩岩株及其接触带的凝灰岩中。从剖面上清晰显示 Cu、Au、Ag 矿化被晚期侵入的黑云母花岗闪长岩"吞噬"(剖面东侧)。前缘晕已剥蚀。

② Mo、Co、Ni、Mn、Ba 均沿 Cu、Au、Ag 异常两侧形成对称带状分布,Mn、Ba 元素的分布示踪着凝灰岩的岩性特征;Co、Ni 代表了基性火山岩的成分。

③ Pb、Zn、Cd 异常局部与 Cu、Au、Ag 异常重叠,但其浓集中心在剖面上位于 Cu、Au、Ag 异常的下盘和前缘。

④ As、Sb、Bi 元素在 Cu、Au、Ag 异常中心偏下部位浓集,显示为斑岩体中心强硅化位置(毒砂、辉砷铜矿)。

因此,从矿体中心向外的元素分带:Cu、Au、Ag、As、Sb、(Bi)→Co、Ni、Mn、Ba→Pb、Zn、Cd、Bi、(Sb)。

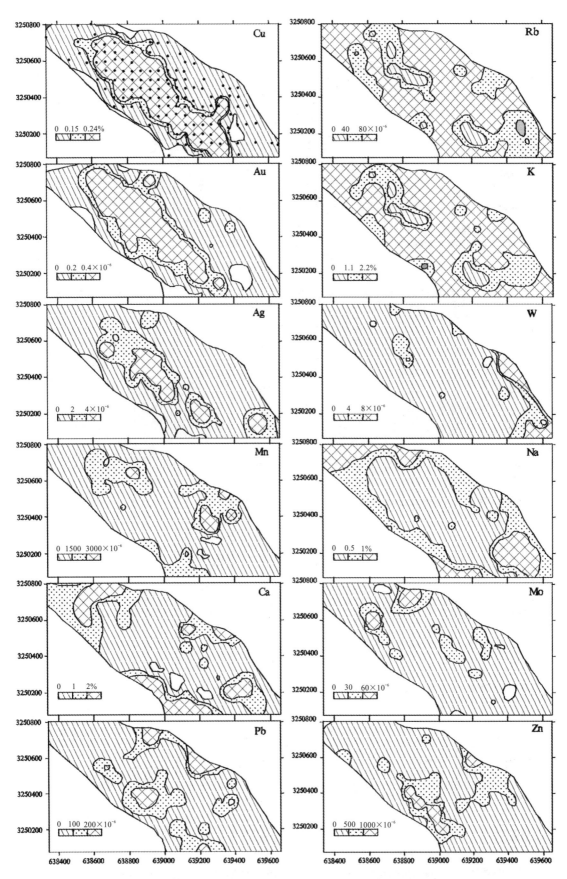

图 4-106 西藏雄村铜（金）矿海拔 4 000m 钻孔元素等值线图（唐菊兴和黄勇，2009）

Cu 异常图中黑点为钻孔

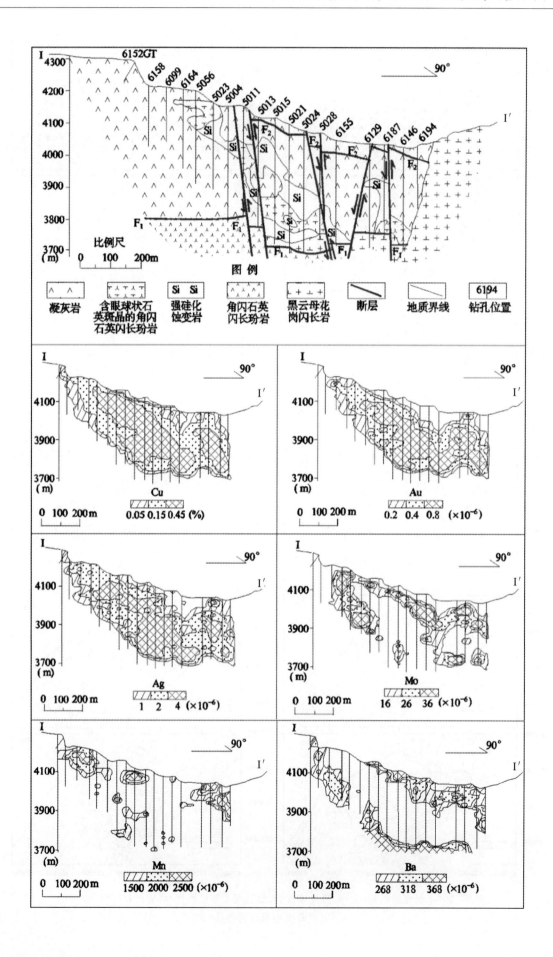

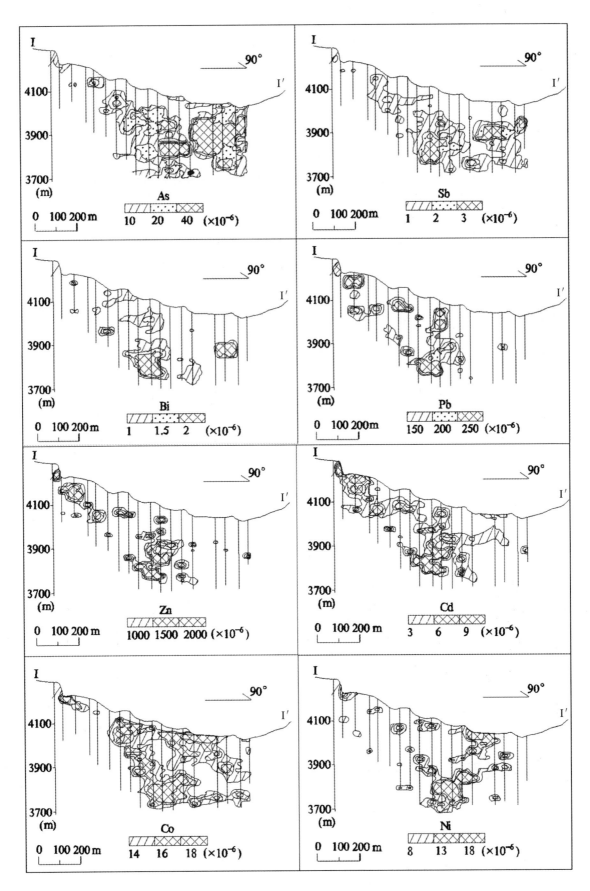

图4-107 西藏谢通门县雄村矿区 I-I' 剖面岩石地球化学异常图(郎兴海和陈毓川,2010)

4. 雄村铜(金)矿床主要地质、地球化学特征(表 4-44)

表 4-44 雄村铜(金)矿床主要地质、地球化学特征

成矿系列	与深源中酸性岩浆活动有关的铜多金属成矿系列
成矿环境	Ⅱ级构造单元属于拉达克-冈底斯弧盆系,Ⅲ级构造单元为拉达克-南冈底斯-下察隅岩浆弧。一个与新特提斯洋壳早期俯冲作用有关的斑岩-浅成低温热液型铜金矿床
矿床类型	斑岩-浅成低温热液铜金矿床
赋矿地层	早-中侏罗统雄村组中酸性凝灰岩、安山质凝灰岩
控矿构造	矿集区受 NW 向断裂带控制,中-下侏罗统雄村组凝灰岩呈北西-南东向展布(Ⅰ、Ⅱ、Ⅲ矿体赋存其中)。Ⅰ号矿体的含矿斑岩体产于近东西向 F_1、F_2 断裂之间,控制了矿体的形态
含矿岩体	具眼球状石英斑晶的石英闪长玢岩
成岩时代	U-Pb 锆石成岩年龄(173±3)Ma(唐菊兴和黎风佶,2010)
成矿时代	Ⅰ矿体辉钼矿 Re-Os 加权平均模式年龄:(161.5±2.7)Ma(郎兴海和陈毓川,2010);Ⅱ矿体辉钼矿 Re-Os 加权模式年龄:(172.6±2.1)Ma(郎兴海和唐菊兴,2010)
矿体产状	Ⅰ号矿体在平面上走向北西,倾向北东的巨型透镜体,剖面上呈层状、似层状、厚板状,受 F_1、F_2 断层限制
矿石矿物	主要为黄铜矿、黄铁矿、磁黄铁矿,其次为方铅矿、闪锌矿、辉钼矿、毒砂、辉砷铜矿、铜蓝等
结构构造	脉状、细脉状及浸染状构造
围岩蚀变	硅化、黑云母化、黄铁绢英岩化、黏土化、绿泥石化、绿帘石化等
成矿及伴生元素组合	主要成矿元素 Cu、Au,主要伴生元素为 Ag、Mo、Co、Ni、Pb、Zn、Cd、As、Sb、Bi 等
矿床规模及品位	Cu:200×10^{4}t(331+332);平均品位:0.41%;Au:200t(331+332);平均品位:0.56×10^{-6}
剥蚀程度	浅剥蚀—中等剥蚀(图 4-108)
典型矿床	雄村,洞嘎
地理景观	高寒山区

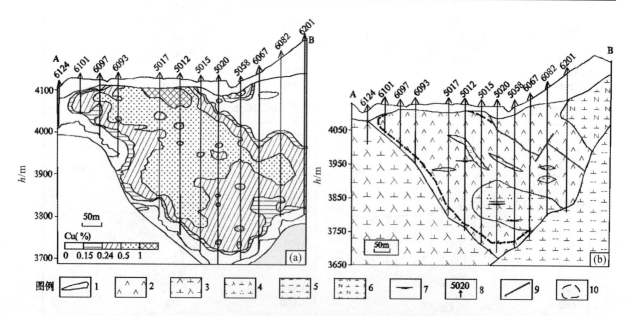

图 4-108 雄村铜金矿 A—B 剖面 Cu 品位等值线图(a)和剥蚀程度地质剖面图(b)(黄勇和丁俊,2011)
1—覆盖层;2—凝灰岩;3—角闪闪长玢岩;4—含眼球状石英斑晶的闪长玢岩;5—黑云母花岗闪长岩;
6—斜长玢岩体;7—安山岩脉;8—钻孔及编号;9—断层;10—矿体界线

5. 雄村铜(金)矿床成矿模式(图 4-109)

(1) 矿区在中生代位于冈底斯南缘晚燕山期-早喜马拉雅期陆缘岩浆弧东段南缘的被动大陆边缘,自燕山运动开始,进入了班公湖-怒江洋壳向南俯冲时期,形成了燕山期陆缘岩浆弧。

(2) 在岛弧环境下侵位的含眼球状石英斑晶的角闪石英闪长玢岩,后期在岩体内和与凝灰质火山岩接触带上形成了细脉浸染状硫化物矿化,具斑岩型矿化蚀变特征。

(3) 晚期在接触带形成了浅成低温热液 Pb、Zn 多金属矿脉。

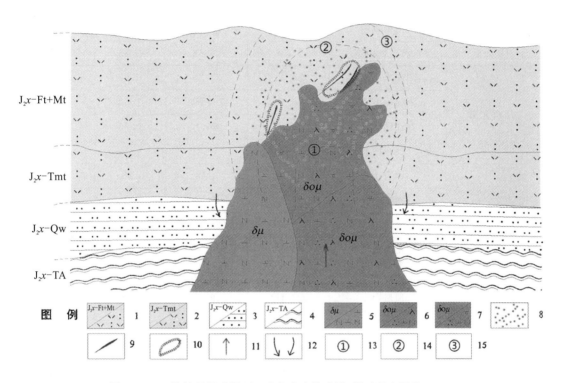

图 4-109 雄村斑岩型铜(金)矿床成矿模式图(据西藏地调院,2009)

1—中侏罗统雄村组中酸性凝灰岩;2—中侏罗统雄村组基性凝灰岩;3—中侏罗统雄村组砂岩;4—中侏罗统雄村组板岩;5—斜长闪长玢岩;6—石英闪长玢岩;7—具眼球状石英闪长玢岩;8—浸染状铜矿(化);9—金矿(化);10—硅化;11—岩浆热液(水);12—循环地下水;13—钾化带;14—绢英岩化带;15—青磐岩化带

6. 雄村铜(金)矿床控矿因素

(1) 燕山早期侵位的含眼球状石英斑晶的角闪石英闪长玢岩岩体是 Cu、Au 矿成矿母岩;玢岩体内蚀变强烈。

(2) 呈 NW 走向的早-中侏罗统雄村组中-细粒凝灰岩是有利的赋矿围岩。

(3) 近东西向断裂控制了矿体产出。

二、矽卡岩型铜矿床地质、地球化学找矿模型

长江中下游铜多金属矿床以矽卡岩型铜矿床为主,也包括一些斑岩型铜矿、块状硫化物矿床等。矽卡岩型铜矿床亦称接触交代型铜矿床,通常是指中酸性岩体侵入碳酸盐岩或其他钙质围岩,经双交代作用形成由钙或镁质矿物组成的矽卡岩,矽卡岩被稍晚的含铜等元素的热液交代而形成的铜矿床。矽卡岩型铜矿床是我国重要的铜矿床类型,其探明储量占全国铜金属储量的 1/4,仅次于斑岩型铜矿而位居第二位,在我国主要集中分布在长江中下游(表 4-45)和燕辽等成矿带内。成矿时代主要为中生代(黄崇轲等,2001)。以江西九江城门山"多位一体"铜多金属矿床地球化学找矿模式、安徽铜陵冬瓜山铜多金属矿床地球化学找矿模式为例,建立长江中下游铜多金属矿床地球化学找矿模型。

表 4-45 长江中下游主要矽卡岩型铜矿床储量表(朱训,1999)

矿田(矿集区)	矿产地	储量(×10⁴t) 累计探明储量	储量(×10⁴t) 保有储量	平均品位(%)	利用情况
湖北鄂东南	大冶铜录山	111.32	71.80	1.78	已用
	大冶石头咀	33.31	31.67	1.27	已用
	大冶铜山口	39.59	34.83	0.94	已用
	大冶桃花咀	20.09	20.09	2.19	未用
	黄石铁山	57.36	25.48	0.53	已用
江西九瑞	阳新丰山洞	54.31	39.28	0.97	已用
	阳新鸡笼山	46.14	47.58(?)	1.50	已用
	九江城门山	166.44	166.44	0.76	已用
	九江武山(南北区)	128.29	118.42	1.16	已用
安徽铜陵	铜官山	29.65	3.48	0.595	已用
	狮子山	27.13	11.37	1.033	已用
	大团山	25.70	25.60	1.00	已用
	冬瓜山南段	50.90	50.90	1.02	未用
	冬瓜山	47.51	47.51	1.01	未用
	凤凰山	36.18	12.19	0.99	已用
	新桥	50.64	43.25	0.713	已用
	安庆	37.67	34.58	1.049	已用
	铜山	25.84	10.80	1.15	已用
	金口岭	10.91	2.51	0.98	已用
其他	庐江沙溪	18.87	15.31	0.98	未用
	江宁安基山	15.31	15.31	0.68	未用

(一)长江中下游铜多金属成矿带(Ⅲ-69)城门山"多位一体"铜多金属矿床地质、地球化学找矿模型

1. 城门山铜矿床地质特征

城门山"多位一体"(矽卡岩型、斑岩型、似层状块状硫化物型)铜多金属矿床位于扬子陆块北东缘,为燕山期中酸性小岩体侵入到中-古生代的碳酸盐岩地层中形成的。在花岗闪长斑岩与灰岩的接触带形成矽卡型矿床,在石英斑岩与花岗闪长斑岩的岩体中形成斑岩型铜钼矿床,在中石炭统黄龙组灰岩与上泥盆统五通组砂岩层面上形成了似层状块状硫化物型矿床(图 4-110),组成了"○"型(油条烧饼型)特大型铜多金属矿床。

城门山铜矿矿体在空间上呈现以斑岩体为中心的环带状分布(图 4-111)。矿体产在斑岩体内、外接触带及接触带围岩中,空间上与斑岩体密切相关,离开岩体一定范围,即为无矿围岩。铜矿体分布于岩体上部、接触带和接触带外,钼矿体分布于岩体中心较深的部位。空间上铜、钼矿体的分布规律为,垂向上:上铜下钼;水平上:钼矿体→铜矿体→铜、硫矿体,构成了以钼矿体为核心的中心式带状分布模式。

以接触带为中心形成的矽卡岩铜矿体主要分布在接触带(图 4-111),矿体的形态与产状变化取决于接触带形态变化的复杂程度。

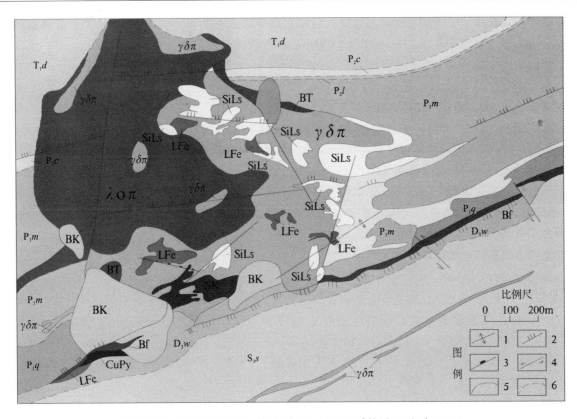

图 4-110　城门山"多位一体"铜多金属矿区地质简图(王忠玲,1991)

T_1d－三叠系大冶组;P_2c－二叠系长兴组;P_2l－二叠系龙潭组;P_1m－二叠系茅口组;P_1q－二叠系栖霞组;
D_3w－泥盆系五通组;S_3s－志留系纱帽组;$\lambda o\pi$－石英斑岩;CuPy－块状硫化物矿体;$\gamma\delta\pi$－花岗闪长岩;
LFe－褐铁矿;SiLs－硅化灰岩;BK－溶蚀洼地堆积物;BT－接触角砾岩;Bf－构造角砾岩;SK－矽卡岩;
1－北东向背斜;2－北东东向断裂;3－北北东向断裂;4－扭性断裂;5－地质界线;6－推断地质界线

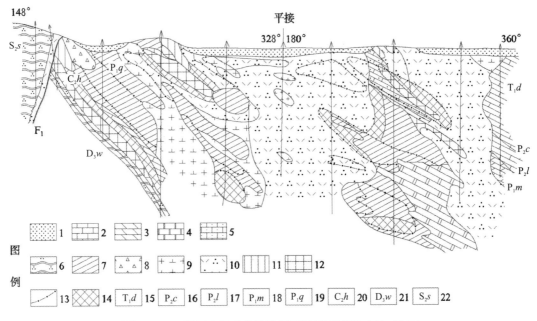

图 4-111　城门山铜矿床地质剖面图(黄崇轲和白冶,2001)

1－残坡积物;2－石灰岩;3－碳质页岩;4－大理岩;5－硅化灰岩;6－石英岩;7－矽卡岩;8－角砾岩;9－花岗
闪长斑岩;10－石英斑岩;11－铁帽;12－含铜黄铁矿及铜硫矿体;13－铜硫矿体边缘;14－铜矿化;
15－大冶组;16－长兴组;17－龙潭组;18－茅口组;19－栖霞组;20－黄龙组;21－五通组;22－纱帽组

块状硫化物矿体受五通组与黄龙组之间的假整合面及层间破碎带控制,呈似层状产于五通组砂岩及黄龙组碳酸盐岩地层中(图4-111),并以岩体为中心向东西两侧作对称分布。

斑岩铜矿体主要分布于岩体的浅部和边缘;斑岩钼矿体则分布在岩体较深部的中心部位及紧靠岩体的砂岩中。少数深部钻孔显示,铜矿体往深部逐渐减少、变贫,而为钼矿体所取代,钼矿体至-800m 的矿化强度尚未减弱,推测尚有钼矿体存在。

综上所述,城门山各类型矿体分布受"两个中心"(岩体和接触带)、"三带"(层间破碎带、断裂带、岩体裂隙带)、"一面"(五通组与黄龙组假整合面)所控制,形成了以钼为核心的斑岩铜矿、矽卡岩型铜矿、块状硫化物铜矿"三位一体"的组合分布规律。

矿石矿物主要为黄铜矿、黄铁矿、辉钼矿、闪锌矿。其中,黄铜矿、黄铁矿、闪锌矿除单独构成工业矿体外,常构成铜、硫复合矿体,有时与闪锌矿一起构成铜、硫、锌复合矿体;辉钼矿单独构成矿体。贵金属矿物有自然金和自然银,都具有综合回收价值。

2. 城门山铜矿床地球化学特征

(1)铅同位素组成特征。城门山"三位一体"铜矿和武山"二位一体"(缺斑岩铜矿),其含铜黄铁矿体(块状硫化物矿体)赋存于中石炭统黄龙组灰岩与上泥盆统五通组砂岩假整合面上的似层状矿体(城门山为Ⅰ号矿体,武山为北矿带),其硫化物铅同位素组成分为两个区间:$^{206}Pb/^{204}Pb$:17.913~18.222 和 18.38~18.607;$^{207}Pb/^{204}Pb$:15.499~15.745 和 15.65~15.929;$^{208}Pb/^{204}Pb$:38.016~38.209 和 39.13~39.290。前者与区域 C_2h 和 D_3w 假整合面上沉积黄铁矿铅同位素组成的区间相吻合(点线投点域):$^{206}Pb/^{204}Pb$:18.077~18.625,$^{207}Pb/^{204}Pb$:15.637~15.695,$^{208}Pb/^{204}Pb$:38.480~38.590(表4-46)。后者含铜黄铁矿体(实线投点域)由于受燕山期花岗闪长斑岩期后含铜成矿热液叠加改造,其铅同位素组成与矽卡岩铜矿体、斑岩铜矿体的矿石铅同位素组成趋于一致(虚线投点域),故投点位置十分相近。而斑岩体内的硫化物和矽卡岩矿体硫化物其成因与酸性小岩体有密切的成因联系,因此它们的铅同位素组成十分相似(表4-46),处在相互叠合的同位素组成投点域(图4-112)。

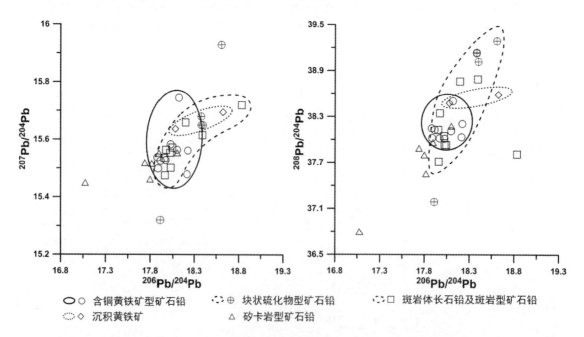

图4-112 城门山-武山铜矿床矿石铅和长石铅及五通组黄铁矿铅同位素组成

(2)硫同位素组成特征。城门山铜矿硫同位素组成变化范围窄(图4-113),$\delta^{34}S$ 值集中在 1‰~5‰之间,明显呈"塔式"分布,示踪其硫源主要为深源硫,而三个沉积黄铁矿(C_2h 和 D_3w 层间)的 $\delta^{34}S$ 明显富集轻硫,$\delta^{34}S$:-30‰~-36‰之间。

表 4-46 城门山-武山铜矿床矿石铅、长石铅及五通组沉积黄铁矿铅同位素组成

矿床类型	矿区	样号	取样地点	测试对象	$^{206}Pb/^{204}Pb$	$^{207}Pb/^{204}Pb$	$^{208}Pb/^{204}Pb$	资料来源
含铜黄铁矿型	武山	W47	武山北矿带 22m E1	方铅矿	17.880	15.538	38.151	王文斌和季绍新,1986
		W72	武山北矿带-40m W8	方铅矿	17.886	15.499	38.026	
		W73	武山北矿带-40m W8	方铅矿	17.913	15.526	38.130	
		W81	武山北矿带-40m E7	黄铁矿	17.967	15.528	38.021	
		W226	武山北矿带 ZK013-546.5m	黄铁矿	18.116	15.745	38.507	
		W221	武山北矿带 ZK012-450m	黄铁矿	18.023	15.583	38.016	
	城门山	C131	ZK118-184.5m	黄铁矿	18.222	15.562	38.209	
		C139	ZK118-215.5m	黄铁矿	18.096	15.564	38.113	
		C301	7 线坑道内	黄铁矿	18.212	15.479	38.036	
矽卡岩型	武山	W308	南矿带 CK2510-140.8m	黄铁矿	17.075	15.450	36.798	季绍新和王文斌,1990
		W802	南矿带-40m 35 穿脉	黄铁矿	17.895	15.552	37.965	
	城门山	C197	ZK9948-612.3m	黄铁矿	18.099	15.554	38.180	
		C269	ZK3211-115m	黄铁矿	17.740	15.519	37.891	
		C281	ZK3213-522.5m	黄铁矿	17.800	15.462	37.803	
		C322	ZK109-234m	黄铁矿	17.817	15.517	37.557	
斑岩型	城门山	C334	石英-黄铁矿脉,ZK109-462.5m	黄铁矿	18.017	15.554	38.051	
		C259	花岗闪长斑岩,ZK993-620m	黄铁矿	18.025	15.502	37.936	
		C20	花岗闪长斑岩,ZK993-620m	钾长石	18.042	15.572	37.933	
		C243	石英斑岩 ZK996-145m	黄铁矿	17.959	15.475	37.716	
		C21	石英斑岩 ZK996-145m	钾长石	18.833	15.720	37.814	
	武山	Jx042	花岗闪长岩	长石	18.195	15.659	38.764	张理刚等,1995
		Jx043	花岗闪长岩	长石	17.972	15.564	38.347	
		W325	ZK2511-89.5m	黄铁矿	18.394	15.615	38.792	
		W34	ZK2511-89.5m	钾长石	17.954	15.536	38.131	
块状硫化物型	城门山		块状硫化物 6567 孔	方铅矿	18.607	15.929	39.290	孟良义和黄恩邦,1988
		G9	块状硫化物 241 孔	方铅矿	18.40	15.65	39.02	陈毓蔚和毛存孝,1980
		孟-4		方铅矿	17.91	15.32	37.19	
	武山	G18		方铅矿	18.38	15.68	39.13	
		G19		方铅矿	18.38	15.65	39.14	
泥盆系五通组	赣北	砂岩		沉积黄铁矿	18.625	15.695	38.590	马振东,1996
	铜陵	泥岩		沉积黄铁矿	18.077	15.637	38.480	

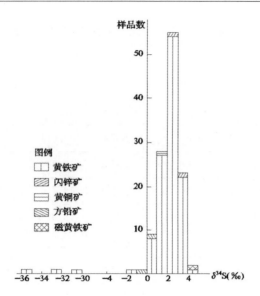

图 4-113 城门山硫同位素频率直方分布图(孟良义和黄恩邦,1988)

(3)城门山含矿花岗闪长斑岩地球化学特征(表 4-47)。

表 4-47 江西九江城门山含矿花岗闪长斑岩地球化学特征

元素及氧化物		含量(氧化物为%,其他为 10^{-6})	
成矿中酸性小岩体(花岗闪长斑岩)	SiO_2	58~66	$Al_2O_3/(CaO+Na_2O+K_2O)$: 1.28~1.43;富集轻稀土; δEu:0.75~1.00; 高 $Sr(\geqslant 400\times 10^{-6})$; 低 $Y(\leqslant 18\times 10^{-6})$, 低 Ti、Nb、Ta、Zr、Hf 等元素
	Al_2O_3	>14.5	
	K_2O	富 K_2O	
	Na_2O	贫 Na_2O	
	Fe_2O_3	高 Fe_2O_3(浅成富氧环境)	
	Cu	400~600	
	Mo	3~85	
原生晕组分分带		以成矿岩体(花岗闪长斑岩)为中心具水平环状(半环)分带: Mo、W(Cu)→Cu(Au)→Pb、Zn、Ag→As、Sb、Hg	

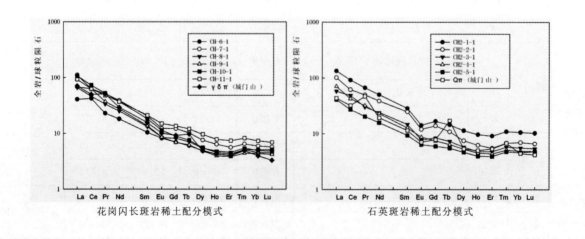

花岗闪长斑岩稀土配分模式　　　　石英斑岩稀土配分模式

3. 城门山铜矿床地球化学异常特征

在多次成矿蚀变作用的叠加下，在矿区不同类型矿体周围形成迥异的蚀变矿化分带。

(1) 以斑岩体为中心的水平环状分带（图 4-114）。以石英斑岩为中心往外的蚀变矿化分带为：钾硅化钼矿化带→石英绢云母矽卡岩化铜矿化带→绿泥石碳酸盐化黄铁矿化带。对应成矿元素分带：Mo、W(Cu)→Cu(Au)、Co、Ni→Pb、Zn、Ag、As、Sb、Hg、Mn。

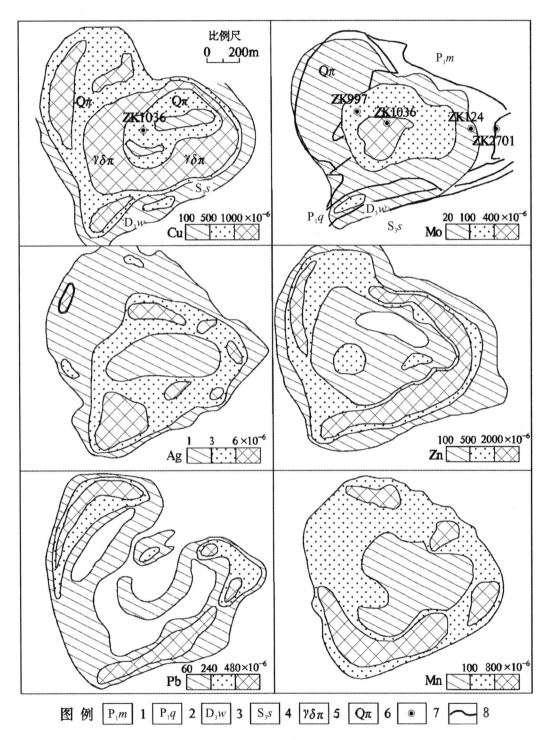

图 4-114　城门山铜矿床矿区岩石地球化学异常图（朱炳球和徐外生，1981）

1—下二叠系茅口组灰岩；2—下二叠系栖霞组灰岩；3—上泥盆系五通组石英砂岩、砂砾岩；4—上志留系纱帽组砂岩、粉砂岩；5—花岗闪长斑岩；6—石英斑岩；7—钻孔位置；8—地质界线

斑岩体的垂向分带(图4-115),上:绿泥石碳酸盐化黄铁矿带,主要成矿元素为 Pb、Zn、Ag、As、Sb、Hg;中:石英绢云母铜矿带,主要成矿元素为 Cu(Au)、Co、Ni;下:钾硅化、钼矿化带,主要成矿元素为 Mo、W(Cu)。

(2)以花岗闪长斑岩与碳酸盐岩接触带矽卡岩为中心水平分带。灰岩←绿泥石、绿帘石化大理岩化灰岩←黄铁矿矿化透辉石、阳起石大理岩←黄铜矿化钙铁矽卡岩、黄铜矿化钙铝矽卡岩→黄铁矿化绢云母、高岭土化花岗闪长斑岩→绿泥石、绿帘石化花岗闪长斑岩→花岗闪长斑岩;对应成矿元素分带:As、Sb、Hg ←Pb、Zn、Ag←Cu(Au)→ Pb、Zn、Ag→As、Sb、Hg。

(3)似层状含铜黄铁矿水平对称分带。从岩体接触带向东西两侧:灰岩←铅锌矿、黄铁矿化灰岩←含铜黄铁矿←含铜矽卡岩→含铜黄铁矿→铅锌矿、黄铁矿化灰岩→灰岩;对应成矿元素分带:Hg、Sb←Pb、Zn、Ag←Cu(Au)、Co、Ni←Cu(Au)→Cu(Au)、Co、Ni→Pb、Zn、Ag→Hg、Sb。

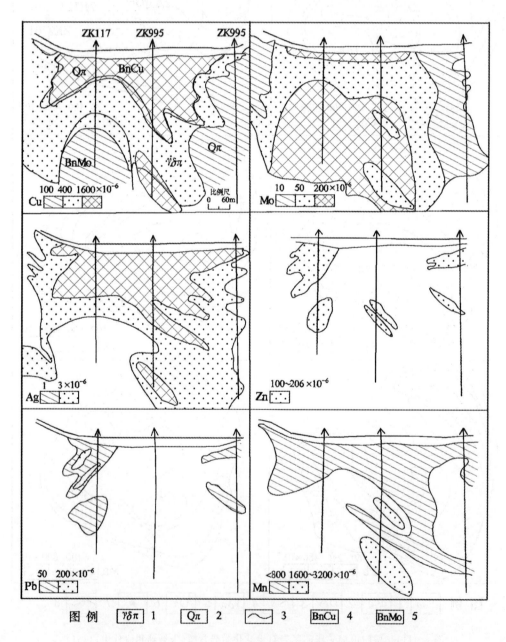

图 4-115　城门山铜矿床矿区 99 线地球化学异常图(朱炳球和徐外生,1981)
1—花岗闪长斑岩;2—石英斑岩;3—地质界线;4—斑岩铜矿;5—斑岩钼矿

4. 城门山铜矿床主要地质、地球化学特征(表 4-48)

表 4-48　城门山铜矿床主要地质、地球化学特征

成矿系列	与深源中酸性岩浆活动有关的铜多金属成矿系列
成矿环境	处于中晚中生代欧亚大陆板块内部的(古扬子板块东北缘)构造活动带
矿床类型	矽卡岩-斑岩-块状硫化物"三位一体"铜多金属矿床
赋矿地层	石炭系-三叠系碳酸盐岩和碎屑岩
控矿构造	岩体边部裂隙带,岩体与围岩内外接触带,五通组与黄龙组假整合面
含矿岩体	花岗闪长斑岩(与 Cu 成矿关系密切),石英斑岩(与 Mo 成矿关系密切)
成岩时代	石英斑岩:103～118Ma(燕山晚期);花岗闪长斑岩:142～154Ma(燕山早期)
成矿时代	石英斑岩中辉钼矿 Re-Os 等时线年龄为$(140±2)$Ma(吴良士和邹晓秋,1997)
矿体产状	斑岩铜钼矿体呈筒状、层状(次生富集带),矽卡岩铜矿体为不规则状,块状硫化物铜矿体为层状、似层状
矿石矿物	主要矿石矿物为黄铁矿、黄铜矿、辉钼矿、闪锌矿、磁铁矿,少量自然金、自然银
结构构造	块状构造、浸染状构造、细脉状构造、角砾状构造等
围岩蚀变	钾硅化、石英绢云母化、矽卡岩化、绿泥石化、高岭土化、碳酸盐化、大理岩化
成矿及伴生元素组合	主成矿元素为 Cu、Mo、Au,主要伴生元素为 Ag、Pb、Zn、Cd、As、Sb、Hg 等
矿床规模	Cu 储量为 $166.44×10^4$t,Mo 储量为 $5×10^4$t
剥蚀程度	中等剥蚀
典型矿床	城门山、武山、丰山洞
地理景观	温润中低山丘陵区

5. 城门山铜矿床成矿模式

中深部隐伏岩基分异出含矿中酸性小岩体侵位在古生代海相碳酸盐岩和碎屑岩中,形成城门山"三位一体"铜多金属矿床,其铜矿体的储矿空间有三个(图 4-116):斑岩铜矿体赋存于斑岩体浅部裂隙带、隐蔽爆破角砾岩带;矽卡岩铜矿体赋存于岩体与碳酸盐围岩的接触带;似层状含铜黄铁矿体赋存于两种物理化学性质迥然有别的岩层界面上(泥盆系五通组的石英砂岩和石炭系黄龙组的碳酸盐岩)。

6. 城门山铜矿床控矿因素

(1)深源中酸性岩浆岩控制铜钼矿化,早期花岗闪长斑岩为铜成矿母岩,晚期石英斑岩为钼成矿母岩。

(2)岩体为围岩接触带形成矽卡岩型铜矿体,岩体边部及顶部裂隙带控制了斑岩型矿体的空间分布,五通组砂岩与黄龙组碳酸盐岩之间的假整合面是似层状、层状含铜黄铁矿的赋矿空间,围岩内的裂隙带是 Pb、Zn、Ag、Au 脉状矿体的有利部位。

7. 城门山铜矿床地球化学找矿模式

(1)1∶20 万水系沉积物地球化学异常特征。成矿元素的高背景区(带)是最为醒目的靶区,在三叠-二叠系沉积建造的铜低背景区($Cu:<20×10^{-6}$)叠加了(几十—几百)$×10^{-6}$铜高值带。例如,九瑞地区区域 1∶20 万水系沉积物测量数据显示(图 3-11),Cu、Mo 等成矿元素异常呈现北西向空间分布格局,它们为与中酸性小岩体有关的铜多金属矿床所致。1∶20 万水系沉积物测量是寻找该类矿床十分有效的勘查方法之一。

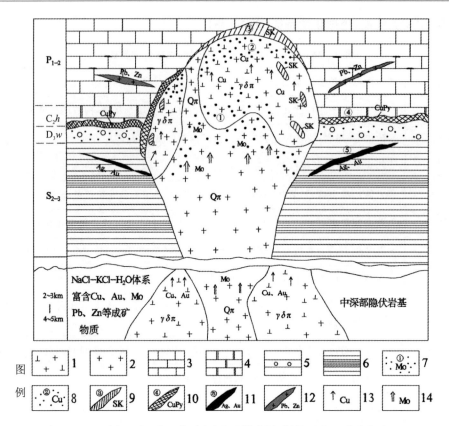

图 4-116 城门山"三位一体"铜矿成矿模式图(据赣西北地质队修改,1998)
1—花岗闪长斑岩;2—石英斑岩;3—二叠系灰岩;4—石炭系上统白云质灰岩;5—泥盆系上统含砾石英砂岩;
6—志留系中上统砂页岩;7—斑岩钼矿;8—斑岩铜矿;9—矽卡岩铜矿;10—似层状含铜黄铁矿;
11—Ag、Au 矿;12—Pb、Zn 矿;13—Cu 矿液;14—Mo 矿液

已知矿床(城门山、武山、丰山洞)1:20万水系沉积物测量形成了 Cu、Au、Mo、Ag、Pb、Zn、As、Sb 等成矿元素面积广、强度高、元素组合复杂的异常特征。1:20万水系沉积物地球化学异常的面金属量与背景值的高比值(规格化面金属量)是矿田主成矿元素活动的标志(表 3-10)。根据区域1:20万水系沉积物测量数据进行矿床剥蚀深度评价,利用 W+Sn+Mo—Cu+Pb+Zn—As+Sb+Hg 三组元素所制作的三角图解(图 3-21)显示,城门山铜矿剥蚀深度较大,为中等剥蚀程度,与客观实际情况吻合。

(2)1:1万土壤地球化学异常特征(表 4-49)。

① 城门山铜矿内(中)带土壤(绝大部分已破坏)Cu 含量高达 $129.3\times10^{-6}\sim267.2\times10^{-6}$,Mo:$4.07\times10^{-6}\sim47.85\times10^{-6}$,内(中)带土壤成矿元素组合为:Cu、Mo、Au、Ag、W、Sn,城门山铜矿外带土壤 Cu 的背景值为 24×10^{-6},异常下限为 36×10^{-6},Mo 的背景值为 0.72×10^{-6},异常下限为 1.00×10^{-6},外带土壤成矿元素组合为:Ag、Au、Pb、Zn、As、Sb、Bi、Hg(表 4-49)。

② 城门山铜矿隐伏似层状块状硫化物矿体上覆土壤中 Cu 活动态率高达 33%,其中 Cu 的 Fe、Mn 相态是活动态 Cu 的主要部分(19.5%),其次是有机相 Cu(13%),而志留系砂岩中隐伏的 Ag、Au 矿体(矿化体)上覆土壤中 Au 的活动态率为 31%,其中 Au 的有机相态占了活动态 Au 的绝大部分(26%)。

③ 矿化花岗闪长斑岩、石英斑岩是上覆土壤壤中汞气的源,它是寻找斑岩铜矿的良好指示剂,城门山铜矿壤中汞气的背景值为 $276.6ng/m^3$,异常下限为 $779.9ng/m^3$,热释汞背景值为 9.2×10^{-9},异常下限为 19.0×10^{-9}。1:1万土壤地球化学测量和土壤中汞气测量是查明浅表矿体、强矿化体位置的行之有效的方法。

④ 与深源岩浆岩有关的矿床,轻烃是隐伏矿体(矿化)的良好示踪剂,在志留系砂岩中所贯入的矿化花岗闪长斑岩岩脉的两侧,轻烃(尤其是 C_2、C_3、iC_4、nC_4、iC_5、nC_5)能在剖面上形成不对称双峰异常,在平面上呈带状展布(王永华和龚敏,2010)。

(3)岩石地球化学异常特征(图 4-117)。

表 4－49　城门山铜矿外带土壤(B_2层)多元地球化学特征

元素		样品数	背景值	异常下限	平均值	最大值	最小值	Cu 在土壤中的存在形式	Au 在土壤中的存在形式
元素	Cu	178	24	36	27	57	11	Cu 在 B_2 层中的赋存形式：活动态率 33%；Fe、Mn 氧化态率 19.5%；有机态率 13%	Au 在 B_2 层中的赋存形式：活动态率 31%；有机态率 26%；吸附态率 4%
	Mo	188	0.72	1	0.76	2.51	0.4		
	Au	170	4.5	9.7	13	1213	1.3		
	Ag	174	228	604	368	3 485	43		
	Pb	173	38	78	58.7	609.9	19		
	Zn	197	56	94	56	130.3	24.3		
	As	175	15	25	20.6	115.6	8.3		
	Sb	182	2.4	5.2	3.2	21.5	0.8		
	Hg	186	65	97	69.1	201.6	35		
汞气	壤中汞气	92	276.6	779.9	302.0	1 188.3	18.9	单位：Cu、Mo、Pb、Zn、As、Sb 为 10^{-6}；Au、Ag、Hg、热释汞为 10^{-9}；壤中汞气为 ng/m^3；轻烃为 $\mu l/kg$；磁化率为 10^{-6}SI。存在形式：活动态率 =（活动态总量/全量）× 100%；Fe、Mn 氧化态率 =（Fe、Mn 氧化态/全量）× 100%；有机态率 =（有机态总量/全量）× 100%	
	热释汞	94	9.2	19.0	9.2	20.8	1.8		
轻烃	C_1	89	4.302	7.416	4.710	14.285	1.958		
	C_2	91	0.451	0.806	0.473	1.045	0.136		
	C_3	86	0.293	0.568	0.349	1.027	0.078		
	iC_4	83	0.138	0.249	0.182	0.791	0.044		
	nC_4	86	0.154	0.297	0.197	0.904	0.039		
	iC_5	83	0.063	0.109	0.081	0.335	0.022		
	nC_5	88	0.071	0.123	0.092	0.391	0.021		
土壤磁化率		93	536	949	546	1 212	169		

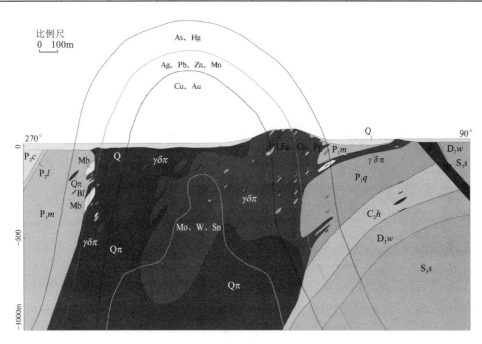

图 4－117　江西九江城门山原生晕分带模式

$Q\pi$－石英斑岩；P_2c－长兴组灰岩；P_2l－龙潭组灰岩；P_1m－茅口组灰岩；P_1q－栖霞组灰岩；C_2h－黄龙组灰岩；
D_2w－五通组砂岩；S_3s－纱帽组砂岩；Ls－灰岩；$\gamma\delta\pi$－花岗闪长斑岩；$Q\pi$－石英斑岩；SiLs－硅化灰岩；
Bf－构造角砾岩；Mb－大理岩；LFe－褐铁矿；CuPy－含铜黄铁矿

成矿指示元素

岩石地球化学测量结果表明,在成矿成晕过程中,矿床及其周围具有 Cu、Pb、Zn、Au、Ag、Mo、W、Sn、Bi、As、Mn、Co、Ni、Hg、F 等元素的岩石地球化学异常,这些元素可以作为寻找该类矿床的指示元素,其中最主要的指示元素为 Cu、Pb、Zn、Au、Ag、Mo,它们代表了矿床主要成矿元素和伴生元素组合特征。

对铜矿来讲,Pb、Zn、As、Mn(Hg)为前缘晕;Cu、Au、Ag 为矿中晕;Mo、W、Sn 为矿尾晕。

对钼矿床来讲,Mo、W(Sn)元素以深部斑岩体为中心,往上往外,元素的组合为 Cu、Au、Ag→Pb、Zn、As、Mn(Hg)。

对赋存于五通组和黄龙组不整合面上的块状含铜黄铁矿来讲,则以花岗闪长斑岩体为中心,Cu、Au 元素向东西两侧对称分布为:Ag、Au(Cu)→Pb、Zn、As(Hg)元素组合。

岩石地球化学异常含矿性评价

① 异常面积和强度大,形态规整(环状、半环状、带状),具多组分特征。
② 成矿元素具有明显的组分分带,无论在轴向上、横向上、纵向上都有较清晰的分带。
③ 浓度分带清晰,主要成矿元素内、中、外带都有一定宽度,具有明显的浓集中心。

(二)长江中下游铜多金属成矿带(Ⅲ-69)冬瓜山铜多金属矿床地球化学找矿模型

1. 矿床地质特征

冬瓜山铜多金属矿床是安徽铜陵狮子山矿田的一个深部隐伏矿床。矿区地表出露一套三叠系碳酸盐岩,深部为二叠系、石炭系(图 4-118a)。与成矿关系密切的岩浆岩为石英闪长岩、石英二长闪长斑岩,呈

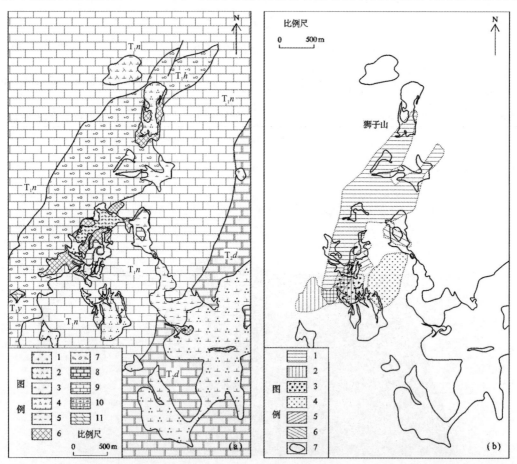

图 4-118 安徽铜陵狮子山矿田地质简图(a)和主要铜矿床矿体水平投影简图(侯增谦和杨竹森,2011)
a):1—花岗斑岩;2—闪长玢岩;3—闪长岩;4—石英二长闪长岩;5—辉石二长闪长岩;6—矽卡岩;7—角砾状卡岩筒;8—白云岩;9—灰岩;10—泥质条带灰岩;11—页岩和泥灰岩;(b):1—冬瓜山矿体;2—老雅岭矿体;3—花树坡矿体;4—大团山矿体;5—西狮子山矿体;6—东狮子山矿体;7—侵入岩体

岩席、岩墙、岩枝、岩脉形式产出,为燕山期(136Ma)中浅成侵入体,与碳酸盐岩接触带具强烈的矽卡岩化,在不同岩性地层之间形成顺层延伸的层状矽卡岩,距岩体可达500m之远,控制着铜矿体就位(图4-118b)。在冬瓜山深部(71线)斑岩体具斑岩铜矿的矿化和蚀变分带(石英钾化带、石英绢云母化带、青磐岩化带)(图4-119)。

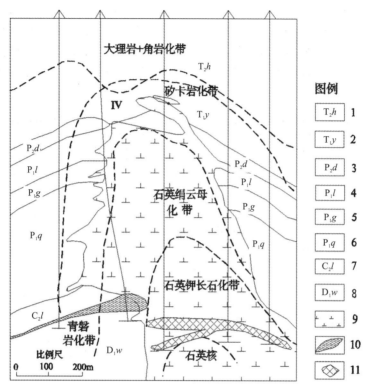

图4-119 冬瓜山矿床71线深部斑岩铜矿蚀变分带(唐永成和吴言昌,1998)

1—中三叠系和龙山组;2—下三叠系殷坑组;3—上二叠系大隆组;4—下二叠系龙潭组;5—下二叠系孤峰组;6—下二叠系栖霞组;7—上石炭系龙船山组;8—下泥盆系五通组;9—石英二长闪长斑岩;10—层状铜矿体;11—斑岩铜矿体

主矿体赋存于中上石炭统的白云质大理岩中,呈似层状,在背斜轴部矿体变厚。矿石类型复杂:含铜黄铁矿型、含铜黄铁矿-磁黄铁矿型(具海底喷流成因纹层状构造、揉皱状构造,图4-120)及含铜矽卡岩型、含铜斑岩型等。主要矿石矿物有磁黄铁矿、黄铁矿、黄铜矿、磁铁矿等,其次有闪锌矿、菱铁矿、方铅矿、毒砂、辉钼矿、白钨矿等。Cu、Au为主要成矿元素,伴生有Ag、As、Sb、Pb、Zn、Bi、Co、W、Mo、Se等元素。

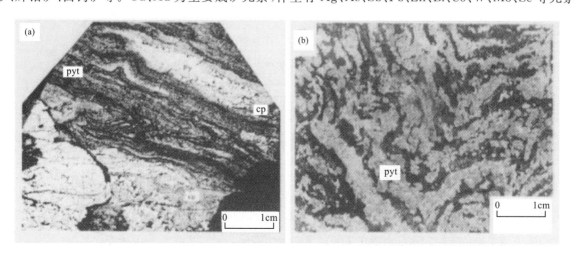

图4-120 冬瓜山层状矿体中典型矿石结构构造(陆建军和郭维民,2008)

(a)磁黄铁矿与脉石矿物互层构成层纹状构造,可见黄铁矿变斑晶和环斑结构;(b)揉皱状构造

2. 矿床铅硫同位素地球化学特征

(1)铅同位素组成特征。从表4-50、图4-121可见，冬瓜山层状铜矿矿石铅同位素组成具有相对较高的放射成因铅同位素组成，$^{206}Pb/^{204}Pb$：18.239 6～18.799 5，$^{207}Pb/^{204}Pb$：15.596 2～15.774 2，$^{208}Pb/^{204}Pb$：38.534 7～38.978 1。而铜官山石英闪长岩中长石铅(实线投点域)与长江中下游深源中酸性小岩体长石铅具相似的铅同位素组成，$^{206}Pb/^{204}Pb$：17.704～18.426，$^{207}Pb/^{204}Pb$：15.411～15.691，$^{208}Pb/^{204}Pb$：37.763～38.844。层状铜矿矿石铅同位素组成与二叠系、石炭系中沉积黄铁矿及灰岩、白云岩全岩铅同位素组成相似(虚线投点域)；另外，处于斑岩体中网脉状硫化物及矽卡岩硫化物的铅同位素组成又与岩体中长石铅一致，这一信息示踪着层状铜矿物源受地层源的影响颇大，而斑岩和矽卡岩铜矿的物源主要来自岩浆。

表4-50 冬瓜山层状铜矿矿石铅、长石铅及沉积黄铁矿铅同位素组成

序号	样号	岩矿石	测试对象	$^{206}Pb/^{204}Pb$	$^{207}Pb/^{204}Pb$	$^{208}Pb/^{204}Pb$	资料来源
1	S9	石英-黄铁矿-黄铜矿脉	硫化物	18.302 7	15.634 1	38.575 4	徐兆文和陆现彩，2007
2	S10-1			18.359 7	15.630 1	38.576 2	
3	S11			18.239 6	15.632 8	38.534 7	
4	S13			18.346 6	15.774 2	38.978 1	
5	S16			18.259 3	15.596 2	38.592 8	
6	S17			18.300 7	15.633 3	38.571 7	
7	S49-4	含铜磁黄铁矿	磁黄铁矿	18.491 0	15.664 1	38.420 0	
8	S48-16			18.799 5	15.688 4	38.552 2	
9	S48-13	石英闪长岩中网脉	硫化物	18.143 7	15.724 8	38.692 8	
10	S49-7			18.280 3	15.633 6	38.387 1	
11	S54-4	含铜矽卡岩		18.200 3	15.780 0	38.873 8	
12	S54-5			18.147 9	15.684 0	38.561 0	
13	A-4-2	铜陵铜官山石英闪长岩	长石	18.091	15.691	38.357	张理刚等，1995
14	A-4-4			17.769	15.449	38.844	
15	A-4-6			18.426	15.589	38.407	
16	A-4-7			18.080	15.571	38.122	
17	A-4-9			17.938	15.581	38.199	
18	A-4-10			17.704	15.425	37.763	
19	85P-16			17.566	15.411	37.689	
20	闪205			17.926	15.646	38.458	黄斌，1991
21	闪206			17.896	15.527	38.099	
22	闪207			17.678	15.446	37.766	
23	二叠系(赣北)	碳质页岩	黄铁矿	18.433	15.748	38.697	马振东，1996
24	石炭系(铜陵)	灰岩、白云岩	全岩(5)	18.533	15.698	38.638	黄斌，1991

注：1～6、8、9采自铜陵冬瓜山铜矿-730中段48线穿脉；7、10采自铜陵冬瓜山铜矿-730中段49线穿脉；11～19采自铜陵冬瓜山铜矿-730中段54线穿脉；20～22分别采自CK351深426m、CK291深678m、CK413深550m；23采自赣北二叠纪地层；24采自铜陵石炭纪地层

(2)硫同位素组成特征。冬瓜山铜矿床区域沉积岩中硫同位素组成具有较大的变化范围(图4-122)。

① $\delta^{34}S$值为-13‰～-38‰，为细菌硫酸盐还原作用的生物成因硫，在区域围岩中亦有部分硫化物的 $\delta^{34}S$ 为正值3‰～8‰，为海水硫酸盐沉积特征，沉积硫酸盐中的硬石膏的 $\delta^{34}S$ 值为20.05‰～21.6‰。

② 而与岩浆热液成矿作用有关所形成的硫化物,其硫同位素组成较均一,$\delta^{34}S$ 值为 0.5‰~10.2‰,变化范围较小,平均值为 5‰,大部分位于 3‰~7‰之间,硫源受地层源的影响颇大,呈"塔式"分布,与区域岩浆硫同位素组成相似。这一特征示踪了高温岩浆热液成矿系统的硫同位素分馏作用基本达到了平衡(其 $\delta^{34}S$ 值排序为:辉钼矿＞黄铁矿＞磁黄铁矿＞闪锌矿＞黄铜矿＞方铅矿)。

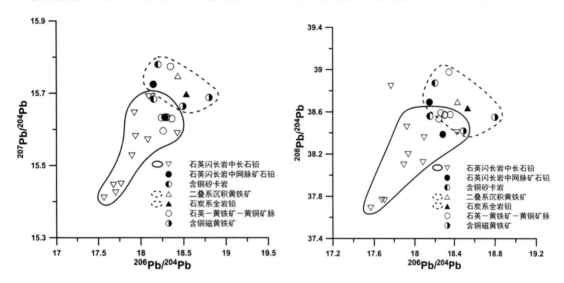

图 4-121　冬瓜山层状铜矿矿石铅及长石铅同位素组成

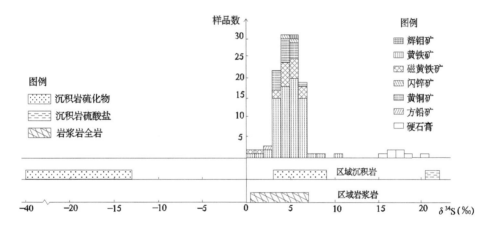

图 4-122　冬瓜山铜矿床的硫同位素组成直方图及相关岩石硫同位素组成范围(徐晓春和尹滔,2010)

3. 矿田(矿床)地球化学异常特征

(1)1∶20 万水系沉积物测量地球化学异常特征。铜陵-戴家汇一带是长江中下游铜多金属成矿带的Ⅳ级成矿单元,包括铜官山、狮子山、新桥、凤凰山、戴家汇等大中型矽卡岩铜矿床。其中以狮子山铜矿田的"层控"控矿模式颇具特色。

据史长义、吴承烈等研究表明:

① 该成矿亚带内发育 Cu、Au、Ag、Pb、Zn、Cd、Bi、As、Sb、Hg、Co、Ni、Mo、W、Sn 等元素组成的区域地球化学异常。从异常元素与矿化类型分布的空间关系及异常强度等特征值统计结果表明:表生条件下较稳定的元素 Au、Ag 的衬值大于 4,较活泼的元素 Cu、Pb、Zn、Bi、Cd、As、Sb、Hg 等的衬值大于 1。因此,铜陵-戴家汇成矿亚带的成矿指示元素为 Cu、Ag、Au、Bi、Pb、Zn、Cd、Hg、As、Sb 十种元素(表 4-51)。

② 在矿床剥蚀程度相当的情况下,矿床规模大,异常面积相应也大;矿床的主成矿元素的含量不仅反映了地表的矿化规模,同时也示踪了矿化类型的特征。矿带内 Cu 异常面积达 854km² (Cu 平均值为 65× 10^{-6}),其次是 Au、Pb、Sb、Ag、Zn、As,而 W、Mo、Ni、Sn 等元素面积较小,这与铜陵地区剥蚀程度相对较浅吻合(图 4-123)。

③ 矿带内成矿元素与伴生元素在空间上的分布,有两组元素异常组合:一组是以 Cu、Ag、Bi 为主,伴有 Pb、Zn、Cd,与铜矿床(矿田)关系密切;另一组是以 Pb、Zn、Cd、Fe_2O_3、Mn、Sb 的高含量为主,伴有 Ag、Bi、Cu 等元素异常,它们与产于志留系—下二叠统的 Au、Ag 矿床(矿点)密切有关(图 4-123)。

表 4-51　铜陵-戴家汇矽卡岩型铜矿带区域地球化学异常特征(吴承烈和徐外生,1998)

元素分类	元素	平均值	标准离差	衬值	异常面积(km^2)	异常下限
成矿元素	Cu	65.4	90.93	2.62	854	25.0
	Au	12.07	26.74	4.02	734	3.00
	Pb	109.3	194.35	3.64	756	30.0
	Zn	232.3	202.11	2.32	674	100.0
伴生元素	Ag	1.780	9.67	17.80	622	0.100
	Bi	3.27	4.61	3.27	582	0.50
	Cd	1 704	1 446.44	3.41	506	500
	Hg	0.240	0.96	2.40	520	0.100
	As	43.22	56.29	2.88	644	15.0
	Sb	3.02	4.47	3.62	752	1.00
	Sn	4.9	1.096	1.22	440	4.0
	W	5.38	8.69	1.79	316	3.00
	Mo	2.44	1.10	1.63	380	1.50
	Co	24.9	9.23	1.24	184	20.0
	Ni	38.0	10.85	1.27	358	30.0

单位:Au、Cd 含量为 10^{-9},其他为 10^{-6}

(2)1:5 万土壤测量地球化学异常特征。据顾丰等(1986)1:5 万矿田土壤地球化学测量结果显示(图 4-124):

① 土壤异常以 Cu、Au 为主,呈北北东向延伸,Cu 异常面积 11.6km^2,平均值为 539×10^{-6},形成两个浓集中心(狮子山和包村)。南部狮子山为等轴状 Cu 异常,由内、中、外三级浓度带组成,Cu 最大值可达 1 804×10^{-6}。北部包村为中、外浓度带组成,呈椭圆形分布。

② Au 的异常面积仅次于 Cu,达 6.3km^2,平均值为 141×10^{-9},具有明显浓度分带,极大值可达 1000×10^{-9},与 Cu 异常构成偏心式组合。

③ 外围分布不同程度的 Pb、Zn、As 等元素异常,组成外围异常带。

④ (Ag×Pb×Zn)/(Cu×Mo×Co)的累乘比值示踪矿田六个矿床。

(3)钻孔岩石地球化学异常特征。冬瓜山铜多金属矿床岩石地球化学特征总结如下(图 4-125):

① 主矿体原生晕异常(赋存于中上石炭统 C_{2+3} 的似层状矿体):沿层位呈似层状,在背斜轴部向上凹起呈弧形。构成矿体原生晕的元素以 Cu、Ag、W、Co、Bi、B 为主,其中 Cu、Ag、W 异常规模较大、较宽,伴有 As、Sb、Mo 异常。异常在矿体上下盘极不发育,仅沿层位往矿体两端有一定延伸。

② 主矿体上方地层中的原生晕异常:下二叠统的孤峰组(P_1g)有 Ag、Mo、As、Sb、Hg 的综合异常,上二叠统龙潭组(P_2l)有 B(Sb)异常,大隆组(P_2d)有 Mo(Bi、Ag、Sb)异常。这些异常均顺地层呈条带状分布,不同层位相同元素的中带浓度异常互不相连,这一特征示踪着呈岩枝、岩墙、网格状岩体是顺层裂隙矿化成晕所致。

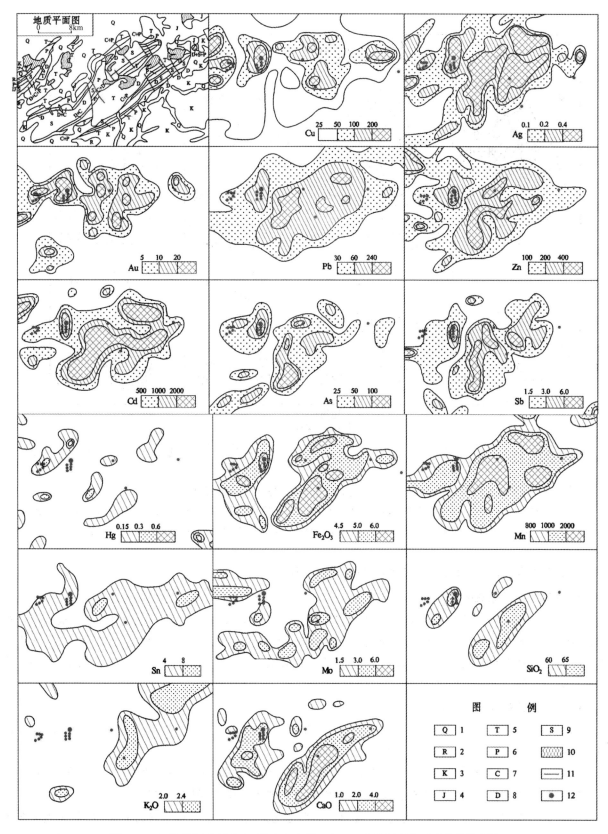

图4-123 安徽铜陵铜官山-凤凰山矿带1:20万水系沉积物地球化学异常图

1—第四系砾岩、砂、粉砂质黏土;2—半固结砂砾岩、砂岩;3—砂岩、砾岩、砂砾岩;4—火山岩、火山碎屑岩;5—灰岩、白云岩、钙质页岩;6—硅质页岩、碳质页岩、灰岩;7—灰岩、泥质粉砂岩、泥质灰岩;8—石英砂岩类粉砂岩、页岩;9—砂岩、细砂岩、页岩;10—中酸性侵入岩;11—断裂;12—铜矿(单位:Au、Cd含量为10^{-9};氧化物为10^{-2};其他为10^{-6})

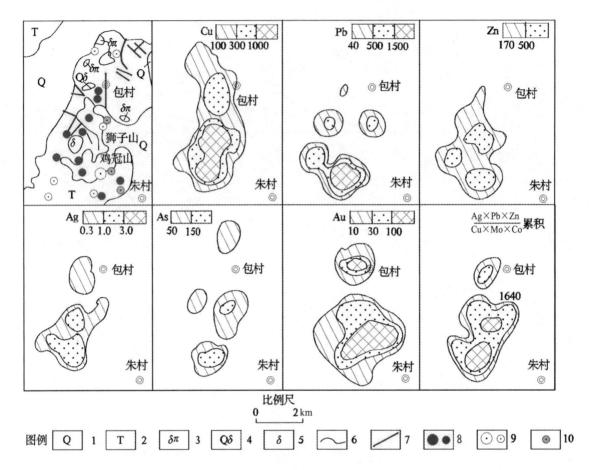

图 4-124　狮子山矿田土壤地球化学综合异常图(吴承烈和徐外生,1998)

1—第四纪;2—三叠系;3—闪长斑岩;4—石英闪长岩;5—辉石闪长岩;6—地质界线;7—断层;8—大中小型铜矿床和矿点;9—小型铁矿床和矿点;10—黄铁矿(单位:Ag含量为10^{-9};其他为10^{-6};氧化物为10^{-2})

4. 冬瓜山铜矿床主要地质、地球化学特征(表4-52)

5. 冬瓜山铜矿床成矿模式

陆建军等(2008)通过综合前人研究,提出了冬瓜山铜(金)矿床的喷流沉积-岩浆热液叠生成因的成矿模式(图4-126):在晚石炭世,海底喷流成矿作用形成了块状硫化物矿床,矿石成分以硫、铁为主;燕山期岩浆热液一方面对块状硫化物进行改造,致使其富集铜等成矿物质,另一方面与围岩相互作用形成矽卡岩型和斑岩型矿体。

6. 冬瓜山铜矿床控矿因素

(1)中生代石英闪长岩呈岩墙、岩脉、岩枝状、网格状侵入在二叠系至三叠系碳酸盐岩的层间裂隙、次级小褶曲中,形成了"多层楼"的层控矽卡岩型矿床。

(2)上泥盆统与中石炭统(D_3-C_2)的假整合面控制了海底喷流成矿作用形成的块状硫化物矿床。

7. 广义矽卡岩型-斑岩型-热液型铜、金多金属矿床系列成矿模式(图4-127)

安徽狮子山铜多金属矿床与江西九江城门山铜多金属矿床成矿成晕地质条件相似,但前者剥蚀程度相对较浅,形成了层状矽卡岩型铜矿、似层状黄铁矿型铜矿及斑岩型铜矿。在其二叠系—三叠系的碳酸盐岩地层中形成了多层楼式的层状矽卡岩铜矿体,在上泥盆统和中石炭统界面上形成了似层状含铜黄铁矿体,其深部(-800m)形成斑岩型铜矿体。

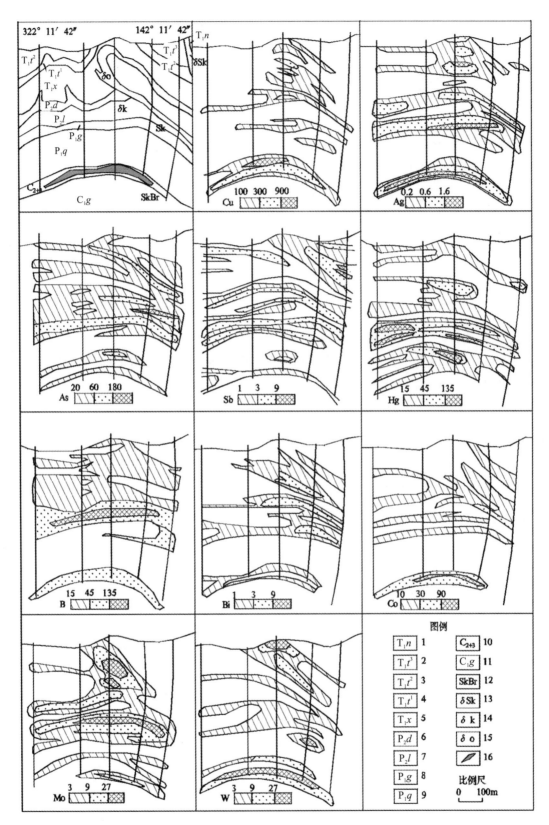

图 4-125　冬瓜山铜矿床 58 线勘探剖面岩石地球化学异常图(吴承烈和徐外生,1998)

1—下三叠统南陵湖组;2—下三叠统塔山组上段;3—塔山组中段;4—塔山组下段;5—下三叠统小凉亭组;
6—上二叠统大隆组;7—上二叠统龙潭组;8—下二叠统孤峰组;9—下二叠统栖霞组;10—中上石炭统黄龙-
船山组;11—下石炭统高骊山组;12—角砾状含辉石闪长岩;13—矽卡岩化闪长岩;14—闪长斑岩;
15—石英闪长岩;16—铜矿体(单位:Hg 含量为 10^{-9},其他为 10^{-6})

表 4-52 冬瓜山铜矿床主要地质、地球化学特征

成矿系列	与深源中酸性岩浆活动有关的铜多金属成矿系列
成矿环境	处于中晚中生代欧亚大陆板块内部的(古扬子板块东北缘)构造活动带
矿床类型	矽卡岩-斑岩-块状硫化物"三位一体"铜多金属矿床
赋矿地层	石炭系-三叠系碳酸盐岩和碎屑岩
控矿构造	层间裂隙带,岩体边部裂隙,岩体与围岩内外接触带,五通组与黄龙组假整合面
含矿岩体	石英闪长岩,石英二长闪长岩,呈岩席、岩墙、岩枝、岩脉状产出
成岩时代	石英二长闪长岩 SHRIMP 锆石 U-Pb 年龄为(135.5±2.2)Ma(徐晓春和陆三明,2008);辉石二长岩 SHRIMP 锆石 U-Pb 年龄为(148.2±3.1)Ma(吴淦国和张达,2008)
成矿时代	主矿化期石英脉中流体包裹体 Rb-Sr 等时线年龄为(134±11)Ma(Zhao and Xian,et al,2005)
矿体产状	矿体为层状、似层状、不规则状等
矿石矿物	主要矿石矿物为磁黄铁矿、黄铁矿、黄铜矿、磁铁矿等,其次有闪锌矿、菱铁矿、方铅矿、毒砂、辉钼矿、白钨矿等
结构构造	矿石为块状构造、纹层状构造、揉皱状构造等
围岩蚀变	层矽卡岩化、矽卡岩化、深部隐伏岩体具石英钾化带、石英绢云母化带及青磐岩化带
成矿及伴生元素组合	主要成矿元素为 Cu、Au,主要伴生元素为 Ag、As、Sb、Pb、Zn、Bi、Co、Mo、Se 等
矿床规模	冬瓜山铜储量为 47.51×10^4 t,冬瓜山南段铜储量为 50.90×10^4 t
剥蚀程度	浅剥蚀
典型矿床	冬瓜山、铜官山
地理景观	温润中低山丘陵区

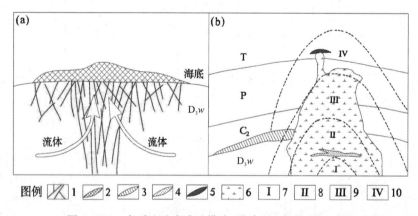

图 4-126 冬瓜山矿床成矿模式(陆建军和郭维民,2008)

(a)晚石炭世海底喷流沉积成矿作用,形成块状硫化物矿床;(b)燕山期岩浆热液成矿作用,使块状硫化物矿体富铜,并形成矽卡岩型和斑岩型矿体;1—细脉、网脉状矿化;2—块状硫化物矿床;3—含铜块状硫化物矿体;4—矽卡岩矿体;5—斑岩型矿体;6—石英二长闪长(斑)岩;7—石英核;8—钾长石化带;9—绢英岩化带;10—青磐岩化带

矿田地表出露大面积的 Cu、Au 土壤次生晕异常,并伴随较大规模的 Pb、Zn 异常。矿田成矿元素的垂直分带自下而上为:Mo、Bi、Co、W→Cu、Au、Ag(Pb、Zn)→Se、Sb、As、Hg、I。

狮子山矿田为层控矽卡岩型"多层楼"模式的代表,地表出露地层为中下三叠统,地下有上泥盆统、石炭系及二叠系。在经受应力褶皱过程中,由于水平应力不均、岩性强度的差异,形成了上泥盆统至中石炭统(D_3-C_2)界面的层间裂隙、滑动及虚脱,其次为二叠系至三叠系各组岩性界面上的层间裂隙和次级小褶曲,为区内形成多层层控式矽卡岩铜矿提供了储矿空间。燕山期石英闪长岩等浅成-超浅成岩墙、岩脉、

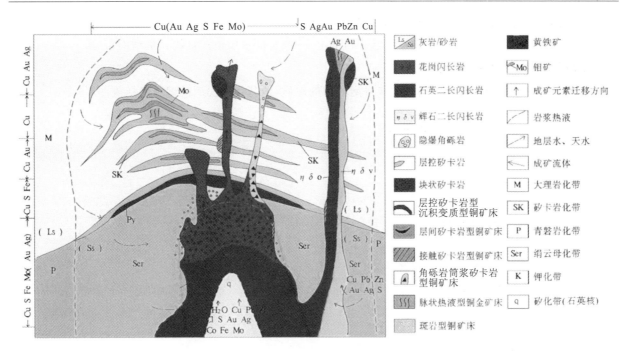

图 4-127　安徽铜矿狮子山矿田成矿模式（唐永成和吴言昌，1998）

岩枝形成网络状构造格架沿裂隙侵入。Cu、Au、Mo 矿化围绕岩浆系统分布，形成冬瓜山、东西狮子山、花树坡、大团山、老鸦岭等矿床。

（三）长江中下游铜多金属成矿带接触交代矽卡岩型铜矿床地质、地球化学找矿模型（吴承烈和徐外生，1998）

1. 地质特征

(1) 在区域基底构造基础上发育了交叉断裂或网格状构造。

(2) 有一套化学性质活泼的碳酸盐岩和碎屑岩组成的沉积岩系。

(3) 有燕山期富碱闪长岩类，与铜矿有关的主要为富钾花岗闪长岩类。

(4) 岩体产出形式以小岩株、岩枝或岩脉群为主。

(5) 矽卡岩发育，以产于岩体与围岩接触带、沿地层岩性界面或层间滑动面、顺层面交代及近岩体边部围岩捕掳体的接触交代型矽卡岩为主。

2. 含矿中酸性岩体地球化学特征

(1) 含矿中酸性岩体 $\omega(SiO_2)$：60%～65%，$\omega(K_2O+Na_2O)$：7%～8%，岩体中 $\omega(Cu)$ 范围为 50×10^{-6}～500×10^{-6}，并富含 Mo、Au、Ag 等元素。

(2) 具 Cu、Ag、Au、Mo、W、Sn、Bi、As、Sb、Hg、Zn、Cd、Pb、Fe、Mn 等元素的地球化学异常。

3. 水系沉积物测量地球化学异常特征

(1) 水系沉积物测量地球化学异常面积达几十平方千米，有时可达 $100km^2$ 以上。

(2) 异常结构：浅剥蚀矿田异常呈面型，分带现象较为明显，内部带以 Cu、Ag、Bi、Pb、Zn、Mo、W、Sn、Fe、Mn 为主，外部带以 Pb、Zn、Au、Ag 等元素为主，但内外带元素往往套合或重叠；而中等及深剥蚀矿田的成矿元素和主要伴生元素的异常则沿岩体接触带呈不连续的环状分布。

(3) 以内部带元素组合为主的局部异常是矿床所在位置，而外部带异常往往是铅锌银的矿点（矿化点）。

4. 岩石地球化学异常特征

(1) 矿体原生晕异常规模不大，一般呈皮壳状包裹矿体，异常元素的浓度梯度在碳酸盐岩围岩一侧变化剧烈，在岩体一侧异常较为发育。

(2) 原生晕 Ag/Cu 比值可作为矿床剥蚀程度判别的指标。

(3) 层状矽卡岩型矿床的异常往往具近平行的上、下叠合的多层楼式带状异常结构。

5. 地质、地球化学找矿模型

长江中下游铜多金属成矿带接触矽卡岩型矿床的地质、地球化学找矿模型可概括成图 4-128。

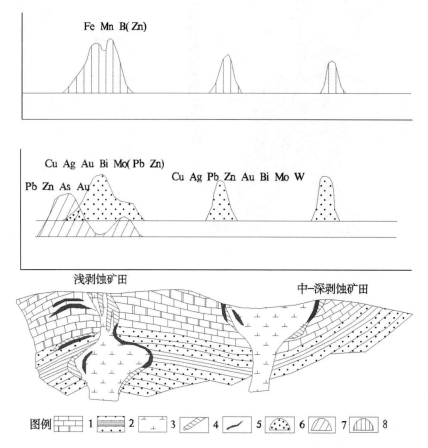

图 4-128 矽卡岩型铜矿田地质、地球化学找矿模型(吴承烈和徐外生,1998)

1—灰岩、大理岩;2—砂岩、页岩;3—闪长岩、花岗闪长岩;4—矽卡岩;5—不同类型铜矿;6—内部带元素组;7—外围带元素组;8—矽卡岩化元素组

三、海相火山岩型铜矿床地质、地球化学找矿模型

海相火山岩型铜矿床是我国重要的铜矿类型之一,是指与海底火山作用有一定成因联系的含大量黄铁矿和一定数量 Cu、Pb、Zn 等块状硫化物矿床,亦称黄铁矿型或块状硫化物型。根据我国海相火山岩型铜矿床实际又可划分为两个亚类:

与细碧角斑岩有关的海相火山岩型铜矿床

这类铜矿床是世界重要的铜矿类型,这种类型矿床与细碧角斑岩系关系密切(细碧角斑岩系岩可产于大洋中脊、岛弧、弧后盆地、活动大陆边缘和板内裂谷岩系等多种构造环境),我国此类铜矿床有甘肃白银厂、新疆阿舍勒、云南大红山和浙江西裘等矿床。

与绿岩有关的海相火山岩型铜矿床

该类矿床产于绿岩、TTG 岩系和沉积变质岩"三位一体"结构的绿岩带,它们是太古宙至元古宙海相火山岩(超镁铁质岩、贫钾拉斑玄武岩、双峰式钙碱性玄武岩-流纹岩等)和海相-海陆交互陆源碎屑岩后经区域变质-花岗岩化而形成的。其中代表性矿床有辽宁红透山铜锌矿床,青海德尔尼铜钴矿床等。

（一）北祁连 Cu、Pb、Zn、Au 成矿带（Ⅲ-21）白银厂铜矿田（折腰山、火焰山、小铁山）地质、地球化学找矿模型

1. 区域（矿床）地质特征

白银厂铜多金属矿田位于北祁连优地槽褶皱带东段，该造山带从寒武纪开始剧烈拗陷，形成强烈的海相火山活动以及双峰式火山岩及海相碎屑沉积岩，伴随着优地槽的演化，形成一系列与海相火山活动有关的黄铁矿型铜矿床及铜、铅、锌多金属矿床（图4-129）。

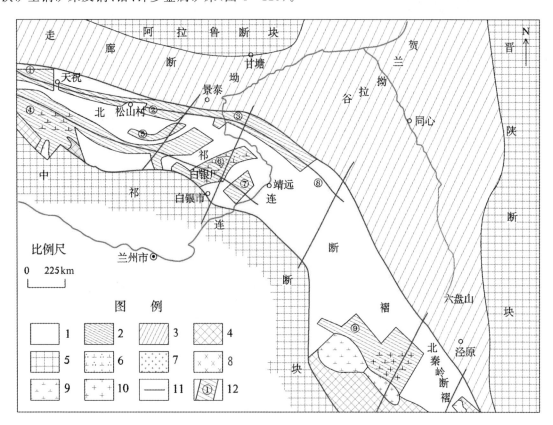

图 4-129 北祁连东段大地构造略图（边千韬，1989）
1—后加里东断陷盆地；2—加里东优地槽构造层；3—断坳及拗拉裂谷；4—前寒武系残块；5—断块；6—石英闪长岩；
7—花岗岩；8—基性火山岩-次火山岩；9—中性火山岩-次火山岩；10—酸性火山岩-次火山岩；
11—断裂；12—后加里东微断块（抬升的）及编号

矿田出露地层以早古生代海底火山喷发沉积和海相碎屑沉积岩为主。矿床赋存于具双峰式细碧角斑岩相-石英角斑岩火山岩岩系中。矿床围岩为酸性火山岩-石英角斑岩类。矿田内目前已发现折腰山、火焰山两个含铜黄铁矿型矿床，以及小铁山、四个圈、铜拉三个黄铁矿型多金属矿床。其中规模最大具代表性的矿床为折腰山、火焰山、小铁山三个矿床（图4-130）。

折腰山、火焰山矿床位于石英钠长斑岩潜火山岩体的两侧，矿体与围岩呈整合关系。北西西走向，往南西陡倾（图4-131）。矿体呈似层状、透镜状成群产在石英角斑凝灰岩中，上部层位以块状硫化物为主，下部层位以浸染状、脉状矿体为主。

小铁山矿床产于石英角斑岩细粒火山碎屑中，主要含矿围岩为石英角斑凝灰岩夹石英角斑岩和细粒凝灰岩。矿体走向北西，倾向南西，倾角60°～90°，矿体呈似层状、脉状和透镜状，与围岩片理产状一致。小铁山矿床除西端有小规模铁帽外，几乎全为盲矿（图4-132）。

白银厂矿田主要矿石矿物：折腰山、火焰山铜矿床以黄铁矿、黄铜矿为主，小铁山多金属矿床以黄铁矿、闪锌矿、方铅矿和黄铜矿为主。

白银厂矿田折腰山、火焰山成矿元素和主要伴生元素见表4-53。

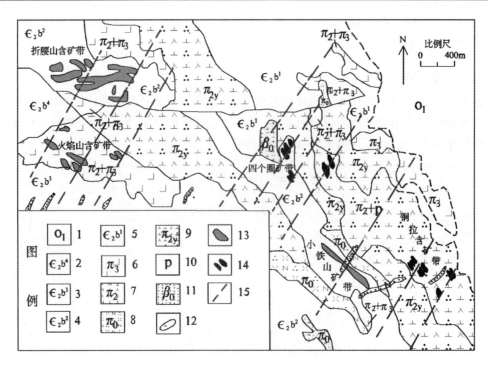

图 4-130 白银厂矿田地质矿产示意图(彭秀红,2007)

1—下奥陶统第一岩性组;2—中寒武统白银厂群第四岩性组;3—第三岩性组;4—第二岩性组;5—第一岩性组;
6—石英角斑凝灰岩;7—石英角斑凝灰熔岩;8—石英钠长斑岩;9—含角砾角斑凝灰熔岩;10—千枚岩;
11—次细碧岩;12—花岗斑岩;13—地表矿体;14—深部矿体;15—推测断裂带

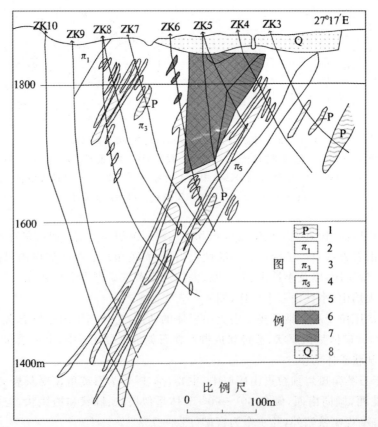

图 4-131 折腰山矿床区西Ⅲ行地质剖面图(姚敬金和张素兰,2002)

1—千枚岩;2—石英角斑岩;3—石英角斑凝灰岩;4—细粒角斑凝灰岩;5—M_2 块状铜矿石;
6—Ms 浸染状铜矿石;7—M_6 块状黄铁矿石;8—第四纪

第四章　中国重要铜矿地质、地球化学找矿模型

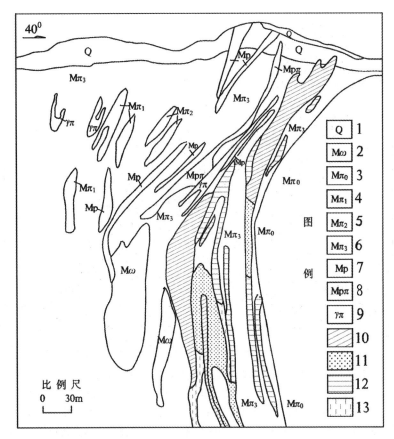

图 4-132　小铁山矿床地质剖面示意图（彭秀红，2007）

1-第四纪坡积层；2-石英片岩；3-石英钠长斑岩；4-石英角斑岩；5-石英角斑凝灰熔岩；6-石英角斑凝灰岩；
7-千枚岩；8-中酸性凝灰千枚岩；9-花岗斑岩脉；10-块状铜铅锌矿石；11-块状含铜黄铁矿石；
12-浸染状铜铅锌矿石；13-浸染状铜矿石

表 4-53　白银厂矿田折腰山、火焰山和小铁山成矿元素及主要伴生元素

矿石化学成分	主要元素	Cu、Zn、Pb（折腰山、火焰山）	Cu、Pb、Zn、S、Au、Ag（小铁山）
	伴生元素	Au、Ag、Pt 及分散元素 Se、Ga、In、Cd、Ge、Bi、Hg、Sb、As、U 等	Cd、Ga、Se、Bi、Ge、Co、Sn、Te、Hg 等
	矿石平均品位	折腰山铜 2.29%、锌 2.45%、银 13.32×10^{-6}、金 0.84×10^{-6}；火焰山矿床铜 1.3%、锌 1.42%、银 9.28×10^{-6}、金 0.79×10^{-6}	铜 1.26%、铅 3.39%、锌 5.33%、银 126.15×10^{-6}、金 2.28×10^{-6}、硫 21.07%

矿床围岩蚀变的主要蚀变类型是绢云母化、硅化、绿泥石化、黄铁矿化和碳酸盐化，硅化和绢云母化共存，且与矿体关系密切。绿泥石化带常出现在矿体下盘的围岩或浸染状脉状矿体中，呈石英绿泥石蚀变岩。蚀变分带趋势由下盘至上盘呈现：绿泥石化→绢云母化和硅化（图 4-133）。

2. 矿床地球化学特征

（1）铅同位素组成特征。白银厂矿田黄铁矿等硫化物矿石的铅同位素组成较为均一（实线投点域），11个（样品号 5~9、13~18）（表 4-54）矿石铅同位素组成为：$^{206}Pb/^{204}Pb$：17.488~18.056，平均 17.781；$^{207}Pb/^{204}Pb$：15.495~15.707，平均 15.596；$^{208}Pb/^{204}Pb$：37.076~38.175，平均 37.619，具低放射成因铅特征。流纹岩中长石铅和硫化物的铅同位素组成相对富集放射性成因铅，其 10 个（样品号 1~4、10~12、19~21）（表 4-54）铅同位素组成的变化范围相对较大（虚线投点域）。$^{206}Pb/^{204}Pb$：17.597~18.702，平均 18.205；$^{207}Pb/^{204}Pb$：15.484~15.667，平均 15.555；$^{208}Pb/^{204}Pb$：37.195~39.100，平均 37.961。

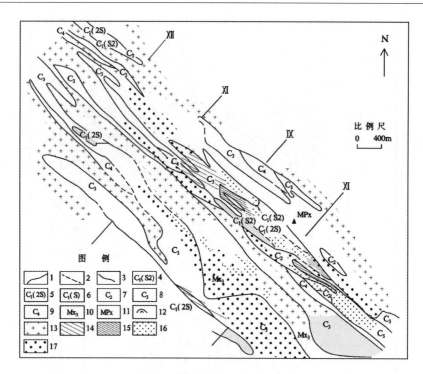

图 4-133　小铁山矿床近矿围岩蚀变平面图(黄崇轲和白冶,2001)

1—强蚀变带界线;2—无长石带界线;3—蚀变带原岩及矿体界线;4—绢云母石英亚带;5—次生石英岩亚带;6—假象无长石残斑片岩带;7—残斑片岩带;8—片状岩石带;9—石英角斑凝灰岩;10—石英角斑凝灰岩;11—中酸性凝灰千枚岩;12—矿体;13—绿泥石未褪色区;14—弱绿泥石化;15—中等绿泥石化;16—强绿帘石交代;17—中等金红石交代

表 4-54　白银厂矿田铅同位素组成

样号	岩矿名称	测定矿物	$^{206}Pb/^{204}Pb$	$^{207}Pb/^{204}Pb$	$^{208}Pb/^{204}Pb$	资料来源
1	流纹岩	方铅矿	18.480	15.514	38.320	(李双文和王金荣,2004),样 1-4(边千韬,1989)
2			17.963	15.667	37.695	
3			18.702	15.657	39.100	
4	凝灰质流纹岩		17.597	15.484	37.195	
5	折腰山	黄铁矿	18.047	15.665	37.971	王焰和张旗,2001
6			18.027	15.522	37.648	
7	深部铜矿	黄铁矿	17.968	15.595	37.802	
8			17.930	15.578	37.758	
9	火焰山	黄铁矿	18.056	15.707	38.175	
10			17.920	15.518	37.555	
11	流纹岩	长石	18.323	15.546	38.065	
12			18.259	15.531	37.834	
13			18.278	15.550	37.935	
14	小铁山	方铅矿	17.648	15.603	37.513	
15		方铅矿	17.781	15.769	38.071	
16		黄铁矿	17.488	15.495	37.076	
17	铜厂沟	黄铁矿	17.675	15.660	37.691	
18		方铅矿	17.624	15.582	37.442	
19		黄铁矿	17.629	15.610	37.494	
20		黄铜矿	17.610	15.543	37.335	
21	流纹岩	长石	18.182	15.522	37.779	
22			18.210	15.541	37.889	
23			18.151	15.537	37.794	

矿石铅与流纹岩长石铅及赋存其中的硫化物铅,其同位素组成投点分别属于两个投点域(图4-134),示踪两者物源的差异。

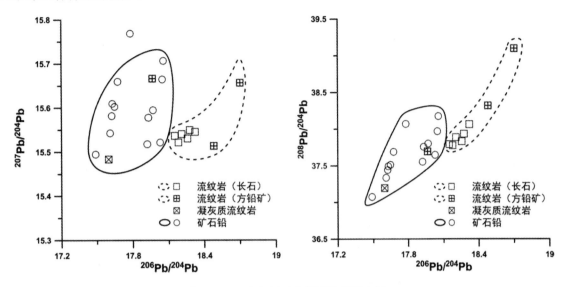

图4-134 白银厂矿床铅同位素投点图

(2)硫同位素组成特征。白银厂矿田矿石矿物的硫同位素组成较为均一,$\delta^{34}S$的变化范围在2.33‰~5.2‰(49件样品),主要集中在3‰~5.2‰之间(图4-135),示踪硫的来源为相对单一的深源硫,受海水硫酸盐的影响较小。

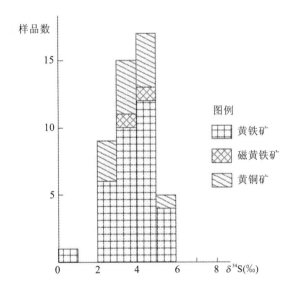

图4-135 白银厂硫同位素分布频率图(李双文和王金荣,2004)

(3)赋矿围岩中成矿元素地球化学特征。白银厂铜多金属矿床主要赋矿地层为中寒武统白银厂群酸性火山岩-石英角斑岩类,其中部第三、第四岩层为赋矿层位,第二、三、四岩层中Cu等成矿元素明显偏高。如Cu的含量分别为$60×10^{-6}$、$50×10^{-6}$、$40×10^{-6}$,Pb、Zn在第三岩层中含量分别为$28×10^{-6}$、$120×10^{-6}$(表4-55),因此,成矿作用与中部岩组(三、四层)火山喷发作用密切有关。

白银厂铜多金属矿床产于一套细碧角斑岩建造中,构成从细碧角斑岩到正常火山岩,从基性到酸性,从次火山到喷发直到正常沉积的复杂岩系。其各类岩石中的成矿元素含量见表4-56。

从表4-56获知:① 白银厂矿田从酸性、中性、中基性各类岩石中Cu成矿元素远远高于我国酸性-中基性火山碎屑岩,尤其是酸性石英钠长斑岩($74.2×10^{-6}$)和基性细碧玢岩($44.3×10^{-6}$);② Zn元素在中基性角斑凝灰岩(76.2×10^{-6})、细碧玢岩(87×10^{-6})和石英钠长斑岩(95.2×10^{-6})中均呈现较高的丰度，这些岩类与西区折腰山铜矿、火焰山铜矿中含锌、铅，东区小铁山铅锌矿中含铜密切相关；③ 不同时间和不同空间位置喷溢的火山岩其成矿元素组合各异，折腰山、火焰山矿床以 Cu 为主，伴有 Zn、Pb；小铁山、四个圈矿床以 Pb、Zn 为主，伴有 Cu。

表 4-55 白银厂铜多金属矿田各地层岩石中成矿元素平均含量(陈兰桂，1983) (单位：$\times10^{-6}$)

岩组	岩层	岩 性	Cu	Pb	Zn	所赋存的矿床
上部	第六岩层	硅化片岩、板岩	20	10	<50	
	第五岩层	细碧岩夹大理岩	30	13	<50	
中部	第四岩层	细碧玢岩、角斑岩	40	10	<50	折腰山、火焰山
	第三岩层	石英角斑岩及角斑凝灰岩	50	28	120	小铁山、铜厂沟
	第二岩层	细碧岩、大理岩、细碧玢岩	60	16	60	
下部	第一岩层	方解石片岩	20	8	<5	

表 4-56 白银厂矿田各类岩石成矿元素含量表 (单位：$\times10^{-6}$)

区域	岩 性	样品数	Cu	Pb	Zn	Ni	Co	Mo	Ag	资料来源
白银厂矿田	中酸性石英角斑岩	76	22.6	13.7	65.6	7.0	8.3	0.8		引自吴承烈和徐外生，1998
	中基性石英角斑凝灰熔岩		35.6	8.6	65.1	6.5	7.0	0.9	0.2	
	中基性石英角斑凝灰岩	461	32.3	10.2	66.7	7.7	11.6	1.0	0.2	
	中基性角斑凝灰岩	27	33.8	16.3	76.2	10.9	12.2	0.7	0.2	
	基性细碧玢岩	80	44.3	23.1	87	11.4	10.6	0.7	0.1	
	酸性石英钠长斑岩		74.2	13.7	95.2	6.0	7.4	0.8	0.2	
	变质绢云母片岩	86	37.2	13.8	72	10.2	10.1	0.7	0.2	
	变质千枚岩	40	25.7	16.2	68.7	10.9	11.1	1.0	0.1	
中国	流纹质火山碎屑岩	76	4.2	23	58	3.4	2.8	1.25	0.060	迟清华和鄢明才，2007
	英安质火山碎屑岩	19	16	20	70	16	9	0.52	0.046	
	安山质火山碎屑岩	4	14	17	87	25	22	0.4	0.040	

3. 矿田(矿床)地球化学异常特征

(1) 1:20 万水系沉积物测量地球化学异常特征。沉积物测量地球化学异常特征明显(图 4-136)。

① Fe_2O_3、Mn 呈东西向展布，异常范围大，浓度带发育，与基性火山岩的地层展布一致。

② Cu、Pb、Zn、Cd、Ag、Hg、Sb、Bi、Au 等成矿元素及主要伴生元素衬值高，浓集中心明显，高值互相叠合，与矿田范围吻合。

(2) 1:10 万矿田岩石地球化学异常特征。矿田原生晕成矿元素综合异常分布在矿田的东西两端(图 4-137)。西端 Cu、Pb、Zn、Ag、Hg、Au 和 Co 异常强度高，浓度分带发育，两个浓集中心对应折腰山和火焰山矿床；东端也出现了 Cu、Pb、Zn、Ag、Mo、Hg 和 Au 异常，两个异常集中区分别对应小铁山和铜厂沟矿床；Co、Ni 元素异常在矿田周边发育，为中寒武统的基性火山岩所致。

(3) 小铁山矿床地表岩石地球化学异常特征。小铁山矿床地表仅有小范围铁帽露头，矿体全部为隐伏矿。在小铁山至铜厂沟 8 线地表岩石剖面测量数据表明(图 4-138)：

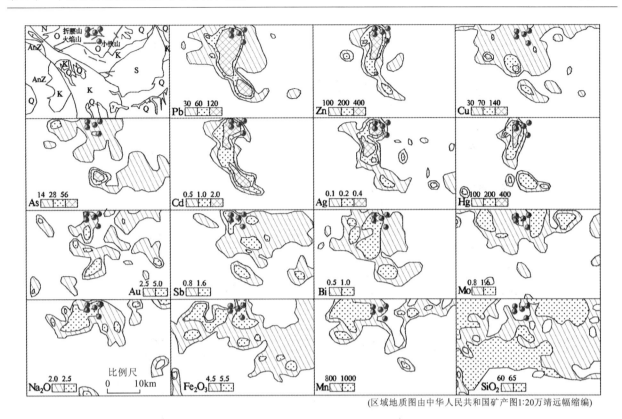

图 4-136 甘肃白银厂多金属矿区域地球化学异常图(吴承烈和徐外生,1998)

Q—第四系;N—第三系;K—白垩系;S—志留系;O—奥陶系;AnZ—前寒武系;γ—花岗岩;

图中圆点为多金属矿(单位:Au、Hg 含量为 10^{-9},氧化物为%,其他为 10^{-6})

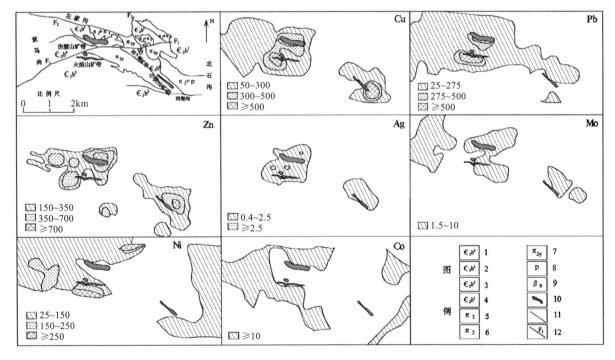

图 4-137 甘肃省白银厂矿田原生晕异常分布图(据甘肃省地质调查院,2011)

1—中寒武统白银厂群第四岩性组;2—第三岩性组;3—第二岩性组;4—第一岩性组;5—石英角斑凝灰岩;
6—石英角斑凝灰熔岩;7—含角砾石英角斑凝灰熔岩;8—千枚岩;9—次细碧岩;10—矿带及名称;
11—地质界线;12—断层(元素单位均为 10^{-6})

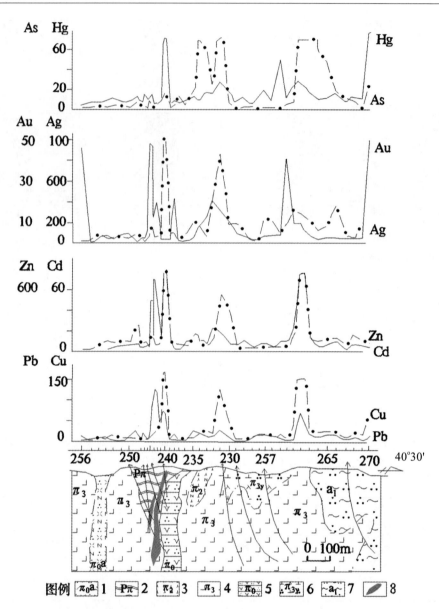

图 4-138 白银厂小铁山铜多金属矿床 8 线地表岩石地球化学异常图（吴承烈和徐外生，1998）
1—石英钠长斑岩；2—凝灰质千枚岩；3—石英角斑凝灰熔岩；4—石英角斑凝灰岩；5—石英角斑岩；
6—含砾石英角斑凝灰岩；7—凝灰熔岩；8—矿体（单位：Au、Ag、Hg 含量为 10^{-9}，其他为 10^{-6}）

① 盲矿体上方 Cu、Pb、Zn 及主要伴生元素均有明显的峰值，离开矿化带异常立即消失。

② 8 线北东段两处异常为铜厂沟矿床所致，异常元素组合与小铁山相似，仅 Pb 异常弱。示踪铜厂沟矿床以铜锌矿化为主。

(4) 折腰山矿床 4 线钻孔岩石地球化学异常特征（图 4-139）。

① Cu 主成矿元素岩石异常呈扁豆状，与矿体形态大致相似，内带浓度与矿体界线吻合，中-外带浓度不发育，异常狭窄，超出 10～40m 范围外即正常值。

② Zn、Au、Ag、Bi、As、Sb、Hg、Mo、Se 等元素岩石异常大体与 Cu 异常相似，不同的是它们高浓度集中在矿体上部，往下收缩变窄。

(5) 小铁山矿床 12 线钻孔岩石地球化学异常特征（图 4-140）。

① Cu、Pb、Zn 元素岩石异常明显，异常的分布态势、范围与矿化带形态基本吻合，范围窄小，一般离开矿体 20～40m 即消失。浓集中心与矿体一致，外带示踪了强蚀变带。

② Au、Ag、As、Sb、Bi、Hg、Se、Cd 与主成矿元素具相似特征，浓集中心叠合。

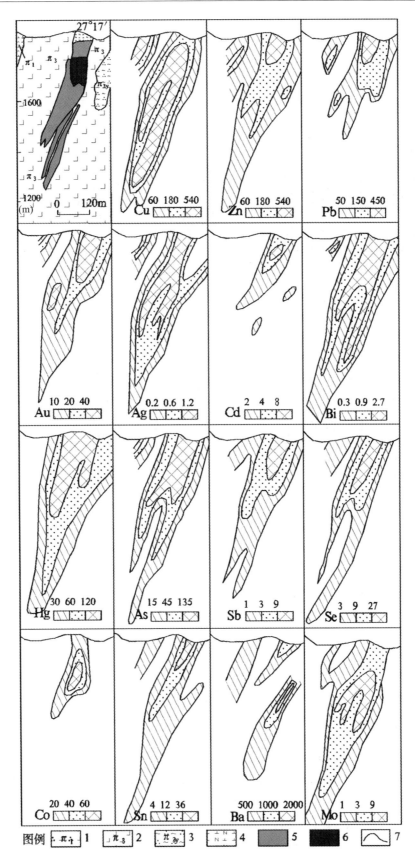

图 4-139 白银厂折腰山铜锌矿床Ⅳ线钻孔岩石地球化学异常图（吴承烈和徐外生，1998）

1—含砾石英角斑凝灰熔岩；2—石英角斑凝灰岩；3—含砾石英角斑凝灰岩；4—硅质铁帽；5—含铜黄铁矿；6—含铅、锌、铜黄铁矿；7—地质界线（单位：Au、Hg 含量为 10^{-9}，其他为 10^{-6}）

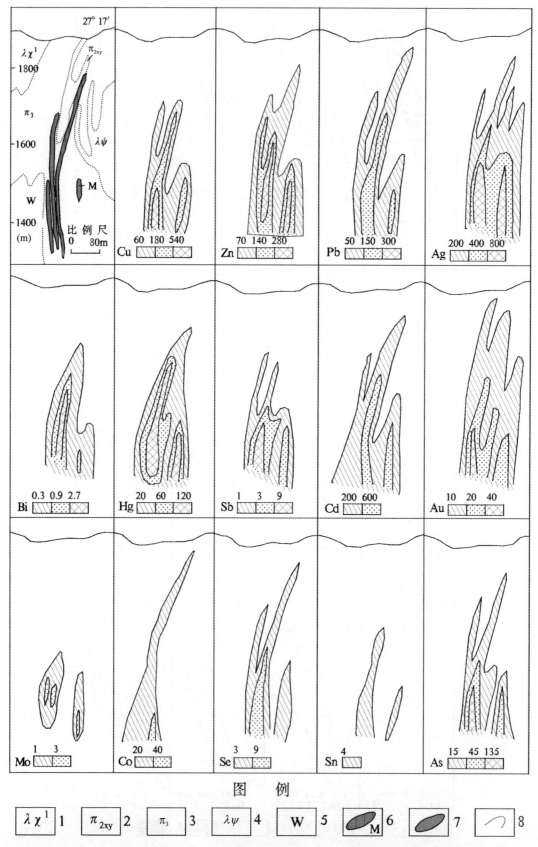

图 4-140 小铁山铜多金属矿床 12 线勘探剖面岩石地球化学异常图(吴承烈和徐外生,1998)

1—石英角斑岩;2—含集块角砾石英角斑岩;3—石英角斑凝灰岩;4—石英钠长斑岩;5—绢云绿泥片岩;
6—黄铁矿体;7—铜铅锌矿体;8—地质界线(单位:Ag、Au、Hg、Cd 含量为 10^{-9},其他为 10^{-6})

(6)折腰山(火焰山)、小铁山地球化学异常模式(图4-141)。
① 矿体垂直方向上具有上部富集Pb、Zn,下部富集Cu的分带特征。
② 成矿元素及主要伴生元素原生晕形态与矿体范围大体一致,呈现同心晕特征。
③ Hg、As、Sb、Se、Au等元素有在矿体上部浓集的趋势。

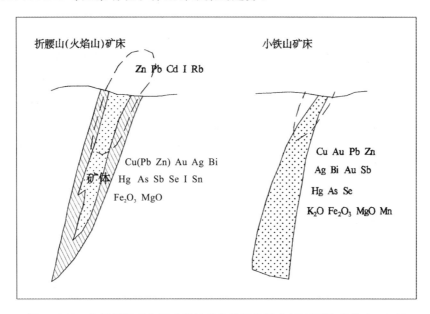

图4-141 白银厂铜多金属矿床地球化学异常模式(吴承烈和徐外生,1998)

4. 白银厂铜多金属矿床主要地质、地球化学特征(表4-57)

表4-57 白银厂铜多金属矿床主要地质、地球化学特征

成矿系列	海相火山岩型铜多金属成矿系列
成矿环境	古大陆边缘裂谷带中拗陷
矿床类型	与细碧角斑岩有关的黄铁矿型
赋矿地层	中寒武统酸性火山岩、石英角斑岩和沉积碎屑岩系
控矿构造	古火山穹窿中心喷口环状、放射状裂隙
含矿建造	具双峰式细碧岩、石英角斑岩及碎屑沉积建造
成岩时代、成矿时代	火焰山和小铁山的石英角斑凝灰岩中的锆石U-Pb年龄为(440~446)Ma(彭秀红,2007)
矿体产状	折腰山、火焰山矿床的矿体呈似层状、透镜状产出;小铁山矿床的矿体呈似层状、脉状和透镜状产出
矿石矿物	折腰山、火焰山矿床的矿石矿物以黄铁矿、黄铜矿为主;小铁山矿床的矿石矿物以黄铁矿、闪锌矿、方铅矿、黄铜矿为主
结构构造	块状构造、脉状构造、浸染状构造
围岩蚀变	绢云母化、硅化、绿泥石化、黄铁矿化和碳酸盐化
成矿及伴生元素组合	折腰山、火焰山矿床的主成矿元素为Cu、Pb、Zn,伴生元素为Au、Ag、Pt、Se、Ga、In、Cd、Ge、Bi、Hg、Sb、As、V等;小铁山矿床的主成矿元素为Cu、Pb、Zn、S、Au、Ag,主要伴生元素为Cd、Ga、Tl、Se、Bi、Ge、Co、Sn、Te、Hg等
矿床规模	折腰山、火焰山 Cu:116.3×10⁴t(1.16%~2.84%),Zn:12.7×10⁴t(1.36%~3.25%);小铁山 Cu:13.7×10⁴t(1.26%),Pb:39.3×10⁴t(3.39%),Zn:61.6×10⁴t(5.33%)
剥蚀程度	折腰山、火焰山为浅-中等剥蚀,小铁山为未剥蚀(隐伏矿床)
典型矿床	折腰山、火焰山、小铁山
地理景观	山地型高原(海拔1 000m以上)

5. 白银厂铜多金属矿床成矿模式(图4-142)

(1)在喷出口附近成矿作用的火山热液以充填、交代作用为主,伴随有喷发沉积作用,形成了以铜为主的折腰山、火焰山铜矿床。

(2)向外侧喷发沉积作用逐渐增强,在火山斜坡或更远的火山洼地形成以铅锌为主的小铁山、四个圈铜矿床。其矿床成因为海相火山岩型铜多金属矿床。

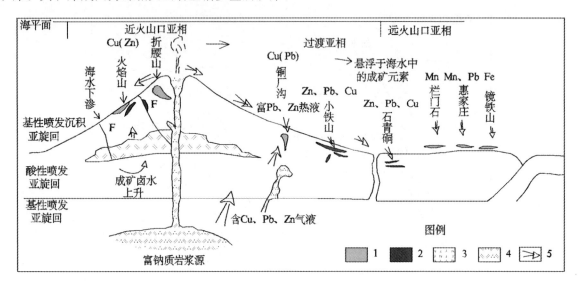

图4-142 白银厂铜铅锌成因模式图(吴承烈和徐外生,1998)
1—块状矿体;2—浸染状矿体;3—石英角斑质熔岩、次火山岩;4—石英角斑质碎屑岩;
5—矿液运移方向,箭头大小示相对强弱

6. 白银厂铜多金属矿床控矿因素

(1)矿床赋存于北祁连优地槽褶皱带内海相双峰式火山岩及碎屑沉积建造中。

(2)古火山穹窿中心喷口附近的石英角斑岩-细碧角斑岩系、石英角斑凝灰岩及热水沉积含铁硅质岩发育。

(3)次火山岩相钠长斑岩呈岩株状环状分布,或呈岩墙状展布。

(二)南阿尔泰Cu、Pb、Zn成矿带(Ⅲ-2)阿舍勒铜(锌)矿床地质、地球化学找矿模型

1. 区域(矿床)地质特征

阿舍勒铜(锌)矿床、喀拉通克铜镍矿床位于阿尔泰南缘Cu、Ni、Pb成矿带。成矿带产于西伯利亚板块与哈萨克斯坦-准噶尔板块的结合部位的陆缘裂谷带附近的复杂构造-建造中。重要矿床多分布于额尔齐斯大断裂两侧,其成矿模式有两种基本类型:一种是早-中泥盆世(～370Ma)海底火山喷流-沉积型矿床:阿舍勒铜(锌)块状硫化物矿床(图4-143);另一种是晚石炭世-早二叠世(318～280Ma)岩浆熔离型铜镍硫化物矿床:喀拉通克铜镍矿床。

矿区主要出露地层为中泥盆统阿舍勒组的一套中酸性火山-沉积建造,分为四个岩性段,其中第二岩性段为主要赋矿层位。下部为英安质角砾凝灰岩夹沉凝灰岩,具薄层条带状硫化物;中部为英安质角砾岩与角砾凝灰岩互层夹集块岩,主要矿化及块状硫化物矿层赋存于此层位;上部为玄武岩(细碧岩)夹矿化酸性凝灰岩薄层。

矿区总体构造为一轴向SN的倒转复式向斜,断裂构造为NW向和NS向两组,断裂交汇处往往发育火山机构。矿区及附近共发现各类矿化蚀变带14条(图4-144)。

主矿体阿舍勒Ⅰ号矿体产于Ⅰ号矿化蚀变带,呈透镜体状与地层整合产出,同步褶皱。主矿体为隐伏矿,地表仅出露矿化蚀变带。

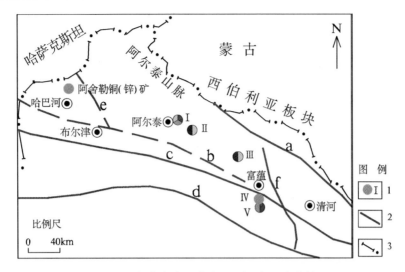

图 4-143 阿尔泰南缘区域略图(刘悟辉和廖启林,2006)

1—矿床及其编号;2—深大断裂;3—国境线;Ⅰ—铁木尔特多金属矿;Ⅱ—阿巴宫铅锌矿;Ⅲ—可可塔勒铅锌矿;Ⅳ—乔夏哈拉铜(金)矿;Ⅴ—喀拉通克铜镍矿;a—红山嘴大断裂;b—那林卡拉隐伏断裂;c—额尔齐斯深大断裂;d—洪谷勒楞-阿尔曼谷深大断裂;e—哈巴河大断裂;f—卡拉先格尔大断裂

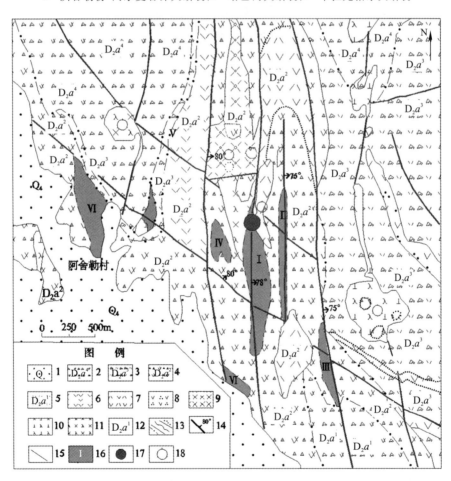

图 4-144 阿舍勒矿区地质略图(赵云长和陈文鳌,1992)

1—第四系砂、砾、黏土;2—第四岩性段英安质、安山质集块岩、角砾岩、凝灰岩;3—第三岩性段流纹质集块岩、角砾岩、凝灰岩;4—第二岩性段英安质、流纹质集块角砾岩、凝灰岩;5—第一岩性段凝灰砂岩;6—流纹岩;7—英安岩、英安斑岩;8—石英钠长斑岩;9—流纹斑岩;10—闪长玢岩;11—辉绿玢岩;12—中泥盆统阿勒泰组;13—岩相、地质、岩段界线;14—断层及产状;15—矿化带界线;16—矿化带及编号;17—铜矿床;18—火山口

矿体具双层结构：上部为与地层整合产出的层状块状硫化物矿体，顶部出现重晶石和含铁硅质等喷流岩；下部为穿地层的细脉浸染状及脉状硫化物矿体及蚀变岩。Ⅰ号矿体底板细碧岩蚀变分带明显：从硅化、绿泥石化、绢云母化、碳酸岩化，伴有细脉浸染状黄铜、黄铁矿化，向外过渡为绿泥石化、绿帘石化、碳酸盐化带，再向外为绿泥石、碳酸盐化、绢云母化带（图4-145）。块状硫化物矿体从下部往上矿石类型和矿物组合分带见表4-58。矿石平均品位：Cu:2.46%，Zn:2.93%，Ag:18.37×10^{-6}，Au:0.36×10^{-6}。

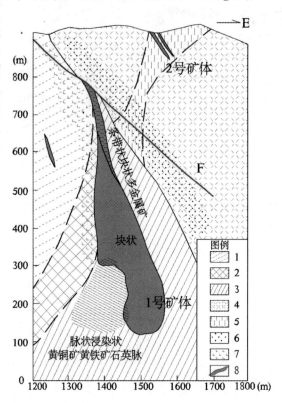

图4-145 阿舍勒矿区矿化-蚀变分带简图（王登红，1995）

1—黄铜、黄铁矿化，绢云绿泥碳酸盐化；2—绿帘绿泥碳酸盐化；3—绢云绿泥碳酸盐化；4—黄铁、绢英岩化；
5—绿泥石、碳酸盐化；6—细碧岩；7—英安斑岩；8—矿体

表4-58 块状硫化物矿体从下部往上矿石类型和矿物组合分带

矿石类型	矿物组合	分 带
多金属重晶石矿石	黄铁矿、闪锌矿、方铅矿、黝铜矿、重晶石	
多金属矿石	黄铁矿、闪锌矿、方铅矿、黝铜矿、黄铜矿、石英	↑
铜锌黄铁矿矿石	黄铁矿、闪锌矿、黄铜矿、石英	
含铜黄铁矿矿石	黄铁矿、黄铜矿（闪锌矿）、石英	
黄铁矿矿石	黄铁矿、石英	

2.矿床地球化学特征

（1）铅同位素组成特征。由表4-59可见酸性岩（凝灰岩）三件铅同位素组成：$^{206}Pb/^{204}Pb$:18.083～18.253，平均18.195；$^{207}Pb/^{204}Pb$:15.478～15.523，平均15.504；$^{208}Pb/^{204}Pb$:37.635～38.059，平均37.866，具低放射成因铅特征（实线投点域，▲）；细碧岩五件铅同位素组成：$^{206}Pb/^{204}Pb$:17.871～18.118，平均17.956；$^{207}Pb/^{204}Pb$:15.472～15.633，平均15.554；$^{208}Pb/^{204}Pb$:37.752～38.214，平均37.977（实线投点域，△），而阿舍勒铜（锌）矿矿石铅同位素组成分为两组（虚线投点域，○），富铜Ⅰ号矿体与细碧岩相似，富铅的Ⅱ号矿体与酸性凝灰岩相近（图4-146）。

表 4-59 阿舍勒矿区岩石、矿石铅同位素组成（王登红，1996）

序号	样 号	采样地点	样 品	$^{206}Pb/^{204}Pb$	$^{207}Pb/^{204}Pb$	$^{208}Pb/^{204}Pb$
1	907555	Ⅰ号矿 907 孔 555m	闪锌矿	17.817	15.436	37.523
2	111571	Ⅰ号矿 111 孔 571m	石英角斑质凝灰岩	18.248	15.478	37.635
3	t	Ⅱ号矿地表	石英角斑质凝灰岩	18.083	15.512	38.059
4	108482	Ⅰ号矿 108 孔 482m	黄铁矿	17.811	15.423	37.448
5	111528	Ⅰ号矿 111 孔 528m	闪锌矿	17.854	15.467	37.594
6	51030	Ⅱ号矿 510 孔 30m	闪锌矿	17.818	15.422	37.454
7	504477	Ⅰ号矿 504 孔 477m	黄铜矿	17.813	15.482	37.680
8	780468	Ⅶ号矿 804 孔 68m	黄铜矿	17.816	15.472	37.625
9	H8-14	Ⅰ号矿底板细碧岩	细碧岩	17.871	15.496	37.752
10	H8-1	Ⅰ号矿底板 8 线	细碧岩	17.893	15.504	37.803
11	H24-14	Ⅰ号矿底板 24 线	细碧岩	17.977	15.633	38.214
12	H24-16	Ⅰ号矿底板 24 线	细碧岩	17.921	15.583	38.056
13	H24-3	Ⅰ号矿底板 24 线	细碧岩	18.118	15.532	38.061
14	H24-1	Ⅱ号矿地表 24 线	石英角斑质凝灰岩	18.253	15.523	37.903
15		Ⅰ号矿 105 孔 291～294m	黄铁矿	17.847	15.462	37.614
16		Ⅰ号矿 105 孔 303～311m	黄铁矿	17.754	15.536	38.019
17		Ⅰ号矿 105 孔 365～368m	黄铁矿	17.914	15.522	37.757
18		Ⅰ号矿 107 孔 505～511m	黄铁矿	17.870	15.456	37.565
19		Ⅰ号矿 107 孔 404～445m	黄铁矿	17.958	15.609	38.092
20		Ⅰ号矿 104 孔 301.3m	黄铁矿	17.850	15.454	37.542
21		Ⅰ号矿 404 孔 191～194m	黄铁矿	18.005	15.626	38.119
22		Ⅰ号矿 404 孔 228～234m	黄铁矿	17.963	15.589	37.989
23		Ⅰ号矿 502 孔 420～424m	黄铁矿	17.466	15.470	38.057
24		Ⅰ号矿 502 孔 598～604m	黄铁矿	17.866	15.482	37.650
25		Ⅰ号矿 503 孔 481～489m	黄铁矿	17.893	15.471	36.670
26		Ⅰ号矿 503 孔 507～511m	黄铁矿	17.715	15.514	38.085
27		Ⅰ号矿 503 孔 543～569m	黄铁矿	17.901	15.582	38.041
28	AT8	基性脉中	黄铁矿	18.608	15.696	38.648
29	K10-TC2	地 表	方铅矿	17.933	15.638	38.413
30	800131A	Ⅰ号矿 131 孔	黄铁矿	17.868	15.491	37.712
31	800232A	Ⅰ号矿 109 孔	黄铁矿	17.952	15.515	37.747
32	89K10-3	地表矿坑，Ⅱ号矿	方铅矿	17.885	15.510	37.727
33	89K10-3-2	地表矿坑，Ⅱ号矿	方铅矿	17.939	15.584	37.980

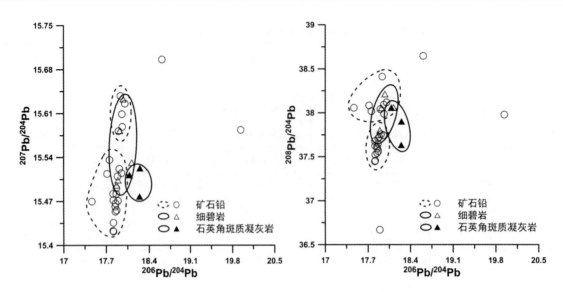

图 4-146 阿舍勒铅同位素组成(王登红,1996)

(2)硫同位素组成特征。硫同位素组成也明显呈现出两组(图 4-147):与细碧岩(基性火山岩)同源的 I 号矿体其 $\delta^{34}S$ 呈"塔式"分布($\delta^{34}S:0.50‰\sim7.63‰$);而 II 号矿体重晶石和硫化物为"脉冲式"分布($\delta^{34}S:-13.7‰\sim23.23‰$),显示其海水硫酸盐等硫源的加入。

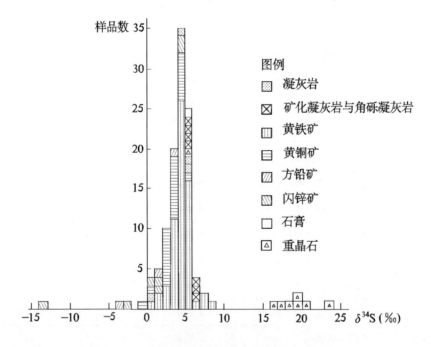

图 4-147 硫同位素组成频数直方图(王登红,1996)

(3)赋矿围岩中成矿元素地球化学特征。在阿舍勒矿区泥盆统的四个岩性段的第二岩性段中,Cu、Pb、Zn 等成矿元素均高于其他三个岩性段,更高于成矿带及区域的平均含量(表 4-60),第二岩性段主要为凝灰岩和角砾凝灰岩,其 Cu 含量分别高达 911×10^{-6} 和 885×10^{-6}(表 4-61),在该岩性段的下部层位中见有薄层条带状硫化物,这说明在火山喷发沉积的凝灰岩中已经聚集了较丰富的 Cu、Pb、Zn 等成矿物质,形成了初始的"矿胚",为后期热液的叠加改造提供了充足的矿源。

表 4-60 阿舍勒矿区地层中微量元素平均质量分数

地区	地层代号	样品数	Cu	Zn	Pb	Ag	Au	Ba	Sb	As	Bi	Mo	Sn	W	B
阿舍勒矿区	D_2a^4	12	37.1	89.0	8.5	0.06	1.98	91.0	3.15	10.70	0.14	0.69	0.98	1.72	33.9
	D_2a^3	15	27.0	102.0	41.0	0.18	3.15	124.0	4.30	4.20	0.37	0.97	0.86	1.91	6.2
	D_2a^2	95	183.0	666.0	88.0	0.77	38.78	441.0	8.30	60.50	2.91	5.35	2.66	1.94	55.0
	D_2a^1	7	42.5	69.0	7.1	0.06	2.21	72.9	0.37	3.60	2.54	1.86	1.17	1.15	2.7
	平均值		72.4	231.5	36.2	0.27	11.53	182.2	4.03	19.75	1.49	2.22	1.42	1.68	24.5
哈巴河地区平均值(成矿带)			32.0	73.0	13.2	0.05	1.12	290.0	0.60	3.96	0.30	0.24	6.51	1.58	18.0
阿尔泰地区平均值(区域)			26.0	66.9	15.3	0.06	0.80	430.0	0.42	4.55	0.27	0.72	2.82	1.92	34.7

引自吴承烈和徐外生,1998;$\omega(Au)/10^{-9}$,其余皆为 $\omega_B/10^{-6}$

表 4-61 阿舍勒矿区不同岩石中微量元素平均质量分数

岩 性	样品数	元素平均质量分数												
		Cu	Zn	Pb	Ag	Au	Ba	Sb	As	Bi	Mo	Sn	W	B
英安斑岩	47	109.0	199	17	0.14	2.71	1537	0.67	11.17	0.90	1.84	1.37	1.53	12.26
安山岩	14	58.2	105	7	0.09	2.26	315	0.82	8.36	2.82	0.81	1.19	1.60	12.79
闪长岩	2	34.0	70	6	0.08	3.00	385	0.35	6.10	0.30	1.27	1.26	0.80	22.60
玄武岩	44	265.0	575	79	0.56	11.46	225	2.09	33.25	0.88	1.12	2.06	1.15	4.44
石英安山岩	5	46.6	168	15	0.10	3.68	160	0.98	16.78	0.50	0.72	1.58	1.75	4.36
凝灰岩	106	911.0	836	84	1.04	23.50	1305	3.94	61.00	5.70	9.27	7.66	1.67	20.32
火山灰凝灰岩	5	18.9	210	38	0.51	7.98	484	1.08	17.28	0.23	2.01	1.20	2.09	31.74
晶屑凝灰岩	44	240	367	56	0.47	12.31	730	3.73	33.02	2.05	4.45	5.64	1.49	18.31
角砾凝灰岩	123	885	830	91	0.67	8.52	772	4.64	69.36	4.29	5.86	7.08	2.18	21.74
火山角砾岩	19	169	109	48	0.21	5.70	363	1.39	14.35	2.03	1.54	1.94	1.25	22.90
方解石石英脉	4	629	321	174	1.28	11.67	350	11.31	59.18	3.38	8.69	4.22	1.29	28.33
次生石英岩化凝灰岩	7	716	286	24	0.38	7.31	539	1.70	26.21	2.86	4.93	6.54	1.38	15.94
硅化凝灰岩	6	4 608	3 393	480	4.65	19.07	233	53.26	77.52	23.98	7.42	5.51	1.33	45.35
次生石英岩	22	1474	2319	238	1.36	25.04	1400	9.02	172	10.40	3.82	13.01	1.83	21.53
矿区平均值		72.4	231.5	36.2	0.27	11.53	182.2	4.03	19.75	1.49	2.22	1.42	1.68	24.45

引自吴承烈和徐外生,1998;$\omega(Au)/10^{-9}$,其余皆为 $\omega_B/10^{-6}$

3. 矿田(矿床)地球化学异常特征

(1)1:20万水系沉积物测量地球化学异常特征。在地球化学异常中阿舍勒铜(锌)矿处于 Ag、Au、CaO、Cd、Cu、Mo、Pb、Sb、Zn 的异常区,B、Ba、Hg、Mg、Mn、Sr 的高背景区(表 4-62、图 4-148)。异常呈北西向分布,以 Cu、Zn、Pb、Ag、Au 元素为异常组合特征;具有异常规模较大、套合好、浓集中心清晰的特点。主成矿元素 Cu 异常面积 53.35 km²,异常极大值为 76.4×10^{-6},异常平均值 46.7×10^{-6};Zn 异常面积 52.58 km²,异常极大值为 234×10^{-6},平均值 136.9×10^{-6};Pb 异常面积 21.89 km²,异常极大值为 115×10^{-6},平均值 59.8×10^{-6};Sb 异常面积 41.62 km²,异常极大值为 2.98×10^{-6},平均值 1.6×10^{-6}。

表 4-62 阿舍勒铜(锌)矿地球化学环境

地球化学环境	元素(Ag、Au、Hg、Cd:×10^{-9},氧化物:×10^{-2},其余:×10^{-6})	累频(%)
正异常	Ag(260)、Au(1.8)、Cd(693.33)、Cu(57.8)、Mo(1.59)、Pb(55.67)、Sb(1.68)、Zn(165.67)、CaO(3.43)	92~100
高背景	B(44.67)、Ba(437.67)、Hg(26.67)、Mn(1128.67)、Sr(200.33)、MgO(2.33)	75~92
背景值	As(6.63)、Bi(0.37)、Co(11.33)、Cr(63)、F(523.33)、La(42.6)、Li(26.33)、Nb(10.33)、Ni(25.67)、P(757.67)、Sn(1.53)、Th(8.93)、U(2.37)、V(88)、W(1.1)、Y(29.33)、Zr(137)、Al$_2$O$_3$(12.04)、Fe$_2$O$_3$(4.55)、K$_2$O(2.05)、Na$_2$O(1.75)	25~75
低背景	Be(1.37)、Ti(2 360.33)、SiO2(54.81)	8~25

注:括号中数值为距阿舍勒铜(锌)矿最近三个水系沉积物样点的平均值。

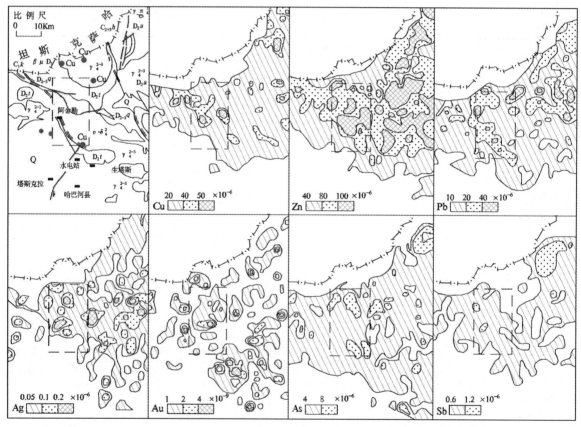

(据李应桂等,1995资料改编)

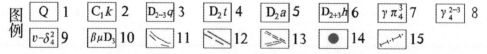

图 4-148 新疆阿舍勒地区 1:20 万水系沉积物地球化学异常图(吴承烈和徐外生,1998)
1—第四系;2—下石炭统喀拉额尔斯组;3—中上泥盆统奇文代衣群;4—中泥盆统托克萨雷组;5—中泥盆统阿勒泰组;
6—中上石炭统哈巴河群;7—花岗斑岩;8—花岗岩;9—闪长岩;10—次火山岩;11—实(推)测地质界线;
12—实(推)测断裂;13—挤压破碎及片理化带;14—矿床及矿种;15—国界

(2)矿区地表(钻孔)岩石地球化学异常特征。从异常空间分布特征分析(图4-149)。矿体元素:Cu、Zn异常范围大、强度高;Ag、Pb、Au、As、Sb、Ba、Bi、Mo、Sn等元素都围绕矿体形成清晰的原生异常。按其异常分布形态与其矿体的关系,成晕组分可分为矿体元素Cu、Zn;近矿元素Pb、Au、Ag、As;前缘元素B、Sb、Ba(Hg);尾缘元素Mo、Sn(W)四组。

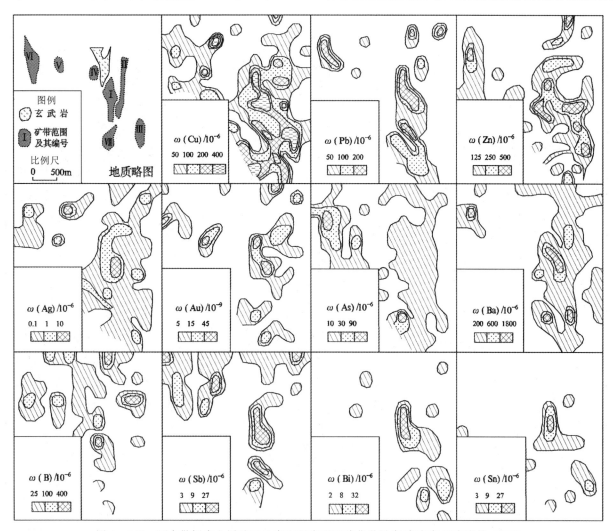

图 4-149 阿舍勒铜多金属矿区地表面型岩石地球化学异常(邹长毅和李应桂,1999)

从钻孔岩石元素空间分布特征分析(图 4-150):矿体元素 Cu、Zn 围绕矿体形成浓度梯度突变的大面积异常,紧邻矿带上方(上侧)分布有低衬度的矿上晕;近矿元素 Pb、Au、Ag、As 异常集中分布在矿化带范围内,矿上晕不发育;前缘元素 B、Sb、Ba(Hg)超越矿化带在其上方形成大范围上置晕;尾缘元素 Mo、Sn(W)集中分布在矿化富集的中下部位。矿体元素垂直分带:

$$\begin{array}{ll} 上\uparrow & B、Sb、Ba(Hg) \\ & Pb、Au、Ag、As、Cu、Zn \\ 下 & Mo、Sn(W)、Bi \end{array}$$

(3)Mn、Ba-海底热卤水沉积晕(图 4-151)。Mn、Ba 晕对于海底火山喷气矿床的示踪具有重要意义,它们与亲铜元素在海底热卤水盆地中是相辅相成、密切共生的元素组合,Mn、Ba 元素晕的异常指示海底热卤水盆地的存在,同时也示踪硫化物矿化(矿体)的沉淀富集。

(4)低钠晕-蚀变岩石晕。低钠晕:矿区内无论是细碧岩还是石英角斑质凝灰岩,蚀变后都具有低钠特征(Na_2O 低于 0.5%,正常火山岩 Na_2O:2.5%~6%),从而形成近矿低钠晕。

绢云岩化蚀变:

$$3NaAlSi_3O_8 + K^+ + 2H^+ \Longrightarrow KAlSi_3O_{10}(OH)_2 + 6SiO_2 + 3Na^+$$

钠长石　　　　　　　绢云母　　　　石英

阿舍勒矿床近矿围岩绢云岩化主要是含 K 火山喷气交代细碧岩和石英角斑质凝灰岩中的钠长石蚀变而成。

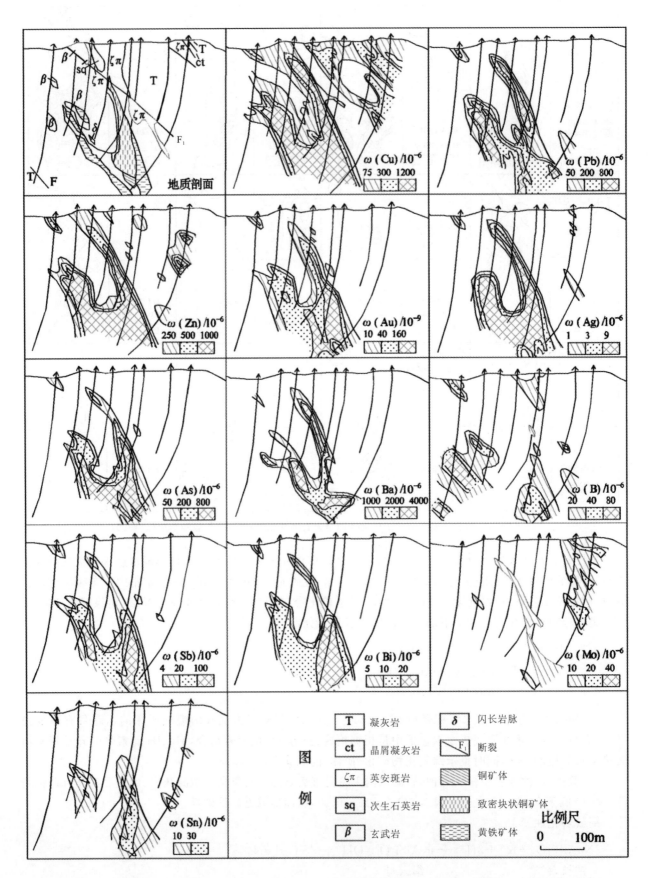

图 4-150　阿舍勒铜多金属矿区Ⅰ勘探线剖面地球化学异常（据原新疆地矿局第四地质队，1991年资料编制）

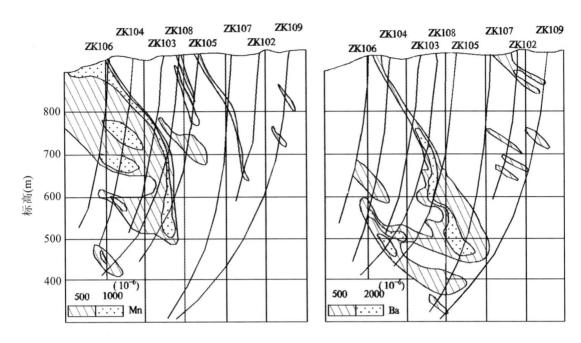

图 4-151 Ⅰ号矿床 Mn 晕和 Ba 晕(王登红,1995)

4. 阿舍勒铜(锌)矿床主要地质、地球化学特征(表 4-63)

表 4-63 阿舍勒铜(锌)矿床主要地质、地球化学特征

成矿系列	海相火山岩型铜多金属矿床
成矿环境	陆缘裂谷带旁侧,拉张过渡壳上的泥盆世火山沉积盆地
矿床类型	与细碧角斑岩有关的黄铁矿型
赋矿地层	下-中泥盆统阿舍勒组第二岩性段($D_{1-2}a^2$)中酸性-中基性海相火山岩
控矿构造	NW 向与近 SN 向次级断裂交汇处、火山机构、倒转向斜联合控矿
含矿建造	玄武-英安质双峰式富钠质海相火山岩建造
成岩时代、成矿时代	早-中泥盆世(378～364)Ma
矿体产状	主矿体呈层状,与地层整合,并同步褶皱形成向斜构造,向斜呈 SN 走向
矿石矿物	黄铁矿、黄铜矿、闪锌矿、方铅矿、砷黝铜矿、银矿物+少量斑铜矿、铜蓝、自然铜、碲铋矿、铁铜氧化物
结构构造	块状构造、细脉浸染状构造、脉状构造
围岩蚀变	硅化、黄铁矿化、绿泥石化、绢云母化、重晶石化、碳酸盐化、次生蚀变、次生硅化、褐铁矿化、钾矾化等
成矿及伴生元素组合	Cu、Zn 为主要成矿元素;伴生有 Au、Ag、Pb、As、Sb、Ba、Tl、Cd、Te 等元素
矿床规模	Cu:108.56×10⁴t(2.32%)
剥蚀程度	未剥蚀(隐伏矿床,地表具矿化)
典型矿床	阿舍勒
地理景观	矿区位于阿尔泰山西北段南缘低景观区,地处森林草原向干旱荒漠过渡带内,属寒温带半干旱大陆性气候。矿区地势低缓,沟谷浅宽,多为草皮沟,现代风化剥蚀作用较弱

5. 阿舍勒铜(锌)矿床成矿模式(图 4-152)

阿舍勒铜(锌)矿床为海相火山-喷流沉积块状硫化物矿床(VMS),其形成经历两个过程:活动陆缘拉张作用形成裂谷,并发生火山活动;火山-喷气 Cu、Zn、Ag、Pb 等元素沉积作用,形成具有同生构造的块状硫化物矿体及其附近的硅质岩与重晶石。

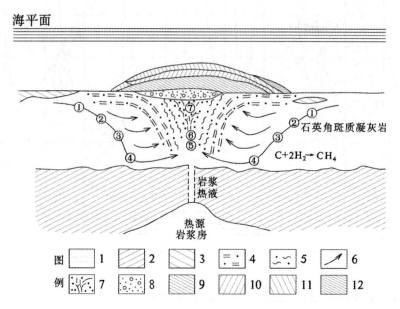

图 4-152 阿舍勒铜(锌)矿床成矿模式(刘悟辉和廖启林,2006)

1—岩浆房;2—前泥盆系基底;3—细碧岩;4—绢云母化酸性凝灰岩;5—绿泥石化绢云母化酸性火山岩;6—对流循环系统;7—网脉状硫化物矿体;8—黄铁矿矿石;9—黄铜黄铁矿矿石;10—铜锌黄铁矿矿石;11—多金属矿石;12—重晶石多金属矿石;①—SO_4^{2-} 被还原;②—开始淋滤金属形成络合物;③—H_2O 被热解;④—CO_2 被还原,形成 CH_4;⑤—循环热卤水与岩浆热液混合;⑥—形成还原热卤水;⑦—网脉状矿体形成,受裂隙控制;⑧—还原的卤水喷到海底,与海水混合,在不同的物理化学条件下形成块状硫化物矿石

6. 阿舍勒铜(锌)矿床控矿要素

(1)形成于陆缘海底裂陷拉张盆地的卤水盆地成矿环境。
(2)早-中泥盆世双峰式海相火山岩组合。
(3)Cu-Zn 矿体(Ⅰ号矿体)产在细碧岩顶部,石英角斑质凝灰岩底部,重晶石-多金属矿床(Ⅱ号矿体)产在石英角斑质凝灰岩中。
(4)具近矿低 Na 高 Mg,远矿高 Ba、B、Mn 元素异常。

(三)辽东铁岭-靖宇 Fe、Au、Cu、Ni、Pb、Zn 成矿亚带(Ⅲ-56-①)红透山铜锌矿床地质、地球化学找矿模型

1. 区域(矿床)地质特征

辽宁红透山矿床位于华北地台北缘东段,辽东台背斜铁岭-靖宇古隆起中部,是我国典型的太古宙花岗岩-绿岩地体分布区(图 4-153)。其中产出的以红透山为代表的矿床是我国最古老的海底火山喷发型块状硫化物铜锌矿床(VMS)。因其独特的矿床类型,被陈毓川等矿床学家称为"红透山式"。

红透山地区的绿岩带由下部的基性岩夹科马提岩,中部的中酸性火山岩,上部的火山-沉积碎屑岩组成。红透山岩组的绿岩带赋存在大面积底辟侵入的花岗岩中。

红透山铜锌矿体赋存在红透山-树基沟绿岩带上部岩段底部的薄层互层岩系中。岩石类型主要为黑云斜长变粒岩、黑云斜长片麻岩,并与角闪斜长片麻岩互层为特点。矿区内岩浆岩主要为太古宙片麻状英云闪长岩、片麻状花岗岩等(图 4-154)。

第四章 中国重要铜矿地质、地球化学找矿模型

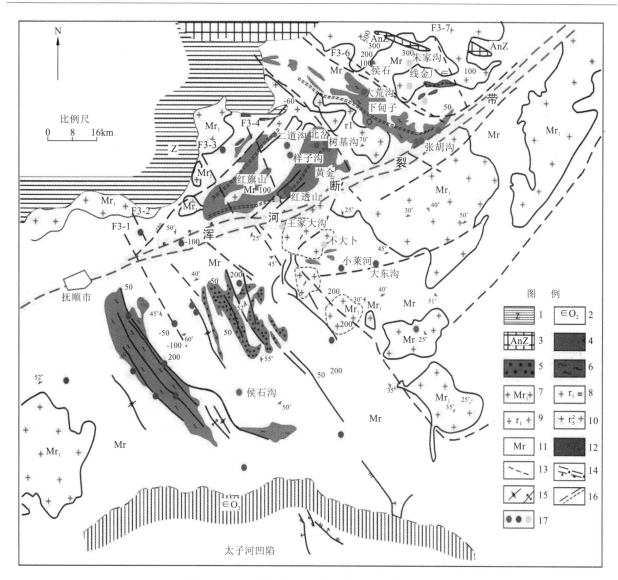

图 4-153 抚顺-清远区域地质图(张雅静,2010)

1—震旦系;2—寒武系-奥陶系;3—辽河群;4—清远绿岩带表壳岩;5—小莱河绿岩带表壳岩;6—景家沟地体中的表壳岩;
7—混合花岗岩;8—紫苏花岗岩;9—片状片麻状混合花岗岩;10—花岗岩;11—花岗混合岩;12—基性-超基性岩体;
13—推测岩相界线;14—穹窿界线;15—褶皱构造向斜及背斜;16—实测及推测压扭性断裂;17—铜铁金矿床(点)

矿区岩石经受了多期多次变质变形改造和中生代构造岩浆活动的叠加。早期形成的铜锌矿体卷入了区域褶皱变形中。矿体既受层位控制,与地层产状基本一致,呈似层状、层状产出,又受多期变质变形影响。致使矿体形态复杂,造就了矿体旋转侧伏的变化规律(图 4-155)。

红透山矿床的矿体可分为层状-似层状矿体(图 4-156)和网脉状-细脉浸染状两种类型(图 4-157)。层状-似层状矿体的产出受"薄层互层带"控制,与薄层互层带呈整合接触关系,局部发生顺层剪切,使矿体形态发生变化并穿切围岩,网脉状-细脉浸染状矿体与围岩呈不整合接触关系。

红透山矿床近矿围岩蚀变的主要类型有透闪石化、金云母化、绢云母化、硅化、绿泥石化、滑石化及碳酸盐化。

蚀变具一定的分带现象,从矿体至围岩由强变弱,从透闪石化带→白云母-绢云母-硅化带→绿泥石化带和碳酸盐化带(图 4-158)。

矿石矿物组合简单,主要有黄铁矿、磁黄铁矿、闪锌矿和黄铜矿,少量方铅矿、方黄铜矿、银金矿等(图 4-159)。

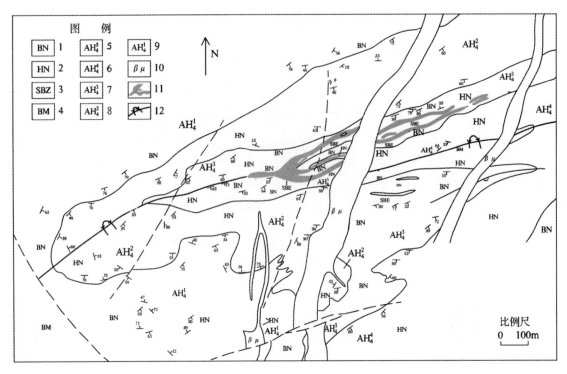

图 4-154 红透山矿床地质图(张森和赵东方,2007)

1—黑云片麻岩;2—角闪片麻岩;3—矽线片麻岩;4—片麻状花岗岩;5—直闪黑云片麻岩层;6—上角闪片麻岩层;7—薄层互层带;8—下角闪片麻岩层;9—黑云片麻岩层;10—辉绿岩;11—矿体;12—倒转向斜

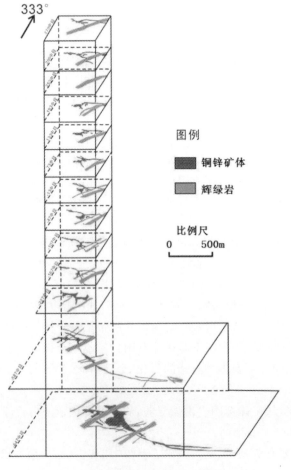

图 4-155 红透山矿床立体图(张雅静,2010)

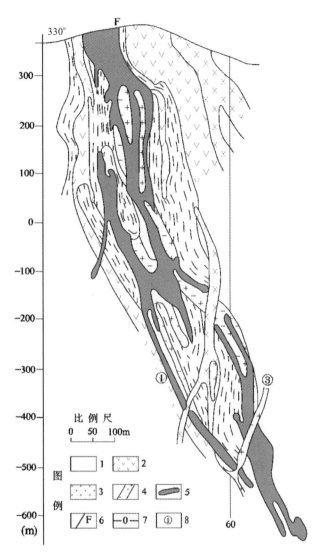

图 4-156 红透山矿床 14 号剖面图（张雅静，2010）
1—黑云斜长片麻岩；2—角闪斜长片麻岩；3—矽线黑云斜长片麻岩；4—辉绿岩脉；
5—矿体；6—断裂；7—标高；8—矿体编号

图 4-157 通道相的脉状矿体（左图）和通道相的网脉状矿化（右图）（张雅静，2010）

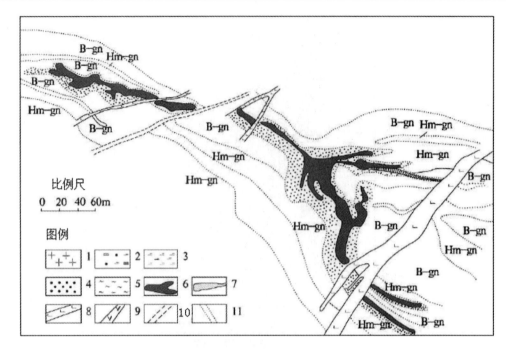

图 4-158 红透山矿床近矿围岩蚀变分布图(于凤金,2006)

1—透闪石化带;2—白云母-绢云母-硅化带;3—绢云母化带;4—硅化带;5—绿泥石化带;6—块状矿体;7—星散状矿体;8—辉绿岩脉;9—煌斑岩脉;10—断裂带;11—围岩界线;Hm-gn—角闪片麻岩;B-gn—黑云片麻岩

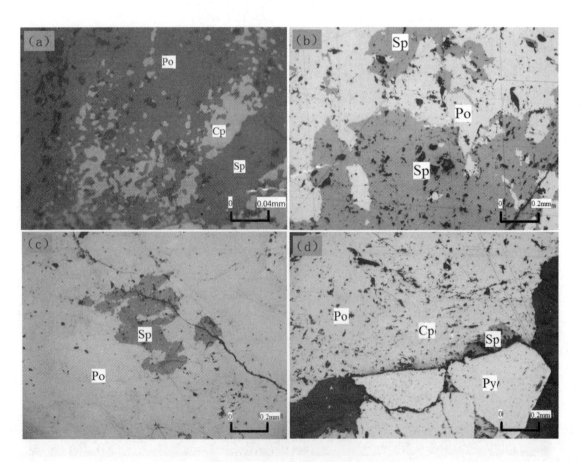

图 4-159 红透山矿床矿物组构(张雅静,2010)

(a)黄铜矿(Cp)和磁黄铁矿(Po)与闪锌矿(Sp)呈固溶体分离;(b)闪锌矿(Sp)交代磁黄铁矿(Po);
(c)闪锌矿(Sp)交代磁黄铁矿(Po);(d)磁黄铁矿(Po)、黄铜矿(Cp)、黄铁矿(Py)和闪锌矿(Sp)

2. 矿床地球化学特征

(1) 铅同位素组成特征。张森等(2007)对红透山式铜矿床黄铁矿进行了铅同位素组成分析(表4-64)。

表4-64 红透山及外围铜、金矿床矿石铅同位素组成(张森和赵东方,2007)

样号	采样位置	测定矿物	$^{206}Pb/^{204}Pb$	$^{207}Pb/^{204}Pb$	$^{208}Pb/^{204}Pb$
KH04-5	827-3502穿	黄铁矿	13.648 3	14.534 3	33.472 2
KH06-1	707-1602穿	黄铁矿	13.765 4	14.561 6	33.626 1
KH07-5	707-21穿	黄铁矿	13.594 6	14.515 3	33.399 6
KH08-8	467-13采	黄铁矿	13.885 8	14.590 9	33.729 0
KH10-1	767-14采	黄铁矿	16.332 6	15.290 5	36.549 7
KH10-3	767-14采	黄铁矿	13.758 9	14.561 2	33.590 8
KH10-4	767-14采	黄铁矿	13.674 0	14.537 7	33.492 4
KH10-5	767-14采	黄铁矿	17.192 0	15.545 4	37.566 2
KH11-2	767-10采	黄铁矿	14.754 7	14.862 9	34.716 1
KH12-2	767-12采	黄铁矿	13.561 6	14.506 6	33.365 0
LH10-1	Y-H剖面	黄铁矿	16.891 5	15.454 5	37.183 4
LH10-2	Y-H剖面	黄铁矿	14.142 9	14.680 8	34.079 2
LH15-6	稗子沟	黄铁矿	15.513 3	15.117 3	35.535 6
LH35-1	线金厂	黄铁矿	17.404 1	15.639 7	37.821 3
LH37-1	景家沟	黄铁矿	17.533 1	15.640 2	37.921 8
LH54-1	红旗山	黄铁矿	13.868 2	14.584 5	33.754 3
KH55-2	下达堡	黄铁矿	15.956 0	15.222 1	36.320 3

从表4-64可见,红透山及外围铜、金矿床矿石铅同位素组成变化范围较大:$^{206}Pb/^{204}Pb=13.594\ 6\sim 17.533\ 1$,$^{207}Pb/^{204}Pb=14.515\ 3\sim 15.640\ 2$,$^{208}Pb/^{204}Pb=33.472\ 2\sim 37.566\ 2$。在霍尔姆斯-豪特曼斯单阶段正常铅增长演化曲线上(图4-160),红透山式矿床铅同位素组成呈线性与正常铅增长演化曲线相交,这一信息示踪成矿作用的多期成矿、多成因、多来源的特征。其主要成矿期集中在2 800~2 600Ma (下交点约为3 100Ma,可能为红透山岩组成岩年龄)。红透山式铜矿床矿石铅同位素组成为:$^{206}Pb/^{204}Pb=13.594\ 6\sim 14.142\ 9$,$^{207}Pb/^{204}Pb=14.515\ 3\sim 14.862\ 9$,$^{208}Pb/^{204}Pb=33.472\ 2\sim 34.716\ 1$(表4-64中前12件样品)。

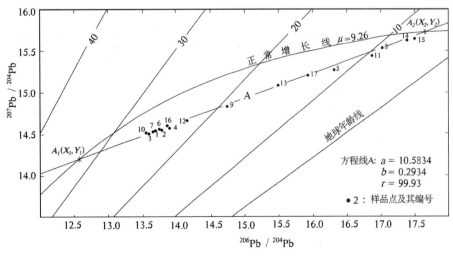

图4-160 红透山地区铅同位素及正常铅拟合方程(张雅静,2010)

(2) 硫同位素组成特征。通过对红透山矿床各硫化物的硫同位素测定(表4-65)表明,硫同位素组成十分均一,$\delta^{34}S:0.3‰\sim1.5‰$,峰值为$0\sim1‰$,呈"塔式"分布(图4-161)。这一特征可能由两种原因造成。其一可能是太古宙地球上大气处于还原状态,海洋中尚未产生硫酸盐,故硫为地幔来源;另一可能是矿床中的硫经过多次构造变质-岩浆活动的分馏作用,使其硫同位素组成趋向均一。

表4-65 红透山铜锌矿硫化物硫同位素组成(张森与赵东方,2007)

硫化物	样品数(件)	$\delta^{34}S(‰)$	测定样品中的所占比例(%)
黄铁矿	86	1.05	62
闪锌矿	23	0.46	17
磁黄铁矿	15	0.41	11
黄铜矿	13	0.80	9
方铅矿	1	0.50	0.7

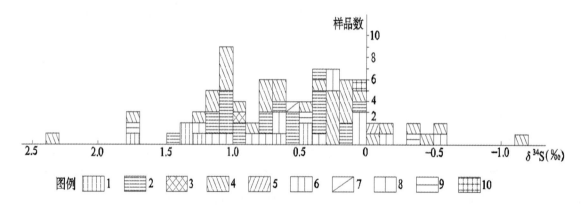

图4-161 红透山硫同位素组成直方图(张雅静,2010)

1—致密矿石黄铁矿;2—致密矿石黄铜矿;3—致密矿石磁黄铁矿;4—致密矿石闪锌矿;5—脉状矿石方铅矿;6—浸染状矿石黄铁矿;7—浸染状矿石闪锌矿;8—围岩黄铁矿;9—围岩黄铜矿;10—围岩磁黄铁矿

(3) 赋矿围岩中成矿元素地球化学特征。红透山铜多金属矿床处于太古宙绿岩地体变质岩系中,变质岩系主要分为两大类:云母片麻质岩类和角闪质岩类,各变质岩中Cu等成矿元素的含量见下表(表4-66)。

表4-66 红透山铜矿太古宙绿岩地体中各类变质岩成矿元素含量(于凤金,2006)(单位:$\times 10^{-6}$)

变质岩石		Cu	Pb	Zn	Ag	Ni	Cr	Co
片麻岩类	黑云斜长片麻岩	81.8	22.3	88.7	1.07	38.0	48.9	22.3
	黑云变粒岩	73.1	17.0	139.0	<1	43.5	31.0	26.8
	石榴黑云斜长片麻岩	31.3	21.3	67.5	<1	26.7	25.0	17.5
	矽线黑云斜长片麻岩	43.0	16.0	115.0	1.20	19.0	18.0	12.0
	石榴矽线黑云片麻岩	119.0	31.0	112.0	1.40	10.0	10.0	16.0
	角闪斜长片麻岩	88.0	25.5	88.0	<1	72.0	52.2	30.5
角闪岩类	斜长角闪岩	126.0	21.5	127.0	<1	24.4	398.0	50.0

从表 4-66 中可知：各类岩石中 Cu、Zn 元素含量变化较大，主要富集在斜长角闪岩（126.0×10^{-6}，127.0×10^{-6}）和石榴矽线黑云片麻岩（119.0×10^{-6}，112.0×10^{-6}）中，而后者是主要的赋矿围岩，除了 Cu、Zn 元素外，Pb、Ag 等元素相对较高，这一信息示踪着赋矿围岩与成矿作用有密切的成因关系。

再从矿区出露的红透山组地层各岩类的成矿元素含量特征分析（表 4-67）：红透山层（SH_7）是红透山矿床主要的赋矿岩系，由上角闪岩层、薄层互层带、下角闪岩层等三个亚层组成，其中由角闪斜长片麻岩、黑云斜长片麻岩、矽线黑云斜长片麻岩等岩层组成的薄层互层带构成了铜锌矿体的主要赋矿层位，其中富 Cu、Zn、Pb 等成矿元素（Cu：113.0×10^{-6}，Zn：121.0×10^{-6}，Pb：21.7×10^{-6}）。另外，奶牛场层（SH_5）中石榴角闪黑云斜长片麻岩、黑云角闪斜长片麻岩中亦富集 Cu、Zn 等元素（Cu：188.0×10^{-6}，Zn：173.0×10^{-6}），它们将为后期构造-岩浆叠加作用提供充足的矿源。

表 4-67　红透山矿区红透山组地层各岩类的成矿元素含量（于凤金，2006）　　（单位$\times10^{-6}$）

岩 层	岩 性	Cu	Pb	Zn	Ni	Cr	Co	V
红透山层（SH_7）	含矿岩系	113.0	21.7	121.0	45.4	103.0	33.6	150.0
火药库层（SH_6）	黑云斜长片麻岩	80.7	18.3	68.7	50.0	119.0	22.7	82.7
奶牛场层（SH_5）	石榴直闪黑云斜长片麻岩	188.0	11.1	173.0	129.0	90.0	26.7	101.0
羊望鼻子层（SH_2）	斜长角闪片麻岩	104.0	17.5	111.0	115.0	155.0	43.3	217.0
鸡冠砬子层（SH_1）	黑云斜长片麻岩、变粒岩	70.5	11.1	100.0	132.0	124.0	33.3	208.0

3. 矿田（矿床）地球化学异常特征

（1）1∶20 万水系沉积物测量地球化学异常特征。区域 1∶20 万水系沉积物地球化学图显示（图 4-162），红透山矿集区元素异常呈带状沿浑河断裂东西向展布，具有 Cu、Zn、Ag、Au、Cd、Hg、Sn、Bi 等元素组合，且 Cu、Ag、Zn 元素在各个矿床（矿化点）的浓度高，分带清楚。与成矿有关的地层为太古代红透山组的黑云片麻岩和角闪片麻岩互层带，反映红透山矿田的地球化学信息。在不同尺度的地球化学异常中，主成矿元素具有浓度高及明显的组合分带特征。

（2）1∶5 万土壤测量地球化学异常特征。1∶5 万土壤 Cu、Zn（Ag、Cd）异常相对较发育（图 4-163）。土壤剖面中 Cu 元素富集规律是 A 层＜B 层＜C 层，各层含量比值为 1∶1.8∶3。在各矿床上部有明显的、稳定的 Cu、Zn 等元素的土壤异常，强度高、分带好、形态规则，沿片麻理方向呈带状展布。在红透山矿床开展的土壤地球化学测量中，Cu 平均 524×10^{-6}，Zn 平均 398×10^{-6}（阎鹏仁，1990）。

（3）矿体岩石地球化学异常特征。从各中段坑道岩石地球化学异常特征分析可知（图 4-164）：Cu、Zn 元素在矿体上盘（前缘）发育，内、中、外带分带清晰，外带：Cu：$70\times10^{-6}\sim300\times10^{-6}$，Zn：$80\times10^{-6}\sim400\times10^{-6}$；中带：Cu：$300\times10^{-6}\sim800\times10^{-6}$，Zn：$400\times10^{-6}\sim1\,000\times10^{-6}$；内带：Cu：$>800\times10^{-6}$，Zn：$>1\,000\times10^{-6}$。Ag 元素在矿体上盘较发育，外带：Ag：$0.08\times10^{-6}\sim0.5\times10^{-6}$，中带：Ag：$0.5\times10^{-6}\sim1\times10^{-6}$，内带：Ag$>1\times10^{-6}$。

从中段-647 穿脉 3102 西壁岩石地球化学剖面图上可见（图 4-165）：在块状硫化物矿体及两侧围岩中 Cu、Zn、Ag、Au、Co、Pb、Mo、Sb、As 等元素异常明显，其中 Cu、Zn、Ag 元素的含量是围岩的几十至几百倍，是矿体的主要成矿元素，另外 Cu、Zn、Ag 元素在不同矿体中的分布不均；Ni 元素在矿体、矿化及围岩中含量无明显变化。Au、Co、Pb、Mo、Sb、As 等元素是主要的伴生元素。这类海相火山岩型矿床成矿及伴生元素无十分明显的元素分带特征，元素空间分布基本一致。

（4）成矿元素分带特征。从矿石中 Cu、Zn 元素空间分布特征分析，具有"上 Cu 下 Zn"的特点，Cu 矿化富集部分位于 0m 标高以上，富 Zn 矿体则位于 0m 标高以下（图 4-166）。从不同标高的 Cu/Zn 比值可见 Cu、Zn 元素之间的垂向分带特征：$430\sim253$m，Cu/Zn 为 1.6；$-400\sim-60$m，Cu/Zn 为 0.62（表 4-68）。

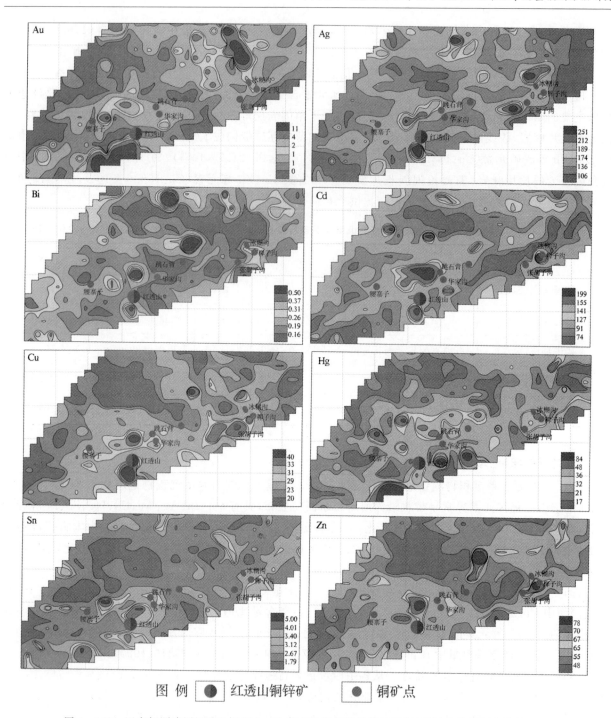

图 4-162 辽宁抚顺清原红透山铜矿 1∶20 万水系沉积物地球化学图(据辽宁地质调查院,2011)

表 4-68 红透山矿床 Cu、Zn 元素分带(于凤金,2006)

水平标高或中段(m)	品位(%)		Cu/Zn	Cu/(Cu+Zn)
	Cu	Zn		
430～253	1.79	1.11	1.61	0.38
253～0	1.72	1.34	1.28	0.44
0～-200	1.39	1.69	0.82	0.55
-200～-400	1.73	1.93	0.89	0.53
-400～-600	1.38	2.24	0.62	0.62

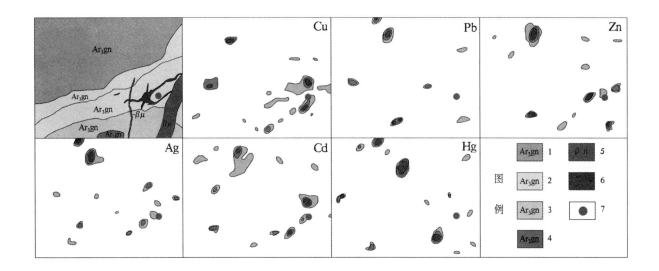

图 4-163 红透山矿区土壤测量地球化学异常图(据阎鹏仁,1990)

1~4—中太古代英云闪长质片麻岩;5—辉绿岩;6—矿床;7—铜矿点

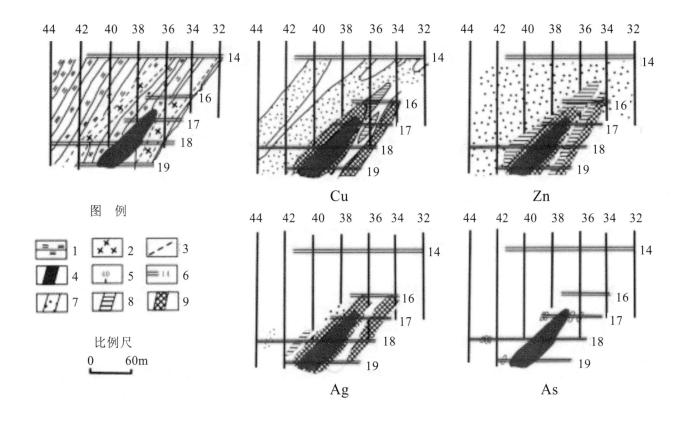

图 4-164 树基沟矿床Ⅳ号盲矿体原生晕(阎鹏仁,1990)

1—云母片麻岩;2—辉绿岩;3—岩层界线;4—矿体;5—勘探线;6—采样坑道;7—外带(Cu:70~300, Zn:80~400,Ag:0.08~0.5,As:3.5~10);8—中带(Cu:300~800,Zn:400~1 000, Ag:0.5~1);9—内带(Cu>800,Zn>1000,Ag>1)(7~9 中元素的含量为 10^{-6})

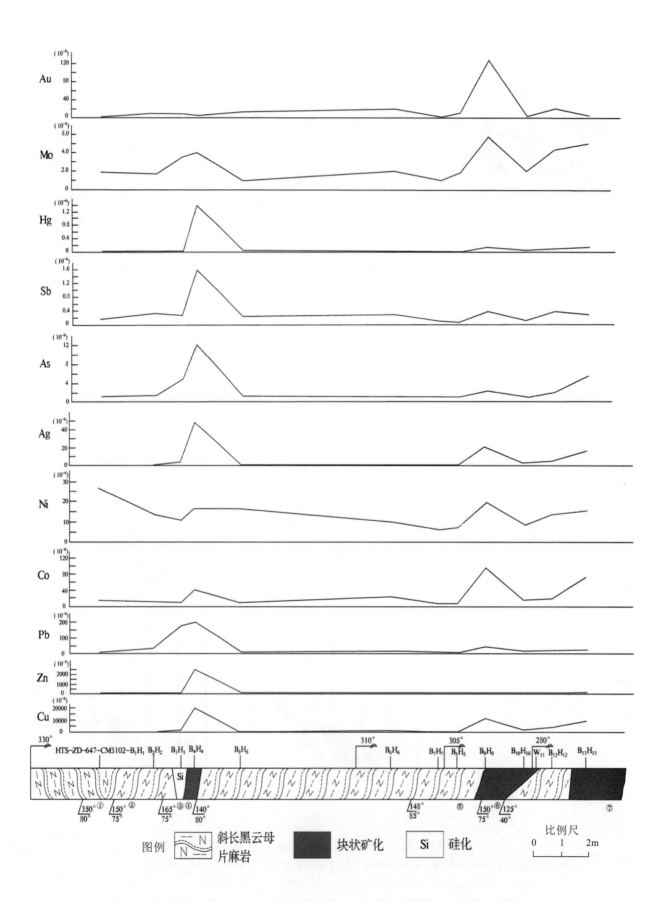

图 4-165　红透山矿床中段-647 穿脉 3102 西壁岩石地质、地球化学剖面图（张雅静，2010）

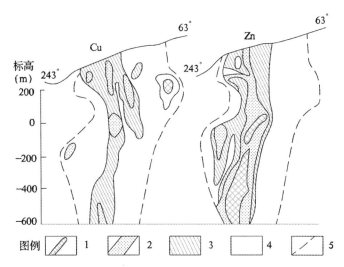

图 4-166 红透山矿床铜锌品位等值线纵剖面图(阎鹏仁,1990)

1—Cu>3.5%,Zn 2.5%~3.5%;2—Cu 2.51%~3.5%,Zn 1.51%~2.5%;3—Cu 1.51%~2.5%,
Zn 0.51%~1.5%;4—Cu 0.51%~1.5%,Zn 0.1%~0.5%;5—矿体边界线

4. 红透山铜锌矿床主要地质、地球化学特征(表 4-69)

表 4-69 红透山铜锌矿床主要地质、地球化学特征

成矿系列	海相火山岩型铜多金属矿床
成矿环境	新太古代大洋与岛弧间的优地槽裂谷环境(华北地台北缘东段,我国典型的太古宙花岗岩-绿岩地体分布区)
矿床类型	与绿岩有关的海相火山岩型
赋矿地层	为黑云母斜长变粒岩、黑云母斜长片麻岩与角闪斜长片麻岩互层的薄层岩系
控矿构造	受倒转向斜转折端及其附近的核部和两翼控制,为多期区域褶皱变形初始矿体塑性流动的产物
含矿建造	铁镁质-长英质组成的双峰式火山喷发岩系:下部为基性岩夹科马提岩;中部为中酸性火山岩;上部为火山-沉积碎屑岩
成岩时代	2 900~2 800Ma
成矿时代	2 600~2 800Ma
矿体产状	矿体在平面上呈向北东方向开口的横卧"音叉"状形态,与地层产状基本一致,呈层状、似层状产出,局部呈网脉状、细脉浸染状
矿石矿物	主要有黄铁矿、磁黄铁矿、闪锌矿和黄铜矿,少量方铅矿、方黄铜矿、银金矿等
结构构造	致密块状构造、条带状构造、网脉状-细脉浸染状构造等
围岩蚀变	主要有透闪石化、金云母化、绢云母化、硅化、绿泥石化、滑石化和碳酸盐化,蚀变具一定的分带现象
成矿及伴生元素组合	主要成矿元素:Cu,Zn,伴生元素有 Ag、Au、Bi、Se、Cd、Pb、Co、Sn、In 等
矿床规模	16.9×10^4 t(截至 2005 年底)
剥蚀程度	浅剥蚀
典型矿床	红透山
地理景观	属长白山系龙岗山脉,自然环境优雅,植被茂密,资源丰富;属中温带大陆性季风气候,四季分明,气候宜人,雨量充沛

5. 红透山式铜锌矿床成矿模式(图4-167)

(1)2 900～2 800Ma新太古代时期,在大洋与岛弧之间的优地槽裂谷环境中,产生了强烈的铁镁质-长英质火山岩组成的双峰式海底火山喷发,在酸性火山岩喷发期,含矿流体在海底洼地中形成层状、透镜状初始矿体。

(2)2 800Ma绿岩火山岩系与初始矿体遭受角闪岩相区域变质、变形作用,形成了紧闭同斜褶皱。

(3)2 600Ma第二期变形更为强烈,块状硫化物向叠加褶皱产生的低压区发生大规模塑性流动,在竖倾叠加褶皱轴部形成延伸大的柱状矿体,在翼部形成与柱状矿体相连的脉状矿体。

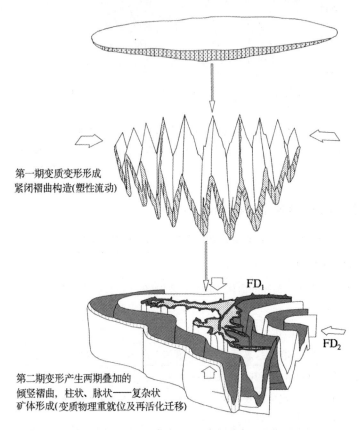

图4-167 辽宁红透山铜矿床矿体变质变形模式图(于凤金,2006)

6. 红透山式铜锌矿床控矿因素

(1)太古宙陆核穹窿构造中的绿岩带是"红透山式"铜矿的最佳构造部位。

(2)矽线石黑云母石英片岩、石榴黑云母斜长片麻岩、十字蓝晶黑云母石英片岩及黑云母斜长片麻岩等是红透山式铜矿的重要赋矿围岩。

(3)多期褶皱构造叠加的同斜向形褶皱中的层间虚脱部位是有利的构造空间。

(四)阿尼玛卿Cu、Co、Zn、Au、Ag成矿带(Ⅲ-29)德尔尼铜(钴)矿床地质、地球化学找矿模型

1. 德尔尼铜(钴)矿床地质特征

青海德尔尼铜(钴)矿床位于洋中脊扩张中心的鲸鱼湖-阿尼玛卿晚古生代-早中生代阿尼玛卿蛇绿混杂岩带中。区内地层以石炭纪-二叠纪布青山群为主,由一套结晶灰岩泥灰岩、中基性火山岩及碎屑岩组成,属特提斯洋北缘构造活动带中的浅海相沉积。区内岩浆活动强烈,构成长约300km,宽3～5km的阿尼玛卿山构造侵入岩带,侵入岩主体是超基性岩,产于石炭纪-二叠纪海相火山岩地层中,具蛇绿岩系组合特征(图4-168)。

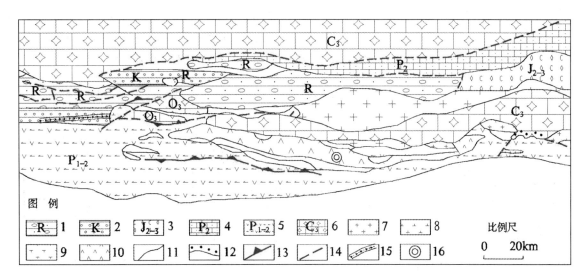

图 4-168 德尔尼矿区区域地质略图(黄崇轲和白冶,2001;刘增铁和任家琪,2008)

1—古近纪和新近纪红色砂砾岩、泥岩;2—白垩纪紫红色砾岩、砂砾岩、砂岩;3—中、晚侏罗世含煤碎屑岩;
4—晚二叠世石灰岩夹砂岩;5—早晚二叠世中基性火山岩、碎屑岩;6—晚石炭世结晶灰岩、大理岩夹角闪片岩;
7—花岗岩;8—正长岩;9—闪长岩;10—超基性岩;11—地质界线;12—沉积不整合线;13—实测、推测逆断层;
14—实测、推测性质不明断层;15—构造破碎带;16—德尔尼矿区

德尔尼含矿超镁铁岩主要分布于区内石炭纪-二叠纪布青山群中,由一系列大小不等的岩体集中出现构成岩体群。主要岩石类型有纯橄岩、辉橄岩、橄辉岩和辉石岩,以辉橄岩为主,岩石均已全蛇纹石化。主要赋矿地层由碎屑岩、中基性火山岩、灰岩等组成,其中基性火山岩属晚古生代蛇绿岩套组成的一部分,形成于海底火山喷溢、喷流作用(图4-169)。

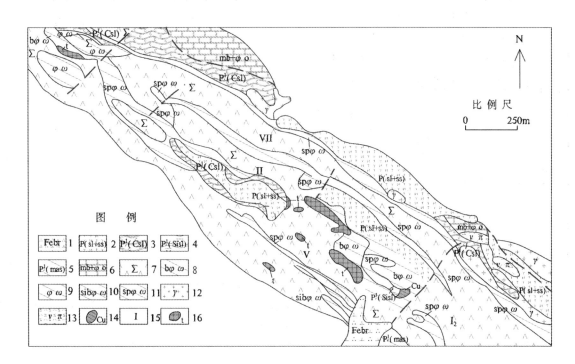

图 4-169 德尔尼铜钴矿床矿区地质图(刘增铁和任家琪,2008)

1—铁质角砾岩;2—砂板岩、千枚状板岩、杂砂岩;3—碳质板岩;4—硅质板岩;5—变安山岩;6—大理岩夹斜长角闪岩;7—超基性岩(未分);8—碳酸盐化角砾蛇纹岩;9—碳酸盐化蛇纹岩;10—硅化碳酸盐化蛇纹岩;
11—片理化蛇纹岩;12—花岗岩;13—霏细岩;14—原生矿露头;15—铜矿体范围及编号;16—铁帽

Cu、Co 矿体（Ⅰ、Ⅱ、Ⅴ、Ⅶ号主矿体）均产于超镁铁岩体中的蛇纹石化、碳酸盐化变质橄榄岩中，多为埋藏不深的隐伏矿。岩体呈透镜状或似层状，与围岩界线清楚，矿体受后期构造影响，具明显褶皱形态变化（图 4-170）。钴矿体（空白处）及夹石核（G），它们共同组成该矿床的Ⅰ号矿体（图 4-171）。

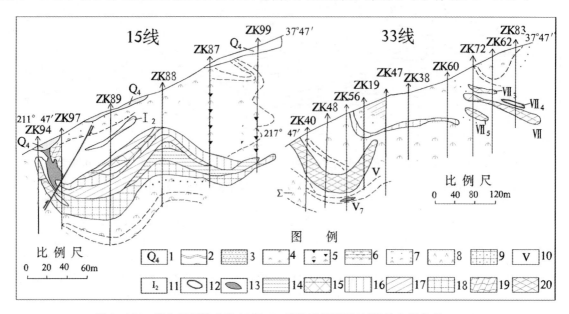

图 4-170　德尔尼铜钴矿床 15 线、33 线地质剖面图（刘增铁和任家琪，2008）

1—残、坡积物；2—板岩；3—砂岩；4—蛇纹岩；5—角砾状碳酸盐化蛇纹岩；6—片理化蛇纹岩；7—矿化蛇纹岩；8—超基性岩；9—铁帽；10—主矿体编号；11—小矿体编号；12—氧化矿（铜表内）；13—氧化矿（铜表外）；14—铜硫表内矿体；15—铜硫表外矿体；16—铜锌钴硫矿体；17—铜锌硫矿体；18—铜钴硫矿体；19—钴硫矿体；20—矿体（未分）

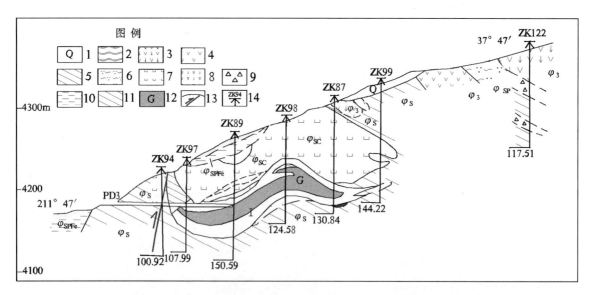

图 4-171　德尔尼矿床 15 勘探线 1 号矿体剖面图（宋忠宝和王轩，2007）

1—第四系；2—板岩；3—橄榄岩及蛇纹岩（$\varphi_3+\varphi_S$）；4—橄榄岩（φ_3）；5—蛇纹岩（φ_S）；6—片状蛇纹岩（φ_{SP}）；7—碳酸盐化角砾状蛇纹岩（φ_{SC}）；8—角砾状蛇纹岩（φ_S）；9—破碎带；10—铁染片理化蛇纹岩（φ_{SPFe}）；11—铁帽；12—对钴矿体的"夹石核"（即铜锌矿体）；13—逆断层；14—钻孔；（钴矿体（空白处）及夹石核（G），它们共同组成该矿床的Ⅰ号矿体）

矿体的原生矿石为块状、条带状含铜黄铁矿，构成矿体的主要部分。其次是产于矿体边部的浸染状、角砾状含铜磁铁矿（图 4-172）。主要金属矿物为黄铁矿、磁黄铁矿、磁铁矿、黄铜矿、闪锌矿等，次要矿物有：白铁矿、钴镍黄铁矿、硫铁镍钴矿等。Cu 平均品位：1.03%～1.48%；Co 平均品位：0.005 4%～0.092%；Zn 平均品位：0.93%～2.21%。

图 4-172　德尔尼矿床野外照片和光片照片(李鹏,2008)

(a)条带状矿石(4218采场);(b)上部为含碳铁硅质板岩,下部为块状矿石(4242采场);(c)角砾状矿石(4242采场);
(d)条带状黄铁矿矿石的变余草莓结构(反光显微镜,单偏光,样号06DD1-3B)

2. 德尔尼铜(钴)矿床地球化学特征

(1)硫同位素组成特征。硫同位素组成变化较大,$\delta^{34}S$:$-6.15‰\sim6.64‰$,平均$6.88‰$,偏硫酸盐重硫同位素(图4-173),与白银厂海底火山-喷流沉积块状硫化物型矿床硫同位素相似。

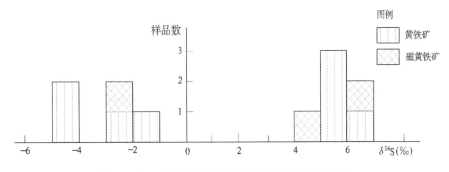

图 4-173　德尔尼硫同位素直方图(章午生,1981)

(2)矿区主要岩类和矿石中Cu及主要伴生元素特征。矿区出露的主要岩类微量元素显示(表4-70):

① 超基性岩中Cu、Zn、Co、Ni、Cr、Au等元素含量高,其中Cu、Zn变异系数大,Ni/Co比为12.97。

② 矿石中Ni/Co比值元素可作为矿体和超基性岩的判别标志:超基性岩Ni/Co:10~20;矿体Ni/Co:<1。

表4-71显示德尔尼矿床主矿体中Co元素伴生组分平均含量为$540\times10^{-6}\sim1110\times10^{-6}$,是中国橄榄岩Co($110\times10^{-6}$)含量的5~10倍,Ni/Co比值0.12~0.45。另外,矿体中还富集Se、Cd、Tl等微量元素。

表 4-70 德尔尼矿床主要围岩地球化学参数(姚敬金和张素兰,2002)

岩石名称	特征参数	Cu	Zn	Pb	Co	Ni	Cr	Au	Hg	Ni/Co
板 岩		32.4	89.9	13.0	15.0	187.9	212.9	1.39	120.9	12.53
变安山岩	平均含量	38.1	58.4		35.3	94.4	143.1	0.60	303.4	2.67
超基性岩		110.0	110.9		153.1	1 986.3	1 099.4	1.67	105.1	12.97

元素质量分数单位:Au、Hg 为 10^{-9},其他为 10^{-6}

表 4-71 德尔尼矿床主矿体中伴生组分平均含量(姚敬金和张素兰,2002)

矿体编号	Au	Ag	Se	Cd	Ga	In	Co	Ni	Tl	Ge	Pt	Pd	Ni/Co
Ⅰ	0.41	6.0	26	16	6.1	1.6	920	400	4.0	0.8	0.002	0.00	0.43
Ⅱ	0.34	4.7	19	30	4.8	2.8	540	200	3.0			0.000	0.37
Ⅴ(下部矿)	0.71	3.7	28	13	5.0	3.3	1 110	500	5.0	0.4	0.002	0.00	0.45
Ⅵ(上部矿)	0.26	4.5	26	8	2.5	1.2	820	100	6.0	0.0	0.000	0.00	0.12
中国橄榄岩*	0.57	0.035	0.05	0.05	3.8	0.04	110	1 800	0.1	0.8	0.004 6	0.001 4	16.36

元素质量分数单位:Au 为 10^{-9},其他为 10^{-6};* 据鄢明才和迟清华,1997

(3)赋矿围岩中成矿元素地球化学特征。从表 4-72 中获知:

① 玄武岩中 Cu、Zn 含量低于 Turekian 和 Wedepohl(1961)统计的玄武岩中 Cu、Zn 的含量;

② 而赋矿围岩超基性岩类中的 Co 元素是同类超基性岩类中的 1/2。这一特征示踪着 Cu、Zn 与海底基性火山喷溢作用有关,而 Co 元素为从超基性岩类中萃取活化富集而成矿。

表 4-72 德尔尼矿床赋矿围岩、矿石中成矿元素含量

岩石、矿体		Cu	Zn	Co	资料来源
德尔尼矿区	超基性岩类(68)	14.11	66.33	98.12	王玉往和秦克章,1997
	玄武岩类(13)	58.54	75.77	39.23	
	Ⅶ号矿体(29)	1.084 5	0.074 1	0.156 5	
	Ⅰ、Ⅱ、Ⅲ号矿体(88)	1.276 8	0.879 2	0.042 5	
	Ⅴ号矿体(135)	1.895 1	0.550 2	0.120 0	
	合计(252)	1.585 9	0.610 3	0.097 14	
	矿体/超基性岩类	1 123.95	92.01	9.90	
	矿体/玄武岩类	270.91	80.55	24.76	
地 壳	超基性岩	10	50	150	Turekian and Wedepohl,1961
	玄武岩	87	105	48	

注:括号内数字为样品数,岩石平均含量单位为 10^{-6},矿体平均含量单位为 10^{-2}

3. 矿田(矿床)地球化学异常特征

(1)1:20 万水系沉积物测量地球化学异常特征。从图 4-174 获知:

① Cu 呈北西向带状分布,其浓集中心清晰,与德尔尼矿床位置吻合。

② 反映超基性岩的 Co、Ni、Cr 元素与 Cu 的分布形态相似。

③ Hg 元素的分布与阿尼玛卿山南缘大断裂有关。

④ 各元素异常平均值分别为:Cu:96.9×10^{-6},Co:21.7×10^{-6},Ni:158.3×10^{-6}。

第四章 中国重要铜矿地质、地球化学找矿模型

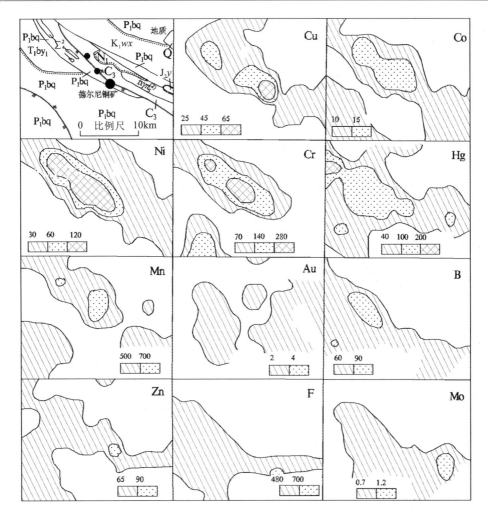

图 4-174 青海德尔尼矿床区域地球化学异常剖析图(姚敬金和张素兰,2002)

1—第四系;2—第三系中新统;3—下白垩统万秀群;4—中侏罗统野马滩组;5—下二叠统布青山群;
6—下三叠统巴颜喀拉山群;7—上石炭统;8—印支晚期二长花岗斑岩;9—海西晚期超基性岩;
10—断裂带;11—铜矿区;12—铜矿床(点)(单位:Au、Ag含量为10^{-9},其他为10^{-6})

(2)1∶1万土壤测量地球化学异常特征。矿区的Cu、Zn、Co、Au、Hg等异常在矿体及围岩中形成各自的浓集中心(图4-175),其中Cu的异常范围最大,且有清晰的浓度分带;Zn、Co、Hg异常范围较小。

4.德尔尼铜(钴)矿床主要地质、地球化学特征(表4-73)

表 4-73 青海德尔尼铜(钴)矿床主要地质、地球化学特征

成矿系列	海相火山岩型铜多金属矿床
成矿环境	位于晚古生代-早古生代阿尼玛卿蛇绿混杂带,阿尼玛卿山南缘大断裂北侧
矿床类型	与绿岩有关的海相火山岩型
赋矿地层	二叠纪布青山群的碳质板岩、硅质板岩、玄武岩、玄武安山岩等。硅质板岩为热水沉积作用的产物
控矿构造	由于矿区处在阿尼玛卿缝合带的特殊构造位置,因此缝合带内规模不等地质体(矿体)均受到挤压剪切应力的强烈改造,各地质体(矿体)之间多表现为构造拼接式接触。片理化、角砾岩化在超基性岩体中发育

续表 4-73

含矿建造	与矿体空间关系密切的岩浆岩是超基性岩,呈 NW-SE 向带状分布,以辉橄岩为主,次为橄榄岩、辉石岩,少量辉长岩,蚀变强烈(主要为蛇纹石化)
成矿时代	矿体形成于超基性岩(蛇绿岩)之后,下二叠统之前
矿体产状	矿体为似层状、透镜状成群出现,且受到后期作用改造,与围岩同变形,呈"褶皱形态"。在超基性岩体中均为埋藏不深的盲矿体
矿石矿物	主要有黄铁矿、磁黄铁矿、磁铁矿、黄铜矿、闪锌矿等,次要矿物有白铁矿、钴镍黄铜矿、硫铁镍钴矿等。钴矿物主要分布在块状硫化物矿体的外壳,呈"鞋套状"分布
结构构造	矿石为块状构造、条带状构造、浸染状构造、角砾状构造
围岩蚀变	超基性岩中蛇纹石化、碳酸盐化几乎遍及整个岩体
成矿及伴生元素组合	Cu、Zn、Co 为主要成矿元素,伴生元素有 Ag、Au、Se、Cd、Ga、In 等,Co 元素主要分布在矿体下部
矿床规模	Cu:57.8×10^4t,Zn:16.2×10^4t;Co:2.8×10^4t;Au:29.2t
剥蚀程度	浅剥蚀-盲矿体
典型矿床	德尔尼
地理景观	高寒山区

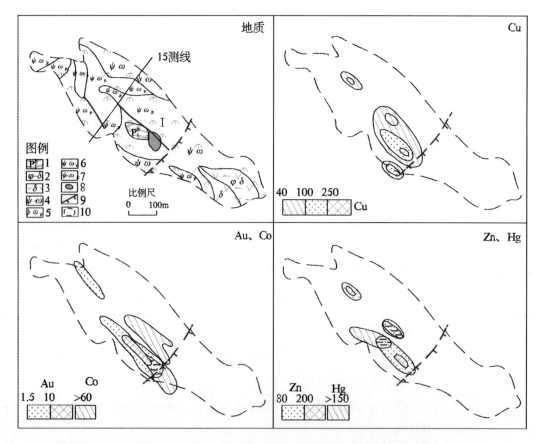

图 4-175　德尔尼矿床Ⅰ号矿体土壤测量地球化学异常图(姚敬金和张素兰,2002)

1—含碳质板岩;2—辉橄岩;3—橄榄岩;4—蛇纹岩;5—片状蛇纹岩;6—碳酸盐化蛇纹岩;7—碳酸盐化角砾状蛇纹岩;8—铜矿体;9—推测正断层;10—Ⅰ号矿体地面投影范围(单位 Au、Hg 含量为 10^{-9},其他为 10^{-6})

5. 德尔尼铜(钴)矿床成矿模式(图 4-176)

在东昆仑南带古特提斯构造扩张形成的洋盆环境下,伴随海底火山的喷发,由于海底的还原环境使含矿热液沉积于超基性岩之上;在后期的构造变形和流体的叠加下,超基性岩体中的 Co 等元素活化迁移,最终形成了热液叠加的 Co 矿体。

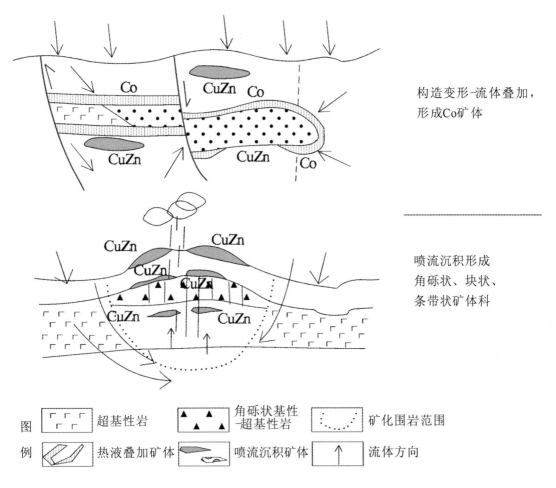

图 4-176 青海德尔尼海底喷流沉积-热液叠加成矿模式图(李鹏,2008)

6. 德尔尼铜(钴)矿床控矿因素

(1)二叠纪青山群的洋壳蛇绿岩套建造及海底喷流沉积成矿作用。
(2)区域 NW 向挤压剪切构造作用的叠加改造。
(3)片理岩化和角砾岩化的超基性岩是直接的赋矿围岩。

(五)海相火山岩型矿床(VMS)地质、地球化学找矿模型

这类矿床与海底火山喷发沉积作用直接有关,处于沟-弧-盆体系和裂谷构造的发育演化的构造环境中。在空间上可分布在古老基底出露处(辽宁红透山矿床),也可分布在板块构造的岛弧环境中(新疆阿舍勒矿床、甘肃白银厂矿床),此类矿床的地质、地球化学找矿模型见表 4-74 和图 4-177。

表 4-74 海相火山岩型铜多金属矿地质、地球化学勘查模型(吴承烈和徐外生,1998)

找矿标志	成矿带	矿田	矿床
地质标志	区域性构造火山岩带;有一套多旋回由基性-酸性演化的海相火山喷发-沉积岩系	断裂构造与褶皱发育;以细碧角斑质、英安质火山喷发-沉积旋回为主;有一系列火山穹窿和火山喷发中心;普遍遭受浅变质和强烈的热液蚀变	有火山机构;次火山岩脉(钠长斑岩、英安斑岩等);硅化、绢英岩化、黄铁矿化、重晶石化、绿泥石化和绿帘石化;矿石矿物组成简单,主要有黄铁矿、黄铜矿、闪锌矿和方铅矿
地球化学标志	火山岩系岩石中普遍含有较高的 Cu、Zn、Pb 等成矿元素;不同火山旋回成矿元素 Cu、Zn 等含量明显差异	赋矿岩系和同源脉岩中 Cu、Zn、Ag、Pb、Au、Sb、As、Mo 等成矿和主要伴生元素的含量明显高于区域背景;蚀变后岩石中具有更高的 Cu、Zn、Ag 等元素含量	主要矿石单矿物中含 Au、Ag、Se、Sb、As、Bi 均高;矿石中 Hg 高;蚀变带元素组合为 Fe、Mn、K_2O、Na_2O(B、F、Rb、Ba)
地球化学异常标志	区域上有 Cu(Zn)高背景带;沿火山岩带有以 Cu(Zn)-Pb、Cu-Fe、Mn 等为主组成的局部多元素异常的分带现象;以 Cu 和 Cu、Zn、Pb 为主,伴有 Au、Ag、Sb、Cd、Mo、Bi、Hg、Ba 局部多元素组合异常,为铜多金属矿田或矿床所处部位	指示元素组合为 Cu、Zn、Pb、Ag、Au、Cd、As、Mo、Sb、Hg、Ba、Mn、Co;沿异常走向有以 Cu、Zn 为主过渡到以 Pb、Cu、Mn 为主的多元素组合异常分带特征;多元素异常相互重叠套合,浓集中心 Cu、Zn、Pb 成矿元素和主要伴生元素浓度分带明显的异常为矿床所在部位	主要指示元素组合 Cu、Zn、Pb、Au、Ag、Se、Sb、Cd、As、Mn、Hg、Co、Bi、Ba、Fe、Cl、I;异常形态结构特征:①平面上指示元素分带不明显;②垂直剖面上成矿元素与主要伴生元素一般也无明显分带。但厚层状铜锌矿体或矿体群上层富 Zn,下层富 Cu,有时有 Sn、Mo、Co 弱异常可能指示含矿热液来源于成矿温度较高部位;③K_2O、Na_2O、Rb、Mn 等元素,位于矿体两侧(上、下盘),Ba 异常在矿体中或上盘、下盘、两端,可作为近矿标志

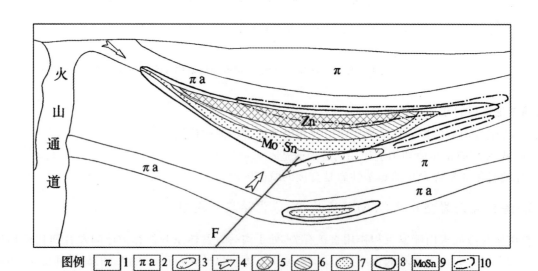

图 4-177 海相火山岩型铜(锌)矿床地质、地球化学找矿模型(吴承烈和徐外生,1998)
1—基-中酸性海相火山喷发沉积岩系;2—蚀变英安质凝灰岩;3—酸性次火山岩;4—含矿火山气液移动方向;5—致密块状铜、铜锌、黄铁矿体;6—条带状黄铜、黄铁矿体;7—条带状、浸染状黄铁矿体;8—Cu、Pb、Zn、Ag、Au、Sb、Co 等多元素组合异常;9—元素含量偏高部位;10—K_2O、Na_2O、Rb、Mn 等元素组合异常带

四、陆相火山岩型铜矿床地质、地球化学找矿模型

我国东部中生代陆相火山岩发育,陆相火山岩型铜矿床产于各时代陆相火山岩的活动带中。该类矿床以福建紫金山铜金矿和广东钟丘洋铜矿为代表。矿床受控于中生代东南沿海北东向火山岩带与燕山期北西向火山岩断陷盆地的叠合部位,属于天目-武夷铜成矿带(图 4-178)。

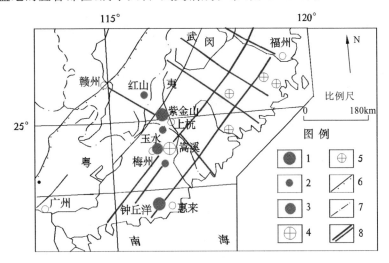

图 4-178　东南沿海区和扬子区陆相火山岩铜矿分布简图(李朝阳和徐贵忠,2000)

1—大型铜矿床;2—小型铜矿床;3—次绿辉岩-热液交代沉积亚型铜矿床(中型);4—大型银矿床;5—中小型银矿床;6—陆相玄武安山流纹岩建造的分界线;7—天目-武夷铜矿带与东南沿海银矿带的构造分界;8—大断裂带

(一)永安-梅州-惠阳 Fe、Pb、Zn、Cu、Au、Ag、Sb 成矿带(Ⅲ-82)紫金山铜金矿床地质、地球化学找矿模型

1. 紫金山铜金矿床地质特征

紫金山铜矿床位于福建上杭县西北火山盆地紫金山火山机构中,是一个大型的隐伏铜矿床(上面氧化带为一个中型金矿床)。上杭火山盆地由晚侏罗世兜岭群玄武安山流纹岩建造组成,下段为安山岩、安山集块岩及安玄岩,上段主要是酸质凝灰熔岩、凝灰角砾岩夹流纹岩,总厚 2 000m(图 4-179)。

矿体和热液角砾岩体主要受北西向密集裂隙带和网脉裂隙带所控制。成矿元素分带清晰,上金、银,下铜、铅、锌。

矿体形态在火山机构高程为 650m 以上的氧化淋滤带为金矿体,而在 650m 高程以下是铜矿体。铜矿体呈脉状、透镜状成群分布,总体走向北西 320°,倾向北东,倾角 30°左右(图 4-180)。

蚀变特征:热液蚀变强烈,主要有硅化、地开石化、明矾石化、重晶石化、绢云母化和黄铁矿化等一系列低温热液蚀变,范围达数平方千米,垂深近千米,具有"面型"和"线型"多期蚀变叠加的特点(图 4-181)。蚀变垂直分带明显,自下而上为:石英-绢云母化带→石英-地开石-明矾石-重晶石化带→硅化(帽)带。金矿体主要在硅化带(氧化淋滤带),铜矿体主要分布在石英-明矾石带(图 4-180)。

铜矿石主要为细脉状-微脉状、浸染状构造,矿石矿物主要为黄铁矿、蓝辉铜矿、辉铜矿,其次为硫砷铜矿、铜蓝,少量斑铜矿和微量黄铜矿等。脉石矿物主要为石英、明矾石和地开石,局部为绢云母。Cu 平均品位为 1.08%,Au 平均品位为 $1\times10^{-6}\sim2\times10^{-6}$。

2. 紫金山铜金矿床铅硫同位素地球化学特征

(1)铅同位素组成特征。矿石铅同位素组成较均一,$^{206}Pb/^{204}Pb$:18.434~18.600,$^{207}Pb/^{204}Pb$:15.604~15.874,$^{208}Pb/^{204}Pb$:38.329~39.203(表 4-75)。与成矿母岩英安玢岩全岩铅同位素组成十分相似,两者投点落在同一区域内(实线投点域),示踪二者同源(图 4-182)。硅化岩全岩铅具较高放射成因铅特征(虚线投点域)。

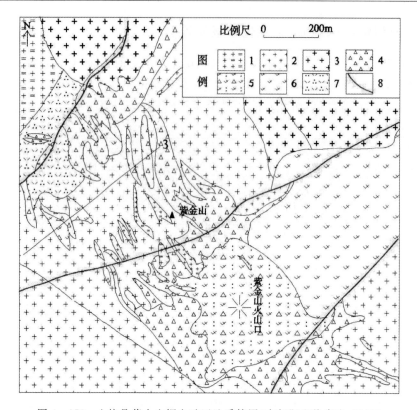

图 4-179 上杭县紫金山铜金矿区地质简图(李朝阳和徐贵忠,2000)

1-细粒白云母花岗岩;2-中细粒花岗岩;3-粗粒花岗岩;4-广义隐爆角砾岩;5-英安质隐爆角砾凝灰岩;
6-英安斑岩;7-石英斑岩;8-断层;图中 3 为勘探线编号

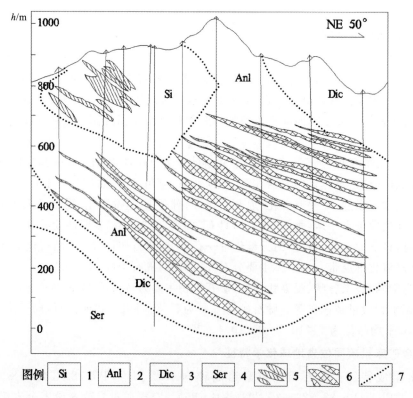

图 4-180 紫金山铜金矿床 3 号勘探线剖面图(李朝阳和徐贵忠等,2000)

1-强硅化带;2-石英明矾石带;3-石英地开石带;4-石英绢云母带;5-金矿体;6-铜矿体;7-蚀变分带

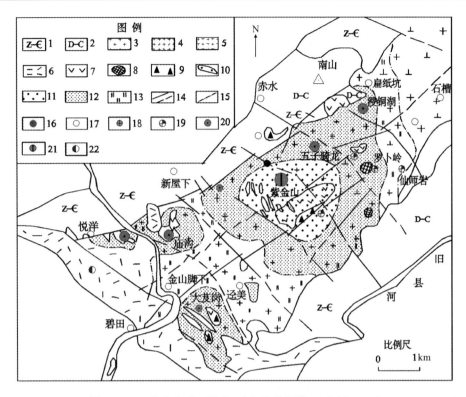

图 4-181 紫金山矿田蚀变-矿化分带简图(王少怀,2007)

1—震旦系-寒武系变质碎屑岩;2—泥盆系-石炭系粗碎屑岩;3—燕山早期花岗岩;4—燕山早期二长花岗岩;
5—燕山晚期花岗闪长岩;6—下白垩统中酸性火山岩;7—英安玢岩;8—花岗闪长斑岩;9—隐爆角砾岩;
10—热液角砾岩;11—石英、地开石-明矾石带;12—石英-绢云母地开石带;13—石英绢云母带;
14—断层;15—蚀变分带界限;16—铜矿床(点);17—金矿床(点);18—银矿床(点);19—斑岩型矿床;
20—中低温热液型矿床;21—高硫浅成低温热液型矿床;22—低硫浅成低温热液型矿床

表 4-75 紫金山铜金矿床铅同位素组成

样号	测定对象	$^{206}Pb/^{204}Pb$	$^{207}Pb/^{204}Pb$	$^{208}Pb/^{204}Pb$	资料来源
1	黄铁矿	18.434	15.607	38.581	张江,2001
2	黄铁矿	18.496	15.661	38.771	
3	蓝辉铜矿	18.477	15.608	38.621	
4	铜蓝	18.408	15.604	38.437	
5	铜蓝	18.520	15.677	38.775	
6	黄铁矿	18.450	15.623	38.552	
7	黄铁矿(早期)	18.589	15.788	38.983	
8	黄铁矿(早期)	18.439	15.874	38.329	
zj390	方铅矿	18.573	15.786	39.203	张德全等,1992
zj146	黄铁矿	18.502	15.673	38.767	
zj2701	闪锌矿	18.600	15.750	39.018	
Z66	英安玢岩	18.571	15.690	38.878	陈好寿,1996
Z64	硅化岩	18.633	15.670	38.809	
Z63	英安玢岩	18.615	15.613	38.618	
Z62	英安玢岩	18.615	15.658	38.812	
Z61	褐铁矿化岩石	18.597	15.643	38.717	
Z60	英安玢岩	18.457	15.593	38.582	
Z59	硅化岩	18.641	15.711	38.893	
Z58	硅化岩	18.599	15.727	38.998	

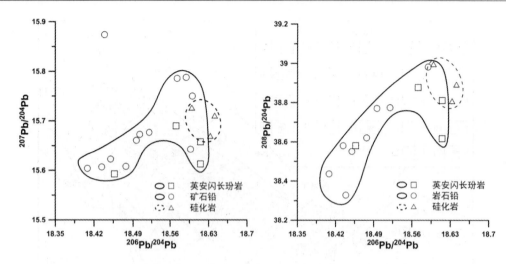

图 4-182　紫金山铜金矿床铅同位素投点图

(2)硫同位素组成特征。总共 11 件硫化物的 $\delta^{34}S$：$-8.4‰ \sim 5.1‰$，其变化范围较宽，石英明矾石蚀变带中明矾石 $\delta^{34}S$：$26.9‰$，呈"脉冲式"分布(表 4-76)，示踪着硫的多源特征(深源硫、沉积硫酸盐、生物硫等)(图 4-183)。

表 4-76　紫金山铜矿床硫化物和硫酸盐的硫同位素组成(张德全等,1992)

样　号	矿　物	产　状	$\delta^{34}S(‰, CDT)$
zj178	明矾石	石英明矾石蚀变带	26.9
zj73	黄铁矿	粉尘状	-4.6
zj101	黄铁矿	粗　晶	2.6
zj113	黄铁矿	细　粒	-3.1
zj113	铜　蓝		-4.3
zj380	黄铁矿	中粗粒	3.6
zj384	黄铁矿	粗晶状	5.1
zj390	方铅矿		-8.4
zj390	黄铁矿	细　粒	2.9
zj2701	闪锌矿		-7.5
zj2701	黄铁矿	细　粒	2.3
zj107	黄铁矿	粗　晶	3.3

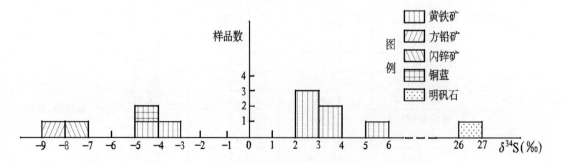

图 4-183　紫金山铜矿床硫化物和硫酸盐的硫同位素组成(张德全等,1992)

3. 矿田(矿床)地球化学异常特征

(1)1∶20万水系沉积物测量地球化学异常特征。1∶20万水系沉积物测量中Ⅰ号异常即为紫金山铜矿床所致(图4-184),该异常规模大(Cu异常面积大于40km^2),Cu、Au、Ag、Mo元素含量高,有明显的浓集中心和分带;并伴有W、Sn、Pb等弱异常,Sb、As元素异常主要分布在北部。

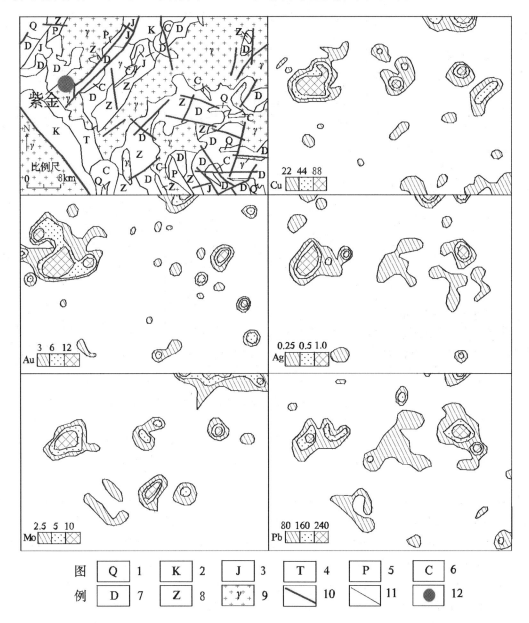

图4-184 紫金山地区1∶20万水系沉积物测量主成矿元素地球化学异常图(姚敬金和张素兰,2002)
1—第四系;2—白垩系盆地相火山-沉积碎屑岩;3—侏罗系砾岩;4—三叠系沉积碎屑岩;5—二叠系浅海相泥岩、粉砂岩;6—泥盆系浅海-滨海相碳酸盐类;7—泥盆系浅海-滨海相细碎屑岩;8—震旦系浅海相细碎屑岩;9—花岗岩;10—断层;11—地质界线;12—铜矿床(Au元素质量分数单位为10^{-9},其他为10^{-6})

(2)地表1∶20万岩石地球化学异常特征。紫金山矿区及外围岩石测量(50km^2)显示(图4-185):据其异常特征可分为两类,一类分布在紫金山矿区西北部,与火山机构或火山、次火山热液活动有关,为Au、Ag、As、Sb、Bi、Pb、Cu等低-中低温热液矿化的成矿元素及伴生元素组合;另一类主要分布在东南部,与半隐伏花岗闪长斑岩关系密切,为Cu、W、Mo元素组合。

由于多期成矿,不同元素异常在同一空间呈相互叠加,但异常元素组合的空间分带自南东往北西,依次为W、Be→Mo、Cu、Ag、Au→Au、Cu、Hg、Ag、As、Sb的水平分带,示踪剥蚀程度由较强向较弱转变的趋势。

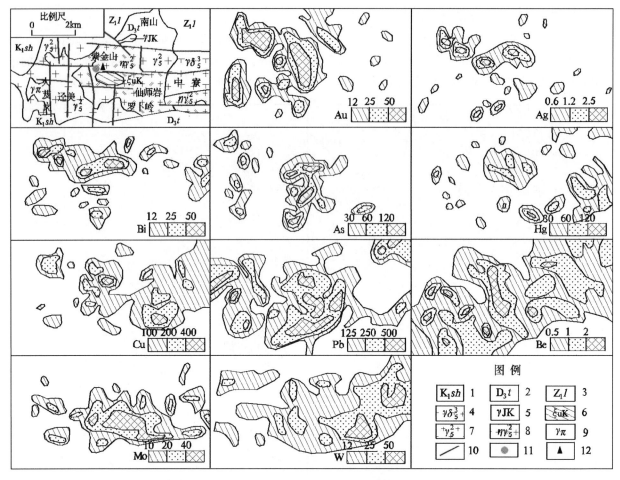

图 4-185 紫金山矿区及外围岩石测量地球化学异常图(余学东和邵跃,1995)
1—下白垩系石帽山群火山沉积岩;2—下泥盆系天瓦栋组海相沉积岩;3—下震旦系楼子坝群浅变质岩;
4—中粒花岗闪长岩;5—隐爆角砾岩;6—英安玢岩;7—花岗岩;8—二长花岗岩;9—花岗斑岩;10—断裂;
11—铜金矿床;12—山头(单位:Au、Hg 元素含量为 10^{-9},其他为 10^{-6})

(3)钻孔岩石地球化学异常特征。从 4 线等钻孔岩石地球化学异常显示(图 4-186):剖面上原生晕可明显分成两部分,上部(650m 标高之上)为金矿体范围,以 Au 元素为主,伴有 Ag、Bi、Hg、As 的异常和弱的 Mo、W、Sn 异常;下部为铜矿体范围,以 Cu 元素为主,伴有 Pb、Ag、(W)、Sn、(Mo)、As、F、Sb、Bi、(Hg)的异常。$\omega(Cu) > 1\,600 \times 10^{-6}$ 的高浓度区域与 Cu 矿体的分布范围一致。

(4)成矿元素垂直分带特征。W、Sn 元素异常位于铜矿体的中下部或尾部,而 As、Sb、Bi 元素主要分布在铜矿体中下部和前缘。余学东等(1993)提出了以 $(Au \times Hg \times Bi)/(Cu \times W \times Sn)$ 比值作为评价铜金矿体剥蚀程度的标志(表 4-77),从表中可以看出,累乘比值以每 200m 呈数量级递减。

表 4-77 紫金山铜金矿床 3 线勘探剖面剥蚀程度评价指标(余学东和邵跃,1995)

截面位置	标高(m)	Au	Hg	Bi	Cu	W	Sn	$\dfrac{Au \times Hg \times Bi}{Cu \times W \times Sn}$
金矿体	900~750	1067	80	64.81	220.00	21.87	21.50	>10
铜矿体头部	750~580	643	59	53.89	786.45	25.95	32.25	10~1
铜矿体中上部	580~380	229	78	52.74	2 275.60	31.53	28.53	1~0.1
铜矿体中下部	380~180	125	36	48.10	2 614.00	41.74	44.69	<0.1

注:元素均为平均值,其中 Au、Hg 元素含量为 10^{-9},其他为 10^{-6}

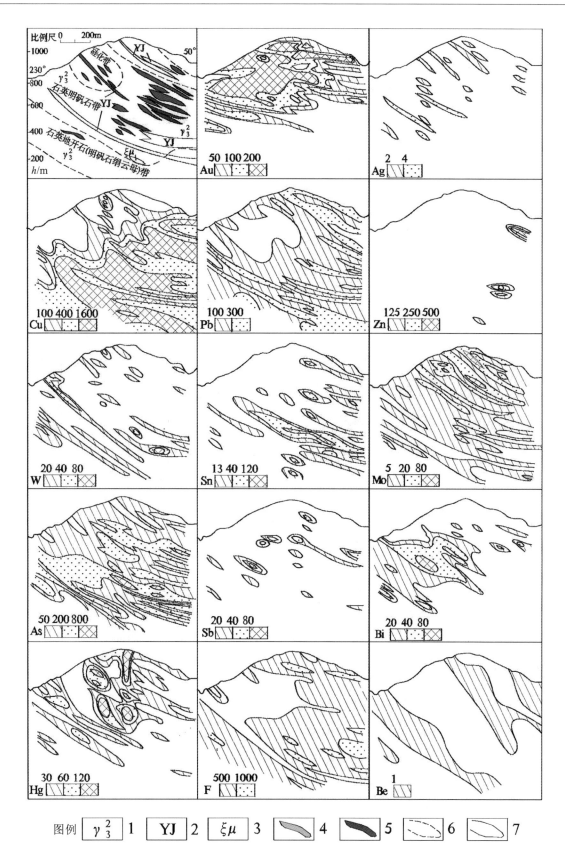

图 4-186　紫金山矿床 4 线勘探剖面岩石地球化学异常图（吴承烈和徐外生，1998）

1—花岗岩；2—隐爆角砾岩；3—英安玢岩脉；4—金矿体；5—铜矿体；6—蚀变带界线；
7—地质界线（单位：Au、Hg 元素含量为 10^{-9}，其他为 10^{-6}）

（5）紫金山铜金矿床地球化学异常模型（图 4-187）。原生晕分带自上而下为：Au、Ag、Bi、Hg、Mo（As）（前缘晕）→Cu、As、Sb、Pb、Bi、Au、Ag（矿中晕）→Cu、W、Sn、Mo（矿尾晕）。因此，选择一组矿尾晕与前缘晕元素组合的累乘之比可以评价矿体剥蚀程度。

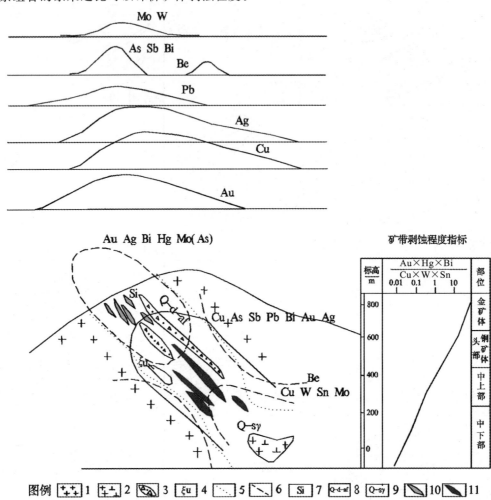

图 4-187 紫金山铜金矿床地球化学异常模型（姚敬金和张素兰，2002）
1—花岗岩；2—花岗闪长斑岩；3—隐爆角砾岩；4—英安玢岩；5—蚀变带界线；6—原生晕分带界线；7—硅化；
8—石英-地开石-明矾石化；9—石英-绢云母化；10—金矿脉；11—铜矿体

4. 紫金山铜金矿床主要地质、地球化学特征（表 4-78）

表 4-78 紫金山铜金矿床主要地质、地球化学特征

成矿系列	陆相火山岩型铜多金属成矿系列
成矿环境	中生代陆内拉张构造环境中陆相火山中心式火山根部
矿床类型	浅成低温热液型
赋矿地层	中细粒花岗岩、英安斑岩、热液角砾岩
控矿构造	沿火山通道充填的复式斑岩筒两侧北西向裂隙带
含矿建造	矿床产于紫金山火山机构旁侧，火山通道上部为英安斑岩充填，下部被花岗闪长斑岩占据。顶部和边部发育环状隐爆角砾岩，沿两侧花岗岩中的北西向裂隙充填形成热液角砾状脉岩，为钙碱性酸性端元之双峰式组合
成岩时代 成矿时代	紫金山黑云母花岗岩 SHRIMP 锆石 U-Pb 年龄一组为（168±4）Ma（成岩），另一组年龄为（119±15）Ma（成矿）（赵希林和毛建仁，2008）

续表 4-78

矿体产状	脉状、透镜状
矿石矿物	主要为黄铁矿、蓝辉铜矿、辉铜矿，次为硫砷铜矿、铜蓝，少量黄铜矿、斑铜矿
结构构造	铜矿石主要为细脉状-微脉状、浸染状构造
围岩蚀变	下→上：石英绢云母→地开石化→石英明矾石化→铜矿化→低温硅化
成矿及伴生元素组合	主成矿元素 Cu、Au，主要伴生元素为 Ag、Pb、As、Bi、W、Sn、Mo 等
矿床规模	铜矿资源量 116×10^4 t，金矿达中型
剥蚀程度	浅剥蚀
典型矿床	紫金山
地理景观	湿润中低山丘陵地区

5. 紫金山铜金矿床成矿模式（图 4-188）

紫金山铜金矿床的成矿模式可归纳为：中晚侏罗世（J_{2-3}）中酸性、酸性岩浆沿断裂带复合部位侵位，形成二长花岗岩（图 4-188a）；晚侏罗世至早白垩世（J_3-K_1）由区域性北西向断陷发展成火山喷发沉积盆地，形成中基性和酸性双峰式的火山喷发及潜火山安山玢岩的侵入（图 4-188b）；晚白垩世（K_2）火山活动、火山热液形成了 Au、Cu、Ag、Mo、U 等元素在不同构造部位富集成矿（图 4-188c）。

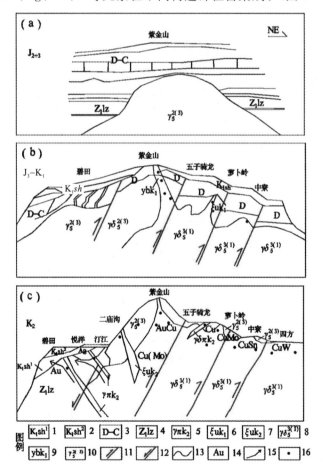

图 4-188　紫金山矿田成矿系列与成矿模式图（王少怀和裴荣富，2009）

1—下白垩统石帽山群下段；2—下白垩统石帽山群上段；3—泥盆-石炭系；4—下震旦统楼子坝群；5—燕山晚期花岗斑岩；6—燕山晚期第一次侵入英安玢岩；7—燕山晚期第二次侵入英安玢岩；8—四方花岗闪长岩；9—燕山晚期隐爆角砾岩；10—紫金山系列花岗岩；11—实测、推测逆断层；12—正断层；13—地质界线；14—各种金属成矿元素；15—成矿热液流向；16—矿化范围

6. 紫金山铜金矿床控矿因素

(1) 区域北东向深断裂带与北西向断裂的交汇部位,成为中晚侏罗世(J_{2-3})中酸性-酸性火山-岩浆多次复合侵位。

(2) 北西向断陷发育成火山喷发沉积盆地,在潜火山机构旁侧形成了次一级中基性-酸性火山喷发及潜火山玢岩的侵入(隐爆角砾岩、热液角砾岩);晚期含矿火山热液在火山机构不同构造部位富集成矿。

五、铜镍硫化物型铜矿床地质、地球化学找矿模型

铜镍硫化物型矿床又称岩浆硫化物型矿床,这类矿床铜、镍共生,大多数矿床以 Ni 为主,少数以 Cu 为主,常伴生有 Pt、Co、Au、Ag 等多种有益组分。我国铜镍硫化物型矿床主要分布在祁连山、天山、长白山、阿尔泰山和横断山等地,最著名的矿床有甘肃金川、新疆富蕴喀拉通克和吉林盘石红旗岭,其中甘肃金川矿床中 Cu、Ni 金属储量均为超大型规模,是世界著名矿床之一。

(一) 阿拉善 Cu、Ni、Pt 成矿带(Ⅲ-18) 金川铜镍矿床地质、地球化学找矿模型

1. 矿床地质特征

金川 Cu、Ni(PGE)矿床产于华北古陆阿拉善陆块西缘龙首山隆起中,沿龙首山隆起带南缘断裂分布有大小 20 余个镁铁超镁铁岩体(群)和若干个中酸性岩体,组成北西西向转折为近东西向的龙首山构造岩浆带,东西延伸 200km 左右,金川矿床正处在其构造转折处(图 4-189)。

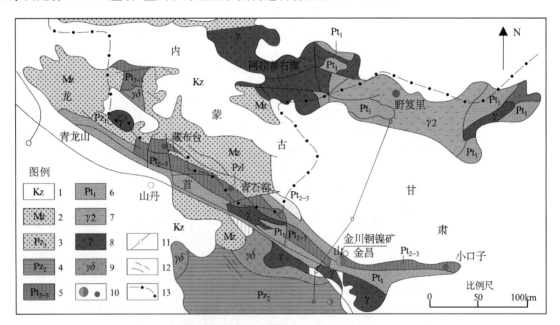

图 4-189 金川铜镍矿床地理位置及地质分布图(高辉和 Hronsky,2009)

1-新生代沉积物;2-中生代陆相碎屑岩;3-晚古生代陆相碎屑岩;4-早古生代复理石建造;5-中新元古代碳酸盐岩、碎屑岩;6-古元古代变质岩系;7-混合花岗岩;8-花岗岩;9-花岗闪长岩;10-金川铜镍矿床及镁铁超镁铁岩体(群);11-大地电磁测深剖面及物理点编号;12-实测及推测断层;13-省区边界

金川含矿超基性岩体以 10°交角不整合侵位于前震旦系龙首山群白家咀子组中,岩体直接与大理岩、混合岩和片麻岩接触。岩体总体走向 NW320°,倾向 SW,倾角 50°~80°,受后期 NEE 向断裂错断分成相对独立的四段,自西向东分别为 Ⅲ、Ⅰ、Ⅱ、Ⅳ 矿区(图 4-190)。

同源岩浆控制矿体原始状态:高辉等(2009)认为,金川侵入体最初侵位不是以陡峭的岩墙形式产出,而是在深部岩浆房以层状堆晶岩或者在地壳内以岩床状侵入体产出。由于深部熔离-贯入成矿作用,形成块状硫化物矿体、网脉状矿体及交代型矿体(图 4-191)。

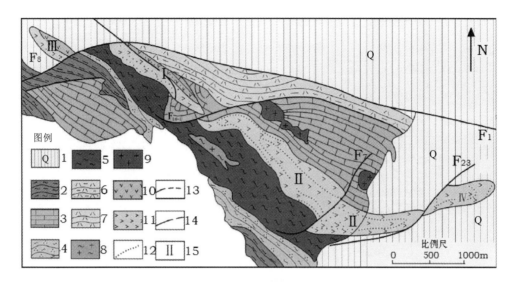

图 4-190 金川含矿超镁铁岩体地质略图(高辉和 Hronsky,2009)

1—第四系;2—含榴二云片麻岩;3—蛇纹大理岩;4—绿泥石石英片岩;5—条带-均质混合岩;6—黑云斜长片麻岩;7—斜长角闪岩;8—红色碎裂正长花岗岩;9—灰白色片麻状花岗岩;10—纯橄榄岩;11—二辉橄榄岩;12—岩相(粒度相)界限;13—实测及推测地质界限;14—实测及推测断层界限;15—矿区编号

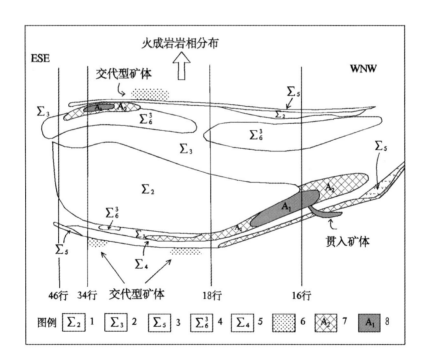

图 4-191 金川岩体侵位模式图(引自高辉和 Hronsky,2009)

1—含辉橄榄岩;2—二辉橄榄岩;3—纯橄榄岩;4—斜长二辉橄榄岩;
5—橄榄辉石岩;6—交代型矿体;7—网脉状矿体;8—块状硫化物矿体

后期构造对矿化的重新富集和矿体的空间定位有重要影响:

①似层状矿体变成了陡倾的板状、扁豆状矿体;

②由于挤压作用在矿体内产生褶皱,岩体和矿体由于"硬软"差异形成了各种变形"蝌蚪型"、"石香肠"、"反S型"等(图4-192),挤压作用也使矿物呈定向排列,矿体主要富集在富含橄榄石扁豆状矿体的瓶颈部位。

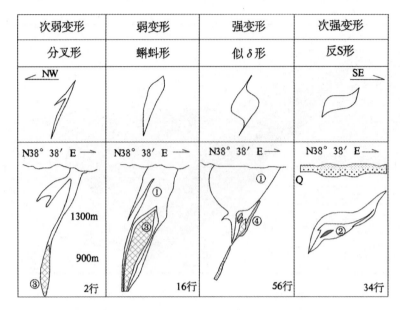

图 4-192　金川超基性岩体次生形态与样式横剖面图（汪劲草和汤静如，2011）
①超基性岩体；②熔离型铜镍硫化物贫矿体；③熔离型铜镍硫化物富矿体；④交代型铜镍硫化物矿体

Ⅰ矿体以含辉橄榄岩为核心，赋存于其中心的富矿体（网脉状富矿），边部为贫矿（浸染状矿体），外侧为接触交代型矿体（图4-193）。金属矿物主要为磁黄铁矿、镍黄铁矿、黄铜矿，少量方黄铜矿和墨铜矿、碲银矿、砷铂矿、银金矿等，硫化物定向排列（图4-194）。Ⅰ矿体总体镍高于铜，局部铜大于镍。各矿区平均 Ni：0.18%～1.25%，Cu：0.19%～0.81%。

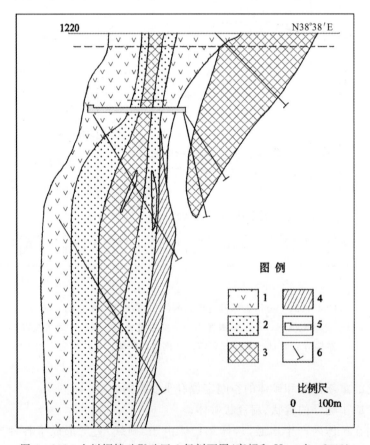

图 4-193　金川铜镍矿Ⅳ矿区6行剖面图（高辉和 Hronsky，2009）
1—镁铁-超镁铁岩侵入体；2—浸染状矿体；3—网脉状富矿体；4—接触交代矿体；5—探矿巷道；6—钻孔（坑内钻）

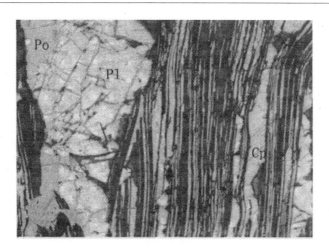

图 4-194　硫化物定向排列(高亚林,2009)

金川含矿超基性岩体地球化学特征(表 4-79):金川含矿超基性岩体具高 MgO(>30%),高 Fe(FeO+Fe_2O_3>11%),低 CaO(<3%),低 Al_2O_3(<4%),低 SiO_2(<40%)特征。稀土总量低(ΣREE:平均 20.05×10^{-6}),轻稀土富集(ΣCe/ΣY:7.78),δEu:0.90,为幔源岩浆上侵过程中受地壳混染所致。

表 4-79　金川含矿超基性岩体地球化学特征(据汤中立,1995,2006)

常量元素(82)(%)(汤中立,1995)		铂族元素(PGE)(2)(×10^{-9})二辉橄榄岩	
MgO:32.14	K_2O:0.16	Os:0.65	Pt:5
FeO+Fe_2O_3:11.64	Na_2O:0.16	Ir:0.55	Pd:1.5
CaO:2.29	Cr_2O_3:0.33	Ru:2	Ar:7.2
Al_2O_3:3.13	NiO:0.22	Rh:0.2	
SiO_2:38.81			
同位素(汤中立,2006)			
($^{187}Os/^{186}Os)_m$:0.142±0.010~0.173±0.020		$^{206}Pb/^{204}Pb$:16.747~17.656	
$^{87}Sr/^{86}Sr$:0.702 564~0.711 761		$^{207}Pb/^{204}Pb$:15.350~15.512	
$^{143}Nd/^{144}Nd$:0.511 800~0.512 064		$^{208}Pb/^{204}Pb$:36.790~38.074	
$δ^{18}O$(‰):4.43		$δ^{34}S$(‰):-2.6~3.07	
稀土元素(15)(汤中立,1995)			
ΣREE:10.82×10^{-6}~44.19×10^{-6},平均 20.05×10^{-6}		金川含矿岩体不同岩石、矿石稀土元素配分曲线 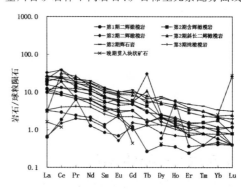	
ΣCe/ΣY:6.43~10.45,平均 7.78			
δEu:0.77~0.98,平均 0.90			
δCe:0.92~1.83,平均 1.31			

2. 矿床铅硫同位素地球化学特征

(1) 铅同位素组成特征。表4-80中显示I-⑥矿体的含矿围岩(矿石全岩)和矿石铅同位素组成极为一致,两者均为上地幔同源分异的产物(实线投点域)。后期花岗岩全岩及附近的矿体受后期壳源物质的混染,具相对较高的放射性成因铅(相对富Th),与早期形成的超基性岩体及矿体在铅同位素投影图上呈明显不同的投点域(虚线投点域)(图4-195)。

表4-80　I-⑥隐伏矿体与花岗岩全岩及其附近矿体铅同位素组成(据高亚林,2009)

样号	采样地点	测试对象	$^{206}Pb/^{204}Pb$	$^{207}Pb/^{204}Pb$	$^{208}Pb/^{204}Pb$
6B-5	1220水平6行隐伏矿体	矿石全岩	16.852	15.360	37.071
		磁黄铁矿	16.924	15.385	37.175
6B-11		矿石全岩	17.050	15.372	37.116
		磁黄铁矿	17.031	15.401	37.168
6B-13	1280水平6行隐伏矿体	矿石全岩	16.852	15.414	37.143
6B-14		矿石全岩	16.747	15.350	36.790
6B-16		矿石全岩	16.813	15.358	37.076
6B-22		矿石全岩	16.919	15.349	37.032
6B-18	1280水平6行花岗岩	花岗岩全岩	17.420	15.423	38.074
7H-20	1270水平7行正常贫矿石	矿石全岩	17.476	15.482	37.673
		磁黄铁矿	17.509	15.512	37.705
		黄铁矿薄膜	17.349	15.378	37.343

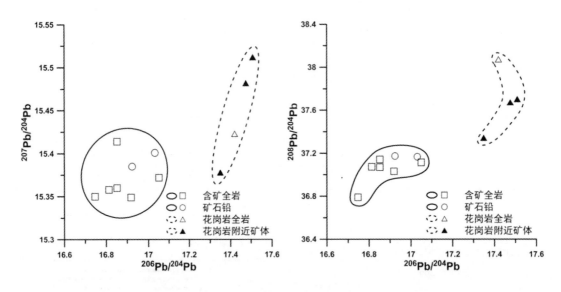

图4-195　金川铜镍矿床铅同位素组成投点图(高亚林,2009)

(2) 硫同位素组成特征。杨合群(1989)对金川矿床21个硫化物(磁黄铁矿、镍黄铁矿、黄铜矿、黄铁矿)硫同位素测定,其$\delta^{34}S$值:-2.60‰~3.07‰之间,变化范围窄,呈明显"塔式"分布(图4-196),具地幔原生硫源的特征。

3. 矿田(矿床)地球化学异常特征

(1) 1:20万水系沉积物测量地球化学异常特征。由该矿田区域地球化学异常特征表(表4-81)和区域地球化学异常剖析图(图4-197)可知:

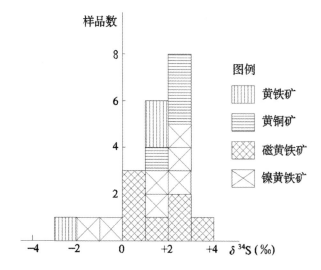

图 4-196　金川铜镍矿床中金属硫化物的 $\delta^{34}S$ 值分布图(杨合群,1989)

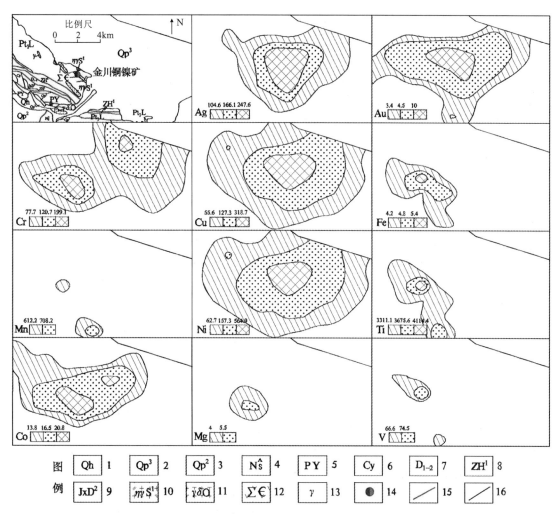

图 4-197　金川铜镍矿 1∶20 万水系沉积物区域地球化学异常剖析图(据甘肃地质调查院,2011)

1—砂砾及亚砂土堆积;2—山前山间盆地砂砾石亚砂土堆积;3—砾石夹砂岩建造;4—砂砾岩夹粉砂岩-泥岩建造;
5—砂岩夹粉砂岩-泥岩建造;6—含煤碎屑岩建造;7—砂砾岩-火山碎屑岩建造;8—石灰岩-砂页(板)岩建造;
9—中-粗粒二长花岗岩;10—细-中粒花岗闪长岩;11—基性岩(辉长岩辉绿岩);12—超基性岩;13—花岗岩脉;
14—铜镍矿;15—断层;16—地质界线(单位:Au、Ag 元素含量为 10^{-9},其他为 10^{-6})

表 4-81 金川铜镍矿区域地球化学异常特征

元素异常	异常均值 X	异常峰值	异常面积 $S/(km^2)$	异常下限 T	衬值 $Cz=X/T$	面金属量 $P_S=(X-X_0)S$	规格化面金属量 P_S/X_0	异常分带
Ni-2	204.07	759.37	249.92	62.70	3.25	46 402.65	2 521.88	内、中、外
Cu-1	168.11	783.27	229.71	55.60	3.02	34 757.42	2 068.89	内、中、外
Co-7	19.13	38.75	129.11	13.80	1.39	1 462.82	187.54	内、中、外
Cr-4	128.64	496.71	201.05	77.70	1.66	17 800.97	443.91	内、中、外
Au-3	6.64	22.60	172.49	3.40	1.95	929.72	743.78	内、中、外
Ag-2	192.74	621.77	127.82	104.60	1.84	18 232.24	363.92	内、中、外
Ti-6	3 908.08	6 181.94	52.57	3 311.10	1.18	57 252.94	20.31	内、中、外
V-4	50.97	53.82	10.12	66.60	0.77	23.98	0.49	中、外
Fe-7	5.265 8	8.14	46.106 9	4.2	1.25	100.78	32.72	内、中、外
Mg-5	6.347 5	7.74	17.076 1	4.0	1.59	76.29	40.58	中、外
Mn-7	889.83	889.83	2.221 6	612.2	1.45	871.60	1.75	中、外

注：Au、Ag 含量单位为 10^{-9}，氧化物为 10^{-2}，其他为 10^{-6}

金川铜镍矿的区域发育 Cu、Ag、Au、Ni、Co、Cr(Ti、V)、Fe_2O_3、MgO 水系沉积物异常，异常分布受基性-超基性岩群和岩带制约。异常具有浓度梯度变化，浓集中心互相套合，其主体异常与矿田范围基本对应，这些主要成晕元素的主体异常在区域上相伴产出。主成矿元素异常套合好，异常规模大，空间上沿基性、超基性岩体展布。

其成矿元素 Ni、Cu 具明显的浓度分带和浓集中心，异常呈北西向展布，反映了矿田内矿床、点及矿化体的分布，异常浓集中心的展布态势示踪成矿作用受北西向断裂构造控制。

该矿田主要伴生元素为 Ag、Au、Co、Cr。这些元素的异常强度大，具明显的浓度分带和浓集中心，其中 Ag 异常与已知矿区位置吻合，不仅外带与成矿元素 Cu 的外带相似，而且中、内带异常叠合极好；Co、Cr 二异常的内带分布在金川矿区；Au 异常则与 Cu 的中、内带叠合，均构成同心环状异常。此外，该矿田还伴有 Fe、Ti、Mg、V 等元素的弱异常。这些元素的主要异常均位于铜镍矿田外围。

成矿地球化学环境元素由 Ti、V、Fe、Mg、Mn 组成，异常叠合一般，构成同心环状异常，异常走向与近北西向断裂一致，且位于已知矿田内含矿岩体上。

(2) 地表超基性岩体的常量元素地球化学异常特征。地表岩石地球化学异常显示 Fe_2O_3、MgO 在含矿岩体地表出现强异常(图 4-198)，异常与岩体界限吻合，离开岩体异常含量骤然下降；而 Na_2O、K_2O 呈相反趋势，在含矿岩体上方呈低值；反映超基性岩高 Fe_2O_3、MgO，低 Na_2O、K_2O 的岩石地球化学特征。

(3) 成矿元素及主要伴生元素在地表岩石中地球化学异常特征。成矿元素 Cu、Ni、Co 与 Fe_2O_3、MgO 具有相似的分布规律；Ag、Au、Se 在岩体边部含辉橄榄岩相中具明显异常(图 4-199)。Sr、Ba、Rb 及 Sb、Hg 和 F 等元素在岩体部位为低值区，在接触带和岩体外的地层中出现高值(图 4-200)，这可能是岩浆上侵过程中热蚀变作用将围岩中有关元素 Sr、Ba、V、Rb 驱赶到两侧围岩中所致。

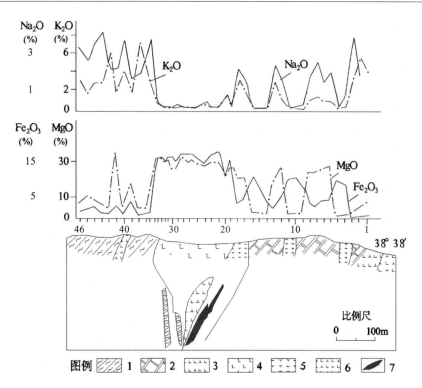

图 4-198　金川铜镍矿床 34 线地表剖面岩石地球化学异常图(一)(吴承烈和徐外生,1998)

1—混合岩化黑云片麻岩;2—大理岩;3—混合岩;4—二辉橄榄岩;5—含辉橄榄岩;6—花岗岩脉;7—矿体

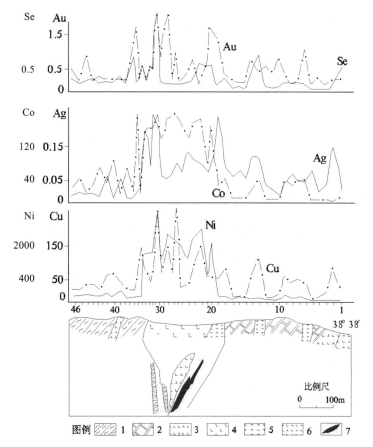

图 4-199　金川铜镍矿床 34 线地表剖面岩石地球化学异常图(二)(吴承烈和徐外生,1998)

1—混合岩化黑云片麻岩;2—大理岩;3—混合岩;4—二辉橄榄岩;5—含辉橄榄岩;6—花岗岩脉;7—矿体

(单位:Ag、Au、Se 元素含量为 10^{-9},其他为 10^{-6})

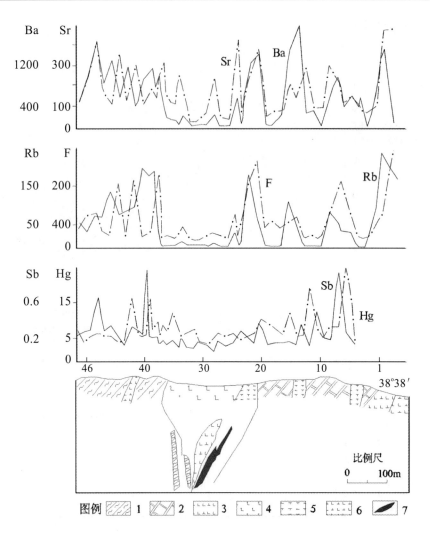

图 4-200　金川铜镍矿床 34 线地表剖面岩石地球化学异常图(三)(吴承烈和徐外生,1998)
1—混合岩化黑云片麻岩;2—大理岩;3—混合岩;4—二辉橄榄岩;5—含辉橄榄岩;6—花岗岩脉;7—矿体
(单位:Hg 元素含量为 10^{-9},其他为 10^{-6})

4. 金川铜镍硫化物矿床主要地质、地球化学特征(表 4-82)

表 4-82　金川铜镍硫化物矿床主要地质、地球化学特征

成矿系列	与基性-超基性岩有关的铜镍硫化物成矿系列
成矿环境	华北古陆阿拉善陆块西缘龙首山隆起
矿床类型	铜镍硫化物型
赋矿地层	含矿超基性岩侵位于前震旦系龙首山群白家咀子组的均质混合岩、黑云母斜长片麻岩、绿泥石英片岩和蛇纹大理岩中
控矿构造	矿体主要富集在富含橄榄石扁豆状矿体的瓶颈部位
含矿建造	以含辉橄榄岩相为核心,向外侧为二辉橄榄岩→橄榄辉石岩→斜长二辉橄榄岩→辉石岩→蛇纹石、透闪石、绿泥石片岩;Ⅰ矿体(富矿体)主要产在含辉橄榄岩相中,贫矿赋存于二辉橄榄岩相中
成岩时代	1 043～1 408Ma
成矿时代	1 043～1 408Ma(成矿年龄);840～890Ma(变质改造年龄)

续表 4-82

矿体产状	矿体形态产状视不同成因类型而异,具层状、似层状、大透镜状、巢状、扁豆状、板状、脉状等
矿石矿物	磁黄铁矿、镍黄铁矿、黄铜矿、方黄铜矿、紫硫镍铁矿、墨铜矿;少量砷铂矿、自然铂、自然金、金银矿、金铂钯矿、碲铂矿、碲银矿、铋银矿等30多种贵金属矿物
结构构造	海绵陨铁状、块状、星点状、稀疏浸染状、稠密浸染状、细脉状构造等
围岩蚀变	橄榄岩、辉石岩全部蚀变为蛇纹石、绿泥石、透闪石、绿水金云母、伊丁石等,岩石蚀变强烈,原生矿物和结构构造已难观察到
成矿及伴生元素组合	成矿元素:Cu、Ni;主要伴生元素:PGE、Au、Ag、Co、Se、Te等
矿床规模及品位	Ⅰ矿区 Ni:88.7×10^4t,0.87%;Cu:48.3×10^4t,0.48%;Ⅱ矿区 Ni:415.6×10^4t,1.25%;Cu:14.5×10^4t,0.81%;Ⅲ矿区 Ni:21.7×10^4t,0.66%;Cu:14.5×10^4t,0.44%;Ⅳ矿区 Ni:23.5×10^4t,0.47%;Cu:12.3×10^4t,0.24%
剥蚀程度	浅-中等剥蚀
典型矿床	金川
地理景观	地势西北高、东南低,山峦起伏;属于大陆性季风气候

5. 矿床成矿模式(图 4-201)

(1)中-新元古代华北陆块北缘上地幔熔融形成陆缘裂谷。

(2)上升至中下地壳形成的深部岩浆房,因地壳物质加入而发生不混溶作用。

(3)当上升至中上地壳低温富氧空间时熔体发生熔离-贯入、交代成矿作用。

(4)金川含矿超基性岩体及外围岩群受后期构造事件的影响,作为构造岩片经抬升(约10km)被推向地壳浅部,经风化剥蚀而出露地表形成现今含矿岩体的形态产状。

6. 矿床控矿因素

(1)陆缘裂谷带边缘深大断裂构造-岩浆侵入岩带。

(2)纯橄榄岩、含辉橄榄岩和二辉橄榄岩等组合的超镁铁岩体。

7. 含矿超基性岩体地球化学异常模式(图 4-202)

(1)含矿岩体的直接指示组分:Fe_2O_3、MgO、Cu、Ni、Co。

(2)岩体内 Na_2O、K_2O、Rb、F、Ba、Sr 为低值区,在岩体两侧接触带出现异常。

(3)Ag、Au、Se、As 在岩体边部含辉橄榄岩相异常明显增高。

(4)Sb、Hg 元素异常仅出现在岩体与围岩接触带上。

矿床原生晕具有明显的垂直分带特征(贯入式矿体):含矿岩体上部元素:B、I、F、Ba(Mo)、As、Hg、Sb可指示深部含矿隐伏岩体;近矿元素:Ag、Cr、Se(Au、Pb、Zn);矿体元素:Cu、Ni、Co。因此,Ag、Ba、As(Pb、Zn)/Cu、Ni、Co 比值可以判别剥蚀程度。

(二)北准噶尔 Cu、Ni 成矿带(Ⅲ-3)喀拉通克铜镍矿床地质、地球化学找矿模型

1. 矿床地质特征

喀拉通克铜镍矿床位于西伯利亚板块与哈萨克斯坦-准噶尔板块之间的陆缘裂谷带中,位于额尔齐斯断裂带与二台断裂带交汇处的西南侧(图 4-203)。

矿区分布有11个铁镁质岩体。岩体侵位于下石炭统南明水组中上段,围岩主要为含碳质细-粗碎屑沉凝灰岩、夹碳质板岩、含砾沉凝灰岩。产出有铜镍硫化物矿体的主要为Ⅰ、Ⅱ、Ⅲ矿体,分别对应于 Y_1、Y_2、Y_3 铁镁质岩体,Y_1 岩体几乎全岩矿化,为大型铜镍矿床(图 4-204)。Y_2、Y_3 岩体中的Ⅱ、Ⅲ矿体主要分布在岩体的中下部,为中型矿床。

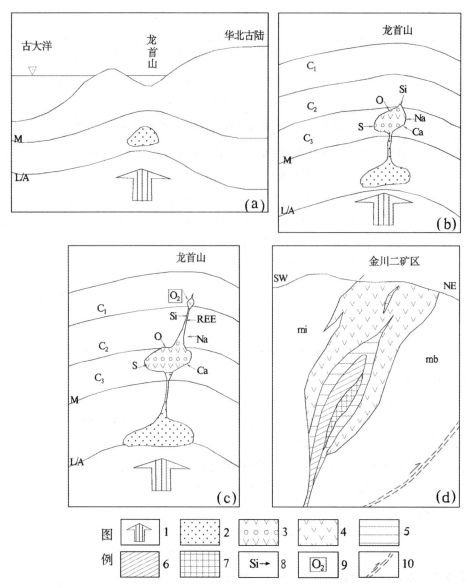

图 4-201 甘肃省金川岩浆型铜镍矿床成矿模式图(据甘肃地质调查院,2011)

(a)→(c)中新元古代成岩成矿过程;(a)软流圈异常导致上地幔熔融并形成陆缘裂谷;(b)上升到中下地壳的熔体因地壳物质加入而发生不混溶作用;(c)不混溶熔体再次上升至中上地壳低温富氧空间后再分异、分离、交代、充填成岩成矿;(d)现今矿床剖面示意图;1—软流圈异常;2—富含 Cu、Ni、铂族等元素的岩石圈地幔熔融体;3—不混溶熔体(上为超镁铁质硅酸盐熔体,下为硫化物熔体);4—超镁铁岩;5—星点状 Cu-Ni-铂族贫矿;6—网状、海绵状富矿;7—块状富矿;8—迁入幔源熔浆中的地壳组分及其运移方向;9—低温富氧空间及其位置;10—逆冲深大断裂;M—莫霍面;L/A—热学岩石圈边界;C_1、C_2、C_3—上、中、下地壳;mi—混合岩;mb—大理岩

Ⅰ矿体在平面上呈不规则脉状,剖面上呈巢状或囊状,矿体主要由浸染状矿石和致密块状原生硫化物矿石组成(图 4-205)。

主要矿石矿物有磁铁矿、黄铜矿、镍黄铁矿、磁铁矿、黄铁矿、紫硫镍矿和钛铁矿等(图 4-206);贵金属矿物有碲镍铂钯矿等九种(图 4-207)。Cu 平均品位:2.95%(0.03%~27.06%),Ni 平均品位:1.73%(0.03%~4.50%),具有以 Cu 为主的特征。

喀拉通克含矿超基性岩体地球化学特征(表 4-83):喀拉通克含矿超基性岩体具有富铁镁、贫钙,略富碱、贫硅铝的特征,属正常类型的镁铁质侵入岩。其稀土元素的配分模式为相对富集轻稀土,亏损重稀土缓右倾曲线,示踪原始岩浆为地幔物质部分熔融的产物,主要岩体(Y_1)的初始锶比值在 0.703 26~0.704 49 之间。

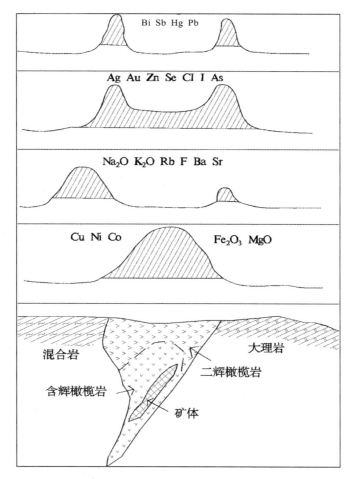

图4-202 金川铜镍矿床地球化学异常模式(吴承烈和徐外生,1998)

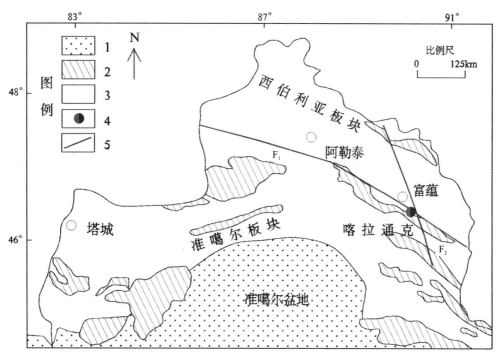

图4-203 喀拉通克铜镍矿床大地构造位置(孙涛和钱壮志,2010)

1—中生代、新生代盖层;2—石炭纪、二叠纪地层;3—前石炭纪构造层;4—铜镍矿床;5—断层;
F_1—额尔奇斯断裂层;F_2—二台断裂层

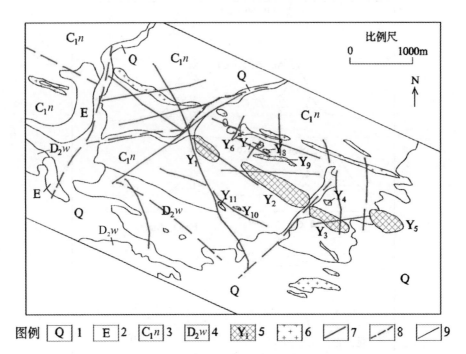

图 4-204 喀拉通克铜镍矿床含矿岩体分布（孙涛和钱壮志，2010）

1—第四系砂土砾石层；2—第三系红土层；3—下石炭统南明水组；4—中泥盆统温都喀拉组；
5—岩体及编号；6—花岗斑岩脉；7—实测断层；8—推测断层；9—地质界线

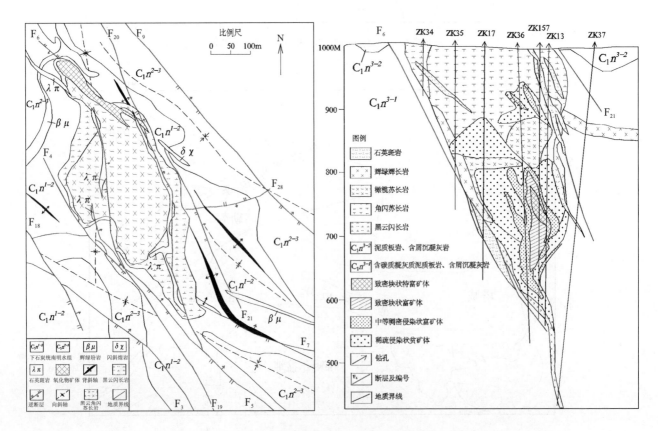

图 4-205 喀拉通克一号矿床平面地质图（左）（王润民和王志辉，1993）和 Y_1 含矿岩体在
28号勘探线上剖面图（右）（邹海洋，2002）

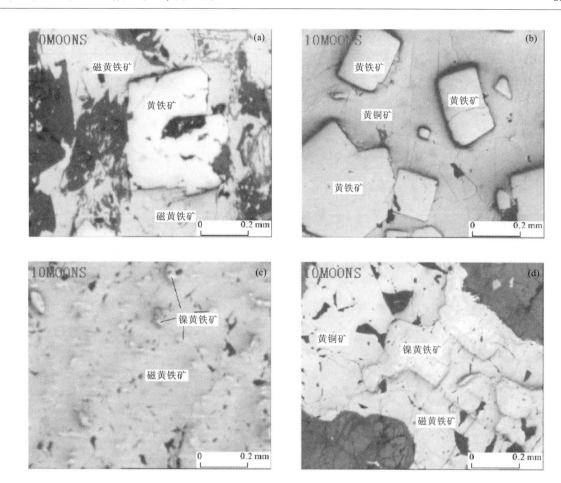

图 4-206 喀拉通克铜镍矿中矿石矿物之间的关系（孙涛和钱壮志，2010）
(a)磁黄铁矿交代溶蚀黄铁矿；(b)黄铜矿交代溶蚀较自形的黄铁矿；(c)乳浊状镍黄铁矿与
磁黄铁矿共生；(d)黄铜矿交代溶蚀磁黄铁矿、镍黄铁矿

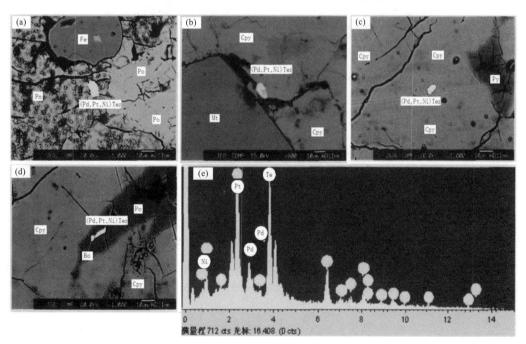

图 4-207 喀拉通克矿床碲镍铂钯特征图（王建中，2010）
Po—磁黄铁矿；Pn—镍黄铁矿；Cpy—黄铜矿；Py—黄铁矿；Mt—磁铁矿；Fe—自然铁；
$(Pd,Pt,Ni)Te_2$—碲镍铂钯矿；Bo—碲银矿

表 4-83　喀拉通克含矿超基性岩体地球化学特征

Y_1、Y_2、黑云母闪长橄榄苏长岩、黑云母角闪苏长岩占绝对优势					
常量元素(55,%)(王润民,1991;冉红彦,1994;邹海洋,2002)			稀土元素(冉红彦,1994;邹海洋,2002)		
元　素	Y_1	Y_2	元　素	Y_1	Y_2
MgO	13.45	12.14	ΣREE	$(76.0\sim157.41)\times10^{-6}$	$(60.18\sim177.81)\times10^{-6}$
$FeO+Fe_2O_3$	29.93	3.21	$\Sigma Ce/\Sigma Y$	$4.88\sim10.23$	$3.09\sim8.31$
CaO	4.52	5.20	δEu	$0.87\sim1.06$	$0.79\sim1.06$
Al_2O_3	11.68	12.09	δCe	$0.87\sim0.94$	$0.99\sim1.02$
SiO_2	47.74	52.89	铂族元素(PGE)(6)(邹海洋,2002)		
K_2O	1.29	1.49	Ru	20.18×10^{-9}	
Na_2O	2.71	2.39	Rh	0.091×10^{-9}	
成矿元素(%)(潘长云和王润民,1994)			Pd	1.728×10^{-9}	
Cu	0.375	0.1986	Os	7.87×10^{-9}	
Co	0.0163	0.0101	Ir	0.59×10^{-9}	
Ni	0.29975	0.1219	Pt	5.83×10^{-9}	
同位素(王润民,1981)					
$Y_1(^{87}Sr/^{86}Sr)_i$:0.70326～0.70449			$Y_2(^{87}Sr/^{86}Sr)_i$:0.7044		
$Y_1Y_2(\delta^{34}S)$:$-3.49‰\sim3.00‰$			$Y_1(\delta^{18}O)$:$5.47‰\sim9.60‰$		

Y_1岩体各岩相带样品的稀土配分模式图　　　　Y_2岩体橄榄苏长岩相样品的稀土配分模式图

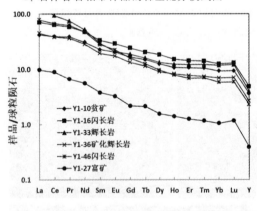 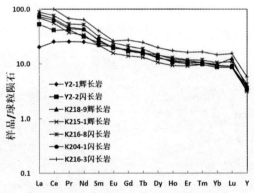

2. 矿床铅硫同位素地球化学特征

(1)铅同位素组成特征。超基性成矿母岩体(Y_1)岩石铅同位素组成变化范围窄(表 4-84):$^{206}Pb/^{204}Pb$:17.9427～18.0782;$^{207}Pb/^{204}Pb$:15.4887～15.4999;$^{208}Pb/^{204}Pb$:37.6581～37.7126。明显具深源地幔低 U、Th 丰度特征(实线投点域)。大部分浸染状矿石和致密块状矿石的铅同位素组成与超基性成矿母岩体(Y_1)十分相似:$^{206}Pb/^{204}Pb$:17.893～18.007;$^{207}Pb/^{204}Pb$:15.432～15.517;$^{208}Pb/^{204}Pb$:37.474～37.686。示踪两者同源(图 4-208)。由于受到岩浆期后热液阶段(贯入矿脉)及地壳混染,部分样品(特富块状矿石、晚期矿脉)放射性成因铅增加(虚线投点域)(图 4-208)。

(2)硫同位素组成特征。块状硫化物矿石及浸染状矿石的绝大部分(93 件)样品的 $\delta^{34}S$ 在 $-2‰\sim2‰$ 之间,为典型幔源硫的特征(图 4-209)。围岩中黄铁矿 $\delta^{34}S$ 为 $-7.8‰\sim-3.3‰$。

表 4-84 喀拉通克一号铜镍矿床铅同位素组成

样 号	矿石类型	矿物名称	$^{206}Pb/^{204}Pb$	$^{207}Pb/^{204}Pb$	$^{208}Pb/^{204}Pb$	资料来源
157/28-221	块状矿石	黄铜矿	17.922	15.433	37.524	
157/28-272	块状矿石	黄铜矿	17.912	15.447	37.548	
157/28-330	块状矿石	磁黄铁矿	17.958	15.467	37.610	
157/28-304	块状矿石	磁黄铁矿	17.975	15.433	37.632	
160/26-330	块状矿石	磁黄铁矿	17.944	15.445	37.594	
159/26-347	块状矿石	磁黄铁矿	17.893	15.432	37.474	王润民和赵昌龙，1991
155/28-235	浸染状矿石	磁黄铁矿	17.923	15.465	37.582	
151/30-336	浸染状矿石	磁黄铁矿	18.007	15.517	37.813	
162/24-293	特富块状矿石	磁黄铁矿	18.323	15.605	38.521	
13/28-342	特富块状矿石	磁黄铁矿	18.379	15.658	38.525	
159/26-344	特富块状矿石	黄铁矿	18.408	15.670	38.375	
160/26-343	晚期矿脉	黄铁矿	18.656	15.658	38.516	
$Y_1 104-3$	镁铁质岩体	全 岩	17.9427	15.4901	37.6951	柴凤梅，2006 博士论文
$Y_1 Z_2-12$	镁铁质岩体	全 岩	18.0782	15.4999	37.7126	
$Y_1 Z_{-2}-21$	镁铁质岩体	全 岩	17.9524	15.4887	37.6581	

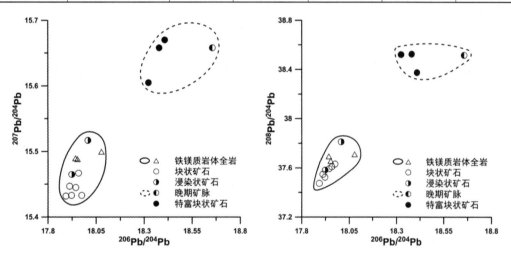

图 4-208 喀拉通克铜镍矿床铅同位素组成投点图

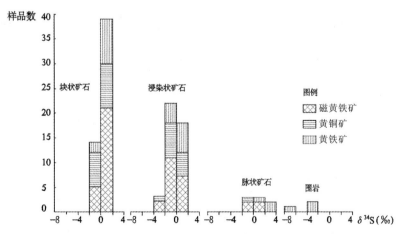

图 4-209 喀拉通克铜镍硫化物矿床硫同位素组成直方图（王建中，2010）

3. 矿田(矿床)地球化学异常特征

(1)1∶20万水系沉积物测量地球化学异常特征。成矿带1∶20万水系沉积物测量明显受NW-SE向区域构造制约，以Cu、Ni、Co、Cr、Mn、Fe_2O_3、MgO等多元素组合异常带，呈现基性-超基性岩石的特征(图4-210)。反映基性-超基性岩石的组合元素的Cu、Ni、Co、Cr累乘异常呈清晰的NW向线性带状分布(图4-211)。As、Cd、Sb、Ag、Au等元素在喀拉通克铜镍硫化物矿床外围也有异常存在(图4-210)。

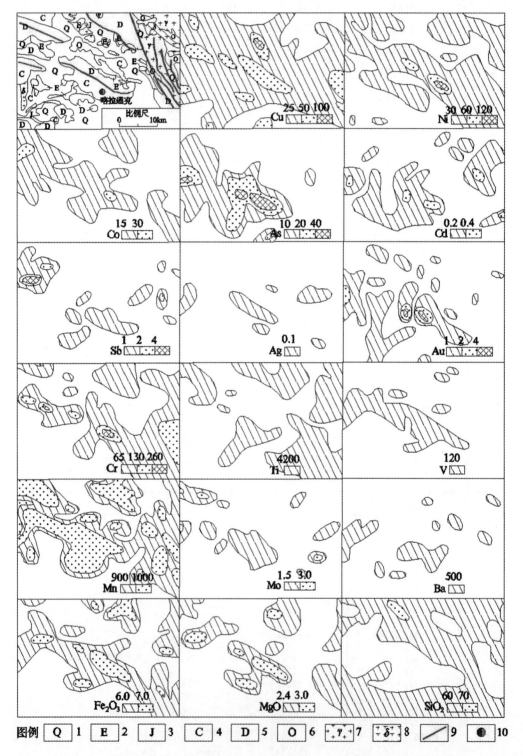

图4-210 新疆喀拉通克铜镍成矿带1∶20万水系沉积物测量地球化学异常图(吴承烈和徐外生，1998)

1—第四纪；2—早第三纪；3—侏罗纪；4—石炭纪；5—泥盆纪；6—奥陶纪；7—花岗岩；8—花岗闪长岩；9—断层；10—铜镍矿床(单位：Au元素含量为10^{-9}，氧化物为%，其他为10^{-6})

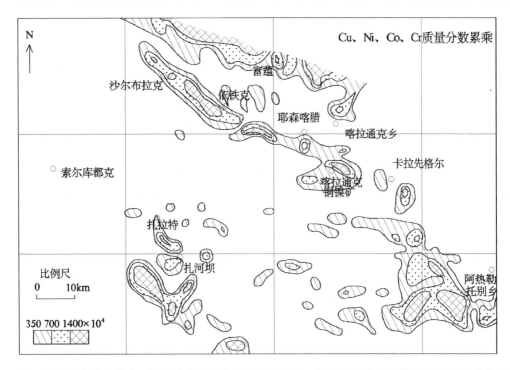

图 4-211 喀拉通克成矿带 1∶20 万水系沉积物测量 Cu、Ni、Co、Cr 元素累乘异常图(吴承烈和徐外生,1998)

(2)矿区地表岩石地球化学异常特征。成矿元素 Cu、Ni 及伴生元素 Co 的异常形态规模几乎相近。其异常中带为超基性岩体的范围,而外带与岩体的蚀变界限相当。B、Ba、Mo、As 元素亦形成北西向带状分布异常,它们在出露含矿岩体的部位为低值,在出露含矿岩体外围边部及隐伏含矿岩体上方呈现高值(如隐伏 Y_2、Y_3 岩体)(图 4-212)。

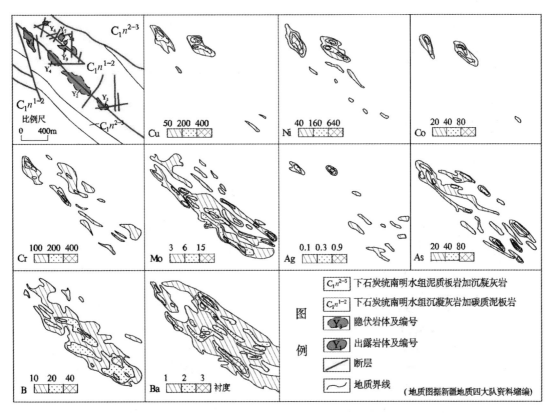

图 4-212 喀拉通克铜镍矿岩石地球化学异常图(李应桂和成杭新,1995)(元素含量均为 10^{-6})

(3)矿区地表剖面岩石地球化学异常特征。Cu、Ni、Co、Cr 在出露含矿岩体上方为正异常,其异常宽度与含矿岩体相吻合;而隐伏岩体上方无异常。Mo、As、B、Ba 正好与 Cu、Ni、Co 呈反向关系,在出露含矿岩体为低值,岩体边部或两侧为正异常。值得关注的是,在隐伏岩体(Y_2、Y_3)上方 Mo、As、B、Ba、Cr、F 为正异常(图 4-213)。这种异常特征示踪岩体侵入期间热作用及后期成矿热液活动,使 Mo、As、B、Ba、Cr、F 从岩体中或与岩体接触带围岩中迁移至外围和上部,富集形成异常,为寻找隐伏含矿岩体提供线索。据此异常分布特征,在已知含矿岩体 Y_1 和隐伏含矿岩体 Y_2(据物探资料发现)之间,利用化探资料打钻发现了 Y_{10} 隐伏含矿岩体。

(4)矿区钻孔岩石地球化学异常特征。在Ⅰ号矿体的钻孔岩石地球化学剖面上(图 4-214),清晰可见 Cu、Ni、Co、Ag 异常与含矿岩体的形态一致。B、As、Mo 元素在矿体上、下盘两侧及硅化蚀变带内发育。

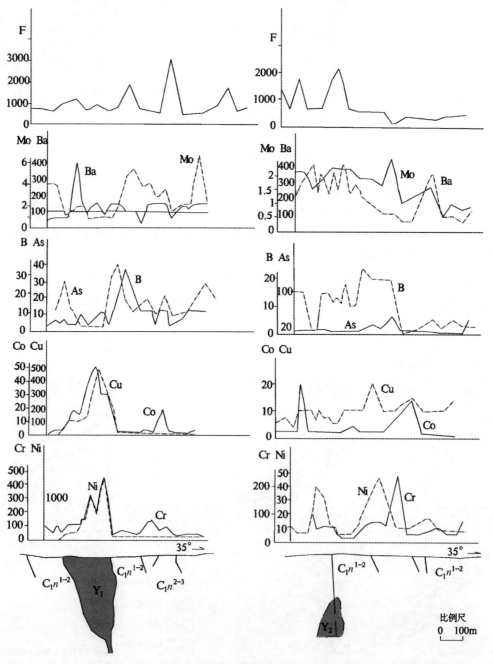

图 4-213　喀拉通克铜镍矿床地表剖面岩石地球化学异常图(引自吴承烈等,1998;据李应桂等,1991)

(元素含量均为 10^{-6})

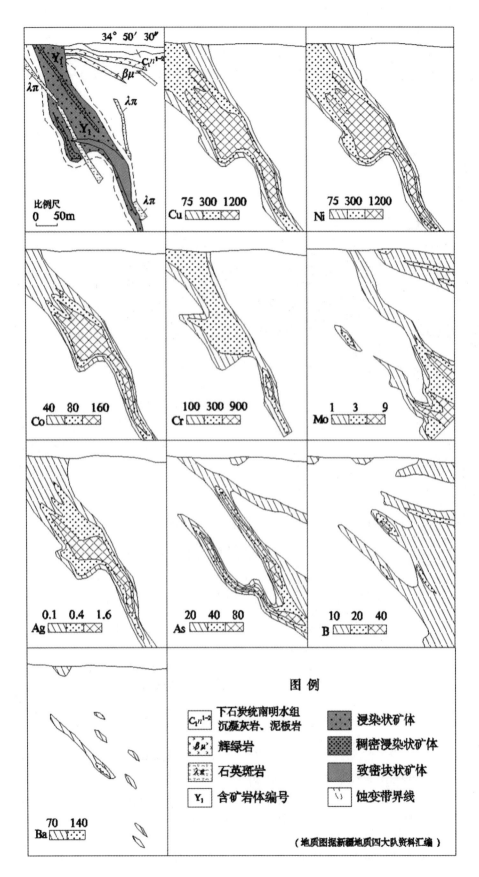

图 4-214 喀拉通克铜镍矿床 20 线剖面岩石地球化学异常图(陈云升,1991)(元素含量均为 10^{-6})

从35线勘探剖面岩石地球化学异常可见(图4-215):隐伏含矿岩体地表无 Cu、Ni、Co 等元素异常,但是 Ba、B、Mo 等元素异常明显,与地表岩石异常测量结果一致,这种异常示踪岩体侵入期间热作用和后期热液活动,使 B、Ba、Mo、F 等元素从岩体中运移至围岩的结果,是寻找隐伏含矿岩体的良好指标。从35线勘探剖面岩石地球化学异常获知:自上往下含矿岩体元素呈现 Ba、B、As(Mo)→Cr、Ag→Cu、Ni、Co 垂直分带。

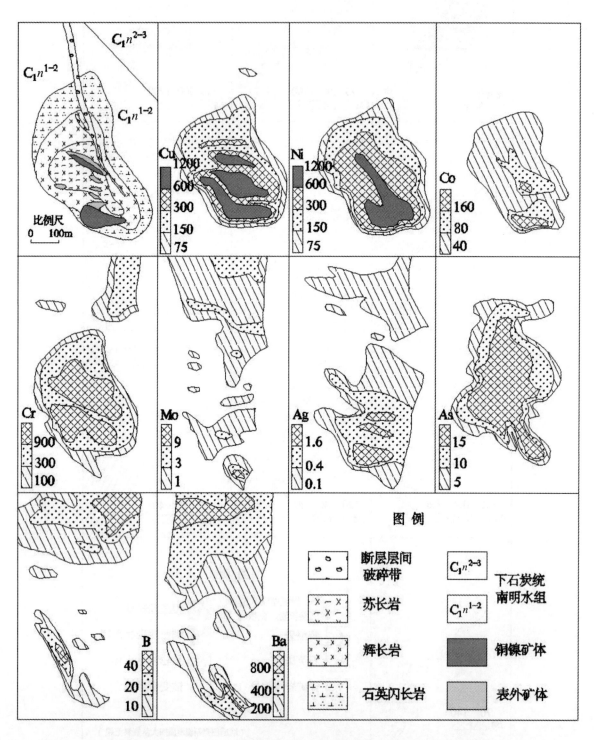

图4-215 喀拉通克铜镍矿床35线剖面隐伏含矿岩体岩石地球化学异常图(吴承烈和徐外生,1998)

(元素含量均为 10^{-6})

4. 喀拉通克铜镍矿床主要地质、地球化学特征(表 4-85)

表 4-85　新疆喀拉通克铜镍矿床主要地质、地球化学特征

成矿系列	与基性-超基性岩有关的铜镍硫化物成矿系列
成矿环境	陆缘裂陷槽拉张环境下的软流圈地幔上涌中形成的镁铁质岩体群
矿床类型	铜镍硫化物型
赋矿地层	下石炭统南明水组(C_1n)海陆交互相火山熔岩、火山碎屑岩、正常碎屑岩
控矿构造	NW 向断裂、复向斜、次级褶皱与断裂联合控矿
含矿建造	镁质基性岩,以橄榄苏长岩相化最佳
成岩时代	Ⅰ号岩体苏长岩 SHRIMP 锆石 U-Pb 年龄为(287 ± 5)Ma(韩宝福和季建清,2004)
成矿时代	Ⅰ号岩体 7 件硫化物 Re-Os 等时线年龄为(282.5 ± 4.8)Ma,Ⅱ号岩体 6 件硫化物 Re-Os 年龄为(290.2 ± 6.9)Ma(张作衡和柴凤梅,2005);Ⅰ号岩体 6 件硫化物 Re-Os 等时线年龄为(305 ± 15)Ma(韩春明和肖文交,2006)
矿体产状	主要矿体呈以膨大的不规则透镜体,总体走向 330°,倾向、倾角变化不大
矿石矿物	磁黄铁矿、黄铜矿、镍黄铁矿、黄铁矿、紫硫镍矿、磁铁矿为主;少量含 Pt、Pd、Au、Ag 的贵金属矿物及氧化物,自然元素等
结构构造	矿石构造以浸染状矿石和致密块状构造为主
围岩蚀变	岩体蛇纹岩化、纤闪石化、围岩地层中具角岩化、石墨化、红柱石-堇青石化、斜长岩化等
成矿及伴生元素组合	主要成矿元素 Cu、Ni、Co;伴生有 Au、Pt、Pd 等元素;B、Ba(Mo)、F、I 元素为隐伏含矿岩体指示元素
矿床规模	46.38×10^4 t
剥蚀程度	浅剥蚀-未剥蚀(隐伏矿床)
典型矿床	喀拉通克
地理景观	干旱-半干旱气候,海拔 500~1 000m

5. 喀拉通克铜镍矿床成矿模式(图 4-216)

(1)起源于软流圈地幔的携带大量 Cu、Ni、Pt 族元素的岩浆,不断熔蚀地幔物质,而演化形成含矿岩浆。

(2)含矿岩浆上侵过程中,在地壳深部形成中间岩浆房,由于温度、压力降低,产生深部熔离作用,形成了矿化程度不同的岩浆。

(3)在岩浆房内处于熔融状态的含矿性不同的岩浆,在构造动力多次驱动下,形成了含矿性差别极大的镁铁岩体群。

6. 喀拉通克铜镍矿床控矿因素

(1)产于西伯利亚板块与哈萨克斯坦-准噶尔板块陆缘裂陷槽中断裂交汇处。

(2)镁铁质岩群中分异好的基性程度高的岩体含矿性好。

7. 铜镍硫化物型铜矿床地质、地球化学找矿模型(吴承烈和徐外生,1998)

(1)地质特征。超基性岩体规模不大,一般不超过 $1km^2$。岩体分异良好,不同岩相带发育。岩体 Cu、Ni 平均值高,且离差大,$\omega(MgO)>8\%$,$\omega(S)>0.1\%$。

(2)地球化学特征。

地表岩石地球化学异常:

① 具 Cu、Ni、Cr、Co、Ag、As、Au、铂族、Fe_2O_3、MgO、Ti、V 组合异常,组合异常边部为 B、Ba 异常,示

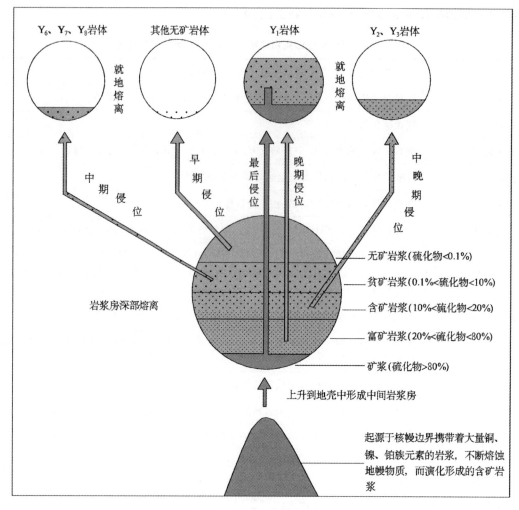

图 4-216 喀拉通克铜镍矿床脉动式成岩成矿模式示意图(邹海洋,2002)

踪了含矿岩体。

② 具 B、Ba、F、I 异常是隐伏含矿岩体的标志。

钻孔岩石地球化学异常：

① 含矿岩体各岩相带由上而下 Cu、Ni、Co、Cr 的异常呈规律性的增加。

② 含矿岩体上部围岩中有 Ba、B、(Mo)、F、I、(Ag、Cr) 异常。

③ 矿体的直接指示元素为：Cu、Ni、Co、Ag、As、Au、Se、铂族。

④ 熔离型矿体主要指示元素均有明显呈贝壳条纹状的垂向浓度分带。

⑤ 熔离式矿床无明显的元素分带，而贯入式矿体原生晕具有类似一般热液型矿床的元素分带特征。

8. 铜镍硫化物型铜矿田地质、地球化学找矿模型(图 4-217)

(1)地质特征。深大断裂中的次级断裂构造发育。沿构造断裂带有一系列中基性-基性-超基性杂岩体分布。

(2)地球化学特征。

① Cu、Ni、Co、Ag(Au)、B、Ba(Mo)、As、Cr、MgO、Fe_2O_3、Ti、V 等异常组成的一个异常区(带)，反映区内中基性-基性-超基性岩体群(包括隐伏岩体)的分布范围。具有明显的浓集中心，且有相互套合的多元素组合异常，指示了出露的含矿岩体或矿化岩体。

② B、Ba、(Mo)、F、I 元素组合异常示踪了隐伏含矿岩体的存在。

③ 无矿基性-超基性岩体亦可引起 Ti、V、Cr、Ni、Co、(Cu) 等元素的异常，但无 Ag、Mo、Ba、B、As 等元素异常。

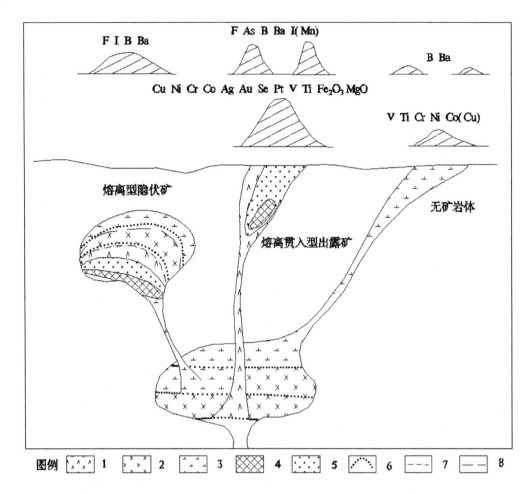

图 4-217 铜镍矿田(床)地质、地球化学勘查模型(吴承烈和徐外生,1998)

1—苏长岩相、辉长(石)橄榄岩相;2—辉长岩相;3—闪长岩相;4—块状矿体;5—浸染状矿体;6—岩相界线;
7—Cu、Ni、Co、Ag(Cr、As)高浓度异常带;8—Cu、Ni、Co、Ag(Cr、As)低浓度异常带

六、海相黑色岩系铜矿床地质、地球化学找矿模型

海相黑色岩系中赋存块状-层纹状金属硫化物矿床(SEDEX),该类矿床主要产于中元古代的裂谷或裂陷中,分布于我国的狼山(内蒙古霍各乞)和中条山(山西篦子沟)地区,与铅锌矿共生,或呈独立的铜矿床(中条山地区)。矿体受容矿岩系严格控制,矿体与围岩呈整合关系,呈似层状、层状和透镜状。

(一)华北陆块北缘西段狼山-渣尔泰 Cu、Pb、Zn 成矿带(Ⅲ-58)霍各乞铜矿床地质、地球化学找矿模型

1. 霍各乞铜矿床地质特征

霍各乞铜多金属矿床位于狼山渣尔泰山多金属成矿带,此成矿带位于华北陆块北缘西段,中元古代被动大陆裂陷槽内。成矿带产出多处大型、超大型铜、铅、锌多金属硫化物矿床,其中霍各乞矿床是以铜为主的海底热水喷流沉积矿床(SEDEX 型)。

矿带内地层出露较全,太古宇乌拉山群为结晶基底,覆盖其上的元古宇渣尔泰群为一套地槽型浅变质岩系。矿床的赋矿围岩为渣尔泰群的碳质-细碎屑岩建造(图 4-218)。

区域重力异常与太古界乌拉山群结晶基底展布一致,呈 NE 向,重力高、低异常由南东向北西排列,场值在 $-170\times10^{-5} \sim -136\times10^{-5}\mathrm{m\cdot s^{-2}}$ 之间。霍各乞矿区位于北东向重力梯度级带上偏重力高一侧。航磁为大范围平静负磁场(均值 $0\sim-100\mathrm{nT}$)中,似等轴状的南正北负异常的变换部位(图 4-219)。

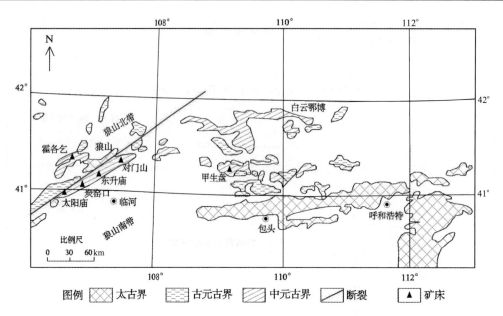

图 4-218　霍各乞狼山多金属成矿带硫化物矿床分布图（皮桥辉和刘长征,2010）

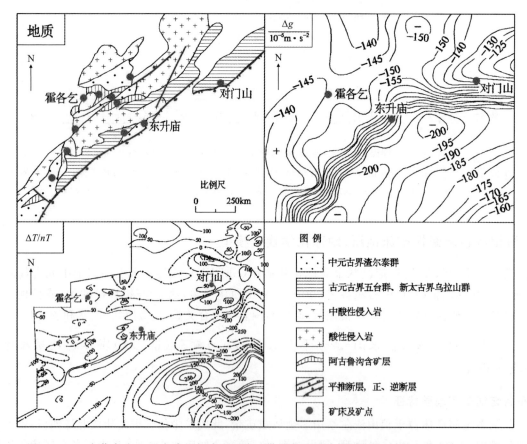

图 4-219　内蒙古狼山-渣尔泰山铜多金属成矿带西段及地球物理背景（姚敬金和张素兰,2002）

矿床的铜矿体产在中元古渣尔泰群细粒石英岩、硅质岩及透辉透闪岩中,铅锌矿体则多在下部的碳质片岩中。矿区由三个矿体组成,其中一号矿体是以铜为主的多金属矿,二号矿体则以铅锌为主,少量铜矿化,三号为铁矿体（图4-220）。

霍各乞铜矿底板为基性火山岩系,中部为含矿热水沉积岩系,顶板为陆源碎屑岩系;各岩系的微量元素含量特征见表4-86;由表可见赋矿部位的岩系 Cu、Pb、Zn、Ag 等元素含量是顶、底板岩系的几倍至几十倍。

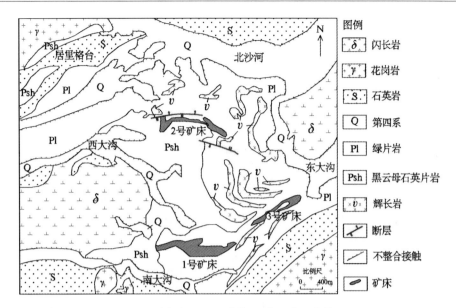

图4-220 霍各乞矿区地质简图(费红彩和董普,2004)

表4-86 霍各乞矿区一号矿床含矿岩层中主要岩性微量元素含量统计表(姚敬金和张素兰,2002)

含矿层位		Cu	Mo	Pb	Zn	Mn	Ba	Ni	Cr	V
顶板	二云石英片岩	55	7.24	47	145	241	798	20.6	82	28
赋矿部位	绢云母石英片岩	234	4.08	27	67	79	865	5.7	30	30
	上条带状石英岩	2 909	6.09	187	79	339	258	8.6	51	25
	透辉透闪石英岩	408	11.70	289	127	1 623	326	11.1	34	33
	下条带状石英岩	408	4.03	417	51	107	693	5.0	53	30
	碳质板岩	86	9.57	3 101	670	298	8 828	10.8	59	66
底板	黑云母石英片岩	47	9.68	188	334	957	611	18.2	77	84
含矿层位		Co	Ga	B	Ti	Ag	Hg	Be	Au	F
顶板	二云石英片岩	16.8	28.7	63	3 264	0.28	0.017	2.50	0.011	1 068
赋矿部位	绢云母石英片岩	5.0	18.4	58	963	0.48	0.023	2.50	0.021	642
	上条带状石英岩	10.5	5.5	11	349	1.80	0.028	2.50	0.023	428
	透辉透闪石英岩	12.5	5.8	8	256	1.49	0.014	2.97	0.010	797
	下条带状石英岩	5.0	4.4	16	350	1.47	0.019	2.53	0.020	259
	碳质板岩	8.7	25.6	124	2 563	2.21	0.019	3.66	0.010	1 161
底板	黑云母石英片岩	15.0	29.2	100	3 550	0.31	0.024	2.76	0.011	1 329

元素含量单位:10^{-6}(据内蒙古有色地质勘查局,1990资料编)

一号矿体主要产在变质的海相热水沉积岩系中,矿体呈层状、似层状,形态较规则。走向NEE70°~80°,向南倾,倾角陡(70°)。矿体与围岩呈整合接触,并随围岩产状变化形成协调一致的褶曲或波状起伏。矿石矿物主要有黄铜矿、磁黄铁矿、磁铁矿、方铅矿、闪锌矿,次为毒砂、赤铁矿等。矿化分带从顶板→底板,依次为铜→铅锌。围岩蚀变较弱,硅化与矿化关系密切,透辉石透闪石化相对发育,主要在矿体底板(图4-221)。

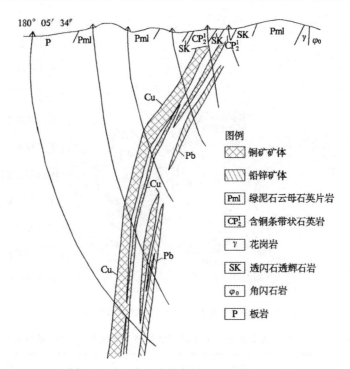

图 4-221　霍各乞一号矿床 V 线综合剖面图(姚敬金和张素兰,2002)

2. 霍各乞铜矿床铅硫同位素地球化学特征

(1)铅同位素组成特征。霍各乞矿床的矿石铅(方铅矿 11 件,黄铁矿和黄铜矿各 1 件)同位素组成(表 4-87):$^{206}Pb/^{204}Pb=16.016\sim17.179$(平均值为 16.808),$^{207}Pb/^{204}Pb=14.774\sim15.517$(平均值为 15.360),$^{208}Pb/^{204}Pb=35.849\sim36.945$(平均值为 36.435)(李兆龙和余金杰等);朱笑青等(2006)亦对霍各乞矿床的矿石铅同位素组成进行测定(方铅矿 16 件、闪锌矿 4 件、黄铜矿 3 件、黄铁矿 1 件):$^{206}Pb/^{204}Pb=17.027\sim17.337$,$^{207}Pb/^{204}Pb=15.451\sim15.786$,$^{208}Pb/^{204}Pb=36.747\sim37.478$。测定三组铅同位素比值都在很小的范围内变化,具有较稳定的铅同位素组成(表 4-87,图 4-222)(铅同位素组成沿正常铅单阶段演化曲线分布),反映了海底火山热水同生沉积矿床或轻微遭受改造的同生沉积矿床特征。

矿床内含矿岩系的全岩铅同位素组成(斜长角闪岩、黑色石英岩、大理岩化灰岩)与矿石铅一致,碳质板岩、黑色石英片岩、石英云母片岩铅同位素组成略偏高(表 4-87)。示踪矿床 Pb 来源于海底火山作用有关,两者为同源的。

表 4-87　霍各乞矿床铅同位素组成

地点及产状	岩　性	测定矿物	$^{206}Pb/^{204}Pb$	$^{207}Pb/^{204}Pb$	$^{208}Pb/^{204}Pb$	资料来源
霍各乞矿区二岩组	碳质板岩	方铅矿	17.179	15.474	36.945	李兆龙和许文斗,1986
	硅化大理岩	方铅矿	17.193	15.451	36.939	
	透闪石岩	方铅矿	17.083	15.474	36.861	
	透闪石岩	方铅矿	17.036	15.465	36.747	
	透辉石岩	方铅矿	17.110	15.480	36.890	
	碳质板岩	方铅矿	17.038	15.491	36.869	
	透闪石岩	方铅矿	16.894	15.491	36.117	
	硅化大理岩	方铅矿	16.244	14.774	35.867	
	碳质板岩	方铅矿	16.016	14.877	33.849	

续表 4-87

地点及产状	岩 性	测定矿物	$^{206}Pb/^{204}Pb$	$^{207}Pb/^{204}Pb$	$^{208}Pb/^{204}Pb$	资料来源
第二岩组	透辉石透闪石岩	方铅矿	17.027	15.465	36.783	余金杰和杨海明，1993
		方铅矿	17.060	15.517	36.915	
	块状黄铁矿矿石	黄铁矿	17.148	15.616	37.242	
		黄铜矿	17.224	15.727	37.669	
霍各乞	斜长角闪岩	全 岩	17.071	15.440	37.183	Zhu X Q and Zhang Q，2006
	斜长角闪岩	全 岩	17.262	15.548	36.796	
	斜长角闪岩	全 岩	17.341	15.713	36.908	
	斜长角闪岩	全 岩	17.189	15.609	37.003	
	斜长角闪岩	全 岩	17.114	15.523	36.829	
	斜长角闪岩	全 岩	17.092	15.499	36.915	
	方铅矿	一号矿体中 Pb-Zn 矿体	17.268	15.757	37.478	
	方铅矿	一号矿体中 Pb-Zn 矿体	17.209	15.668	37.055	
	方铅矿	一号矿体中 Pb-Zn 细脉	17.185	15.549	37.034	
	方铅矿	一号矿体中 Pb-Zn 矿体	17.064	15.498	37.075	
	方铅矿	二号矿体中 Pb-Zn 细脉	17.072	15.509	36.974	
	方铅矿	二号矿体中 Pb-Zn 细脉	17.107	15.603	36.901	
	闪锌矿	二号矿体中 Pb-Zn 矿体	17.301	15.662	36.909	
	闪锌矿	二号矿体中铜矿体	17.198	15.490	37.001	
	黄铜矿	二号矿体中铜矿体	17.317	15.754	37.231	
	方铅矿	一号矿体采石场	17.052	15.504	36.799	
	方铅矿	一号矿体采石场	17.271	15.605	36.993	
	闪锌矿	一号矿体采石场	17.298	15.616	37.014	
	黄铜矿	一号矿体采石场	17.096	15.502	36.903	
	闪锌矿	一号矿体采石场	17.337	15.786	37.222	
	方铅矿	CK62（一号矿体）	17.027	15.465	36.783	
	方铅矿	CK205（一号矿体）	17.060	15.517	36.915	
	黄铁矿	CK111（一号矿体）	17.148	15.616	37.242	
	黄铜矿	一号矿体	17.224	15.727	37.669	
	方铅矿	碳质板岩中矿石铅	17.179	15.474	36.945	
	方铅矿	硅化大理岩中矿石铅	17.193	15.451	36.935	
	方铅矿	透闪石中矿石铅	17.083	15.474	36.861	
	方铅矿	透闪石中矿石铅	17.036	15.465	36.747	
	方铅矿	透闪石中矿石铅	17.110	15.480	36.890	
	方铅矿	透闪石中矿石铅	17.038	15.491	36.869	

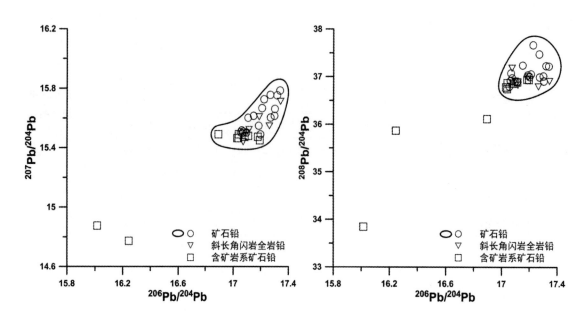

图 4-222　霍各乞硫化物矿床铅同位素组成投点图

(2)硫同位素组成特征。霍各乞矿床硫同位素组成为:$\delta^{34}S$ 在 23.5‰～－3.1‰范围内变化,呈明显正高值的"脉冲型"分布(图 4-223),海水硫酸盐为主的重硫富集型,为海底热水喷流沉积矿床硫同位素组成特征。

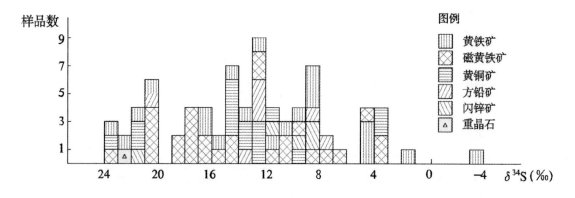

图 4-223　霍各乞硫同位素组成频率分布图(李兆龙,1986)

3. 矿田(矿床)地球化学异常特征

(1)1∶20 万水系沉积物测量地球化学异常特征。从霍各乞矿床 1∶20 万水系沉积物测量地球化学异常剖析获知(图 4-224):

① 矿床上具有 Cu、Au、Pb、Zn、Cd、Ni、Mn、Bi、As、Ag 等元素异常,除 Bi、Co、B、Cr 元素之外,其他异常均呈等轴状。

② Cu、Pb、Zn、Cd 等元素异常面积大、强度高、套合好,浓集中心部位与矿体位置吻合。

(2)1∶5 万地表岩石地球化学异常特征。

① Cu、Pb、Zn、Ag 等异常呈东西向带状分布(图 4-225),其中 Cu、Pb、Ag 的中、内带异常对应于矿体赋存位置;Cu、Pb、Ag、Zn、B 外带与矿化带范围相当。

② V、Ga、F 的低值区或负值区与矿化带的范围大致对应。

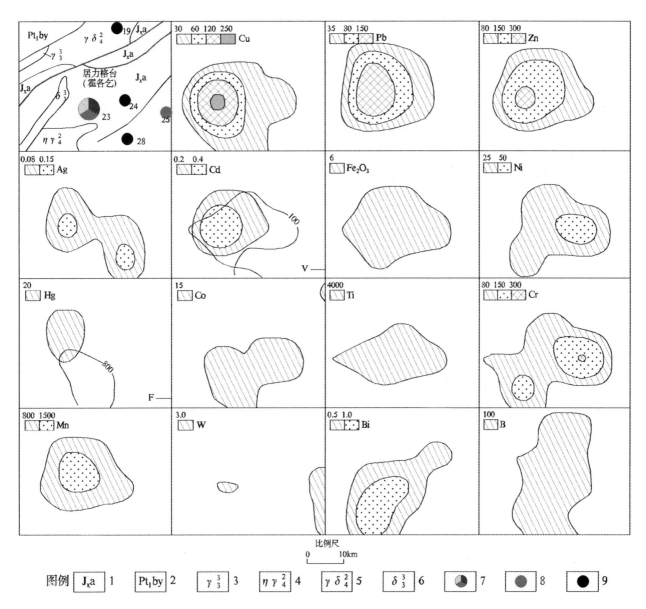

图 4-224 霍各乞铜矿床 1:20 万化探异常剖析(据内蒙古地质调查院,2011)

1—中元古界渣尔泰山群;2—下元古界宝音图群;3—花岗岩;4—二长花岗岩;5—花岗闪长岩;6—闪长岩;
7—铜多金属矿点;8—铜矿点;9—铅矿点(元素含量单位:10^{-6})

(3)钻孔岩石地球化学异常特征。钻孔岩石地球化学异常具明显分带特征(图 4-226):

① Cu、Pb、Zn、Ag、Mn 等在赋矿部位或矿化带有明显的内、中带异常,且浓度梯度大,上下盘的 Cu、Pb、Zn 外带异常比矿体大 1~2 倍。

② Mo 元素仅在赋矿部位有中带异常显示。

③ B、Ti 为负异常,或在局部赋矿部位的外围出现外带异常。

④ 刘雪敏和陈岳龙等(2012)对霍各乞一号矿体第 7~9 勘探线上 11 个钻孔进行岩石地球化学特征研究表明:霍各乞铜多金属主成矿元素组合为 Cu、Pb、Zn;矿体前缘晕以 Hg、Sb、Cd 为特征,尾晕由 W、As、Sn 组成,由于矿体位于倒转向斜倒转翼,2 线-9 线大部分钻孔原生晕为反向分带(尾晕-矿中晕-前缘晕),少量为正常分带;每个钻孔垂向分带复杂的特征及指示元素锯齿状的分布,可能示踪成矿作用多期、多阶段反复叠加所致。

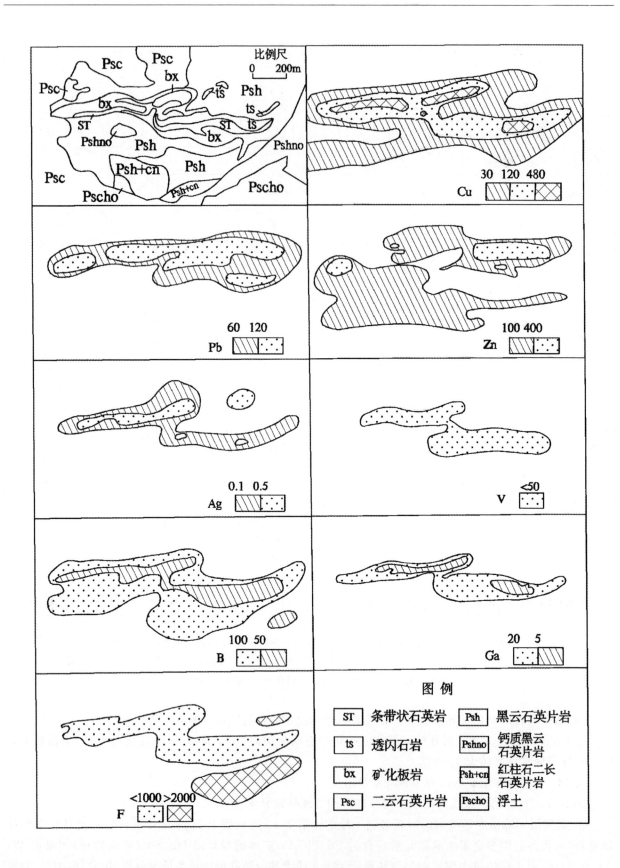

图 4-225 霍各乞一号矿床岩石地球化学异常图(姚敬金和张素兰,2002)(元素含量单位为 10^{-6})

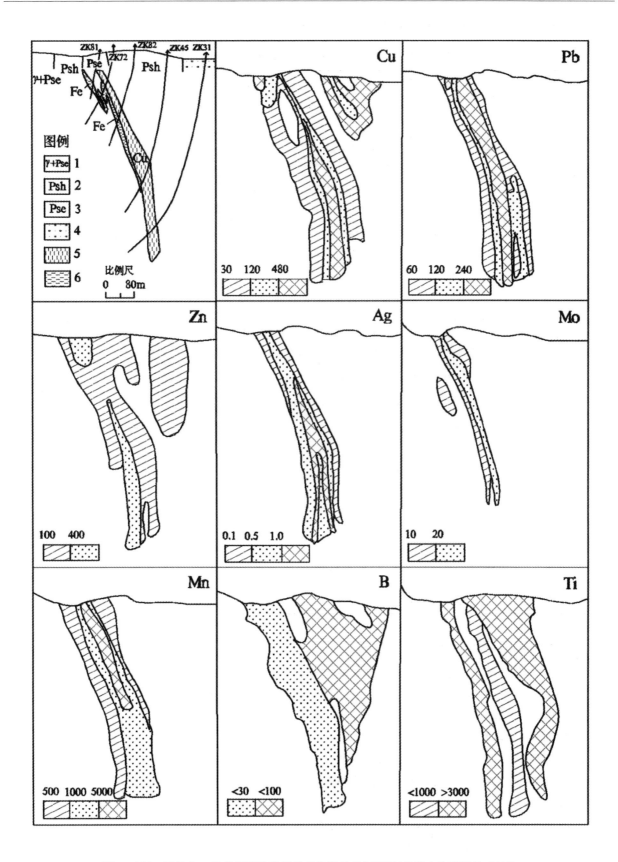

图4-226 霍各乞一号矿床钻孔岩石地球化学异常剖面图(姚敬金和张素兰,2002)

1—混杂二云石英片岩;2—黑云石英片岩;3—二云石英片岩;4—破碎带;5—铜矿;6—铁矿(元素含量单位为10^{-6})

4. 霍各乞铜矿床主要地质、地球化学特征(表4-88)

表4-88 内蒙古霍各乞铜矿床主要地质、地球化学特征

成矿系列	海相黑色岩系铜多金属成矿系列(SEDEX型)
成矿环境	华北陆块北缘元古宙被动大陆裂陷槽北侧的三级海盆
矿床类型	海底热水喷流沉积型
赋矿地层	石英岩、碳质千枚岩、透辉透闪石岩
控矿构造	成矿带受控于渣尔泰群组成的背斜核部,其一、二岩性组分布于西翼,矿体分布于次级褶皱构造中
含矿建造	渣尔泰群两组碳质-细碎屑岩建造(石英岩、黑云母石英片岩、二云石英片岩、大理岩化灰岩、白云岩、绿泥片岩、碳质千枚岩、透辉透闪石岩)
成岩时代	变基性火山岩的 Sm-Nd 等时线年龄为 1 491Ma(杨海明和苏尚国,1992)
成矿时代	900~1 500Ma
矿体产状	与地层产状一致,形态较规整,呈层状、似层状,随围岩产状变化形成协调一致的褶曲或波状起伏,矿体产状较陡,大于60°或直立倒转
矿石矿物	主要有黄铜矿、黄铁矿、磁黄铁矿、磁铁矿、方铅矿、闪锌矿,次为毒砂、赤铁矿等
结构构造	矿石构造以浸染状、条带状为主,次为块状、细脉状、网脉状
围岩蚀变	主要蚀变为透辉透闪石化,与铜矿化有关的蚀变主要有:硅化、透辉石透闪石化和黑云母化、绢云母化
成矿及伴生元素组合	成矿元素为 Cu、Pb、Zn,主要伴生元素为 Ag、As、Au、Mo 等。自矿体向外围:Cu、Pb、Zn→Ag、Au、Mn→V、Ti、Cr、F
矿床规模	74.23×10^4 t
剥蚀程度	浅-中等剥蚀
典型矿床	霍各乞
地理景观	干旱荒漠区

5. 霍各乞铜矿床成矿模式(图4-227)

(1)元古宙华北陆块北缘被动大陆边缘裂陷槽内三级海盆形成。
(2)深部热能促使成矿元素从海底围岩中萃取、迁移,沿海底同生断裂在海盆中沉淀富集。
(3)历经成岩、区域变质、接触热变质等作用叠加改造成矿。

6. 霍各乞铜矿床控矿因素

(1)元古宙同生断裂控制三级断陷盆地中的含矿沉积建造的分布。
(2)含矿建造的古地理环境制约了矿体的分布,矿体明显受碳质-细碎屑沉积岩控制。
(3)长期的变质作用、构造及岩浆活动不同程度改造了同生沉积矿体。

7. 霍各乞铜矿床地球化学找矿模型(图4-228)

(1)赋矿部位出现 Cu、Pb、Zn、Ag、Au 中、内带异常,并伴有 Hg、Mn、Cd 外带异常;V、Ni、Cr、Ga、B 的负异常。
(2)在矿体的顶底板两侧呈现 Ti、F、Ba 中、内带异常,V、Cr、Ni、Ga、B 的中、外带异常。

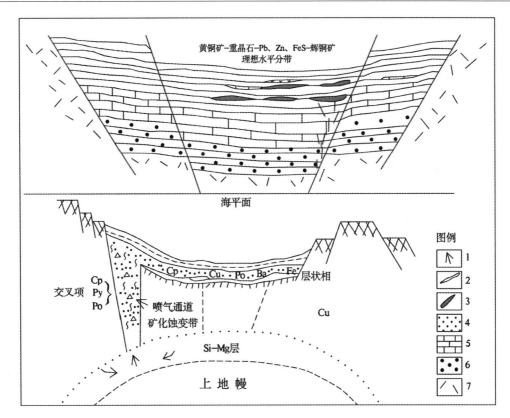

图 4-227 霍各乞喷流沉积型铜矿成矿模式示意图(刘玉堂和李维杰,2004)
1—热液运移方向;2—碱性火山岩;3—矿体;4—细碎屑岩;5—碳酸盐岩;6—含碳泥岩;7—碎屑岩;
Cp—黄铜矿;Py—黄铁矿;Po—磁黄铁矿

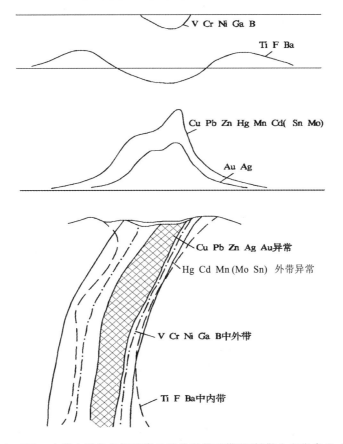

图 4-228 内蒙古霍各乞铜矿床地球化学找矿模型(姚敬金和张素兰,2002)

(二)华北陆块南缘中条山-王屋山 Cu、Au、Fe、铝土矿成矿亚带(Ⅲ-63-①)中条山铜矿床地质、地球化学找矿模型

1. 中条山铜矿矿集区地质特征

中条山铜矿矿集区位于华北地台南缘,是鄂尔多斯地块与河淮地块接合带的南端,该接合带是在华北地台(克拉通)前寒武纪三叉型裂谷的基础上形成的,马杏垣等认为它起始于新太古代-元古代。中条三叉古裂谷及左权-安阳古裂谷等对中条山铜矿矿集区的形成具有控制作用(图4-229)。

中条裂谷处在伊陕莫霍界面隆起的南部,在临汾凸起和泌阳凸起之间的凹陷带(图4-230)。

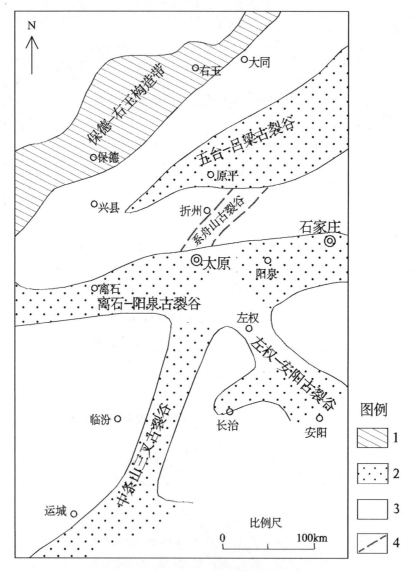

图4-229 山西古裂谷分布示意图(孙继源等,1995)
1—构造带;2—古裂谷;3—新隆起;4—断层

中条山铜矿矿集区的地球物理场:表现为重力场是以密集的梯度带围限、切割的高值区(图4-231a),磁异常则正负相间(图4-231b),负磁异常区主要为下元古界-上元古界及新生界断陷的临汾,垣曲附近的重磁梯度带与区域内深大断裂相吻合,为中条裂谷的边界断裂(图4-231)。

矿集区最老的地层为太古宙涑水杂岩,为克拉通基底。新太古-古元古代在中条山区形成了张性裂谷,沉积了一套双峰式的超钾镁火山岩系和细碎屑岩优地槽沉积建造——绛县群。晚阶段裂谷内火山活动减弱,沉积有陆源碎屑岩、泥质岩及碳酸盐岩等正常沉积岩,其中有小规模的细碧岩及基性岩床(墙)侵

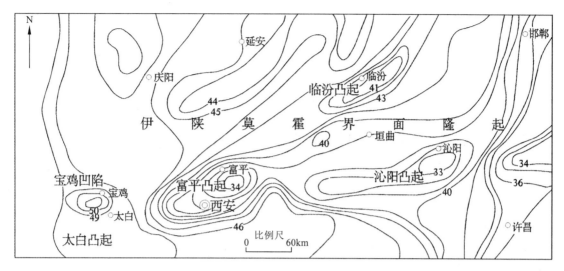

图 4-230　晋南-秦岭一带莫霍面等深线图（孙继源等,1995）

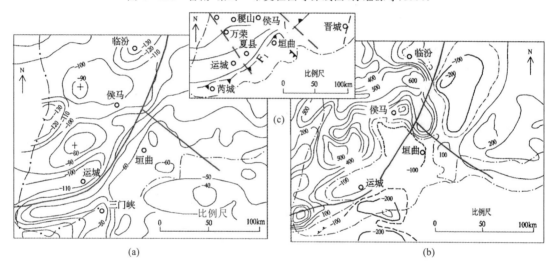

图 4-231　山西省南部布格重力异常(a)航磁(ΔT)化极(原平面)异常图(b)及构造解译图(c)（孙继源等,1995）

入——中条群。中-新元古代中条地区再度发生凹陷,并沿断裂产生强烈的中性火山岩喷溢形成西阳河群,主要由安山集块岩及安山岩夹泥、砂质页岩组成。中条裂谷型层状铜矿床(矿点)受中条三叉"人"字型裂谷系伸展构造控制(图 4-232)。

根据中条裂谷的地质演化,可将该区分为四个构造层。第Ⅰ构造层:变质核杂岩结晶基底(涑水群);第Ⅱ构造层:裂谷拉张阶段优地槽构造层(绛县群);第Ⅲ构造层:冒地槽构造层(中条群);第Ⅳ构造层:裂谷挤压作用形成的安山熔岩构造层(西阳河群)(图 4-233)。

在中条裂谷不同演化阶段产生了与之相对应的以铜矿(钴矿)为主的成矿作用,亦称其为"四世同堂"铜成矿系列,产于第Ⅰ构造层:白峪口型铜矿;产于第Ⅱ构造层:铜矿峪型、同善型、落家河型及横岭关型(前三者赋矿围岩以火山岩为主,后者为沉积岩);产于第Ⅲ构造层:胡篦型铜矿(铀矿化);产于第Ⅳ构造层:芦家坪型铜矿。总之,产于中条运动形成的第Ⅱ、Ⅲ构造层是主要赋矿层(图 4-234)。

横岭关型铜矿床

铜凹-山神庙铜矿产于绛县群横岭关亚群铜凹组片岩中,由含碳绢云母片岩、十字石榴二云片岩、绢云片岩等变质岩组成。斜长角闪岩、角闪岩顺层侵入,铜矿体均赋存于此类岩石的上下盘岩石之中。矿体多呈似层状、扁豆状和透镜状产出,其产状与围岩基本一致(图 4-235)。矿石矿物主要为黄铜矿、黄铁矿、磁黄铁矿,偶见斑铜矿、辉铜矿、硫镍钴矿、辉钼矿。成矿元素组合:Cu-Co-Au,Cu 品位:0.54%～0.68%,Co 品位:0.008%～0.043%。

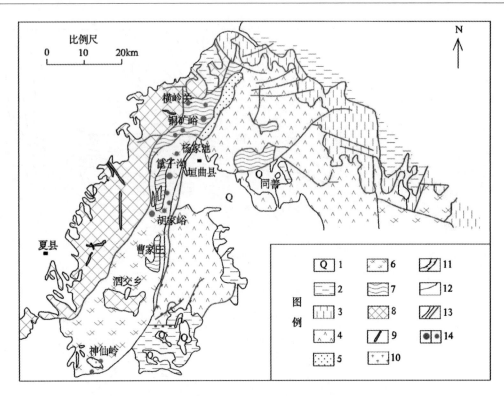

图 4-232 中条山区域地质矿产略图(许庆林,2010)

1—第四系松散堆积物;2—古生界;3—中元古界汝阳群;4—中元古界西阳河群;5—古元古界担山石群;6—古元古界中条群;7—新太古界绛县群;8—中太古界涑水杂岩;9—西阳河期辉绿岩(脉);10—中条期岩浆岩(脉);11—正断层/逆断层;12—性质不明断层;13—地质界线/沉积不整合界线;14—铜矿床、矿点

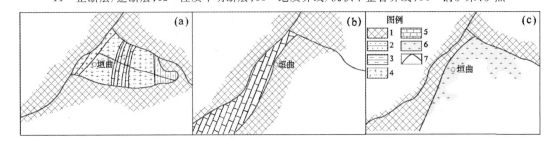

图 4-233 中条山裂谷构造演化示意图(真允庆等,1993)

(a)新太古代绛县群的分布与古构造;(b)古元古代中条群的分布与古构造;(c)中、新元古代西阳河群的分布与古构造;1—古陆;2—砂岩、砂质页岩;3—泥岩、泥质页岩;4—细碧岩及高钾质基性及酸性火山岩;5—碳酸盐岩,在图(b)的中条群还包括磨拉石及复理石建造;6—安山岩;7—断层(包括岩石圈断裂、基底断裂)

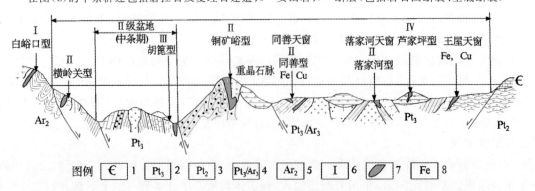

图 4-234 中条裂谷铜矿床的"四世同堂"成矿空间分布示意图(真允庆等,1993)

1—寒武系;2—晚元古界西阳河群(熊耳群);3—中元古界中条群;4—早元古界或晚太古界绛县群;5—中太古界涑水杂岩;6—成矿系列;7—铜矿体(扩大);8—同善天窗内宋家山铁矿

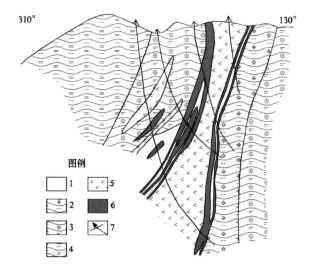

图 4-235　铜凹-山神庙矿区勘探线地质剖面图(孙继源等,1995)

1—二云片岩;2—含碳十字石榴绢云片岩;3—石榴二云片岩;4—绢英(片)岩;5—斜长角闪岩;6—铜矿体;7—钻孔

表 4-89　铜凹-山神庙铜矿赋矿围岩成矿元素含量

采样位置	岩石名称	元素含量($\times 10^{-6}$)				Co/Ni	资料来源
		Cu	V	Co	Ni		
横岭关	十字石榴片岩	21.2	100.4	4.8	16.1	0.3	中条山铜矿地质编写组,1978
	石榴绢云母片岩	26.6	89.4	2.4	11.4	0.21	
	绢云母片岩	23.2	50.6	222.4	52.7	4.20	
	绢云母片岩	19.6	13.3	0.01	1.5		
	石榴二云母片岩	26.1	84.0	30.6	52.9	0.78	
	绢云母片岩	26.2	39.8	9.4	10.8	0.87	
铜凹	斜长角闪岩	98.8	170.6	38.3	46.2	0.83	真允庆等,1993
	斜长角闪岩	83.2	126.1	22.8	50.7	0.45	
凉水泉	斜长角闪岩	57.8	126.1	32.7	45.1	0.73	
	斜长角闪岩	133.9	165.7	37.8	17.4	2.2	
	斜长角闪岩	683.6	88.5	28.6	114.7	0.25	
平头岭-铜凹剖面	斜长角闪岩	135.0					
凉水泉	角闪岩	68.8	149.9	38.3	42.3	0.91	
平头岭-铜凹剖面	角闪岩	122.0					

铜凹-山神庙铜矿赋矿围岩成矿元素含量(表 4-89)。

从表 4-89 可见:

① 绛县群横岭关亚群的一套细碎屑岩 Cu 的含量为 $19.6\times 10^{-6}\sim 26.6\times 10^{-6}$,Co 元素在局部可达 222.4×10^{-6};

② 斜长角闪岩中的 Cu 含量较高:$57.8\times 10^{-6}\sim 683.6\times 10^{-6}$,Co:$22.8\times 10^{-6}\sim 38.3\times 10^{-6}$。斜长角闪岩中(原岩基性火山岩)的 Cu、Co 元素是横岭关型铜矿成矿作用矿源之一。

铜矿峪型铜矿床

铜矿峪铜矿出露的地层主要有上太古界绛县群铜矿峪亚群变质钠长花岗斑岩及变质石英晶屑凝灰岩,为主要容矿岩石,经区域变质形成绢英岩、绢英片岩、电气石英岩等,与铜矿关系密切。

矿区绛县期岩浆活动剧烈、频繁,形成了钙碱质斜长角闪岩、角闪岩及钾质黑云片岩等,岩浆活动有利于铜矿的形成。

矿体主要产在绢英岩、绢英片岩中,呈扁平透镜状。部分规模较小的矿体产在变质辉长辉绿岩(Mb)及变质基性岩(Mb)(图 4-236)中。

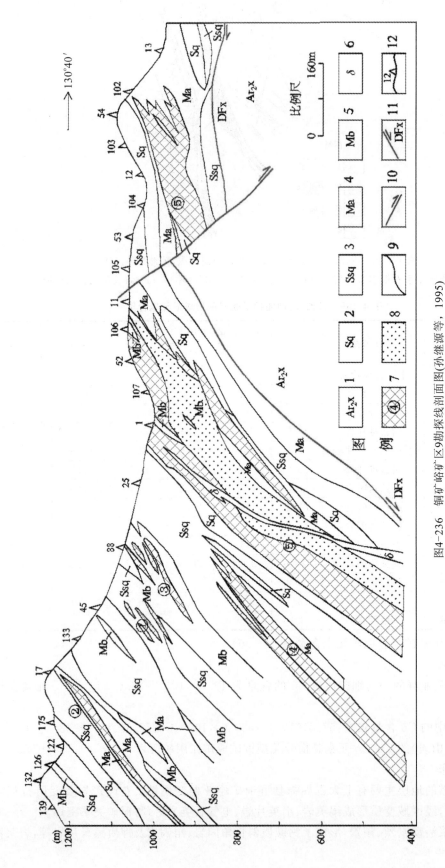

图4-236 铜矿峪矿区9勘探线剖面图(孙继源等,1995)

1-西井沟组变基性火山岩; 2-绢英岩; 3-绢英片岩; 4-蚀变碎斑岩; 5-变基性侵入岩; 6-闪长岩; 7-铜矿体及编号;
8-铜钼矿体(钼品位>0.003 2%); 9-地质界线; 10-断层; 11-剥离断层; 12-钻孔位置及编号

铜矿石可分为浸染型和脉型两种类型，代表早晚两个矿化阶段。浸染型矿石矿物主要为：黄铁矿、黄铜矿、辉钼矿、辉钴矿等。脉型矿石矿物主要为黄铜矿，次为斑铜矿和辉铜矿，少量黄铁矿、辉钼矿、辉钴矿等（图 4-237）。成矿元素组合是：Cu-Co-Au-Mo，Cu 平均品位：0.68%，Co 平均品位：0.007 2%，Au 平均品位：0.06×10^{-6}，Mo 平均品位：0.003 2%。

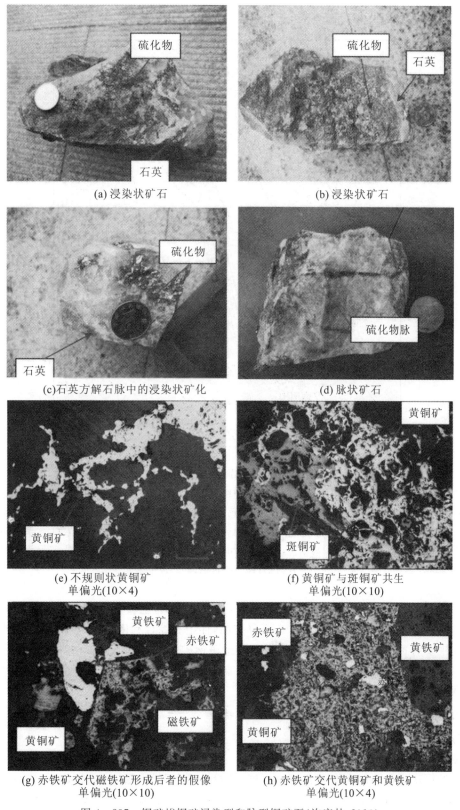

图 4-237　铜矿峪铜矿浸染型和脉型铜矿石（许庆林，2010）

胡篦型铜矿床

胡篦型铜矿出露地层主要为中元古界中条群,其中余元下组、余家山组大理岩和篦子沟组片岩为主要容矿围岩。矿区岩浆岩主要有绛县期火山岩、中条期的变基性侵入岩和花岗岩及西阳河群的基性岩脉(图4-238)。其中中条期的北峪奥长花岗岩可能为成矿作用的热动力、驱动地热卤水对流循环,促使成矿元素富集成矿。

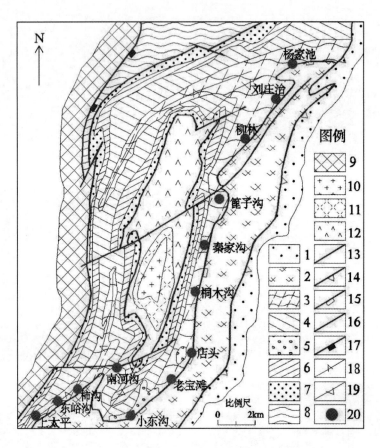

图4-238 中条山胡篦型铜矿区地质略图(庞雪娇,2010)

1—中元古界担山石群石英岩;2—早元古界中条群余家山组白云石大理岩;3—篦子沟组黑色片岩;4—余元下组白云石大理岩;5—老宝滩喷流通道(岩筒)角砾岩;6—龙峪组钙、泥质片岩;7—界牌梁组石英岩;8—晚太古界绛县群横岭关组片岩;9—太古宙涑水杂岩;10—太古宙北峪奥长花岗岩;11—太古宙酸性变钾质流纹岩;12—太古宙变超钾质基性火山岩;13—断层;14—担山石剥离断层;15—余家山剥离断层;16—界牌梁剥离断层;17—绛县剥离断层;18—背斜轴;19—向斜轴;20—铜矿区

矿体呈层状、似层状和透镜状,与地层产状一致,受岩性控制,主要容矿围岩为硅化黑云母化大理岩、黑色碳质片岩及石英钠长岩(图4-239)。矿石品位高,伴生有综合利用的Au、Ag、Co和Mo等元素。

矿石矿物主要有黄铜矿、黄铁矿、磁黄铁矿及少量斑铜矿、辉铜矿、硫钴矿、辉钼矿等,还有少量晶质铀矿和钛铁矿。矿石构造以细脉浸染状为主,少量条带状及块状(图4-240)。成矿元素组合是:Cu-U-Au-Co,Cu平均品位:1.07%。

2. 中条山铜矿矿集区矿床铅硫同位素地球化学特征

(1)铅同位素组成特征。

横岭关型铜矿床铅同位素组成特征

从横岭关型铜矿床铅同位素组成表(表4-90)和投点图上可见(图4-241),矿石铅与部分岩石铅(斜长角闪岩)同位素组成一致(实线投点域)。而石榴二云片岩、绢云黑云片岩、碳质片岩等岩石明显具高放射性成因铅(虚线投点域)。

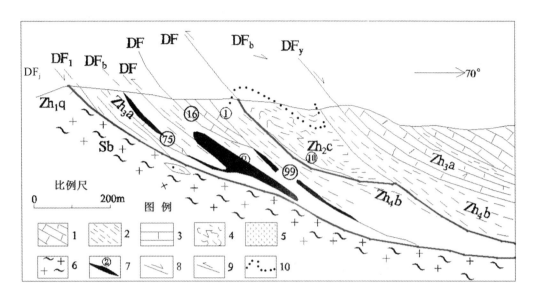

图4-239 笆子沟矿床同斜褶皱-冲断构造剖面图(季克俭和冀树楷,1990)

1—余家山组大理岩;2—笆子沟组黑色片岩;3—余元下组大理岩;4—龙峪组钙质云母片岩;5—界牌梁石英岩;6—方柱黑云片岩(基性岩);7—矿体及编号;8—剥离断层;9—逆(掩)冲断层;10—岩性分界;DF_j—早期界牌梁剥离断层;DF_l—早期龙峪剥离断层;DF_b—早期笆子沟剥离断层;DF_y—晚期余家山剥离断层

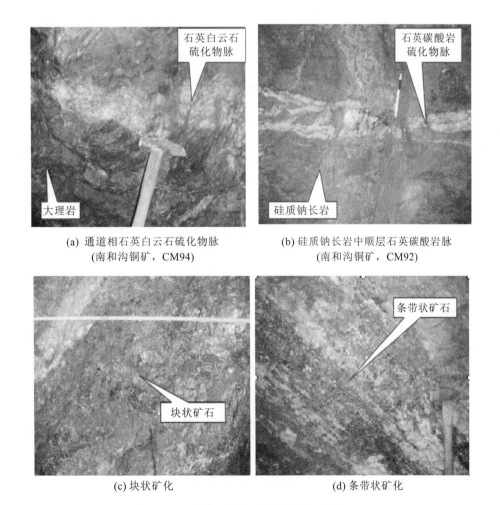

(a) 通道相石英白云石硫化物脉
(南和沟铜矿,CM94)

(b) 硅质钠长岩中顺层石英碳酸岩脉
(南和沟铜矿,CM92)

(c) 块状矿化

(d) 条带状矿化

图4-240 胡笆型铜矿矿石构造(庞雪娇,2010)

表 4-90 横岭关型铜矿床铅同位素组成(孙继源等,1995)

样 号	矿物名称	$^{206}Pb/^{204}Pb$	$^{207}Pb/^{204}Pb$	$^{208}Pb/^{204}Pb$
H-01	黄铁矿	19.399	15.689	39.025
H-19	黄铜矿	18.072	15.581	38.140
H-10	黄铁矿	19.243	15.710	39.729
H-17	黄铜矿	18.921	15.733	39.936
H-3	黄铁矿	18.594	15.724	38.936
HL-19	黄铜矿	19.817	15.768	40.215
HL-20	黄铜矿	19.286	15.847	39.663
HL-9	石榴二云片岩	24.273	16.293	45.795
HL-10	斜长角闪岩	19.011	15.999	39.104
HL-12	绢英片岩	27.049	16.741	47.999
H-5	石榴绢云片岩	19.105	15.727	39.540
H-06	斜长角闪岩	18.656	15.829	39.615
H-20	斜长角闪岩	19.681	15.778	39.659
HL-8	碳质片岩	25.478	16.491	45.966
HL-9	石榴二云片岩	30.978	17.068	53.010
H-13	绢云黑云片岩	29.955	17.027	51.448

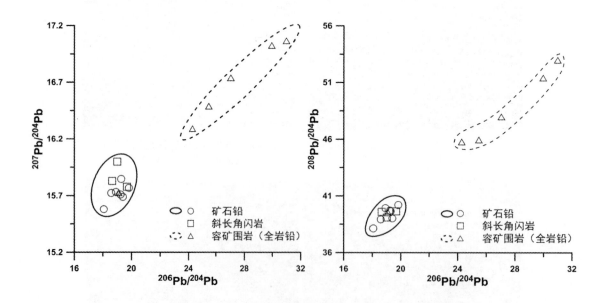

图 4-241 横岭关型铜矿床铅同位素组成投点图(孙继源等,1995)

由表 4-90 可见:横岭关铜矿床的矿石铅同位素组成为:$^{206}Pb/^{204}Pb=18.072\sim19.817$;$^{207}Pb/^{204}Pb=15.581\sim15.847$;$^{208}Pb/^{204}Pb=38.140\sim40.215$;全岩样品铅同位素组成变化范围大,部分样品具很高的放射性成因铅,$^{206}Pb/^{204}Pb=18.656\sim30.978$;$^{207}Pb/^{204}Pb=15.727\sim17.068$;$^{208}Pb/^{204}Pb=39.104\sim53.010$,呈线性分布。

铜矿峪型铜矿床铅同位素组成特征

铜矿峪赋矿围岩为蚀变破碎岩(原岩为角斑岩、石英角斑岩和凝灰岩),绢云片岩,富含 U、Th 放射性元素,故具高放射成因铅,其铅同位素组成变化范围大,$^{206}Pb/^{204}Pb=18.307\sim34.994$;$^{207}Pb/^{204}Pb=15.662\sim17.426$;$^{208}Pb/^{204}Pb=38.201\sim44.389$(表 4-91)。赋存其中的硫化物矿石铅亦具有放射性高、变化范围大的特点,这一特征示踪成矿物质来源于元古代海相高放射性 U、Th 的喷出-次火山岩。同源岩石铅、矿石铅在投点图上呈线性关系(图 4-242)。

表 4-91 铜矿峪型铜矿床铅同位素组成(孙继源等,1995)

样 号	矿物名称	$^{206}Pb/^{204}Pb$	$^{207}Pb/^{204}Pb$	$^{208}Pb/^{204}Pb$
930-2-9-1	黄铁矿	20.062	15.893	39.256
930-2-9-2	黄铁矿	18.450	15.624	37.682
930-2-9-3	黄铁矿	18.655	15.707	38.930
930-2-5	黄铁矿	46.243	18.675	69.623
930-2106-3	黄铁矿	36.846	17.762	58.060
930-2106-3	黄铜矿	18.703	15.653	38.290
930-3-2	黄铁矿	24.325	16.355	45.253
930-5145-2	黄铁矿	19.484	15.763	38.697
930-5145-3	黄铜矿	18.151	15.565	38.093
810-5139-2	黄铁矿	36.442	17.949	57.829
870-5141-6	黄铁矿	18.048	15.606	42.937
810-5135-9	黄铁矿	19.912	15.745	38.979
870-5147-11	黄铁矿	28.355	16.808	42.937
870-5147-1	石 英	19.054	15.817	38.119
810-5135-13	黄铜矿	23.315	16.263	42.489
810-5135-16	黄铜矿	19.578	15.716	38.469
870-5147-10	黄铜矿	23.039	16.317	41.212
TSX-1	黄铜矿	18.324	15.220	38.082
TSX-2	黄铜矿	18.326	15.716	38.507
TSX-9	黄铜矿	18.739	15.712	38.998
TSX-4	黄铜矿	18.549	15.762	38.876
TSX-5	黄铁矿	21.401	16.056	43.298
TSX-6	黄铜矿	18.455	15.730	38.825
870-5141-4	长 石	18.805	15.716	38.858
930-2-10	全岩(蚀变碎斑岩)	18.419	15.579	38.201
TSX-3	长石(蚀变碎斑岩)	18.307	15.662	38.534
SY-5	全岩(蚀变碎斑岩)	19.489	15.777	39.162
SY-2	全岩(蚀变碎斑岩)	34.994	17.426	42.663
SY-1	绢英片岩	29.309	16.700	44.389

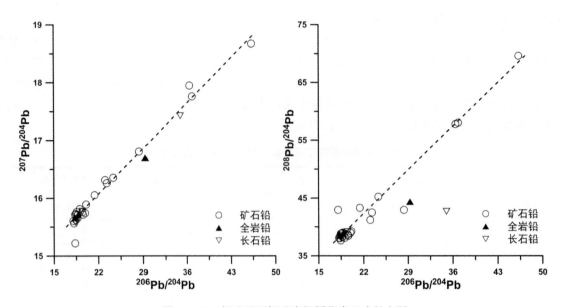

图 4-242　铜矿峪型铜矿床铅同位素组成投点图

落家河型铜矿床铅同位素组成特征

落家河铜矿床的铅同位素组成与中条山其他类型矿床相比具有较低的放射性成因铅，$^{206}Pb/^{204}Pb=17.234\sim18.988$；$^{207}Pb/^{204}Pb=15.604\sim15.897$；$^{208}Pb/^{204}Pb=37.451\sim38.623$。与含矿围岩石墨绢云母片岩全岩铅同位素组成相似，$^{206}Pb/^{204}Pb=17.746\sim18.004$；$^{207}Pb/^{204}Pb=15.502\sim15.565$；$^{208}Pb/^{204}Pb=37.694\sim37.999$，同源岩石铅、矿石铅在投点图上呈线性关系（表 4-92、图 4-243）。

表 4-92　落家河型铜矿床铅同位素组成（孙继源等，1995）

样　号	赋矿岩性	测定矿物	$^{206}Pb/^{204}Pb$	$^{207}Pb/^{204}Pb$	$^{208}Pb/^{204}Pb$
LF-4	石墨型矿石	黄铁矿	18.410	15.593	38.151
LF-5	石墨型矿石	黄铁矿	18.988	15.604	38.623
LF-26	奥长花岗岩	全　岩	19.269	15.650	39.931
LF-27	奥长花岗岩	全　岩	18.218	15.499	37.642
LF-28	长英矿脉	全　岩	17.591	15.482	37.253
LF-29	石墨绢云片岩	全　岩	18.004	15.565	37.999
LF-30	含矿石墨片岩	全　岩	17.746	15.502	37.694
LF-31	含矿石墨片岩	全　岩	17.978	15.551	37.987
K071	长英矿脉	黄铜矿	18.635	15.687	38.045
K073	石墨绿泥型矿石	黄铜矿	17.234	15.897	37.451

胡篦型铜矿铅同位素组成特征

胡篦型铜矿的赋矿围岩是由冒地槽环境下形成的陆源碎屑岩-碳酸盐岩正常沉积的中条群，沉积物中富含 U、Th 放射性元素，在后期铜等元素富集成矿时，矿石中形成了晶质铀矿等放射性矿物，致使在硫化物矿石中积累了大量放射性成因铅，从而胡篦型铜矿矿石铅同位素组成具有"异常铅"的特征（表 4-93 和图 4-244）。

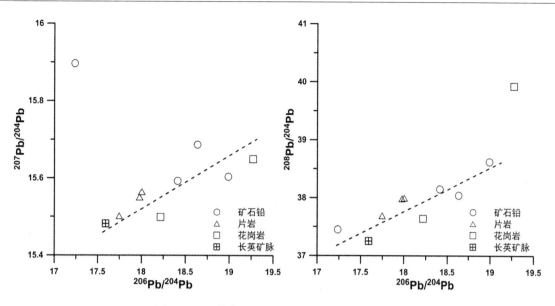

图 4-243　落家河型铜矿床铅同位素组成投点图

表 4-93　胡篦型铜矿床铅同位素组成(孙继源等,1995)

样　号	样品名称	$^{206}Pb/^{204}Pb$	$^{207}Pb/^{204}Pb$	$^{208}Pb/^{204}Pb$
K86196	黄铜矿	249.500	44.230	50.890
K86199	黄铜矿	98.660	24.690	51.480
K87112	黄铜矿	73.978	22.061	35.999
K87127	黄铜矿	18.097	15.578	35.379

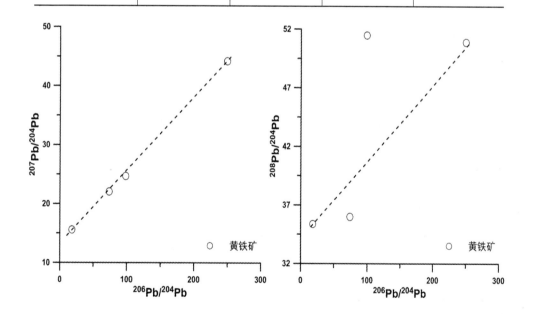

图 4-244　胡篦型铜矿床铅同位素组成投点图

(2)硫同位素组成特征。从中条山式铜矿各种类型矿床硫同位素组成特征分析:既有来自海底火山活动深源的硫同位素组成,其特点是 $\delta^{34}S$ 变化范围较小,呈"塔式"分布,如铜矿峪型铜矿,又有明显富集重硫特征的胡篦型铜矿(海水硫酸盐);而横岭关型、落家河型铜矿则呈现"脉冲式"分布,示踪其硫源的多样性(海水硫酸盐和海底火山热液)(图 4-245)。另外,必须考虑中条山地区经历了多期变质、岩浆成矿的叠加改造,硫同位素的分馏作用影响也不容忽视。

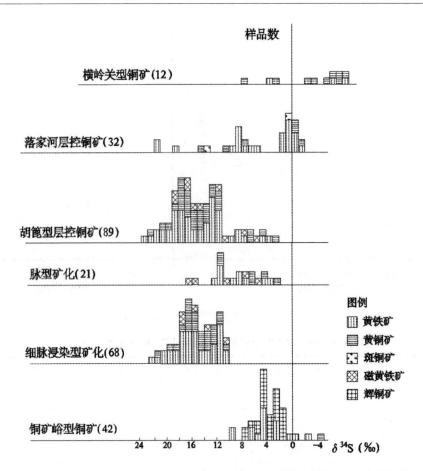

图 4-245 中条山铜矿床硫同位素组成图(真允庆等,1993;徐文炘等,1996;孙继源等,1995)

3. 中条山铜矿矿集区地球化学异常特征

(1)中条山地区 1:20 万水系沉积物测量地球化学异常特征(图 4-246)。

① 区域 Cu 平均含量 32.6×10^{-6}。异常呈北东向展布,异常面积大、强度高,内、中、外异常分带,其中高含量区在上唐回-板涧河以北连成片,中条山 90% 的铜矿床均产在该区,并受北东向构造及地层控制。

② Au、Ag、Co、Mo、As 等元素具有与 Cu 元素相似的呈东北向展布态势,仅范围相对偏小,与 Cu 异常套合较好,示踪中条山式铜矿主要伴生元素。

③ Pb、Zn 等元素分布在北东向 Cu 高值带的南侧,异常较分散。在测区南部寒武纪地层中 Pb、Zn 异常叠加较好,内中外带分带清晰。

(2)岩石地球化学异常特征。

①横岭关型铜矿床原生晕模式(图 4-247)。根据岩石资料分析:横岭关型铜矿地球化学模式元素组合是 Cu-As 和 Zn-Co-Ni 两部分。Cu、As 与主矿体有关,Zn、Co、Ni 与赋矿围岩基性岩有关,可用来指示成矿条件——基性侵入岩提供成矿的热液体和成矿物质。

②铜矿峪型矿床原生晕模式。由图 4-248 可知:Cu、Mo、Au 元素内带异常与矿体形态一致,中带异常至地表(Au 内带异常达地表),为矿中晕;前缘晕,Zn 内带异常分布在矿体轴向的前缘(地表);Ba 为矿上晕,在矿体上方垂直方向,地表呈现 Ba 内带异常;As、Hg 异常在矿体周围及前缘。矿上垂直方向,均有浓度高、异常范围大的原生晕的显示,呈现贯通元素特征。

③箅子沟铜矿岩石地球化学异常特征(图 4-249)。箅子沟矿区 6 号穿脉 Cu、Au、Co 在矿体前缘及上方显示"驼峰状"异常,这是含矿层和矿体前缘晕的反映,是因沉积成矿作用所形成的扩散异常;Ba(Ag、Zn)是后期热液叠加改造作用所形成的矿前晕,为前缘晕元素,其中 Ba、Zn 晕宽大,且是三级浓度分带,在矿体上方地表有显著异常出现。

第四章 中国重要铜矿地质、地球化学找矿模型

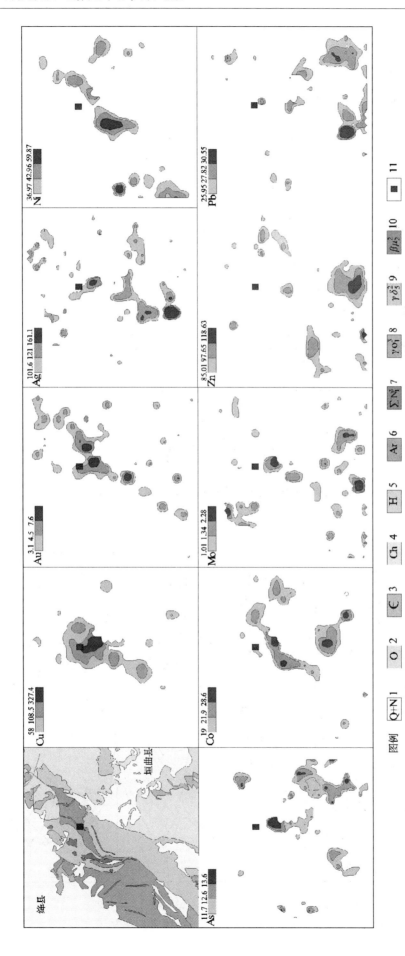

图4-246 山西省中条山铜矿集区区域地球化学剖析图（据山西地质调查院修编，2011）

1-第四系及晚第三系；2-奥陶系；3-寒武系；4-新、中元古界长城系；5-古元古界；6-太古界；7-新太古代（五台晚期）；8-奥长花岗岩；9-花岗闪长岩；10-辉绿岩；11-铜矿峪-胡家峪-篦子沟型铜典型矿床（Au、Ag元素含量为10^{-9}，其他为10^{-6}）

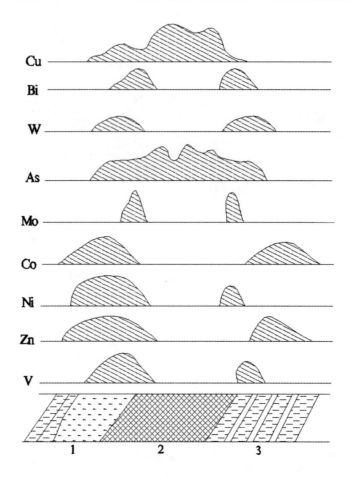

图 4-247 横岭关型铜矿床元素横向分带模式图(孙继源等,1995)
1—斜长角闪岩;2—矿体;3—含碳绢云岩

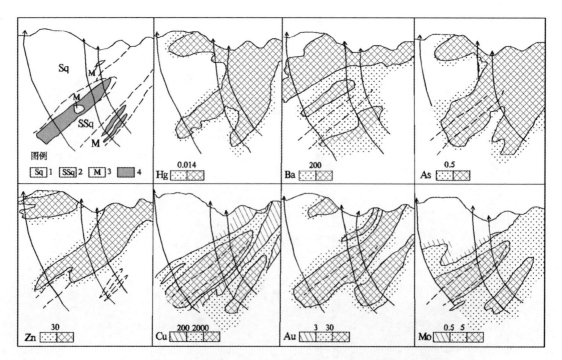

图 4-248 铜矿峪矿床 1 线 4 号矿体原生晕模式(冀树楷等,1992)
1—绢英岩;2—绢英片岩;3—复合矿体;4—矿体(元素单位均为 10^{-6})

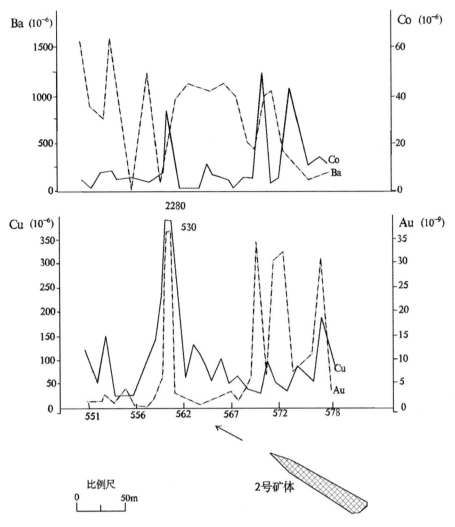

图 4-249 篦子沟矿区 6 号穿脉 Cu、Au、Co、Ba 异常模式（冀树楷等，1992）

④篦子沟铜矿原生晕模式。篦子沟铜矿区第 6 穿脉剖面异常特征（图 4-250）：Cu、Au、Co 为矿中元素，在矿体顶底板大理岩中具内、中带异常，Cu 元素在地表具明显的三级浓度分带，Au、Co 中、外带到达地表；Ba、Ag、Zn 元素在矿体前缘地表具内、中带异常，其中 Ba、Zn 内带晕宽大，Ba、Ag、Zn 为前缘晕元素。

4. 中条山各类铜矿床主要地质、地球化学特征（表 4-94）

5. 中条山胡篦型-铜矿峪型铜矿成矿模式（冀树楷等，1992）

中条式铜矿的形成与中条裂谷的形成、发展和演化是密不可分的，也是中条多期复合变质核杂岩体中多期变质变形的产物。在中条裂谷不同演化阶段形成了不同类型"四世同堂"铜矿床，其中以第二构造层（裂谷拉张阶段优地槽构造层-绛县群）中铜矿峪型铜矿、横岭关型铜矿和第三构造层（冒地槽构造层-中条群）中的胡篦型铜矿为主（图 4-251）。

6. 中条山铜矿矿集区控矿因素

（1）中条山铜矿矿集区受晚太古代-早元古代裂谷断陷槽的控制。

（2）裂谷内部 NNE 向舒缓波状线性构造和 NW 向线性构造组成的"X"型构造制约。

（3）受海底热液沉积成矿作用相关的层位控制（横岭关型铜矿受横岭关组片岩控制；胡篦型铜矿赋存于中条群篦子沟组黑色片岩中；落家河型铜矿产于绛县群宋家山组细碧岩建造的绿色片岩中）。

（4）中条期基性岩和酸性花岗岩的侵入起到改造、叠加富集而成矿就位的作用。

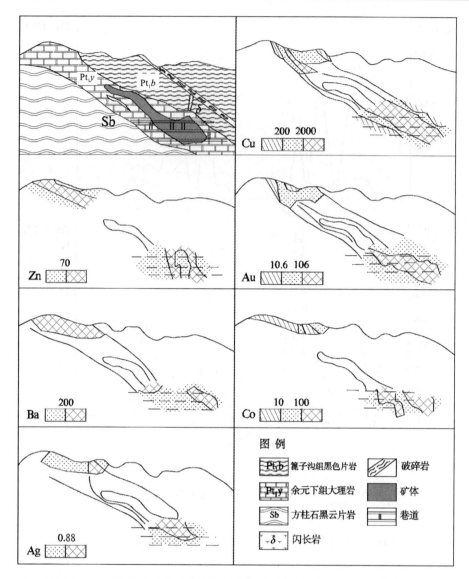

图 4-250 篦子沟 2 号矿体 6 号穿脉周围原生晕模式（冀树楷等，1992）
（Au 元素含量为 10^{-9}，其他为 10^{-6}）

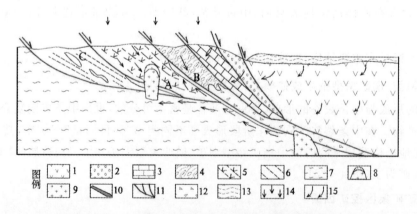

图 4-251 山西中条山铜矿成矿模式图（冀树楷等，1992）

1—滨海火山建造；2—磨拉石建造；3—碳酸盐岩建造；4—喷流沉积及黑色页岩建造；5—双峰态火山岩建造；6—复理石杂色页岩建造；7—古老基底（涑水杂岩）；8—复合岩体；9—花岗岩；10—铜矿体；11—剥离断层系统；12—层间构造角砾岩；13—海水；14—天水；15—上、下环流系统。A—裂谷拉张阶段优地槽中铜矿峪铜矿（以火山岩为围岩）；B—冒地槽中的胡篦型铜矿；C—裂谷拉张阶段优地槽中横岭关型铜矿（以沉积岩为围岩）

表 4-94 中条山各类铜矿床主要地质、地球化学特征（孙继源等，1995）

	矿床类型	成矿环境	地层	赋矿围岩	矿体形态	矿石矿物	围岩蚀变	成矿元素和主要伴生元素	矿床规模	成矿时代(Ma)	成矿作用	代表矿床
与海相火山岩有关的层控矿床	陆缘沉积再造铜矿床	裂谷、滨海、浅海浊流沉积相环境	上太古界绛县群横岭关亚群铜凹组	碳质绢云母片岩、二云母片岩、石榴云母片岩	扁豆状、似层状	黄铜矿、黄铁矿、磁铁矿、硫镍钴矿	黑云母化、硅化、碳酸盐化、电气石化、绿泥石化	以Cu为主，伴生Co、Ni、As、Zn(Cu: 0.54%～0.67%; Co:0.008%～0.043%)	中小型	2 740 1 850	同生沉积热液交代作用	横岭关型铜矿、铜凹-山神庙等
	喷流沉积变质铜矿床	大陆裂谷海相火山喷流沉积环境	绛县群宋家山组	石墨云母绿泥片岩、石英绢云母片岩	层状、透镜状	黄铜矿、黄铁矿、闪锌矿、斑铜矿、含铜磁黄铁矿、辉砷钴矿、硫镍钴矿	绢云母化、绿泥石化、硅化、电气石化、碳酸盐化	以Cu为主，伴生Au、Co(Cu:1.06%～1.66%; Co:0.022 6%～0.027%)	中小型	2 000 1 800	热水沉积变质热液交代作用	落家河铜矿
	喷流沉积再造铜矿床	大陆裂谷潮坪、深湖、海湾相沉积环境	下元古界中条群余元下组、笔子沟组、余家山组	金(黑)云母白云大理岩、石英钠长岩、碳质绢云母石英片岩(黑色片岩)	似层状、扁豆体状、层状	黄铜矿、黄铁矿、磁黄铁矿、钴镍黄铁矿、硫钴矿(少量晶质铀矿)	钠长石化、碳酸盐化、黑云母化、硅化、方柱石化、阳起石化	以Cu为主，伴生Co、Au、Ag、Mo、Zn、Ba (Cu:0.68%; Co:0.0072%)	中小型	2 015 1 850 1 400	多源多期热水环流成矿交代充填作用	胡篦型铜矿、胡家峪、笔子沟铜矿
	火山沉积再造铜矿床	裂谷三联点、海底火山-喷流沉积环境	绛县群铜矿峪亚群驼峰组	蚀变碎斑岩、变基性岩	似层状、层状、扁豆状	黄铁矿、黄铜矿、辉钼矿、辉钴矿、斑铜矿、磁铁矿	硅化、黑云母化、钠长石化、碳酸盐化、重晶石化、电气石化、方柱石化	以Cu为主，伴生Mo、Au、Co、Zn、As、Hg、Ba (Cu:1.07%)	大型	2 182 1 778 1 557	多源多期热水循环成矿交代充填作用	铜矿峪型铜矿

七、海相杂色岩系铜矿床地质、地球化学找矿模型

杂色岩系铜矿床产于海相杂色岩系，其容矿岩石是多样的，如硅质白云岩、碎屑岩、碳酸盐岩等，我国该类铜矿床集中地区为云南康滇古陆上的东川、易门铜矿。它们赋存于元古宙冒地槽一套杂色细碎屑岩和碳酸盐岩中，底部有粗碎屑岩和火山岩（昆阳群）。

（一）康滇Fe、Cu、V、Ti、Sn、Ni、REE、Au-蓝石棉成矿亚带（Ⅲ-76-①）东川、易门铜矿床地质、地球化学找矿模型

1. 东川、易门铜矿床地质特征

东川、易门海相沉积铜矿处于扬子陆块西缘的康滇地轴裂谷Cu成矿带（图4-252），根据成矿时代、成矿地质背景、主导成矿地质作用、成矿物质来源及其成因联系将本区矿床划分为四个成矿系列：早元古代富钠质火山-沉积变质Fe、Cu(Au)成矿系列；中元古代海相沉积改造浅变质Cu、Fe（稀土）成矿系列（图4-252）；晚元古代砂砾岩、白云岩型Cu成矿系列；中生代红色砂岩型Cu成矿系列，六苴陆相砂岩型铜矿为本系列典型矿床。

中元古代海相沉积改造浅变质东川、易门铜矿位于绿汁江深断裂-汤郎易门深断裂（小江断裂）之间（图4-253）：

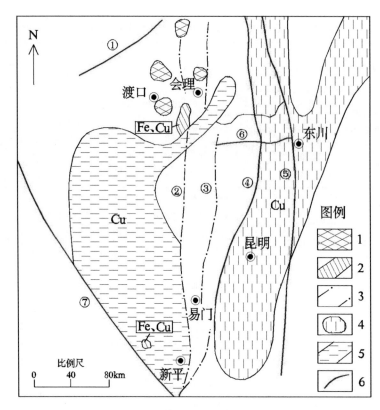

图 4-252　会理-滇中地区裂谷成矿带略图(沈苏等,1988)

1—基底岩系,由麻粒岩、云英闪长岩、混合片麻岩组成;2—早元古代金沙江陆缘海型拗拉槽铜铁成矿亚带;
3—中元古代东川-易门陆间拗拉槽铜(铁)成矿亚带;4—晚元古代澄江后造山裂谷(减弱期)铜成矿亚带;
5—中生代康滇大陆裂谷(滇中段)煤、铜膏盐成矿亚带;6—深大断裂;①—哀牢山断裂;②—挤压带;
③—红河断裂;④—哀牢山褶皱带;⑤—新化背斜;⑥—新平向斜;⑦—漠沙背斜

(1)近南北向两深断裂控制了东川-易门拗拉槽,其中分布着通安矿区、东川矿区、罗武矿区、易门矿区和元江矿区。

(2)巨厚层藻礁碳酸盐岩的含铜建造控制着层状铜矿的展布。

(3)脉状铜矿受断裂构造制约,为后期改造作用所致(具 Bi、Zn 元素异常)。

东川式铜矿床地质特征

东川式铜矿位于东川-易门拗拉槽北端开口处,即东西向宝台厂断裂与南北向小江断裂夹持的三角地带,分布有落雪、因民、汤丹等铜矿床(图 4-253)。

矿区出露的昆阳群由砂板岩、白云岩和灰岩夹少量火山岩组成。东川式白云岩型铜矿是指落雪组底部落因过渡带中的及含藻白云岩中的和落因过渡带中的铜矿,昆阳群变质作用轻微,属低绿片岩相(图 4-254)。

东川铜矿矿体形态:矿体以层状、似层状为主,受地层岩相控制,并与地层呈整合产出。另外有脉状矿体受断裂控制且切穿层位产出(图 4-255)。

东川铜矿矿石矿物和构造:层状矿石以黄铜矿、辉铜矿、斑铜矿等以胶结物方式出现在白云石晶隙中,呈层纹状、马尾丝状、断线状或结核状构造,矿石较贫;脉状矿石呈斑点状、碎斑状、角砾状、团块状及脉状产出,铜矿物结晶粗大,与白云石、石英脉共生,矿石较富。

易门式铜矿床地质特征

易门铜矿分东西两带,东带包括铜厂、狮子山、里士、七步郎等矿床。含矿层位是落雪组,矿床规模较大,但矿石品位较贫。它们的特征与东川落雪、因民、汤丹的层状矿及其局部改造的脉状矿完全类似,矿石矿物以黄铜矿为主,斑铜矿、黄铁矿次之;西部矿带以狮山和凤山铜矿最为典型,它们分布在绿汁江组(相

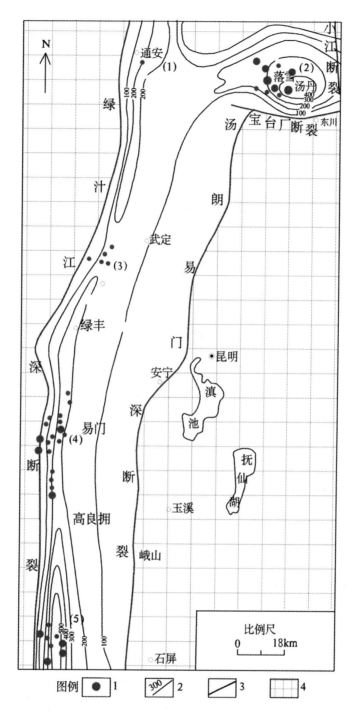

图 4-253 落雪期铜矿分布图(沈苏等,1988)

1—铜矿;2—等厚线(m);3—断裂;4—古陆;(1)通安矿区;(2)东川矿区;(3)罗武矿区;(4)易门矿区;(5)元江矿区

当于青龙山组)地层中,产在绿汁江组狮山段紫色层之上的灰绿色泥砂质白云岩过渡层及更上的碳泥质、砂质白云岩黑色层中(图4-256)。

易门式铜矿矿体形态产状:狮山铜矿主矿体呈层状产出,层状矿体被轻微改造,有脉状矿体切层分布;凤山铜矿矿体沿断裂构造切层分布,常在紫色刺穿体及构造角砾岩旁侧分布(图4-257)。

易门式铜矿矿石矿物和矿石构造:狮山铜矿矿石构造呈层纹状、条带状、细脉浸染状或结核状。矿石矿物主要为黄铜矿、斑铜矿或黄铁矿。凤山铜矿矿石矿物主要为黄铜矿、斑铜矿,常见辉铜矿。

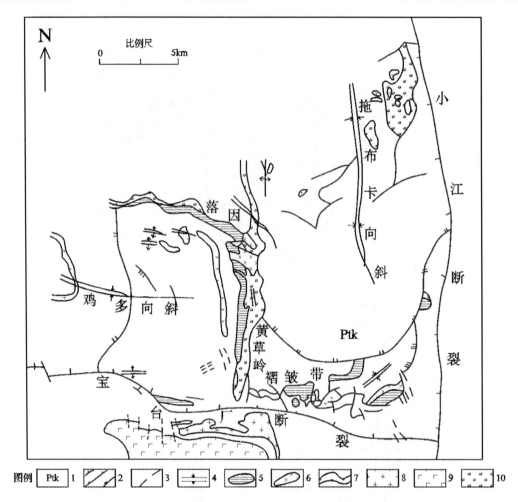

图 4-254 东川铜矿区区域地质略图(冉崇英等,1993)

1—昆阳群;2—一、二、三级逆断层;3—正断层;4—褶皱轴;5—含矿地层;6—晋宁期侵入体;
7—早期中-基性喷出岩;8—华力西期侵入岩;9—二叠纪玄武岩;10—破碎带

2. 东川、易门铜矿床地球化学特征

(1)东川式、易门式铜矿床铅同位素组成特征。从东川和易门铜矿床岩石(白云岩)铅同位素组成特征分析(表4-95),为富U元素的放射性成因$^{206}Pb/^{204}Pb$、$^{207}Pb/^{204}Pb$同位素组成,Th元素衰变子体$^{208}Pb/^{204}Pb$为正常值。$^{206}Pb/^{204}Pb$:15.805~20.190;$^{207}Pb/^{204}Pb$:15.389~15.920;$^{208}Pb/^{204}Pb$:35.457~39.005。

表 4-95 东川、易门铜矿床岩石铅同位素组成

序号	样 号	样品名称	$^{206}Pb/^{204}Pb$	$^{207}Pb/^{204}Pb$	$^{208}Pb/^{204}Pb$	资料来源
1	落雪底部	含藻白云岩	18.155	15.491	37.554	陈好寿和冉崇英,1992
2		铁白云岩	17.229	15.500	36.641	
3		黄白色白云岩	17.461	15.305	37.153	
4			17.343	15.485	36.992	
5	落雪中上部	青灰色白云岩	19.284	15.920	38.425	
6			18.750	15.900	38.430	
7			20.190	15.470	38.583	
8		粗晶铁白云石成岩后生脉	17.170	15.490	36.770	

续表 4-95

序号	样 号	样品名称	$^{206}Pb/^{204}Pb$	$^{207}Pb/^{204}Pb$	$^{208}Pb/^{204}Pb$	资料来源
9	DC-16-1		19.156	15.753	38.513	
10	DC-16-2		19.040	15.756	38.608	
11	DC-16-3		19.347	15.922	39.005	
12	DC-16-4		18.891	15.572	38.179	
13	DC-16-5	落雪白云岩	18.642	15.736	38.671	
14	DC18		18.361	15.681	38.699	陈好寿和
15	DC14		18.355	15.639	38.340	冉崇英,
16	DC24		18.031	15.680	37.936	1992
17	因A		18.291	15.663	38.561	
18	S-4	狮山、凤山矿床凝灰岩	18.264	15.660	38.443	
19	S-7		18.280	15.684	37.920	
20	F-2	碳酸盐化角斑岩	17.358	15.587	37.138	
21	易-1	落雪组含铅白云岩	17.570	15.746	38.369	
22	易-2		15.805	15.389	35.457	

注：1～8、18～20引自成都地矿所，21、22引自云南地科所，9～13为同一样品酸浸取组分

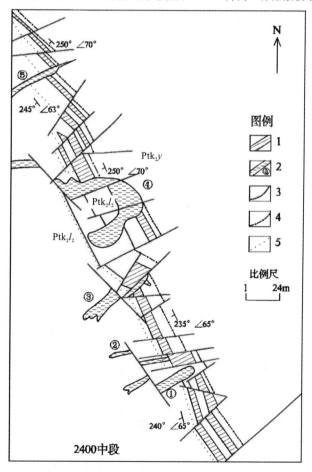

图4-255 东川鹦歌架层状矿体与脉状矿体分布关系（冉崇英等，1993）

1-层状矿体；2-脉状矿体；3-断层；4-分组界线；5-分段界线；Ptk_2y—元古代昆阳群因民组；
Ptk_2l_1—元古代昆阳群落雪组一段；Ptk_2l_2—元古代昆阳群落雪组二段

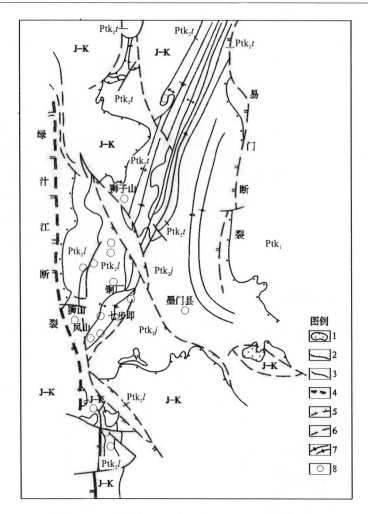

图 4-256 易门铜矿区域地质略图（冉崇英等，1993）

Ptk_1—元古代下昆阳亚群；Ptk_2j—元古代上昆阳亚群军哨组；Ptk_2t—元古代上昆阳亚群铜厂组；
Ptk_2l—元古代上昆阳亚群绿汁江组；J-K—侏罗系-白垩系；V—火山岩；1—花岗岩；2—不整合面；
3—地层界线；4—压性断裂；5—扭性断裂；6—性质不明断裂；7—背、向斜轴；8—铜产地

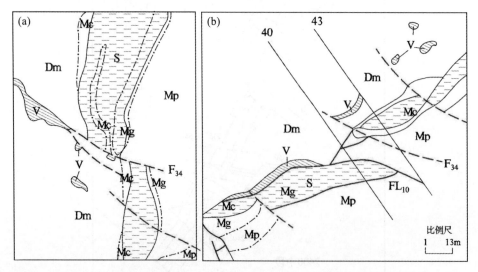

图 4-257 易门狮山层状矿体与脉状矿体分布关系（冉崇英等，1993）

(a) 40 剖面；(b) 1197 中段；Mp—紫色层；Mg—浅色层；Mc—黑色层；Dm—青灰色白云岩；
FL_{10}—压性断层；F_{34}—压性断层；S—层状矿体；V—脉状矿体

铜矿矿石铅同位素组成变化范围大,尤其易门式铜矿床中的硫化物。$^{206}Pb/^{204}Pb$:15.669~30.732;$^{207}Pb/^{204}Pb$:15.391~16.514;$^{208}Pb/^{204}Pb$:35.391~48.942(表4-96)。明显具放射性成因铅同位素组成($^{206}Pb/^{204}Pb$比值大于40的6个样品未投点),而落雪组硫化物矿石铅同位素组成相对较正常(表4-97),在同位素组成投点图上投点主要落在岩石铅同位素投点域内(实线投点域)(图4-258上图)。易门式铜矿床铅同位素组成(虚线投点域),一组与岩石铅类似,另一组具有较高的放射性成因铅(图4-258下图)。

表4-96 易门铜矿床硫化物铅同位素组成

序号	样号	样品名称	$^{206}Pb/^{204}Pb$	$^{207}Pb/^{204}Pb$	$^{208}Pb/^{204}Pb$	资料来源
1	N-2	黄铜矿 凤山	19.389	15.675	40.171	陈好寿和冉崇英,1992
2	Sh1-1	黄铁矿狮山层状结核边缘部分	29.031	16.395	47.444	
3	Sh1-2	黄铁矿狮山层状结核中间部分	30.732	16.514	48.718	
4	Sh1-3	黄铁矿狮山层状结核核心部分	30.735	16.610	48.942	
5	Sh1	黄铜矿狮山层状	20.991	15.846	40.900	
6	F6	黄铜矿凤山脉状	19.009	15.648	39.042	
7	F1	黄铜矿凤山斑状	18.678	15.607	39.281	
8	F3	黄铜矿凤山脉状	19.847	15.681	40.229	
9	FA		22.377	15.928	41.076	
10		易门落雪组方铅矿	15.805	15.391	35.391	
11			15.973	15.560	36.143	
12			15.669	15.223	35.693	
13		易门绿汁江组方铅矿	16.424	15.355	36.118	
14			16.567	15.572	36.989	
15		狮山、凤山黄铜矿	18.954	15.638	38.257	
16			24.613	16.098	43.106	
17			18.218	15.812	38.336	
18		斑铜矿	18.105	15.581	38.198	
19		黄铜矿	18.576	15.580	38.643	

注:10~14引自段锦苏,1983;15~19引自成都地矿所,1986

表4-97 东川铜矿床硫化物铅同位素组成

序号	样号	样品名称	$^{206}Pb/^{204}Pb$	$^{207}Pb/^{204}Pb$	$^{208}Pb/^{204}Pb$	资料来源
1	Yin$_2$-10	斑铜矿	21.357	15.820	39.543	陈好寿和冉崇英,1992
2	老2	黝铜矿	20.583	15.780	38.591	
3	因1-5-8	黄铜矿	18.209	15.603	38.149	
4	因2-17		18.200	15.651	38.271	
5	马-1		19.391	15.491	38.715	
6	铁1		18.867	15.578	38.603	
7	T12	落雪组斑铜矿	17.977	15.632	38.382	
8	Y25	黄铁矿	20.861	16.168	38.247	
9	Y22	黄铜矿	18.430	15.757	38.341	
10	L5	斑铜矿	23.240	15.970	38.540	
11	K11	黄铁矿	18.070	15.590	38.330	
12	Y13	黄铜矿	18.380	15.880	38.820	

注:7~12引自成都地矿所,1986

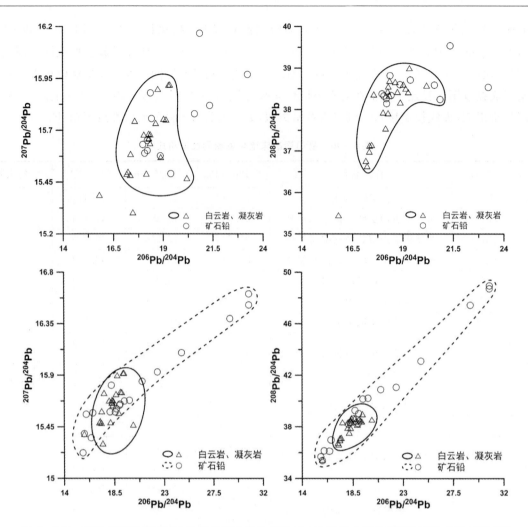

图 4-258 东川式铜矿(落雪组)铅同位素组成投点图(上)及易门式铜矿铅同位素组成投点图(下)

(2)东川式、易门式铜矿床硫同位素组成特征。东川、易门铜矿床的硫同位素组成变化范围大,δ^{34}S 为 $-7.2‰\sim16.4‰$,以富 δ^{34}S 为主,δ^{34}S 为正值,主要集中在 $4‰\sim8‰$ 之间(图 4-259)。东川-易门式铜矿硫同位素组成显示其硫源主要来自海水硫酸盐。

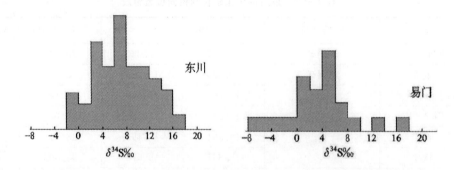

图 4-259 东川-易门铜矿床硫同位素组成直方图(陈好寿和冉崇英,1992)

(3)赋矿围岩中成矿元素地球化学特征。昆阳群巨厚层藻碳酸盐岩的含铜建造控制着东川式、易门式层状铜矿的空间分布,其中落雪组和因民组是主要的含矿岩系。此外,晋宁期基性岩的侵入为 Cu 等成矿物质提供了矿源。

从表 4-98、表 4-99 中可见:

① 昆阳群区域地层落雪组、因民组的泥质白云岩、紫色砂页岩中的 Cu(Pb、Zn)等成矿元素的含量(表

4-100)与表 4-98(迟清华和鄢明才,2007)统计的我国东部含泥灰岩及泥云岩、砂岩、页岩中含量明显偏高几倍。

表 4-98 中国东部各类岩石中元素丰度(迟清华和鄢明才,2007)　　　(单位:×10^{-6})

岩 石	样品数	Cu	Pb	Zn	As	Ag	Co	Ni	V	U	Th	Co/Ni
基性岩	184	55	13	110	1.8	0.056	46	100	210	0.70	2.8	0.46
泥(页)岩	210	29	23	80	7.8	0.050	14	34	115	3.1	14	0.41
砂 岩	425	15	18	51	5.0	0.052	8.0	17	60	2.1	9.2	0.47
碳酸盐岩(含泥灰岩及泥云岩)	252	5.6	9.2	21	3.6	0.058	2.0	6	17	1.24	1.5	0.33

表 4-99 东川矿区地层中各岩类成矿元素含量(叶霖,2004)　　　(单位:×10^{-6})

岩 石	样 号	Cu	Pb	Zn	As	Ag	Co	Ni	U	Th	Co/Ni
落雪组白云岩	Lx-52	6.05	3.12	13.89	14.46		8.77	30.96	3.79	27.93	0.28
	H-4	60.08	3.92	60.63	6.20	0.18	10.09	17.49	1.88	14.98	0.58
	B-19	23.08	5.48	96.27	8.09	0.34	32.28	63.11	2.98	17.13	0.51
	B-24	90.96	3.49	39.38	14.55	0.17	22.15	47.62	1.97	14.67	0.47
	Lx-44	24.97	6.93	49.48	12.95		22.29	48.95	2.92	10.80	0.46
	平均	41.03	4.59	51.93	11.25	0.23	19.12	41.63	2.71	17.10	0.46
落雪组褪色白云岩	MS-14	27.23	3.17	233.51	6.93	0.06	10.61	14.09	1.67	5.70	0.75
	H-2	36.29	2.52	23.82	5.42	0.05	8.39	15.99	0.77	2.59	0.52
	MS-17	22.98	2.43	70.27	6.28	0.08	10.24	15.00	1.40	7.16	0.68
	平均	28.83	2.71	109.20	6.21	0.06	9.75	15.03	1.28	5.15	0.65
因民组紫色砂质泥质板岩	H-8	272.73	6.82	95.11	7.60	0.18	11.69	22.29	1.87	11.77	0.52
	YM-1-1	134.14	5.16	27.48	112.20	0.43	19.71	24.29	1.78	11.06	0.81
	Lx-34	154.07	2.12	66.77	11.30		55.06	42.19	3.12	10.59	1.31
	YM-30	90.82	3.90	23.23	7.68	0.15	22.34	49.77	3.82	16.12	0.45
	平均	162.94	4.50	53.15	34.70	0.25	27.20	34.64	2.65	12.39	0.79
因民组褪色蚀变紫色砂岩泥质板岩	Lx-139-a	1 769.96	22.56	160.96	28.85	0.65	14.69	24.56	3.59	2.67	0.60
	Lx-95	3 023.22	2.28	76.03	5.62	1.11	12.50	14.08	2.08	1.30	0.89
	MS-9	1 263.51	1.71	45.99	6.05	0.05	5.79	10.37	0.56	1.16	0.56
	Lx-35	52.32	3.67	8.93	13.38		9.24	35.79	10.19	33.29	0.26
	Lx-43	56.60	1.75	2.24	11.70		1.40	13.97	2.08	13.71	0.10
	MS-15	54.70	2.49	147.47	7.01	0.04	10.94	14.20	0.90	3.14	0.77
	平均	1 036.72	5.74	73.60	12.10	0.46	9.09	18.83	3.23	9.21	0.48
因民组角砾岩	Lx-69	51.11	2.05	25.66	11.53		36.71	44.29	2.33	8.74	0.83
	YM-12	255.03	6.43	26.23	8.89	0.26	12.48	36.55	2.49	13.02	0.34
	YM-21	17.48	9.99	38.92	17.27	0.30	31.54	49.85	3.18	14.98	0.63
	YM-29	55.37	2.75	36.41	10.50	0.23	22.09	47.61	1.78	8.21	0.46
	平均	94.75	5.31	31.81	12.05	0.26	25.71	44.58	2.45	11.24	0.58

续表 4-99

岩 石	样 号	Cu	Pb	Zn	As	Ag	Co	Ni	U	Th	Co/Ni
晋宁期蚀变辉长辉绿岩	Ln-26	1 126.26	3.34	62.84	12.09		39.39	44.42	1.07	5.63	0.89
	Lx-13	43.45	7.61	339.99	12.94		44.18	39.16	1.01	4.04	1.13
	Lx-29	33.53	13.29	111.94	11.63		31.08	27.87	0.76	2.99	1.12
	Lx-41	26.10	4.03	41.09	11.07		25.13	96.98	0.65	0.75	0.26
	YM-15	36.75	65.15	255.56	14.32	0.35	56.90	131.13	0.24	0.84	0.43
	平均	253.22	18.68	162.28	12.41	0.35	39.34	67.91	0.75	2.85	0.58
晋宁期辉长岩	Lx-7	9 337.23	4.33	100.74	11.29		102.81	136.03	6.44	14.74	0.76
	Lx-36	181.64	5.12	90.19	11.64		11.92	118.51	7.69	16.92	0.10
	YM-5-2	74.86	30.66	202.53	16.22	0.24	35.23	26.72	3.98	17.46	1.32
	平均	3 197.91	13.37	131.15	13.05	0.24	49.99	93.75	6.04	16.37	0.53

表 4-100　区域昆阳群各组地层成矿元素平均含量(龚琳和何毅特,1996)　　　　(单位:×10^{-6})

层位	样品数	岩 性	Co/Ni	Sr/Ba	Ti	V	Cr	Mn	Co	Ni	Cu	Pb	Zn	Sr	Ba
黑山组	4	碳质板岩	0.41	0.04	4 057	267	77	340	12	29	20	50	73	21	468
	1	泥灰岩	0.58	0.52	752	65	45	4 167	19	33	14	135	360	54	103
落雪组	13	泥质白云岩	0.77	0.34	496	47	30	4 060	17	22	49	116	60	55	161
	1	碧玉岩	0.26	0.05	1 271	18	39	905	3.1	12	463	12	26	7.6	140
因民组	12	紫色板岩	0.52	0.07	5 687	100	66	2 095	23	44	7.4	76	51	54	776
	8	简单角砾岩	0.69	0.06	4 284	150	81	2 075	31	45	68	62	124	45	765
	5	复杂角砾岩泥质白云岩	0.83	0.22	1 639	486	48	>10 000	20	24	31	116	60	32	148
小溜口组	6	碳泥质白云岩	0.97	0.19	1 271	92	62	1 925	28	29	208	44	60	32	171

② 而东川铜矿区中的落雪组、因民组的白云岩、紫色砂质泥质板岩中(表 4-99)Cu 含量分别为 41.0×10^{-6}、162.9×10^{-6},侵入其中的晋宁期辉长岩中的 Cu 含量为 3 197.91×10^{-6},远远高于中国东部和区域昆阳群中相应岩类的 Cu 含量。

③ 在矿区"褪色"蚀变过程中,Cu 等成矿物质被萃取带出,华仁民(1989)分析了因民组紫红色泥质白云岩褪色前后的岩石化学成分。从表 4-101 中可知,白云岩中的 Fe^{3+}、Mg^{2+}、Ca^{2+}褪色后含量减少,另外 Cu 含量从原来的 8 045.95×10^{-6}降低为 114.89×10^{-6},Pb、Zn 含量也有所降低(表 4-101)。

表 4-101　因民组紫红色泥质白云岩褪色前后岩石化学成分对比(华仁民,1989)

样号	白云岩颜色	Al_2O_3	K_2O	Na_2O	Fe_2O_3	MgO	CaO	Cu	Pb	Zn
DY34	浅紫红色	0.56	0.11	0.16	2.50	16.91	24.57	8 045.95	17.05	73.70
DY33	灰黄-灰白色	2.79	1.88	0.10	1.81	13.98	20.86	114.89	8.49	53.31

注:氧化物单位为%,Cu、Pb、Zn 元素含量单位为 10^{-6}

④ 东川铜矿中基性岩侵入体在铜矿带的附近,与矿体形影相依,多个岩体具有铜、铁、钛矿化,局部形成了工业矿体(图 4-260)。这示踪着基性岩体的侵入活动对东川铜矿的形成提供了部分矿质和热源驱动力。

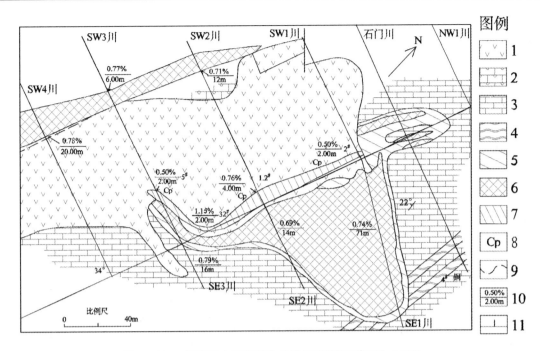

图 4-260 新塘区 4 号硐辉长岩型铜矿简图(陈和生,1998)

1—辉长岩;2—落雪组白云岩;3—薄层石灰岩;4—板岩夹层;5—滑石化、透闪石化灰岩;6—围岩中的铜矿体;
7—辉长岩中的铜矿体;8—黄铜矿;9—接触变质带界线;10—铜(品位/厚度);11—坑道

3. 东川式铜矿床成矿模式(图 4-261)

(1)产于落雪组藻白云岩,原始沉积构造及层位尚可恢复,变形简单。

(2)矿体呈层状、似层状(岩相上为近岸陆源碎屑相向生物礁相过渡)。

(3)矿石矿物组合简单,以黄铜矿、斑铜矿为主,含钴黄铁矿,主要成矿元素 Cu、Co,伴生元素 Au、Ag、

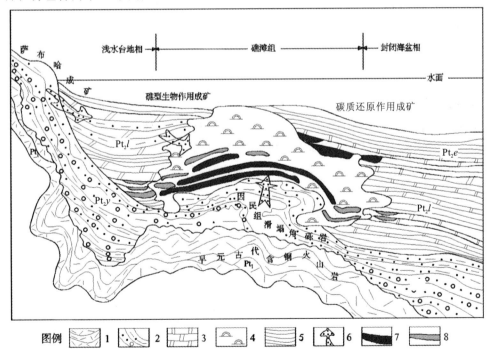

图 4-261 落雪式铜矿床成矿模式(罗君烈,1995)

1—古元古代含铜火山岩;2—因民组红色建造及滑塌角砾岩;3—落雪组不纯白云岩;4—落雪组藻礁;
5—鹅头厂组碳质板岩夹白云岩;6—铜运移方向;7—铜矿体;8—铜矿化体

Pb、Ge、Ga。

(4)因民组中具铀矿(矿化)。

4. 易门式铜矿床成矿模式(图 4-262)

(1)成矿岩石主要为绿汁江组黑色碳泥质白云岩,无藻叠层石,矿区构造变形强烈,楔冲或底辟构造及脆-韧性断裂发育。

(2)矿体呈透镜状、似层状及各种不规则形状,切层,受断裂控制。

(3)矿石矿物以黄铜矿、辉铜矿为主,少量斑铜矿、黄铁矿,品位较富。

(4)主要成矿元素 Cu、Co,伴生元素 As、Ag、Pb、Zn、Bi、Mo、Sb、Hg 等。

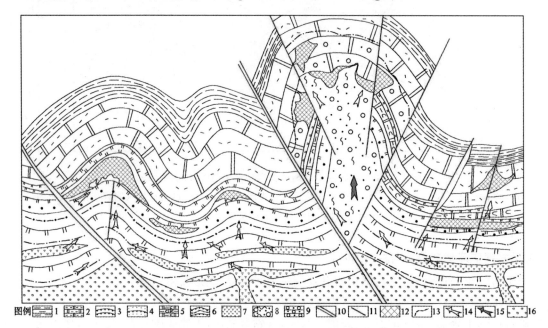

图 4-262 易门铜矿构造控矿模式图(吴礼锟,1989)

1—变质板岩;2—青灰色厚层白云岩;3—浅色白云岩;4—泥砂质白云岩;5—泥碳质白云岩;6—紫色砂板岩白云岩互层;7—火山凝灰质岩石;8—刺穿角砾岩;9—褪色白云岩;10—导矿构造(断裂);11—配矿构造(断裂);12—铜矿体;13—褪色界线;14—矿液运移方向;15—刺穿角砾岩挤入方向;16—基底岩层

5. 东川式、易门式铜矿床的成矿模式对比(图 4-263)

东川式铜矿(易门式东带)赋矿层位为落雪组藻白云岩,易门式铜矿(易门式西带,狮山铜矿)层状矿体多产在黑色碳泥质白云岩及其下浅色泥质白云岩(过渡层)中,无藻叠层石;成岩期层状矿体受到不同程度的改造,东川式铜矿(落雪式)改造相对较弱,易门式(狮山)改造强,矿体则沿断裂分布且切层,在矿体上部形成脉状或带状富矿体。

6. 东川式、易门式铜矿床的控矿因素

(1)绿汁江深断裂-汤郎易门深断裂(小江断裂)控制了东川-易门拗拉槽。

(2)藻礁碳酸盐岩的含铜建造控制层状铜矿的展布。

(3)脉状铜矿受断裂构造制约,为后期改造作用所致(具 Bi、Zn 元素异常)。

(二)西秦岭兴海-碌曲 Cu、Sn、Hg、Sb 成矿亚带(Ⅲ-28-②)铜峪沟铜矿床地质、地球化学找矿模型

1. 矿床地质特征

铜峪沟铜矿位于鄂拉山多金属成矿带(Ⅲ)中的日龙沟-赛什塘多金属成矿亚带(Ⅳ),属于南秦岭华里西褶皱带西段,早二叠世-中二叠世(P_1-P_2)陆缘裂陷盆地中热水喷流-沉积成因矿床(图 4-264)。

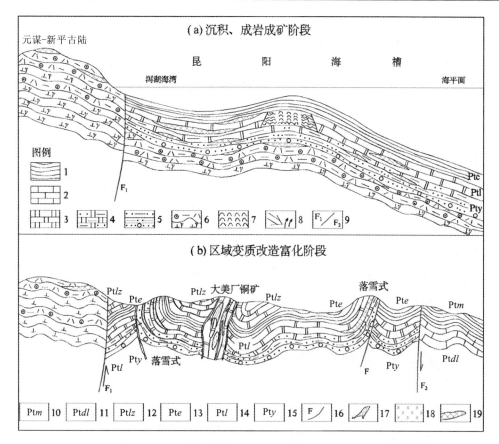

图4-263 易门式铜矿（大美厂）与落雪式铜矿成矿模式对比图（孙克祥等，1991）

1—板岩；2—灰岩；3—白云岩；4—泥砂质白云岩；5—碎屑岩；6—黑云角闪片岩变钠质火山岩；7—藻礁；8—成矿物质（主要、次要）来源方向；9—断裂；10—元古代美党组；11—元古代大龙口组；12—元古代绿汁江组；13—元古代鹅头厂组；14—元古代落雪组；15—元古代因民组；16—断层；17—脉状铜矿；18—辉长辉绿岩；19—层状铜矿

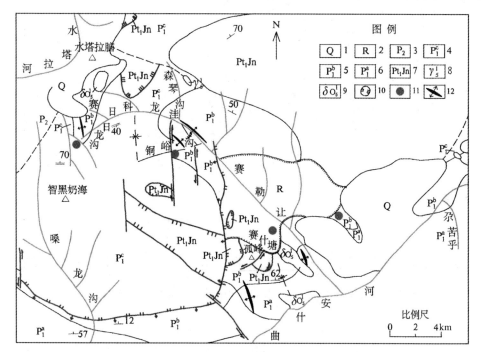

图4-264 兴海县铜峪沟矿田区域地质略图（刘增铁和任家琪，2008）

1—第四系；2—新近系和古近系；3—上二叠统；4—下二叠统c岩组；5—下二叠统b岩组；6—下二叠统a岩组；7—古元古界金水口群；8—印支期花岗岩；9—印支期石英闪长岩；10—构造推覆体；11—铜及铜多金属矿床（点）；12—背斜

矿区出露地层主要为下二叠统 b 岩组（P_1^b）上岩性段（P_1^{b3}）二、三、四亚段及 c 岩组（P_1^c）下部层位。P_1^{b3} 海相沉积岩系按碎屑岩-碳酸盐岩沉积相旋回自下而上的三个岩性亚段为矿床的主要赋矿层位（图 4-265）。据矿区外围相应含矿层成矿元素含量分析表明：Cu、Pb、Zn、Sn、Ag、Cd 等元素显著富集，矿区及外围地层中、各类岩石中 Cu、Pb、Zn 等元素含量是迟清华和鄢明才（2007）相应岩类元素含量的几倍至几十倍，形成了初始富集的矿源层（矿胚）（图 4-266，表 4-102）。

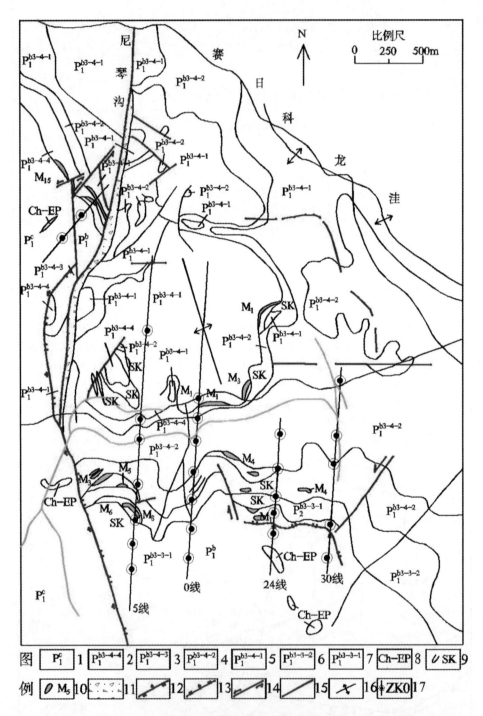

图 4-265　铜峪沟矿区地质略图（刘增铁和任家琪，2008）

1-早二叠世 c 岩组；2~5-早二叠世 b 岩组上岩性段四亚段第四至第一岩性层；6~7-早二叠世 b 岩组上岩性段三亚段第二、第一岩性层；8-斜长角闪片岩；9-层状矽卡岩；10-矿体及编号；11-断层角砾层；12-逆断层；13-正断层；14-平推断层；15-性质不明断层；16-褶皱轴；17-勘探线及钻孔位置

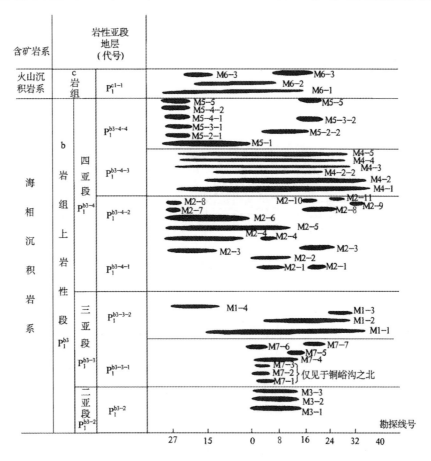

图 4-266 铜峪沟铜矿区含矿地层各亚段中矿体分布示意图(刘增铁和任家琪,2008)

表 4-102 铜峪沟矿床矿区和外围地层中不同岩性微量元素含量统计表 （单位:$\times 10^{-6}$）

位 置	岩性段	岩 性	Cu	Pb	Zn	Cd	Sn	Ag	As
矿区和外围地层 (刘增铁和任家琪,2008)	P_1^{c1}	砂质千枚岩	43	18	109	1.2	10	0.08	2.9
	P_1^{b-4-4}	结晶灰岩	18	17	40	0.6	7	0.03	0.9
	$P_{1(1+2+3)}^{b3-4-4}$	变质粉砂岩	35	19	66	0.9	8	0.03	9.1
	P_1^{b3-2-2}	条带状大理岩	11	18	18	1.2	6	0.04	1.6
	P_1^{b3-2-1}	砂质板岩	45	26	93	0.8	8	0.03	12.1
	P_1^{c1}	千枚状变砂岩	113	9	71	2.9	9	0.03	3.8
	(P_1^{b3-4-4})	条带状大理岩	163	22	44	1.8	45	0.17	1.7
	(P_1^{b3-4-3})	条带状变砂岩	124	15	35	1	57	0.18	1.7
	(P_1^{b3-4-2})	变质粉砂岩	86	14	35	0.7	34	0.03	2.9
	(P_1^{b3-4-1})	变质砂岩	58	12	22	0.7	23	0.02	4.8
	(P_1^{b3-2-2})	条带状大理岩	102	17	39	0.9	71	0.09	7.6
	(P_1^{b3-2-1})	变质粉砂岩	270	14	40	0.8	37	0.03	4.7
迟清华和鄢明才(2007)		碳酸盐岩(含泥灰岩及泥云岩)(252)	5.6	9.2	21	0.13	0.7	0.058	3.6
		泥(页)岩(210)	29	23	80	0.11	3.0	0.050	7.8
		砂岩(425)	15	18	51	0.08	1.6	0.052	5.0

矿体形态简单，总体呈现出层控特征，规模大者呈层状、似层状，规模小者呈透镜状，矿体产状与围岩产状一致，并与地层发生同步褶皱。矿体的产出不受岩性的严格控制，在碎屑岩、碳酸盐岩及二者界面上都不分布，矿体沿垂向多层产出（图4-267）。

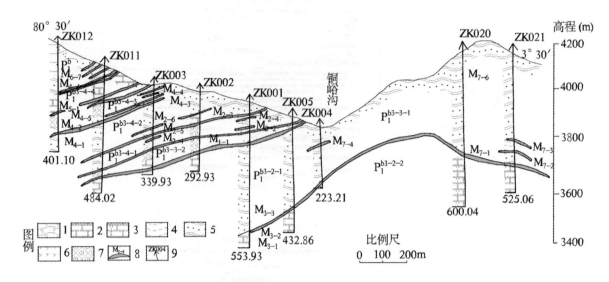

图4-267 铜峪沟铜矿区0勘探线剖面图（刘增铁和任家琪，2008）
1—绿泥石英片岩；2—大理岩；3—条纹（条带）状大理岩；4—黑云母千枚岩；5—变质粉砂岩；6—闪长玢岩；
7—透辉石榴类矽卡岩；8—矿体及编号；9—钻孔

矿石中主要金属矿物为黄铜矿、磁黄铁矿，其次为黄铁矿、白铁矿、闪锌矿，少量黄锡矿、斑铜矿，偶见辉钼矿、黝铜矿、淡红银矿、锡石、白钨矿等。矿石具条纹条带状构造，胶状构造和层纹状构造。Cu品位：0.41%～8.42%，Pb、Zn品位具工业价值。主要伴生元素Sn、Ag、Au、Ga、Cd、Se、Mo、W、Bi、In等。

矿区围岩蚀变主要有角岩化、类（层）矽卡岩化和热液蚀变（硅化、钾长石化、阳起石-绿帘石-绿泥石化、碳酸盐化等）。铜峪沟层矽卡岩与变质热液交代矽卡岩、岩浆热液交代矽卡岩的异同点见表4-103。

表4-103 铜峪沟层矽卡岩与变质热液交代矽卡岩、岩浆热液交代矽卡岩的异同点（刘增铁和任家琪，2008）

项 目	变质热液交代矽卡岩	岩浆热液交代矽卡岩	铜峪沟层矽卡岩
规 模	数毫米至几米（厚）	数毫米至数百米	数毫米至十几米（厚）
灰 岩	灰岩-页岩接触带	岩体与围岩接触带断层、裂隙	碳酸盐岩，粉砂-千枚岩内及二者界面上
与层理关系	整合层状	整合层状或切穿层理	整合层状
总成分	反映围岩成分	与围岩无关系，出现"外来"元素	富铁、铝、钾，出现"外来"元素
在石榴石-辉石岩中 Fe/Al（原子数）	<2，一般<1	高，>1，通常>2	>1
富铁钙硅酸盐	缺失	常见	常见
主要矿物组合	钙铝榴石-透辉石，常见长石	钙铝榴石-钙铁辉石；钙铁榴石-透辉石	钙铁辉石-钙铝榴石-钙长石-钾长石

2. 矿床铅硫同位素地球化学特征

(1)铅同位素组成特征。铜峪沟铜矿床矿石铅同位素组成变化范围较小,$^{206}Pb/^{204}Pb$:18.053~18.696,平均18.247;$^{207}Pb/^{204}Pb$:15.381~15.864,平均15.576;$^{208}Pb/^{204}Pb$:37.954~39.268,平均38.309(实线投点域)(个别样品受后期地质作用叠加具较高的放射性成因铅)(表4-104)。这一特征显示矿质来源较为均一(图4-268)。

表4-104 铜峪沟铜矿床铅同位素组成(路远发,1990)

序号	采样位置	测定对象	$^{206}Pb/^{204}Pb$	$^{207}Pb/^{204}Pb$	$^{208}Pb/^{204}Pb$	资料来源
1		黄铁矿	18.065	15.381	38.070	
2		黄铁矿	18.213	15.630	38.205	
3		黄铁矿	18.444	15.762	38.649	
4		黄铁矿	18.696	15.864	39.010	
5		黄铁矿	18.279	15.557	38.210	
6		黄铁矿	18.202	15.483	38.201	
7		磁黄铁矿	18.109	15.430	38.303	
8		磁黄铁矿	18.191	15.428	38.213	
9		磁黄铁矿	18.175	15.611	37.994	
10	铜峪沟矿区	磁黄铁矿	18.096	15.538	37.987	18~20号样品据青海第三地质队
11		磁黄铁矿	18.133	15.524	37.966	
12		磁黄铁矿	18.193	15.543	38.150	
13		磁黄铁矿	18.268	15.617	39.268	
14		磁黄铁矿	18.053	15.510	37.954	
15		方铅矿	18.270	15.602	38.334	
16		方铅矿	18.263	15.550	38.181	
17		方铅矿	18.307	15.594	38.305	
18		方铅矿	18.248	15.540	38.204	
19		方铅矿	18.360	15.691	38.478	
20	赛什塘矿区	方铅矿	18.375	15.654	38.500	

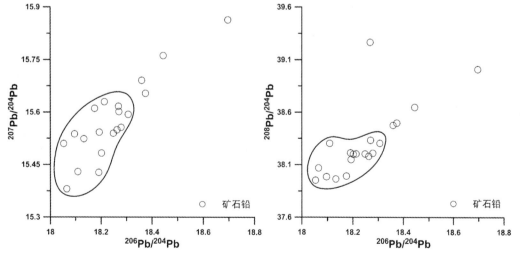

图4-268 铜峪沟铜矿床铅同位素投点图

(2)硫同位素组成特征。硫同位素组成变化范围:$\delta^{34}S$ 为 $-1‰\sim-9‰$。明显富集轻硫,呈"脉冲式"分布型式(图 4-269)。这一特征说明:

① 海水生物细菌硫参与了成矿作用(区域地层中碳酸盐岩中黄铁矿 $\delta^{34}S$:$-12‰$)。

② 后期热液叠加改造产生了分馏作用。

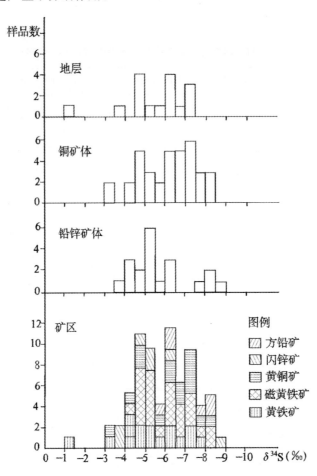

图 4-269　铜峪沟硫同位素组成频数直方图(吴延祥,1991)

3. 矿田(矿床)地球化学异常特征

(1)1:20 万水系沉积物测量地球化学异常特征。鄂拉山多金属成矿带 Ag、Cd、Cu、Pb、Zn、Bi、W、Sn、Mo 等元素组合成一个 NNW 向高背景带,与其矿带上分布的日多龙-在日沟-铜峪沟(日龙沟、赛什塘)等矿床(矿点)展布一致(图 4-270)。

(2)1:5 万水系沉积物测量地球化学异常特征。铜峪沟矿床及外围 1:5 万水系沉积物测量地球化学异常剖析图上清晰可见(图 4-271):Cu、Ag、(Pb、Zn)、As、Cd、Au 及 Sn、Bi、W 等元素呈等轴状分布,叠合程度高,浓度分带清晰。

(3)矿区土壤测量地球化学异常特征。矿区呈现三个(Ⅰ、Ⅱ、Ⅲ)土壤异常(图 4-272),Ⅰ、Ⅱ 号为矿致异常。Ⅱ 号异常元素组合为 Cu、Pb、Zn、Sn、Ag,其中 Cu、Pb、Zn 元素套合较好,Sn、Ag 略向南偏离,呈现了 Cu、Pb、Zn→Sn、Ag 的水平分带;Ⅰ 号异常 Cu 元素异常强,分带清晰;Ⅲ 号异常为地层中含碳质片岩中黄铁矿化所致。

(4)矿区岩石地球化学异常特征。在 15 线岩石地球化学异常剖面上(图 4-273):

① Cu、Pb、Zn、Sn、Cd 等元素均呈条带状、透镜状,与地层产状一致,具明显浓度分带。

② Cu、Pb、Zn、Cd 在矿体部位异常明显,另外,Pb、Zn、Cd 元素在矿体上、下盘条带状变质粉砂岩和各带状大理岩中均有异常带。

图 4-270　鄂拉山成矿带区域多元素组合高背景带(吴承烈和徐外生,1998)

1—中酸性侵入体；2—Ag、Cd、Cu、Pb、Zn、Bi、W、Sn、Mo 元素高背景分布区；3—铜矿床(点)

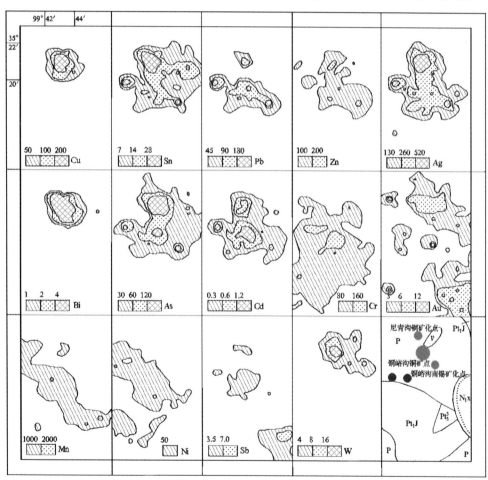

图 4-271　1∶5 万铜峪沟水系沉积剖析图(据青海地质调查院,2011)

N_1x—中新世小龙潭组；P—二叠系；Pt_1J—古元古界金口山群；Pt_3^3—新古元古界基底变质岩系列；γ—辉长岩；
●铜矿化点；●锡矿化点(Au、Ag 元素含量为 10^{-9},其他为 10^{-6})

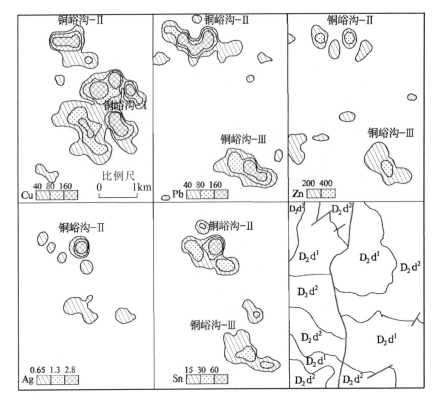

图 4-272　铜峪沟矿区土壤地球化学异常图(张本仁,1989)

D_2d^2—中泥盆统 d 岩组千枚岩细砂岩透镜状大理岩;D_2d^1—中泥盆统千枚岩夹透镜状大理岩

(元素含量均为 10^{-6};地层时代各研究者认识有异)

4. 铜峪沟铜矿床主要地质、地球化学特征(表 4-105)

表 4-105　青海铜峪沟铜矿床主要地质、地球化学特征

成矿系列	海相杂色岩系铜多金属成矿系列
成矿环境	南秦岭华力西褶皱带早二叠世中二叠世(P_1-P_2)陆缘裂陷盆地
矿床类型	海底热水喷流沉积改造型
赋矿地层	二叠纪布青山群为一套滨海-浅海相陆源碎屑岩夹碳酸盐岩及基性火山碎屑岩,岩性主要为相互交替的变质砂岩、千枚岩、大理岩及层矽卡岩
控矿构造	层间裂隙带
岩浆岩建造	矿区及外围有中酸性侵入体,呈岩株或岩脉状产出,均晚于 Cu、Pb、Zn 主要成矿期,但对矿床热接触变质和元素的活化迁移具有一定影响
成岩时代 成矿时代	早二叠世中二叠世(P_1-P_2)
矿体产状	多为似层状、层状、透镜状,多在岩性的交替部位或层间裂隙中,矿体与地层产状一致,并发生同步褶皱
矿石矿物	矿石矿物主要是黄铜矿、磁黄铁矿、黄铁矿、方铅矿、闪锌矿,常伴有少量黄锡矿、锡石等
结构构造	矿石具条纹条带状构造、胶状构造和层纹状构造
围岩蚀变	主要有角岩化、类(层)矽卡岩化,热液蚀变有硅化、钾长石化、阳起石-绿帘石-绿泥石化和碳酸盐化
成矿及伴生元素组合	主要成矿元素 Cu、Pb、Zn,主要伴生元素 Sn、Ag、Au、Ge、Cd、Se、Mo、W、Bi、In 等
矿床规模	Cu:54.5×10^4 t;Zn:3.6×10^4 t;Pb:4.88×10^4 t
剥蚀程度	浅剥蚀
典型矿床	铜峪沟
地理景观	高寒山区

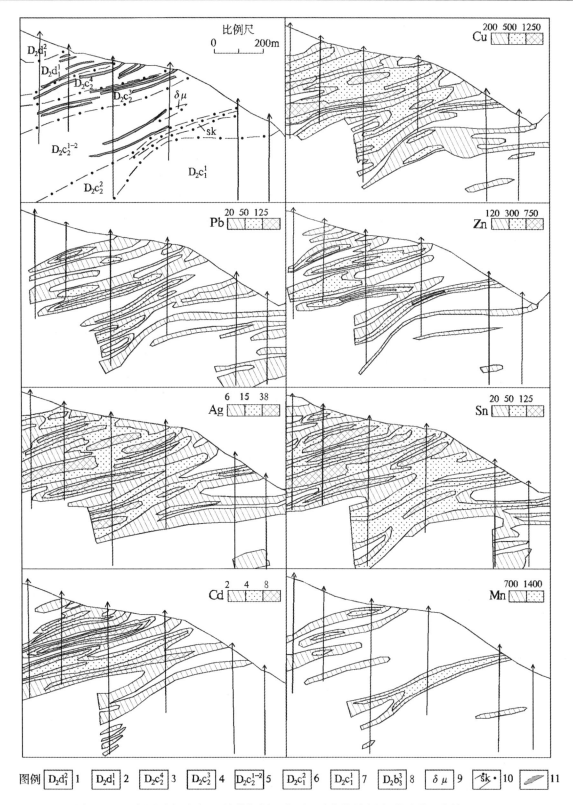

图 4-273　铜峪沟铜矿床 15 线勘探剖面岩石地球化学异常图(吴承烈和徐外生,1998)

1—中泥盆统 d 岩组千枚岩细砂岩透镜状大理岩;2—中泥盆统 d 岩组千枚岩夹透镜状大理岩;3—中泥盆统 c 岩组条带状大理岩、粉砂岩;4—中泥盆统 c 岩组条带状粉砂岩大理岩;5—中泥盆统 c 岩组千枚岩、变质粉砂岩夹大理岩透镜体;6—中泥盆统 c 岩组条带状大理岩;7—中泥盆统 c 岩组条带状变质粉砂岩;8—中泥盆统 b 岩组中-厚层状大理岩;9—石英闪长岩;10—矽卡岩;11—矿体(元素含量均为 10^{-6};地层时代各研究者认识有异)

5. 铜峪沟铜矿床成矿模式(图4-274)

(1)含矿岩系为早二叠世地层,铜峪沟铜矿主要集中分布于 b 岩组的上部层位(P_1^{b2-3}、P_1^{b3-3}、P_1^{b3-4}),并定位于 P_1^c 火山沉积岩性段。

(2)"热水"作用的三种来源:深部热卤水、中酸性火山-岩浆水及下渗海水,"三热水"汇合成以海水为主的渗滤循环系统,把下部岩石中成矿物质等萃取出来往上迁移,在中上部矿化蚀变带层位中沉淀、富集成矿。

(3)深部岩浆房把深部成矿物质,通过海底火山喷发,输送到远离火山穹窿的沉积洼地(次级含矿盆地),这就导致了铜峪沟等矿床含矿层位受正常陆源碎屑沉积与火山-沉积建造所控制。

(4)三合一"热流体"系统的流体组成及组合运行,决定了铜峪沟地区矿床(点),不仅具有基本形似的宏观地质特征,形成容矿厚度大,以铜为主,伴有 Sn、Pb、Zn、Fe 等成矿物质的矿体,而且其喷气-沉积组合及矿化蚀变标志也较为相似(类矽卡岩)。

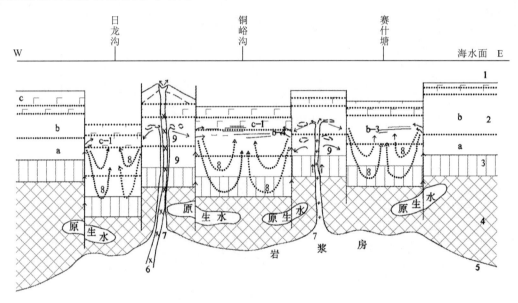

图4-274 铜峪沟铜矿床成矿模式图(刘增铁和任家琪,2008)

1—海水层;2—含矿地层(P_1),即 a—碎屑岩组,b—碎屑岩-碳酸盐岩组,c—绿色岩组,以 b-3、b-4、c-1 为该组含矿岩性段的符号;3—隐伏晚古生代地层(D—C?);4—基底变质岩系列(Pt_3?);5—岩浆房;6—基性岩浆通道;7—中酸性火山岩浆通道;8—下渗海水循环线路;9—火山岩浆喷爆物迁移方向;10—生长性(同生)断裂和卤水库(深部)

6. 铜峪沟铜矿床控矿因素

(1)区域生长性断裂控制裂陷-裂谷槽及早二叠世海相及次级盆地的分布,也是深部岩浆上升和含矿流体运移的通道。

(2)早二叠世海相类复理石沉积建造,为陆源碎屑岩-碳酸盐岩沉积夹中基-中酸性海底火山喷溢-沉积建造,是重要的含矿层。

(3)中酸性侵入体对矿源层成矿元素的活化、迁移及富集具有一定的影响。

7. 铜峪沟铜矿床地质、地球化学勘查模型(图4-275)

(1)矿区含矿地层中,B 元素 $>100\times10^{-6}$,指示沉积热卤水盆地。

(2)矿区含矿层明显具 Cu、Pb、Zn、Sn、Cd、Mn 等元素的异常,异常在平面上呈条带状,剖面上呈多层条带状、透镜状,与地层产状一致。

(3)元素沿矿体产状轴向分带不明显,但沿矿体走向具水平分带,中心以 Cu、Ag、Sn、Zn 元素组合为主,向两端以 Pb、Zn 元素组合为主。

第四章 中国重要铜矿地质、地球化学找矿模型

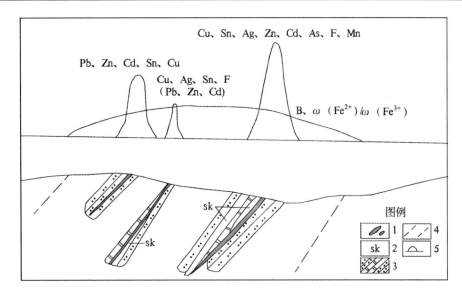

图4-275 沉积变质-热液改造型铜矿床地质、地球化学勘查模型(吴承烈和徐外生,1998)
1—铜和以铜为主多金属矿体;2—层矽卡岩;3—变质砂岩、粉砂岩、千枚岩夹大理岩;4—含矿层位界线;
5—异常元素组合异常曲线

八、陆相杂色岩系铜矿床地质、地球化学找矿模型

陆相砂岩型铜矿、页岩铜矿和砾岩铜矿,它们均属于陆相杂色岩系。岩系通常为下部含煤建造,中部含铜建造,上部为膏盐建造。铜矿体往往产于浅紫交互带的浅色岩层一侧。我国这类铜矿床集中分布在南方的中、新生代沉积盆地,如滇中盆地(六苴铜矿)、沅麻盆地(九曲湾铜矿)、衡阳盆地(柏坊铜矿)。这些含铜盆地均位于含铜背景高的古陆或古陆边缘,为杂色砂岩铜矿之矿源,砂岩铜矿伴生有Ag、U等组分。

(一)楚雄盆地Cu、钙芒硝、石盐成矿亚带(Ⅲ-76-②)六苴铜矿床地质、地球化学找矿模型

1. 矿床地质特征

六苴铜矿体主要赋存在上白垩统马头山组六苴下亚段(K_2ml_1)中粗粒长石石英砂岩中;含矿从NNE走向逐渐转为NNW,矿体产状与地层一致,主矿体向SW倾伏(图4-276)。

矿体呈层状、似层状、透镜状,局部为网脉状展布。矿体在横剖面上靠全紫砂岩一侧(西侧),呈鱼头或分枝状逐渐交替尖灭,靠浅色一侧(东侧)矿体呈燕尾状依附在上下紫色层分枝逐渐尖灭处(图4-277)。

主要矿石矿物为辉铜矿(浅色砂岩中有少量斑铜矿、黄铜矿、黄铁矿)、辉钼矿,斑铜矿呈浸染状,后期含斑铜矿、黄铜矿石英脉穿插在浸染状辉铜矿矿石中(图4-278);Cu平均品位1.34%,Ag平均品位6.93×10^{-6}(局部可达78.6×10^{-6})。

围岩蚀变形成了浅紫交互带及浸染状矿石,矿体就产在浅紫交互带(地球化学障)靠浅色砂岩一侧(表4-106)。围岩蚀变主要为硅化、碳酸盐化。岩石由紫红色砂岩到浅色砂岩的变化是一种褪色作用,褪色作用导致岩石的显微结构和胶结物类型发生变化。

表4-106 六苴铜矿床紫色带和浅色带还原系数与含矿性对比(邹海俊,2008)

颜色带	岩石颜色	胶结物特征	形成环境	还原系数	含矿性
全紫带岩石	紫红-紫灰色	赤铁矿为主,次为钙、泥质	强氧化条件	0.37~0.47	不利于铜质沉淀
全浅带岩石	浅灰-灰白色	钙质为主,次为泥质	强还原条件	0.89~0.96	黄铁矿
过渡带含矿岩石	灰-灰白色	钙镁质为主,近全紫带有少量硅质	弱还原条件	0.84~0.89	工业矿体赋存其中

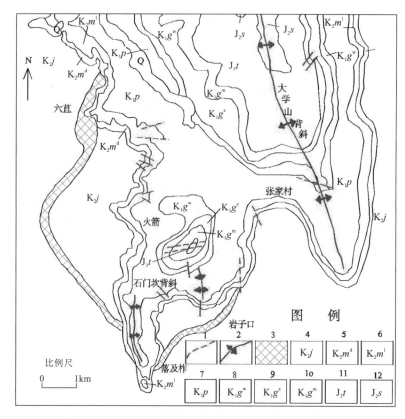

图 4-276 大姚六苴铜矿区域构造地质图（邹海俊,2008）

1—断层；2—背斜轴；3—矿体；4—晚白垩统江廊河组下部杂色泥岩段；5—晚白垩统马头山组大村段；6—晚白垩统马头山组六苴上亚段；7—早白垩统普昌河组；8—早白垩统高峰寺组凹地苴段；9—早白垩统高峰寺组者纳么段；10—早白垩统高峰寺组美宜坡段；11—晚侏罗统妥甸组；12—中侏罗统蛇店组

图 4-277 浅紫交互现象（邹海俊,2008）

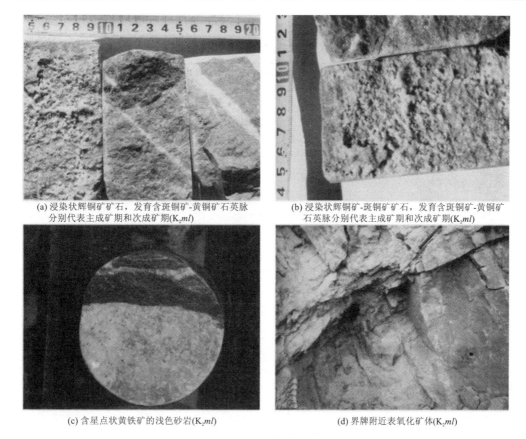

图 4-278 矿石组构(邹海俊,2008)

2. 矿床地球化学特征

(1)铅同位素组成特征。六苴砂岩型铜矿床的成岩期浸染状矿石铅同位素组成为:$^{206}Pb/^{204}Pb$:18.383~19.231;$^{207}Pb/^{204}Pb$:15.621~15.711;$^{208}Pb/^{204}Pb$:38.684~43.654,具有较高的放射性成因铅,它们与成岩期的全岩铅同位素组成十分相似,$^{206}Pb/^{204}Pb$:18.408~18.871;$^{207}Pb/^{204}Pb$:15.595~15.720;$^{208}Pb/^{204}Pb$:38.500~39.374(表4-107和表4-108)。六苴砂岩型铜矿矿石铅同位素组成投点与滇中中新生代砂岩铅同位素组成投点域十分吻合,示踪其矿质来源为上部地壳(红色砂岩的矿源层)(实线投点域)(图4-279)。而后期脉状硫化物矿石铅同位素组成具偏低的放射性成因铅,与砂岩中碳酸盐胶结物十分一致(虚线投点域),这示踪着后期脉的矿质与成岩时矿质来源有别(图4-279)。

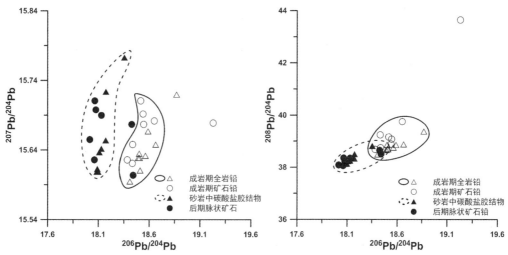

图 4-279 六苴砂岩型铜矿矿石铅同位素组成投点图

表 4-107 大姚六苴铜矿床岩石铅同位素组成(陈好寿和冉崇英,1992)

样号	样品名称	地点及产状	$^{206}Pb/^{204}Pb$	$^{207}Pb/^{204}Pb$	$^{208}Pb/^{204}Pb$
Fs5	全岩	紫色层	18.500	15.635	38.865
C1			18.871	15.720	39.374
L8			18.504	15.629	38.708
Fc8			18.408	15.595	38.500
L7			18.509	15.611	38.692
Fc5		浅色层	18.562	15.632	38.755
Fc4			18.588	15.667	38.860
Fc2			18.664	15.648	38.883
Fc5			18.492	15.629	38.667
Fc7	胶结物	成岩期浅色层	18.097	15.609	38.145
L5		成岩期紫色层	18.173	15.654	38.337
429		成岩期层纹状	18.089	15.613	38.146
F56			18.109	15.637	38.236
F_N1			18.175	15.724	38.508
Fs-3			18.084	15.609	38.130
19		成岩期浸染状	18.355	15.773	38.818
21			18.129	15.642	38.253

表 4-108 大姚六苴铜矿床矿石铅同位素组成(陈好寿和冉崇英,1992)

样号	样品名称	地点及产状	$^{206}Pb/^{204}Pb$	$^{207}Pb/^{204}Pb$	$^{208}Pb/^{204}Pb$
FN1	辉铜矿	成岩期层纹状	18.436	15.648	38.746
Fs-3			19.231	15.679	43.654
Fs-6			18.651	15.682	39.757
429			18.516	15.711	39.160
6		成岩期浸染状	18.383	15.626	38.684
19			18.545	15.677	39.078
21			18.433	15.621	39.241
五11			18.539	15.692	38.890
306		改造期脉状	18.131	15.69	38.353
306	孔雀石		18.06	15.626	38.062
311	辉铜矿		18.427	15.677	38.651
615			18.075	15.698	38.239
F_N2	孔雀石		18.065	15.711	38.356
F_N2	辉铜矿		18.015	15.655	38.088
F_N3			18.441	15.604	38.512

(2)硫同位素组成特征。六苴砂岩型铜矿床的硫同位素组成变化范围十分宽,δ^{34}S:$-7.3‰\sim$ $-28.7‰$,均为负值,大部分集中在$-16.7‰\sim-19.5‰$之间,呈明显"脉冲式"分布(图4-280)。这一特征示踪了六苴砂岩型铜矿硫源为:存在两个或两个以上的硫源;成矿作用过程中其物理化学环境发生了显著的变化;存在细菌还原硫酸盐形成的硫化物。

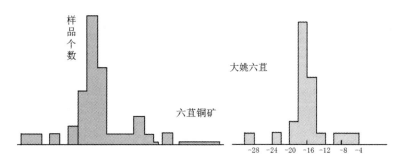

图4-280 大姚六苴硫同位素组成频率直方图
(左图据陈根文和吴延之,2002;右图据陈好寿和冉崇英,1992)

(3)赋矿围岩中成矿元素地球化学特征。云南滇中盆地的含铜建造为下侏罗统冯家河组至上白垩统江底河组,有16个含铜层位。但工业矿体主要集中在上白垩统马头山组,按岩性可分为四段,由下至上为:

①六苴下亚段:紫红色到灰绿色中细粒砂岩夹粗砂岩和含砾砂岩,为主要含铜层。
②六苴中亚段:紫红色泥岩与细砂岩互层,局部夹灰色砂岩,亦为主要含铜层。
③六苴上亚段:紫色厚层状泥岩、砂质泥岩,顶部为灰绿色砂质泥岩。
④大村段:灰绿色至灰黑色含碳质泥岩,底部有0.2~0.5m含矿砾岩,为主要含矿层。

前人(谭凯旋,1998)统计了滇中各砂岩铜矿赋矿围岩的Cu、Ag元素的平均含量,见表4-109;六苴、郝家河铜矿床赋矿围岩中的紫色层、浅色层中Cu元素含量是中国东部正常砂岩的十几至几十倍,是页岩的几至二十几倍;Ag元素在赋矿围岩紫色层、浅色层中,无论是砂岩还是页岩,都是正常砂页岩的几至几十倍,它们为Cu、Ag元素提供了丰富的矿源。

表4-109 六苴、郝家河铜矿床赋矿围岩中Cu、Ag平均含量 (单位:$\times 10^{-6}$)

矿 床	层 位	Cu	Ag	Cu 富集系数		Ag 富集系数	
				砂岩	泥(页)岩	砂岩	泥(页)岩
大姚六苴	紫色层	410(62)	0.15(19)	27.3	14.1	2.9	3.0
	浅色层	334.7(749)	0.38(19)	22.3	11.5	7.3	7.6
郝家河	紫色层	225.9	1.66	15.1	7.8	31.9	33.2
	浅色层	840.3	4.13	56.0	29.0	79.4	82.6

注:括号中数字为样品数,Cu、Ag富集系数分别以中国东部砂岩(15×10^{-6},0.052×10^{-6})和泥(页)岩(29×10^{-6},0.050×10^{-6})平均丰度为标准计算,中国东部砂页岩数据来源(迟清华和鄢明才,2007)

3. 矿床地球化学异常特征

(1)原生晕水平分带。从图4-281中可知:由西向东原生晕的元素水平分带为:Cu→Ag→Pb;异常面积依次减少。

(2)原生晕垂直分带。吴鹏(2007)总结原生晕中元素的垂向(从上到下)分带特征(图4-282),矿前晕为:V、Sb;矿中晕为:Cu、Hg、As;矿尾晕为:Pb(Zn)、Ni、Co。矿体中部(Cu、Ag、As、Hg组合)内,Cu/Ag>315,Cu/(Pb+Zn)>320,Cu/(As+Sb+Hg)为1 000~5 800,这些指标指示矿体较富,品位稳定。

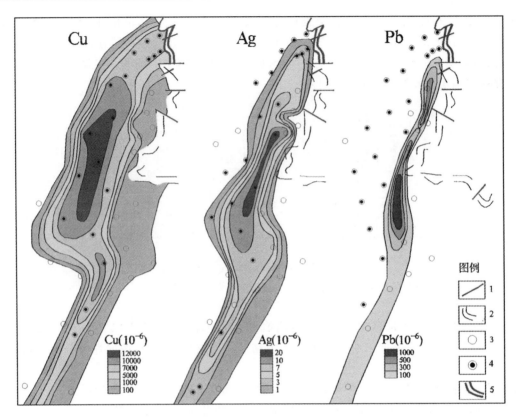

图 4-281　六苴铜矿钻孔岩石地球化学异常图(云南省冶金地质勘探公司,1977)

1—断裂;2—含矿地层;3—未见矿钻孔;4—见矿钻孔;5—出露矿体

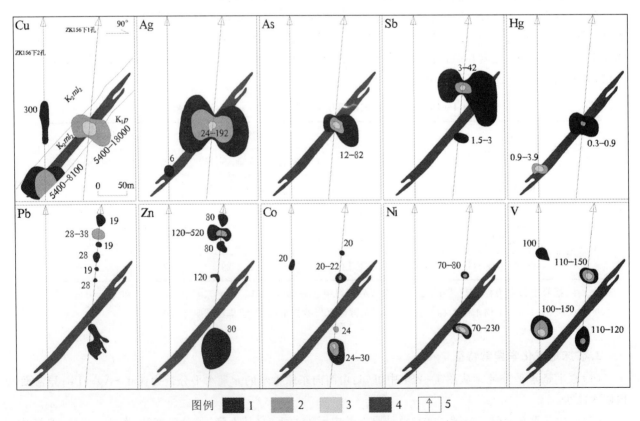

图 4-282　156 勘探线地球化学异常剖面图(吴鹏,2007)

1—外带;2—中带;3—内带;4—矿体;5—钻孔

（3）地球化学异常模式。六苴铜矿床矿体原生金属矿物具水平和垂直分带：矿物水平分带，从紫色岩到浅色岩（自西向东）分为四个带，即赤铁矿带（全紫带）→辉铜矿带（辉铜矿＋斑铜矿）→斑铜矿＋黄铜矿带→黄铜矿＋黄铁矿带（全浅带）；矿物垂直分带，垂向上辉铜矿带位于矿体中部，并依附于上下红层逐渐尖灭。从矿体中心由下向上呈现：辉铜矿→斑铜矿→黄铜矿→黄铁矿→斑铜矿→辉铜矿的完整分带旋回（图4-283）。

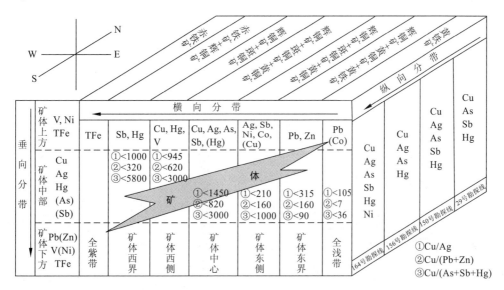

图4-283 六苴铜矿床地球化学异常模式图（吴鹏，2007）（元素含量单位为10^{-6}）

4. 六苴铜矿床主要地质、地球化学特征（表4-110）

表4-110 六苴铜矿床主要地质、地球化学特征

成矿系列	陆相杂色岩系铜多金属成矿系列
成矿环境	中新生代陆相沉积盆地（位于含铜背景高的古陆边缘）
矿床类型	陆相砂岩（页岩）型
赋矿地层	白垩系（上白垩统马头山组六苴段，马头山组大村段及下白垩统高峰寺组凹地苴段）为主要含矿层，侏罗纪地层为次要含矿层
控矿古地理	距元谋古陆10～30km范围内"牟定斜坡"为滨湖三角洲相沉积环境，沉积建造具"黑、红、白"三色沉积建造组合
控矿构造	基底构造控制陆相沉积盆地展布及铜矿带的分布，鼻状背斜倾没端、转折端、穹窿构造缓坡翼和倾伏端与断裂构造交汇处是成矿有利部位。其次为向斜构造核部及缓倾斜的单斜构造、断裂、裂隙发育地段
成岩时代 成矿时代	白垩纪、侏罗纪
矿体产状	与地层产状一致，呈层状、似层状、透镜状，局部为网脉状
矿石矿物	矿石矿物主要为辉铜矿（浅色砂岩中含有少量斑铜矿、黄铜矿、黄铁矿）、辉钼矿
矿石构造	矿石构造主要为浸染状，后期含斑铜矿、黄铜矿石英脉呈脉状
围岩蚀变	主要为硅化、碳酸盐化。岩石由紫红色到浅色的褪色作用所形成的浅紫交互带是找矿标志
成矿及伴生元素组合	主要成矿元素Cu、Ag，主要伴生元素Mo、Hg、As、Sb等，有些陆相沉积盆地中U也是重要的伴生元素
矿床规模	$52×10^4$ t
剥蚀程度	浅剥蚀（隐伏矿）
典型矿床	六苴
地理景观	中低山湿润景观区

5. 六苴铜矿床成矿模式(图4-284)

(1)成矿物质来源于楚雄盆地周缘的含铜古陆(康滇古陆、元谋古陆哀牢山造山带)。

(2)中生代构造运动以来,楚雄东北部元谋古陆(大红山群)长期抬升、风化、剥蚀源源不断地向陆相盆地供给物源(河流相、河湖交替相)。

(3)三期构造运动使初始含矿层中Cu元素迁移、聚集沉淀成矿。

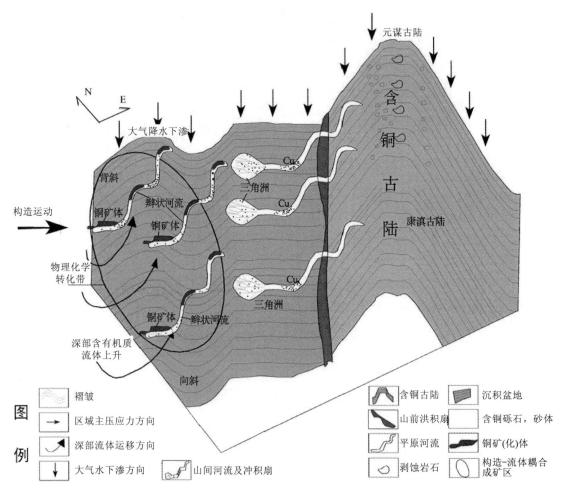

图4-284 楚雄盆地砂岩型铜矿的成矿模式(邹海俊,2008)

6. 六苴铜矿床控矿因素

(1)较严格受层位控制:(白垩系下统高峰寺组凹地苴段;白垩系上统马头山组六苴段、大村段,这三个层位厚度占红色岩系总厚度的1.16%),整个盆地中93.72%砂岩型铜矿的储量产在此三个层位内;但侏罗系红色砂岩亦为含铜建造。

(2)沉积相的控制:古三角洲相带入湖盆凹地过渡地带是古陆源矿质从搬运转为沉淀的有利环境,也是后生含矿热卤水沉淀的良好空间(距元谋古陆10~30km弧形带)。

(3)紫色带和浅色带交互部位为物理化学条件的剧变带,是Cu^{2+}等成矿元素沉淀场所。

九、热液型铜矿床地质、地球化学找矿模型

该类矿床位于线型构造(断裂构造、破碎带、不整合面等)发育地区,其围岩为地球化学性质不活泼的硅铝质岩石(碎屑岩、火山岩、花岗岩等)。矿体呈脉状、受裂隙控制,蚀变带和原生晕异常较窄。矿床规模不大,一般为中-小型。

我国热液脉型铜矿床发育的地区有大兴安岭中南段成矿带(内蒙古布敦花)和东南沿海火山岩带(江西朱溪、福建管查、广东钟丘洋等)。

(一)突泉-翁牛特 Pb、Zn、Ag、Cu、Fe、Sn–REE 成矿带(Ⅲ–50)布敦花铜矿床地质、地球化学找矿模型

1. 布敦花铜矿床地质特征

布敦花铜矿处于大兴安岭成矿带的玉泉-林西铁铜多金属成矿亚带,是燕山早期中酸性浅成-超浅成岩浆活动有关的铜多金属成矿系列中一个具有代表性的矿床(图4-285)。

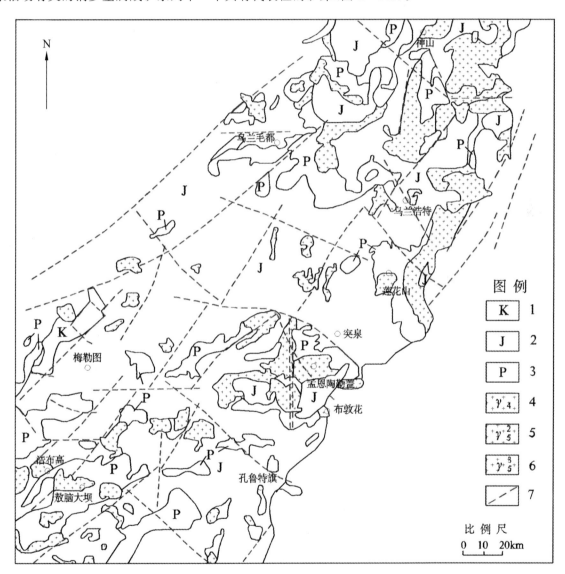

图 4-285 大兴安岭中段花岗岩类岩体分布略图(盛继福等,1999)
1—白垩系;2—侏罗系;3—二叠系;4—华力西期花岗岩;5—燕山早期花岗岩;6—燕山晚期花岗岩;7—断裂

矿区出露地层主要是下二叠统大石寨组、下二叠统青凤山组、上侏罗统满克头鄂博组和中侏罗统万宝组。燕山期花岗斑岩、黑云母花岗岩侵入其中。矿区分为金鸡岭浸染型铜矿段和孔雀山脉型铜矿段,前者受 NW 向张扭断裂控制,后者受 SN 向复合破裂带制约(图4-286)。

孔雀山脉型铜矿呈 NS 走向,陡倾,赋存于下二叠统大石寨组绢云母片岩、变质砂岩裂隙带中,矿体形态以不规则弯曲脉状为主,并有厚大的透镜体(图4-287)。

金鸡岭脉状浸染型铜矿段:矿体赋存于斜长花岗斑岩的内外接触带中,主要分布在外带。矿体围岩除

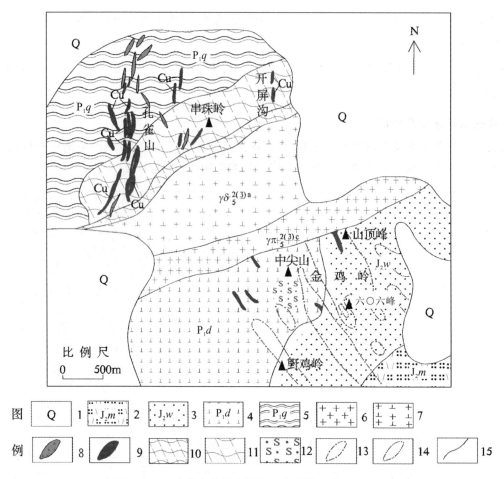

图 4-286 内蒙古布敦花铜矿区地质图(王湘云,1995)

1—第四系;2—中侏罗统满克头鄂博组;3—中侏罗统万宝组;4—下二叠统大石寨组;5—下二叠统青凤山组;
6—花岗斑岩;7—花岗闪长岩;8—闪长玢岩;9—铜矿脉;10—角岩;11—角岩化;12—电英岩;13—绢英岩化;
14—硅化;15—不整合界线

斜长花岗斑岩外,还有砂岩、含砾砂岩、凝灰质含砾砂岩等。矿化受斜长花岗斑岩形态及二叠系和侏罗系不整合面的控制。在岩体突出与凹陷部位的外接触带矿化较好,尤其是在二叠系与侏罗系的不整合面上矿化强烈。矿化主要为浸染状及脉状(图4-288)。

矿石矿物以黄铜矿、磁黄铁矿、斜方砷铁矿、毒砂为主,次要矿物有辉铋矿、自然铋、方铅矿、闪锌矿等。矿化以细脉状、浸染状为主(图4-289)。主成矿元素为Cu,原生矿石铜品位:0.68%~1.16%(氧化矿化0.55%~0.75%)。伴生元素有Ag、Pb、Zn、In、Bi、Co、Se、As、Ga等。

孔雀山脉型铜矿蚀变分带是热液沿裂隙多次活动叠加的产物。矿脉(体)产于钾长黑云母化带和电英岩化带、强绢云岩化带叠合部位,随着远离矿脉依次为中等绢英岩化带和弱绢英岩化带(图4-290)。

2. 布敦花铜矿床铅硫同位素地球化学特征

(1)铅同位素组成特征。由表4-111、图4-291可知布敦花铜矿床铅同位素特点为:

① 矿石铅:$^{206}Pb/^{204}Pb$:18.248~18.290,均值18.271;$^{207}Pb/^{204}Pb$:15.476~15.537,均值15.501;$^{208}Pb/^{204}Pb$:37.911~38.113,均值37.961。

② 岩体铅:$^{206}Pb/^{204}Pb$:18.433~18.697,均值18.590;$^{207}Pb/^{204}Pb$:15.662~15.709,均值15.690;$^{208}Pb/^{204}Pb$:38.469~38.723,均值38.636(虚线投点域)。

③ 赋矿围岩铅:$^{206}Pb/^{204}Pb$:18.183~18.214,均值18.196;$^{207}Pb/^{204}Pb$:15.549~15.577,均值15.563;$^{208}Pb/^{204}Pb$:38.193~38.281,均值38.228(实线投点域)。

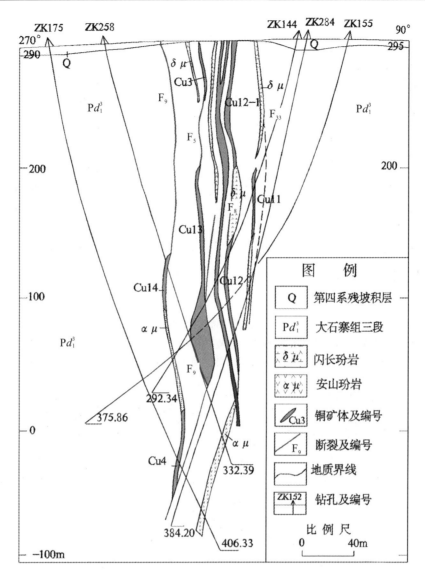

图 4-287 布敦花铜矿 Ⅰ-229 勘探线剖面图（肖丙建，2008）

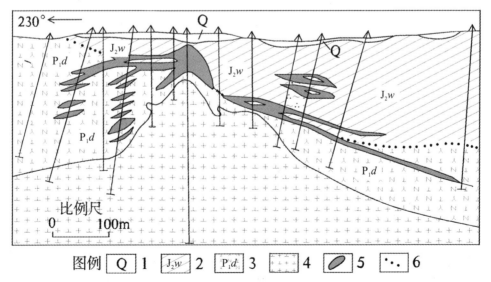

图 4-288 布敦花铜矿金鸡岭矿段地质剖面图（王京彬和王玉往，2000）

1—第四系；2—中侏罗统万宝组；3—下二叠统大石寨组；4—燕山期花岗闪长岩；5—矿体；6—不整合界线

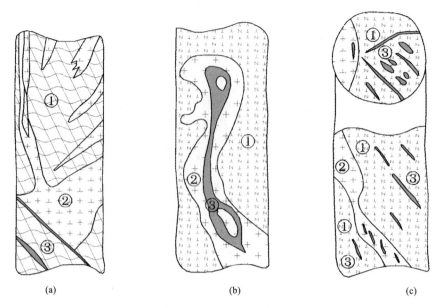

图 4-289 不同岩脉矿化特征(金丕兴和庞凤琴,1983)

(a)黑云母花岗闪长岩脉②,侵入黑云长英角岩①中见黄铜矿细脉③;(b)花岗岩脉②中黄铜矿、黄铁矿细脉③充填变质砂岩①中并见浸染状矿化;(c)花岗闪长岩脉②与变质砂岩①中的黄铜矿细脉③中的矿化特征相同

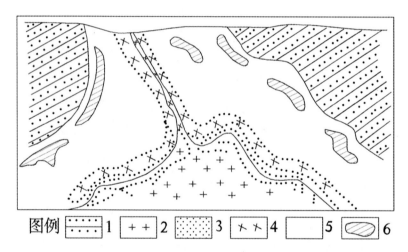

图 4-290 布敦花铜矿床金鸡岭矿段蚀变岩分带模式(王湘云,1995)

1-变质砂岩;2-斜长花岗斑岩;3-钾长石黑云母化带;4-电英岩化带;5-绢英岩化带;6-绿泥石碳酸盐化带

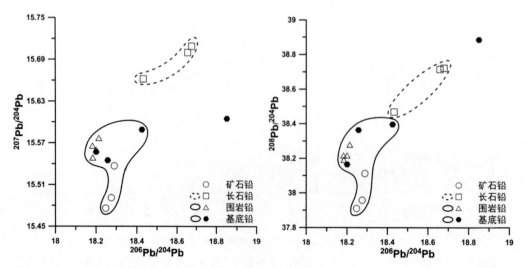

图 4-291 内蒙古布敦花铜矿床 $^{206}Pb/^{204}Pb-^{207}Pb/^{204}Pb$ 投点图和 $^{206}Pb/^{204}Pb-^{208}Pb/^{204}Pb$ 投点图

表 4-111 内蒙古布敦花铜矿床铅同位素特征

样 号	岩 性	$^{206}Pb/^{204}Pb$	$^{207}Pb/^{204}Pb$	$^{208}Pb/^{204}Pb$	时 代	数据来源
BK108	方铅矿(孔雀山矿段)	18.276	15.491	37.959	燕山期	盛继福等,1999
BK32	方铅矿(孔雀山矿段)	18.248	15.476	37.911		
806-125	方铅矿(金鸡岭矿段)	18.290	15.537	38.113		
B-1	花岗斑岩(斜长石)	18.433	15.662	38.469		
ZK9209-592	斜长花岗斑岩(斜长石)	18.679	15.709	38.723		
C-27	斜长花岗斑岩(斜长石)	18.659	15.700	38.716		
Ⅱ-03	凝灰岩	18.184	15.549	38.193	二叠纪	孙兴国,2008
Ⅰ-19-13	凝灰岩	18.183	15.566	38.218		
Ⅰ-03	灰 岩	18.201	15.560	38.218		
Ⅰ-33	生物灰岩	18.214	15.577	38.281		
SNⅠ-9	斜长石(斜长角闪岩)	18.258	15.545	38.364	元古代	实 测
SNⅦ	斜长石(斜长角闪岩)	18.201	15.557	38.166		
SNⅣ-10	黑云斜长片麻岩	18.851	15.605	38.886		
SNⅥ-9	黑云斜长片麻岩	18.426	15.589	38.397		

④ 变质基底铅:$^{206}Pb/^{204}Pb$:变化范围18.201～18.851,均值18.434;$^{207}Pb/^{204}Pb$:变化范围15.545～15.605,均值15.574;$^{208}Pb/^{204}Pb$:变化范围38.166～38.886,均值38.453(实线投点域)。其中,黑云斜长片麻岩测试对象为全岩,可能会有含 U、Th 矿石的干扰。

由表4-111、图4-291可知:

① 无论是矿石(方铅矿)铅、赋矿围岩(凝灰岩、灰岩和生物灰岩)铅,还是岩浆岩(斜长石)铅,同位素组成较为均一,变化很小。

② 矿石铅与赋矿围岩铅非常接近,与长石岩铅差别很大。

③ 变质基底(斜长角闪岩)铅和赋矿围岩铅及矿石铅的关系均较为密切。由矿石铅与赋矿围岩铅及基底铅同位素组成的密切关系说明:矿质大部分是赋矿围岩提供的,同时成矿热液在上侵运移过程中还和矿区变质基底发生过蚀变交代作用,变质基底提供了部分成矿物质。

(2)硫同位素组成特征。布敦花铜矿硫化物硫同位素组成变化范围窄,$\delta^{34}S$:-2‰～+1‰。这一特征示踪成矿作用使硫同位素组成充分均一化。布敦花铜矿硫化物硫同位素直方图具有明显的"塔式"分布(图4-292)。

3.矿田(矿床)地球化学异常特征

(1)1:20万水系沉积物测量地球化学异常特征。从图4-293可见:Cu、Ag、Pb、Zn、As、Sn等元素在矿床上清晰的组合异常;异常套合好、规模大、有明显的浓度分带,浓集中心与矿体吻合;Cu、Zn、Ag、As、Pb异常呈等轴状展布示踪成矿岩体,而NE向异常则与二叠纪赋矿地层一致。

(2)地表岩石地球化学异常特征。在矿体地表的岩石地球化学异常剖面上:Cu元素在含矿岩体及矿体上呈现峰值;Ag、Cd元素在下二叠统哲斯组含矿地层上显示了高值区(图4-294)。

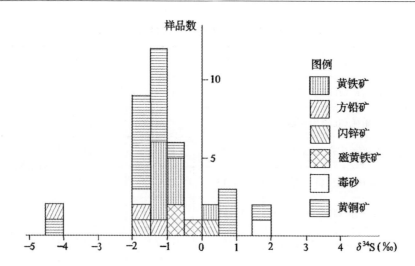

图 4-292　布敦花铜矿床硫同位素组成直方图(王京彬和王玉往,2000)

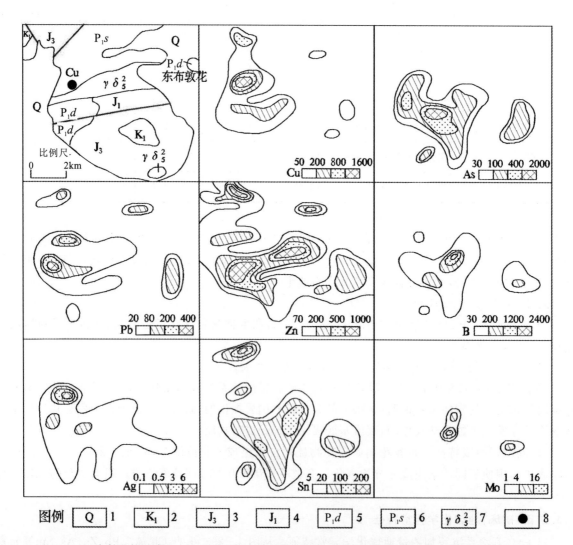

图 4-293　布敦花铜矿床 1∶20 万水系沉积物测量地球化学异常剖析图(据内蒙古地质调查院,2011)

1—第四系;2—白垩系下统;3—侏罗系上统;4—侏罗系下统;5—二叠系大石寨组;6—二叠系山西组;
7—花岗闪长岩;8—铜矿点(元素含量均为 10^{-6})

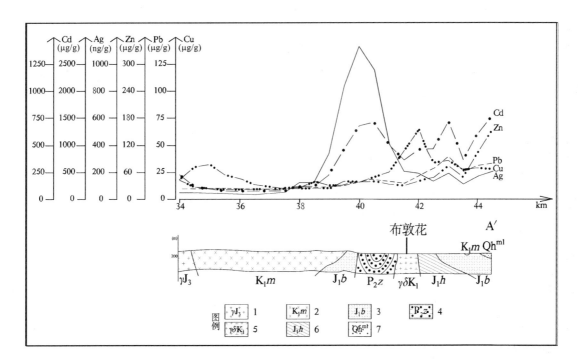

图 4-294　岩石地球化学异常剖面测量（据内蒙古地质调查院，2011）

孔雀山脉型铜矿轴向分带模型显示（图 4-295）：自上而下为 Mn-Pb-Zn-As-Ag-Mo-Sn-Cu-W-Bi；矿前晕异常组合为：Mn、Pb、Zn、As、Ag；矿中晕元素组合为：Mo、Sn、Cu、Sb；矿尾晕元素组合为：W、Bi。

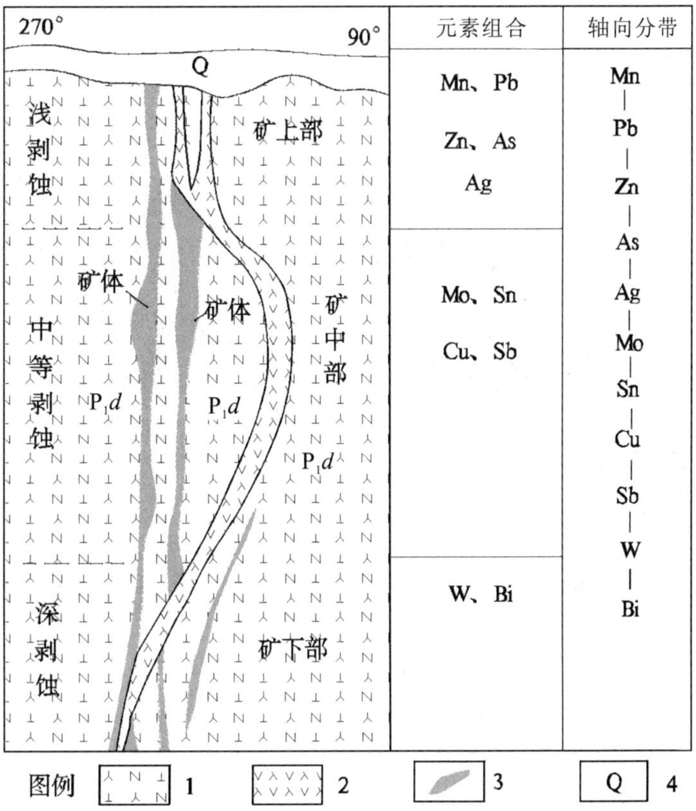

图 4-295　布敦花铜矿床孔雀山矿段矿体轴向分带模型（盛继福等，1999）
1—下二叠统变质砂岩；2—安山玢岩；3—矿体；4—第四系

孔雀山脉型铜矿不同标高元素组合(图4-296),当矿体刚出露地表(0剖面):矿体上方明显呈现Cu、Ag内、中、外带浓度分级,内带异常与矿体相对应;当矿体剥蚀中等程度时(Ⅰ剖面):矿体上方除了Cu、Ag元素外,Pb元素也呈现内、中、外带浓度分级;当矿体剥蚀较深时(Ⅱ、Ⅲ剖面):除了Cu、Ag、As元素表现内、中、外浓度分级外,Sn出现中带异常,因此可用(Ag×Sb×Pb)/(Sn×As×Cu)比值作为判断矿脉剥蚀程度的指标。

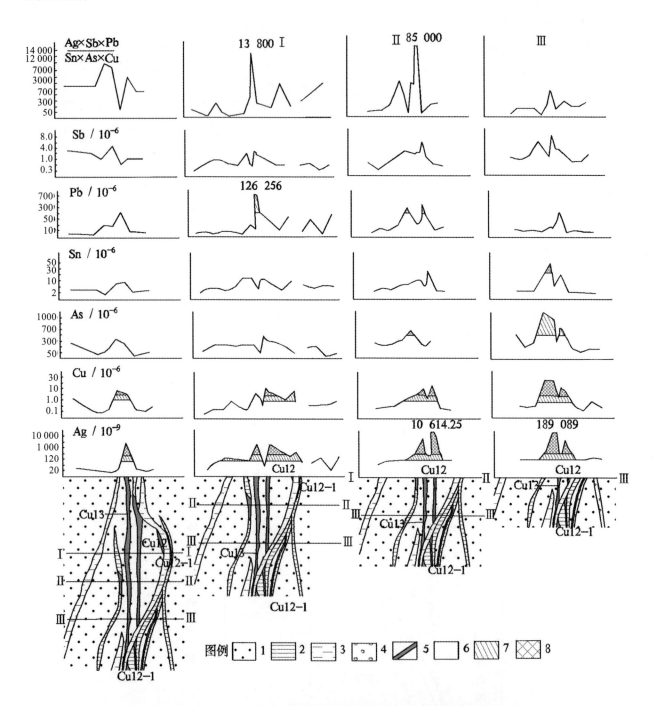

图4-296 布敦花孔雀山矿段地球化学找矿模型(盛继福等,1999)

1—下二叠统变质砂岩;2—闪长玢岩;3—安山玢岩;4—破碎带;5—铜矿体;6—外带异常;7—中带异常;8—内带异常;
Ⅰ、Ⅱ、Ⅲ分别表示不同埋深矿体的地球化学模型

4. 布敦花铜矿床地质、地球化学特征（表 4-112）

表 4-112 布敦花铜矿床地质、地球化学特征（盛继福等，1999）

标志分类			信息显示	
			露头矿	隐伏矿
地质	赋矿岩体特征	岩石类型	黑云母花岗闪长岩、斜长花岗斑岩及花岗斑岩	
		岩体时代	斜长花岗斑岩 SHRIMP 锆石 U-Pb 年龄（154.1±1.6）Ma（冯祥发，2010）	
		岩体产状	呈岩株、岩墙、复式岩体	
		化学成分	SiO_2：64.18%～73.68%；Na_2O+K_2O：7.21%～7.53%；Na_2O/K_2O：1.17～1.32	
		成矿元素	富 Cu、Ag、Au	
		成矿部位	矿化多分布在距岩体接触带 0～1.3km 范围内	
	构造	矿床所处构造位置	处于嫩江深断裂北西侧，隆凹过渡带，靠近隆起一侧，位于燕山早期北东向构造-岩浆活动带上	
		控矿构造	垂直或斜交岩体走向的断裂及岩体起伏顶面上凸部位及岩体下凹处是赋矿有利地段	
	地层	时代及岩性	下二叠统变质砂岩及中侏罗统不整合界面	
		后期蚀变破裂	后期蚀变，局部片理化发育	
	围岩蚀变		硅化、绢云母化、绿帘石化、电气石化	自岩体向外依次出现黑云母-钾长石化、绢英岩化、青磐岩化
	矿化		具铜的氧化矿孔雀石、蓝铜矿及风化铁帽	
地球化学	1:20 万水系沉积物测量		矿田内有 Cu、Ag、Au、As、Zn、Pb、B、Bi、W、Sb、Mo 等多元素组合异常，面积达 56km²，异常强度高，衬度大，异常浓集中心与主要矿段对应	
	1:5 万土壤测量	异常特征	Cu 异常呈鞋底形，东西向展布，异常面积 3.25km²，异常浓度分级明显，发育内、中、外带，并有 Ag、As、Au、Sb、Pb、Zn 多元素组合异常	Cu 异常呈不规则带状近东西向展布，异常面积 15.8km²，发育内、中、外带，元素组合为 Bi、Ag、As、Sb、Zn、Pb、W、Sn、Mo 等
	钻孔岩石测量轴（垂）向分带序列		自上而下为：Mn-Pb-Zn-As-Ag-Mo-Sn-Cu-Sb-W-Bi	由地表到隐伏斑岩体，自上而下为：Zn-Sb-Ag-As-B-Au-Cu-Sn-Pb-W-Hg-Mo
	元素对比值		lg[(Pb×Ag)/(Bi×Sn)] 矿上部：0.53，矿中部：0.41，矿下部：0.21；lg[(Pb×Ag×Zn)/(Bi×Sn×Ba)] 矿上部：0.87，矿中部：0.40，矿下部：-0.02	

5. 布敦花铜矿床成矿模式（图 4-297）

（1）中生代在伸展张性环境下，由地幔物质熔融而成的岩浆上侵。

（2）形成了与燕山期中酸性浅成-超浅成岩浆活动有关的铜多金属成矿系列。

（3）在岩体的内外接触带形成细脉浸染状铜矿体（金鸡岭矿段），在 P、T 围岩中形成脉状铜矿体（孔雀山矿段）。

6. 布敦花铜矿床控矿因素

（1）下二叠统大石寨组海相火山-碎屑岩是重要的赋矿围岩和矿源之一。

（2）区域性北东向、北西向深大断裂交汇处控制了多期次的火山-岩浆活动。

（3）燕山期中酸性小岩体（岩株、岩墙、岩脉）是铜元素的重要成矿母岩。

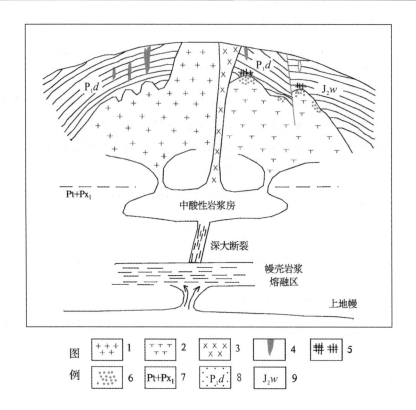

图 4-297　布敦花铜矿床成矿模式图(刘城先,2001)

1-黑云母花岗闪长岩;2-斜长花岗斑岩;3-花岗斑岩;4-脉状铜矿;5-网脉状铜矿;6-浸染状铜矿;
7-元古代-下古生代地层(下地壳?);8-下二叠统大石寨组;9-中侏罗统万宝组

十、铜矿床地质、地球化学找矿模型中成矿作用分析("源""动""储")

以上总结归纳了与深源中酸性岩浆有关的斑岩型、矽卡岩型、海相火山岩型、陆相火山岩型、铜镍硫化物型、海相黑色岩系型、海相杂色岩系型、陆相杂色岩系型和热液型 9 种类型共 25 个典型铜矿床地质、地球化学找矿模型。

地质、地球化学找矿模型是在成矿模式研究的基础上将各类找矿标志(信息)系统组合,进行找矿方法的合理应用,注重经验与实践的理性综合;是在以往成矿模式研究的基础上,吸收矿床成因模式和各类标志模型的精华,建立和完善找矿模型的理论体系,并在实践中提高应用效果。其主要研究内容不仅包含各种地球化学统计参数,而且包括地球化学异常与成矿作用"源""动""储"相关的基础地质特征,以及它们之间的相互联系和对成岩、成矿、成晕机制的认识与深入分析。因此,地质、地球化学找矿模型的研究具有十分重要的理论和实践意义。

建立典型矿床地质、地球化学找矿模型是一个成矿作用"源"→"动"→"储"到表生作用中所发生"变"的正演过程;只有认识成矿作用"源""动""储"相关的基础地质特征,才能深入分析原生、表生地球化学异常,进而为矿床"攻深找盲"和区域成矿预测区的圈定及资源量估算提供可类比的找矿模型。

下面以长江中下游成矿带为例从矿床的铅、硫同位素、元素地球化学性质、地球化学障等特征来示踪成矿作用的"源""动""储"。

(一)铅同位素示踪物源

对于矿床物质来源探讨的有效途径之一是铅同位素示踪。根据普通铅的原理:在普通铅矿物(方铅矿、黄铁矿、钾长石等)形成以后,其铅同位素组成基本保持不变,能较好地反映普通铅矿物物源的 U、Th、Pb 丰度特征,因此常用来示踪物源。

众所周知，成矿元素浓集的直接物源，不外乎岩浆源和沉积矿源层。用岩浆作用过程中形成的造岩矿物钾长石中微量铅（$Pb^{2+}+Al^{3+}\rightarrow K^{+}+Si^{4+}$类质同象置换）同位素组成代表岩浆源。用矿源层中的似层状黄铁矿（显微草莓状结构，黄铁矿$Co/Ni\gg 1$）代表沉积作用环境下的铅同位素组成。因此在矿区配套地采集各具代表性的普通铅矿物就能较客观地示踪成矿元素的物质来源。

马振东和单光祥（1996）对长江中下游铜多金属成矿带铅同位素组成特征进行了较系统的研究，试图从更广阔的时、空领域及难观察的微观尺度变化来探讨铅同位素的示踪作用。这里需要说明的是，绝大部分岩浆岩的长石铅及矿石铅同位素数据是收集20世纪80年代到90年代初前人的分析测试结果（岩浆岩长石、全岩铅139件、矿石铅104件），马振东等侧重分析前人未做工作的基底到盖层中各沉积黄铁矿的铅同位素组成（共22件）（表4-113）；各岩类及花岗岩岩基的铀、钍元素含量（表4-114）。依据这些资料进行区域铅同位素组成背景的综合整理和分析。

表4-113 区域地层沉积黄铁矿（全岩）铅同位素组成（马振东和单光祥，1996）

构造层	地层	采样位置	岩类	测定对象	$^{206}Pb/^{204}Pb$	$^{207}Pb/^{204}Pb$	$^{208}Pb/^{204}Pb$
第二构造层	二叠系	赣北	碳质页岩	黄铁矿(1)	18.430(0.18)	15.748(0.16)	38.697(0.38)
	石炭系	铜陵	灰岩、白云岩①	全岩(5)	18.533	15.698	38.638
	泥盆系	赣北	砂岩①	黄铁矿(1)	18.625	15.695	38.590
		铜陵	泥岩	黄铁矿(1)	18.077(0.10)	15.637(0.08)	38.480(0.21)
	奥陶系	鄂南	瘤状灰岩	黄铁矿(1)	18.222(0.05)	15.662(0.05)	38.333(0.12)
	寒武系	滁县	泥条白云质灰岩	黄铁矿(1)	21.584(0.15)	16.045(0.11)	38.720(0.27)
		赣北	灰岩	黄铁矿(1)	19.238(0.16)	15.769(0.13)	38.660(0.315)
		皖南	钙质页岩	黄铁矿(1)	18.822(0.05)	15.765(0.05)	39.130(0.11)
		赣北	灰岩	黄铁矿(1)	18.556(0.23)	15.815(0.19)	38.754(0.48)
		皖南	泥灰岩	黄铁矿(1)	18.481(0.19)	15.957(0.17)	38.944(0.41)
		皖南	泥条灰岩	黄铁矿(1)	18.396(0.09)	15.760(0.08)	38.680(0.19)
		赣北	硅质页岩	黄铁矿(1)	31.270(0.15)	15.527(0.08)	38.180(0.19)
		皖南	碳质页岩	黄铁矿(1)	19.091(0.04)	15.708(0.03)	38.560(0.08)
	震旦系	赣北	石英砂岩	黄铁矿(1)	17.849(0.14)	15.574(0.13)	37.742(0.31)
			冰碛砾岩	黄铁矿(1)	17.922(0.12)	15.491(0.11)	37.824(0.26)
			灰岩透镜岩	黄铁矿(1)	17.976(0.15)	15.598(0.13)	38.059(0.32)
			碳硅质页岩	黄铁矿(1)	17.816(0.07)	15.596(0.06)	37.606(0.14)
		皖南	砂岩	黄铁矿(1)	17.665(0.09)	15.531(0.08)	37.820(0.19)
			灰岩	黄铁矿(1)	17.966(0.12)	15.647(0.10)	38.342(0.25)
第一构造层	双桥山群	赣北	杂砂岩	黄铁矿(1)	17.982(0.11)	15.600(0.10)	37.960(0.23)
			粉砂质板岩	黄铁矿(1)	18.073(0.08)	15.714(0.07)	38.196(0.18)
	上溪群	皖南	黑色板岩	黄铁矿(1)	17.693(0.15)	15.503(0.13)	37.918(0.31)
			千枚状细砂岩	黄铁矿(1)	17.973(0.13)	15.728(0.11)	38.388(0.27)

注：铅同位素由中国有色金属总公司桂林矿产地质研究院同位素实验室测试，同位素比值括号内的数据为标准偏差。测定对象括号中的数字为样品数，以下同。①赣西北地质大队，城门山、武山铜矿地质，1990

1. 长江中下游区域地层沉积黄铁矿（全岩）铅同位素组成

在区域的地壳发展演化历史中，长江中下游地区的构造运动经历了从活动到稳定，再到活化的三个阶段，形成了相应的三个构造层：即第一构造层为中元古代基底；第二构造层为震旦纪—早三叠世海相沉积盖层；中晚三叠世—新生代陆相火山碎屑岩系为第三构造层。第一、第二构造层各群、系沉积黄铁矿（全岩)铅同位素组成见表4-113,第一、二构造层各岩类铀、钍元素含量见表4-114。据表4-113、表4-114的数据分析：

第一构造层中元古界泥砂质复理石建造中沉积黄铁矿铅同位素组成代表了扬子陆块当时的物源环境,其Th/U值稳定在4.5~5之间。

震旦系主要由滨海相碎屑岩及大陆冰碛岩或冰水沉积物组成,因此铅同位素组成及Th/U值反映了初始盖层与基底之间物质成分的继承关系。

早寒武世沉积环境发生了变化(为陆缘裂陷海盆),水体较深,含氧度很低。陆源化学风化、化学沉积明显增强,U^{4+}易氧化为U^{6+},并形成易溶解的UO^{2+}(铀酰络离子)大量进入海盆。由于环境的变化,铀大量沉淀下来,被碳泥质吸附,造成了寒武系(尤其是硅、碳质岩石)普遍含较高的铀,U/Pb值明显增大。而钍元素在风化过程中仍为四价状态,溶解度低,故其含量变化甚小(表4-114)。因此,寒武系成为区域盖层中第一个异常铀铅同位素层。

奥陶系以后为正常沉积环境,铅同位素组成逐渐正常增大,这是陆壳物质分异,地壳趋于成熟,正常放射性衰变的结果。然而从表4-113可见在泥盆系、石炭系、二叠系沉积物(碳酸盐岩、沉积黄铁矿)中铅同位素组成呈现了较强的异常特征,这一特征与这些地层局部含有较高铀含量相吻合(表4-114)。它们构成了区域盖层中第二个铀铅同位素异常场,但其分布范围较小,且不均匀。

表4-114 区域地层各岩类铀、钍元素含量表(马振东和单光祥,1996)

构造层	地层		岩类	U($\times 10^{-6}$)	Th($\times 10^{-6}$)	Th/U
第二构造层	二叠系	上统	泥质岩(3)	8.37	15.20	1.82
			硅质岩(1)	12.50	2.40	0.19
		下统	碳酸盐岩(7)	3.12	0.35	0.11
			硅质岩(3)	18.83	4.31	0.23
	石炭系		粗碎屑岩(3)	2.29	9.08	3.97
			碎屑岩(3)	3.53	13.45	3.78
			泥质岩(1)	3.18	14.48	4.55
			碳酸盐岩(1)	1.15	2.01	1.75
	泥盆系		碎屑岩(6)	3.25	13.20	4.06
			泥质岩(1)	5.06	19.10	3.77
	志留系		碎屑岩(6)	3.19	14.27	4.47
			泥质岩(12)	2.95	15.85	5.37
	奥陶系		碎屑岩(2)	4.65	12.65	2.72
			泥质岩(9)	3.54	16.10	4.55
			碳酸盐岩(2)	2.05	5.30	2.59
			碳质页岩(2)	12.20	11.70	0.96
	寒武系		泥质岩(15)	4.59	16.80	3.66
			碳酸盐岩(18)	2.37	3.79	1.70
			含碳硅质页岩(2)	23.70	8.20	0.35
	震旦系		碎屑岩(16)	1.51	8.42	5.58
			泥质岩(10)	2.16	10.30	4.77
第一构造层	中元古界双桥山群		泥质岩(9)	2.35	11.55	4.91
			碎屑岩(6)	2.23	10.87	4.61
			凝灰岩(1)	2.20	11.10	5.05
			细碧玄武岩(1)	0.25	2.20	4.23

注:铀、钍由中国原子能科学研究仪器中子活化法(INAA)分析,铀误差平均小于15%,钍误差平均小于2%

2. 长江中下游及邻区岩浆岩长石铅同位素组成特征对不同地球化学块体的示踪

花岗岩长石铅同位素组成主要受区域的地壳铀、钍、铅储库的 U/Pb、Th/Pb 值的控制。为了避免时间因素对铅同位素组成的影响，因此选用了同时代（$T=130\text{Ma}$）中生代花岗岩，与同时代地幔铅相对偏差的表示方法，并用前人（朱炳泉，1993）铅同位素三维空间拓扑图解的矢量值（V_1 和 V_2）来突出不同陆块对铅同位素组成的控制。选择了从华夏陆块，通过赣东北、皖南、长江中下游的扬子陆块，到大别隆起和北淮阳为止的温州-屯溪-霍山剖面。将剖面上（或附近）中生代各类花岗岩长石铅同位素组成的 V_1 矢量值投影在纬度剖面线上（表 4-115，图 4-298）。从表 4-115 和图 4-298 上清楚可见：

（1）确定陆壳间的界线。华南与扬子陆壳的界线可用 V_1 值为 58（相当于 $^{207}\text{Pb}/^{204}\text{Pb}>15.60$，$^{208}\text{Pb}/^{204}\text{Pb}>38.60$）作为划界值，根据这一值，华南与扬子陆壳的界线与江绍断裂带的位置吻合。这一位置与朱炳泉根据新生代拉斑玄武岩 V_1 值所确定的界线相一致（朱炳泉和常向阳，1995）。而扬子与大别隆起的界线为 V_1 值梯度急变带，V_1 值从 30～45 急剧降到 -7～-18，界线处于纬度为 30.8°～30.9° 之间的滁县—洪镇一线的南侧。

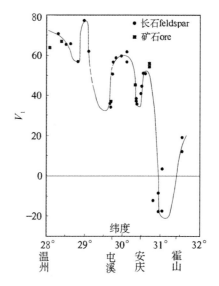

图 4-298 温州-屯溪-霍山中生代岩浆岩铅同位素 V_1 值纬向投影（马振东和单光祥，1996）

表 4-115 温州-屯溪-霍山中生代岩浆岩长石铅同位素组成及 V_1 及 V_2 值

地层	岩 体	岩 类	$^{206}\text{Pb}/^{204}\text{Pb}$	$^{207}\text{Pb}/^{204}\text{Pb}$	$^{208}\text{Pb}/^{204}\text{Pb}$	$\varepsilon\Delta\text{rp}$	V_1	V_2	资源来源
温州屯溪	缙云村前	花岗岩	18.428	15.677	38.847	0.38	69.7	50.7	张理刚和吴克隆，1994
	武 义	英安流纹斑岩	18.209	15.693	38.907	1.62	65.5	39.7	
	遂昌苏村	斜长花岗岩	18.263	15.612	38.860	0.69	65.7	41.0	
	马 头	二长花岗岩	18.129	15.603	38.617	0.83	56.4	36.9	
	龙游北界	二长花岗岩	18.306	15.655	39.276	1.22	76.9	39.5	
	江山洪公	花岗岩	18.133	15.619	38.848	1.10	62.1	34.9	
赣东北	银 山	石英斑岩	17.957	15.492	37.883	-0.91	34.4	34.2	沈渭洲和陈繁荣，1991
		英安斑岩	18.023	15.467	37.900	-0.60	36.5	36.6	
皖南	绩溪伏岭	花岗岩	18.255	15.580	38.455	0.16	55.8	44.4	张理刚和邢凤鸣，1993
	桐 坑	花岗岩	18.298	15.623	38.196	0.28	50.6	50.3	
	桐 坑	花岗岩	18.279	15.586	38.475	0.16	56.9	45.5	
	歙县长陵	花岗岩	18.254	15.545	38.577	-0.09	58.7	42.2	
	黟 县	黑云母花岗岩	18.242	15.659	38.622	1.04	59.5	43.7	
	祁门大历	花岗岩	18.234	15.642	38.508	0.83	56.5	44.2	
		花岗岩	18.321	15.613	38.611	0.38	61.2	46.6	
	太 平	花岗闪长岩	18.295	15.636	38.576	0.64	50.7	46.3	
	太平坞石墟	花岗岩	18.337	15.599	38.385	0.06	56.2	49.6	
铜陵	马 山	石英闪长岩	17.969	15.588	38.315	0.94	45.1	32.1	黄斌，1991
	金口岭	石英闪长岩（3）	17.882	15.520	38.070	0.40	36.9	29.1	
	铜官山	石英闪长岩（3）	17.834	15.540	38.108	0.74	36.6	29.1	

续表 4-115

地层	岩体	岩类	$^{206}Pb/^{204}Pb$	$^{207}Pb/^{204}Pb$	$^{208}Pb/^{204}Pb$	$\varepsilon\Delta rp$	V_1	V_2	资源来源
枞怀	毛王庙	二长斑岩	18.091	15.604	38.342	0.83	51.0	37.2	任启江和刘孝善,1991
	城山	碱性长石花岗岩	18.120	15.510	38.370	-0.17	50.3	37.2	章邦桐和张富生,1988
	大龙山	花岗岩(2)	18.064	15.472	38.218	-0.47	45.2	35.2	
	洪镇	花岗岩	16.990	15.370	36.950	0.79	-12.9	-5.6	邢凤鸣,1993
大别	舒城	石英闪长岩	16.990	15.452	37.623	1.98	3.5	-11.3	张理刚和邢凤鸣,1993
	河棚	石英闪长岩	16.539	15.454	37.220	3.00	-18.0	-28.7	陈江峰,1991
	舒城	石英正长岩	16.539	15.350	37.215	2.03	-18.1	-31.0	
	龙眠寨	石英正长岩	16.968	15.350	37.192	0.82	-7.1	-9.8	
北淮阳	响洪甸	霞石正长岩	17.243	15.423	37.715	1.06	12.0	-0.5	周泰禧和陈江峰,1995
	响洪甸	碱长正长岩	17.203	15.494	38.064	2.05	19.0	-4.7	

(2)示踪同一陆块内不同岩源。从图 4-298 可见扬子陆块内部中生代岩浆岩铅同位素 V_1 值呈"Ω"型,这是陆块内不同岩源(层圈)铅同位素组成的清晰反映。位于江南台隆上壳熔花岗岩岩基 V_1 值为 50~60,反映中、上地壳铅同位素组成特征;而位于两侧坳陷中与成矿有关的中酸性小岩体 V_1 值为 30~45,反映下地壳、上地幔混合源的铅同位素组成。

(3)指示矿带空间位置。扬子陆块内大型超大型矿床都在铅同位素 V_1 值梯度急变带的附近。华南与扬子陆块之间的急变带有德兴斑岩铜矿,银山铜、铅、锌、银矿;冷水坑铜、金、银矿;扬子与华北(大别)之间急变带展布着长江中下游铜、铁成矿带。

3. 长江中下游铜成矿带铜矿质来源铅同位素组成的示踪

长江中下游铜成矿带中矽卡岩型铜多金属矿床(斑岩型矿床)是优势矿产,矿床与中生代中酸性小岩体有着密切的时空及成因联系。各矿床矿石铅同位素组成(表 4-117)与中酸性小岩体长石铅同位素组成十分相似(表 4-116)。矽卡岩型(斑岩型)矿床的硫化物矿石铅 $^{206}Pb/^{204}Pb$:17.804~18.096,$^{207}Pb/^{204}Pb$:15.510~15.561,$^{208}Pb/^{204}Pb$:37.876~38.227;中酸性小岩体长石铅 $^{206}Pb/^{204}Pb$:17.834~18.080,$^{207}Pb/^{204}Pb$:15.442~15.588,$^{208}Pb/^{204}Pb$:37.733~38.470。这一信息示踪铜等矿质来源于中生代中酸性小岩体。而与石炭系黄龙组碳酸盐岩(白云岩)和泥盆系五通组碎屑岩之间假整合面上的含铜块状黄铁矿矿体的铅同位素组成有较明显的差别:$^{206}Pb/^{204}Pb$:18.397~18.558,$^{207}Pb/^{204}Pb$:15.624~15.788,$^{208}Pb/^{204}Pb$:38.489~39.155,这一特征与泥盆系砂岩中沉积黄铁矿铅同位素组成十分一致(表 4-113)。

4. 铅同位素组成示踪不同成矿物质来源

马振东等(1999)在对江西德安曾家垅锡多金属矿田(图 4-299)应用铅同位素组成来示踪各成矿元素的物源,表 4-118 列出了在隐伏二云母碱长花岗岩接触带矽卡岩型锡矿床及其外围的震旦系地层中层状、似层状张十八铅锌矿的铅同位素组成。从铅同位素组成特征来看,锡矿和铅锌矿明显有别:一个富放射成因铅,其 $^{206}Pb/^{204}Pb$、$^{207}Pb/^{204}Pb$ 值高;另一个贫放射成因铅,其值相对较低。锡矿和二云母碱长花岗岩、铅锌矿和震旦系沉积黄铁矿铅同位素组成的两两对应的现象不是偶然的,而是示踪各自不同的源区,Sn 元素主要来自二云母碱长花岗岩,而 Pb、Zn(Ag)等矿质主要源于基底和赋矿围岩。

表 4-116　长江中下游成矿带与铜成矿有关的中酸性小岩体长石铅同位素组成表

矿床	岩石	测定对象	$^{206}Pb/^{204}Pb$	$^{207}Pb/^{204}Pb$	$^{208}Pb/^{204}Pb$	矿种	资料来源
铁山	石英闪长岩	长石(1)	17.920	15.500	38.400	Fe,Cu	舒全安等,1992
金山店	石英闪长岩	全岩(1)	17.933	15.442	38.141	Fe,Cu	
封山洞	花岗闪长岩	长石(1)	18.080	15.570	38.470	Cu,Mo	
武山	花岗闪长斑岩	长石(2)	17.877	15.546	37.937	Cu	①
城门山	花岗闪长斑岩	长石(1)	18.042	15.572	37.733	Cu,Mo	
金口岭	石英闪长岩	长石(3)	17.882	17.520	38.070	Cu	黄斌,1991
马山	石英闪长岩	长石(2)	17.969	15.588	38.315	Cu	
铜官山	石英闪长岩	长石(3)	17.834	15.540	38.108	Cu	

①赣西北地质大队,城门山、武山铜矿地质[R],1990

表 4-117　矽卡岩型(斑岩型)矿床的硫化物矿石铅同位素组成表

矿带	矿床类型硫化物	矿床	$^{206}Pb/^{204}Pb$	$^{207}Pb/^{204}Pb$	$^{208}Pb/^{204}Pb$	资源来源
长江中下游铜成矿带	矽卡岩型铜矿床	武山(6)	17.826	15.561	37.905	①
		城门山(3)	17.885	15.530	37.876	①
		金口岭(5)	18.096	15.547	38.227	黄斌,1991
	矽卡岩型钨、铜矿床	阮宜湾(1)	17.804	15.526	37.940	舒全安等,1992
	斑岩型铜、钼矿床	城门山(3)	18.000	15.510	37.901	①
	含铜块状黄铁矿型矿体	城门山(7)	18.504	15.788	39.155	①
		马山(10)	18.397	15.624	38.489	黄斌,1991
		新桥(8)	18.558	15.646	38.591	
	泥盆系砂岩黄铁矿	赣西北	18.625	15.695	38.590	①

①赣西北地质大队,城门山、武山铜矿地质[R],1990

表 4-118　江西曾家垅锡多金属矿田铅同位素组成

采样位置	地质产状	测定对象	$^{206}Pb/^{204}Pb$	$^{207}Pb/^{204}Pb$	$^{208}Pb/^{204}Pb$	资料来源
曾家垅锡矿	矽卡岩型锡矿	黄铁矿(1)	21.046	16.608	38.366	江西916地质队,1986
	二云母碱长花岗岩	长石(1)	20.717	15.930	38.746	
	黑云母二长花岗岩	长石(1)	29.852	21.450	39.948	
张十八铅锌矿	震旦系硐门组砂岩中层状、似层状铅锌矿	黄铁矿(3)	17.780	15.610	38.023	卢树东,2005
		闪锌矿(1)	17.936	15.579	37.896	
		方铅矿(3)	17.196	15.562	37.664	
江西修水震旦系地层(Z)	灯影组硅质层	黄铁矿(1)	17.866	15.596	37.606	马振东和李艳霞,1999
	陡山沱组灰岩透镜体	黄铁矿(1)	17.976	15.598	38.059	
	南沱组冰碛砾岩	黄铁矿(1)	17.992	15.491	37.824	
	硐门组石英砂岩	黄铁矿(1)	17.849	15.574	37.742	

注:括号内为样品数

(二) 硫同位素示踪物源

自然界硫同位素组成的变化受硫源、作用过程中硫同位素分馏效应及环境的物理化学条件等因素的制约。因此，硫同位素在区域内各地质体之间的变化，可以从不同侧面为研究者提供有用的示踪信息。我们认为只有查明区域硫源背景，才能更好地认识各种地质作用过程中硫的来源、硫同位素的分馏机制及所处的物理化学环境，以长江中下游地区为例。

1. 区域基底和盖层中沉积黄铁矿（硫酸盐）硫同位素组成背景

马振东等（1996）在较系统研究沉积作用中铅同位素组成特征的同时，配套地进行了沉积黄铁矿的硫同位素组成的研究，见表 4-119 和图 4-300。

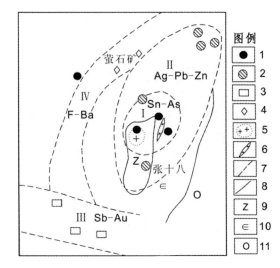

图 4-299 曾家垅锡多金属矿田金属元素面状分带（马振东和李艳霞，1999）

1—Sn-As 带（I）；2—Ag-Pb-Zn 带（II）；3—Sb-Au 带（III）；4—F-Ba 带（IV）；5—隐伏花岗岩；6—花岗岩脉；7—分带线；8—地层界限；9—震旦系；10—寒武系；11—奥陶系

(1) 从图 4-300 和表 4-119 中清楚显示出中元古代褶皱基底这套泥砂质复理石建造中沉积黄铁矿 $\delta^{34}S$ 值的变化范围是很宽的，其值从 $-22.8‰ \sim 19.5‰$。这充分反映当时古扬子海盆的沉积环境和物源是复杂的。从早到晚总的趋势是从富重硫（^{34}S）的特征向富轻硫（^{32}S）环境演化，作为盖层的新元古震旦系各类沉积岩中黄铁矿 $\delta^{34}S$ 均为正值，变化范围 $4.3‰ \sim 39.6‰$，平均 $20.8‰$。

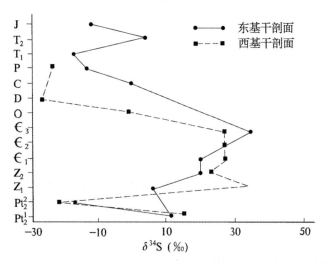

图 4-300 长江中下游及邻区基底和盖层中沉积黄铁矿硫同位素组成（胡云中和马振东，2006）

(2) 寒武纪以后的海相沉积盖层中沉积黄铁矿 $\delta^{34}S$ 值明显地呈现两个截然不同的区域。下古生界寒武系中沉积黄铁矿绝大多数富重硫（^{34}S），包括下寒武统碳质页岩中结核状黄铁矿，尤其是上寒武统华严寺组（ϵ_3^1）中极细粒草莓状黄铁矿达到了极高值：$51.6‰$（江西武宁）、$50.5‰$（安徽黟县），同时测定其相应硅质泥岩、泥页岩的有机质成分可高达 13.1%、1.30%。硫同位素的这种特征反映了当时沉积盆地的硫酸盐的储存是有限的，或者氧化-还原反应的作用较强，使残余海水硫酸盐组成中 ^{32}S 大量移出，结果在后期形成的 H_2S 和 FeS_2 中 ^{34}S 的富集程度大大增高，因此形成了极高的 $\delta^{34}S$ 值（$50‰$）。而上古生界从泥盆系开始至三叠系，地层中沉积黄铁矿具富轻硫（^{32}S）的特征，^{34}S：$-15.8‰ \sim -27.7‰$（中三叠统钙质粉砂岩中黄铁矿 $\delta^{34}S$ 为 $11.3‰$）。盖层中沉积黄铁矿硫同位素组成特征的这一变化，客观地反映了下扬子沉积环境的总体演化，从较封闭的陆缘沉积演变为较为开放的陆表海盆。

表 4-119 长江中下游及邻区各时代地层沉积黄铁矿硫同位素组成表　　　　　　　　　（单位：‰）

时代	地质产状	东基干剖面（皖南-皖中安庆）	西基干剖面（赣西北-鄂东南）	岩石地层	资料来源
J	泥质粉砂岩中黄铁矿	−13.0(1)			
T_2	铜头尖组钙质粉砂岩中黄铁矿	11.3(1),5~9.6①		月山组膏盐层中硬石膏①25.37~34.41	
T_1	殷坑组黑色页岩中黄铁矿	−17.9(1)③			
P	龙潭煤系中结核状黄铁矿	−15.8②	−24.6(1)		①周涛发和岳书仓，1995；
C	高丽山组粉砂质页岩中黄铁矿	1.8(1)			②常印佛等，1991；
D	石英砂岩中粗晶自形黄铁矿		−27.7(1)③		③赣西北队，1986；
O	龟裂灰岩中星点状黄铁矿		−0.5(1)		其他均为马振东等，1996
$\in_1$	泥条灰岩中星点状黄铁矿	$\frac{17.9~50.5}{34.2}$(2)	$\frac{-2.3~51.6}{27.0}$(2)		
$\in_2$	泥条灰岩中星点状黄铁矿		26.2(2)		
$\in_3$	碳质页岩中结核状黄铁矿	20.0(1)	27.4(1)		
Z_2	硅质岩中黄铁矿		4.3(1)		
Z_1	灰岩结核中黄铁矿	20.3(1)	24.9(1)	灯影组中重晶石 26.9(1)	
Pt_2^2	含冰碛砾岩杂砂岩中黄铁矿	8.4(1)	$\frac{21.7~39.6}{33.4}$(2)		
Pt_2^1	黑色板岩中星点状黄铁矿	−17.6(1)	$\frac{-21.7~-22.8}{-22.3}$(2)		
	杂砂岩中星点状黄铁矿	11.6(1)	$\frac{3.9~19.5}{14.7}$(5)③		

黄恩邦、孟良义、张乃堂等，城门山、武山铜矿地质[R]，江西赣西北地质大队（内部资料），1990。括号中数字为样品数

（3）区域沉积硫酸盐（重晶石、硬石膏）硫同位素变化δ^{34}S 在 25.3‰~34.1‰，与 Holser(1966)所编绘的世界海相硫酸盐硫同位素组成的变化相似（δ^{34}S：10‰~30‰）。

基底和盖层中沉积黄铁矿和硫酸盐硫同位素组成的背景为研究内生矿床、沉积叠加改造型矿床的硫同位素组成的变化提供了重要的依据。

常印佛等(1991)对长江中下游地区 40 余个矿床 1 184 件矿石硫同位素数据进行了系统研究，获得了十分中肯的认识："矿床中既有深源硫，也有从陆壳中熔融混合的沉积硫，同时还可能有经地下水提供的表生硫和生物硫"。在此基础上，结合沉积地层中硫化物、硫酸盐的硫同位素组成背景，将研究区各矿带中矿石硫同位素组成分为两大类：岩浆-火山热液矿床的硫同位素组成及沉积叠加改造型矿床的硫同位素组成。

2. 岩浆-火山热液矿床的硫同位素组成

这类矿床又明显地可分为两个亚类：

（1）硫源单一型，以深源硫为主的矿床，其硫同位素组成变化范围很窄，δ^{34}S 一般为 2‰~5‰，在硫同位素组成直方图上呈"塔式"分布。如城门山、武山、铜陵等地矽卡岩型、斑岩型铜矿等（图 4-301）。

（2）硫源复杂型，岩体或火山岩侵位、喷溢在膏盐层中，所形成的岩浆-火山热液型矿床，其矿石的硫同位素组成明显富重硫，δ^{34}S 值变化范围宽（10‰~27‰），在硫同位素组成直方图上呈"脉冲"式和"塔式"混合分布（图 4-301），如鄂东南的程湘、张福山等矽卡岩型铁矿、罗河铁矿（庐枞），白象山、梅山铁矿（宁芜）。周涛发等(1995)认为岩浆硫＋碎屑地层硫＋膏盐地层硫是该矿床的真正硫源（岩浆硫约占 78%，地层硫为 22% 左右）。

3. 沉积叠加改造型矿床的硫同位素组成

它们的硫同位素组成主要受地层的沉积硫化物（细菌还原）、硫酸盐硫同位素的控制，最为典型的是长

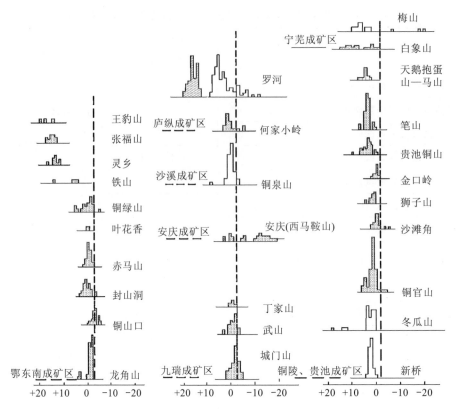

图 4-301 长江中下游部分矿床硫同位素 $\delta^{34}S(‰)$ 组成特征值（常印佛和刘湘培,1991）

江中下游及邻区盖层中沉积叠加改造型锑、铅锌银矿床：如湖北通山徐家山锑矿、江西武宁驼背山锑矿、江西修水香炉山外围银多金属矿、江西德安曾家垅张十八银多金属矿，等等，并伴有 Au、Hg、As 等元素组合。这些矿床的一个明显特征是严格受层位、岩类及构造（层间破碎带、节理裂隙带）控制，另外一个共同特征是后期作用（构造应力场、岩浆热液活动……）的强烈叠加改造。马振东等除了从矿源层各岩类的成矿元素含量、赋存形式及活化机制等方面研究外，还从硫同位素特征上进行示踪分析，虽然硫同位素组成的变化受诸多因素的控制，但是在了解区域成矿背景及矿床特征的基础上，硫同位素对于地层中建造水、深循环热水系统的示踪效果还是十分明显的。如俞惠隆等（1986）研究的湖北通山徐家山锑矿，其矿石中的辉锑矿、黄铁矿、重晶石等硫同位素组成与地层中沉积黄铁矿、重晶石的硫同位素十分相似，见表 4-120。说明它们之间的硫同位素组成在后期热液叠加改造过程中达到了充分的交换及平衡，其矿石中硫同位素组成基本上受控于地层中的硫源（硫化物和硫酸盐）。

表 4-120 层控锑矿床与围岩中硫化物和硫酸盐矿物硫同位素组成

采样地点	地质产状	测定对象	$\delta^{34}S(‰)$ 变化范围	平均值	资料来源
通山徐家山锑矿	灯影组中层状辉锑矿床	辉锑矿(35)	12.1~14.4	13.53	俞惠隆和曹微,1986
		黄铁矿(4)	21.5~39.7	29.72	
		重晶石(1)		26.1	
修水、武宁	震旦系各组地层中沉积黄铁矿	黄铁矿(4)	4.3~39.6	24.0	马振东和李艳霞,1999

从以上的研究表明：只有查明了区域内各地质体硫同位素的背景，同时根据区域成矿地质及所研究矿床的特征，才能较有效地讨论矿床中硫的来源、硫同位素的分馏机制及环境的物理化学条件。

(三)深源岩浆熔体结构及岩浆不同阶段的演化是Cu元素运移、富集的主导机制

1. 深源岩浆熔体结构

岩浆熔体是一个多相(晶体、熔体、气体)体系,当岩浆不断结晶过程中各种地球化学性质的微量元素有着不同的行为,Cu^{2+} 是典型的第一过渡族元素的金属离子,服从晶体场理论分配规律,它的八面体晶体场稳定能(22.2千卡/克离子)大大地大于四面体晶体场稳定能。因此,当岩浆结晶时,它将优先进入八面体配位位置。据 Feiss(1978)实验表明,当熔浆中 SiO_2 及 $Al_2O_3/(CaO+K_2O+Na_2O)$ 比值适当时,硅酸盐熔体八面体配位位置占优势,因此 Cu^{2+} 较大量地残留在岩浆熔体中,少量以硫化物形式进入已结晶的硅酸盐矿物的结构空隙或结晶体的缺陷中(黑云母、角闪石等)。

马振东等(2006)将沿江与铜、铁成矿有关的中酸性小岩体(包括4个无矿岩体)及邻区的含 W、Sn 岩体等共33个,投点在 SiO_2 与 $Al_2O_3/(CaO+K_2O+Na_2O)$ 图上(图4-302)。从图上可清楚地看到含 Cu 小岩体集中在 SiO_2 为 58%~66%、$Al_2O_3/(CaO+K_2O+Na_2O)$ 为 1.28~1.43 较小的范围内,而非过渡族 Fe、W、Sn 等元素都不受晶体场理论的制约,而散布在较大的区间。在成矿带中有些所谓的无矿中酸性小岩体,其 Cu 等成矿元素含量并不低,而是由于岩浆熔体结构的缘故,相当一部分的 Cu(以硫化物形式)进入到黑云母、角闪石等矿物的结构空隙或其结晶体的缺陷中。至晚期,在富含 Cu 熔体中,Cl^-、F^-、S^{2-} 等络合剂离子浓度越来越高,与 Na^+、K^+ 等大半径阳离子形成具有很大溶解度的络合物,这些络合物随着晚期岩浆气液流体不断地向上输运,在各种有利的物理及化学障的环境中富集成矿。

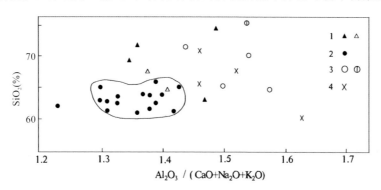

图4-302 长江中下游地区含矿岩体 SiO_2 和 $Al_2O_3/(CaO+Na_2O+K_2O)$ 图(马振东和单光祥,1997)
1—含铁、铜岩体;2—含铜岩体;3—含钨、锡岩体;4—无矿岩体

2. 岩浆不同阶段的演化成矿元素富集趋势

岩浆熔体结构为 Cu^{2+}(以络合物形式)在熔体中残余富集提供了空间,这是熔浆成矿的前提。然而,成矿与否的另外一个重要因素是岩浆从早期到晚期演化过程中成矿元素有无富集趋势,也就是熔浆中的成矿元素在晚期某一阶段集中富集,而不是均衡地分散在岩浆活动的各个阶段,这是铜富集成矿的另外一个重要机制。据大量资料统计表明,成矿岩体的这种趋势十分明显,如鄂东南地区不同期次岩浆岩中,Cu 等成矿元素有向燕山早期第二阶段富集的趋势(表4-121),Cu、Au、W、Mo 等成矿元素从岩浆的第一阶段到第二阶段提高了几倍至十几倍,在如此短的时间内,成矿元素呈几倍、十几倍的增长。而城门山主成矿期的花岗闪长斑岩中 Cu 含量高达 596×10^{-6},是区域早期石英闪长(玢)岩(30×10^{-6}~50×10^{-6})的上百倍,可见其富集机制的效果是十分好的。

(四)元素地球化学性质和赋矿围岩成矿物理化学环境对成矿元素"储"的制约

1. Cu、Fe 元素地壳丰度的制约

在地壳中,各种元素的丰度及富集系数(最低工业品位与地壳或区域丰度之比)是不同的。对于铜、铁矿床来说,Fe 只要富集到地壳丰度6倍即可达到工业品位。因此,只要经历一次地质、地球化学作用即可

形成工业矿床。而对于大多数成矿元素来说,则要富集几十倍、上百倍,甚至上万倍才能达到工业要求,如Cu就要浓集到地壳丰度的上百倍,因此Cu等元素的成矿作用往往具有多期、多源、多成因的特征。

表 4-121　鄂东南地区不同期次岩浆岩中Cu等元素演化趋势表(舒全安等,1992)

岩浆活动期次		Au	Ag	Cu	Mo	W	Pb	Zn	S	V	P	Cr	Ni	Co	Ti	F	Cl
燕山晚期		1.01	53.26	43.2	1.10	0.53	40.6	27.1	480.5	21.5	780.0	85.7	6	7.8	3 086.7	454	194.0
燕山早期	第二阶段	12.3	201.70	208.8	8.95	6.53	143.0	81.7	3 693.3	30.3	931.7	22.0	11	10.7	2 516.7	655	99.3
	第一阶段	0.99	63.13	58.7	1.71	1.14	45.9	63.1	710.0	74.7	1404.4	65.0	12	14.4	3 930.9	640	86.0

单位:Au、Ag元素含量为10^{-9},其他为10^{-6}

2. Cu、Fe元素本身的地球化学性质的制约

在地壳条件下,Cu的亲硫性远远超过Fe的亲硫性,只要有硫存在Cu总是比Fe优先夺取硫而形成Cu的硫化物,将Fe排除在外;另一方面Fe的亲氧性又远远大于Cu,只要有氧存在,Fe总比Cu优先夺取氧形成Fe的氧化物,而将Cu排除在外。Cu、Fe对于S、O的争夺是形成各类Cu、Fe矿床的内在因素,也对内生矽卡岩型铜、铁矿床空间分布有着重要的控制意义。在成矿作用过程自身氧、硫逸度变化的主导因素前提下,从区域空间来看,成Fe岩系定位于地壳较浅的相对氧化环境(中生代盆地),硫逸度低,氧逸度高,Fe^{2+}、Fe^{3+}并存,Fe^{3+}优势,沉积硫大量加入,S^{6+}的硫酸盐占相当的比例。而成Cu岩系定位于地壳浅部的较还原环境下,以上古生界围岩为主,硫逸度较高,氧逸度较低,成矿元素以Cu^{2+}、Fe^{2+}为主,形成大量铜硫化物(S^{2-})。对于某个矿床的空间分布也具有这样的富集机制,上部磁铁矿矿体,预示深部很可能会有磁黄铁矿和黄铜矿组合的矿体。

3. 赋矿围岩成矿物理化学环境条件的制约

从地球化学的观点分析成矿环境,其实质是成矿的物理化学环境,它包括物理环境(岩石孔隙度、渗透率、岩石破碎度、热力场、压力场、流体循环系统……),又包括化学环境(成矿元素浓度、赋存形式、配位体络合物浓度及状态、氧化-还原电位、酸碱度……)。

在长江中下游地区沉积盖层中具有良好的成矿物理化学环境,它们控制着岩浆岩、火山岩及内、外生矿床、叠加改造型矿床的定位。因此,赋矿围岩成矿物理化学条件的分析是研究成矿规律不可缺少的重要一环。这里仅以上石炭统黄龙组碳酸盐岩(白云岩)及上泥盆统五通组碎屑岩之间假整合面为例(区域重要的含矿层位之一)对其进行物理化学环境的分析。

从沉积作用、沉积相研究表明:上石炭统黄龙组沉积代表陆内拉张断陷盆地内的浅水沉积,主要为碳酸盐岩(白云岩)(图4-303)。上泥盆统五通组为含砾石英砂岩、砂砾岩及砂质白云岩;顶部常见黑色黄铁矿化白云质黏土岩,从地球化学的观点来分析这一界面。

(1)绝佳的物性界面和构造界面。从上述沉积作用、沉积相分析可知:这一界面本身其岩类特征上下剧变;另外从更大的时、空域来看,它又是巨厚层志留系碎屑岩(3 000～5 000m)过渡到石炭、二叠、三叠系碳酸盐岩的"前哨层"。由于上下岩类的迥异,在各个构造发展阶段,由各种形迹的构造(如伸展构造等)所形成的剥离断层最易发育于此,造成岩石破碎,孔隙度、渗透率增加,脆性岩石部分形成一个张性的减压层,而由于本身岩类(黏土层)及动力糜棱岩的存在,它又成为一个流体隔挡面,从而构成了局部流体循环的"储""盖"系统。

(2)剧变的元素性质和梯度界面。这里有两层涵义:一是常量元素从Si、Al、K急变为Ca、Mg、CO_3^{2-};二是指Cu、Pb、Zn、Ag等成矿元素,从含量相对较高($15×10^{-6}$～$45×10^{-6}$)的碎屑岩(包括3 000～5 000m厚的志留系)剧变为含量极低($0.5×10^{-6}$～$5×10^{-6}$)的碳酸盐岩(白云岩)的"饥渴层",造成界面两侧元素性质、丰度梯度的剧变带。

(3)良好的氧化-还原和酸碱变化界面:碎屑岩和碳酸盐之间的过渡层是黑色黄铁矿化黏土层,富含黑色有机质沉积物(有机质0.72%)和黄铁矿(S^{2-})、菱铁矿(Fe^{2+}),其环境显然是还原的,而其上碳酸盐岩

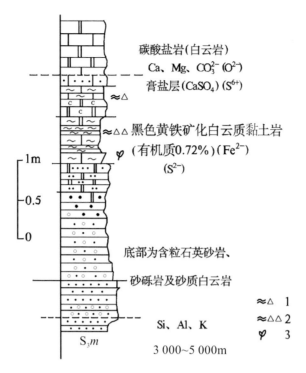

图 4-303　黄龙组底部岩段物理化学环境示意图(马振东和单光祥,1997)
1—含纹层黄铁矿;2—含较多纹层黄铁矿;3—含威宁早期孢粉组合

中大量存在 CO_3^{2-}(O^{2-}),在膏盐层($CaSO_4$)中为 S^{6+},是相对氧化环境;另外碳酸盐岩层又是碱性地球化学障(pH:方解石为8.3,白云石为7~8),遇上酸性的成矿热流体,必将发生剧烈的酸碱反应。

从以上的讨论来看,成矿作用实际上是一个庞大的"元素富集工厂",它由天然动力而运转,主要功能是运输原料(成矿元素),其结果一些元素富集了,一些元素分散了。因此,要形成一个大型、特大型矿床必须有高效率的富集机制,同时能持续不断地运转。这首先需要的是成矿物质供给的背景("源"),其次是要有足够的运矿介质——熔体、热液和络合剂及有利的使元素富集的物理化学环境,同时这些作用的每个环节还必须配合良好地持续进行,例如深断裂的产生与深源岩浆上侵时机的吻合,侵位的深度与温度、压力降低的幅度,矿质沉淀反应速率与矿质输运速度的默契("运"),以及作为地球化学障的围岩条件("储")等,这些都统归于元素的富集机制,而长江中下游地区就具备有这种良好的 Cu 等成矿元素的富集机制。

第五章　中国铜矿资源地球化学定量预测研究实例

在不断吸收前人大量成果的基础上,通过五年多来先后在长江中下游、冈底斯、云南全省以及藏东"三江"等地区,以我国已有的1:20万(1:50万)区域地球化学数据为主,综合利用1:5万~1:1万中大比例尺的地球化学资料的探索和实践,初步形成了以GIS技术为主要手段,以基础地质、成岩成矿机制、理论地球化学与勘查地球化学为一体的研究体系。本章以长江中下游铜多金属成矿带、西藏冈底斯铜多金属成矿带、云南香格里拉铜多金属成矿带、滇中楚雄盆地层控砂岩型铜矿为例进行铜矿资源地球化学定量预测。

第一节　长江中下游铜多金属成矿带铜矿资源地球化学定量预测

长江中下游铜多金属成矿带位于长江沿岸,从西向东分布着鄂东南、九瑞、铜陵和安基山等矿田,是我国东部地区重要的铜多金属成矿带之一,工作程度相对较高,区内典型矿床包括城门山、武山、丰山洞、狮子山、凤凰山等(图5-1)。

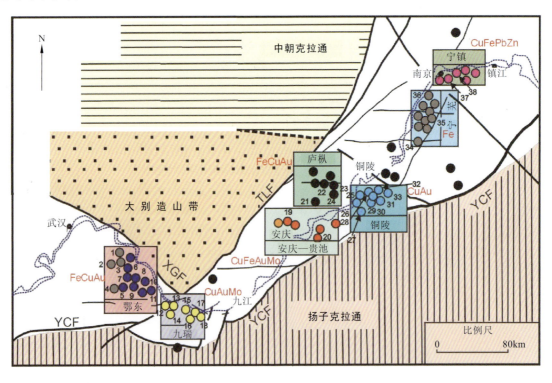

图5-1　长江中下游成矿带铜多金属成矿带矿集区分布示意图(Pan and Dong,1999)

成矿带处于北亚热带湿润气候环境,年均温14~18℃,最冷月均温0~5.5℃,地势低下,湖泊众多,河网交织,为典型的"水乡"景观,沿江各铜多金属矿田大部分为湿润中低山丘陵区景观条件。Cu等元素风化作用强烈,在矿区地表土壤中可形成明显的次生富集带。

一、矿田地质、地球化学找矿模型

成矿区带地质、地球化学找矿模型是特定矿床类型组合模式与地球化学异常特征的有机组合,在研究元素在不同自然地理-地质环境中的迁移分布规律的基础上,形成矿床与区域成矿的地质、地球化学模式。因此,需从成矿地质因素出发,研究各矿田的成矿条件、成矿物质来源和成矿机理,并总结归纳矿带内所具有的共同特征;然后针对区域地球化学异常的空间变化特征及元素组合特征,结合区域地质特征和区域成矿规律,建立长江中下游成矿带矿田、矿带的地质、地球化学找矿模型。

(一)区域地质特征(表5-1)

表5-1 九瑞与铜陵铜矿田区域地质特征

矿田名称	九瑞矿田地质特征	铜陵矿田地质特征
大地构造	属滨太平洋构造域,扬子准地台下扬子台坳中部的长江断裂带南缘	
矿田构造	与成矿有关的燕山期中酸性小岩体受北西西向及北东向断裂带交叉节点控制	北东向长江断裂带与北西西向钒山-铜陵断裂的复合追踪控制了矿田内岩浆成矿作用
岩浆岩	为深源部分熔融中酸性岩浆序列(埃达克质岩),主要为花岗闪长斑岩、石英斑岩,次为闪长岩、石英闪长岩,呈小于1km^{2}的小岩株	主要为高钾闪长岩类(闪长岩、石英二长闪长岩、石英闪长岩和花岗闪长岩),呈小于1km^{2}的小岩株
赋矿地层	二叠系、三叠系碳酸盐岩为矽卡岩型铜矿的赋矿围岩;泥盆系五通组碎屑岩与石炭系黄龙组的白云质灰岩之间的假整合面为似层状含铜黄铁矿赋矿层位	上石炭统和下三叠统碳酸盐岩是主要的赋矿层位,二叠系及中三叠统亦是重要的赋矿层位
围岩蚀变	蚀变强烈,分带明显。岩体内部→接触带:钾硅化→石英绢云母化→矽卡岩化→绿泥石碳酸盐化→大理岩化	浅部围岩蚀变强烈,似层状矽卡岩化为主;深部斑岩型蚀变为:钾长石-硅化、绿泥石化、碳酸盐化
金属矿物组合	主要为黄铁矿、黄铜矿、辉钼矿、闪锌矿、磁铁矿,次要为胶黄铁矿,少量磁黄铁矿、胶状白铁矿、斑铜矿、赤铁矿等	主要为磁黄铁矿、黄铁矿、黄铜矿、磁铁矿,少量辉钼矿、闪锌矿、方铅矿
剥蚀深度	较浅-中等	浅-较浅
地球物理特征	处于九瑞航磁负场中的正场抬高区	处于莫霍面上隆带,构成"两坳(大别、江南古陆)一隆(铜陵矿田)"的格局
景观	湿润中低山	

(二)九瑞矿田区域地球化学特征

1. 成矿元素地球化学异常空间分布特征

见第三章第一节图3-11。

2. 成矿元素异常含量(组合)、异常规模及规格化面金属量

见第三章第一节表3-10。

3. 判别剥蚀深度

利用1∶20万水系沉积物测量的数据计算每个样点矿尾晕/矿头晕、矿尾晕/矿床晕的比值,有累乘、累加两种方式,如利用(W+Sn+Mo)/(As+Sb+Hg)比值图及(W×Sn×Mo)/(As×Sb×Hg)比值图评价地质体的剥蚀深度:

从九瑞矿田(W+Sn+Mo)/(As+Sb+Hg)比值图上(图5-2上图),清晰地显示了各矿床的剥蚀程度:阳新岩体、丰山洞＞城门山＞武山(与实际情况完全相符)。

在区域(W×Sn×Mo)/(As×Sb×Hg)比值图上(图5-2下图),除了反映各矿床不同剥蚀深度外,还反映了两块构造抬高区,东部的庐山基底隆起和西北的鄂东南岩基隆起。

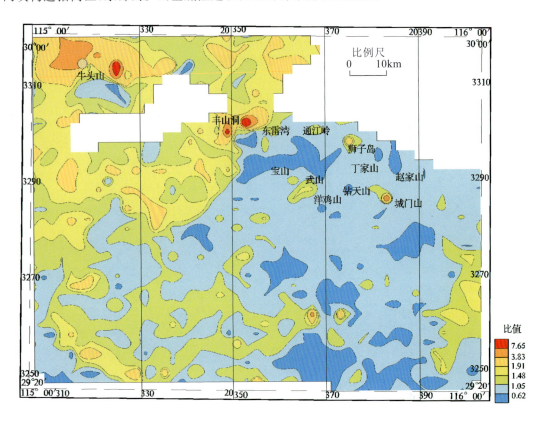

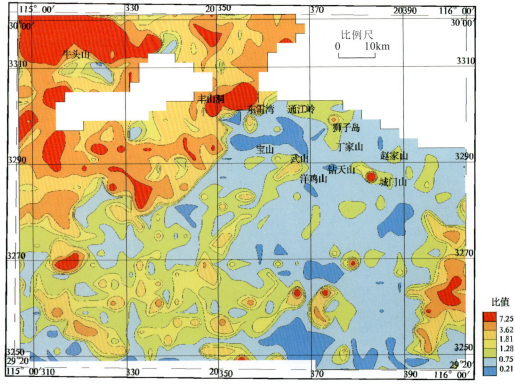

图5-2 九瑞铜多金属矿田(W+Sn+Mo)/(As+Sb+Hg)比值图(上)和(W×Sn×Mo)/(As×Sb×Hg)比值图(下)

根据各矿床在等值线图上落入色块的范围和已知矿床的剥蚀程度,给各矿床(矿化点)剥蚀深度赋值,如阳新岩体(牛头山)、丰山洞、城门山剥蚀系数为0.4,其他为0.1。

4. 九瑞矿田区域地球化学特征

在1:20万水系沉积物测量资料分析的基础上,结合九瑞矿田1:5万土壤(次生晕)地球化学异常及城门山、武山1:1万岩石(原生晕)地球化学异常特征,九瑞矿田的地球化学异常特征如下:

(1)矿田内1:20万水系沉积物测量中Cu、Mo、Au、Ag、Pb、Zn等成矿元素及主要伴生元素异常呈北西西向分布,与区域构造成矿带及与成矿关系密切的中酸性小岩体的展布一致(图3-11)。

(2)不同尺度地球化学异常中,主成矿元素(主要伴生元素)均具异常规模大、浓度高及明显的组合分带的特征:九瑞矿田1:20万水系沉积物测量中带、外带异常与矿区及矿区外围的空间分布相近;而1:5万土壤的内带异常往往显示矿床的位置,1:1万岩石原生晕异常即为矿体(矿化体)(图5-3)。

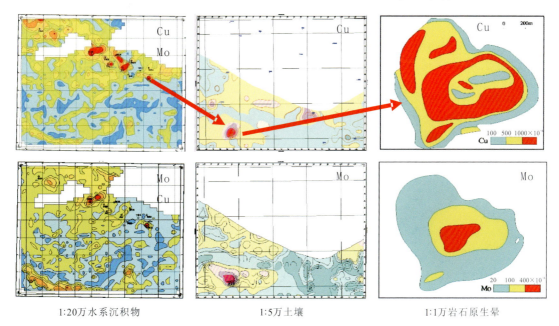

图5-3 九瑞矿田不同尺度的地球化学特征(城门山铜矿)

(3)利用1:20万水系沉积物测量中各矿床的地球化学参数,包括各元素的内、中、外带异常的面积、异常的平均含量、面金属量、规格化面金属量,根据他们的地球化学特征去判别矿床的主成矿元素和伴生元素(表3-10)。

(4)利用1:20万水系沉积物测量的数据(W+Sn+Mo)/(As+Sb+Hg)比值等值线图及(W×Sn×Mo)/(As×Sb×Hg)比值等值线图评价地质体地剥蚀深度(图5-3)。

(5)矿田内与成矿作用密切相关的含矿中酸性岩体($<1km^2$)及其成矿作用是矿田内成矿元素异常分布的主导因素,含矿中酸性岩体地球化学异常特征见表5-2。

表5-2 九瑞矿田含矿中酸性岩体地球化学异常特征

元素		特 征		
常量元素		SiO_2:58%~66%,与同类岩石相比,高Al_2O_3(>14.5%),富K_2O,贫Na_2O,高Fe_2O_3(浅或富氧环境)		
微量元素		富集轻稀土,无明显δEu异常(δEu>0.75);高Sr(≥$400×10^{-6}$),低Y(≤$18×10^{-6}$),低Ti、Nb、Ta、Zr、Hf等元素		
成矿元素($\gamma\delta\pi$)	Cu	城门山:$598×10^{-6}$	武山:$426×10^{-6}$	丰山洞:$577×10^{-6}$
	Mo	城门山:$84×10^{-6}$	武山:$2.8×10^{-6}$	丰山洞:$7.2×10^{-6}$

(6) 总结矿田内不同矿床的成矿元素和伴生元素组合,由表 5-3 可知,各矿床的成矿元素和伴生元素迥然有别。

表 5-3 九瑞矿田各矿床的主成矿元素与主要伴生元素

矿 床	主成矿元素	伴生元素
城门山铜矿	Cu、Mo、Zn、Fe、S	Au、Ag、Se、Te、Ti、Ga
武山铜矿	Cu、S	Pb、Zn、Au、Ag、Se、Ti
丰山洞铜矿	Cu、Mo	S、Fe、Au、Ag
丁家山铜矿	Cu、S	Au、Mo
洋鸡山金矿	Au	Ag、Cu、Pb、Zn

(三) 铜陵矿田区域地球化学特征

1. 成矿元素地球化学异常空间分布特征

对铜陵矿田 1∶20 万水系沉积物测量数据进行多元统计因子分析,主要因子组合(元素组合):Cu-Mo-W 因子得分等值线图上,清晰地显示了安徽沿江三个成矿区(图 5-4):处于地段隆起区的铜陵广义矽卡岩型铜矿田;处于断陷火山盆地庐枞成矿区火山岩系中的热液型脉状铜矿和斑岩型铜矿(沙溪);处于两者过渡区的繁昌成矿区矽卡岩型铁矿(桃冲)。

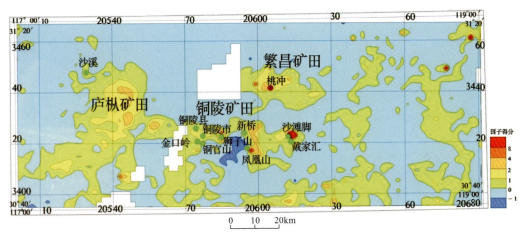

图 5-4 铜陵矿田 Cu-Mo-W 因子得分等值线图(绿色为铜矿床,红色为铁矿床,下同)

Zn-Cd-Pb-Sb-Ag-As-Mn 因子主要突显铜陵广义矽卡岩型铜多金属矿床的主要成矿与伴生元素组合,在南侧 $\in_1-Z_2$ 碳质、含碳硅质页岩中也有异常显示(图 5-5)。

2. 成矿元素异常含量(组合)、异常规模及规格化面金属量

从表 5-4、图 4-123、图 4-124 中清晰可见:

(1) 成矿元素的异常含量、异常规模及组合分带的清晰程度与铜官山、狮子山等大型铜多金属矿床地表的矿化规模有关。

(2) 具有内、中、外带的元素与矿床的主成矿元素及主要伴生元素相对应。

(3) 规格化面金属量高的元素为矿床的主成矿元素:铜官山(Au、Cu、Zn),狮子山(Au、Cu、Pb、Zn)。

3. 判别剥蚀程度

无论是矿尾晕/矿前晕(W+Sn+Mo)/(As+Sb+Hg),还是矿尾晕/矿中晕(W+Sn+Mo)/(Cu+Pb+Zn)比值图上,铜陵矿田均为低值区,这充分说明了铜陵矿田(除戴家汇外)整体属较浅-浅剥蚀(图 5-6)。

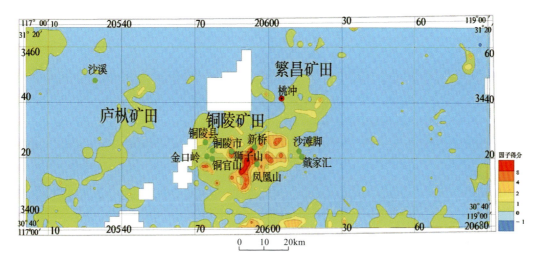

图 5-5 铜陵矿田 Zn-Cd-Pb-Sb-Ag-As-Mn 因子得分等值线图

表 5-4 铜陵矿田各已知矿床地球化学特征

矿 区	元 素	平均含量	异常面积 (km²)	面金属量	背景值	规格化面金属量	元素组合
铜官山铜矿	W		0.0		2.4		Au、Cu、As、Zn
	Sn	9.9	0.4	4.2	4.1	0.8	
	Mo	37.8	21.5	813.6	9.8	76.6	
	Cu	98.4	154.7	15 229.5	22.1	692.3	
	Pb	67.1	39.6	2 657.5	22.1	120.8	
	Zn	217.6	109.5	23 830.4	58.9	406.5	
	Cd		0.0		84.7	0.0	
	Au	21.9	113.4	2 480.8	1.8	1 395.9	
	Ag		0.0		97.2	0.0	
	Mn		0.0		492.7	0.0	
	As	42.3	157.8	6 680.2	8.0	929.1	
	Sb	19.1	102.5	1 957.4	6.0	319.6	
	Hg	206.7	96.9	20 036.2	57.6	408.7	
狮子山铜矿	W	6.2	43.1	265.0	2.4	100.4	Au、Cu、Pb、Zn、As、Sb
	Sn	9.9	71.4	707.3	4.1	139.5	
	Mo	42.5	158.0	6 714.3	9.8	781.4	
	Cu	297.9	86.9	25 892.3	22.1	1 206.1	
	Pb	272.6	466.2	127 055.6	22.1	4 401.2	
	Zn	274.0	463.9	127 117.2	58.9	2 151.8	
	Cd		0.0		84.7	0.0	
	Au	48.2	306.6	14 782.5	1.8	5 610.1	
	Ag		0.0		97.2	0.0	
	Mn		0.0		492.7	0.0	
	As	46.1	428.4	19 763.8	8.0	2 272.1	
	Sb	62.1	342.9	21 310.0	6.0	2 325.9	
	Hg	206.6	98.1	20 274.9	57.6	415.1	

注：面金属量、规格化面金属量单位：Au、Ag、Hg 为 km²×10⁻⁹，其他为 km²×10⁻⁶（其余含量单位：Au、Ag、Hg 为 10⁻⁹，其他为 10⁻⁶）

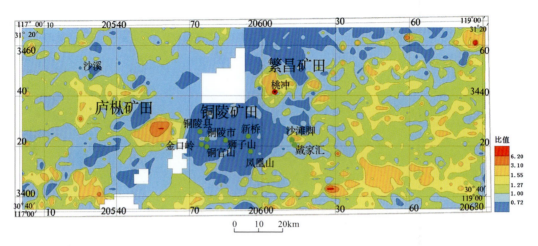

图 5-6 铜陵铜多金属矿田(W+Sn+Mo)/(Cu+Pb+Zn)比值图

根据 WSnMo-CuPbZn(Au)-AsSbHg 三组元素制作的三角图解显示：铜官山、凤凰山、狮子山、新桥剥蚀程度相对较浅，而戴家汇(沙滩脚)剥蚀程度相对较深外，整体属较浅-浅剥蚀(图 5-7)。

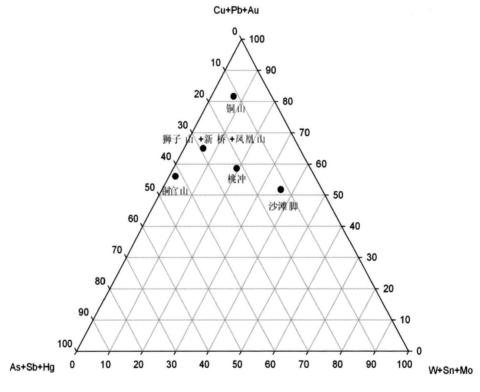

图 5-7 铜陵铜多金属矿田剥蚀程度三角图

二、矿带区域地质、地球化学特征

(一)矿带区域地质特征

长江中下游成矿带总体上属于大别陆块的前陆盆地，分布着两个成矿亚系列(图 5-8)。

以铜矿为主的成岩成矿亚系列：其深部构造为沿长江地幔鼻状隆起带(幔隆)；浅部构造为块段的隆起区(从西到东：鄂东南→九瑞→怀宁月山→铜陵等块段隆起区)。

以铁矿为主的成岩成矿亚系列：深部构造为鼻状隆起带隆脊的两侧(幔坡)；浅部构造为断陷火山岩盆地区及边缘(从西到东：金牛-保安→庐江-枞阳→宁芜→溧水-溧阳等火山岩盆地)。

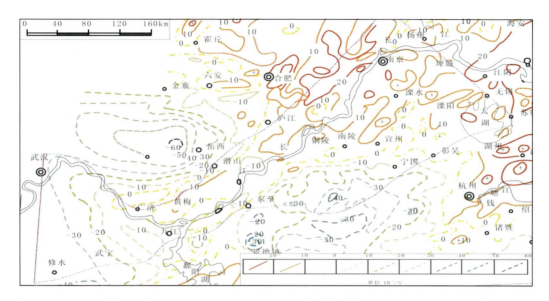

图 5-8　长江中下游成矿带两个成矿亚系列(底图为重力异常图,单位毫伽(10^{-3}cm/s^2),常印佛等,1991)

对应于长江中下游成矿带的两个成矿亚系列,分布着两个岩浆岩系列。以铜、金为主的岩浆岩系列主要分布在大别地块前陆盆地块断隆起区,而以铁(硫)为主的岩浆岩系列主要分布在前陆盆地断陷火山岩盆地及其盆地边缘过渡区。

以铜矿为主的成岩成矿亚系列(图 5-9):高碱富钾中酸性岩浆岩系列(闪长岩、石英闪长岩、花岗闪长(斑)岩、花岗岩和石英斑岩等),其常量元素平均值 SiO_2 为 63%,Na_2O+K_2O 为 7.73%,Na_2O/K_2O 为 0.9~1.3。

以铁矿为主的成岩成矿亚系列(图 5-9):高碱富钠中酸性岩浆岩系列(辉石闪长岩、闪长岩、石英闪长岩、石英二长岩、花岗闪长岩及花岗岩等),其常量元素平均值 SiO_2 为 64%,Na_2O+K_2O 为 8.3%,Na_2O/K_2O 为 1.48~3.78;富钠偏中基性岩浆岩系列(辉石闪长玢岩、闪长玢岩、钠长斑岩、粗安岩、粗面岩、正长岩等),其常量元素平均值(宁芜盆地)SiO_2 为 52.4%,Na_2O+K_2O 为 6.98%,Na_2O/K_2O 为 1.5~5。

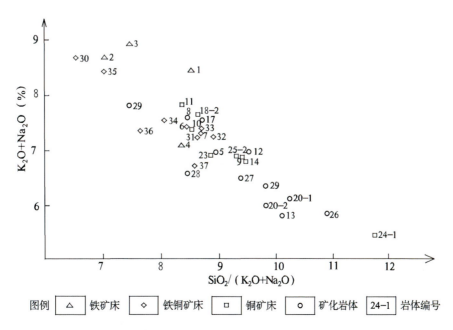

图 5-9　长江中下游铁铜矿床岩体(K_2O+Na_2O)-$SiO_2/(K_2O+Na_2O)$ 关系图(胡云中和马振东,2006)

(二)矿带的时空成矿规律

矿带的成矿规律在空间上具有四个特点。

1. 带状分布、分段集结

以长江深大断裂为主线与次级构造要素(基底断裂、断块构造等)的相互交叉构成了区段的网状构造系统,控制了沿江的岩浆-成矿活动及其产物的宏观表现,如安徽沿江地区的铜陵、繁昌、庐枞等成矿区(图5-10),原生表现为:岩浆岩群-矿集区;次生表现为:1:20万水系沉积物测量Cu等元素的地球化学异常(图5-14)。

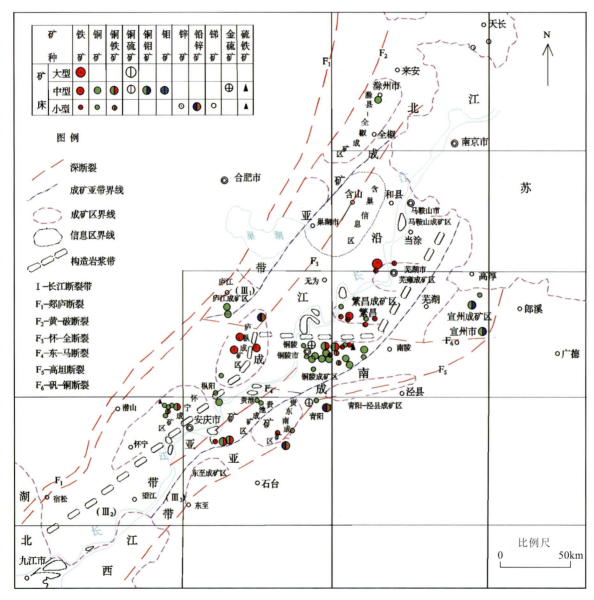

图5-10 安徽省沿江地区成矿带、成矿亚带、成矿区分布示意图(唐永成和吴言昌,1998)
Ⅲ₁、Ⅲ₂、Ⅲ₃等为成矿亚带的编号

2. 铜矿和铁矿趋向分离

铁铜分离除了受南北基底性质、岩浆成矿专属性等因素控制外(图5-11),还受Cu、Fe元素的地球化学性质所制约。在地壳条件下,Cu的亲硫性远远超过Fe的亲硫性,Cu、Fe对于S、O的争夺是形成各类Cu、Fe矿床的内在因素,也对矽卡岩型铜、铁矿床空间分布有着重要的控制意义。从区域空间来看,成Fe岩系定位于地壳较浅的相对氧化环境(中生代盆地),硫逸度低,氧逸度高,Fe^{2+}、Fe^{3+}并存,Fe^{3+}占优势,沉积硫大量加

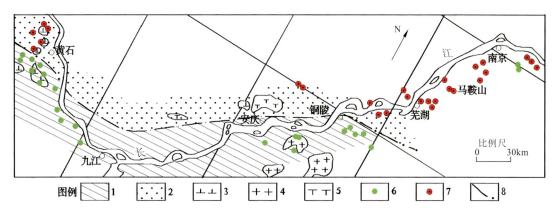

图 5-11　长江中下游地区不同基底对铜、铁矿床空间分布的控制(马振东和单光祥,1997)
1-南基底;2-北基底;3-闪长岩;4-花岗岩;5-碱性岩;6-铜矿床;7-铁矿床;8-推测基底界限

入,S^{6+}的硫酸盐占相当大的比例。而成 Cu 岩系定位于地壳浅部的较还原环境下,以上古生界围岩为主,硫逸度较高,氧逸度较低,成矿元素以 Cu^{2+}、Fe^{2+}为主,形成大量铜硫化物(S^{2-})。对于某个矿床的空间分布也具有这样的富集机制,上部磁铁矿矿体预示深部很可能会有磁黄铁矿和黄铜矿组合的矿体。

3. 铜矿和钼矿呈共生、伴生关系

矿带中 Cu、Mo 元素密切相伴,多数铜矿床均有 Mo 元素的共生和伴生关系。所谓共生,就是 Mo 元素往往在成矿热液运移的早期阶段就沉淀下来了,作为 Cu 矿体的尾部晕,在容矿构造的下部率先结晶(如湖北铜山口铜钼矿,图 5-12);而伴生则是 Mo 元素富集在岩浆分异晚期的酸性熔浆中,随着酸性岩体(石英斑岩、花岗岩)侵入在早期以铜矿化为主的中酸性花岗闪长(斑)岩中(如城门山铜钼矿),形成"铜帽钼核"的伴生空间格局(图 4-116)。

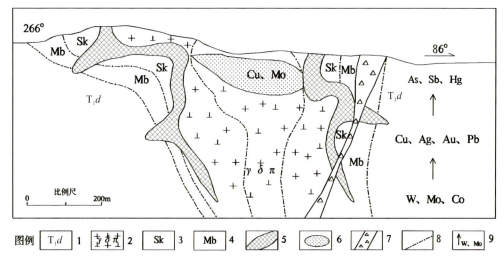

图 5-12　湖北铜山口铜钼矿 Cu、Mo 元素密切共生(薛迪康和葛宗侠,1997)
1-大冶组灰岩;2-花岗闪长斑岩;3-矽卡岩;4-大理岩;5-矽卡岩型 Cu、Mo 矿;6-斑岩型 Cu、Mo 矿;
7-角砾岩;8-蚀变界限;9-元素轴向分带

4. 铜金关系,若即若离

在 Cu、Au 成矿系列中,Cu、Au 元素经常密切相伴,多数铜矿体中 Au 是重要的伴生或共生的有益元素,但也有例外,有的铜矿体含 Au 很少,有的 Au 呈独立矿床,很少含 Cu(如江西瑞昌洋鸡山金矿,图5-13)。其原因是在成矿作用过程中,Cu、Au 元素的富集分别发生在不同的成矿阶段(时期),受成矿温度(沉淀温度)的控制,通常 Cu 的富集时间早于 Au。因此随着时间的变化和矿化阶段的更迭,这两种矿化在空间上重叠或分离,并随着它们各自的富集程度和相互搭配的关系形成了 Cu 矿(丰山洞铜矿)、Cu-Au 矿(武山铜金矿)、Au-Cu 矿(桃花咀-石头咀金铜矿)或 Au 矿(洋鸡山金矿)等。

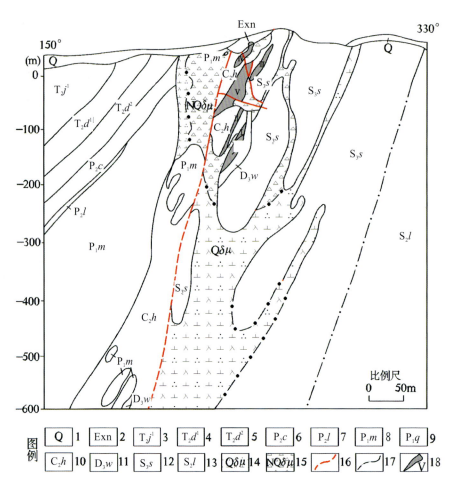

图 5-13 江西瑞昌洋鸡山金矿 10 线地质剖面图(崔彬和李忠文,1992)

1—第四系;2—第三系新余群;3—三叠系中统嘉陵江组;4~5—三叠系中统大冶组 6—二叠系上统长兴组;7—二叠系上统龙潭组;8—二叠系下统茅口组;9—二叠系下统栖霞组;10—石炭系中统黄龙组;11—泥盆系上统五通组;12—志留系上统纱帽组;13—志留系中统龙马溪组;14—石英闪长玢岩;15—隐爆角砾岩;16—断层;17—地质界线;18—矿体及编号

5. 时间上西早东晚,矿种上铜先铁后

长江中下游地区自印支运动开始,处于板块内部变形阶段,板块活动性明显增强。尤其发展到燕山期,受华北(大别)板块、扬子板块以及滨西太平洋板块的挤压和夹持。本区经历了从地幔热流异常→强烈构造活动→岩浆形成、运移、就位→矿质聚集与成矿的全过程。

区域上成矿西早东晚:Cu、Au 成矿系列:鄂东南→九瑞→铜陵→铜井(宁芜):(150~125)Ma→(140~120)Ma→(110~90)Ma。Fe、S 成矿系列:金牛→保安→繁昌→宁芜→宁镇:(157~126)Ma→(130~120)Ma→(123~109)Ma。

矿种上铜先铁后:Cu、Au 成矿系列:(140~120)Ma,平均(137±5)Ma;Fe、S 成矿系列:(135~120)Ma,平均(125±5)Ma。

成矿序列上:从早至晚,从高温→中低温,元素组合从复杂→简单,矿床类型从矽卡岩型(斑岩型)→高温热液型→中低温热液型(表 5-5)。

6. 制约长江中下游铜多金属成矿带成矿系列的三要素

(1)岩浆成矿专属性:不同岩类的岩浆岩控制了不同矿化种类(石英闪长玢岩→Au,辉长闪长岩→Fe,花岗闪长斑岩→Cu,石英斑岩→Mo)。

(2)赋矿围岩:不同物理化学性质的围岩控制了矿床类型(硅铝质岩→斑岩型,隐爆角砾岩型、碳酸盐岩→矽卡岩型,层间裂隙、假整合面→层控型、脉型)。

表 5-5 长江中下游成矿带两个成矿序列成矿元素组合随时间变化示意图（唐永成和吴言昌，1998）

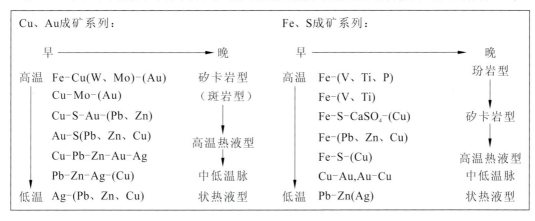

(3) 成矿元素 Fe、Cu(Au、Mo) 地球化学性质。

三要素的互相叠加、交叉就形成了成矿带内不同类型、不同矿种及元素组合的矿床系列（斑岩型 Cu-Mo 矿、矽卡岩型 Cu-Fe 矿、似层状含 Cu 黄铁矿型、隐爆角砾岩型 Au 矿、脉状 Pb-Zn 矿等），呈现了"二位一体"、"三位一体"、"多位一体"的复合型矿床或"单"元素矿床。

(三) 矿带 1∶20 万水系沉积物测量地球化学特征

1. 参数统计与制作各种地球化学图

按照地球化学定量预测对数据处理的要求，对全矿带的 1∶20 万水系沉积物测量数据进行各种地球化学参数的统计，并制作 Cu 等元素各种地球化学图（图 5-14）。

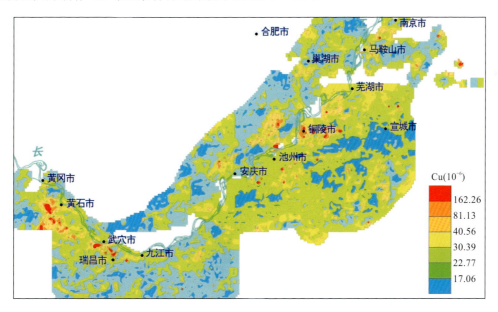

图 5-14 长江中下游铜元素地球化学图

2. 多元统计分析

对全矿带的数据进行多元统计分析，长江中下游成矿带因子分析结果（表 5-6）。

(1) 矿带中 Cu-Mo-W 因子显示度高（异常值高、分带清晰、异常面积大）的有九瑞矿田、鄂东南矿田（南区），其次是铜陵矿田，尤其是戴家汇矿床，池州、庐枞的沙溪铜矿（图 5-15）。

(2) 矿带中 Pb-Zn-Cd-Ag-As-Sb 因子显示度最高的是铜陵矿田、鄂东南矿田（南区），其次是九瑞矿田亦有所显示（图 5-16）。

表 5-6 长江中下游成矿带元素多元统计分析元素组合与异常解释

序号	元素组合	地球化学信息
1	Cu、W、Mo	显示与中酸性岩体密切相关的矿田、矿床,如九瑞、鄂东南、铜陵等 Cu 多金属矿田的元素特征组合(主成矿元素与主要伴生元素)
2	Pb、Zn、Ag、Mn、As	
3	Au、Hg、Sn	
4	V、Cd	
5	Al_2O_3、K_2O	显示长江中下游成矿带其他地质体的地球化学性质的元素特征组合(成矿环境元素)
6	Nb、Y、Th	
7	Li、Na_2O	

注:因子分析结果的解释需要结合地质图、因子得分图综合判别

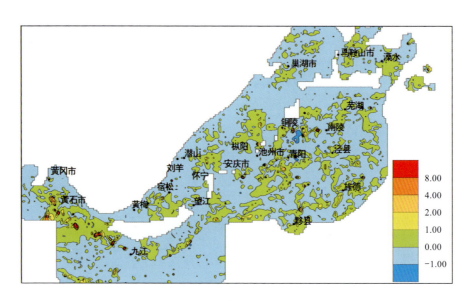

图 5-15 主成矿元素 Cu-Mo-W 因子得分图

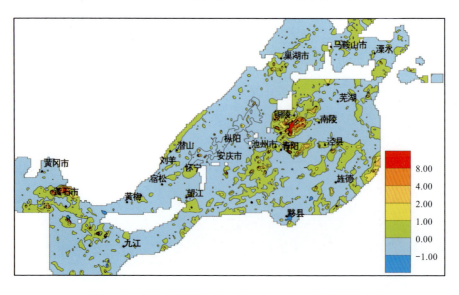

图 5-16 伴生元素 Pb-Zn-Cd-Ag-As-Sb 因子得分图

3. 矿带内各矿田剥蚀程度判断

应用水系沉积物测量中(W+Sn+Mo)/(As+Sb+Hg)元素比值等值线图,判别长江中下游成矿带全矿带的剥蚀程度(图5-17),图中清晰地显示了剥蚀程度的信息:鄂东南矿田>九瑞矿田(丰山洞>城门山>武山)>铜陵矿田>(沙溪),这也进一步验证了成岩成矿时代西早东晚的认识。

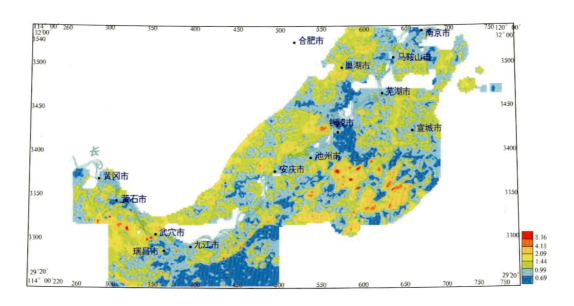

图5-17 长江中下游成矿带(W+Sn+Mo)/(As+Sb+Hg)比值图

4. 矿带内各矿田地球化学特征

长江中下游成矿带主要包括11个矿田(图5-18)。从矿带Cu元素地球化学图上清晰地显示三大类地球化学分区:第一类Cu多金属地球化学区(九瑞、铜陵、鄂东南南区);第二类以Fe为主的地球化学区(庐枞、繁昌、马鞍山、鄂东南北区);第三类钨钼锡地球化学区(阳储岭、曾家坳)(本次研究未涉及)。

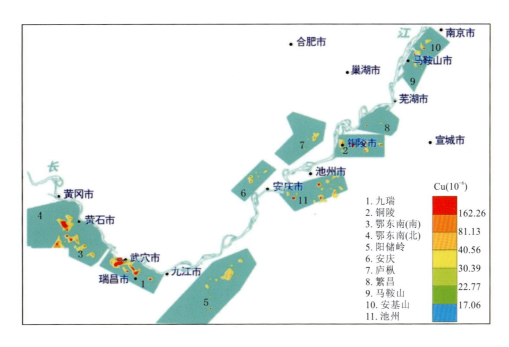

图5-18 长江中下游成矿带内各矿田分布示意图(底图为铜元素地球化学图)

以矿田为单位,总结各矿田的地球化学特征,包括成矿元素和主要伴生元素的平均值、背景值、异常下限、异常平均值、异常面积、面金属量、规格化面金属量等(表5-7)。

表5-7 长江中下游成矿带各矿田规格化面金属量地球化学特征

矿　田	主要元素组合(规格化面金属量)
九　瑞	Mo(2 763.3)、Au(2 116.9)、Cu(1 665.5)、Ag(1 561.6)
铜　陵	Pb(1 289.9)、Au(1 006.1)、Ag(947.8)、Cu(587.2)、Sb(527.8)
鄂东南(南区)	Au(8 917.6)、Pb(4 381.9)、Ag(4 186.9)、W(3 139.5)、Cu(2 262.6) ｜ Zn(773.0)
池　州	Au(5 486.5)、Ag(1 103.7)、Sb(1 185.1) ｜ Pb(531.3)、Cu(454.5)
鄂东南(北区)	Ag(39.5)、Mo(12.7)、Au(14.3)、Cu(12.0)
安　庆	Cd(725.6)、Au(168.7) ｜ Cu(110.9)、Mo(85.6)
庐　枞	Au(1 942.2) ｜ Mn(177.8)、Cu(184.4)、Cd(180.0)
繁　昌	Pb(328.9)、Hg(195.7)、Au(169.7)、Cd(156.1) ｜ Ag(99.8)、Mn(80.6)
马鞍山	Au(1389.4) ｜ Ag(93.19)、Cu(86.4)
安基山	Au(259.4)、As(142.6)、Cu(134.6)、Sb(134.3)、Zn(93.6)、Mo(94.1)
阳储岭	Cd(12 980.0)、Mo(5 055.4) ｜ Ag(415.2)、Au(457.1)

注:"｜"后面的元素为小于其矿田平均规格化面金属量的元素,但由于其值相对较大,故列出以方便进行对比,单位:Au、Ag、Hg、Cd 为 $km^2 \times 10^{-9}$,其他为 $km^2 \times 10^{-6}$

从表5-7中清晰可见:

(1)矿带中九瑞矿田、铜陵矿田、鄂东南矿田(南区)三个矿田的 Cu、Au、Ag、Pb、Mo、Sb 等元素异常显示度最好(异常值高、分带清晰、面积大)。

(2)内、中、外分带清晰、规格化面金属量(面金属量/背景值)大的元素与矿田的主成矿元素和重要伴生元素相对应,如九瑞矿田为 Cu、Mo、Au、Ag。

(3)以铁为主的矿田(鄂东南北区、庐枞、繁昌、马鞍山、安基山等)异常元素含量、异常元素组合及规格化面金属量与以铜为主的矿田(九瑞、鄂东南、铜陵)迥然有别。

(4)池州矿田水系沉积物测量地球化学异常特征与铜陵矿田十分相似,具有重要的找矿意义。

5.矿带相似度判别

收集矿带内典型矿床的地质-地球化学信息,根据矿带内各典型矿床的元素组合和元素的特征值(内带平均值)挑选出各典型矿床相应元素组合(表5-8),以反映各矿床的特征。

从表5-8中可知,每个典型矿床的元素组合和元素的特征值(内带平均值)都是不同的,然后,利用每一个典型矿床制作全矿带相似度图,按照相似程度的差异,圈定预测区及对预测区的矿化信息进行评价。

(四)矿带地球化学定量预测准则

在以上矿带地质、地球化学特征的基础上,建立成矿带的地球化学预测准则,其内容包括:

(1)矿带内各矿田中成矿元素的异常含量、异常规模和组合分带的清晰程度是评价地表矿化体规模的首选指标,矿田内具有内、中、外带分带的元素为其主要的成矿元素和伴生元素,矿田规格化面金属量指示各矿田的主成矿元素。

表 5-8 长江中下游成矿带各典型矿床相似度挑选参数

矿田	矿床名称	矿种类型	相似度挑选的异常元素组合（对应各矿床中元素内带平均值）
九瑞	城门山	Cu、Mo、Au 矿	Cu(1 558.67)+Au(34.97)+Ag(2 523.38)+Zn(637.02)+Sb(7.86)+Mo(92.38)+W(12.19)
	武山	Cu、Au 矿	Cu(1 469.64)+Au(25.13)+Ag(3 929.73)+Pb(255.47)+As(97.98)+Sb(9.21)
	丰山洞	Cu、Mo 矿	Cu(2 286.75)+Ag(7 468.75)+Pb(306.86)+Mo(98.33)+W(14.12)
铜陵	铜官山	Cu、Au 矿	Cu(256)+Au(128)+Cd(6 364)
	狮子山	Cu、Au、Pb、Zn 矿	Cu(771)+Au(138)+Ag(1 359)+Zn(720)+Pb(306)+As(146)+Sb(87)+Cd(3 377)
	新桥	Cu、Au、Pb、Zn 矿	Cu(435.1)+Au(288)+Ag(3 671.6)+Zn(721.2)+Pb(640)+As(133.8)+Sb(160)+Cd(3 717)+Mn(8 110)
	凤凰山	Cu、Au、Pb、Zn 矿	Cu(645.8)+Au(124)+Ag(3 769)+Zn(1 340)+Pb(2 160)+As(344.1)+Sb(400)+Cd(7 821)+Mn(8 110)
鄂东南	狮子立山	Pb、Zn 矿	Ag(9 660.23)、Pb(1 819.13)、Cd(1 940.96)、Zn(1 665.23)、Sb(7.39)、Au(63.08)、Sn(41.22)、Hg(825.73)
	桃花咀-石头咀	Au、Cu 矿	Au(732.26)、Ag(3 372.65)、Cu(1 403.07)、W(199.16)、Pb(255.33)、Cd(1 268.63)、Mo(68.30)
其他	曾家垅	Sn、Mo 矿	Sn(173.07)、Mo(12.17)

单位：Au、Ag、Cd 元素含量为 10^{-9}，其他为 10^{-6}

（2）岩浆成矿专属性、赋矿围岩和成矿元素 Fe、Cu(Au、Mo)地球化学性质是制约长江中下游铜多金属成矿带成矿系列的三要素，三要素的互相叠加、交叉就形成了成矿带内不同类型、不同矿种及元素组合的矿床系列。

（3）根据矿床岩石原生晕的三组组合分带 W-Sn-Mo、Cu-Pb-Zn、Hg-As-Sb 三角图或比值图，可以用来评价矿带内矿田（矿床）的剥蚀程度。

（4）利用矿带内典型矿床的元素组合和特征值确定矿化的相似性指标，用相似程度来判别矿带内预测区不同成矿类型的矿化信息。

三、预测区的圈定与铜矿资源量的估算

在典型矿田、矿带地球化学找矿模型建立的基础上，利用第三章地球化学方法圈定 Cu 找矿预测区并估算 Cu 资源量。

（一）找矿预测区圈定的地球化学方法

1. 预测区圈定的准则和方法

以长江中下游成矿带九瑞矿田为例，地球化学预测区圈定的准则和方法如下。

（1）成矿地质背景准则。九瑞铜多金属矿田是燕山期深源中酸性岩体侵位于古-中生代的碳酸盐岩-碎屑岩沉积建造中形成了矽卡岩型铜矿、斑岩型铜矿、块状硫化物铜矿。它们在空间上密切共生，时间上相近，在矿物组合、围岩蚀变、成矿物化条件等特征上相似，所有这些都表明，矿田内的这三种类型矿床是在同一成矿作用下，成矿热液在不同围岩空间，以不同的沉淀方式，形成了"三位一体"的铜多金属矿床。

（2）地球化学成矿预测准则。其主要包括以下三个方面：

① 九瑞矿田成矿元素的高背景区（带）是矿田内最为醒目的靶区，在三叠-二叠系沉积建造的铜低背

景区(Cu:几至 20×10^{-6})叠加了(几十至几百$\times10^{-6}$)铜高值带。

② 矿田内已知矿床(城门山、武山、丰山洞)形成了成矿元素面积广、强度高、元素组合复杂的异常特征。

③ 地球化学异常的面金属量与背景值的高比值(规格化面金属量)是矿田主成矿元素活动的标志。

(3)成矿预测区圈定的方法。使用典型矿床相似度图来圈定预测区:

① 选取矿田内已知的典型矿床(城门山、武山等),制作各典型矿床的相似度图(图5-19)。

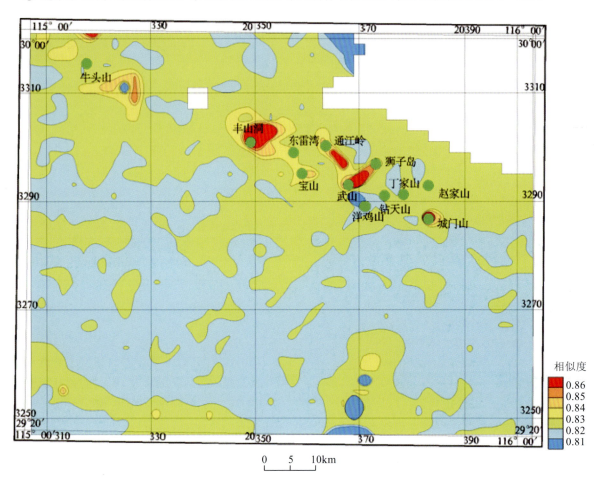

图 5-19 九瑞矿田相似度图(武山典型矿床)

② 使用Cu元素地球化学图与上述相似度图进行耦合,圈定预测区范围。

③ 结合预测范围内的地质特征,筛选出与已知矿床成矿地质条件相似的地区(东雷湾、宝山、通江岭、狮子岛)。据江西地质调查院资料证实:2011年在仙姑台(宝山)矿化点ZK7-2孔全孔取样发现,铜平均品位0.27%,斑岩型铜矿铅直厚度达93m,金平均品位3.12×10^{-6},铅直厚度达9m,钼品位>0.02%,厚达49m的细脉浸染状铜矿体。

用表5-8所列出的七个已知矿床进行相似度判别示踪,根据矿带内已知矿床的成矿元素组合、面金属量、剥蚀深度等因素的综合考量,如选择江西瑞昌武山铜多金属矿床作为相似度计算样本,从相似度等值线分布图上可见(图5-20):不仅能全部显示矿带内的已知矿床(点),而且较好地示踪了其他未知矿化点(如池州矿田中的某些矿化点)。

2. 成矿预测区的可信度评价

应用地球化学信息所圈定的成矿远景区的可信度评价可划归为以下几点:

(1)结合地质背景,判别圈定的远景区是否与矿化和矿点有关,远景区内的地球化学异常是否是矿致异常。

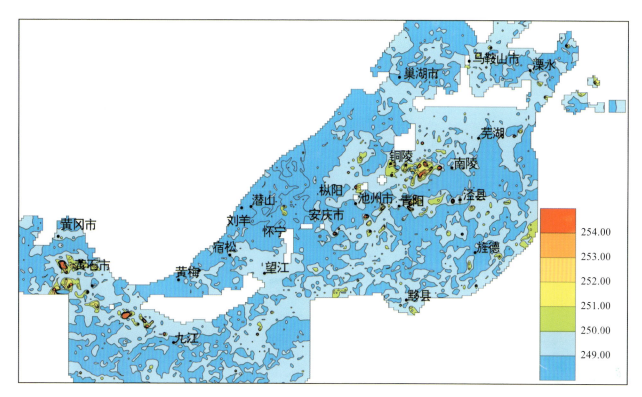

图 5-20 长江中下游成矿带武山模式相似度图

(2) 根据元素的组合关系,异常的空间展布、规模与成因,判断预测区内矿床类型,通过具有内、中、外带的元素形态确定其主成矿元素与伴生元素,利用元素的规格化面金属量判别预测区的主成矿元素。

(3) 根据矿头晕、矿中晕和矿尾晕元素组合的三角图解或比值图判别预测区内未知矿点(矿床)的剥蚀程度。

(4) 根据各典型矿床的相似度图,确定预测区内未知矿点(矿床)与哪个典型矿床最为相似,即应用该典型矿床地球化学模型进行资源量估算。

按照以上地球化学预测区圈定的准则和方法,在长江中下游成矿带范围内选择了如下预测区(表 5-10)。

(二) 铜矿地球化学资源量的估算

应用类比法、面金属量法、品位吨位法计算了整个长江中下游成矿带的 Cu 资源量,据中国矿业网(1996 年)统计结果表明:已知矿床共 15 个,总计探明储量 1086.68×10^4 t;预测矿点共 16 个,总计估算资源量(-500m 之上第一空间)类比法 403.67×10^4 t,面金属量法 326.19×10^4 t,类比法和面金属量法加权平均 370.09×10^4 t(表 5-9),品位吨位法 643.65×10^4 t,各种方法平均约有 500×10^4 t 铜的资源量。

需要说明的是,预测区 Cu 资源量的估算深度取决于类比典型矿床的勘探深度,长江中下游成矿带各典型矿床的勘探工程控制深度一般都在-500m 左右,因此本次预测的深度为-500m 之上第一空间的 Cu 资源量。

马振东等在 2006—2008 年开展《江西城门山-丁家山铜矿床深部外围"三维多元"地球化学找矿方法研究》项目中,通过建立城门山铜矿三维地质地球化学模型(图 5-21),应用数学模型预测了深部(-500~-1 000m 第二空间)约 58×10^4 t Cu 资源量(第一空间储量为 166.44×10^4 t)(龚鹏和龚敏,2010),按照此规律推测整个长江中下游铜多金属成矿带第二空间(-500~-1 000m)可能还有 Cu 资源量约 58×10^4 t 左右,即整个长江中下游铜多金属成矿带-1 000m 之上还有近 $1 080\times10^4$ t Cu 资源量。

表 5-9　长江中下游成矿带 Cu

已知矿床（勘探

所属矿田	鄂东南南区			九瑞			安庆	庐枞
矿床（矿点）代号	Ⅱ-YZ-1	Ⅱ-YZ-2	Ⅱ-YZ-3	Ⅲ-YZ-1	Ⅲ-YZ-2	Ⅲ-YZ-3	Ⅴ-YZ-1	Ⅸ-YZ-1
矿床（矿点）名称	铜山口-铜绿山	铁山	桃花咀-石头咀	封山洞	武山	城门山	月山	沙溪
矿床（矿化）类型	矽卡岩型 Cu(Fe)矿	矽卡岩型 Fe(Cu)矿	矽卡岩型 Au、Cu 矿	矽卡岩型、斑岩型	矽卡岩型、似层状硫化物型	矽卡岩、斑岩型、似层状硫化物型	矽卡岩型 Cu(Fe)矿	斑岩型 Cu 矿
元素组合	W、Mo、Cu、Pb、Au、Ag	Fe、Cu、Mo、Au	W、Mo、Cu、Pb、Cd、Au、Ag	Cu、Mo、Ag、W、Pb	Cu、Ag、Au、Pb、As、Sb	Cu、Mo、Au、W、Ag、Zn、Sb	Cu、S、Mo	Cu、Au、Ag、Pb、Zn
异常面积（km²）	95.28	172.62	139.75	90.28	27.23	16.73	4.52	3.71
异常平均含量（10⁻⁶）	125.92	156.64	139.10	398.23	365.60	261.75	78.88	80.03
异常最高值（10⁻⁶）	517.53	566.63	1 403.07	1 926.00	1 250.00	1 324.00	129.71	133.00
相对剥蚀系数	0.40	0.40	0.40	0.40	0.10	0.40	0.40	0.10
探明储量（×10⁴t）	150.91	57.36	53.40	54.31	128.29	166.44	37.67	113

预　测

所属矿田	九瑞				安庆	池州		
预测区代号	Ⅲ-YC-1	Ⅲ-YC-2	Ⅲ-YC-3	Ⅲ-YC-4	Ⅴ-YC-1	Ⅶ-YC-1	Ⅶ-YC-2	Ⅶ-YC-3
元素组合	Cu、Zn、Au、As、Sb	Cu、Pb、Ag	W、Au、Ag	Cu、Ag、As、Au、Mn、Mo、Pb、Sb	Cu、Ag、As、Au、Cd、Mn、Mo、Pb	Cu、Ag、As、Au、Cd、Mn、Mn、Pb	Cu、Ag、As、Au、Cd、Hg、Mo、Pb	Cu、Ag、As、Au、Cd、Hg、Mn、Pb
异常面积（km²）	25.84	46.45	6.17	1.34	51.66	0.89	16.58	17.04
异常平均含量（10⁻⁶）	107.17	140.25	77.06	48.93	84.63	54.66	206.17	66.84
异常最高值（10⁻⁶）	380.00	522.00	127.00	60.85	251.64	60.85	938.93	149.00
相对剥蚀系数	0.10	0.10	0.40	0.10	0.40	0.10	0.20	0.10
最佳相似矿床	武山	武山	武山	新桥	丰山洞	新桥	武山	新桥
预测资源量类比法（×10⁴t）	35.68	83.95	4.08	0.24	19.50	0.16	61.99	3.41
预测资源量面金属量法（×10⁴t）	28.76	73.10	2.85	0.15	14.25	0.10	55.14	2.25
预测资源量（×10⁴t）	32.91	79.61	3.59	0.20	17.40	0.14	59.25	2.95
资源量总计（×10⁴t）	370.09							

注：品位吨位法 643.65×10⁴t，各种方法平均约有 500×10⁴t 铜的资源量

资源量预测成果表

深度-500m之上）

池州	铜陵				繁昌	宣城
Ⅶ-YZ-1	Ⅷ-YZ-1	Ⅷ-YZ-2	Ⅷ-YZ-3	Ⅷ-YZ-4	Ⅸ-YZ-1	Ⅻ-YZ-1
铜山	铜官山	狮子山	新桥	凤凰山	桃冲	铜山
广义矽卡岩型	广义矽卡岩型	广义矽卡岩型、斑岩型	似层状硫化物型、矽卡岩型	广义矽卡岩型	矽卡岩型Fe矿	矽卡岩型Cu矿
Fe、Cu、Pb、Zn	Cu、Zn、Au、As、Hg、Sb	Cu、Pb、Zn、Au、As、Sb	Cu、Pb、Zn、Cd	Cu、Pb、Zn、Cd、Au、Ag、As、Sb	Cu、Ag、As、Au、Cd、Mo、Pb、Sb、W、Zn	Cu、Ag、Au、Cd、Hg、Mn、Mo、Pb
12.32	169.11	105.98	92.44	82.59	22.27	6.77
261.85	94.37	123.27	91.23	107.52	96.36	185.97
756.52	290.00	771.00	475.86	710.33	528.69	501.67
0.10	0.10	0.10	0.10	0.1	0.1	0.2
25.84	40.56	151.24	50.64	36.18	44.76	70.21

Ⅱ区

池州			铜陵	宣城		安基山
Ⅶ-YC-4	Ⅶ-YC-5	Ⅶ-YC-6	Ⅷ-YC-1	Ⅻ-YC-1	Ⅻ-YC-2	Ⅺ-YC-1
Cu、Ag、As、Au、Cd、Hg、Mn、Pb	Cu、Ag、As、Au、Cd、Hg、Mn、Pb	Cu、Ag、As、Au、Cd、Hg、Mn、Pb	W、Mo、Cu、Pb、Au	Cu、Ag、As、Au、Cd、Mn、Pb、Sb	Cu、Mo	Cu、Ag、As、Au、Hg、Mn、Pb、Sb
11.33	19.71	5.93	55.27	3.17	0.58	35.29
117.35	88.33	56.92	115.60	54.64	44.61	87.74
334.55	296.53	60.85	558.09	60.85	60.85	421.82
0.10	0.10	0.10	0.40	0.10	0.20	0.10
狮子山	狮子山	新桥	武山	狮子山	城门山	武山
15.39	20.15	1.08	86.89	2.23	2.69	63.17
12.41	14.96	0.68	69.78	1.40	1.68	46.77
14.20	18.07	0.92	80.05	1.90	2.29	56.61

表 5-10 长江中下游成矿带预测区及有关参数

序号	预测矿点	图幅号	异常元素组合	剥蚀系数	相似矿床	Cu元素内带最高值	Cu元素面金属量
1	沙滩脚	H-50-(11) 芜湖幅	Cu+Ag+As+Au+Cd+Hg+Mn+Mo+Pb+Sb+Sn+W+Zn	0.4	武 山	558.1	5 130.8
2	塔 山	H-50-(11) 芜湖幅	Cu+Ag+As+Au+Cd+Mn+Pb+Sb+Zn	0.1	狮子山		120.7
3	洪铺-石镜(江北)	H-50-(9) 太湖幅	Cu+Ag+As+Au+Cd+Mn+Mo+Pb+W	0.4	丰山洞	251.6	3 195.5
4	巢湖市银屏山	H-50-(4) 合肥幅	Cu+Ag+As+Cd+Mo+Pb+Zn	0.4	铜官山		1 130.1
5	南京市江宁	H-50-(5) 马鞍山幅	Cu+Ag+As+Au+Hg+Mn+Pb+Sb	0.1	武 山	421.8	2 292.8
6	丰山洞SE侧	H-50-(20) 瑞昌幅	Cu+Ag+As+Au+Mn+Mo+Pb+Sb+Zn	0.1	新 桥		51.0
7	东 坝	H-50-(11) 芜湖幅	Cu+Mo	0.2	城门山		22.1
8	池州-青阳	H-50-(16) 安庆幅	Cu+Ag+As+Au+Cd+Mn+Mo+Pb+Sb+W+Zn	0.1	新 桥		751.0
9	青阳东侧	H-50-(16) 安庆幅	Cu+Ag+As+Au+Cd+Mn+Pb+Sb+W+Zn	0.1	狮子山	334.6	1 071.6
10	白洋(池州市)	H-50-(16) 安庆幅	Cu+Ag+As+Au+Cd+Mn+Mo+Pb+Sb+W+Zn	0.2	武 山	938.9	3 040.8
11	梅街(池州)	H-50-(16) 安庆幅	Cu+Ag+As+Au+Cd+Mn+Pb+Sb+Sn+Zn	0.1	狮子山	296.5	1 292.1
12	安庆铜山SW侧	H-50-(16) 安庆幅	Cu+Ag+As+Au+Cd+Hg+Mn+Pb+Sb	0.1	新 桥	无内带	33.9
13	梅街SW侧(池州市)	H-50-(16) 安庆幅	Cu+Ag+As+Au+Cd+Hg+Mo+Pb+Sb+Sn+W+Zn	0.1	新 桥		225.8
14	东雷湾(宝山)	H-50-(20) 瑞昌幅	Cu+Zn+Au+As+Sb	0.1	武 山	380	2 367.6
15	通江岭	H-50-(20) 瑞昌幅	Cu+Pb+Ag	0.1	武 山	522	6 035.3
16	狮子岛	H-50-(20) 瑞昌幅	W+Au+Ag	0.3	武 山	127	207.9

注:Cu 为 10^{-6},面金属量为 $km^2 \times 10^{-6}$,经纬度位置为元素浓集中心

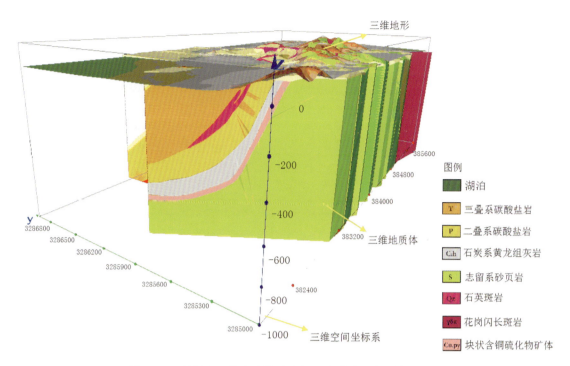

图 5-21 城门山三维地质模型示意图(吴俊华和龚敏等,2010)

第二节 西藏冈底斯铜多金属成矿带铜矿资源地球化学定量预测

冈底斯铜多金属成矿带是近年来的研究热点地区,陆续发现了一系列大型-超大型铜多金属矿床(驱龙、甲玛、雄村等),是我国重要的铜多金属成矿带之一。预测区范围位于东经 87°~94°,北纬 29°~31°,东西长约 670km,南北宽约 200km,面积约 $13.4×10^4 km^2$(图 5-22)。

图 5-22 研究区范围(来源 Google Earth 卫星截图)

冈底斯铜多金属成矿带位处雅鲁藏布江北面,念青唐古拉山脉南侧,区内峰峦叠嶂,沟谷纵横,地形切割剧烈,山势陡峭,巨石林立,倒石堆、冰碛砾石遍布于整个成矿带(图 5-23)。平均海拔高度 4 500m 以上,属高寒山区,5 200m 以上山峰终年积雪。海拔 4 200m 以上气温低,常年冰冻,植被稀少,以高山草甸为主;4 200m 以下气候温和湿润,以灌木林为主,穿行困难。

风化作用以物理风化为主,Cu 元素氧化作用较为强烈,常见孔雀石、蓝铜矿等铜的次生矿物,Cu 的次生富集带不发育。驱龙铜矿区向北的河流中发育长达 6km 的铜染带——孔雀河,其规模之大为国内斑岩铜矿中罕见(Cu 含量可达 1~20mg/L)(图 5-24)。

图 5-23 冈底斯铜多金属成矿带自然地理景观（郑有业讲义）

图 5-24 驱龙铜矿区向北的河流中发育长达 6km 的铜染带——孔雀河（郑有业讲义）

一、矿田地质、地球化学找矿模型

成矿区带地质、地球化学找矿模型是特定矿床类型组合模式与地球化学异常特征的有机组合，在研究元素在高寒山区自然地理环境中的迁移分布规律的基础上，形成矿床与区域成矿的地球化学模式。拟建立以冈底斯铜多金属成矿带矿田及矿带的地质、地球化学模型，即从成矿地质因素出发，研究各矿田的成矿条件、成矿物质来源和成矿机理，并总结归纳矿带内所具有的共同特征；然后针对区域地球化学异常的空间变化特征及元素组合特征，结合区域地质特征和区域成矿规律，建立矿田（甲玛-驱龙铜多金属矿田、雄村-洞嘎铜金矿田）（见第四章第一节（六）拉萨地块 Cu、Au、Mo、Fe、Sb、Pb、Zn 成矿带（Ⅲ-43）、驱龙铜钼矿床、甲玛铜多金属矿床、雄村铜（金）矿床地质、地球化学找矿模型）、矿带的地质、地球化学找矿模型。

(一)甲玛-驱龙、雄村-洞嘎铜多金属矿田区域地质特征(表5-11和表5-12)

表5-11 甲玛-驱龙铜多金属矿田地质特征

矿 田	甲玛-驱龙铜钼多金属矿田
主要矿床	甲玛、驱龙、拉抗俄、知不拉
构 造	区内构造线总体呈近东西向,大致平行的逆断层控制着地层和岩浆岩的分布,以发育线性复式褶皱和压扭性断裂为主要特征,同时发育有紧密倒转褶皱及推覆构造。由中生代地层组成的墨竹工卡复式向斜是拉萨以东地区的主要褶皱构造,构成近东西走向的构造格架
岩 体	喜山早期侵入的中细粒黑云母二长花岗岩、斑状黑云母二长花岗岩等。喜山晚期的二长花岗斑岩、石英斑岩、流纹斑岩、辉绿(安山)玢岩等
赋矿围岩	为中侏罗统叶巴组(J_2y)的一套英安质-流纹质火山岩、火山碎屑沉积岩及碳酸盐岩等
金属矿物组合	黄铁矿、黄铜矿、辉钼矿及方铅矿、闪锌矿,少量的孔雀石、蓝铜矿、辉铜矿
围岩蚀变	矿区岩石蚀变强烈,蚀变作用由含矿斑岩体向外表现为钾化+绢英岩化+硬石膏化→黏土化+绢英岩化+硬石膏化→青磐岩化,斑岩与灰岩接触带矽卡岩化
景观条件	高寒山区、冰冻荒漠区

表5-12 雄村-洞嘎铜金矿田区域地质特征

矿 田	雄村-洞嘎铜金矿田
主要矿床	雄村、洞嘎
构 造	冈底斯南缘早燕山期-早喜马拉雅期陆缘岩浆弧东段南缘,Ⅲ级构造单元为拉达克-南冈底斯-下察隅岩浆弧
岩 体	与成矿有关的岩体为含眼球状石英斑晶的石英闪长玢岩,U-Pb锆石成岩年龄测定为(173 ± 3)Ma(唐菊兴和黎风佶,2010)
赋矿围岩	雄村组($J_{1-2}x$)的中酸性凝灰岩和安山质凝灰岩为主要赋矿围岩,呈北西走向展布
金属矿物组合	主要为黄铜矿、黄铁矿、磁黄铁矿,次为闪锌矿、方铅矿、辉钼矿、辉铜矿、毒砂等
成矿年龄	Re-Os平均模式年龄为(173.2 ± 4.7)Ma(唐菊兴和黎风佶,2010)
围岩蚀变	钾长石化、黑云母化分布在岩体内部,接触带为红柱石化、硅化,外围为青磐岩化(细粒阳起石化-绿帘石化)
景观条件	高寒山区、冰冻荒漠区

(二)驱龙-甲玛矿田区域地球化学特征

1. 区域地球化学异常空间分布特征

1∶20万水系沉积物测量的地球化学异常特征为(图5-25):

(1)Cu、Mo等成矿元素异常呈近东西向分布,与中新世一系列的斑岩体、成矿小岩体及火山岩空间展布一致;

(2)在矿田各矿床(矿化点)分布区中Cu、Mo元素异常强度高,范围大,分带清晰,而Pb、Zn、Au、Sb、As等元素在矿区外围浓集(甲玛矿床除外);

(3)甲玛矿床Cu、Mo、Pb(Zn、Ag、As、Sb)元素套合明显,浓度高。

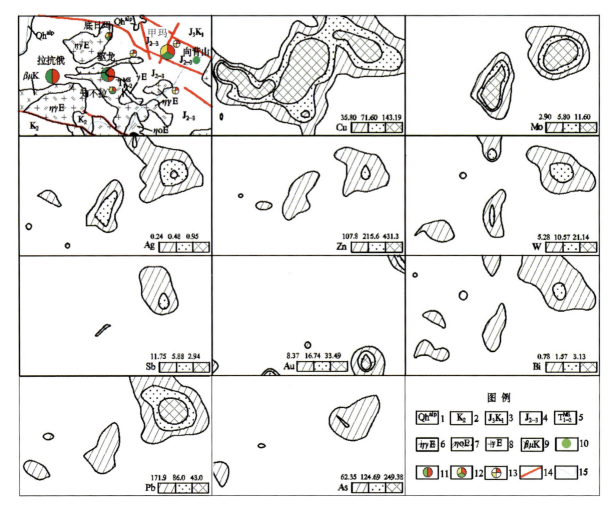

图 5-25　1∶20 万水系沉积物测量的地球化学异常特征（Au 元素含量为 10^{-9}，其他为 10^{-6}）
1—全新统砂岩；2—上白垩统灰岩；3—上侏罗-下白垩统海相碎屑岩；4—中-上侏罗统陆相碎屑岩；5—下-中侏罗统
浅海相砾岩、凝灰质砂岩夹砂泥岩；6—早第三纪二长花岗岩；7—早第三纪石英二长岩；8—早第三纪花岗岩；
9—白垩纪辉绿岩；10—铜矿；11—铜钼矿；12—铜多金属矿；13—金矿；14—断层；15—水系

2. 区域地球化学异常含量（组合）、异常规模及规格化面金属量

统计甲玛-驱龙矿田 1∶20 万水系沉积物测量中各矿床的地球化学参数（表 5-13），包括各元素的内、中、外带异常的面积、异常的平均含量、面金属量、规格化面金属量等，根据他们的地球化学特征去判别矿床的主成矿元素和伴生元素，结果见表 5-13，从表中可见：

（1）成矿元素的异常含量、异常规模及组合分带的清晰程度与驱龙、甲玛、拉抗俄等大型铜多金属矿床地表的矿化规模有关。

（2）具有内、中、外带（未列表）的元素与矿床的主成矿元素及主要伴生元素相对应。

（3）规格化面金属量高的元素为矿床的主成矿元素：驱龙（Cu、Mo、Ag），甲玛（Cu、Mo、Pb、Ag），拉抗俄（Cu、Ag、Mo）。

（4）甲玛-驱龙铜钼多金属矿田中已知矿床主要元素的规格化面金属量由于产出的围岩条件的不同（矿床类型）及成矿元素地球化学性质的差异等因素，它们既有相似之处，又各具特色。

3. 判别剥蚀深度

利用 1∶20 万水系沉积物测量的数据计算每个样点矿头晕/矿尾晕、矿尾晕/矿头晕的比值，利用驱龙铜钼多金属矿床的矿尾晕/矿头晕比值（W+Mo+Bi+Cu）/（Zn+Cd+As+Sb+Hg）等值线图，并结合矿区矿体的实际出露程度，评判驱龙矿床的剥蚀程度为轻微剥蚀（赋剥蚀系数为 0.1）（图 5-26）。

表 5-13 驱龙矿田各已知矿床地球化学特征

已知矿床	元素	背景值	异常下限	中带下限	内带下限	异常平均值	异常总面积(km²)	面金属量	规格化面金属量	成矿元素组合
拉抗俄	Ag	0.09	0.15	0.31	0.61	0.34	39.13	5.93	68.21	Cu、Ag、Mo
	As	19.44	32.53	65.05	130.1	73.18	0			
	Au	1.5	3.67	7.34	14.68	8.26	2.11	8.46	5.65	
	Cd	0.15	0.25	0.5	1	0.56	8.53	1.95	13.44	
	Co	10.71	15.31	30.62	61.25	34.45	0			
	Cr	56.44	75.66	151.32	302.64	170.24	0			
	Cu	24.95	37.34	74.68	149.36	217.24	114.81	20 791.12	833.38	
	Mn	580.11	861.31	1 722.62	3 445.24	1 937.95	0.51	363.05	0.63	
	Mo	0.68	1.39	2.78	5.56	3.13	11.69	16.47	24.39	
	Ni	24.13	34.01	68.01	136.03	76.52				
	Pb	26.08	37.07	74.14	148.29	83.41	7.58	223.85	8.58	
	Sb	1.05	1.96	3.92	7.83	4.41				
	W	2.92	4.79	9.57	19.14	10.77				
	Zn	71.05	97.55	195.1	390.2	219.49	1.86	140.01	1.97	
驱龙	Ag	0.09	0.15	0.31	0.61	0.50	108.44	26	298.85	Cu、Mo、Ag
	As	19.44	32.53	65.05	130.1	73.18	108.87	3 218.64	165.54	
	Au	1.5	3.67	7.34	14.68	8.26				
	Cd	0.15	0.25	0.5	1	0.56	80.39	21.89	150.97	
	Co	10.71	15.31	30.62	61.25	34.45	33.76	413.9	38.65	
	Cr	56.44	75.66	151.32	302.64	170.24	0.4	22.82	0.4	
	Cu	24.95	37.34	74.68	149.36	1 266.90	180.34	310 081.86	12 429.13	
	Mn	580.11	861.31	1 722.62	3 445.24	1 937.95	7.23	5 146.74	8.87	
	Mo	0.68	1.39	2.78	5.56	12.01	179.99	1 378.96	2 042.91	
	Ni	24.13	34.01	68.01	136.03	76.52				
	Pb	26.08	37.07	74.14	148.29	83.41	60.34	2 104.49	80.71	
	Sb	1.05	1.96	3.92	7.83	4.41	27.01	51.08	48.83	
	W	2.92	4.79	9.57	19.14	10.77	34.58	197.81	67.79	
	Zn	71.05	97.55	195.1	390.2	219.49	58.79	4 489.71	63.19	
甲玛	Ag	0.09	0.15	0.31	0.61	0.81	202.59	57.47	660.62	Mo、Pb、Cu、Ag
	As	19.44	32.53	65.05	130.1	106.80	164.13	7 743.81	398.28	
	Au	1.5	3.67	7.34	14.68	8.26				
	Cd	0.15	0.25	0.5	1	0.56	77.48	17.7	122.1	
	Co	10.71	15.31	30.62	61.25	34.45				
	Cr	56.44	75.66	151.32	302.64	170.24				
	Cu	24.95	37.34	74.68	149.36	235.40	152.49	20 058.83	804.03	
	Mn	580.11	861.31	1 722.62	3 445.24	1 937.95				
	Mo	0.68	1.39	2.78	5.56	21.51	173.82	3 327.31	4 929.34	
	Ni	24.13	34.01	68.01	136.03	76.52				
	Pb	26.08	37.07	74.14	148.29	413.66	185.08	37 203.98	1 426.75	
	Sb	1.05	1.96	3.92	7.83	7.84	111.01	288.75	276.05	
	W	2.92	4.79	9.57	19.14	16.64	95.25	564.75	193.54	
	Zn	71.05	97.55	195.1	390.2	323.69	98.58	8 562.21	120.5	

单位：Au、Ag 元素含量为 10^{-9}，其他为 10^{-6}

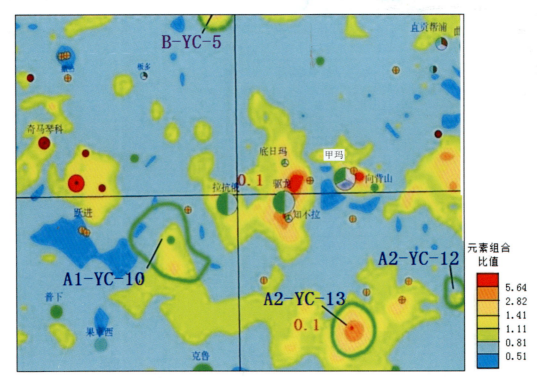

图 5-26　剥蚀程度判别示意图(红色字体为剥蚀系数)

4. 甲玛-驱龙铜钼多金属矿田区域地球化学特征

由以上分析获知:

(1)矿田内 1∶20 万水系沉积物测量成矿元素异常含量、异常规模和组合分带清晰程度是评价地表矿化体规模的首选指标,而面金属量与背景值之比(规格化面金属量)的高比值指示矿化体的主成矿元素(表 5-14)。

表 5-14　驱龙-甲玛矿田水系沉积物测量地球化学特征

矿化类型	典型矿床	元素	样品数	背景值	异常下限	异常总面积 (km^2)	面金属量	规格化面金属量
斑岩型、矽卡岩型	驱龙、甲玛、拉抗俄	Ag	887	0.09	0.15	487.8	106.7	1 226.39
		As	849	19.44	32.53	699.9	31 612.28	1 625.9
		Au	853	1.5	3.67	796.9	1 105 864.7	738 720.58
		Cd	877	0.15	0.25	511.7	129.11	890.43
		Co	945	10.71	15.31	109.4	1 374	128.31
		Cr	947	56.44	75.66	49.4	2 884.58	51.11
		Cu	859	24.95	37.34	859.5	600 885.45	24 085.52
		Mn	934	580.11	861.31	127.1	90 448.47	155.92
		Mo	865	0.68	1.39	694.5	7 849.55	11 628.97
		Ni	959	24.13	34.01	12.5	335.73	13.91
		Pb	918	26.08	37.07	299.0	40 944.91	1 570.21
		Sb	903	1.05	1.96	309.8	731.95	699.76
		W	897	2.92	4.79	442.5	2 402.46	823.32
		Zn	905	71.05	97.55	325.7	26 430.47	371.98
		MgO	950	1.16	1.66	28.7	44.66	38.37

单位:Au 元素含量为 10^{-9},其他元素为 10^{-6}

(2) 含矿中酸性小岩体（<1km²）及其成矿作用是矿田内成矿元素异常分布的主导因素（表5-15）。

表5-15 驱龙-甲玛矿田含矿中酸性岩体地球化学特征

氧化物及元素		驱龙-甲玛铜钼多金属矿田	
矿集区成矿中酸性小岩体	SiO_2	$(67.02\sim79.96)\%$	$K_2O/Na_2O=1.62$，$Fe_2O_3/FeO=1.29$ 低ΣREE，高轻稀土：$\Sigma Ce/\Sigma Y$：$7.59\sim9.91$ δEu：$0.79\sim1.44$ 高 Sr（平均531×10^{-6}） 低 Y（4.57×10^{-6}） 贫 Ti、Nb、Ta、Zr、Hf等元素
	Al_2O_3	$(11.51\sim15.27)\%$	
	K_2O	富 K_2O	
	Na_2O	贫 Na_2O	
	Fe_2O_3	富 Fe_2O_3	
	Cu	$(1\,148\sim2\,082)\times10^{-6}$	
	Mo	$(9.10\sim181.90)\times10^{-6}$	
原生晕组合分带		岩体中心→接触带→围岩的元素分带为： W、Mo、Bi、Cu→Ag、Au、Pb→Zn、Cd、As、Sb、Hg	

（3）驱龙斑岩铜钼矿床矿尾晕/矿头晕（W+Mo+Bi+Cu）/（Zn+Cd+As+Sb+Hg）比值等值线图是评价矿化体剥蚀深度的良好指标（例如，结合矿体实际剥蚀程度，驱龙矿床为轻微剥蚀，其剥蚀系数赋予0.1）。

（4）元素组合（Cu、Mo、Pb、Zn、Au、Ag）的平均衬值及其比值是圈定矿集区内以 Cu-Mo 矿化信息为主的预测区的良好指示剂。

（5）挑选矿田内反映典型矿床矿化信息的元素组合，计算其相似性指标，用来判别未知区的成矿信息。由表 5-16 可知，驱龙-甲玛矿田内各典型矿床的成矿元素和伴生元素，既相似又各具特色。

表5-16 驱龙-甲玛矿田各矿床主要成矿元素组合及其规格化面金属量

已知矿床名称	主要成矿元素组合（规格化面金属量）
拉抗俄	Cu(833.38)、Ag(68.21)、Mo(24.39)
驱 龙	Cu(12 429.13)、Mo(2 042.91)、Ag(298.85)
甲 玛	Mo(4 929.34)、Pb(1 426.75)、Cu(804.03)、Ag(660.62)

（三）雄村-洞嘎矿田区域地球化学特征

1. 成矿元素1∶50万水系沉积物地球化学异常空间分布特征（见第四章图4-104）

2. 成矿元素异常含量（组合）、异常规模及规格化面金属量（表5-17）

统计雄村-洞嘎矿田1∶50万水系沉积物测量中各矿床的地球化学参数，包括各元素的背景值、异常下限、异常规模、面金属量、规格化面金属量等，根据他们的地球化学特征去判别矿床的主成矿元素和伴生元素，结果见表5-17，从表中可见：

（1）成矿元素的异常含量、异常规模及组合分带的清晰程度与雄村斑岩型铜（金）矿田大型铜（金）多金属矿床地表的矿化规模有关。

（2）具有内、中、外带（未列表）的元素与矿床的主成矿元素及主要伴生元素相对应。

（3）规格化面金属量高的元素为雄村矿床的主成矿元素：Cu、Au、Ag、Mo。

表 5-17 雄村-洞嘎矿田 1:50 万水系沉积物测量地球化学特征

元素	背景值	异常下限	异常平均值	异常面积（km²）	面金属量	规格化面金属量	成矿元素组合
Ag	0.054 7	0.088 575	94.9	0.1	4.099 786	74.950 38	
As	16.134 1	23.162 27	82.2	26.7	704.102 3	43.640 63	
Au	1.861 85	3.036 325	371.6	8.9	2 118.85	1 138.035	
Cd	0.116 55	0.152	247.1	0.2	16.119 81	138.308 1	Au、Mo、Cu、Ag
Cu	29.044 1	37.729 73	295.7	62.6	5 837.939	201.002 6	
Mo	0.829 1	1.361 8	245.7	2.9	316.149 5	381.316 5	
Pb	24.219 65	28.490 3	178.8	36.9	1 169.208	48.275 19	
Sb	1.040 1	1.352 575	89.3	1.6	49.971 17	48.044 58	
Sn	3.455 9	4.239 275	63.4	4.7	71.222 21	20.608 87	
Zn	67.474 45	76.947 7	78.5	81.7	1 069.776	15.854 54	

单位：Au 元素含量为 10^{-9}，其他为 10^{-6}

3. 用(Cu＋Au＋Ag)/(Pb＋Zn＋Cd)、(Cu＋Mo)/(Pb＋Zn＋Cd)比值来判断剥蚀程度(图 5-27)

根据雄村矿区钻孔原生晕 Cu、Au、Ag 元素组合为矿中晕，Pb、Zn、Cd 元素为外带矿头晕，用(Cu＋Au＋Ag)/(Pb＋Zn＋Cd)比值判别(图 5-27 左)，其剥蚀程度洞嘎＞仁钦则＞雄村。由于在表生作用条件下，Au 元素的稳定性远远大于 Cu、Zn、Cd 等元素。因此用 Au 来判别将导致失真。若用在表生作用条件下地球化学性质相似的元素(Cu＋Mo)/(Pb＋Zn＋Cd)的比值(图 5-27 右)来判别，则雄村、洞嘎均为浅-中等剥蚀，而仁钦则铜钼矿点剥蚀程度相对较大。

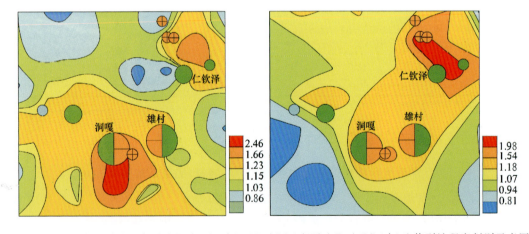

图 5-27 (Cu＋Au＋Ag)/(Pb＋Zn＋Cd)(左)、(Cu＋Mo)/(Pb＋Zn＋Cd)(右)比值剥蚀程度判别示意图

4. 雄村-洞嘎铜金矿田区域地球化学特征

(1)矿田内 1:50 万水系沉积物测量成矿元素异常含量、异常规模和组合分带清晰程度是评价地表矿化体规模的首选指标，而面金属量与背景值之比(规格化面金属量)的高比值指示矿化体的主成矿元素(Cu、Au、Ag、Mo)。

(2)雄村-洞嘎铜金矿田是冈底斯成矿带上目前发现的唯一一个与新特提斯洋壳早期俯冲作用有关的斑岩-浅成低温热液型铜金矿床。雄村为斑岩型铜(金)矿床，而洞嘎为浅成低温热液型脉状金矿，两者同属斑岩-浅成低温热液成矿系统,受中生代雅鲁藏布洋俯冲的钙碱性偏拉斑玄武岩火山-岩浆系列控制。因此含矿岩体——含眼球状石英斑晶的角闪石英闪长玢岩具高钾富铝、岛弧火山岩浆特征。富集K、Rb、Ba等大离子亲石元素,而亏损Nb、Ta、Ti、Yb等高场强元素。稀土总量$\Sigma REE:41.14$低,轻稀土相对富集$\Sigma Ce/Y:1.78$,δEu值:0.92。雄村含矿岩体与成矿带中驱龙-甲玛矿田新生代含矿岩体最大区别是低Sr、Y,低P(表5-18)。

(3)雄村铜金矿区土壤Cu、Au、Ag、Mo元素异常明显,分带清晰,套合程度较好,均呈北西-南东向分布,与赋矿围岩走向一致,主要分布在中部,其均值$Cu:57.4\times10^{-6}$,$Au:15\times10^{-9}$,$Ag:170\times10^{-9}$,$Mo:1.9\times10^{-6}$(图4-105)。

(4)雄村铜金矿区从矿体中心向外的元素分带:Cu、Au、Ag、As、Sb、(Bi)→Co、Ni、Mn、Ba→Pb、Zn、Cd、Bi、(Sb)。

(5)利用$(Cu+Mo)/(Pb+Zn+Cd)$比值来判断剥蚀程度,雄村-洞嘎斑岩-浅成低温热液型铜金矿床为浅剥蚀-中等剥蚀(结合矿体实际剥蚀程度,其剥蚀系数赋予0.2~0.5)。

表5-18 雄村-洞嘎矿田含矿斑岩地球化学特征

含矿岩体	氧化物及元素		雄村-洞嘎铜金矿田
矿田含矿斑岩(含眼球状石英斑晶的角闪石英闪长玢岩,雄村矿区)	SiO_2	$(68.07\sim68.89)\%$	$K_2O/Na_2O:6.86\sim11.67$ $Fe_2O_3/FeO:2.07\sim9.47$ $\Sigma REE:41.14$,$\Sigma Ce/Y:1.78$, $\delta Eu:0.92$ 低$Sr(30.6\sim41.4)\times10^{-6}$ 低$Y(4.94\sim9.22)\times10^{-6}$ 亏损Nb、Ta、Ti、Yb、P等元素 富集K、Rb、Ba等元素
	Al_2O_3	$(13.08\sim17.71)\%$	
	K_2O	$(3.98\sim5.02)\%$	
	Na_2O	$(0.43\sim0.55)\%$(贫)	
	Fe_2O_3	$(2.11\sim6.82)\%$	
	Cu	$(1829\sim1980)\times10^{-6}$	
	Mo	$(3.30\sim5.73)\times10^{-6}$	

微量元素蛛网图	稀土元素配分曲线图

二、矿带区域地质、地球化学特征

(一)矿带区域地质特征

冈底斯铜多金属成矿带属中新世后,冈底斯造山带由汇聚造山向伸展走滑转换的过渡,由于软流圈上涌,深部物质减压、分熔等因素,诱发深熔作用,形成富含挥发分、侵位能力极强的花岗岩浆,沿次级北东向控盆控岩(控矿)断裂侵位,形成一系列的斑岩体、成矿小岩体及火山岩,造就了巨型的斑岩铜多金属成矿带(图5-28)。

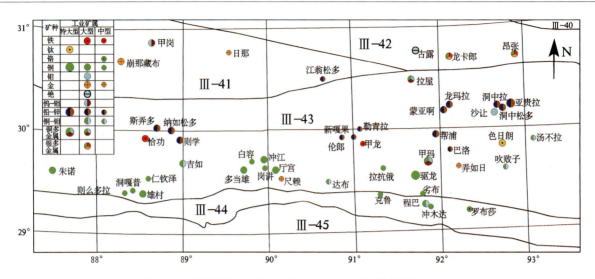

图 5-28 冈底斯中段主要大中型矿床分布图(姚晓峰等,2011)

Ⅲ-40—班公湖-怒江(缝合带)Cr 成矿带;Ⅲ-41—狮泉河-申扎(岩浆弧)W、Mo(Cu、Fe)硼砂金成矿带;Ⅲ-42—班戈-腾冲(岩浆弧)Sn、W、Be、Li、Fe、Pb、Zn 成矿带;Ⅲ-43—拉萨地块(冈底斯岩浆弧)Cu、Au、Mo、Fe、Sb、Pb、Zn 成矿带;Ⅲ-44—雅鲁藏布江(缝合带,含日喀则弧前盆地)Cr、Au、Ag、As、Sb 成矿带;Ⅲ-45—喜马拉雅(造山带)Au、Sb、Fe 白云母成矿带

1. 矿带地层与构造

冈底斯斑岩(矽卡岩)型铜多金属成矿带产于西藏腹地拉萨地体南缘的冈底斯造山带中。拉萨地体南北缘分别以印度河-雅鲁藏布江缝合带和班公湖-怒江缝合带为界,白垩纪以来的汇聚碰撞已导致地体内部南北缩短达 180km。拉萨地体的沉积地层由奥陶系-石炭系-三叠系浅海碎屑沉积序列组成。上石炭-下二叠统主要分布于地体北缘,上三叠统火山-沉积序列主要分布于地体东南。自中-晚白垩世开始,印度河-雅鲁藏布江洋壳板块向北俯冲,导致了冈底斯岩浆弧的发育和日喀则弧前盆地的形成。日喀则弧前盆地出露有完好的白垩系-老第三系弧前序列,并沿北倾的冈底斯逆冲断裂俯冲。

在近东西区域构造的大背景下,NE 向断裂构造是区内最发育、最主要的控岩控矿构造,具有等距性、雁行状分布特征;控制了斑岩体及斑岩铜矿床"EW 成带、NE 成行、交汇成矿"规律性分布(图 5-29)。

2. 矿带岩浆岩

中、新生代期间,班公湖、怒江洋、雅鲁藏布洋的形成演化及印度与欧亚两大板块之间的碰撞和造山伸展等构造演化过程中,伴随着洋壳的俯冲及不同级次、不同期次走滑断裂构造的形成,深部物质的局部熔融,壳幔之间发生大规模的能量、物质交换,造成了广泛的火山-岩浆活动,形成钙碱性→高钾钙碱性→钾玄岩系列的岩浆杂岩体,其特点是分布广、期次多、规模大、时代新,冈底斯花岗岩分为北、中、南三个亚带(图 5-30)。

(1)碰撞前构造-岩浆事件:班公湖、怒江洋、雅鲁藏布洋的形成演化及相应的冈底斯花岗岩北亚带。

(2)同碰撞构造-岩浆事件:同碰撞性质的林子宗火山岩广泛分布及冈底斯中南亚带强过铝花岗岩。

(3)后碰撞构造-岩浆事件:形成钾质火山岩和冈底斯成矿带含矿斑岩体及 Cu、Mo 多金属成矿作用。

3. 矿带含矿斑岩地球化学特征

冈底斯成矿带含矿斑岩体侵入在俯冲型及碰撞型大花岗岩体或中-新生代火山岩中,受东西向与南北向两组断裂控制,形成近东西向展布的斑岩带。其中若干重要的 Cu-Mo、Cu-Au、Cu-Fe 矿床,如驱龙、甲玛、冲江、雄村-洞嘎等。

Cu-Mo 含矿斑岩主要为二长花岗斑岩、石英二长斑岩、正长花岗斑岩,具有埃达克岩的地球化学特征。锆石 U-Pb 同位素定年表明,斑岩形成年龄为 12~18Ma;辉钼矿 Re-Os 同位素定年厘定,成矿年龄为 14.5~16Ma。一般认为,这类斑岩体及相关矿床形成于印-亚板块碰撞后的一次大规模的伸展事件,与南北走向的"裂谷"(地堑)系有成因联系(莫宣学和董国臣,2005)。西藏冈底斯成矿带的 Cu-Mo 含矿斑岩体的地球化学特征见表 5-19。

第五章 中国铜矿资源地球化学定量预测研究实例

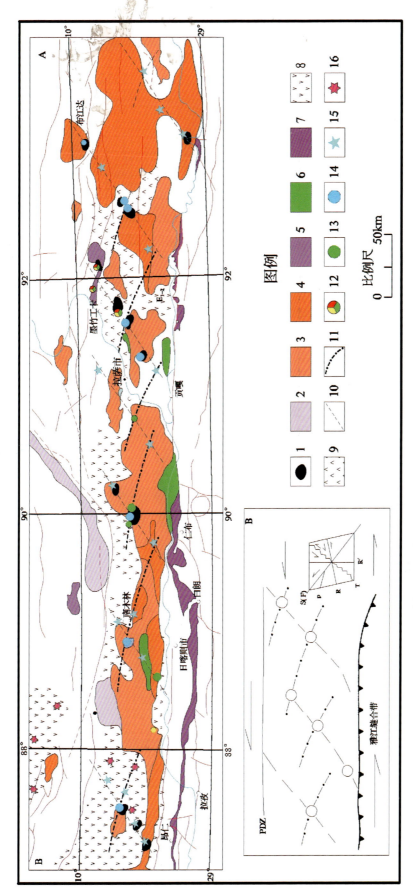

图5-29 冈底斯成矿带北东向挤压岩控矿构造(据郑有业,2006)

1-中新世斑岩体;2-喜山晚期花岗岩;3-喜山早期花岗岩;4-燕山期花岗岩;5-印支期或隐性压扭性构造;6-中基性侵入岩;7-蛇绿岩;8-第三纪火山岩;9-侏罗纪火山岩;10-NE向显性或隐性深大断裂或显性地球化学边界;11-NWW向显性或隐性压扭性构造;12-已知铜钼多金属矿;13-已知铜钼金矿床;14-新发现已勘查勘查(查证)的斑岩铜钼矿床(点);15-预测斑岩铜钼或铜多金属矿床(点);16-火山口(机构)

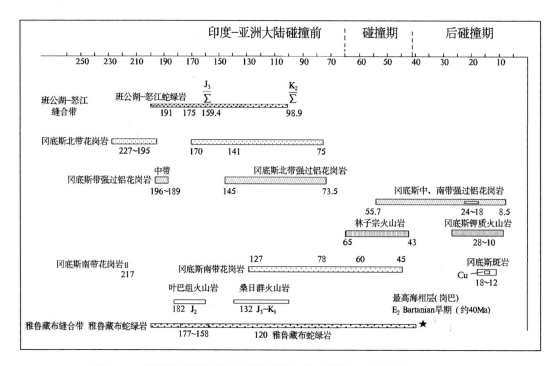

图 5-30 冈底斯成矿带构造-岩浆事件序次示意图(莫宣学和董国臣,2005)

70Ma 以后时段比例尺放大了 1 倍;横坐标表示时间(Ma),纵坐标表示空间相对位置,上北下南

表 5-19 冈底斯成矿带含矿斑岩体地球化学特征(曲晓明和侯增谦,2002)

元 素	地球化学特征
常量元素	SiO_2:(60.85~72.42)%(由东→西,酸性→中酸性) K_2O:(2.34~7.43)% 富钾(高钾钙碱性→钾玄岩) Al_2O_3:(14.53~17.47)%,平均 15.63% Na_2O:(2.34~5.11)%;高 Fe_2O_3(浅成富氧环境)
微量元素	高 Sr,平均 445×10^{-6};低 Y,平均 6.08×10^{-6} 亏损 Ti、Nb、Ta、Yb 等元素;ΣREE:56.09×10^{-6}~164.92×10^{-6} 轻重稀土分馏强烈(La/Yb)N=19.03~39.90,δEu 趋向 1
成矿元素	Cu(22):(11.1~1 633)$\times10^{-6}$,平均 291.4×10^{-6}; Mo(22):(0.3~75.4)$\times10^{-6}$,平均 11.58×10^{-6}

微量元素蛛网图　　　　　　　稀土元素配分曲线图

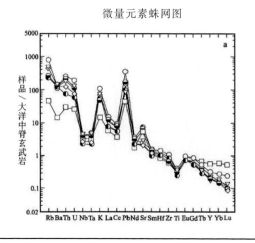
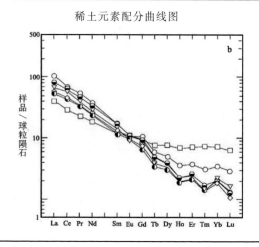

4. 矿带区域成矿规律

(1) 空间分布规律。冈底斯成矿带南北两侧分别为与班公湖、怒江洋、雅鲁藏布洋俯冲和陆-陆碰撞造山作用有关的矽卡岩型 Pb、Zn、Ag(Cu)，斑岩型和构造蚀变岩型 Au(Cu、Zn) 矿床系列；而与造山期后伸展走滑作用有关的斑岩型 Cu、Mo(Au、Ag) 和矽卡岩型 Cu(Pb、Zn、Ag) 矿床系列居中，Cu、Mo 斑岩型(矽卡岩型)矿床东西成带，等距集结(由东至西：驱龙-吹败子矿集区、尼木-松多屋矿集区、朱诺-德吉林矿集区)(图 5-31)。在南北方向上，由于成矿构造环境的差异，形成了由南往北成矿元素：Cr、Au、Cu→Cu、Mo→Cu、Mo、Pb、Zn、Au、Ag→Pb、Zn、Ag 的演化趋势。

(2) 时间分布规律。雄村-洞嘎铜金矿田南带斑岩的成矿年龄 173~161Ma(郎兴海和唐菊兴，2010)，与雅鲁藏布洋俯冲的岛弧环境有关。中部斑岩成岩年龄集中变化于 17.8~15.6Ma，斑岩蚀变及矿化年龄变化于 15.68~13.72Ma，与斑岩铜矿化相关的矽卡岩型矿化年龄变化于 17.5~16.9Ma。冈底斯成矿带斑岩型(矽卡岩型)矿床由东到西，成矿时代由早到晚，这与雅鲁藏布江缝合带从东往西闭合时间越来越晚的规律一致(郑有业和多吉，2007)(表 5-20)。

表 5-20 冈底斯成矿带斑岩型(矽卡岩型)矿床成矿时代

成矿构造环境	成岩时期	成矿时代	典型矿床	资料来源
洋壳俯冲	(173±3)Ma 石英闪长玢岩	161~173Ma	雄村铜金矿床 Ⅰ号矿体：(161.5±2.7)Ma Ⅱ号矿体：(172.6±2.1)Ma	郎兴海和唐菊兴，2010 唐菊兴和黎风佶，2010
陆-陆碰撞 造山作用	65~43Ma 林子宗火山岩 55.7~40Ma 中南亚带 强过铝花岗岩	40~52Ma	冲木达矽卡岩型铜矿(40.3±5.6)Ma 吉如斑岩型铜矿(49.2±1.7)Ma 沙让斑岩型钼矿(51±1.0)Ma	李光明和刘波，2006 郑有业和多吉，2007 秦克章和李光明，2008
造山期后 伸展走滑作用	24~18Ma 过铝花岗岩 25~12Ma 钾质-超钾质火山岩 18~12Ma 含铜斑岩	20~12Ma	驱龙斑岩型铜钼矿(16.41±0.48)Ma 甲玛矽卡岩型铜多金属矿(15.18±0.98)Ma 冲江斑岩型铜金矿 14~16Ma 朱诺斑岩型铜钼矿(13.72±0.62)Ma	孟祥金和侯增谦，2003 李光明和芮宗瑶，2005 郑有业和高顺宝，2004 郑有业和张刚阳，2007

5. 制约矿带成矿系列的四要素

(1) 矿带不同时期成矿构造环境的差异所形成的不同成矿系列：与新特提斯洋壳俯冲作用有关的斑岩型成矿系列及海相喷流沉积型系列(VHMS型、SEDEX型)；与弧-陆碰撞作用有关的低温浅成热液型及蚀变岩型矿床系列；与碰撞造山期后伸展走滑作用有关的斑岩型、矽卡岩型、隐爆角砾岩型矿床系列。

(2) 岩浆成矿专属性：不同岩类的岩浆岩控制了不同矿化种类(石英闪长斑岩→Cu、Au，石英斑岩、二长花岗斑岩、花岗斑岩→Cu、Mo)。

(3) 赋矿围岩：不同物理化学性质的围岩控制了不同的矿床类型(硅铝质岩→斑岩型、隐爆角砾岩型，碳酸盐岩→矽卡岩型，层间裂隙、假整合面→层控型、脉型)。

(4) 成矿元素 Fe、Cu(Au、Mo) 地球化学性质。

以上四要素的互相叠加、交叉就形成了成矿带内不同类型、不同矿种及元素组合的矿床系列(斑岩型 Cu-Mo 矿、矽卡岩型 Cu-Fe 矿、似层状含铜 Pb-Zn 矿、斑岩型 Cu-Au 矿、构造角砾岩型 Cu-Au 矿、脉状 Pb-Zn 矿等)，呈现了"二位一体"、"三位一体"、"多位一体"的复合型矿床或"单"元素矿床。

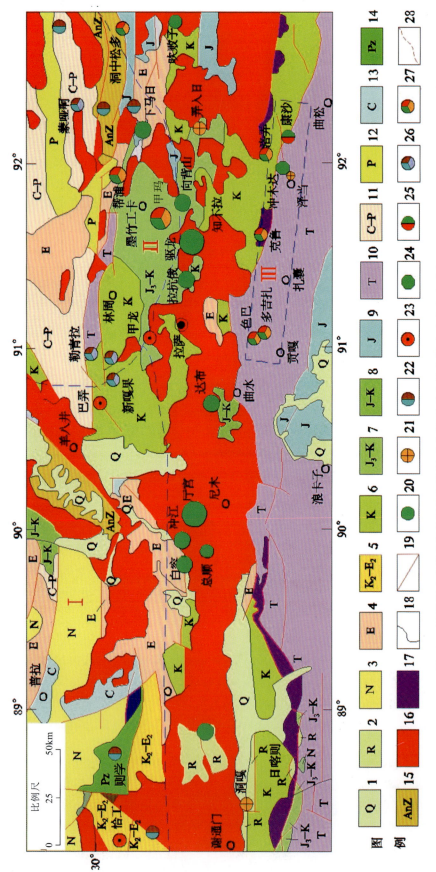

图5-31 冈底斯成矿带东段地质及斑岩型砂卡型矿床分布图(佘宏全和丰成友，2005)

1-第四系；2-第三系(未分)；3-新近系；4-古近系；5-上白垩统-始新统；6-白垩系；7-上侏罗统-白垩系；8-侏罗系(未分)；9-侏罗系；10-三叠系；11-石炭系-二叠系；12-二叠系；13-石炭系；14-古生界；15-前震旦系；16-燕山期-喜马拉雅期花岗岩类侵入岩；17-蛇绿混杂岩；18-地质界线；19-断层；20-斑岩型铜矿；21-热液型金矿；22-热液型铅锌矿；23-砂卡型铁矿；24-砂卡型铜矿；25-砂卡型铅-锌-铁铜矿；26-砂卡型铜(铁)多金属矿；27-砂卡型铜-金(钼-铅-锌)多金属矿；28-次级矿带分区界限及编号。Ⅰ-拉萨-谢通门矿带；Ⅱ-甲玛-林周矿化集中区；Ⅲ-贡嘎-扎囊-泽当矿带

(二)矿带1：20万、1：50万水系沉积物测量地球化学特征

1. 参数统计与制作各种地球化学图

在冈底斯铜多金属成矿带预测区范围内,本次共收集水系沉积物测量数据14 153个,由1：50万(4 608个)和1：20万(9 545个)两部分组成,上述数据在参数统计和成图之前,进行了图幅校正、景观校正,对于校正后的数据,统计39个元素的各种地球化学参数(表5-21),然后统一成图(元素地球化学图、剥蚀深度图、相似度图、因子得分图、衬值图等)(图5-32)。

表5-21 冈底斯成矿带水系沉积物测量地球化学特征

分析指标	数量	最大值	标准离差	背景值	异常下限	背景值	异常下限	高寒山区（几何均值）
Ag	13 056	13.56	0.03	0.07	0.13	**0.09**	**0.17**	0.067
As	12 615	2 074.87	9.3	19.41	38	**8.68**	**18.43**	11.8
Au	12 826	16 305.7	0.71	1.52	2.93	**1.87**	**6.1**	1.21
Cd	12 730	14.63	0.05	0.12	0.22	**0.08**	**0.23**	0.13
Co	13 824	236.02	4.13	11.32	19.57			10
Cr	13 388	5 909.64	27.85	61.6	117.3			52
Cu	13 436	7 116	10.64	25.4	46.69	**22.77**	**40.56**	19
Mn	13 633	10 648.83	182.86	593.7	959.43	**495.43**	**827.14**	575
Mo	12 762	111	0.33	0.71	1.37	**0.98**	**2.77**	0.66
Ni	13 363	1 821.08	11.62	26.38	49.62			23
P	13 612	4 597.15	197.73	621.06	1 016.53			530
Pb	13 265	4 754.52	7.32	26.48	41.11	**23.93**	**34.89**	20
Sb	13 264	75.39	0.46	0.85	1.76	**0.62**	**1.35**	0.74
Sn	13 619	634.82	1.24	3.63	6.11	**4.1**	**6.86**	2.6
Ti	13 897	35 600	1 341.54	4 385.11	7 068.19			3 155
V	13 809	1 000	31.01	83	145.02	**91.17**	**128.65**	64
W	12 877	397.14	1.04	2.78	4.86	**2.48**	**4.16**	1.9
Zn	13 436	3 180.68	19.15	72.18	110.47	**60.64**	**105.2**	60
TFe$_2$O$_3$	13 922	37.61	1.55	4.63	7.72			3.8
MgO	13 261	33.9	0.47	1.21	2.14			1.59

注:加粗部分为长江中下游成矿带,单位:Au元素含量为10^{-9},氧化物为10^{-2},其他为10^{-6}

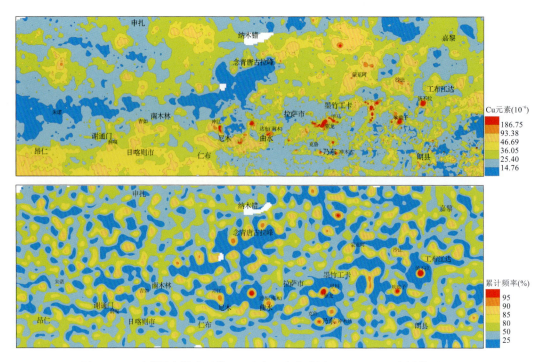

图 5-32 西藏冈底斯成矿带 Cu 元素地球化学图(上)和 Cu 元素衬值图(下)

从表 5-21 中清晰可知：

(1)反映矿带表壳岩系地球化学特征的水系沉积物测量中 Cu、Mo 等成矿元素与长江中下游成矿带相似——含量偏低，示踪冈底斯成矿带表壳岩系不是 Cu、Mo 等成矿元素的矿源层，而 18~12Ma 年间中酸性小岩体岩浆结晶分异作用才是控制 Cu、Mo 成矿作用的主导机制。

(2)冈底斯成矿带 W、Sn 元素背景值比高寒山区水系沉积物测量几何均值分别高约 46% 和 40%，鉴于矿带内"S"型花岗岩的广泛分布，注意寻找与之有关的 W、Sn、U 矿。

(3)矿带单元素 Cu 衬值图与 Cu 元素地球化学图相比，Cu 衬值图异常浓集中心不仅清晰地指示了矿集区(矿带)内所有已知矿床和矿化点，而且凸显了许多低缓异常。

2. 多元统计分析——元素组合与异常解释

对全矿带的数据进行多元统计分析，冈底斯成矿带因子分析结果见表 5-22。

表 5-22 西藏冈底斯成矿带水系沉积物测量多元统计分析元素组合与异常解释

主要因子	主要元素组合	异常解释与地质意义
1	Cu、Mo、W	显示了从东到西的吹败子-驱龙(甲玛)-冲江(厅宫)-吉如-雄村-洞嘎等 Cu、Mo 成矿带
2	Zn、Cd、Ag、Pb、Mn	高值区分布于墨竹工卡-嘉黎 Pb、Zn 多金属矿集区及 Cu、Mo 矿集区的外围矿化带
3	As、Sb	对应藏南 Sb、Au 矿带外围和墨竹工卡-嘉黎 Pb、Zn 多金属矿集区及 Cu、Mo 矿集区外围多金属矿点
4	MgO、Ni、Cr、Co	与雅鲁藏布江缝合带上基性-超基性岩带的分布基本吻合
5	Nb、Th、Y	对应冈底斯成矿带中三个花岗岩亚带(南、中、北亚带)的空间展布
6	SiO_2、CaO	反映硅铝质岩石(碎屑岩、硅酸盐岩)与碳酸盐岩的分布
7	Au、Sn	表生作用条件下水系沉积物测量中稳定成矿元素自然金(Au)和锡石重砂(SnO_2)的后生组合(两者在成矿作用中条件迥异)

西藏冈底斯成矿带 Cu、Mo、W 因子得分图清晰地显示（图 5-33）：从东到西的吹败子-驱龙（甲玛）-冲江（厅宫）-吉如等矿床呈现的 Cu、Mo 成矿带，处于矿带南侧的谢通门洞嘎-雄村 Cu、Au 矿田亦有明显的显示。

图 5-33 西藏冈底斯成矿带 Cu、Mo、W 因子得分图

3. 综合衬值图和衬值比值图——区分矿化信息

为了较好地区分 Cu-Mo 斑岩型矿化为主与 Pb-Zn 多金属矿化为主二者之间的主次关系，其中 Cu-Mo 斑岩型矿化用 Cu-Mo-Au 元素组合代表，而 Pb-Zn 多金属矿化则用 Pb-Zn-Ag 元素组合代表，分别制作这两组元素组合的累加平均衬值图以及累加平均衬值比值图（图 5-34）。

Cu-Mo-Au 平均衬值图主要凸显以 Cu-Mo-Au 矿化为主及其伴生 Pb-Zn-Ag 矿化强烈的信息，过滤了仅仅为 Pb-Zn-Ag 矿化信息强烈的信息；而 Pb-Zn-Ag 平均衬值图正好相反。而 Cu-Mo-Au/Pb-Zn-Ag 平均衬值比值图可以有效区分矿化信息的主次，等级越高（黄绿色以上）是以 Cu-Mo-Au 矿化为主；反之，等级越低（蓝色）则主要以 Pb-Zn-Ag 矿化为主。

4. 判断矿带剥蚀程度

矿床的剥蚀程度是资源量估算中的一个重要参数。冈底斯成矿带从碰撞至今经历了 65Ma 内外生作用的演变过程，矿带内矿体（矿化体）经历了不同的剥蚀程度（成矿作用发生时的深度到目前出露的程度）。应用水系沉积物测量中（W+Mo+Bi+Cu）/（Zn+Cd+As+Sb+Hg）元素比值图（图 5-35），判别西藏冈底斯成矿带全矿带的剥蚀程度。

从图 5-35 中获知：与驱龙 Cu、Mo 矿床剥蚀程度相似的矿床有：甲玛、冲木达、沙让、冲江等（剥蚀系数为 0.1），其他矿床（矿点）剥蚀系数赋予 0.05。与驱龙矿床剥蚀程度相当的另一个醒目的地质体是 NE60°走向展布的念青唐古拉山脉，其主体是 18.3～11.1Ma 期间形成的黑云母二长花岗岩。据前人（刘琦胜和吴珍汉，2003）研究表明：岩体中发育不同类型变质岩包体，岩相分带不清楚，岩体剥蚀较浅，因此，赋予念青唐古拉山的剥蚀系数为 0.1。

值得注意的是，剥蚀程度的赋值是相对的，剥蚀程度图只显示剥蚀程度的相对高低，剥蚀系数的赋值需要参照已知的矿体、地质体来进行。

5. 矿带内各矿集区地球化学特征

西藏冈底斯成矿带主要包括 11 个矿集区（图 5-36）。从矿带 Cu、Pb、Zn 等元素地球化学图上清晰地显示五大类地球化学分区（图 5-37）：

(1) Cu-Mo-Au(W) 地球化学分区：甲玛-驱龙、冲江-达布、吹败子-汤不拉、洞嘎-吉如、德吉林-朱诺。

(2) Pb-Zn-Ag(Cu、Au、Fe、Sb) 地球化学分区：堆龙德庆-嘉黎。

(3) Au-Cu(Cr、Co、Ni) 地球化学分区：崩纳藏布-下吴弄。

(4) Au-Sb(Cr、Fe、Cu) 地球化学分区：克鲁-冲木达。

(5) Cr-Fe-Au(Cu、Sb、Hg) 地球化学分区：昂仁-仁布。

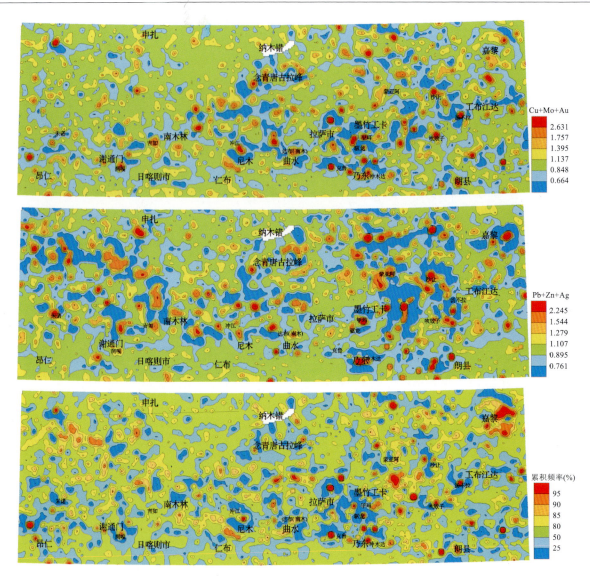

图 5-34 西藏冈底斯成矿带 Cu-Mo-Au 累加衬值图（上）、Pb-Zn-Ag 累加衬值图（中）和 Cu-Mo-Au/Pb-Zn-Ag 累加衬值比值图（下）

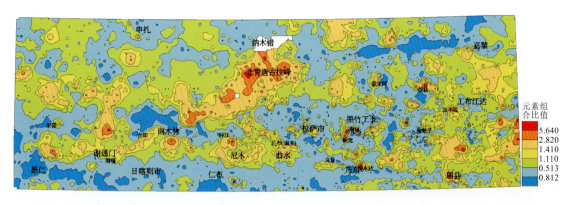

图 5-35 冈底斯成矿带水系沉积物测量（W+Mo+Bi+Cu）/（Zn+Cd+As+Sb+Hg）元素比值图

以矿集区为单位，总结各矿集区的地球化学特征，包括主要成矿元素和重要伴生元素的平均值、背景值、异常下限、异常平均值、异常面积、面金属量、规格化面金属量等，如冲江-达布矿集区地球化学特征（表5-23）。

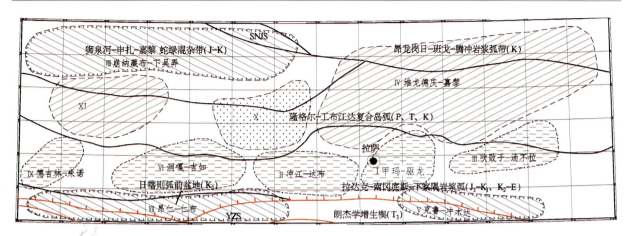

图 5-36 冈底斯成矿带矿集区划分简图

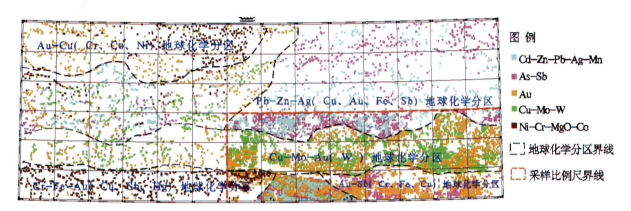

图 5-37 西藏冈底斯成矿带地球化学分区图（王永华和龚鹏，2010）

表 5-23 冲江-达布矿集区水系沉积物测量地球化学特征

矿化类型	典型矿床	元素	样品数	背景值	标准离差	异常下限	异常平均值	异常总面积(km²)	面金属量	规格化面金属量
斑岩型	冲江厅宫白容达布	Ag	845	0.06	0.02	0.11	0.6	843.58	143.52	2 314.85
		As	845	15.15	6.46	28.07	115.2	1 030.5	43 550.73	2 875.21
		Au	845	1.62	0.68	2.97	25.5	1 366.33	7 193.03	4 451.13
		Cd	845	0.11	0.04	0.19	1.3	882.44	485.76	4 337.11
		Co	845	11.33	3.32	17.98	27.0	179.85	2 812.15	248.12
		Cr	845	55.24	20.38	96	144.0	95.66	8 490.51	153.7
		Cu	845	29.61	14.86	59.33	320.8	626.17	58 497.23	1 975.72
		Mn	845	594.94	172.17	939.28	1 408.9	69.31	56 420.46	94.83
		Mo	845	0.9	0.49	1.87	11.8	932.13	3 398.25	3 771.64
		Ni	845	23.63	7.19	38.01	57.0	29.32	978.66	41.41
		Pb	845	24.47	7.16	38.78	87.3	494.32	18 327.39	748.85
		Sb	845	0.78	0.35	1.49	4.6	902.99	1 492.88	1 911.5
		W	845	2.74	1.17	5.08	11.4	602.85	3 279.92	1 196.61
		Zn	845	67.91	14.96	97.82	388.9	300.3	31 585.18	465.12
		MgO	845	1.51	0.62	2.74	6.2	245.79	638.57	424.01

单位：Au 元素含量为 10^{-9}，氧化物为 10^{-2}，其他为 10^{-6}

表 5-24 西藏冈底斯成矿带各矿集区地球化学特征

矿集区名称	主要元素组合(规格化面金属量)
甲玛-驱龙(Ⅰ)	Au(738 720.58)、Cu(24 085.52)、Mo(11 628.97)、As(1 625.9)、Pb(1 570.21)
冲江-达布(Ⅱ)	Au(4 451.13)、Cd(4 337.11)、Mo(3 771.64)、As(2 875.21)、Ag(2 314.85)、Cu(1 975.72)、Sb(1 911.5)
吹败子-汤不拉(Ⅲ)	Cu(7 428.12)、As(6 351.51)、Cd(4 847.38)、Mo(4 215.83)、Sb(3 597.37)、Au(1 445.88)
洞嘎-吉如(Ⅵ)	Au(3 019.23)、Ag(2 806.65)、Cd(2 379.56)、Mo(2 251.61)、As(1 505.37)、Sb(1 447.26)、W(1 263.15)、Pb(1 251.05)
德吉林-朱诺(Ⅸ)	Au(19 955.51)、Ni(1 348.96)、Cd(1 291.45)、Cr(965.53)、Zn(702.52)、Pb(549.58)、Cu(347.39)
堆龙德庆-嘉黎(Ⅳ)	Cd(54 615.82)、Cr(35 612.06)、Mo(32 473.3)、Ag(31 516.01)、Pb(24 931.66)、Au(22 698.37)
克鲁-冲木达(Ⅴ)	Ag(13 989.13)、Ni(9 702.92)、Cr(9 095.37)、W(7 807.59)、Au(5 321.26)、Sb(3 519.43)、MgO(3 200.22)、Cd(2 150.14)
昂仁-仁布(Ⅶ)	Cr(71 365.5)、Ni(47 438.19)、MgO(16 581.6)、Co(2 750.67)、Sb(1 725.7)、As(1 218.86)、Au(1 166.79)
崩那藏布-下吴弄(Ⅷ)	Au(2 716 149.45)、Cr(28 041.08)、Ni(16 818.91)、MgO(6 544.21)、Cd(5 446.43)、As(2 856.05)、Ag(2 833.64)
Ⅹ	Mo(6 086.42)、W(3 545.11)、Cd(2 575.73)、Cu(1 309.63)、As(1 005.62)
Ⅺ	Cd(6 050.54)、MgO(3 159.64)、Ag(2 908.29)、Pb(1 846.49)、As(1 679.17)、Zn(1 385.82)、Mo(1 009.12)、Cu(1 080.01)

单位：Au 元素含量为 10^{-9}，其他为 10^{-6}

在各矿集区水系沉积物测量地球化学特征的基础上,总结全矿带各矿田水系沉积物测量的地球化学特征(表 5-24)。从表 5-24 中清晰可见:

(1)矿带中甲玛-驱龙、冲江-达布、吹败子-汤不拉三个矿集区的 Cu、Mo、Au 等元素异常显示度最高(异常值高、分带清晰、面积大)。

(2)内中外分带清晰、规格化面金属量(面金属量/背景值)大的元素与矿集区内的主成矿元素和重要伴生元素相对应,如驱龙矿集区为 Cu、Mo、Au。

(3)以铅锌为主的矿集区(堆龙德庆-嘉黎)异常元素含量、异常元素组合及规格化面金属量与以铜为主的矿集区(甲玛-驱龙、冲江-达布、吹败子-汤不拉、洞嘎-吉如、德吉林-朱诺)迥然有别。

(4)Ⅹ预测矿集区水系沉积物测量地球化学异常特征与邻近冲江-达布矿集区十分相似,Ⅺ预测矿集区水系沉积物测量地球化学异常特征与堆龙德庆-嘉黎矿集区类似。

(5)比较各矿集区的 Cu 成矿元素背景值、异常下限和规格化面金属量可知(图 5-38):甲玛-驱龙(Ⅰ)、冲江-达布(Ⅱ)、吹败子-汤不拉(Ⅲ)、洞嘎-吉如(Ⅳ)等矿集区内 Cu 背景值依次为:24.95,29.61,24.12,28.15,异常下限依次为:37.34,59.33,42.17,51.42;而 Cu 元素在昂仁-仁布(Ⅶ)、崩纳藏布-下吴弄(Ⅷ)矿集区中背景值与异常下限的高值表明,应考虑为基性玄武岩富铜的因素所致;甲玛-驱龙(Ⅰ)、吹败子-汤不拉(Ⅲ)矿集区 Cu 规格化面金属量最高(次高),清晰显示了 Cu 元素在该两个矿集区内高异常;但由于采样密度(1:50 万)、Cu 元素表生地球化学性质等因素,不能忽视德吉林-朱诺矿集区(Ⅸ)内规格化面金属量低的异常。

6.矿带相似度判别

在总结矿带内典型矿床的地质、地球化学信息基础上,挑选了 Cu-Mo-Au(W)地球化学分区中的驱龙、甲玛、吹败子、冲木达、厅宫、冲江、吉如、洞嘎(雄村)、朱诺 Cu,Mo,Au 矿床和 Pb-Zn-Ag(Cu,Au,Fe,Sb)地球化学分区中的沙让 Mo 矿床和洞中松多 Pb、Zn 矿床为典型矿床,利用典型矿床的"标准样本"对全矿带进行相似度判别,绘制相似度图(图 5-39),挑选的典型矿床见表 5-25。

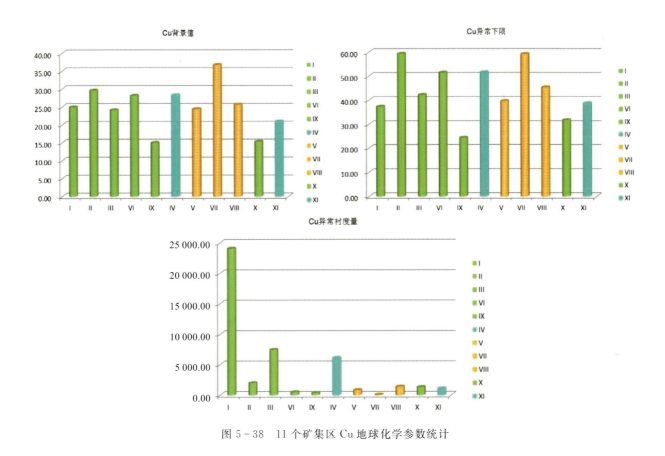

图 5-38 11个矿集区 Cu 地球化学参数统计

表 5-25 西藏冈底斯成矿带各典型矿床相似度挑选参数

序号	矿床名称	矿种	相似度元素组合(含量)
1	朱诺	铜	Zn(612.6)+Pb(245.9)+Au(184.1)+Cd(2.0)
2	洞嘎	铜(金)	Cu(95.7)+Au(23.4)
	雄村	铜金	Cu(95.7)+Au(23.4)
3	吉如	铜	W(15.2)+Mo(5.6)+Bi(3.1)+Cd(0.6)
4	冲江	铜(金)	As(212.8)+Cu(143.2)+Mo(46.5)+Bi(4.7)
5	厅宫	铜	Cu(502.5)+Pb(196.9)+Mo(46.5)+Au(37.1)+Ag(1.1)+W(32.3)+Bi(4.1)
6	沙让	钼	Mn(9 687.2)+Mo(110.0)+W(38.9)+Bi(15.3)+Cd(2.1)+Ag(1.4)
7	洞中松多	铅锌	Mn(9 687.2)+Zn(3 180.7)+Pb(226.3)+As(188.7)+Mo(17.4)+Bi(4.9)+Cd(1.7)+Ag(1.4)
8	驱龙	铜	Cu(1 341.1)+Mo(36.3)+Au(20.0)+Ag(1.0)
9	甲玛	铜	Pb(2 000.0)+Cu(927.0)+As(218.0)+Mo(75.1)+W(37.6)+Sb(21.6)+Bi(6.0)+Ag(2.9)+Hg(0.2)
10	吹败子	铜(钼)	Cu(510.5)+As(252.6)+Mo(59.4)+Cd(6.0)+Bi(3.5)+Hg(0.4)
11	冲木达	铜金	W(397.1)+Cu(259.2)+Au(57.1)+Sb(15.7)+Mo(9.6)+Ag(2.7)

注:元素含量为内带(中带)样点的平均值,单位:Au、Ag 元素含量为 10^{-9},其他为 10^{-6}

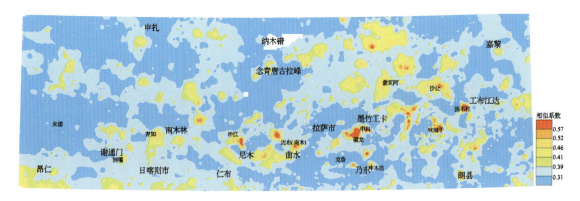

图 5-39　冈底斯成矿带驱龙铜矿床相似度图

从表 5-25 中清晰可见：11 个典型矿床相似度元素组合、强度（分带），由于矿床类型、规模、剥蚀深度等因素，差异是十分明显的。

(1) 驱龙矿床"标准样本"的 Cu(1 341.1)、Mo(36.3) 元素含量最显著，而同是斑岩型 Cu 矿床的朱诺、吉如，Cu 元素的含量极低（或不显示）（这与 1∶50 万水系沉积物测量的样点密度及 Cu 元素在表生作用条件下迁移的性质有关）。

(2) 沙让钼矿 Mo(110.0)、Mn(9 687.2) 和洞中松多铅锌矿"标准样本"Zn(3 180.7)、Pb(226.3)、Mn(9 687.2) 的主成矿元素及主要伴生元素的含量最高。

(3) 洞嘎、雄村斑岩型金铜矿"标准样本"的 Au(23.4)、Cu(95.7) 的含量凸显。

三、矿带地质、地球化学找矿模型

在以上矿带地质、地球化学特征的基础上，建立成矿带的地球化学找矿模型，其内容包括：

(1) 矿带内各矿集区中成矿元素的异常含量、异常规模和组合分带的清晰程度是评价地表矿化体规模的首选指标，矿集区内具有内、中、外带分带的元素为其主要的成矿元素和伴生元素，矿集区的规格化面金属量指示各矿集区的主成矿元素。

(2) 不同时期成矿构造环境的差异所形成的不同成矿系列、岩浆成矿专属性、赋矿围岩和成矿元素 Fe、Cu(Au、Mo) 地球化学性质是制约西藏冈底斯铜多金属成矿带成矿系列的四要素，四要素的互相叠加、交叉就形成了成矿带内不同类型、不同矿种及元素组合的矿床系列。

(3) 根据矿床岩石原生晕的组合分带，制作水系沉积物测量的 $(W+Mo+Bi+Cu)/(Zn+Cd+As+Sb+Hg)$ 比值图，可以用来评价矿带内矿集区（矿床）的剥蚀程度。

(4) 元素组合 (Cu、Mo、Pb、Zn、Au、Ag) 的平均衬值及其比值是圈定矿带内以 Cu-Mo 矿化信息为主的预测区的良好指示剂。

(5) 利用矿带内典型矿床的元素组合和特征值确定矿化的相似性指标，用相似程度来判别矿带内预测区不同成矿类型的矿化信息。

四、预测区的圈定与铜矿资源量的估算

在典型矿田、矿带地球化学找矿模型建立的基础上，利用地球化学方法圈定 Cu 找矿预测区并估算 Cu 资源量。

（一）找矿预测区圈定的地球化学方法

1. 预测区圈定的准则和方法

地球化学定量预测的关键评价技术是圈定找矿预测区，其主要圈定依据是元素综合异常图、相似度图、预测元素衬值图、多元素平均衬值图、单元素衬值个数以及地质矿产要素，其中各类地球化学图是通过

不同的数学处理方法,从多角度揭示地球化学成矿信息;根据各类预测要素耦合程度的高低区分三个等级。以西藏冈底斯成矿带驱龙斑岩型铜矿床建模为例,列举了其圈定预测区的依据,并对预测区的可信度划分了 A1、A2、B 三个等级(表 5-26)。

表 5-26 西藏冈底斯多金属成矿带地球化学铜定量预测远景区圈定与可信度分级
(以驱龙斑岩型铜矿床建模为例)

预测远景区圈定依据		可信度分级			备注
		A1 级	A2 级	B 级	
地球化学要素	Cu+Mo+Au 综合异常图	√	√	√	预测元素综合异常至少具外带
	Cu+Mo+Au+Ag 相似度图	√	√		累积频率分级的最高两级
	Cu 衬值图	√	√	√	Cu 衬值有异常(至少外带)
	Cu+Mo+Pb+Zn+Au+Ag 平均衬值图	√	√	√	异常分带清晰、明显
	Cu、Mo、Pb、Zn、Au、Ag 单元素衬值图(个数)	≥3	≥3	≥4	多元素的衬值异常套合程度高
地质矿产要素	矿产图	√			Cu 元素矿点或矿化点
	地层	矽卡岩型围岩为碳酸盐岩			接触带形成矽卡岩型矿床
	构造	断裂交汇部位或穿越预测区			成岩、成矿通道("动")
	火成岩	中新世中酸性斑岩体			矿质富集("热源""物源")

2. A1 预测区(A1-YC-10)

现以甲玛-驱龙矿集区内编号为 A1-YC-10 为例介绍预测区圈定的准则和方法(图 5-40),其预测区元素组合为 Cu-Mo-Au,异常面积为 161.93km²,坐标为(X:911 952,Y:292 353)。

A1-YC-10 在 MAPGIS 中所投预测样点,符合在 Excel 中设定的 A1 级检索条件(图 5-40a):条件 1——至少与其中一个典型矿床的相似度值高(≥98%);条件 4——平均衬值不低于 1.65(≥95%);条件 5——Cu 衬值不低于 1.1(≥80%);条件 6——至少三个元素衬值不低于 1.1。

在地质矿产图上对预测样点的成矿条件进一步优选评价,A1-YC-10 预测区满足:条件 2——成矿地质条件有利(始新统二长花岗岩体与白垩系上统围岩接触带);条件 3——已发现 Cu 矿点(图 5-40b)。

由剥蚀程度比值等值线图可知,A1-YC-10 预测区剥蚀程度与驱龙相比低一个等级,因此剥蚀系数赋予 0.05(图 5-40c)。A1-YC-10 预测区在 Cu-Mo-Au 组合元素标准化累加图上显示异常(内带)。当有多个典型矿床相似时,按就近原则选择驱龙,通过 Cu-Mo-Au 组合异常求取异常规模和面金属量,计算资源量(图 5-40d)。

3. A2 预测区(A2-YC-18)

通过典型矿床的相似度判别、组合元素标准化累加异常筛选和成矿地质条件对比,分析念青唐古拉山脉西段的 Ⅺ 号预测矿集区为一个十分有利的成矿远景区,共遴选出 1 个 A1 级、7 个 A2 级预测区(表 5-27、图 5-41)。现以编号为 A2-YC-18 预测区为例,其 Cu-Mo-Au 元素组合异常面积为 49.23km²,坐标为(X:901 502,Y:301 928)。

A2-YC-18 在 MAPGIS 中所投预测样点,符合在 Excel 中设定的 A2 级检索条件(图 5-41a):条件 1——至少与其中一个典型矿床的相似度值高(≥98%);条件 4——平均衬值不低于 1.65(≥95%);条件 5——Cu 衬值不低于 1.1(≥80%);条件 6——至少三个元素衬值不低于 1.1。

在地质矿产图上对预测样点所在成矿条件进一步优选评价可知,A2-YC-18 预测区满足:条件 2——成矿地质条件有利(上新统二长花岗岩体),尚无矿化点发现(图 5-41b)。

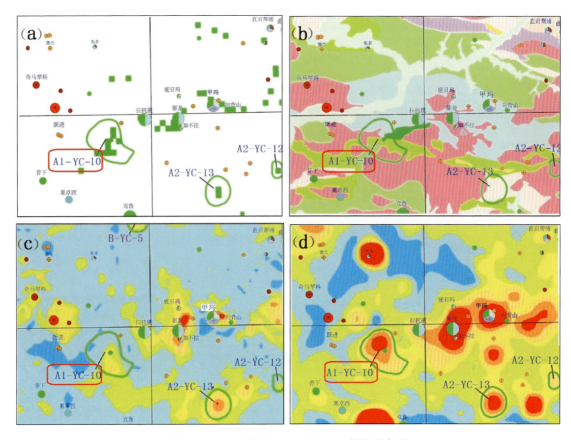

图 5-40 A1 级靶区(A1-YC-10)挑选要素图
(a)满足条件 1、4、5、6 的样点(方格);(b)地质矿产图;(c)剥蚀程度图;(d)Cu、Mo、Au 元素累加图

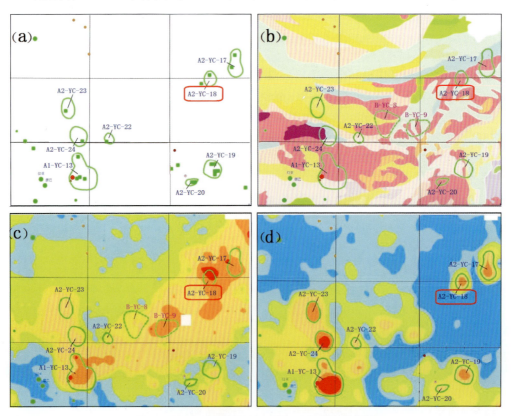

图 5-41 A2 级靶区(A2-YC-18)挑选要素图
(a)满足条件 1、4、5、6 的样点(方格);(b)地质矿产图;(c)剥蚀程度图;(d)Cu、Mo、Au 元素累加图

表 5-27　X 号预测矿集区中 A1 和 A2 级预测区分布特征

编　号	比例尺	最佳相似矿床	衬值异常元素组合(1.1)	最佳相似度值	剥蚀系数
A1-YC-13	1:50万	冲　江	Cu(3.1)-Mo(8.1)-Au(1.8)-Ag(2.6)-Pb(1.5)-Zn(1.7)	0.837	0.1
A2-YC-17	1:50万	冲　江	Cu(2.2)-Mo(3.5)-Au(1.1)-Ag(1.5)-Zn(2.3)	0.725	0.1
A2-YC-18	1:50万	冲　江	Cu(1.9)-Mo(8.8)-Au(1.2)-Ag(1.5)-Zn(1.3)	0.618	0.1
A2-YC-19	1:20万	冲　江	Cu(2.7)-Mo(3.6)-Au(1.3)-Ag(3.6)-Pb(11.3)-Zn(2.1)	0.690	0.1
A2-YC-20	1:20万	冲　江	Cu(1.5)-Mo(2.1)-Au(1.3)-Ag(1.4)	0.688	0.05
A2-YC-22	1:50万	冲　江	Cu(1.6)-Mo(2.4)-Au(2.9)-Ag(2.0)-Pb(2.4)-Zn(6.4)	0.620	0.1
A2-YC-23	1:50万	吉　如	Cu(1.2)-Mo(2.4)-Ag(1.5)-Pb(1.5)-Zn(1.2)	0.856	0.1
A2-YC-24	1:50万	吉　如	Cu(4.9)-Mo(6.1)-Ag(2.9)-Pb(1.2)-Zn(2.0)	0.778	0.1

由剥蚀程度比值等值线图知:剥蚀程度等级与驱龙相当,因此剥蚀系数赋予0.1(图5-41c)。按相似度就近原则选择冲江作为最佳相似矿床,通过 Cu-Mo-Au 组合异常求取异常规模和面金属量,计算资源量(图5-41d)。

(二)预测区铜矿资源量的估算

由于冈底斯铜多金属成矿带工作程度较低,典型矿床的资料相对较少,多为 333+334 资源量(表5-28),本次工作只选用了类比法和面金属量法进行资源量估算。

表 5-28　西藏冈底斯成矿带典型矿床 Cu 资源量

矿床名称	矿种	类型	剥蚀系数	资源量	数据来源	修订资源量
驱　龙	铜钼	斑岩型	0.1	1 500	西藏地调院,2008	
甲　玛	铜多金属	斑岩型、矽卡岩型	0.1	200 500	曲晓明等,2003 唐菊兴等,2011	
吹败子	铜钼	斑岩型	0.05	10~50	曲晓明等,2003	200(面金属量)
冲江、厅宫、白容	铜	斑岩型	0.1	650	拉萨市人民政府网,2008	
冲木达	铜金	矽卡岩型	0.1	50	曲晓明等,2003	
吉　如	铜	斑岩型	0.05			100(面金属量)
雄　村	铜金	热液型	0.05	50 200	曲晓明等,2003 唐菊兴等,2011	
朱　诺	铜	斑岩型	0.05	107	西藏地调院,2006	

资源量类型为 333+334,单位:×10⁴t

对选择进行类比的典型矿床,其资源量的确定需结合 1:20 万(1:50 万)水系沉积物测量成矿元素参数信息(面金属量)加以修订(表5-28),以此对 A1、A2 级预测靶区的资源量进行概略的估算,从而使资源量预测结果合理可信。截至 2008 年底,以上 10 个大型 Cu 多金属矿床累计资源量(333+334)为 $2\ 750 \times 10^4$ t。

按照引入了相似度(相似系数 R)的参数修正的类比法和面金属量法的计算公式,计算各 A1、A2 预测区的 Cu 资源量(表5-29和表5-30),共计预测 Cu 资源量 $2\ 824.26 \times 10^4$ t。B 级靶区由于没有与之类比的典型矿床,无法进行资源量的估算(表5-31)。

表 5-29　A1 级预测靶区的资源量

编　号	比例尺	最佳相似矿床	衬值异常元素组合（≥1.1）	最佳相似度值	剥蚀系数	$V=0.6V_d+0.4V_s$
A1-YC-1	1∶50 万	冲木达	Cu(2.6)-Mo(2.8)-Au(4.3)-Ag(1.2)-Zn(1.2)	0.531	0.05	12.02
A1-YC-2	1∶20 万	吹败子	Cu(1.5)-Mo(13.0)-Au(1.7)-Ag(1.2)	0.592	0.1	107.3
A1-YC-3	1∶20 万	冲木达	Cu(4.0)-Mo(14.4)-Au(1.2)-Ag(1.3)-Pb(1.4)	0.549	0.1	15.06
A1-YC-4	1∶50 万	吹败子	Cu(3.4)-Mo(2.1)-Au(3.0)-Ag(1.6)-Pb(1.6)-Zn(1.8)	0.537	0.1	39.72
A1-YC-5	1∶20 万	吹败子	Cu(2.1)-Mo(1.6)-Au(3.6)-Ag(1.3)-Pb(1.2)-Zn(1.1)	0.64	0.05	33.44
A1-YC-6	1∶20 万	朱　诺	Cu(1.3)-Au(35.6)-Ag(1.4)-Zn(1.3)	0.595	0.05	50.06
A1-YC-7	1∶50 万	洞　嘎	Cu(1.2)-Au(10.2)-Ag(2.3)-Pb(1.5)-Zn(2.9)	0.811	0.05	42.21
A1-YC-8	1∶20 万	吹败子	Cu(1.2)-Mo(4.7)-Au(3.8)-Ag(1.5)	0.559	0.05	35.53
A1-YC-9	1∶20 万	冲木达	Cu(1.3)-Au(7.0)-Pb(1.7)	0.619	0.05	16.09
A1-YC-10	1∶20 万	驱　龙	Cu(2.5)-Mo(4.5)-Ag(1.7)-Zn(1.2)	0.544	0.05	298.13
A1-YC-11	1∶20 万	洞　嘎	Cu(2.3)-Au(3.8)-Ag(1.3)-Pb(1.1)-Zn(1.2)	0.848	0.05	15.15
A1-YC-12	1∶50 万	洞　嘎	Cu(1.3)-Au(4.1)-Pb(1.1)	0.841	0.1	57.25
A1-YC-13	1∶50 万	冲　江	Cu(3.1)-Mo(8.1)-Au(1.8)-Ag(2.6)-Pb(1.5)-Zn(1.7)	0.837	0.1	847.15
A1-YC-14	1∶50 万	吉　如	Cu(2.6)-Mo(3.2)-Ag(1.6)-Pb(1.3)-Zn(1.1)	0.803	0.1	17.5
A1-YC-15	1∶50 万	洞　嘎	Cu(2.6)-Au(8.0)-Ag(2.3)-Pb(1.4)-Zn(2.9)	0.887	0.05	19.73
A1-YC-16	1∶50 万	洞　嘎	Cu(1.6)-Mo(1.3)-Au(2.6)-Ag(3.2)-Pb(3.3)-Zn(2.4)	0.761	0.05	10.22
A1-YC-17	1∶50 万	吉　如	Cu(2.4)-Mo(4.7)-Ag(2.8)-Pb(3.5)-Zn(2.8)	0.796	0.1	10.46
					合计	1 627.02

注：V_d 为类比法计算资源量；V_s 为面金属量法计算资源量；V 为加权计算的资源量；单位：$\times 10^4$ t

表 5-30　A2 级预测靶区的资源量

编　号	比例尺	最佳相似矿床	衬值异常元素组合（≥1.1）	最佳相似度值	剥蚀系数	$V=0.6V_d+0.4V_s$
A2-YC-1	1∶50 万	吹败子	Cu(2.4)-Mo(2.2)-Ag(6.1)-Pb(5.1)-Zn(1.6)	0.551	0.05	5.41
A2-YC-2	1∶50 万	洞　嘎	Cu(1.1)-Au(10.0)-Ag(1.2)	0.858	0.05	16.15
A2-YC-3	1∶20 万	驱　龙	Cu(2.5)-Mo(22.2)-Pb(1.5)-Zn(1.6)	0.507	0.1	98.92
A2-YC-4	1∶50 万	洞　嘎	Cu(1.4)-Mo(1.3)-Au(9.3)-Ag(2.9)-Pb(1.6)-Zn(1.4)	0.75	0.1	19.11
A2-YC-5	1∶20 万	洞　嘎	Cu(1.4)-Mo(1.2)-Au(16.2)-Ag(2.2)-Zn(1.4)	0.845	0.05	7.77

续表 5-30

编　号	比例尺	最佳相似矿床	衬值异常元素组合(≥1.1)	最佳相似度值	剥蚀系数	$V=0.6V_d+0.4V_s$
A2-YC-6	1∶20万	吹败子	Cu(1.3)-Mo(7.1)-Au(2.3)-Ag(2.2)-Pb(1.3)	0.551	0.1	6.02
A2-YC-7	1∶50万	吹败子	Cu(2.3)-Au(2.0)-Ag(2.4)-Zn(1.2)	0.616	0.05	120.93
A2-YC-8	1∶20万	甲玛	Cu(1.9)-Mo(2.0)-Au(3.9)-Ag(3.8)-Pb(5.3)-Zn(1.9)	0.564	0.05	3.41
A2-YC-9	1∶50万	驱龙	Cu(2.6)-Mo(4.3)-Au(1.2)-Ag(1.7)-Pb(1.8)-Zn(1.5)	0.464	0.05	73.16
A2-YC-10	1∶50万	驱龙	Cu(3.9)-Mo(1.3)-Zn(1.1)	0.442	0.1	32.78
A2-YC-11	1∶50万	驱龙	Cu(1.3)-Mo(5.1)-Au(1.4)-Ag(3.5)-Pb(1.6)-Zn(1.5)	0.441	0.1	19.93
A2-YC-12	1∶20万	洞嘎	Cu(2.0)-Mo(2.2)-Au(9.0)	0.841	0.05	11.64
A2-YC-13	1∶20万	驱龙	Cu(16.9)-Mo(23.7)-Ag(1.3)-Pb(1.1)-Zn(1.3)	0.595	0.1	116.22
A2-YC-14	1∶20万	冲木达	Cu(19.5)-Au(4.4)-Ag(3.6)-Pb(4.4)-Zn(1.6)	0.561	0.05	13.76
A2-YC-15	1∶50万	洞嘎	Cu(1.2)-Mo(2.0)-Au(4.7)-Pb(1.2)	0.791	0.05	1.21
A2-YC-16	1∶50万	驱龙	Cu(1.5)-Mo(4.2)-Au(1.2)-Ag(2.4)-Pb(1.3)-Zn(1.2)	0.452	0.1	110.42
A2-YC-17	1∶50万	冲江	Cu(2.2)-Mo(3.5)-Au(1.1)-Ag(1.5)-Zn(2.3)	0.725	0.1	122.96
A2-YC-18	1∶50万	冲江	Cu(1.9)-Mo(8.8)-Au(1.2)-Ag(1.5)-Zn(1.3)	0.618	0.1	49.34
A2-YC-19	1∶20万	冲江	Cu(2.7)-Mo(3.6)-Au(1.3)-Ag(3.6)-Pb(11.3)-Zn(2.1)	0.69	0.1	116.15
A2-YC-20	1∶20万	冲江	Cu(1.5)-Mo(2.1)-Au(1.3)-Ag(1.4)	0.688	0.05	24.09
A2-YC-21	1∶20万	驱龙	Cu(1.8)-Mo(6.6)-Au(1.8)-Zn(1.1)	0.458	0.05	13.16
A2-YC-22	1∶50万	冲江	Cu(1.6)-Mo(2.4)-Au(2.9)-Ag(2.0)-Pb(2.4)-Zn(6.4)	0.62	0.1	23.43
A2-YC-23	1∶50万	吉如	Cu(1.2)-Mo(2.4)-Ag(1.5)-Pb(1.5)-Zn(1.2)	0.856	0.1	19.76
A2-YC-24	1∶50万	吉如	Cu(4.9)-Mo(6.1)-Ag(2.9)-Pb(1.2)-Zn(2.0)	0.778	0.1	63.96
A2-YC-25	1∶50万	吉如	Cu(1.6)-Mo(4.3)-Au(1.7)-Ag(4.2)-Pb(4.9)-Zn(1.8)	0.77	0.05	30.18
A2-YC-26	1∶50万	吉如	Cu(1.9)-Mo(4.0)-Au(1.4)-Ag(2.5)-Pb(2.2)-Zn(1.6)	0.904	0.1	63.06
A2-YC-27	1∶50万	吉如	Cu(1.6)-Mo(2.6)-Ag(1.7)-Pb(1.9)-Zn(2.3)	0.921	0.1	14.33
					合计	1 197.24

注：V_d 为类比法计算资源量；V_s 为面金属量法计算资源量；V 为加权计算的资源量；单位：$\times 10^4$ t

表 5-31 B 级预测靶区统计表

级别代号	编 号	比例尺	衬值异常元素组合(≥ 1.1)
B	B-YC-1	1:50万	Cu(1.3)-Au(5.3)-Ag(1.3)-Pb(1.4)-Zn(1.1)
B	B-YC-2	1:50万	Cu(4.1)-Mo(1.7)-Ag(2.0)-Pb(1.7)-Zn(2.2)
B	B-YC-3	1:20万	Cu(2.7)-Mo(1.3)-Au(3.0)-Ag(3.2)-Pb(1.5)-Zn(1.4)
B	B-YC-4	1:20万	Cu(1.2)-Au(92.6)-Pb(1.2)
B	B-YC-5	1:50万	Cu(1.7)-Mo(7.0)-Ag(1.5)-Pb(1.2)-Zn(1.4)
B	B-YC-6	1:50万	Cu(3.9)-Au(1.4)-Ag(1.9)-Pb(1.2)-Zn(2.9)
B	B-YC-7	1:50万	Cu(2.4)-Mo(3.1)-Au(2.1)-Ag(1.7)-Zn(2.0)
B	B-YC-8	1:50万	Cu(3.5)-Mo(1.2)-Au(2.4)-Ag(1.7)
B	B-YC-9	1:50万	Cu(2.9)-Mo(3.9)-Ag(1.2)-Pb(1.5)-Zn(2.0)
B	B-YC-10	1:50万	Cu(3.4)-Mo(1.7)-Pb(1.8)-Zn(2.7)

注:B级靶区由于没有与之类比的典型矿床,无法进行资源量的估算

(三)预测资源量可信度评价

A级预测靶区资源量计算的可信度由三个主要因素决定:一是对预测靶区的遴选;二是计算时指标的选择(是元素,还是元素组合),本次主要以Cu-Mo-Au矿种为目标,因此在计算资源量时是以Cu-Mo-Au组合元素异常进行资源量计算,以元素组合代替Cu的单元素;三是最佳相似度矿床的研究程度越高,资源量预测结果越可信。

需要注意的是,在计算资源量时对最佳相似矿床的挑选,主要是结合成矿地质背景和地球化学特征综合评判。如上述甲玛-驱龙矿集区中预测靶区A1-YC-10有Cu-Mo-Au组合元素的异常规模和面金属量,最佳相似矿床为驱龙(Cu、Mo矿),那么其资源量为Cu-Mo-Au元素组合的资源量,其可信度还与驱龙本身的勘查程度密切相关。

由于冈底斯Cu多金属成矿带的资源量预测的区域地球化学数据由1:20万和1:50万两部分组成。因此,在1:20万数据范围内资源量计算的可信度高于1:50万范围内的资源量。

第三节 香格里拉陆块铜多金属成矿带铜矿资源地球化学定量预测

香格里拉成矿带是"三江"特提斯成矿带的重要组成部分。

"三江"特提斯铜多金属成矿带位于特提斯成矿带东段,冈瓦纳大陆与劳亚大陆结合部位。它经历了晚古生代-中生代特提斯构造演化和新生代陆陆碰撞造山的叠加转换,发生了多幕式大规模成矿作用和巨量规模的金属元素聚集,因此,保存了我国最重要的多金属富集区和全球罕见的多金属成矿省,致使成矿作用形成了长时期、多幕式、大规模、多类型以及复合叠加、破坏再生、多源复成、大器晚成的特点(图5-42)。

与铜矿有关的特提斯成矿系统:陆缘裂离成矿系统和陆缘碰撞成矿系统;铜矿主要矿床类型为:块状硫化物(VMS、SEDEX型)和斑岩型、矽卡岩型;铜成矿作用主要分布在:香格里拉陆块(义敦岛弧南端)有普朗斑岩铜矿、红山矽卡岩型铜矿、羊拉海底喷流热水沉积型铜矿及兰坪-普洱盆地。

香格里拉陆块铜多金属成矿带内典型矿床有香格里拉陆块斑岩普朗铜矿、红山矽卡岩型铜多金属矿床。

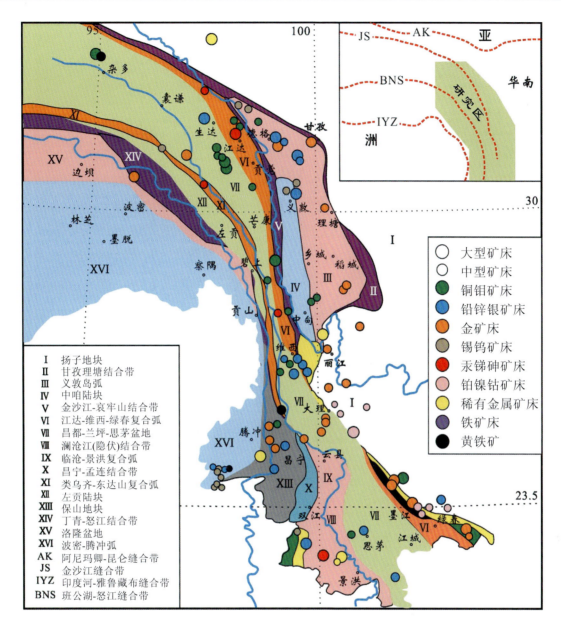

图 5-42　三江特提斯构造框架及主要矿床分布图（邓军和侯增谦，2010）

一、香格里拉陆块铜矿床地质、地球化学找矿模型

（一）矿床地质特征

1. 普朗斑岩铜矿床

普朗斑岩铜矿产于香格里拉陆块南端东斑岩带（图 5-43）；东斑岩带火山岩以安山岩为主，浅成-超浅成侵入体为石英闪长玢岩-石英二长斑岩，成岩时代为 218~203Ma，花岗闪长斑岩与铜成矿关系密切，西斑岩带以安山质火山碎屑岩熔岩为主，浅成-超浅成侵入体为闪长玢岩、石英闪长玢岩，成岩时代为 242.92~237.5Ma（曾普胜和莫宣学，2003），雪鸡坪斑岩铜矿产于西斑岩带内（图 5-43）。

矿区地质特征：普朗斑岩铜矿主矿体产在普朗石英二长斑岩体的中心部位，矿体呈"葫芦"形（图 5-44）；蚀变从岩体中心往外为钾化硅化带→硅化绢英岩化带→青磐岩化带→角岩化带。矿体主要产在钾硅化带和石英绢英岩化带（图 5-45）；矿石矿物主要为黄铜矿、黄铁矿，少量斑铜矿和铜蓝；普朗斑岩铜矿 Cu 平均品位 0.4%，Mo 平均品位 0.04%，Au 平均品位 0.18×10^{-6}。

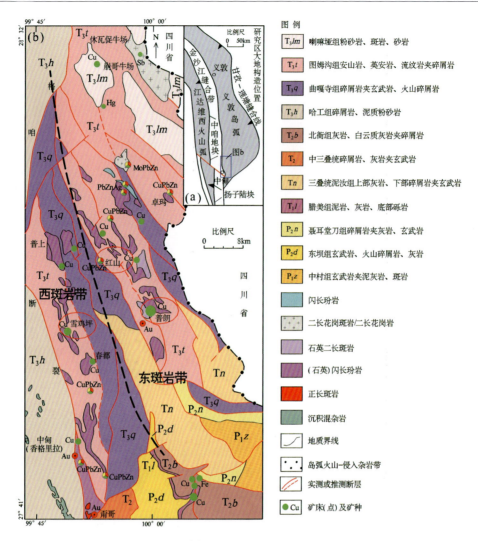

图 5-43 香格里拉陆块地质矿产简图(曹殿华,2007)

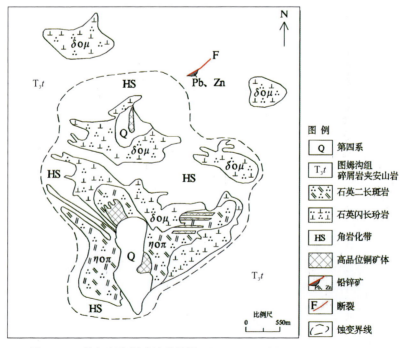

图 5-44 普朗斑岩铜矿地质简图(Yongqing and Jingning, et al, 2008)

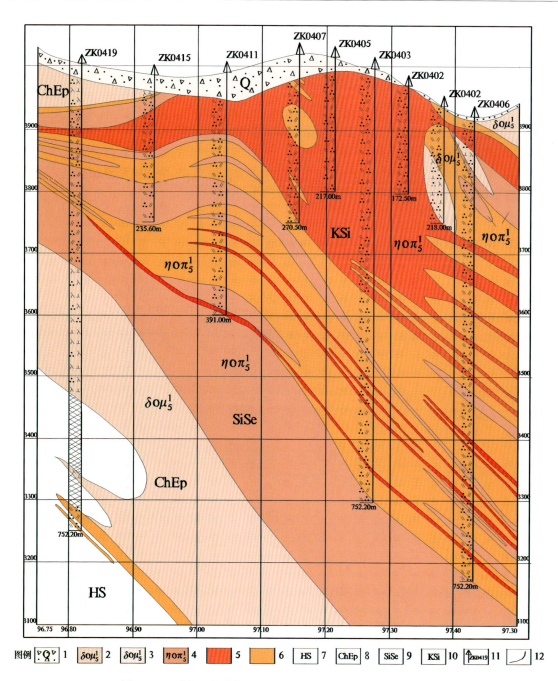

图 5-45　香格里拉普朗矿区 4 号勘探线剖面图(李文昌,2007)

1—第四系坡积物;2—石英闪长玢岩;3—石英闪长玢岩脉;4—石英二长斑岩;5—高品位矿体;6—低品位矿体;
7—角岩化带;8—青磐岩化带;9—硅化绢英岩化带;10—钾化硅化带;11—钻孔及编号;12—地质界线

2. 红山矽卡岩型铜矿床

矿区地质特征:红山矽卡岩型 Cu 多金属矿床产在东斑岩,矿区主要出露以上三叠统图姆沟组二段(T_3t^2)海相的深灰色、黑色板岩、砂岩为主,含矿层位为曲嘎寺组二段(T_3q^2)粉砂质绢云板岩、薄层状泥晶灰岩、大理岩化灰岩;印支期中酸性岩浆岩,常顺层呈板状产出,与成矿关系密切的石英二长斑岩地表出露很小(几米至十几米)(图 5-46)。

红山矽卡岩型铜多金属矿体与蚀变围岩(矽卡岩)互为似层状、透镜状产出,具多期矿化蚀变特征(图 5-47);矿石矿物以黄铜矿为主,少量斑铜矿、黝铜矿,其他矿物有方铅矿、闪锌矿、磁铁矿、白钨矿等;Cu 品位 0.86%~1.7%,Mo 品位 0.018%,伴生 W、Bi、In、Ag、Co 等有益元素。

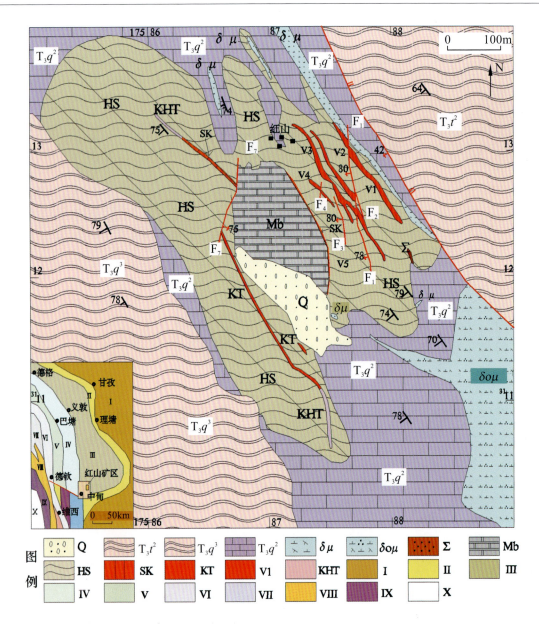

图 5-46 红山矽卡岩型铜多金属矿床地质图(王守旭和张兴春等,2008)

Q—冲积、坡积、冰川堆积砂、砾、泥砾层;T_3t^2—板岩、砂岩、安山岩夹火山碎屑岩、硅质岩;T_3q^3—板岩、砂岩、石灰岩夹副砾岩、硅质岩;T_3q^2—灰岩、板岩、砂岩夹玄武岩、火山碎屑岩、变质副砾岩;$\delta\mu$—闪长玢岩;$\delta o\mu$—石英闪长玢岩;Σ—超基性岩;Mb—大理岩;HS—角岩;SK—矽卡岩;KT—矿体;V1—矿体及其编号;KHT—矿化体;Ⅰ—扬子陆块;Ⅱ—甘孜-理塘结合带;Ⅲ—义敦岛弧带;Ⅳ—中咱微陆块;Ⅴ—金沙江结合带;Ⅵ—江达-维西火山弧;Ⅶ—昌都-兰坪陆块;Ⅷ—三达山-景洪火山弧;Ⅸ—澜沧江结合带;Ⅹ—保山地块

3. 羊拉矽卡岩型铜矿床

羊拉铜多金属矿位于香格里拉岛弧西侧的羊拉裂谷小洋盆,其中发育着一套晚石炭世 290～362Ma 玄武岩-碳酸盐岩的具洋岛火山-沉积岩建造,在印支-燕山期中酸性岩浆活动及成矿作用强烈(图5-48)。

矿区地质特征:羊拉铜矿矿体呈层状、似层状与洋脊-洋岛型玄武岩,(泥盆系中上统里农组 $D_{2+3}l$)呈渐变过渡关系产出,且每一个火山韵律层中均有层状矿体产出(图5-49);矿石矿物主要为:黄铜矿、黄铁矿、白铁矿、磁黄铁矿等组成;矿石构造为胶状构造、条纹条带、浸染状构造、角砾状构造及块状构造,矿区围岩蚀变以矽卡岩化最为发育,广泛分布于岩体的外接触带碳酸盐岩与碎屑岩接触部位,形成层状、似层状矽卡岩,其次为硅化、绢云化、绿泥石化和碳酸盐化蚀变(图5-50)。

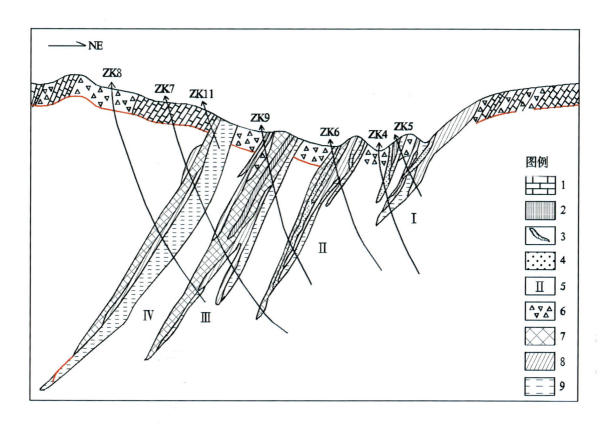

图 5-47 红山矽卡岩型铜多金属矿床中矽卡岩和矿体分带剖面图(李文昌,2007)
1—大理岩;2—富黄铁矿矽卡岩矿体;3—富磁铁矿矽卡岩矿体;4—富磁黄铁矿矽卡岩矿体;5—矿群(体);
6—石英黑云母角岩;7—钙铁榴石矽卡岩;8—透辉石钙铝榴石矽卡岩;9—蚀变黑云母角岩(条带似矽卡岩)

(二)矿床地球化学特征

1. 铅同位素组成特征

由滇西三维岩石圈铅同位素组成 $^{206}Pb/^{204}Pb-^{207}Pb/^{204}Pb$,$^{206}Pb/^{204}Pb-^{208}Pb/^{204}Pb$ 投点图可知:滇西上地幔、下地壳分成两个投点域(点线投点域);而代表上地壳铅同位素组成的中新生代红色砂岩在滇西(兰坪盆地)和滇中(楚雄盆地)明显有别(各自均具两个投点域)(图 5-51)(点线投点域)。

从表 5-32、图 5-51 可见处于东斑岩带的普朗斑岩铜矿矿石铅明显具有二组同位素组成(实线投点域):一组具较低同位素比值,$^{206}Pb/^{204}Pb$:17.680~18.288,$^{207}Pb/^{204}Pb$:15.453~15.657,$^{208}Pb/^{204}Pb$:37.730~38.671;另一组具较高的同位素比值,分别为 18.486~19.165,15.563~15.773,38.585~39.654。同样处于东斑岩带的红山矽卡岩型铜矿床其矿石铅明显具较高的放射成因铅(虚线投点域),$^{206}Pb/^{204}Pb$:18.669 9~18.799 0,$^{207}Pb/^{204}Pb$:15.621 3~15.784 5,$^{208}Pb/^{204}Pb$:38.975 1~39.537 9,在滇西三维铅同位素投点图上落在滇西上地壳的投点域,这一信息示踪着普朗斑岩铜矿部分矿石铅及红山矽卡岩型铜矿成矿作用受到地壳放射成因铅的混染(图 5-51)。

而处于西斑岩带的雪鸡坪铜矿的岩石铅和矿石铅同位素组成均具有较低的放射成因铅。雪鸡坪闪长斑岩、二长斑岩和上三叠统图姆沟组安山岩铅同位素组成经校正后,$^{206}Pb/^{204}Pb$:17.845~17.919,$^{207}Pb/^{204}Pb$:15.529~15.562,$^{208}Pb/^{204}Pb$:37.816~37.883。其矿石铅各比值分别为:17.929~18.082,15.528~15.614,37.917~38.230(经校正),见图 5-52(实线投点域)。在滇西三维铅同位素投点图上处于上地幔投点域(点线投点域)上方,示踪着深源岩浆及成矿作用受地壳物质的部分混染。

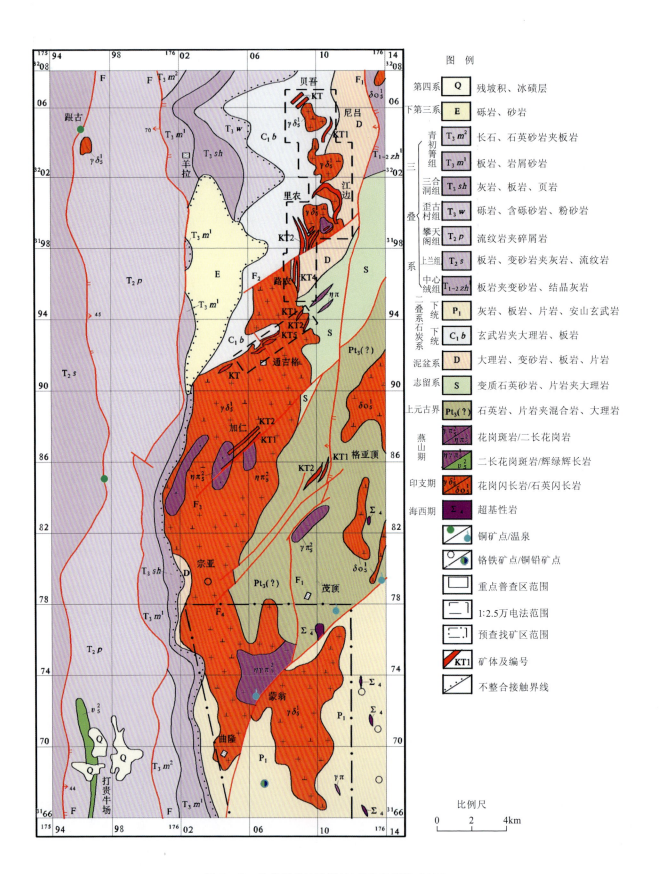

图 5-48 羊拉铜矿地质图（云南省地调院，2005）

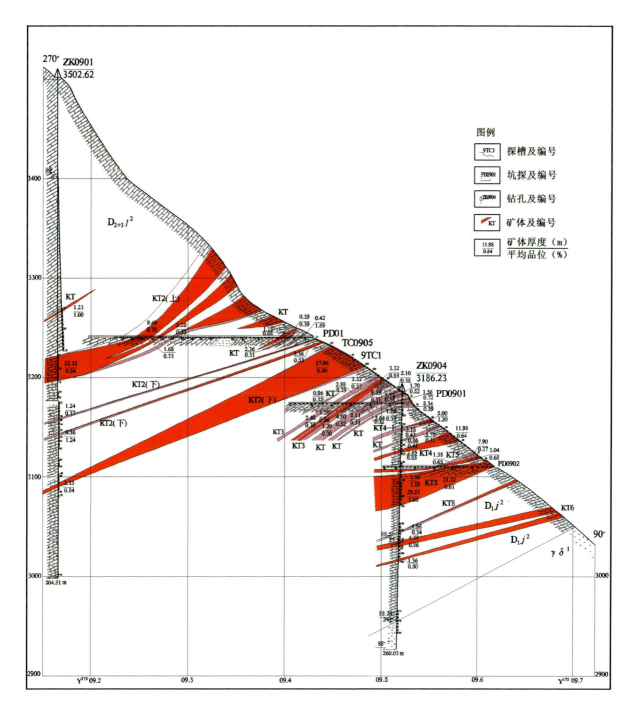

图 5-49 羊拉铜矿里农矿段 9 号线勘探剖面图(据云南省地调院,2005)

处于香格里拉岛弧西侧的羊拉裂谷中的羊拉海底喷流热水沉积型铜矿,由于受到海底沉积作用及后期岩浆作用的叠加改造,其铅同位素组成变化较大,尤其是赋矿围岩,$^{206}Pb/^{204}Pb:18.286\sim19.014$,$^{207}Pb/^{204}Pb:15.400\sim15.754$,$^{208}Pb/^{204}Pb:38.255\sim39.349$(虚线投点域)(图 5-53)。而矿石铅同位素组成呈线性分布(实线投点域)(图 5-53)。示踪着多期成矿作用的干扰影响。

2. 硫同位素组成特征

由普朗、雪鸡坪斑岩铜矿硫同位素频率直方图可知(图 5-54):$\delta^{34}S(‰)$明显呈"塔式"分布,其在零值附近变化范围不超过 5‰,这些特征可以表明:硫源较为单一且为地幔源。

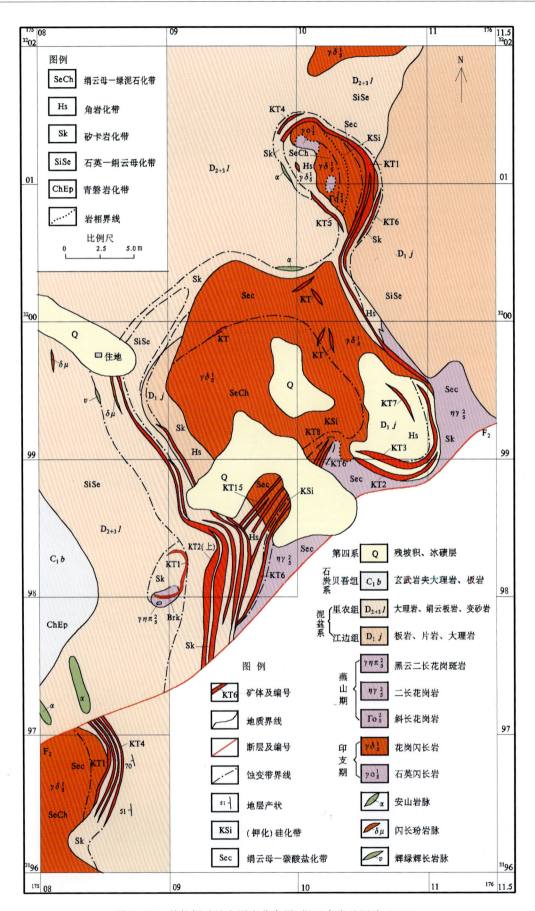

图5-50 羊拉铜矿蚀变围岩分布图(据云南省地调院,2005)

表 5-32 香格里拉陆块铜矿床铅同位素组成

矿区	样号	测定矿物	$^{206}Pb/^{204}Pb$	$^{207}Pb/^{204}Pb$	$^{208}Pb/^{204}Pb$	资料来源
普朗		黄铜矿	18.004	15.657	38.616	徐伯恩,2011
			19.165	15.569	39.248	
			18.195	15.566	38.488	
			18.288	15.603	38.671	
			18.769	15.773	39.654	
			18.589	15.639	38.847	
			18.486	15.563	38.585	
		黄铁矿	18.152	15.569	38.258	
			17.680	15.453	37.730	
红山		方铅矿	18.701	15.661	39.126	宋保昌和蔡新平,2006
		黄铜矿	18.712	15.651	39.114	
	HS01-3	黄铁矿	18.6782	15.6213	38.9907	
	HS02-1	黄铜矿	18.8087	15.7845	39.5379	
	HS02-1	方铅矿	18.7442	15.7075	39.2901	
	HS02-1	闪锌矿	18.7990	15.7552	39.4686	
	HS02-1	黄铁矿	18.6699	15.6145	38.9751	
	HS02-5	黄铁矿	18.7034	15.6460	39.0914	
雪鸡坪	XJP07-19	安山岩	17.845	15.562	37.884	冷成彪和张兴春,2008
	XJP05-33	安山岩	17.896	15.560	37.816	
	DSG04-1	安山岩	17.919	15.553	37.869	
	DSG04-2	安山岩	17.907	15.549	37.862	
	XJP07-23	闪长玢岩	17.906	15.529	37.883	
	XJP05-15	二长斑岩	17.910	15.538	37.832	
	XJP06-3	黄铁矿	17.951	15.561	38.018	
	XJP06-25	黄铜矿	18.042	15.593	38.190	
	XJP06-32	黄铜矿	18.014	15.566	38.090	
	XJP06-38	黄铜矿	17.988	15.540	38.070	
	XJP07-1	黄铜矿	17.967	15.558	38.026	
	X01-1	黄铜矿	17.929	15.552	37.977	
	X07-1	黄铜矿	17.965	15.564	38.066	
	X07-2	黄铜矿	17.929	15.528	37.917	
	X07-22	闪锌矿	18.082	15.598	38.230	
	X07-3	方铅矿	17.968	15.575	38.058	
	X07-5	方铅矿	17.987	15.614	38.168	
	X07-13	方铅矿	17.980	15.591	38.103	
	X07-24	方铅矿	17.965	15.581	38.064	
	XJP06-20	方铅矿	17.965	15.579	38.068	

续表 5-32

矿区	样号	测定矿物	$^{206}Pb/^{204}Pb$	$^{207}Pb/^{204}Pb$	$^{208}Pb/^{204}Pb$	资料来源
羊拉	yn-26	硅质岩	18.297	15.575	38.302	潘家永和张乾，2000
	yn-120	板岩	19.014	15.754	39.348	
	yn-141		18.911	15.625	39.149	
	yn-122	大理岩	18.423	15.554	38.255	
	yn-117	安山岩	18.882	15.700	39.094	
	yn-133	玄武岩	18.269	15.470	38.264	
	yn-140	花岗闪长岩	18.461	15.610	38.889	
	yn-19	黄铁矿（Ⅰ）	18.249	15.622	38.435	
	yn-60	黄铜矿（Ⅰ）	18.300	15.638	38.459	
	3		18.369	15.680	38.611	
	4		18.316	15.675	38.574	
	yn-37	黄铜矿（Ⅱ）	18.112	15.450	37.998	
	yn47-1		18.150	15.506	38.177	
	yn47-2	磁黄铁矿（Ⅱ）	18.113	15.498	38.037	
	yn-71	黄铁矿（Ⅱ）	18.221	15.519	38.190	
	yn58	黄铜矿（Ⅱ）	18.205	15.541	38.178	
	yn65		17.985	15.434	38.358	
	yn56a	黄铁矿（Ⅲ）	18.023	15.436	37.833	
	yn20		18.256	15.590	38.334	

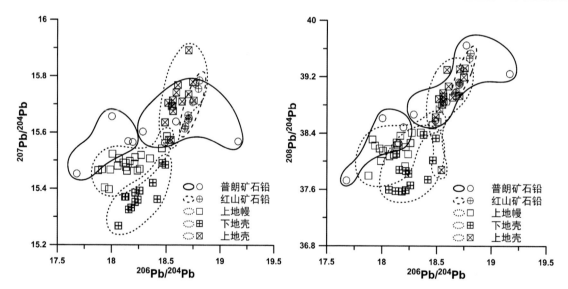

图 5-51 滇西三维 $^{206}Pb/^{204}Pb$-$^{207}Pb/^{204}Pb$ 和 $^{206}Pb/^{204}Pb$-$^{208}Pb/^{204}Pb$ 铅同位素投点图
滇西上地幔数据来源于张乾和潘家永，2002；下地壳数据来源于祝朝辉和刘淑霞，2009；
上地壳数据来源于 Qian and Jiajun, et al, 2002

海底喷流沉积型羊拉铜矿的硫同位素组成变化范围较窄（表 5-33），$\delta^{34}S$：2‰～−3.5‰ 之间，呈"塔式"分布，示踪其硫深部来源。从不同成矿阶段硫化物硫同位素组成特征来看：成矿晚期，$\delta^{34}S$ 值变化相对大些，意味着其他硫源的加入（海水硫酸盐）（图 5-55）。

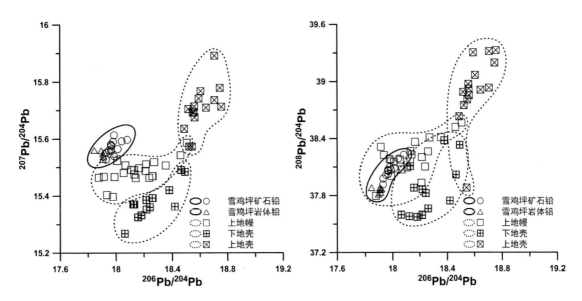

图 5-52 雪鸡坪 $^{206}Pb/^{204}Pb-^{207}Pb/^{204}Pb$ 和 $^{206}Pb/^{204}Pb-^{208}Pb/^{204}Pb$ 铅同位素投点图

滇西上地幔数据来源于张乾和潘家永，2002；下地壳数据来源于祝朝辉和刘淑霞，2009；
上地壳数据来源于 Qian and Jiajun, et al, 2002

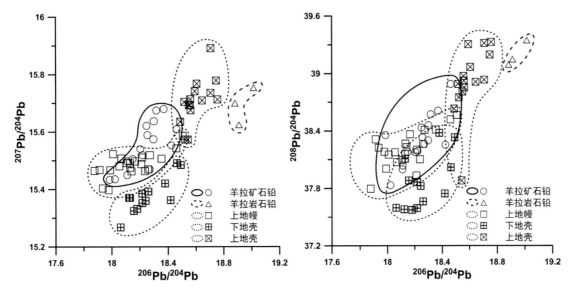

图 5-53 羊拉 $^{206}Pb/^{204}Pb-^{207}Pb/^{204}Pb$ 和 $^{206}Pb/^{204}Pb-^{208}Pb/^{204}Pb$ 铅同位素投点图

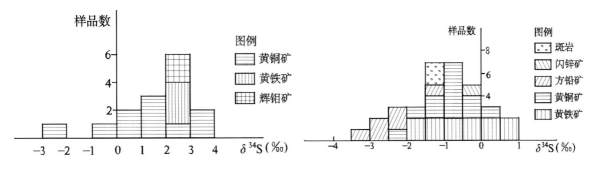

图 5-54 普朗（左）、雪鸡坪（右）斑岩铜矿硫同位素频率直方图

（左图据王守旭和张兴春，2007；右图据冷成彪和张兴春，2008）

表 5-33　红山矽卡岩铜矿床硫化物硫同位素组成

样　号	矿　物	$\delta^{34}S_{CDT}$	资料来源
HS04-12	黄铜矿	5.09	王守旭和张兴春，2008
HS04-16	黄铜矿	5.02	
HS04-17	黄铜矿	5.70	
HS04-18	黄铜矿	4.93	
HS04-23	黄铜矿	5.02	
HS04-13	黄铁矿	5.22	
HS04-21	黄铁矿	5.29	
HS04-30	黄铁矿	5.44	
HS04-27	黄铁矿	5.34	
HS04-28	黄铁矿	5.89	
HS04-36	黄铁矿	6.20	
HS04-10	磁黄铁矿	5.60	
HS04-20	磁黄铁矿	5.56	
HS04-36	磁黄铁矿	5.36	
HS04-8	闪锌矿	6.17	
HS04-8	方铅矿	4.45	

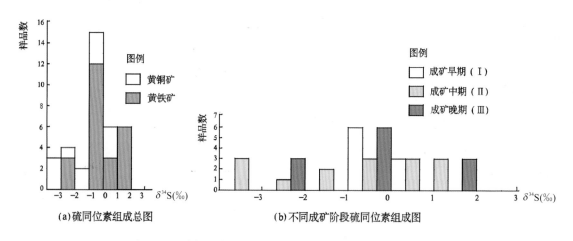

图 5-55　羊拉矿床硫同位素组成直方图（潘家永和张乾，2000）

3. 含矿中酸性岩体地球化学特征（表 5-34）

表 5-34　香格里拉印支期含铜中酸性岩体地球化学特征

	氧化物及成矿元素（同位素）		微量元素
含矿岩体	SiO_2	$(65.72\sim67.7)\%$	$\sum REE:(167.15\sim184.43)\times10^{-6}$
	Al_2O_3	$(14.86\sim15.37)\%$	$\sum Ce/\sum Y:11.51\sim13.81$
	Na_2O+K_2O	$(7.12\sim8.35)\%$	$\delta Eu:0.86\sim0.94$
	Na_2O/K_2O	$1.01\sim1.85$	富 Rb、Th 等；高 Sr（$>400\times10^{-6}$）；贫 Ti、Nb、Ta、Zr、Hf 等；低 Y、Yb

续表 5-34

含矿岩体	($^{87}Sr/^{86}Sr)_i$	$0.706\,0 \sim 0.708\,0$
	Cu	$>100 \times 10^{-6}$
	Mo	32.5×10^{-6}
	W	9.75×10^{-6}
	Sn	2.65×10^{-6}
	富 SiO_2、K_2O、MgO，贫 Na_2O、CaO	

（三）香格里拉陆块矿田（矿床）地球化学异常特征

1. 普朗-红山矿田 1∶20 万水系沉积物测量地球化学异常特征

从普朗、红山 1∶20 万水系沉积物测量地球化学图中可知（图 5-56）：普朗铜矿具有良好的 Cu、Mo、Au、Pb、Bi 元素的异常，同时 Cu、Au 元素异常出现了外带和中带，这与普朗铜矿主要矿化类型一致；红山铜矿元素异常总类多、强度高、规模大，这与该铜矿叠加的多期成矿作用有关；印支期矽卡岩型 Cu 矿化以及燕山期的斑岩型、热泉喷流沉积型的 Cu-Mo-Pb-Zn 矿化。

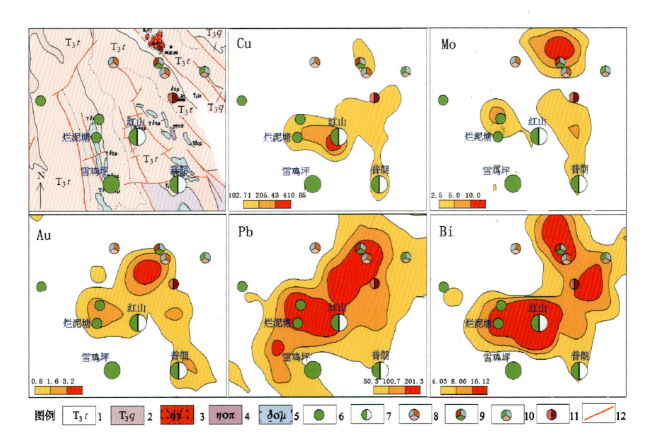

图 5-56 普朗、红山 1∶20 万水系沉积物测量地球化学剖析图

1—晚二叠世图姆沟组；2—晚二叠世曲嘎寺组；3—二长花岗岩；4—石英二长斑岩；5—石英闪长玢岩；6—铜矿；7—铜钼矿；8—铅锌银矿；9—锡多金属矿；10—铜铅锌矿；11—铜铁矿；12—断层（Au 元素含量为 10^{-9}；其他为 10^{-6}）

2. 普朗、红山铜矿床 1∶5 万土壤测量地球化学异常特征

普朗 1∶5 万土壤地球化学异常特征(图 5-57):Cu 异常呈不规则椭圆状,内中外带分带清晰,内带($>400\times10^{-6}$)与矿体(KT1、3、6 号)出露位置基本结合,中带($>200\times10^{-6}$)为矿化范围,外带($>100\times10^{-6}$)对应于蚀变带;在 Cu 内带呈现了 Mo、W 异常;Au 异常出现在 KT 1 号 Cu 矿体南部及 KT3、6 号 Cu 矿体附近;Pb、Zn、Ag 综合异常分布于矿区东北侧外围(基本不与 Cu 异常叠合),形成不规则北西向宽带状;从岩体内部往外,成矿元素具:W、Mo→Cu、Au→Pb、Zn、Ag 水平分带

红山 1∶5 万土壤地球化学异常特征(图 5-58):1∶5 万土壤测量的 Cu、Pb、Zn、Ag、Au、W(Mo)等元素具"高、大、全"异常特征,这与红山矽卡岩型似层状、透镜状铜多金属矿体以及矿化蚀变围岩组成的矿群(Ⅰ、Ⅱ、Ⅲ、Ⅳ)集合体有关,Cu、Mo、W 元素在异常区东侧重叠较好,形态完整;Pb、Zn、Ag、Au 在异常区西侧,可能为 Pb、Zn(Ag)矿脉所致。

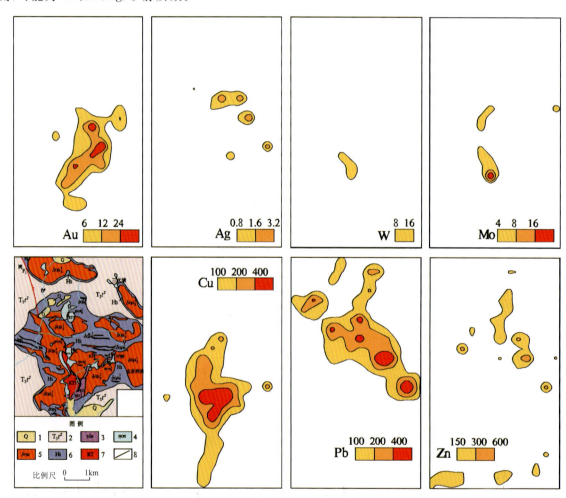

图 5-57 普朗 1∶5 万 Cu 等成矿元素土壤地球化学异常图

1—第四系;2—碳质板岩;3—花岗闪长斑岩;4—石英二长斑岩;5—石英闪长玢岩;6—角岩;7—矿体;8—地质界线

(Au 元素含量为 10^{-9},其他为 10^{-6})

3. 普朗、红山铜矿床成矿元素异常含量(组合)、异常规模及规格化面金属量(表 5-35)

从表 5-35 普朗-雪鸡坪元素规格化面金属量特征显示:虽然矿床类型都为斑岩型铜矿,但普朗与雪鸡坪的主成矿元素却迥然有别,普朗以 Cu、Au 矿化为主,雪鸡坪以 Pb、Ag、Mo(Cu)矿化为主,这些区别在元素规格化面金属量的统计上也可以直观体现出来。表 5-36 为红山元素规格化面金属量特征,矽卡岩型红山铜矿,在元素异常组合上种类较多;从规格化面金属量来看红山铜矿床的 Cu、Pb、Bi、W 较高,这与该铜矿叠加的多期成矿作用有关,与地表强烈矿化、较大规模围岩蚀变有关。

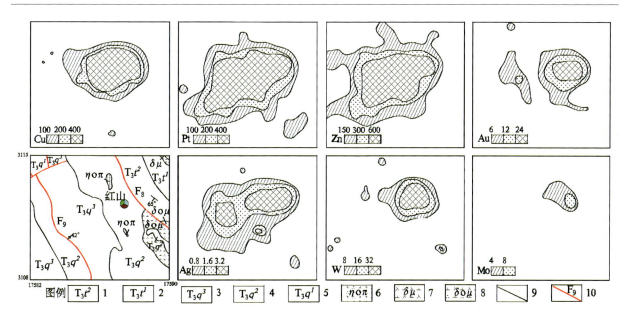

图 5-58 红山 1:5 万 Cu 等成矿元素土壤地球化学异常图

1-板岩、砂岩、安山岩夹火山碎屑岩、硅质岩；2-斑岩、砂岩；3-板岩、砂岩、石灰岩夹副砾岩、硅质岩；
4-灰岩、板岩、砂岩夹玄武岩、火山碎屑岩、变质副砾岩；5-石英砂岩；6-石英二长斑岩；7-闪长玢岩；
8-石英闪长玢岩；9-地质界线；10-断层（Pt、Au 元素含量为 10^{-9}，其他为 10^{-6}）

表 5-35 普朗、雪鸡坪铜矿成矿元素异常含量（组合）、异常规模及规格化面金属量

已知矿床	元素	背景值	异常下限	中带	内带	异常规模	面金属量	规格化面金属量	成矿元素组合
普朗	Ag	86.47	191.83	383.64	767.28				Cu Au Mo
	As	15.39	77.83	155.67	311.34				
	Au	1.36	4.03	8.06	16.12	475.96	379.83	279.03	
	Bi	0.28	0.8	1.6	3.2	42.41	34.18	121.59	
	Cd	137.86	520.58	1 041.16	2 082.32				
	Cu	35.54	102.71	205.43	410.85	4 663.75	3 652.68	102.79	
	Mo	0.75	2.5	5	9.99	124.29	102.81	136.82	
	Pb	24.34	50.32	100.65	201.3	1 479.83	963.44	39.58	
	W	1.74	3.57	7.14	14.28	186.85	137.57	79.22	
	Zn	86.92	174.33	348.65	697.39				
雪鸡坪	Ag	86.47	191.83	383.64	767.28	17 877.38	12 489.89	144.44	Cu Mo Pb Ag
	As	15.39	77.83	155.67	311.34				
	Au	1.36	4.03	8.06	16.12				
	Bi	0.28	0.8	1.6	3.2				
	Cd	137.86	520.58	1 041.16	2 082.32				
	Cu	35.54	102.71	205.43	410.85	198.14	167.94	4.73	
	Mo	0.75	2.5	5	9.99	9.31	7.93	10.56	
	Pb	24.34	50.32	100.65	201.3	3 053.15	2 280.24	93.67	
	W	1.74	3.57	7.14	14.28				
	Zn	86.92	174.33	348.65	697.39				

单位：Au、Ag、Cd 元素含量为 10^{-9}，其他为 10^{-6}

表 5-36 红山铜矿成矿元素异常含量(组合)、异常规模及规格化面金属量

已知矿床	元素	背景值	异常下限	中带	内带	异常规模	面金属量	规格化面金属量	成矿元素组合
红山	Ag	86.47	191.83	383.64	767.28	28 636.8	22 728.74	262.84	Cu Pb W Bi Zn Ag Au
	As	15.39	77.83	155.67	311.34	5 099.12	4 561.99	296.39	
	Au	1.36	4.03	8.06	16.12	299.53	247.36	181.72	
	Bi	0.28	0.8	1.6	3.2	7 045.19	7 020.4	24 970.86	
	Cd	137.86	520.58	1 041.16	2 082.32	28 214.09	24 584.69	178.34	
	Cu	35.54	102.71	205.43	410.85	23 389.15	21 920.65	616.87	
	Mo	0.75	2.5	5	9.99	11.08	7.68	10.22	
	Pb	24.34	50.32	100.65	201.3	29 934.67	28 985.82	1 190.7	
	W	1.74	3.57	7.14	14.28	1 873.05	1 823.12	1 049.83	
	Zn	86.92	174.33	348.65	697.39	18 261.94	13 180.87	151.64	

单位:Au、Ag、Cd 元素含量为 10^{-9},其他为 10^{-6}

4. 普朗斑岩型铜矿原生晕分带特征

普朗铜矿矿化呈面型分布,平面上为一长椭圆状,剖面上为穹窿状,岩石中 Cu、Mo、Au、Ag、Pb、Zn、W、Bi 等元素,具有以复式中酸性斑(玢)岩体为中心的对称环带状分带特点:Mo、W、Bi 在内带,Cu、Au 等贯通岩体和围岩,Ag、Pb、Zn 等在外带。以 0 线剖面地球化学异常为基础(图 5-59),进行原生晕分带

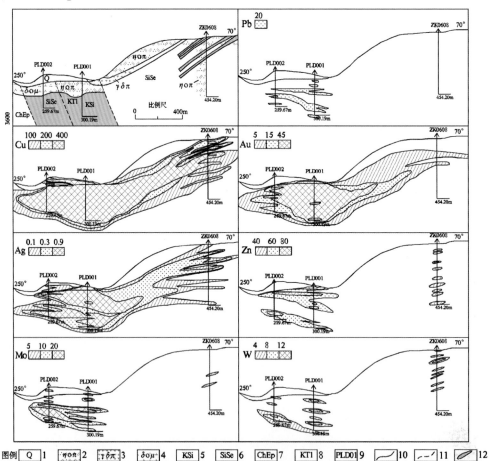

图 5-59 普朗铜矿床 0 号勘探线剖面地球化学异常图(Yongqing and Jingning, et al,2008)

1—坡积、冰碛物;2—石英二长斑岩;3—花岗闪长斑岩;4—石英闪长玢岩;5—钾硅化带;6—绢英岩化带;7—青磐岩化带;8—矿体及编号;9—钻孔及编号;10—地质界线;11—蚀变带界线;12—矿体(Au 元素含量为 10^{-9},其他为 10^{-6})

序列研究,其轴向分带序列为:Zn-Ag-Cu-Au-W-Mo,因此,可利用尾晕W、Mo(Bi)与前缘晕Ag、Pb、Zn的比值制作成矿带的剥蚀程度图。

5. 羊拉铜矿床1∶5万土壤测量地球化学异常特征(图5-60)

Cu元素异常规模大、浓度高、分布广,一般为$200\times10^{-6}\sim700\times10^{-6}$(最高可达1%);Cu、Pb、Zn、Ag等元素异常与泥盆系($D_{2+3}l$,D_1j)一套基性火山岩-碳酸盐岩的含矿岩系的空间分布相吻合;中生代侵入的花岗闪长岩(里农、尼吕、贝吾岩体)的接触带附近具W、Sn、Mo、Bi等元素叠加异常。

图5-60 羊拉1∶5万土壤地球化学异常图(据云南省地调院,2005)

(四)香格里拉斑岩型、矽卡岩型铜多金属矿床地质特征(表5-37)

(五)香格里拉铜多金属成矿带成矿系列的四要素

(1)矿带不同时期成矿构造环境的差异所形成的不同成矿系列。

(2)岩浆成矿专属性:不同岩类的岩浆岩控制了不同矿化种类(石英二长玢岩、石英闪长玢岩、花岗斑岩→Cu、Mo、Au;壳熔花岗岩→W、(Sn))。

(3)赋矿围岩:不同物理化学性质的围岩控制了矿床类型(硅铝质岩→斑岩型、隐爆角砾岩型,碳酸盐岩→矽卡岩型,层间裂隙、假整合面→层控型、脉型)。

(4)不同构造环境中成矿元素Cu(Au 、Mo)、W、Sn地球化学性质。

三要素的互相叠加、交叉就形成了成矿带内不同类型、不同矿种及元素组合的矿床系列(斑岩型Cu-Mo矿、矽卡岩型Cu-Fe矿、似层状含Cu黄铁矿型、隐爆角砾岩型Au矿、脉状Pb-Zn、脉状W、Sn矿等),呈现了"二位一体"、"三位一体"、"多位一体"的复合型矿床或"单"元素矿床(图5-61)。

表 5-37 香格里拉斑岩型、矽卡岩型铜多金属矿床地质特征

成矿系列	浅成-超浅成相斑岩型 Cu(Mo、Au)多金属成矿系列	浅成-超浅成相矽卡岩型 Cu 多金属成矿系列
成矿环境	印支期义敦(中甸)岛弧环境	印支期义敦(中甸)岛弧环境
矿床类型	斑岩型铜多金属矿床	矽卡岩型铜多金属矿床
赋矿围岩	石英二长斑岩、石英闪长玢岩	结晶灰岩、石英绢云母板岩、石英砂岩、长石石英砂岩等。(T3浅海半深海相碎屑岩、碳酸盐岩与石英二长斑岩-花岗斑岩的接触带)
矿体产状	呈"葫芦"形,玢岩中有脉状矿体	形态复杂,矿体似层状、层状、透镜状、枣状、脉状
矿石矿物	主要矿物:黄铜矿、黄铁矿;次要矿物:磁黄铁矿、斑铜矿、磁铁矿、赤铁矿、少量金、铜金、辉钼矿、方铅矿	黄铜矿、磁黄铁矿、黄铁矿、闪锌矿、辉铜矿、方铅矿、辉铋矿、斑铜矿、黝铜矿
结构构造	上部:细脉浸染状;下部:稠密浸染状和稀疏浸染状	浸染状、斑点状、条带状、细脉状构造为主,次为斑块状、块状构造;粒状、陨铁、固熔体、交代结构
围岩蚀变	含矿岩体中心往外:强硅化带(局部)→钾长石-黑云母化→石英绢云母化→青磐岩化(局部伊利石-碳酸盐岩化)	矽卡岩化、硅化、黄铁矿化、角岩化、绿泥石化、大理岩化
成矿元素组合	主成矿元素:Cu、Au、Ag、Mo;伴生元素:Pb、Zn、As、Sb、Hg	主成矿元素:Cu、Mo、Pb、Zn、W;伴生元素:Au、Ag、Co、Bi、In、As、Sb
成矿年代	普朗 Re-Os 年龄(213±3.8)Ma(曾普胜和侯增谦,2004),属于印支期	214Ma(谭雪春,1991)
矿床规模	Cu:436×10^{4}t(0.4%);Au:213t(0.18×10^{-6})	中型
典型矿床	普朗铜矿、雪鸡坪	红山矽卡岩铜多金属矿(浪都)

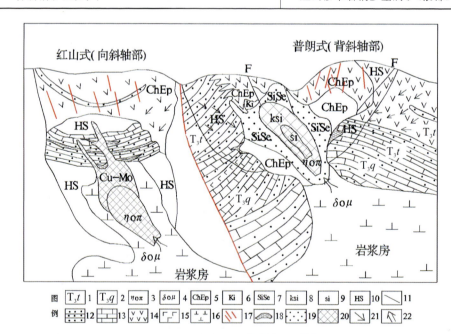

图 5-61 香格里拉地区与斑(玢)岩有关铜矿床成矿模式图(李文昌,2007)
1—图姆沟组;2—曲嘎寺组;3—石英二长斑岩;4—石英闪长玢岩;5—青磐岩化带;6—泥化带;7—绢英岩化带;
8—钾硅化带;9—硅化带;10—角砾矽卡岩化带;11—断层;12—砂岩板岩;13—灰岩;14—中性火山岩;
15—基性火山岩;16—玢岩;17—脉状矿体;18—矽卡岩矿体;19—浸染状矿体;20—斑岩型网状矿体;
21—混合热液;22—后期岩浆侵入体及气液上升方向

二、香格里拉陆块矿带区域地球化学特征

(一)成矿带元素空间分布特征

为能较确切地反映成矿带元素的空间分布特征,利用 SPSS 软件对 1∶20 万水系沉积物测量数据中的 26 个元素进行了因子分析(表 5-38),提取出 8 个公共因子,并分别绘制了因子得分等值线图(图 5-62),以此来表示成矿带的地质体和成矿作用的相关信息。

表 5-38 香格里拉铜多金属成矿带 26 个元素因子得分表

元素	公共因子							
	F1	F2	F3	F4	F5	F6	F7	F8
Cd	0.903							
Pb	0.859							
Hg	0.824							
Zn	0.816							
As	0.779							
Ti		0.85						
Fe_2O_3		0.796						
P		0.739						
Mn		0.654						
Ni			0.898					
Cr			0.845					
MgO			0.829					
Co		0.626	0.646					
Ag				0.804				
Bi				0.801				
Sn				0.793				
Cu				0.708				
Nb					0.93			
V					0.846			
Th					0.832			
Y					0.637			
Ba						0.895		
Sr						0.895		
Mo							0.881	
W							0.818	
Au								0.976

(1) F1因子(Cd-Pb-Hg-Zn-As)异常除了显示已知红山矽卡岩型铜矿床及外围 Pb、Zn 矿点外，也反映了成矿带内的铜铅锌(多金属)矿点的分布：阿热 Pb-Zn-Ag 矿点，泽通 Cu-Pb-Zn 矿点，土管村 Pb-Zn-Ag 矿点，三家村、银厂沟 Pb-Zn 矿点等(图 5-62 左图)。

(2) F4因子(Ag-Bi-Sn-Cu)异常显示了矿带内已知的斑岩型(普朗)、矽卡岩型(红山)和海相火山岩型(羊拉)铜矿床(图 5-62 右图)。

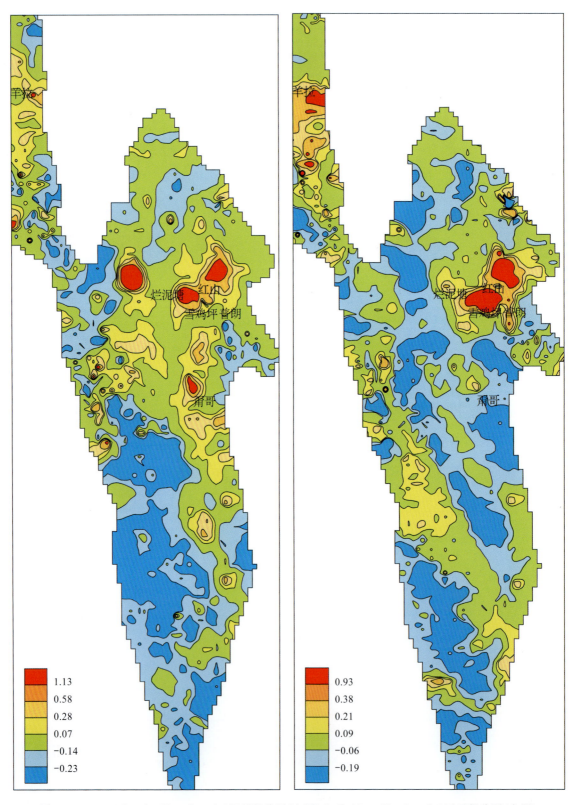

图 5-62　F1(Cd-Pb-Hg-Zn-As)因子得分图(左图)和 F4(Ag-Bi-Sn-Cu)因子得分图(右图)

(3) F3(Ni-Cr-MgO-Co)因子得分图西北角异常区,显示出了在二叠系地层中出露的一条基性-超基性岩(蛇纹岩)岩带,同时在等值线图的东南角异常区由玄武岩所致(图5-63)。

(4) Cu/Ni元素比值图凸显Cu矿化信息。经统计,香格里拉成矿带Cu元素背景值为$35.54×10^{-6}$,异常下限为$102.71×10^{-6}$。这是由成矿带内出露较大面积的富Cu元素玄武岩引起的,致使Cu元素的背景普遍提高,因此利用原始数据绘制的Cu元素等值线图上矿致异常区域减少,分带也不明显。

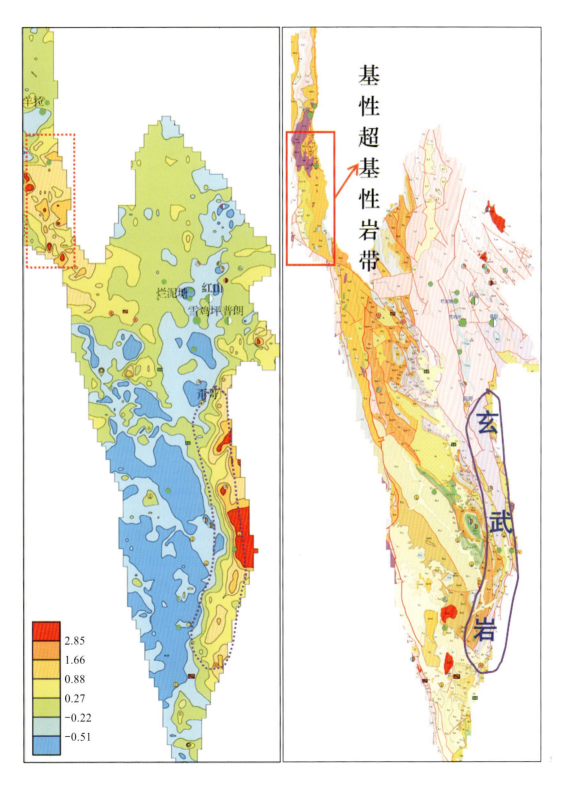

图5-63 F3(Ni-Cr-MgO-Co)因子得分图

为消除玄武岩体对 Cu 矿致异常的影响,将每个样本的 Cu 元素值除以该样本的 Ni 元素值(Cu/Ni),利用比值的地球化学图,异常区域明显增多,浓集中心更明显,且异常范围与已知红山、羊拉矿床(点)等对应较好(图 5-64 右图)。

比值等值线图还提升了图幅西南区元古代(Pt)和第三纪(E)地层的异常含量值,降低了右侧三叠系和玄武岩体的异常含量,而三叠系中矿致的 Cu 元素异常更加凸显。

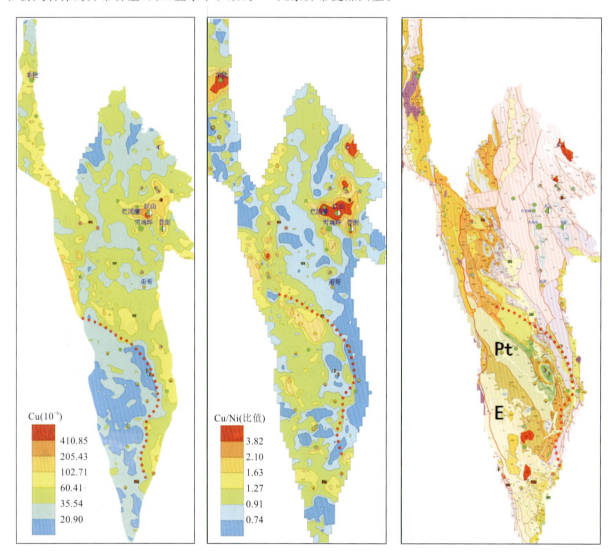

图 5-64 Cu 元素地球化学图(左图)和 Cu/Ni 元素对比值图(中图)和地质图(右图)

(二)剥蚀程度等值线图

以香格里拉斑岩成矿带为例,选择普朗矿床矿尾晕/矿头晕比值(W+Mo+Bi)/(Ag+Pb+Zn)制作的等值线图(图 5-65),从图中可以看出该区仅出现外带异常,与该矿床为浅剥蚀的实际情况(曾普胜,2003)相符,因此可将其他未知区的情况与之相比,等级略低的认为比已知矿床剥蚀浅,等级高的则相对已知矿床为中-深剥蚀(高值区为休瓦促钨锡矿床)。

(三)普朗、羊拉铜矿床相似度图

香格里拉成矿带相似度典型矿床的挑选考虑到两个因素:矿床类型和矿床元素组合。

矿床类型:香格里拉成矿带内产出的铜矿多为斑岩型(普朗)、矽卡岩型(红山)和海底喷流沉积型(羊拉),因此在典型矿床挑选时分别遴选了这两类矿床作为相似类比的对象。

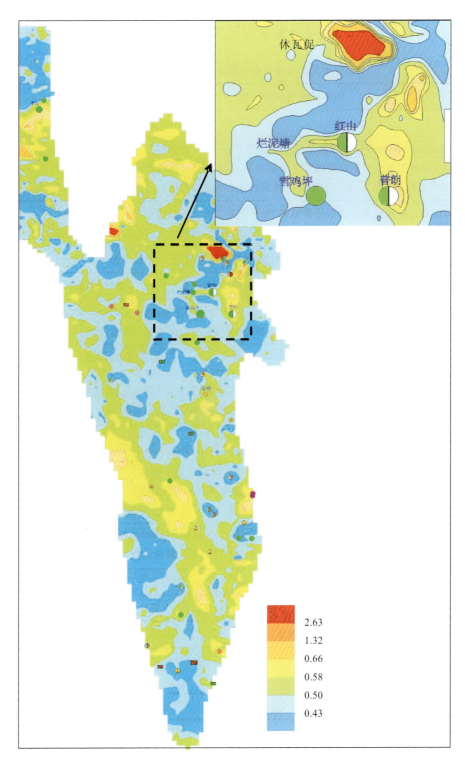

图 5-65 (W+Mo+Bi)/(Ag+Pb+Zn)元素组合累加比值图

矿床元素组合：根据香格里拉成矿带内斑岩型（普朗）和海底喷流沉积型（羊拉）两类矿床，相对应的铜矿元素组合为 Cu-Mo-Au 和 Cu-Pb-Zn(Ag)，在选择相似典型矿床时也分别遴选了这两类铜矿类型的 Cu-Mo-Au-Pb-W-Bi 元素组合（普朗）和 Cu-Pb-Zn-Au-Ag-W-Bi-Cd 元素组合（羊拉）作相似度图（图 5-66）。

综合以上条件，在香格里拉成矿带内分别绘制了普朗和羊拉典型矿床的相似度图，作为预测区挑选与相似类比计算的基础图件。

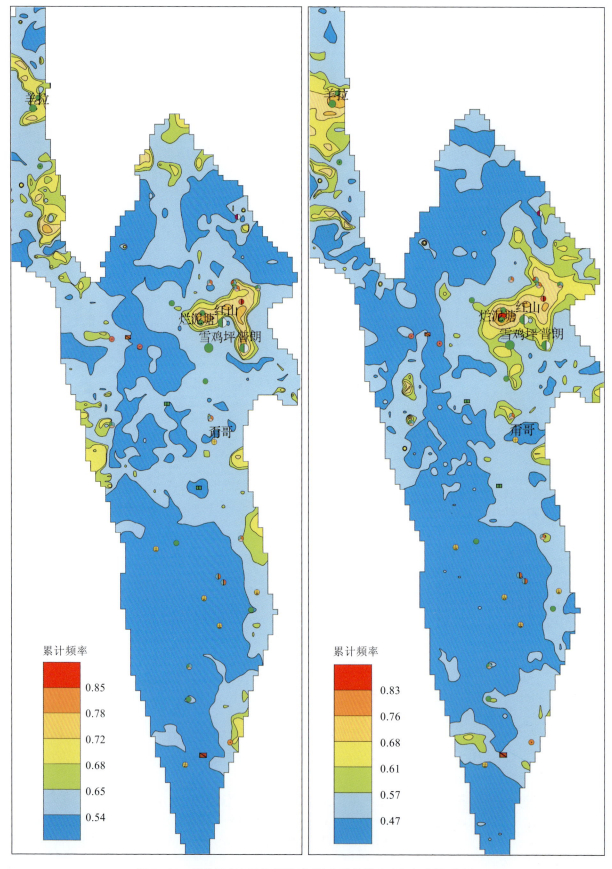

图 5-66 普朗铜矿床相似度图(左图)和羊拉铜矿床相似度图(右图)

元素组合：普朗 Cu、Mo、Au；羊拉 Cu、Pb、Ag

(四)组合元素平均衬值图

Cu-Mo-Au 平均衬值反映了以 Cu 矿化为主,伴生 Mo、Au 矿化的异常,为普朗斑岩铜矿主成矿元素组合(图 5-67 左图),该元素组合的平均衬值图在普朗斑岩铜矿有较强的异常显示;Cu-Pb-Zn-Ag 平均衬值反映了以 Cu 矿化为主,伴生 Pb、Zn、Ag 矿化的异常,羊拉海底喷流沉积型铜矿主成矿元素为 Cu、Pb、Zn、Ag(图 5-67 右图),这四种元素平均衬值图在羊拉海底喷流沉积型铜矿有较强的异常显示。

因此,可利用不同矿床类型元素平均衬值示踪预测区矿床类型。

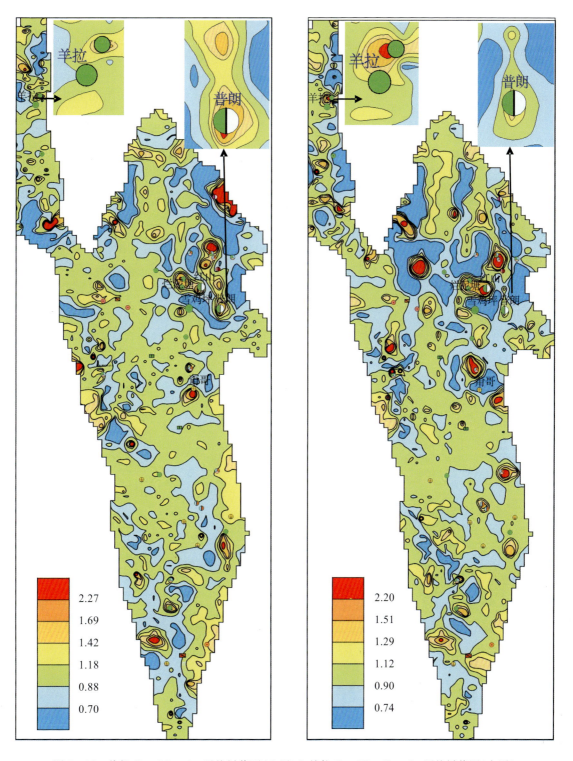

图 5-67 普朗 Cu-Mo-Au 平均衬值图(左图)和羊拉 Cu-Pb-Zn-Ag 平均衬值图(右图)

三、预测区圈定依据与分级准则

以地球化学定量预测方法技术为依据,香格里拉成矿带预测区圈定的依据如下:

条件1:预测区与典型铜多金属矿床(普朗或羊拉)具有相似度异常(累频分级≥95%);

条件2:成矿地质条件有利(中酸性小岩体、赋矿围岩为碎屑岩、碳酸盐岩或具海底喷溢火山-沉积建造等);

条件3:已发现矿点(矿化点);

条件4:Cu-Mo-Au(Cu-Pb-Zn-Ag)平均衬值较大(累频分级≥90%);

条件5:Cu 衬值不低于1.1(累频分级≥80%);

条件6:Cu、Mo、Au、W、Bi、Cd 和 Cu、Au、Ag、Pb、Zn、Cd 两组元素中至少三个元素衬值不低于1.1(累频分级≥90%);

条件7:Cu、Mo、Au、W、Bi、Cd 和 Cu、Au、Ag、Pb、Zn、Cd)两组元素中至少四个元素衬值不低于1.1(累频分级≥90%)。

预测远景区可信度分级见表5-39。

表5-39 地球化学定量预测远景区圈定依据与可信度分级

预测远景区圈定依据		可信度分级			备注
		A级	B级	C级	
地球化学要素	综合异常图	√	√	√	预测元素综合异常至少具外带
	相似度图	√	√		累积频率分级的最高两级
	预测元素衬值图	√	√	√	预测元素衬值有异常(至少外带)
	多元素平均衬值图	√	√	√	异常分带清晰、明显
	单元素衬值图(个数)	≥3	≥3	≥4	多元素衬值套合程度高
地质矿产要素	矿产图	√			预测元素矿点或矿化点
	地层	海底喷溢火山-沉积建造			矿源层("源""储")
	构造	岩体的内、外接触带			成岩、成矿通道("动")
	火成岩	印支期中酸性小岩体			矿质富集("热源""物源")

四、香格里拉铜多金属成矿带铜矿资源量估算

(1)香格里拉成矿带共圈定出 A、B 级预测区13个,其中 A 级10个,B 级3个。根据所提供的普朗铜矿资源量资料,普朗矿床探明资源量 $203.23 \times 10^4 t$(工程控制深度500m),羊拉探明 Cu 资源量 $32.53 \times 10^4 t$。通过与已知矿床资源量的类比,计算得整个成矿带的 Cu 远景资源量为 $607.42 \times 10^4 t$(表5-40)。

表5-40 香格里拉铜多金属成矿带预测铜矿资源量表

矿床	矿种组合	工程平均控制深度(m)	资源量 P_u ($\times 10^4 t$)	组合元素异常规模 Q	组合元素面金属量 P	类比法系数 $K=Q/P_u$	面金属量法系数 $K=P/P_u$	组合元素
普朗	Cu-Mo-Au	500	203.23	810.84	563.63	3.99	2.77	Cu-Mo-Au
普朗	Cu-Mo-Au	500	203.23	257.04	196.65	1.26	0.97	
羊拉	Cu-Pb-Zn 多金属	400	32.53	2253.28	1788.39	69.27	54.98	Cu-Pb-Zn-Ag

续表 5-40

编 号	最佳相似矿床	相似系数 R	组合元素异常规模 Q	组合元素面金属量 P	资源量 V_d	资源量 V_s	$V=0.6V_d+0.4V_s$	资源量之和 ($\times 10^4$ t)
A-YC-1	普朗	0.79	984.24	799.27	194.88	227.95	208.11	
A-YC-2	普朗	0.765	459.06	333.78	88.01	92.18	89.68	
A-YC-3	普朗	0.79	409.07	234.5	80.99	66.88	75.35	506.18
A-YC-4	普朗	0.677	165.15	95.99	28.02	23.46	26.2	
A-YC-5	普朗	0.751	33.13	19.81	19.75	15.34	17.98	
B-YC-1	普朗	0.8	403.98	348.57	81	100.67	88.87	
A-YC-6	羊拉	0.779	5 236.65	4 910.84	58.89	69.58	63.17	
A-YC-7	羊拉	0.627	434.68	255.37	3.93	2.91	3.53	
A-YC-8	羊拉	0.625	132.17	80.55	1.19	0.92	1.08	
A-YC-9	羊拉	0.733	507.39	282.7	5.37	3.77	4.73	101.24
A-YC-10	羊拉	0.679	2 186.38	1 729.39	21.43	21.36	21.4	
B-YC-2	羊拉	0.84	542.06	313.23	6.57	4.79	5.86	
B-YC-3	羊拉	0.728	153.41	95.9	1.61	1.27	1.48	

(2)根据所查阅的资料,普朗地区最新探明 Cu 资源量达 430×10^4 t,工程控制深度 900m,这样通过与最新的已知矿床资源量数据类比,计算得整个成矿带 Cu 远景资源量为 $1\,138.51\times 10^4$ t 左右(表 5-41)。

表 5-41 香格里拉铜多金属成矿带预测铜矿资源量表

预测图件	矿床	矿种组合	平均深度(m)	资源量($\times 10^4$ t)	异常规模 Q	面金属量	类比法系数	面金属量法系数	组合元素
Cu-Mo-Au 标准化累加图	普朗	Cu-Mo-Au	900	430	810.84	563.63	1.9	1.32	Cu-Mo-Au
Cu/Ni 元素比值图	普朗	Cu-Mo-Au	900	430	257.04	196.65	0.6	0.46	Cu-Mo-Au
Cu-Pb-Zn-Ag 标准化累加图	羊拉	Cu-Pb-Zn 多金属	400	32.53	2 253.28	1 788.39	69.27	54.98	Cu-Pb-Zn-Ag

级别代号	编号	最佳相似矿床	相似系数 R	组合元素异常规模 Q	组合元素面金属量 P	资源量 V_d	资源量 V_s	$V=0.6V_d+0.4V_s$	资源量之和 ($\times 10^4$ t)
A	A-YC-1	普朗	0.79	984.24	799.27	409.24	478.35	436.88	
A	A-YC-2	普朗	0.765	459.06	333.78	184.83	193.44	188.27	
A	A-YC-3	普朗	0.79	409.07	234.5	170.09	140.34	158.19	1 037.27
A	A-YC-4	普朗	0.677	165.15	95.99	58.85	49.23	55	
A	A-YC-5	普朗	0.751	33.13	19.81	13.1	11.27	12.37	
B	B-YC-1	普朗	0.8	403.98	348.57	170.1	211.25	186.56	
A	A-YC-6	羊拉	0.779	5 236.65	4 910.84	58.89	69.58	63.17	
A	A-YC-7	羊拉	0.627	434.68	255.37	3.93	2.91	3.53	
A	A-YC-8	羊拉	0.625	132.17	80.55	1.19	0.92	1.08	
A	A-YC-9	羊拉	0.733	507.39	282.7	5.37	3.77	4.73	101.24
A	A-YC-10	羊拉	0.679	2 186.38	1 729.39	21.43	21.36	21.4	
B	B-YC-2	羊拉	0.84	542.06	313.23	6.57	4.79	5.86	
B	B-YC-3	羊拉	0.728	153.41	95.9	1.61	1.27	1.48	

五、香格里拉铜多金属成矿带铜矿预测区与云南省铜矿预测工作区对比

将1:20万图幅中圈定的普朗-休瓦促地区Cu、Mo、Au标准化累加异常图上所圈定的预测区与云南省地调局所提供的1:5万找矿远景区划图对比,有三处预测区与1:5万数据所圈定的预测工作区吻合(图5-68)。

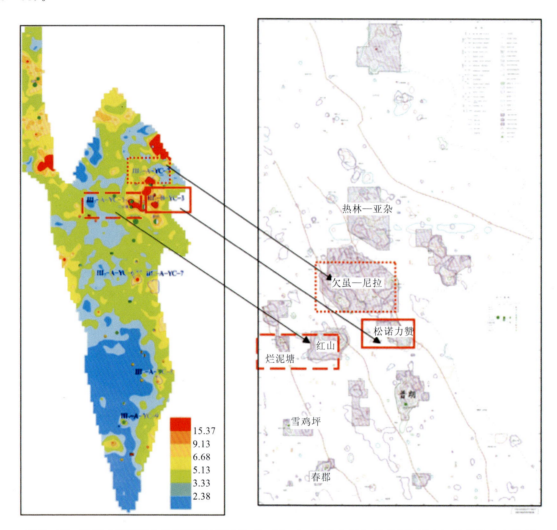

图5-68 普朗式铜地球化学预测区(底图为Cu、Mo、Au标淮化累加异常图)(左)与云南省中甸地区1:5万地球化学找矿远景区(右)对比

第四节 上扬子成矿省滇中层控型铜矿资源地球化学定量预测

一、滇中铜矿床地质特征

处于扬子陆块西缘的康滇地轴裂谷Cu成矿带(图5-69),根据成矿时代、成矿地质背景、主导成矿地质作用、成矿物质来源及其成因联系将本区矿床划分为四个成矿系列:

(1)早元古代富钠质火山-沉积变质Fe、Cu(Au)成矿系列;
(2)中元古代沉积改造浅变质Cu、Fe(稀土)成矿系列;
(3)晚元古代砂砾岩、白云岩型Cu成矿系列;
(4)中生代红色砂岩型Cu成矿系列(图5-69)。

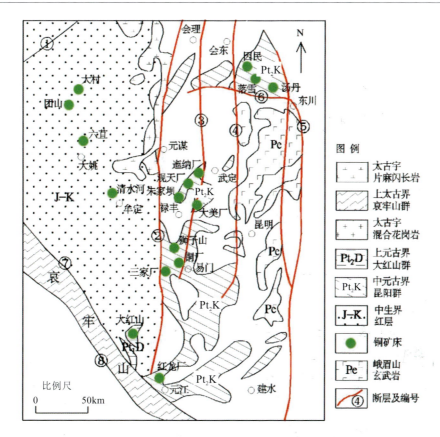

图 5-69 康滇地轴中南段区域地质、层控铜矿矿床分布图(杨应选等,1988)
①程海断裂;②元谋-绿汁江断裂;③安宁河-易门断裂;④普渡河断裂;⑤小江断裂;
⑥宝台厂断裂;⑦红河断裂;⑧哀牢山断裂

(一)早元古代富钠质火山-沉积变质 Fe、Cu(Au)成矿系列

"大红山"式铁铜矿床(图 5-70)

大红山火山喷发-沉积型铜矿,产在曼岗河组第三岩段(Pt_1m^3)中上部的石榴角闪片岩、黑云片岩、白云石大理岩钠长岩片中;矿体呈层状、似层状与围岩呈整合产出;主要金属矿物以磁铁矿、黄铜矿为主,主要成矿元素除 Cu、Fe 外,Au、Ag、Co(Pt、Pd)、Ni、U、Mo 为伴生元素;火山机构(火山口、火山管道)是大红山式铁、铜矿主要控矿构造。

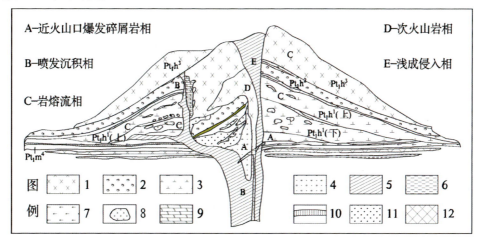

图 5-70 大红山群红山组火山机构图(钱锦和和沈远仁,1990)
1—碱基性熔岩;2—凝灰角砾岩;3—碱中性熔岩;4—角砾岩;5—辉长辉绿岩;6—辉绿岩;7—碳酸岩;
8—碱基性球状熔岩;9—钠长石铁白云石碳酸岩;10—角砾岩集块岩;11—盲铁矿;12—铁铜矿

(二)中元古代沉积改造浅变质Cu、Fe(稀土)成矿系列

"落雪"式铜矿床

见第四章第三节的海相杂色岩系铜矿床地质、地球化学找矿模型。

"易门"式铜矿床

见第四章第三节的海相杂色岩系铜矿床地质、地球化学找矿模型。

(三)晚元古代砂砾岩、白云岩型Cu成矿系列

东川"烂泥坪"式铜矿床(图5-71)

矿体位于不整合面上的震旦系陡山沱组基底角砾岩、硅质砂砾岩及碳泥质白云岩中,两构造层强烈不整合接触;矿体呈透镜状、似层状、扁豆状;主要矿石矿物为黄铜矿、斑铜矿、辉铜矿;主要成矿元素Cu,伴生元素Ag、As、Sb、Hg(Mo、Pb、Zn)。

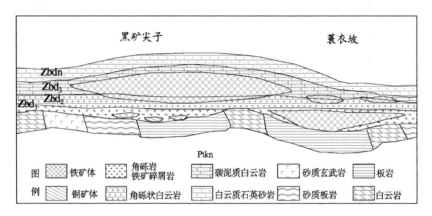

图5-71 东川"烂泥坪"式铜矿矿体产状示意图(陈好寿和冉崇英,1992)

(四)中生代红色砂岩型Cu成矿系列

六苴砂岩型铜矿床

见第四章第三节的陆相杂色砂岩型铜矿床地质、地球化学找矿模型。

(五)上扬子成矿省滇中铜金属成矿带主要地质、地球化学特征(表5-42)

表5-42 云南省滇中铜多金属成矿带主要地质、地球化学特征

成矿系列	中元古代沉积(喷流)改造浅变质Fe、Cu、稀土系列		早古生代钠质火山沉积变质Fe、Cu、Au系列	晚古生代砂砾岩、白云岩型Cu系列	中生代红色砂岩型Cu系列
成矿环境	裂谷裂陷环境(海相)		裂谷海底火山喷流-火山喷发沉积环境	后造山裂谷盆地(澄山运动后)(海相)	大陆裂谷
矿床类型	落雪式铜矿(轻微改造)	易门式铜矿(强烈改造)	大红山式铜矿	烂泥坪式铜矿	陆相砂岩型
赋矿围岩	硅质白云岩(落雪组下部)赋矿层位稳定	硅质白云岩	基性凝灰质石榴黑云角闪绿泥片岩夹大理岩	基底角砾岩,硅质砂页岩,含燧石条带白云岩	中细粒砂岩(河流相、河湖交替相)
矿体产状	层状、似层状	透镜状、似层状、规则状	层状、似层状与围岩产状一致	层状、似层状、扁豆体(矿体赋存在陡山沱组中)	层状、似层状、透镜状、局部网脉状

续表 5-42

矿石矿物	黄铜矿、斑铜矿为主；辉铜矿、含Co黄铁矿次之；呈浸染状、条纹状	斑铜矿、黄铜矿、辉铜矿为主；含Co矿物黝方铅矿；含Co黄铁矿	以黄铜矿、磁铁矿为主，斑铜矿、黄铁矿次之（矿床含沥青铀矿等）	黄铜矿、斑铜矿、辉铜矿（有时见黄铜矿碎屑）层纹状、条带状	辉铜矿、少量斑铜矿、黄铜矿及黄铁矿
脉石矿物	白云石、少量石英	白云石、少量石英	钠长石、石英、黑云母、角闪石、石榴石、白云母等	硅质、泥质白云石	长石、石英、方解石及泥质、铁质（Fe^{3+}）
围岩蚀变	围岩褪色、硅化、局部透闪石化、绿泥石化	近矿蚀变强烈，绿泥石化、黑云母化、硅化、白云母化和褪色形成的蚀变分带	黑云母化、绿泥石化、碳酸盐化、钠长石化	弱硅化、石英化	硅化、碳酸盐化、紫色砂岩褪色化
成矿元素组合	主成矿元素Cu、Co；主要伴生元素Au、Ag、Pb、Zn、Ge、Ga	主成矿元素Cu、Co；主要伴生元素As	主成矿元素Cu、Fe；主要伴生元素Ag、Co（Pt、Pd）、U、Mo、Ni	主成矿元素Cu；主要伴生元素Ag、As、Sb、Hg（Mo、Pb、Zn）	主成矿元素Cu、Ag，主要伴生元素Mo、Pb、Zn、Ba、As、Hg、Sb（U）
矿床规模	中大型	中小型	大型	中小型	中型（60×10^4t）
典型矿床	落雪铜矿等（因民组中具U矿体）	易门铜矿，三家厂铜矿	大红山矿床，I2、I3矿体，(河口铜矿曼蚌矿段)	东川烂泥坪铜矿	大姚六苴铜矿

以上是上扬子成矿亚省康滇地轴裂谷（拗拉槽）不同类型层控矿床的时空关系：在早、中、晚元古代和中生代裂谷中形成了大红山式火山岩型铁铜矿、落雪-易门式白云岩型沉积改造和大姚六苴式砂岩型沉积改造型铜矿；它们彼此重叠、交错或毗邻，在平面上组成裂谷成矿带，剖面上呈现矿床的层楼结构。也就是裂谷多旋回，带来了沉积改造铜矿的多旋回。

二、滇中铜矿床地球化学特征

（一）铅同位素组成特征

滇中基底隆起（康滇地轴）元古代铜矿金属的主要源区是元古代地层或更老的太古代基底，与世界其他地区一样，具较复杂的铅同位素组成，这是由于在地质历史长期演化过程中受到地层中U、Th衰变成因铅的混染所致（表4-95~表4-97，表4-107、表4-108，表5-43）。

东川和易门铜矿床铜矿矿石铅同位素组成变化范围大，为富U元素的放射性成因$^{206}Pb/^{204}Pb$、$^{207}Pb/^{204}Pb$同位素组成（图4-258）。

中生代陆相砂岩型铜矿具有十分相似的铅同位素组成（图4-279），这信息示踪其源区和演化的相似性，铜质来源于经充分混均的上地壳（白垩纪六苴红砂岩）。

将大红山、烂泥坪、东川、易门、六苴四个成矿系列矿石铅同位素组成作图（图5-72），从图上清晰可见：

（1）大部分矿石铅$^{206}Pb/^{204}Pb$：17.70~18.50，$^{207}Pb/^{204}Pb$：15.50~15.70，$^{208}Pb/^{204}Pb$：37.50~38.80，为相对正常铅同位素组成（实线投点域）。

（2）在四个成矿系列中，也有相当部分矿石铅由于受到源区高U、Th丰度衰变的作用，其放射成因铅的结果不同程度地在矿石铅中反映出来，其异常铅同位素组成呈现明显线式分布（虚线投点域）。

表 5-43 上扬子成矿省滇中(基底隆起)铜矿床铅同位素组成

矿床名称	样 号	测定对象	$^{206}Pb/^{204}Pb$	$^{207}Pb/^{204}Pb$	$^{208}Pb/^{204}Pb$	资料来源
大红山	366-9	钠质凝灰岩	18.107	15.656	37.646	陈好寿和冉崇英,1992;其余据成都所,1987
	661-10	钠质黑云片岩	17.442	15.416	37.164	
	930-14	黑云钠长岩	17.743	15.546	37.091	
	930-18	石英	17.762	15.643	37.484	
	661-4	黄铜矿	17.976	15.699	38.156	
	662-11		17.818	15.593	37.894	
	930-23		18.324	15.587	38.240	
	29		19.396	15.764	38.754	
	30		19.547	15.688	40.485	
	1	方铅矿	20.570	15.649	42.259	
	2		20.640	15.666	42.213	
烂泥坪	1	白云岩	18.743	15.638	37.668	陈好寿和冉崇英,1992
	2		18.323	15.556	38.307	
	3		18.849	15.717	38.599	
	S-3	黄铁矿	20.481	16.037	39.271	
	31	黄铜矿	19.893	15.639	41.088	
	32		18.993	15.740	38.612	
	33	黄铜矿(块状)	19.607	15.766	38.462	
	34	黄铜矿(层状)	18.986	15.735	38.729	
	90L-30	黄铁矿	18.184	15.116	38.175	
	90L-31		18.087	15.599	38.099	
	S-3-2		19.625	15.752	38.708	
	S-3-3		19.568	15.752	38.723	
	S-3-4		20.530	15.857	38.879	
	S-3-5		20.361	15.871	38.632	

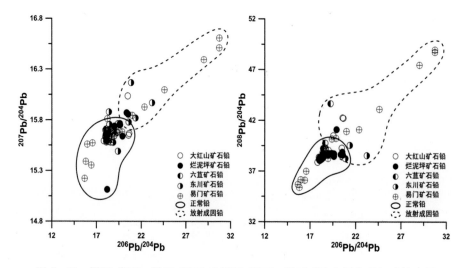

图 5-72 $^{207}Pb/^{204}Pb-^{206}Pb/^{204}Pb$ 和 $^{208}Pb/^{204}Pb-^{206}Pb/^{204}Pb$ 同位素组成投点图

(二)硫同位素组成特征

从滇中四个成矿系列铜矿硫同位素组成特征显示:元古代大红山、东川、易门、烂泥坪铜矿硫源主要来自海水硫酸盐,这与其海相成因环境密不可分,同时也有海底火山溢流作用带来的地幔深源硫的加入。

而处于陆相环境的中生代六苴砂岩型铜矿,其硫同位素组成与以上的成矿系列迥然不同,$\delta^{34}S$富集轻硫,均为负值,且变化范围较大,呈脉冲式分布。这一信息示踪着成矿作用过程中其物理化学环境发生显著变化,存在着细菌还原硫酸盐形成的硫化物的生物化学作用(图5-73)。

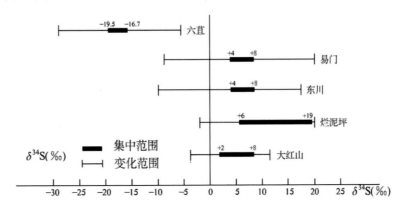

图5-73 滇中四个成矿系列铜矿硫同位素组成图(陈好寿和冉崇英,1992)

(三)成矿元素变化特征

上扬子成矿省滇中铜多金属成矿带内从早元古代至中生代在构造演化的不同阶段形成了一系列富Cu的(火山)沉积建造:早元古代的大红山群基底富集Fe、Cu、Ag、Mo等亲铜元素;中元古代的昆阳群基底富集Cu、Ag、Pb、Zn、Mo、Bi等元素;震旦系地层则富集Cu、Co、Ag、Zn等元素;白垩系地层富集Cu、Ag、Mo、Pb、Zn等元素。前人研究表明,区内主要地层的微量元素具有明显富集亲Cu元素的特征,直接或间接地为层控型铜矿床的形成提供了矿质来源。另外,区内不同时期形成的各矿源层微量元素分布特征以及各层控矿床矿石的成矿及伴生元素组合具有明显的继承性(图5-74)。

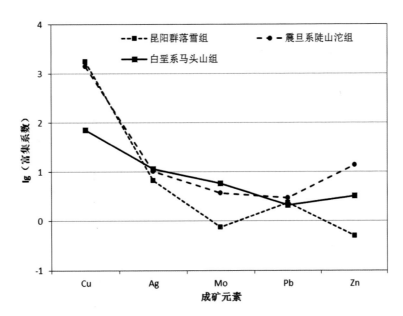

图5-74 康滇地轴各矿源层微量元素分布曲线图(冉崇英等,1993)

纵座标为lg(富集系数),富集系数等于含量与岩石丰度之比,落雪组和陡山沱组为碳酸盐岩,其丰度值引自涂里千等,1961;马头山组为砂页岩,其页岩丰度值引自黎彤,1984

三、滇中砂岩型铜矿区域地球化学特征

(一)成矿及伴生元素参数统计

研究区1:20万水系沉积物测量工作系一次性完成,成图数据质量经评审为优秀,故未作系统误差校正。本次研究,利用SPSS软件迭代删除2.5倍标准离差以外的数据统计所有元素的背景值(C)及标准差(S)。并运用均值-标准差的方法(表5-44),以C+2S作为异常下限(T),并以2T、4T分别作为异常中带和内带的界线值。Cu背景值:25.4×10^{-6},Ag背景值:86.8×10^{-9},Hg背景值:24.9×10^{-9}。

根据这些统计参数分别制作所有39个元素的地球化学图,地球化学等值线图共分7级,以蓝、黄、红为三大主体色,分别代表低背景区、背景区及异常区(图5-75)。

表5-44 砂岩铜矿主要成矿及伴生元素参数统计

元素	极大值	极小值	中位数	背景值	异常区(C+2S)			大陆上地壳元素丰度
					外带	中带	内带	
Cu	1 132.0	1.7	25.2	25.4	40.4	80.8	161.6	25
Ag	12 200.0	7.0	83	86.8	130.8	261.5	523.1	50
Mo	43.0	0.1	0.5	0.6	1.2	2.3	4.7	1.5
Hg	6 620.0	2.0	22.96	24.1	44.9	89.8	179.6	12.3
As	8 037.0	0.1	5.4	5.6	10.5	21.0	42.0	1.5
Sb	343.2	0.1	0.5	0.5	0.9	1.8	3.7	0.2
Pb	23 920.0	2.3	22	22.5	37.3	74.7	149.4	20
Zn	3 770.0	4.3	58.5	58.8	100.7	201.3	402.7	71
数据来源	本项目,2011							GERM,1998

单位:Ag、Hg元素含量为10^{-9},其他为10^{-6}

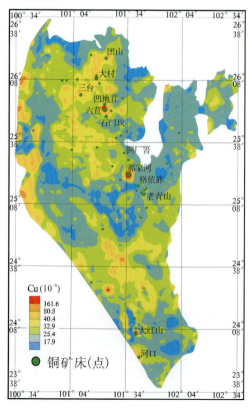

图5-75 楚雄盆地水系沉积物1:20万Cu元素地球化学图

(二) 楚雄盆地 1∶20 万 Cu 及伴生元素分布特征

整个楚雄盆地 1∶20 万 Cu 元素地球化学高值区的分布特征总体表现为"两块一带"(图 5 - 75)。第一块 Cu 元素地球化学高背景区位于研究区中北部(楚雄盆地中心),区内发育一套富 Cu 的白垩纪红色碎屑岩系,是楚雄盆地砂岩铜矿的主要赋矿层位,从北至南依次发育有大村、团山、三台、六苴、郝家河、格衣砟、老青山等中小型铜矿床,构成了研究区内 NNW 向的"牟定斜坡"陆相砂岩型铜成矿区带。在已知砂岩型铜矿上,六苴铜矿、郝家河铜矿 Cu 元素异常显示较强(内带),异常面积较大;其他铜矿床如大村、团山、三台等中小型铜矿床上,Cu 元素异常显示较弱,仅出现外带异常;而在另外一些小型矿床或矿点如老青山铜矿、铜厂箐铜矿并没有 Cu 元素地球化学异常显示。第二块 Cu 元素地球化学高值区位于盆地南部,区内出露以侏罗纪地层为主,是研究区内陆相砂岩型铜矿的次要赋矿层位,Cu 元素的异常浓集中心与区内发育的 Cu 多金属矿床密切相关。"一带"即 Cu 元素的高值区带分布在盆地西部边缘,与该区带内发育的富铜的基性-超基性侵入岩、玄武岩及哀牢山变质岩系密切相关,Cu 元素异常分布形态受盆地边缘 SN 向程海断裂及 NW 向红河断裂等区域深大断裂控制,基本呈 SN - NW 向展布。

另外,楚雄盆地内与铜有关的地球化学异常元素组合大致可以分为两类:一类是 Ag、Mo、Hg、As、Sb 等亲铜元素组合(图 5 - 76),该类元素异常分布特征与盆地内发育的砂岩铜矿密切相关,且在已知铜矿床上各元素异常重合性较好;另一类 Co、Cr、Ni、V 元素组合(图 5 - 77),这一套基性-超基性岩的元素异常主要分布在盆地西缘,与 Cu 元素的"高值带"分布基本一致,严格受区内发育的富 Cu 基性-超基性侵入岩、玄武岩及哀牢山变质岩系控制。

(三) 典型矿床元素组合、规格化面金属量特征

有效地评价区域地球化学异常蕴藏的丰富找矿信息,是地球化学探矿的重要内容之一。

根据 1∶20 万水系沉积物元素数据以及地球化学图件为基础,统计楚雄盆地典型矿床(六苴铜矿、郝家河铜矿)各元素地球化学异常特征及参数(表 5 - 45)。从统计表中可以清晰看出:

(1)典型矿床的异常元素组合为 Cu、Ag、Mo、Hg、As(Sb)、Pb,主要为一套低温亲铜元素组合。

表 5 - 45 已知矿床异常参数统计

典型矿床	元素	背景值	异常均值	异常面积 (km^2)	面金属量	规格化面金属量	排序	元素组合
六苴	Cu	25.4	357.6	99.9	33 195.1	1 306.9	1	Cu - Ag
	Ag	86.8	1 038.0	78.0	74 169.8	854.5	2	
	Mo	0.6	2.4	75.0	135.0	224.9	3	
	Hg	24.1	103.3	17.3	1 370.2	56.9	4	
	As	5.6	20.9	8.6	130.4	23.3	6	
	Sb	0.5	1.1	16.5	9.9	19.7	7	
	Pb	22.5	100.0	14.2	1 102.4	49.0	5	
郝家河	Cu	25.4	526.8	88.7	44 486.7	1 751.4	1	Cu - Ag
	Ag	86.8	501.8	83.0	34 411.8	396.4	2	
	Mo	0.6	2.7	42.4	89.1	148.5	4	
	Hg	24.1	123.3	84.6	8 391.1	348.2	3	
	As	5.6	20.5	15.1	223.9	40.0	5	
	Pb	22.5	66.8	19.2	851.4	37.8	6	

注:Ag、Hg 元素含量为 10^{-9},其他为 10^{-6};Ag、Hg 面金属量单位为 km^2×10^{-9},其他为 km^2×10^{-6}

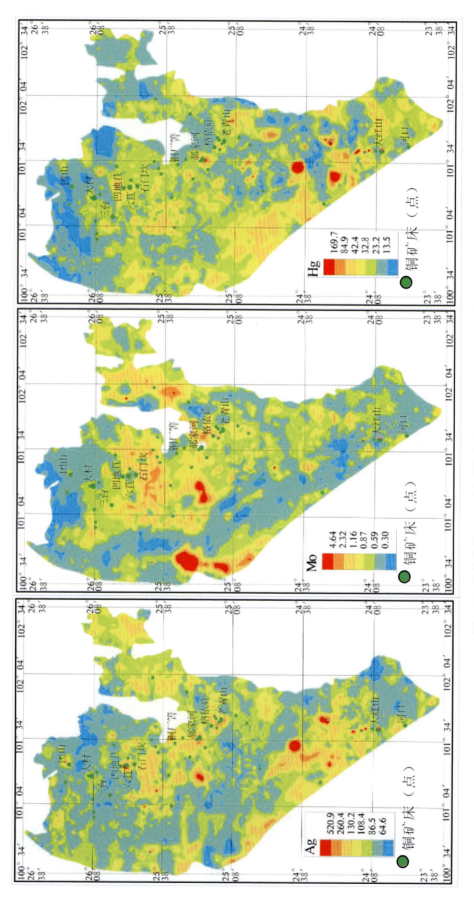

图5-76 楚雄盆地1:20万水系沉积物Ag、Mo、Hg元素地球化学图

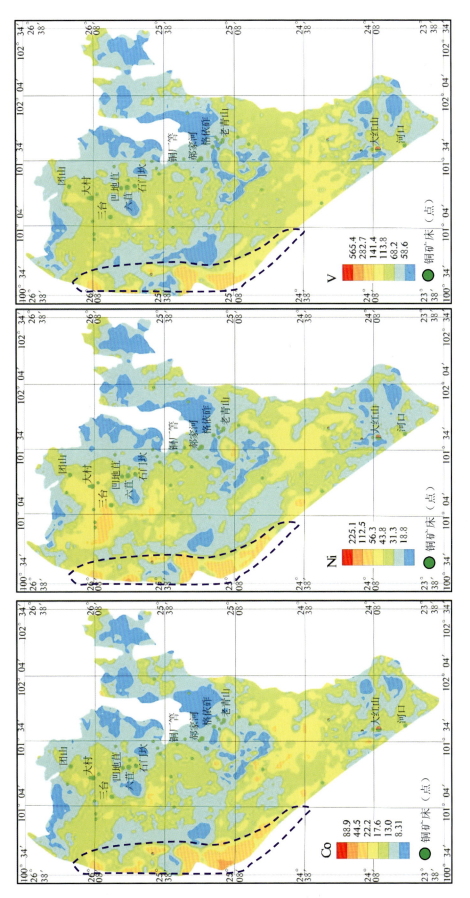

图5-77 楚雄盆地1:20万水系沉积物Co、Ni、V元素地球化学图

(2)成矿元素的异常强度、异常面积、面金属量及组合分带的清晰程度与六苴、郝家河等大中型砂岩铜床的地表矿化规模密切相关。

(3)六苴矿床、郝家河矿床Cu、Ag元素的规格化面金属量要明显地高于其他元素,能较好地反映典型矿床的矿种或矿化类型。

综上所述,从1:20万水系沉积物地球化学数据中,可以提取出丰富的与成矿密切相关的地球化学信息。规格化面金属量(NAP值)可以用于判别矿床或矿田的主成矿元素及主要伴生元素,因此,也可以利用规格化面金属量这一参数对预测区的矿化类型进行预测。

(四)弱小异常识别

为了凸显低缓异常可能隐含的成矿信息,利用衬值计算制作的Cu元素衬值地球化学图(图5-78),与传统"C+2S"制作的Cu元素地球化学图相比较:

(1)Cu元素地球化学异常总体较弱,仅在六苴、郝家河铜矿上出现较强的异常,其他矿床如团山、大村异常较弱;而在Cu元素地球化学衬值图已知铜矿床上的Cu元素衬值异常明显加强。

(2)Cu元素地球化学图中老青山矿区(②区)、Cu元素无异常显示,而在衬值图中,老青山矿区出现了Cu元素异常,异常强度虽相对其他矿区较弱,但与成矿密切相关。

(3)在团山-大村-三台一带(①区)Cu元素地球化学异常显示较弱,而在Cu衬值图中,异常的浓集中心更加凸显,且浓集中心与区带内团山、大村、三台铜矿及湾碧衣卡拉矿点位置紧密对应。因此,元素地球化学衬值图不仅能凸显已知铜矿的异常,更能有效识别与成矿相关的弱小异常,对于低背景区的找矿实践具有重要指导意义。

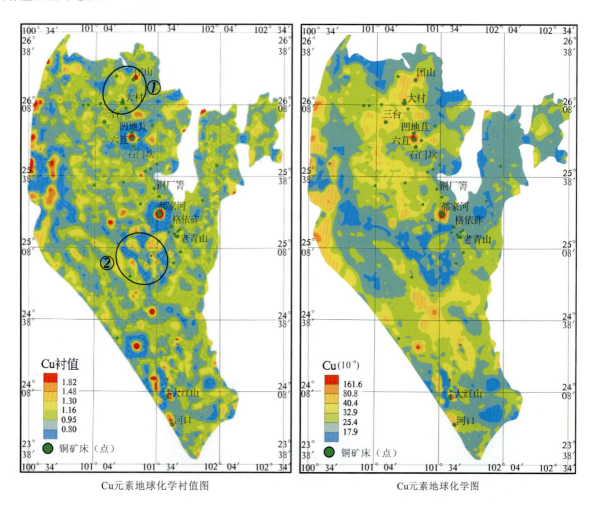

图5-78 Cu元素地球化学衬值图(左)及Cu元素地球化学图(右)

另外,主成矿元素与伴生元素之间往往存在着密切的联系,通过制作某种特定的与成矿相关的指示元素组合异常,可以更加全面地了解、评价地球化学异常,认识其中可能隐含的成矿信息。而且不同的矿床类型具有不同的成矿指示元素组合,可以用不同的元素组合判别不同的矿化类型。在单元素地球化学衬值图的基础上,根据区内典型砂岩型铜矿床主要成矿及伴生元素组合,绘制了研究区内 Cu-Ag-Mo-Hg-As-Sb 元素的组合衬值图。如图 5-79 所示:元素组合衬值异常图不但能清晰地指示已知矿床(矿点)的空间位置,而且在已知的大中型铜矿床上,指示元素组合明显,且组合衬值异常套合程度高。因此,组合元素衬值异常图在筛选评价预测区时具有较好的指导意义,这也大大提高了预测区圈定的可信度。

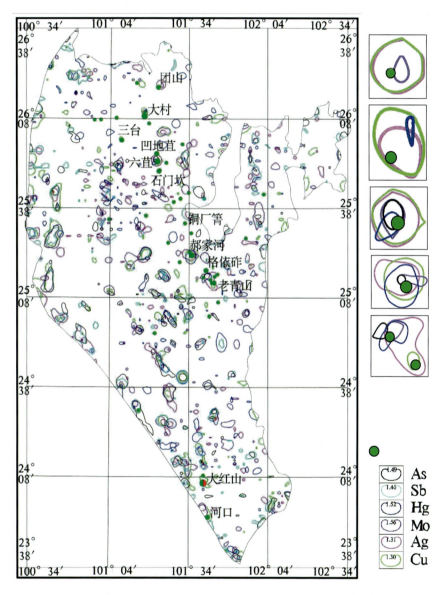

图 5-79 楚雄盆地 Cu-Ag-Mo-As-Sb-Hg 元素组合衬值异常图

(五)相似度判别

选取楚雄盆地内规模最大、最为典型的六苴铜矿作为典型矿床,标准样本的元素组合则选取在典型矿床处1:20万水系沉积物地球化学异常浓度高,浓集中心清晰,在相关分析或因子分析中与主成矿元素相关性好,并且能够代表该类型矿床矿化信息的元素组合。确定完"标准样本"元素组合,统计典型矿床处各元素水系沉积物地球化学异常范围内样本元素含量的平均值,并将该值作为"标准样本"的各元素含量即标型元素的含量特征值(表 5-46)。

表 5-46　典型矿床标准样本元素组合及特征值

已知矿床	相似度元素组合(内带平均值)
六苴铜矿	Cu(357.6)、Ag(1 038.0)、Mo(6.6)、Hg(213.2)

利用相似系数绘制大姚六苴典型铜矿相似度地球化学图。如图 5-80 所示,从整体上看,相似度异常在楚雄盆地中部呈团块状分布,在盆地南部有零星的岛状异常分布,盆地西部边缘呈带状分布,而前两者与成矿密切相关。单独从矿床(矿点)角度看,盆地内已知的绝大多数砂岩型矿床(矿点)都位于相似度异常的高值区内或边缘;而盆地南部的大红山铜矿位于其相似度异常的低值区。综上所述,相似度地球化学图不仅可以很好地示踪已知矿床(矿点),而且根据相似程度高低,可以进一步对评价和筛选区域异常,并确定其矿化强弱及矿化类型。

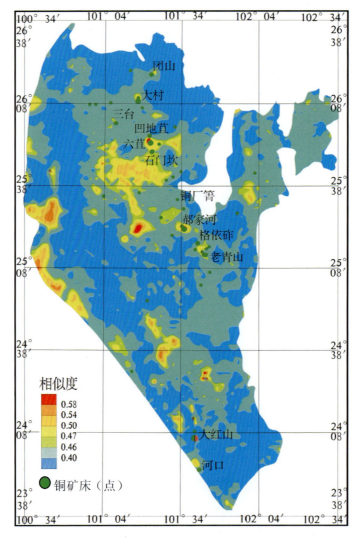

图 5-80　六苴典型矿床相似度地球化学图

(六)综合地球化学异常图

为了更好地反映、凸显本区的铜矿成矿信息,在成矿作用地球化学与勘查地球化学分析的基础上,根据选取与成矿密切相关的 Cu、Ag 元素作为楚雄盆地铜矿勘查的重要指示元素,并将这些元素进行综合形成归一化指标,作楚雄盆地 Cu-Ag 元素综合地球化学等值线图(图 5-81)。

(1)盆地内几乎所有的大中型砂岩铜矿床(六苴、郝家河、团山、大村)都位于相关系数加权累加归一化指标所圈定的综合异常区域内。

(2)原本在Cu单元素地球化学图中,无异常显示或异常显示较弱的一些小型的砂岩铜矿床(老青山、三台)或矿点(大沟坝、黄土坡等)均出现在综合异常区内或边缘。

(3)另外在一些未知区内,也有较好的Cu-Ag相关系数加权累加元素综合异常显示,可能为砂岩型铜矿的成矿有利地区,应引起重视。

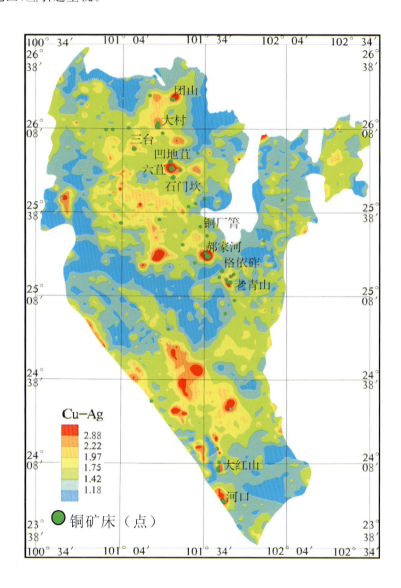

图5-81 楚雄盆地Cu-Ag加权累加综合地球化学图

四、地质、地球化学找矿标志

(一)区域地质找矿标志

(1)古地理岩相标志:楚雄盆地陆相砂岩型铜矿主要分布在距元谋古陆10～30km范围内的"牟定斜坡",矿化的分布受岩相带的控制,滨湖三角洲相沉积环境有利于砂岩铜矿的形成。

(2)地层层位标志:楚雄盆地砂岩铜矿含矿层,从三叠系至第三系共有16个矿化层,其中白垩系是主要的含矿层,侏罗纪地层是次要的含矿层。尤其以上白垩统马头山组六苴段、马头山组大村段以及下白垩统高峰寺组凹地苴段对成矿最为有利。

(3)沉积建造组合标志:楚雄盆地"黑、红、白"三色沉积建造组合是有利找矿标志。

(4)构造标志:基底构造控制盆地的形成与发展以及铜矿带的分布;鼻状背斜倾没端及转折端,穹窿构造缓翼和倾伏端与断裂构造的交汇处(即背斜加一刀)是成矿有利部位,其次为向斜构造核部以及缓倾斜的单斜构造、断裂、裂隙发育地段。

(二)矿床地质找矿标志

(1)岩性标志:区内主要容矿主岩为灰色中粗粒长石石英砂岩、含砾砂岩,其含矿性最好,是重要找矿标志。

(2)"浅紫"交互标志:砂岩铜矿一般就位于紫色砂岩与浅色砂岩的过渡带靠近浅色砂岩一侧。浅紫交互带的变化形式及复杂程度与铜矿化规模、矿体形态关系密切,可作为楚雄盆地陆相砂岩型铜矿的直接找矿标志。

(3)围岩蚀变标志:楚雄盆地砂岩型铜矿近矿围岩蚀变主要有黄铁矿化、褪色化、碳酸盐化、硅化。

(4)有机质标志:楚雄盆地内砂岩型铜矿化与有机质含量关系密切,是寻找富 Cu 矿体(石)的重要标志。

(5)矿物分带标志:盆地内砂岩型铜矿在水平和垂向上均具有明显的金属矿物分带现象。水平上表现为赤铁矿-辉铜矿-斑铜矿-黄铜矿-黄铁矿的分带特征,砂岩铜矿体主要位于赤铁矿带和黄铁矿带之间,其中辉铜矿带中矿石 Cu 品位最高,斑铜矿带、黄铜矿带次之。垂向上由于受地层剖面结构的岩石韵律性及矿体分枝现象影响,导致金属矿物分带形式较为复杂,常具多个正向或逆向分带旋回叠加。实践证明,根据矿物分带特征,可以指导找矿,评价矿化强度等,因此,金属矿物分带作为研究区内砂岩型铜矿重要找矿标志之一。

(三)地球化学找矿标志

1.区域地球化学标志

(1)成矿元素 Cu 的 1∶20 万水系沉积物地球化学异常区(带)是最为明显的找矿预测区,楚雄盆地砂岩铜矿化集中区一般具有较高的 Cu、Ag(Mo、Hg、As、Sb)元素组合异常,作为主要的成矿指示元素组合。

(2)规格化面金属量(NAP 值)在判别矿床或矿田的主成矿元素和伴生元素具有显著效果,因此可以利用规格化面金属量这一参数确定预测区的矿种类型。

(3)以典型矿床(六苴铜矿)Cu、Ag、Mo、Hg、Sb 为标型元素绘制六苴铜矿相似度图,可以较好地反映砂岩型铜矿化信息。因此,通过对比相似程度高低对区域异常进行筛选,能进一步判定是否为有望的矿化异常,并确定其矿化类型和矿化强弱。

(4)元素的衬值异常能较好地凸显并识别与矿化相关的弱小异常,Cu、Ag、Mo、Hg、As、Sb 组合元素衬值异常,对预测区的优选与评价具有很好的约束作用,选择元素组合多、套合程度较高的未知区作为预测区,这样可以大大提高预测区圈定的可信度。

(5)利用楚雄盆地内砂岩铜矿的主成矿及主要伴生元素 Cu、Ag 制作 Cu+Ag 标准化累加综合异常图,可以更好地凸显及识别与砂岩型铜矿化相关的信息。

2.原生地球化学找矿标志

(1)指示元素组合:通过钻孔剖面中各元素含量与矿体位置的对应变化关系,Cu、Ag、As、Sb、Hg 在矿体位置变化显著且含量较高,确定 Cu、Ag、As、Sb、Hg 等元素作为成矿的指示元素与 1∶20 万水系沉积物地球化学异常元素组合基本一致;Pb、Zn、Co、Ni、V 元素在围岩内变化程度高且含量较高,确定 Pb、Zn、Co、Ni、V 为围岩指示元素组合。

(2)元素分带特征:根据元素勘探线地球化学剖面图分析,典型矿床(六苴铜矿)指示元素从上到下,总体表现为 Ni、V(Co)-Cu、Ag、As、Sb、Hg-Pb(Zn)、V(Ni)的垂向分带特征;据原生晕元素横向分布特征及原生晕平面地球化学图,从西到东六苴铜矿指示元素具 Sb、Hg-V-Cu、As、Sb-Ag、Co、Ni-Pb、Zn 的水平分带特征。其中 Cu、Ag、Pb 水平分带明显,Cu 元素异常靠近紫色层,Pb 元素异常靠近浅色层一侧，Ag元素介于二者之间，从西到东表现为Cu-Ag-Pb的水平分带，且元素异常强度和范围逐个降低，根据Cu、Ag、Pb元素距矿体远近含量变化特征，预测铜矿体赋存部位。

(3)元素比值：通过元素组合以及元素比值特征反映成矿物质的富集程度。出现Cu-Ag-As-Sb-Hg组合异常，Cu/Ag>315、Cu/(Pb+Zn)>320、Cu/(As+Sb+Hg)为1 000~5 800时，矿体较富，品位稳定；出现Pb-Zn-Co-(Ni)组合异常，Cu/Ag<105、Cu/(Pb+Zn)<7、Cu/(As+Sb+Hg)<36时则无矿。

五、预测区圈定准则及成矿远景区的圈定

(一)预测区圈定准则及可信度分级

成矿有利的地质条件

(1)上白垩统马头山组、下白垩统高峰寺组、普昌河组是研究区内主要的赋矿层位；上白垩统江底河组以及侏罗系蛇甸组、妥甸组是次要的含矿层位；背斜倾末端、构造转折端与断裂的交切复合部位是成矿有利部位。

(2)已发现铜或铜多金属矿点(矿化点)。

(3)六苴铜矿相似度地球化学图上有异常显示(累频≥95%)。

(4)Cu-Ag相关系数加权累加综合地球化学图有异常显示。

(5)Cu、Ag、Mo、Hg、As、Sb元素至少三个元素有衬值异常。

(6)Cu、Ag、Mo、Hg、As、Sb至少四个元素有衬值异常。

(7)Cu元素衬值≥1.1(累频80%)。

将预测区分为三个可信度等级，其中A级预测区满足1、2、3、4、5、7六个条件，B级预测区满足1、3、4、5、7五个条件；C级预测区满足1、3、6、7四个条件，可信度级别A>B>C。

(二)成矿远景区的圈定及预测资源量

根据以上七条成矿远景区的圈定准则，利用GIS技术，对楚雄盆地陆相砂岩型铜矿进行成矿预测，首先将相似系数以及各成矿及伴生元素的衬值数据列于Excel中，然后通过样点检索方法将符合圈定准则的样点筛选出来，将筛选出的样点投点到Magis中，最后结合地质图、矿产图以及Cu-Ag综合异常图，最终圈定成矿远景区。在研究区楚雄盆地内共圈定28个成矿远景区，其中A级预测区6个，B级预测区19个，C级预测区3个(图5-82)。从楚雄盆地陆相砂岩型铜矿预测成果图(图5-82)中可以看出，圈定的28个预测区，预测潜在资源量$235.5×10^4$t(表5-47)。在空间上大致可以分为两个区块：第一块(Ⅰ)是位于楚雄盆地的中部，出露地层以白垩纪地层为主，是楚雄盆地内砂岩型铜矿的主要赋矿层位，也是研究区内砂岩型铜矿的主要富集区。而该区块内圈定的预测区又可以大致划分为东西两带，其中东带(Ⅰ-2)与"牟定斜坡"矿化集中区范围基本一致，该区带成矿地质条件最为有利，是最重要的成矿远景区带。在该带内共圈定预测8个，其中4个为A级预测区，预测区主要分布于各已知矿田(区)之间，预测区Cu-Ag综合异常面积较大，且相对独立，预测资源量共$65.1×10^4$t。西带(Ⅰ-1)发现的已知砂岩型铜矿床较少，主要为一些铜矿点或矿化点，该区带内圈定的预测区12个，主要为B级预测区(8个)和3个为C级预测区(无Cu-Ag综合异常，但主成矿及主要伴生元素的衬值异常套合较好，且成矿地质条件有利)，预测区异常强度及异常面积相对Ⅰ-2区小，预测潜在资源共$31.8×10^4$t。第二块(Ⅱ)主要分布于盆地南部，区内出露以白垩纪地层为主，是楚雄盆地砂岩型铜矿的次要赋矿层位，区内仅发现一些砂岩型铜矿化点及铜多金属矿床(点)，相对于第一块，区内预测区异常强度高，面积大，且异常元素组合多，并出现较强Pb、Zn异常。共圈定6个预测区，预测潜在资源量共$138.6×10^4$t。

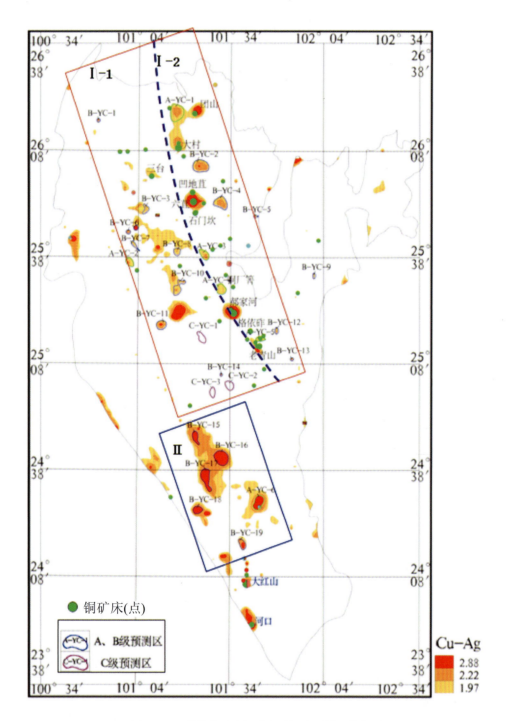

图 5-82 楚雄盆地陆相砂岩型铜矿预测区分布图

表 5-47 楚雄盆地陆相砂岩型铜矿地球化学异常特征及定量预测成果表

预测区编号	Cu-Ag异常规模	Cu-Ag面金属量	相似系数	衬值元素组合(90%) Cu(1.1)-Ag(1.31)-Mo(1.56)-As(1.51)-Sb(1.45)-Hg(1.49)	资源量 (×10⁴t)
六苴铜矿	318.78	148.13	1.00	Cu(24.6)-Ag(18.5)-Mo(5.7)-Hg(1.7)-As(3.3)	52.0
A-YC-1	117.57	20.63	0.56	Cu(1.7)-Ag(3.5)-Mo(1.6)-Sb(4.2)-Hg(3.2)	12.02
A-YC-2	31.29	3.65	0.57	Cu(1.3)-Ag(2.2)-Mo(2.4)-As(1.6)-Hg(2.2)	2.81
A-YC-3	65.79	28.83	0.67	Cu(1.2)-Ag(1.6)-Mo(1.6)-As(1.6)-Sb(1.6)	10.37
A-YC-4	55.63	13.45	0.54	Cu(1.4)-Ag(1.5)-Mo(2.1)-Sb(2.5)	6.46
A-YC-5	26.22	8.59	0.55	Cu(2.3)-Ag(1.5)-As(1.5)	3.52
A-YC-6	170.95	108.45	0.71	Cu(3.4)-Ag(6.7)-Mo(1.6)-As(2.4)-Sb(10.5)-Hg(2.1)	34.00
B-YC-1	8.06	3.43	0.61	Cu(2.1)-Ag(2.8)-Mo(2.3)-As(2.6)-Hg(2.4)	1.25
B-YC-2	131.56	42.95	0.59	Cu(3.3)-Ag(1.6)-As(5.1)	17.63
B-YC-3	22.51	3.75	0.59	Cu(1.3)-Ag(2.2)-Mo(1.9)-As(1.7)-Sb(1.9)-Hg(3.6)	2.26
B-YC-4	94.58	28.51	0.63	Cu(2.2)-Ag(1.5)-Mo(4.8)-As(1.8)-Hg(1.8)	12.18
B-YC-5	5.59	1.39	0.48	Cu(1.7)-Ag(1.9)-Sb(14.2)	0.66
B-YC-6	33.58	17.85	0.62	Cu(1.7)-Ag(1.9)-Mo(2.9)-Hg(2.7)	5.95
B-YC-7	13.22	1.16	0.54	Cu(1.1)-Mo(2.0)-As(1.8)-Sb(1.5)	1.11
B-YC-8	28.04	7.51	0.57	Cu(1.3)-Ag(1.7)-Mo(2.2)-As(2.2)-Sb(2.0)	3.41
B-YC-9	7.01	0.87	0.55	Cu(1.7)-Ag(1.4)-Mo(2.2)-As(2.2)	0.64
B-YC-10	59.57	13.65	0.57	Cu(1.7)-Ag(1.5)-Mo(1.6)-As(1.8)-Sb(1.6)	6.76
B-YC-11	73.70	35.32	0.67	Cu(4.9)-Mo(2.1)-As(3.4)	12.25
B-YC-12	13.42	4.84	0.53	Cu(1.7)-Ag(2.4)-Mo(3.6)-As(1.8)-Sb(3.4)	1.89
B-YC-13	6.64	2.70	0.58	Cu(2.1)-Ag(2.9)-Mo(1.8)-Sb(1.8)	1.00
B-YC-14	7.40	4.31	0.67	Cu(4.5)-Ag(1.9)-Sb(1.6)-Hg(6.3)	1.39
B-YC-15	55.74	25.62	0.64	Cu(1.7)-Ag(2.7)-Mo(2.3)-As(2.1)-Sb(3.5)-Hg(2.2)	9.03
B-YC-16	211.67	123.24	0.62	Cu(5.5)-Ag(6.6)-As(5.1)-Sb(9.0)-Hg(31.3)	39.77
B-YC-17	163.83	91.50	0.72	Cu(1.4)-Ag(1.8)-Mo(3.3)-As(6.4)-Sb(2.4)-Hg(1.5)	29.96
B-YC-18	83.50	52.17	0.71	Cu(1.3)-Ag(2.2)-Mo(1.9)-As(1.7)-Sb(1.9)-Hg(3.6)	16.44
B-YC-19	56.50	27.07	0.53	Cu(12.5)-Ag(4.9)-As(3.8)-Sb(12.8)-Hg(1.9)	9.39
Ⅰ-2					65.1
Ⅰ-1					31.8
Ⅱ					138.6
总计					235.5

第六章 中国铜矿资源潜力预测成果

中国铜矿资源在本世纪分别进行了两次定量评价,第一次是2001年运用地球化学块体法把全国分东部和中西部两个地区分别进行了研究区内Cu等重要矿种的资源潜力评价,第二次是采用美国"三部式"矿产资源评价方法于2010年完成的中国斑岩型和砂岩型铜矿的资源潜力评价。本次汇编是依托全国矿产资源潜力评价项目的子课题"矿产资源地球化学模型建立与定量预测研究"进行的,汇编资料来源有三:一是各省(市、自治区)完成的铜地球化学定量预测成果;二是本项目组在长江中下游成矿带、西藏冈底斯成矿带及藏东"三江"成矿带铜地球化学定量预测研究成果;三是项目组与云南、湖南、江西、海南四省合作完成的铜地球化学定量预测成果。汇编分别从已知铜矿床(参与资源量估算的典型矿床)和铜矿预测区两个方面进行,均以数量、资源量、规模及矿床类型等指标的空间分布特征进行剖析,考虑到预测结果直接为行政决策部门制定矿产资源规划和专业技术人员部署矿产勘查方向双重服务的特点,每个指标又从Ⅲ级成矿区带和行政区划两个单元进行统计分析。最后对铜矿床和预测区的数量和资源量等信息用一张全国铜矿资源潜力预测图的形式来表示,另外还讨论了预测区圈定和资源量计算结果的可信程度及预测成果的时空分布特征。

第一节 汇编原则和基本思路

我国铜矿资源潜力预测成果的汇编原则概括为"分单元、分层次,主次分明、精细解剖",分单元是指分Ⅲ级成矿区带和行政区划分别统计,分层次是指在两个单元内分层统计,即分Ⅲ级成矿带→Ⅱ级成矿省→Ⅰ级成矿域三个层次以及省级行政→大区→全国三个层次,其中以Ⅲ级成矿带和省级行政区作为基本统计单元。汇编的对象是铜矿床(参与资源量估算的典型矿床)和铜预测区,统计指标主要是数量、资源储量(资源量)、矿床(预测)规模、预测区级别及预测矿床类型等。主次分明和精细解剖是指区分Ⅲ级成矿带单元内和省级单元的铜矿资源潜力的大小,尤其是对作为优势矿产的Ⅲ级成矿带内和铜矿大省的预测区个数、级别、资源量、规模和预测矿床类型等指标进行重点剖析。

按照上述汇编原则,汇编的基本思路为:先对省级提交的铜矿床和预测区资料进行系统整理,对不完整、错误和重复的数据进行清理,统一各个字段的单位和录入格式,逐一检查和核实坐标、资源储量等重要字段。然后以90个Ⅲ级成矿带(不含渤海、黄海、东海和南海4个Ⅲ级成矿带)和32个省级行政区(不含香港和澳门特别行政区)为统计单元分别统计其铜矿床个数、资源储量及铜预测区的个数、预测资源量和预测矿床类型。接着在更高一级成矿区带单元内(16个Ⅱ级成矿省和4个Ⅰ级成矿域)和更高一级行政单元(6个大区和全国)进一步汇总已知铜矿床的个数和资源量及预测区个数、预测资源量和预测矿床类型。

本次汇编以全国矿产资源评价规定的成矿区带分区代码为准,考虑到统计图件承载信息量的大小,暂不细分至Ⅲ级成矿亚带,而统一以Ⅲ级成矿带为基本统计单元,并对90个Ⅲ级成矿带分成东、西部两个区域分别统计,各包含45个Ⅲ级成矿带,其中分布有铜预测区的Ⅲ级成矿带是东西部各40个;而对Ⅱ级成矿省中的扬子成矿省则区分了上、下扬子成矿亚省(对应编号分别为Ⅱ-15B、Ⅱ-15A),各个成矿区带单元之间的相互关系见图6-1和表6-1。

6个大区包含的省级行政区分别为:黑龙江、吉林、辽宁3个省为东北片区,河北、河南、内蒙古、山东、山西、北京、天津7个省(自治区、直辖市)为华北片区,福建、江苏、江西、浙江、安徽、上海、台湾7个省(直辖市)为华东片区,广东、广西、湖北、湖南、海南5个省(自治区)为中南片区,云南、西藏、贵州、四川、重庆等5个省(自治区、直辖市)为西南片区,甘肃、宁夏、青海、陕西、新疆5个省(自治区)为西北片区。

基于以上基本思路,本次汇编的铜矿床总共180个,涉及斑岩型、矽卡岩型、海相火山岩型、铜镍硫化物型、热液型、海相杂色岩系型、海相黑色岩系型、陆相杂色岩系型和陆相火山岩型9类,铜矿床规模统一分为5级,分别为超大型($\geqslant 250\times 10^4$ t)、大型($50\times 10^4 \sim 250\times 10^4$ t)、中型($10\times 10^4 \sim 50\times 10^4$ t)、小型($1\times 10^4 \sim 10\times 10^4$ t)和矿点($<1\times 10^4$ t)等;参与统计的铜预测区总计1184个,统一划分为A、B、C三级,且其预测规模划分与铜矿床规模划分一致。

表6-1 成矿域、成矿省和Ⅲ级成矿带之间的相互关系

Ⅰ级成矿域(编号)	Ⅱ级成矿省(编号)		Ⅲ级成矿带(编号)
古亚洲成矿域(Ⅰ-1)	阿尔泰成矿省(Ⅱ-1)		Ⅲ-1、Ⅲ-2
	准噶尔成矿省(Ⅱ-2)		Ⅲ-3～Ⅲ-8
	伊犁成矿省(Ⅱ-3)		Ⅲ-9～Ⅲ-11
	塔里木成矿省(Ⅱ-4)		Ⅲ-12～Ⅲ-17
	华北成矿省(Ⅱ-14)		Ⅲ-18
秦祁昆成矿域(Ⅰ-2)	阿尔金-祁连成矿省(Ⅱ-5)		Ⅲ-19～Ⅲ-23
	昆仑成矿省(Ⅱ-6)		Ⅲ-24～Ⅲ-27
	秦岭-大别成矿省(Ⅱ-7)		Ⅲ-28
特提斯成矿域(Ⅰ-3)	巴颜喀拉-松潘成矿省(Ⅱ-8)		Ⅲ-29～Ⅲ-31
	喀喇昆仑-三江成矿省(Ⅱ-9)		Ⅲ-32～Ⅲ-39
	冈底斯-腾冲成矿省(Ⅱ-10)		Ⅲ-40～Ⅲ-43
	喜马拉雅成矿省(Ⅱ-11)		Ⅲ-44、Ⅲ-45
滨太平洋成矿域(Ⅰ-4)	大兴安岭成矿省(Ⅱ-12)		Ⅲ-46～Ⅲ-50
	吉黑成矿省(Ⅱ-13)		Ⅲ-51～Ⅲ-55
	华北成矿省(Ⅱ-14)		Ⅲ-56～Ⅲ-65
	秦岭-大别成矿省(Ⅱ-7)		Ⅲ-66、Ⅲ-67
	扬子成矿省(Ⅱ-15)	下扬子成矿亚省(Ⅱ-15A)	Ⅲ-68～Ⅲ-72
		上扬子成矿亚省(Ⅱ-15B)	Ⅲ-73～Ⅲ-78
	华南成矿省(Ⅱ-16)		Ⅲ-79～Ⅲ-90

表6-1中阴影部分为西部45个Ⅲ级成矿带,其余为东部45个Ⅲ级成矿带。其中,铜资源量定量预测工作涉及的57个Ⅲ级成矿带对应的全称如下:

西部23个Ⅲ级成矿带:Ⅲ-1.北阿尔泰稀有Pb-Zn-Au-白云母-宝石成矿带;Ⅲ-2.南阿尔泰Cu-Pb-Zn-Fe-Au-稀有-白云母-宝石成矿带;Ⅲ-4.唐巴勒-卡拉麦里Cr-Cu-Au-Sn-硫铁矿-石墨-石棉-水晶成矿带;Ⅲ-8.觉罗塔格-黑鹰山Fe-Cu-Ni-Au-Ag-Mo-W-石膏-硅灰石-膨润土-煤成矿带;Ⅲ-9.伊犁微板块北东缘(造山带)Au-Cu-Mo-Pb-Zn-Fe-W-Sn-P-石墨成矿带;Ⅲ-10.伊犁(地块)Fe-Mn-Cu-Pb-Zn-Au成矿带;Ⅲ-11.伊犁微板块南缘(造山带)Cu-Ni-Au-Fe-Mn-Pb-Zn-白云母成矿带;Ⅲ-12.塔里木板块北缘Fe-Ti-Mn-Cu-Mo-Pb-Zn-Sn-Au-Sb-白云母-菱镁矿-铝土矿-石墨-硅灰石-红柱石成矿带;Ⅲ-13.塔里木陆块北缘(隆起)Cu-Ni-Au-Fe-Ti-V-Pb-Zn-RM-REE-蛭石成矿带;Ⅲ-14.磁海-公婆泉Fe-Cu-Au-Pb-Zn-Mn-W-Sn-Rb-V-U-P成矿带;Ⅲ-18.阿拉善(隆起)Cu-Ni-Pt-Fe-REE-P-石墨-芒硝-盐类成矿带;Ⅲ-20.河西走廊Fe-Mn-萤石-盐类-凹凸棒石-石油成矿带;Ⅲ-21.北祁连Cu-Pb-Zn-Fe-Cr-Au-Ag-硫铁矿-石棉成矿带;Ⅲ-26.东昆仑Fe-Pb-Zn-Cu-Co-Au-W-Sn-石棉成矿带;Ⅲ-27.西昆仑Fe-Cu-Pb-Zn-

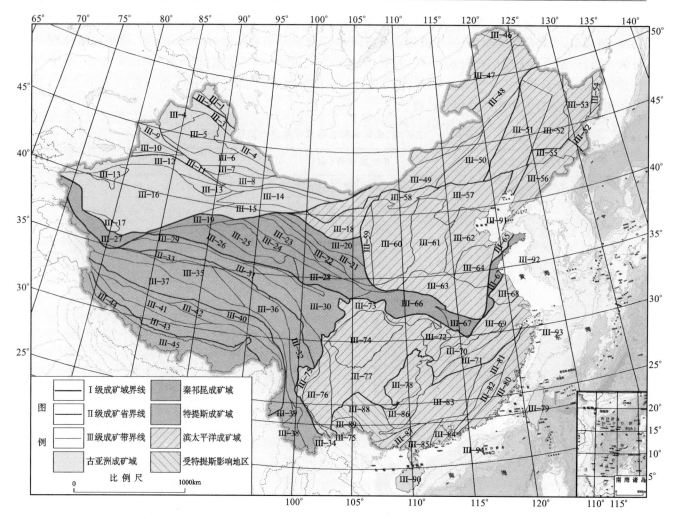

图 6-1 中国Ⅲ级成矿区带划分方案

RM-REE-硫铁矿-水晶-白云母-宝玉石成矿带；Ⅲ-28.西秦岭 Pb-Zn-Cu(Fe)-Au-Hg-Sb 成矿带；Ⅲ-29.阿尼玛卿 Cu-Co-Zn-Au-Ag 成矿带；Ⅲ-32.义敦-香格里拉(造山带,弧盆系)Au-Ag-Pb-Zn-Cu-Sn-Hg-Sb-W-Be 成矿带；Ⅲ-36.昌都-普洱(地块/造山带)Cu-Pb-Zn-Ag-Au-Fe-Hg-Sb-石膏-菱镁矿-盐类成矿带；Ⅲ-38.昌宁-澜沧(造山带)Fe-Cu-Pb-Zn-Ag-Sn 成矿带；Ⅲ-39.保山(地块)Pb-Zn-Sn-Hg-Fe-Cu-Au 成矿带；Ⅲ-42.班戈-腾冲(岩浆弧)Sn-W-Be-Li-Fe-Pb-Zn 成矿带；Ⅲ-43.拉萨地块(冈底斯岩浆弧)Cu-Au-Mo-Fe-Sb-Pb-Zn 成矿带。

东部 34 个Ⅲ级成矿带：Ⅲ-47.新巴尔虎右旗-根河(拉张区)Cu-Mo-Pb-Zn-Ag-Au-萤石-煤(铀)成矿带；Ⅲ-48.东乌珠穆沁旗-嫩江(中强挤压区)Cu-Mo-Pb-Zn-W-Sn-Cr 成矿带；Ⅲ-49.白乃庙-锡林浩特 Fe-Cu-Mo-Pb-Zn-Mn-Cr(Au)-Ge-煤-天然碱-芒硝成矿带；Ⅲ-50.突泉-翁牛特 Pb-Zn-Ag-Cu-Fe-Sn-REE 成矿带；Ⅲ-51.松辽盆地石油-天然气-U 成矿区；Ⅲ-52.小兴安岭-张广才岭(造山带)Fe-Pb-Zn-Cu-Mo-W 成矿带；Ⅲ-56.辽东(隆起)Fe-Cu-Pb-Zn-Au-U-B-菱镁矿-滑石-石墨-金刚石成矿带；Ⅲ-57.华北陆块北缘东段 Fe-Cu-Mo-Pb-Zn-Ag-Mn-U-磷-煤-膨润土成矿带；Ⅲ-58.华北陆块北缘西段 Au-Fe-Nb-REE-Cu-Pb-Zn-Ag-Ni-Pt-W-石墨-白云母成矿带；Ⅲ-59.鄂尔多斯西缘(陆缘坳褶带)Fe-Pb-Zn-磷-石膏-芒硝成矿带；Ⅲ-61.山西(断隆)Fe-铝土矿-石膏-煤-煤层气成矿带；Ⅲ-63.华北陆块南缘 Fe-Cu-Au-Mo-W-Pb-Zn-铝土矿-硫铁矿-萤石-煤成矿带；Ⅲ-64.鲁西(断隆,含淮北)Fe-Cu-Au-铝土矿-煤-金刚石成矿区；Ⅲ-65.胶东(次级隆起)Au-Fe-Mo-菱镁矿-滑石-石墨成矿带；Ⅲ-66.东秦岭 Au-Ag-Mo-Cu-Pb-Zn-Sb-非金属成矿带；Ⅲ-67.桐柏-大别-苏鲁(造山带)Au-Ag-Fe-Cu-Zn-Mo-金红石-萤石-珍珠岩成矿带；Ⅲ

-69.长江中下游 Cu-Au-Fe-Pb-Zn(Sr-W-Mo-Sb)-硫铁矿-石膏成矿带;Ⅲ-70.江南隆起东段 Au-Ag-Pb-Zn-W-Mn-V-萤石成矿带;Ⅲ-71.武功山-杭州湾 Cu-Pb-Zn-Ag-Au-W-Sn-Nb-Ta-Mn-海泡石-萤石-硅灰石成矿带;Ⅲ-73.龙门山-大巴山(陆缘坳陷)Fe-Cu-Pb-Zn-Mn-V-P-S-重晶石-铝土矿成矿带;Ⅲ-75.盐源-丽江-金平(陆缘坳陷和逆冲推覆带)Au-Cu-Mo-Mn-Ni-Fe-Pb-S 成矿带;Ⅲ-76.康滇隆起 Fe-Cu-V-Ti-Sn-Ni-REE-Au-蓝石棉-盐类成矿带;Ⅲ-77.上扬子中东部(坳褶带)Pb-Zn-Cu-Ag-Fe-Mn-Hg-Sb-磷-铝土矿-硫铁矿煤和煤层气成矿带;Ⅲ-78.江西隆起西段 Sn-W-Au-Sb-Fe-Mn-Cu-重晶石-滑石成矿带;Ⅲ-80.浙闽粤沿海 Pb-Zn-Cu-Au-Ag-W-Sn-Mo-Nb-Ta-叶蜡石-明矾石-萤石成矿带;Ⅲ-81.浙中-武夷山(隆起)-W-Sn-Mo-Au-Ag-Pb-Zn-Nb-Ta-U-叶蜡石-萤石成矿带;Ⅲ-82.永安-梅州-惠阳(坳陷)Fe-Pb-Zn-Cu-Au-Ag-Sb 成矿带;Ⅲ-83.南岭 W-Sn-Mo-Be-REE-Pb-Zn-Au 成矿带;Ⅲ-85.粤西-桂东南 Sn-Au-Ag-Cu-Pb-Zn-Fe-Mo-W-Nb-Ta-硫铁矿成矿带;Ⅲ-86.湘中-桂中北(坳陷)Sn-Pb-Zn-W-Fe-Cu-Sb-Hg-Mn 成矿带;Ⅲ-87.钦州(残海)Au-Cu-Mn-石膏成矿带;Ⅲ-88.桂西-黔西南-滇东南北部(右江海槽)Au-Sb-Hg-Ag-Mn-水晶-石膏成矿区;Ⅲ-89.滇东南南部 Sn-Ag-Pb-Zn-W-Sb-Hg-Mn 成矿带;Ⅲ-90.海南 Fe-Cu-Co-Au-Mo-水晶-铝土矿成矿区。

(注:以下Ⅲ级成矿带用简称表示,如Ⅲ-69.长江中下游 Cu-Au-Fe-Pb-Zn(Sr-W-Mo-Sb)-硫铁矿-石膏成矿带简称为Ⅲ-69.长江中下游成矿带)

第二节 铜矿(参与资源量估算)资源储量的统计分布特征

一、铜矿床(参与资源量估算)数量分布特征

以Ⅲ级成矿带为统计单元,分别统计东、西部Ⅲ级成矿带内的铜矿床数,其中57个铜矿床分布在西部23个Ⅲ级成矿带内,而123个铜矿床分布在东部34个Ⅲ级成矿带内。铜矿床在东、西部Ⅲ级成矿带内的个数分布见图6-2和图6-3。

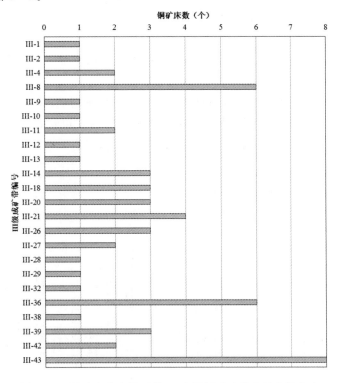

图6-2 铜矿床在中国西部23个Ⅲ级成矿带内的个数分布

Ⅲ-43.拉萨地块(冈底斯岩浆弧)成矿带;Ⅲ-8.觉罗塔格-黑鹰山成矿带;Ⅲ-36.昌都-普洱(地块/造山带)成矿带

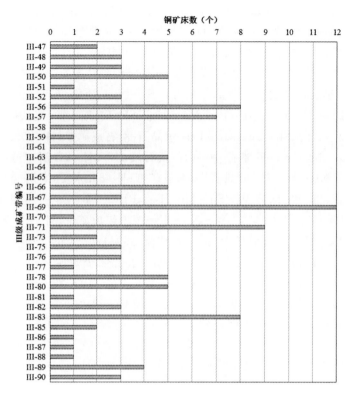

图 6-3 铜矿床在中国东部 34 个Ⅲ级成矿带内的个数分布
Ⅲ-69.长江中下游成矿带；Ⅲ-71.武功山-杭州湾成矿带

由图 6-2 获知：选取铜矿床数最多的是Ⅲ-43（拉萨地块（冈底斯岩浆弧）成矿带），高达 8 个，其次是Ⅲ-8（觉罗塔格-黑鹰山成矿带）和Ⅲ-36（昌都-普洱（地块/造山带）成矿带），均选了 6 个铜矿床，Ⅲ-43、Ⅲ-36 和Ⅲ-8 成矿带均是我国重要的富铜地带，是我国部署找矿突破战略行动规划中 3 个重点成矿区带。

由图 6-3 显示：选取铜矿床数最多的是Ⅲ-69（长江中下游成矿带），高达 12 个，其次是Ⅲ-71（武功山-杭州湾成矿带），选择了 9 个铜矿床。

铜矿床在 26 个省级行政区中的个数分布见图 6-4。图中显示铜矿床数以 6 为界，不低于和低于该值的省级行政区各有 13 个，其中选取铜矿床数最多的是内蒙古自治区和云南省，高达 20 个，其次是新疆维吾尔自治区选择了 19 个铜矿床，而选取铜矿床最少的是贵州省，仅为 2 个。

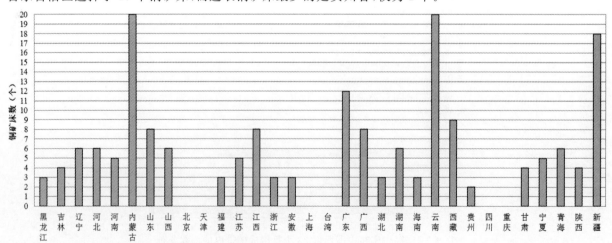

图 6-4 铜矿床在中国 26 个省级行政区中的个数分布（上海、北京、天津、台湾等为零，缺四川、重庆）

二、铜矿床资源储量分布特征

以Ⅲ级成矿带为统计单元:分别统计东、西部Ⅲ级成矿带内的铜矿床资源储量,其中西部23个Ⅲ级成矿带内的铜矿床资源储量为5 975.34×10⁴t,而东部34个Ⅲ级成矿带内的铜矿床资源储量为3 825.18×10⁴t,西部地区的铜矿床资源储量远高于东部地区,这与铜矿床数目在东、西部地区的分布正好相反。铜矿床资源储量在东、西部地区的帕累托图和累计频率图见图6-5和图6-6。

由图6-5可知:在西部地区有15个Ⅲ级成矿带内的铜矿床资源储量不足100×10⁴t,占23个Ⅲ级成矿带总数的累计频率为65.22%,资源储量仅占整个西部地区总资源储量的4.09%。

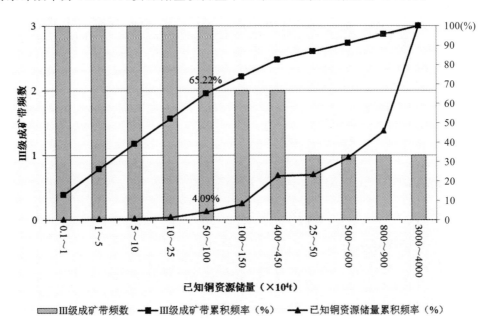

图6-5 铜矿床资源储量在西部23个Ⅲ级成矿带内的帕累托图和累计频率图

由图6-6获知:在东部地区资源储量为中型规模(10~50)×10⁴t的Ⅲ级成矿带有15个,占34个Ⅲ级成矿带总数的累计频率为44.12%,资源储量仅占整个东部地区总资源储量的9.20%。

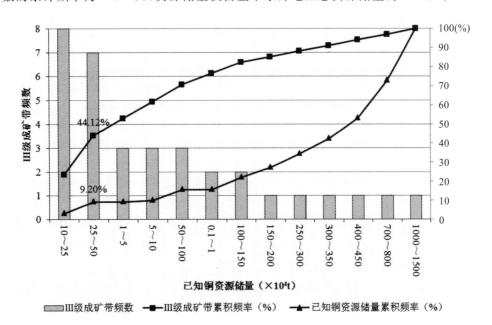

图6-6 铜矿床资源储量在东部34个Ⅲ级成矿带内的帕累托图和累计频率图

铜矿床在东、西部Ⅲ级成矿带内的资源储量分布见图6-7和图6-8。

图6-7中有5个Ⅲ级成矿带内的铜矿床资源储量超过了$300×10^4$t,铜矿床资源储量分布最多的是Ⅲ-43(拉萨地块(冈底斯岩浆弧)成矿带),高达$3258.00×10^4$t,其次是Ⅲ-36(昌都-普洱(地块/造山带)成矿带)、Ⅲ-8(觉罗塔格-黑鹰山成矿带)、Ⅲ-32(义敦-香格里拉(造山带,弧盆系)成矿带)和Ⅲ-18(阿拉善(隆起)成矿带),这5个Ⅲ级成矿带内均发育有超大型铜矿床,如Ⅲ-43内的驱龙、甲玛铜多金属矿床、冲江-厅宫-白容铜矿床和洞嘎-雄村铜金矿床,Ⅲ-36内的玉龙铜矿床,Ⅲ-8内的土屋-延东铜矿床,Ⅲ-32内的普朗铜矿床,Ⅲ-18内的金川铜镍矿床。

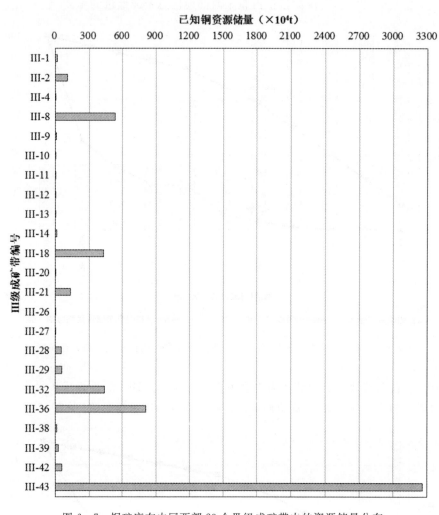

图6-7 铜矿床在中国西部23个Ⅲ级成矿带内的资源储量分布

Ⅲ-43.拉萨地块(冈底斯岩浆弧)成矿带;Ⅲ-36.昌都-普洱(地块/造山带)成矿带;Ⅲ-8.觉罗塔格-黑鹰山成矿带;Ⅲ-32.义敦-香格里拉(造山带,弧盆系)成矿带;Ⅲ-18.阿拉善(隆起)成矿带

由图6-8获知:有4个Ⅲ级成矿带内的铜矿床资源储量超过了$300×10^4$t,铜矿床资源储量分布最多的是Ⅲ-71(武功山-杭州湾成矿带),高达$1047.74×10^4$t,其次是Ⅲ-69(长江中下游成矿带)、Ⅲ-63(华北陆块南缘成矿带)、Ⅲ-48(东乌珠穆沁旗-嫩江(中强挤压区)成矿带),这4个Ⅲ级成矿带内有超大型铜矿床或多个大型铜矿床产出,如Ⅲ-71内的德兴铜矿床,Ⅲ-69内的铜绿山、城门山、武山、狮子山等铜矿床,Ⅲ-63内的铜矿峪铜矿床,Ⅲ-48内的多宝山铜矿床。

铜矿床资源储量在32个省级行政区中的分布见图6-9。图中有10个省级行政区的铜矿床资源储量超过了$200×10^4$t,按铜矿资源储量吨位的大小排序,前5名的省级行政区依次为:西藏自治区、江西省、云南省、新疆维吾尔自治区、甘肃省。铜矿资源储量不足$10×10^4$t的省级行政区有贵州省、宁夏回族自治区和海南省。

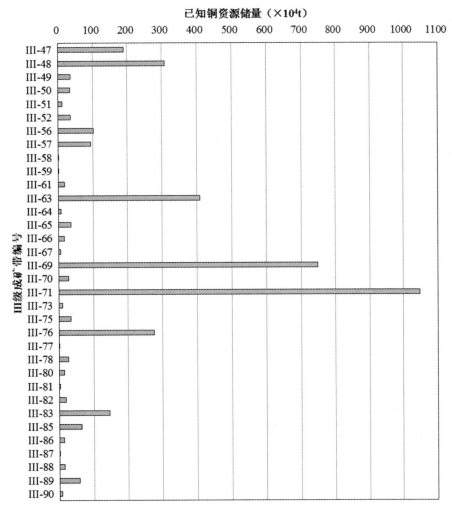

图 6-8 铜矿床在中国东部 34 个 Ⅲ 级成矿带内的资源储量分布

Ⅲ-71.武功山-杭州湾成矿带；Ⅲ-69.长江中下游成矿带；Ⅲ-63.华北陆块南缘成矿带；
Ⅲ-48.东乌珠穆沁旗-嫩江(中强挤压区)成矿带

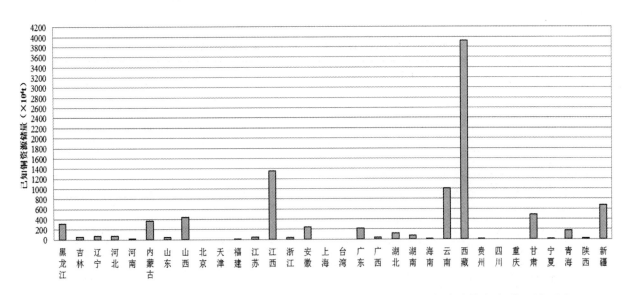

图 6-9 铜矿床在中国 32 个省级行政区中的资源储量分布(上海、北京、天津、台湾等为零，缺四川、重庆)

三、矿床规模分布特征

从矿床规模的角度分别统计铜矿床的个数和资源储量,见表6-2和图6-10,铜矿床个数和资源储量在超大型、大型、中型、小型和矿点5类矿床规模中的分布呈此消彼长的关系,即尽管超大型铜矿床个数仅为11个,其资源储量却贡献了整个总资源储量的绝大部分,而小型铜矿床和铜矿点即使数量之和高达102个,但其资源储量之总和不足 $300×10^4$ t。

表6-2 铜矿床在不同规模中的个数和资源储量分布

矿床规模	铜矿床个数	铜矿床资源储量($×10^4$t)
超大型	11	6 400.42
大 型	22	2 200.45
中 型	45	929.04
小 型	66	255.35
矿 点	36	15.27
总 计	180	9 800.52

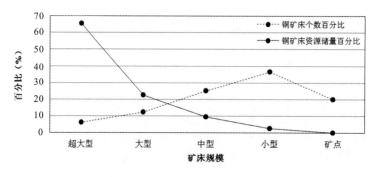

图6-10 铜矿床个数和资源储量在不同矿床规模中的百分比

四、矿床类型分布特征

沿用赵一鸣等(2006)对铜矿床类型的划分方案,本次统计180个铜矿床在9类矿床类型中的个数和资源储量分布(表6-3)。

表6-3 9类铜矿床类型的个数和资源储量分布特征

矿床类型	铜矿床个数（个）	已知铜资源储量($×10^4$t)		
		总 数	平均值	最大值
陆相火山岩型	10	30.67	3.07	9.26
陆相杂色岩系型	5	66.35	13.27	39.09
海相黑色岩系型	5	156.09	31.22	74.23
海相杂色岩系型	1	157.49	157.49	157.49
热液型	41	170.07	4.15	37.60
铜镍硫化物型	9	389.19	43.24	353.74
海相火山岩型	29	641.79	22.13	114.35
矽卡岩型	42	1 383.46	32.94	339.00
斑岩型	38	6 805.41	179.09	1 500.00
总 计	180	9 800.52	—	—

由表 6-3 可知：斑岩型、矽卡岩型、海相火山岩型（与绿岩和细碧角斑岩有关）和铜镍硫化物 4 类占我国铜矿床数量和资源储量的绝大部分，尤其是斑岩型铜矿床，不仅总数最多，而且平均资源储量和单个矿床最大资源储量均为第一。需要指出的是，由于本次福建省预测时未把紫金山陆相火山岩型铜矿床作为典型矿床，导致其资源储量偏低。

第三节　预测铜矿资源潜力的统计分布特征

一、预测区数量分布特征

以Ⅲ级成矿带为统计单元，分别统计东、西部各 40 个Ⅲ级成矿带内的铜预测区，其中 458 个铜预测区分布在西部 40 个Ⅲ级成矿带内，而 726 个铜预测区则分布在东部 40 个Ⅲ级成矿带内。

图 6-11 中有 5 个Ⅲ级成矿带内圈定的铜预测区不低于 30 个，圈定铜预测区个数最多的是Ⅲ-36（昌都-普洱（地块/造山带）成矿带），高达 64 个，其次是Ⅲ-42（班戈-腾冲（岩浆弧）成矿带）、Ⅲ-43（拉萨地块（冈底斯岩浆弧）成矿带）、Ⅲ-21（北祁连成矿带）、Ⅲ-26（东昆仑成矿带），分别圈定了 51 个、50 个、44 个和 30 个铜预测区，其中 A 级预测区分布最多的是Ⅲ-21，有 19 个，B 级预测区分布最多的是Ⅲ-42，达 39 个，C 级预测区分布最多的是Ⅲ-36，有 17 个。

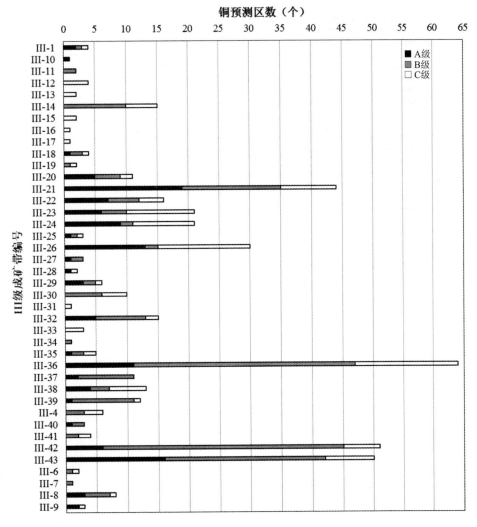

图 6-11　三个级别铜预测区（A、B、C 级）在中国西部 40 个Ⅲ级成矿带内的个数分布

Ⅲ-36.昌都-普洱（地块/造山带）成矿带；Ⅲ-42.班戈-腾冲（岩浆弧）成矿带；Ⅲ-43.拉萨地块（冈底斯岩浆弧）成矿带；Ⅲ-21.北祁连成矿带；Ⅲ-26.东昆仑成矿带

图 6-12 中有 3 个Ⅲ级成矿带内圈定的铜预测区不低于 45 个,圈定铜预测区个数最多的是Ⅲ-69(长江中下游成矿带),高达 78 个,其次是Ⅲ-66(东秦岭成矿带)、Ⅲ-71(武功山-杭州湾成矿带),分别圈定了 68 个和 61 个铜预测区,其中 A 级预测区分布最多的是Ⅲ-69,有 22 个,B 级预测区分布最多的是Ⅲ-71,达 41 个,C 级预测区分布最多的是Ⅲ-67(桐柏-大别-苏鲁成矿带),有 31 个。

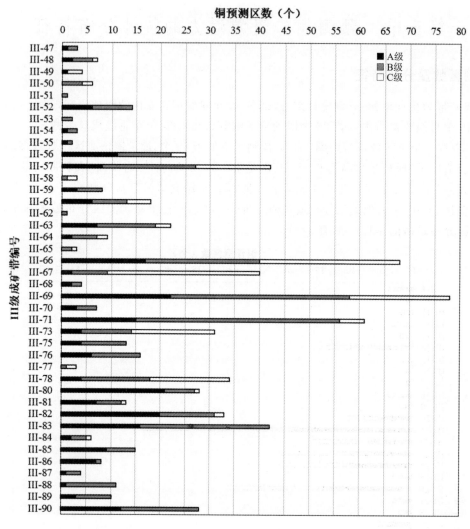

图 6-12　三个级别铜预测区(A、B、C 级)在中国东部 40 个Ⅲ级成矿带内的个数分布
Ⅲ-69.长江中下游成矿带;Ⅲ-66.东秦岭成矿带;Ⅲ-71.武功山-杭州湾成矿带;Ⅲ-67.桐柏-大别-苏鲁成矿带

对 A、B、C 级铜预测区在 28 个省级行政区中的个数分布见图 6-13。由图获知:铜预测区个数以 60 为界,高于该值的省级行政区有 6 个,铜预测区个数最多的是青海省,高达 138 个,其次是云南省、西藏自治区、陕西省、湖北省和广东省。其中 A 级铜预测区个数以 25 为界,高于该值的省级行政区依次是广东省、青海省、云南省、陕西省;B 级铜预测区个数以 30 为界,高于该值的省级行政区依次是西藏自治区、云南省、陕西省、广西壮族自治区、江西省;C 级铜预测区个数以 20 为界,高于该值的省级行政区依次是青海省、湖北省、陕西省。

二、预测资源量分布特征

以Ⅲ级成矿带为统计单元:分别统计东、西部各 40 个Ⅲ级成矿带内的预测铜资源量,其中西部 40 个Ⅲ级成矿带内的预测铜资源量为 12 744.69×10^{4}t,而东部 40 个Ⅲ级成矿带内的预测铜资源量为 5 514.20×10^{4}t,尽管东部地区铜预测区个数是西部地区的 1.59 倍,但西部地区的预测铜资源量是东部地区的 2.31 倍。预测铜资源量在东、西部地区的帕累托图和累计频率图见图 6-14 和图 6-15。

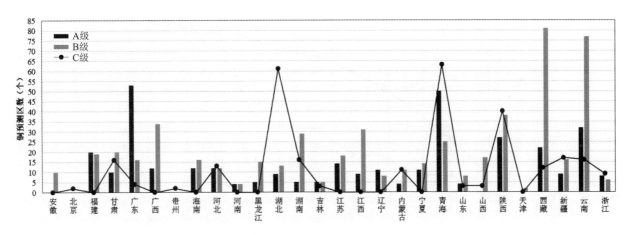

图 6-13 三个级别预测区(A 级、B 级、C 级)在 28 个省级行政区中的个数分布(缺四川、重庆、台湾)

在西部地区预测铜资源量在 $10\times10^4\sim25\times10^4$ t 和 $25\times10^4\sim50\times10^4$ t 的Ⅲ级成矿带分别有 7 个和 6 个,占 40 个Ⅲ级成矿带总数的累计频率为 32.50%,但预测铜资源量仅占整个西部地区总资源量的 2.77%(图 6-14)。

在东部地区预测铜资源量在 $25\times10^4\sim50\times10^4$ t 和 $50\times10^4\sim100\times10^4$ t 的Ⅲ级成矿带均有 7 个,占 40 个Ⅲ级成矿带总数的累计频率为 35.00%,但预测铜资源量仅占整个东部地区总资源量的 14.78%(图 6-15)。

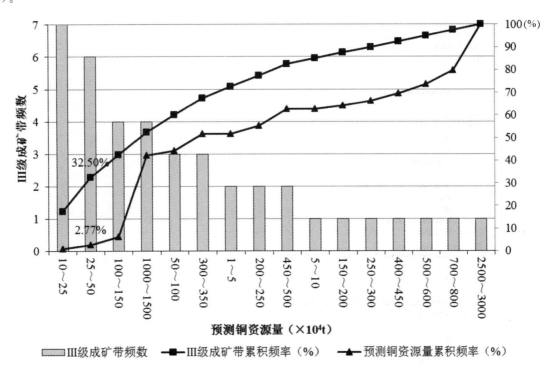

图 6-14 铜预测区资源量在西部 40 个Ⅲ级成矿带内的帕累托图和累计频率图

铜预测区在东部、西部Ⅲ级成矿带内的资源量分布见图 6-16 和图 6-17。

图 6-16 中有 5 个Ⅲ级成矿带内的预测铜资源量超过了 1000×10^4 t,预测铜资源量分布最多的是Ⅲ-43(拉萨地块(冈底斯岩浆弧)成矿带),高达 2584.28×10^4 t,其次是Ⅲ-26(东昆仑成矿带)、Ⅲ-32(义敦-香格里拉(造山带,弧盆系)成矿带)、Ⅲ-36(昌都-普洱(地块/造山带)成矿带)、Ⅲ-8(觉罗塔格-黑鹰山成矿带),其中 A 级预测区中计算的最大资源量是Ⅲ-43(拉萨地块(冈底斯岩浆弧)成矿带),B 级预测区中计算的最大资源量亦是Ⅲ-43,C 级预测区中计算的最大资源量则是Ⅲ-26(东昆仑成矿带)。

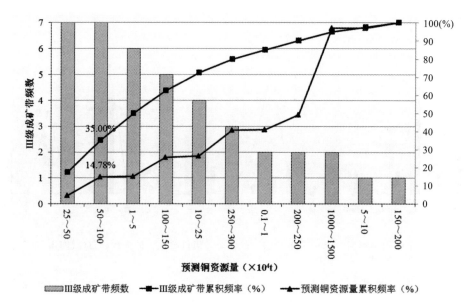

图 6-15 铜预测区资源量在东部 40 个Ⅲ级成矿带内的帕累托图和累计频率图

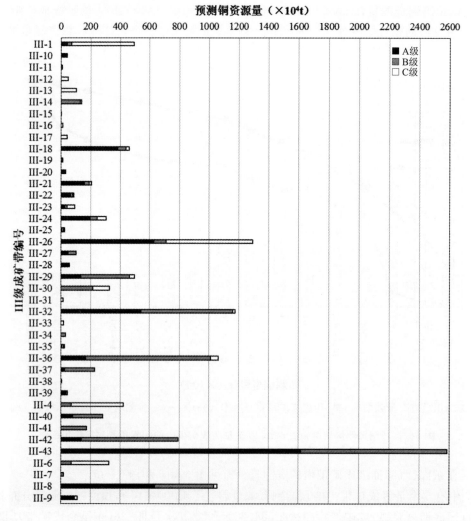

图 6-16 三个级别铜预测区（A 级、B 级、C 级）在中国西部 40 个Ⅲ级成矿带内的资源量分布

Ⅲ-43. 拉萨地块（冈底斯岩浆弧）成矿带；Ⅲ-26. 东昆仑成矿带；Ⅲ-32. 义敦-香格里拉（造山带,弧盆系）成矿带；
Ⅲ-36. 昌都-普洱（地块/造山带）成矿带；Ⅲ-8. 觉罗塔格-黑鹰山成矿带

图 6-17 中在Ⅲ-69(长江中下游成矿带)和Ⅲ-71(武功山-杭州湾成矿带)内的预测铜资源量最为显著,分别为 1 419.91×10⁴t 和 1 209.89×10⁴t,除此之外,还有 5 个Ⅲ级成矿带内的预测铜资源量超过了 200×10⁴t,依次是Ⅲ-48(东乌珠穆沁旗-嫩江(中强挤压区)成矿带)、Ⅲ-50(突泉-翁牛特成矿带)、Ⅲ-83(南岭成矿带)、Ⅲ-57(华北陆块北缘东段成矿带)、Ⅲ-58(华北陆块北缘西段成矿带),其中 A 级预测区中计算的最大资源量是Ⅲ-69(长江中下游成矿带),B 级预测区中计算的最大资源量是Ⅲ-71(武功山-杭州湾成矿带),C 级预测区中计算的最大资源量则是Ⅲ-50(突泉-翁牛特成矿带)。

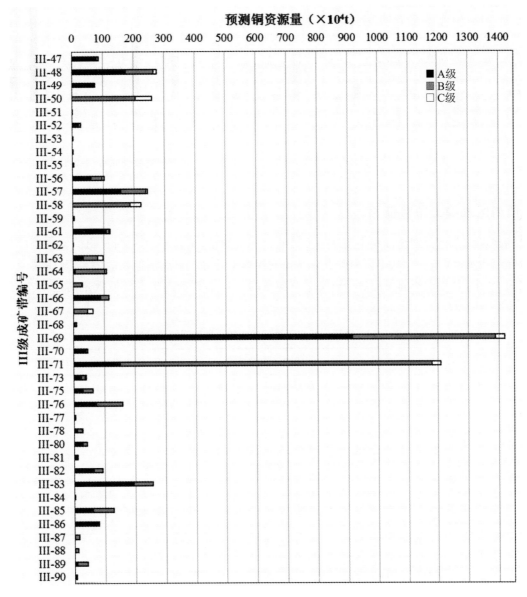

图 6-17 三个级别铜预测区(A 级、B 级、C 级)在中国东部 40 个Ⅲ级成矿带内的资源量分布
Ⅲ-69.长江中下游成矿带;Ⅲ-71.武功山-杭州湾成矿带;Ⅲ-48.东乌珠穆沁旗-嫩江(中强挤压区)成矿带;
Ⅲ-50.突泉-翁牛特成矿带;Ⅲ-83.南岭成矿带;Ⅲ-57.华北陆块北缘东段成矿带;Ⅲ-58.华北陆块北缘西段成矿带

以省级行政区为统计单元,由图 6-18 获知:西藏自治区、新疆维吾尔自治区、青海省、云南省、江西省、内蒙古自治区和湖北省所预测的铜资源储量均超过了 1 000×10⁴t,其中西藏自治区蕴藏的铜资源潜力达 4 519.32×10⁴t;此外,近 17 个省级行政区所预测的铜资源量低于 200×10⁴t,其中 A 级预测区中计算的最大资源量是西藏自治区,达 1 846.90×10⁴t,B 级预测区中计算的最大资源量亦是西藏自治区,达 2 672.42×10⁴t,C 级预测区中计算的最大资源量则是新疆维吾尔自治区,达 1 277.84×10⁴t。

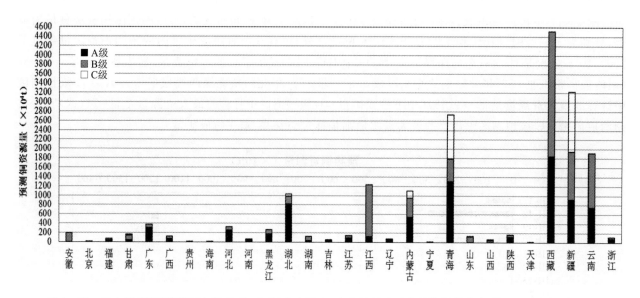

图 6-18 三个级别铜预测区（A级、B级、C级）在中国28个省级行政区中的资源量分布（缺四川、重庆、台湾）

三、预测区规模分布特征

从预测规模的角度分别统计铜预测区的个数和预测资源量，见表6-4和图6-19，铜预测区个数和预测资源量在超大型、大型、中型、小型和矿点5类预测规模中的分布呈此消彼长的关系，尽管超大型铜预测区个数仅为10个，其预测资源量超过了整个总资源量的1/5，而铜预测矿点即使数量高达475个，但其资源量仅有 129.61×10^4 t。

表 6-4　铜预测区在不同规模中的个数和资源量分布

预测规模	预测区个数	预测资源量（$\times 10^4$ t）
超大型	10	4 337.75
大　型	77	7 274.20
中　型	226	5 046.21
小　型	396	1 471.13
矿　点	475	129.61
总　计	1 184	18 258.89

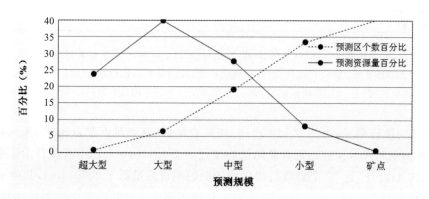

图 6-19　铜预测区个数和资源量在不同预测规模中的百分比

四、预测类型分布特征

本次统计 1 085 个铜预测区在 9 类预测类型中的个数和资源量分布见表 6-5。

由表 6-5 可知：斑岩型、海相火山岩型（与绿岩和细碧角斑岩有关）、矽卡岩型和热液型 4 类预测类型占我国铜预测区数量和资源储量的大部分，尤其是斑岩型铜预测区，不仅总数最多，而且平均预测铜资源量和单个预测区计算的最大资源量均为第一。需要指出的是：预测类型为热液型的铜预测区所预测的资源量高于预测类型是铜镍硫化物型所预测的资源量，这点与已知铜矿床类型中的铜镍硫化物型高于热液型恰好相反。

表 6-5 9 类铜预测类型的个数和资源量分布特征

预测类型	预测区个数（个）	预测铜资源量（$\times 10^4$ t）		
		总 数	平均值	最大值
斑岩型	282	8 493.48	30.12	847.15
海相火山岩型	253	4 220.06	16.68	624.14
矽卡岩型	26	3 461.78	15.32	196.68
热液型	226	1 057.51	4.68	149.66
海相黑色岩系型	18	459.79	25.54	384.07
铜镍硫化物型	23	395.53	17.20	186.07
陆相杂色岩系型	27	67.83	2.51	19.52
陆相火山岩型	27	64.89	2.40	14.66
海相杂色岩系型	3	38.02	12.67	26.35
总 计	1 085	18 258.89	—	—

第四节 铜矿床（参与资源量估算）及其预测区的空间分布特征

在上述统计结果的基础上，把Ⅲ级成矿带上升到Ⅱ级成矿省和Ⅰ级成矿域尺度对铜矿床和预测区进行汇总，见表 6-6 和表 6-7，在 16 个Ⅱ级成矿省中选取铜矿床个数最多的是Ⅱ-14（华北成矿省），铜矿床资源储量最多的是Ⅱ-10（冈底斯-腾冲成矿省），圈定预测区个数最多的是Ⅱ-16（华南成矿省），计算预测资源量最多的Ⅱ-10（冈底斯-腾冲成矿省）；而在 4 个Ⅰ级成矿域中，选取铜矿床个数最多的是Ⅰ-4（滨太平洋成矿域），铜矿床资源储量最多的是Ⅰ-3（特提斯成矿域），圈定预测区个数最多的是Ⅰ-4（滨太平洋成矿域），计算预测资源量最多的是Ⅰ-3（特提斯成矿域）。

从省级行政区上升至大区和全国层面对铜矿床和预测区进行汇总，见表 6-8 和图 6-20，在 6 个大区中选取铜矿床个数最多的是华北片区，铜矿床资源储量最多的是西南片区，圈定预测区个数最多的是西北片区，计算预测资源量最多的是西南片区。全国共预测了 348 个 A 级、545 个 B 级、291 个 C 级预测区，其资源量分别为 7 641.66$\times 10^4$ t、8 091.72$\times 10^4$ t 和 2 525.50$\times 10^4$ t。

除了以统计图表的形式分析中国铜矿资源潜力外，还可应用 GIS 平台的空间分析技术，编制中国铜矿资源潜力预测图，其基本信息一览表见表 6-9。编图地球化学资料主要来源各省级预测成果及本项目组在长江中下游成矿带、西藏冈底斯成矿带及藏东"三江"成矿带的研究成果，编图地理要素来源中国地质调查局 2000 年内部编制的中国 1∶500 万地质图，编图成矿区带划分方案来源全国矿产资源潜力评价项目的技术要求和出版的著作（徐志刚，2008）。

表 6-6 Ⅱ级成矿省内铜矿床和预测区的数量和资源量分布

Ⅱ级成矿省编号	Ⅲ级成矿带个数	铜矿床个数	铜矿床资源储量（×10⁴t）	预测区个数	预测资源量（×10⁴t）
Ⅱ-1	2	2	124.99	4	493.20
Ⅱ-2	6	8	532.22	17	1 822.28
Ⅱ-3	3	4	16.52	6	160.15
Ⅱ-4	6	5	13.86	25	339.53
Ⅱ-5	5	7	138.40	94	421.40
Ⅱ-6	4	5	6.95	57	1 727.44
Ⅱ-7	3	9	78.23	110	235.66
Ⅱ-8	3	1	57.85	17	844.45
Ⅱ-9	8	11	1 283.47	124	2 589.23
Ⅱ-10	4	10	3 318.00	108	3 831.19
Ⅱ-11	2	—	—	—	—
Ⅱ-12	5	13	568.97	20	697.70
Ⅱ-13	5	4	48.18	22	38.45
Ⅱ-14	11	36	1 098.56	135	1 389.88
Ⅱ-15A	5	22	1 823.51	150	2 685.49
Ⅱ-15B	6	14	346.73	97	293.81
Ⅱ-16	12	29	344.08	198	689.02
总 计	90	180	9 800.52	1 184	18 258.89

表 6-7 Ⅰ级成矿域内铜矿床和预测区的数量及资源量分布

Ⅰ级成矿域编号	Ⅲ级成矿带个数	铜矿床个数	铜矿床资源储量（×10⁴t）	预测区个数	预测资源量（×10⁴t）
Ⅰ-1	18	22	1 116.26	56	3 274.74
Ⅰ-2	10	13	199.76	153	2 205.08
Ⅰ-3	17	22	4 659.32	249	7 264.87
Ⅰ-4	45	123	3 825.18	726	5 514.20
总 计	90	180	9 800.52	1 184	18 258.89

表 6-8 六大片区内铜矿床和预测区的数量和资源量分布

大 区	铜矿床个数	铜矿床资源储量（×10⁴t）	预测区个数	预测资源量（×10⁴t）
东北片区	13	443.57	52	394.99
华北片区	45	938.71	110	1 689.36
华东片区	22	1 691.30	144	1 780.54
中南片区	32	449.74	280	1 657.97
西南片区	31	4 926.56	242	6 433.70
西北片区	37	1 350.65	356	6 302.33
总 计	180	9 800.52	1 184	18 258.89

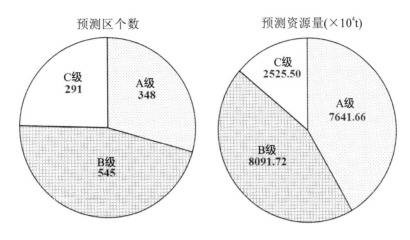

图 6-20 全国三个级别铜预测区（A 级、B 级、C 级）的个数分布及铜资源量分布

表 6-9 编图基本信息一览表

编图范围	图件名称	中国铜矿资源潜力预测图
编图范围	经纬坐标	东经：65°00′～120°00′，北纬：18°00′～55°00′
	行政区划	34 个一级行政区
	负责人	马振东
	编图单位	中国地质大学（武汉）地质调查研究院
	主要编图人	马振东、龚鹏、李娟、胡小梅、仇一凡等
	编图时间	2013 年 5 月
	图件比例尺	1：500 万
	软件名称	MAPGIS 6.7
坐标投影	坐标系	1980 西安坐标系
	椭球参数	1975 年 IUGG 推荐椭球
	投影类型	兰伯特等角圆锥投影
	第一标准纬度	250 000
	第二标准纬度	470 000
	中央子午线经度	1 050 000
	投影原点纬度	140 000

编图方法：对 180 个铜矿床和 1 184 个预测区分别统计其各项重要信息，其中铜矿床包括 15 个必备字段（序号、大区代码、省代码、经度、纬度、Ⅰ级成矿域编号、Ⅱ级成矿省编号、Ⅲ级成矿带编号、Ⅲ级成矿带名称、省级行政区、地级或县级行政区、矿床名称、矿床规模、Cu 资源储量、矿床类型），如成矿时代、矿石类型、矿产组合、Cu 平均品位、伴生组分、赋矿空间、开采情况、原生晕的分带序列、储量级别、储量截至时间、剥蚀系数、主成矿元素组合、相似度元素组合、衬值元素组合、预测元素组合、Cu 异常面积、Cu 平均异常强度、Cu 异常规模、Cu 面金属量、Cu 规格化面金属量（NAP）以及在水系沉积物-土壤和岩石介质中的浓度分带级别等均为可选字段。

预测区包含 14 个必备字段（序号、大区代码、省代码、经度、纬度、Ⅰ级成矿域编号、Ⅱ级成矿省编号、

Ⅲ级成矿带编号、Ⅲ级成矿带名称、省级行政区、预测类型、最佳相似矿床、预测资源量、预测区级别),如板块单元、采样比例尺、相似度元素组合、衬值元素组合、相似系数、剥蚀系数、水系沉积物的浓度分带级别、Cu 异常峰值、Cu 异常面积、Cu 异常平均强度、Cu 异常规模、类比法预测资源量和面金属量法预测资源量均为可选字段。

最终取铜矿床和预测区的中心坐标分别生成点文件,点文件中按大小区分铜矿床的规模,按颜色深浅区分预测区的资源量,按花纹区分预测区的级别,按子图区分矿床类型和预测类型。

第五节　铜矿资源预测结果的可信度评价

矿产预测除了回答"有没有"、"有多少"和"在哪里"外,还应回答"准不准",由于过高和过低的预测结果均不利于找矿勘查工作的决策和部署,因此,对全国铜矿资源潜力预测结果进行可信度评价是必要的。

本次研究全国共预测了 1 184 个铜预测区,计算其铜资源量为 $18\,258.89\times10^4$t,预测区个数是已知铜矿床数(180 个)的 6.58 倍,预测资源量是 180 个已知铜矿床 $9\,800.52\times10^4$t 的 1.86 倍,其预测区数量和资源量结果的可信度如何? 即预测结果的误差源有哪些? 概略分析可知误差源分为三类,首先是数据源本身的局限性,数据源本身的局限包含区域地球化学数据的采样密度、分析误差、覆盖程度等,以及铜矿床的勘查程度和资源储量计算的截至时间等;其次是预测人员的专业素养,这主要是由于预测人员对研究区地质背景、成矿规律的认知水平以及筛选、解释和评价地球化学矿致异常的专业知识所决定的,因为铜矿床选取的代表性和齐全性以及预测区挑选的地质、地球化学依据对预测结果有重要影响;最后是预测方法的科学性,主要是指资源量计算公式中参数确定的合理性和严密性,由于本次计算公式主要是简单的线性关系,未考虑更为复杂的情况,故资源量计算结果尚需进一步与同类其他方法进行对比分析,尤其是本次预测的大型和超大型预测区可与适用于评价大型和超大型矿床的地球化学块体法进行比较;另外,本次预测的总资源量可与品位-吨位法进行比较,如 2004 年肖克炎等运用品位吨位法估算中国铜矿在 90% 概率下的资源量有 $16\,650.67\times10^4$t,与本次资源量预测结果较为一致。

下面分别以预测区个数与铜矿床个数之比、预测区资源量与铜矿床资源储量之比两个指标分别对Ⅲ级成矿带内和省级行政区内预测区数量及资源量可信度进行分析。

由图 6-21 可知:预测资源量与已知铜矿床资源储量之比的频数分布直方图呈现"U"型分布,比值集中在两端的Ⅲ级成矿带较多,比值在(10,50)、(100,500)和(500,1 000)等三个区间内的Ⅲ级成矿带分别有 9 个、5 个和 1 个(见表 6-10),这 15 个Ⅲ级成矿带尽管预测资源量远高于已知铜矿床资源储量,但是大部分Ⅲ级成矿带所预测的绝对资源量并不高,仅Ⅲ-26(东昆仑成矿带)和Ⅲ-42(班戈-腾冲(岩浆弧)成矿带)预测资源量分别达 $1\,296.83\times10^4$t 和 791.84×10^4t,需引起重视。

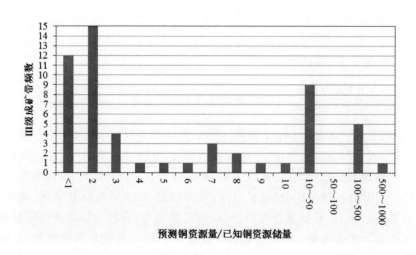

图 6-21　56 个Ⅲ级成矿带内预测铜资源量与已知铜资源储量之比

表 6-10 预测资源量与已知铜矿床资源储量比值大于 10 的 Ⅲ 级成矿带

Ⅲ级编号	Ⅲ级成矿带名称	已知铜资源储量（×10⁴ t）	预测铜资源量（×10⁴ t）	预测铜资源量/已知铜资源储量
Ⅲ-13	塔里木陆块北缘（隆起）成矿带	0.17	100.62	602.51
Ⅲ-12	塔里木板块北缘成矿带	0.14	48.05	343.21
Ⅲ-26	东昆仑成矿带	6.36	1 296.83	203.90
Ⅲ-27	西昆仑成矿带	0.59	101.00	169.78
Ⅲ-4	唐巴勒-卡拉麦里成矿带	2.81	422.28	150.30
Ⅲ-58	华北陆块北缘西段成矿带	2.05	221.59	108.13
Ⅲ-1	北阿尔泰成矿带	16.99	493.20	29.03
Ⅲ-77	上扬子中东部（坳褶带）成矿带	0.16	3.01	18.64
Ⅲ-10	伊犁（地块）成矿带	2.12	39.38	18.58
Ⅲ-64	鲁西（断隆、含淮北）成矿区	7.09	109.26	15.42
Ⅲ-9	伊犁微板块北东缘（造山带）成矿带	7.67	111.78	14.58
Ⅲ-42	班戈-腾冲（岩浆弧）成矿带	60.00	791.84	13.20
Ⅲ-20	河西走廊成矿带	2.48	27.53	11.10
Ⅲ-87	钦州（残海）成矿带	1.37	14.81	10.84
Ⅲ-14	磁海-公婆泉成矿带	13.55	136.53	10.08

在省级行政区中（图 6-22），当比值以 6 为界时，青海省、湖北省、陕西省和福建省所预测的铜资源量是已知资源储量的 6 倍以上，当比值以 12 为界时，湖北省、陕西省、青海省、福建省、西藏自治区所预测的预测区个数是已知铜矿床数的 12 倍以上。因此，这些省份的资源量数据值得商榷，有待进一步核实，尤其是青海省和湖北省预测资源量达千万吨，已知铜矿床资源储量仅为 171.19×10⁴ t 和 116.04×10⁴ t。

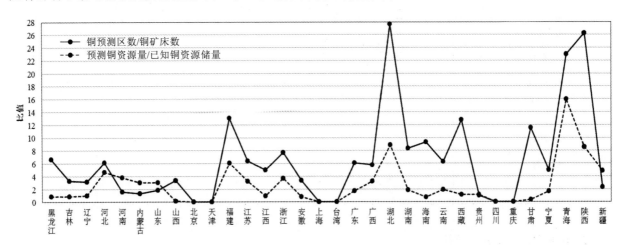

图 6-22 28 个省级行政区中铜预测区数/铜矿床数与预测铜资源量/已知铜资源储量（缺四川、重庆、台湾）

第六节 预测成果的量及时空分布特征分析

本次研究全国共预测了 1 184 个铜预测区,预测铜总资源量为 18 258.89×10^4t,预测区个数是 180 个已知铜矿床(参与资源量估算)的 6.58 倍,预测资源量是 180 个已知铜矿床(参与资源量估算)9 800.52×10^4t 的 1.86 倍;其中预测了 348 个 A 级、545 个 B 级、291 个 C 级预测区,其资源量分别为 7 641.66×10^4t、8 091.72×10^4t 和 2 525.50×10^4t。

1. 预测成果的量符合"二八定律"

从以上已知铜矿床(参与资源量估算)和铜预测区的数量、资源储量(资源量)、矿床(预测)规模、预测区级别等指标的帕累托图来分析,均符合"二八定律"。所谓"二八定律"是 19 世纪末 20 世纪初意大利经济学家帕累托发现的。他认为,在任何一组东西中,最重要的只占其中一小部分,约 20%,其余 80% 的尽管是多数,却是次要的。这一规律能使矿产资源勘查的决策者抓住众多问题中最关键的问题决策,以达到纲举目张的效应。自然界的规律与社会、经济规律如出一辙(社会约 80% 的财富集中在 20% 的人手里,而 80% 的人只拥有 20% 的社会财富)。如:

(1)超大型铜预测区个数仅为 10 个,但其预测资源量超过了整个总资源量的 1/5,而铜预测矿点即使数量高达 475 个,但其资源量仅有 129.61×10^4t。

(2)西藏自治区、新疆维吾尔自治区、青海省、云南省、江西省、内蒙古自治区和湖北省所预测的铜资源储量均超过了 1 000×10^4t,其中西藏自治区蕴藏的铜资源潜力达 4519.32×10^4t,而 17 个省级行政区所预测的铜资源量均低于 200×10^4t;

2. 铜矿床的成矿时代分布特征

已知铜矿床中最重要的成矿时代是新生代和中生代,无论是铜矿床的数量(表 6-11),还是铜资源储量(表 6-12)均占据绝对位置。自开展国土资源大调查以来,西部铜矿勘查取得了巨大突破,尤以驱龙、甲玛等铜矿床为代表,因此,与前人统计中生代铜矿储量占全国铜矿储量 44.38% 相比(赵一鸣等,2006),目前中生代铜矿资源储量从成矿时代上退居第二位,而晚古生代铜矿在我国北部成矿域是另一个成矿高峰期,其数量和资源量均占有重要的地位。

表 6-11 主要矿床类型中铜矿床数的分布

成矿时代	不同矿床类型中铜矿床数(个)					总计
	斑岩型	海相火山岩型	热液型	铜镍硫化物型	矽卡岩型	
元古宙	1	6		1		8
加里东期	1	4				5
华力西期	5	4	1	2	3	15
印支期	3		1	1	2	7
燕山期	11		17		26	54
喜山期	9	1	1		2	13
总 计	30	15	20	4	33	102

3. 预测区的空间分布特征

铜预测资源量最多的西部Ⅲ级成矿带是Ⅲ-43(拉萨地块(冈底斯岩浆弧)成矿带),高达 2 584.28×10^4t,其次是Ⅲ-26(东昆仑成矿带)、Ⅲ-32(义敦-香格里拉(造山带,弧盆系)成矿带)、Ⅲ-36(昌都-普洱(地块/造山带)成矿带)、Ⅲ-8(觉罗塔格-黑鹰山成矿带)。

表 6-12 主要矿床类型中铜资源储量的分布

成矿时代	不同矿床类型中铜资源储量（×10⁴t）					总计
	斑岩型	海相火山岩型	热液型	铜镍硫化物型	矽卡岩型	
元古宙	388.08	50.84		3.56		442.48
加里东期	1.53	134.80				136.33
华力西期	840.45	65.31	0.37	7.35	12.50	925.98
印支期	453.77		1.45	4.17	54.52	513.91
燕山期	1 384.99		91.33		776.79	2 253.12
喜山期	3 595.33	12.77	37.60		389.00	4 034.70
总计	6 664.15	263.72	130.75	15.08	1 232.81	8 306.52

在东部Ⅲ级成矿带Ⅲ-69（长江中下游成矿带）和Ⅲ-71（武功山-杭州湾成矿带）内的铜预测资源量最为显著，分别为 1 419.91×10⁴t 和 1 209.89×10⁴t。

4. 已知矿床类型和预测矿床类型的分布特征

已知铜矿床类型和铜预测区预测类型，无论在数量上还是资源量上都以斑岩型、矽卡岩型和海相火山岩型为主（表6-12），这是今后我国铜矿勘查的主攻类型，但是热液型和铜镍硫化物型的铜矿也值得关注。

第七节　部分重要预测区成果剖析

经过上述全国铜矿资源预测成果汇总获知，在西部的40个Ⅲ级成矿带内预测资源量最多的是Ⅲ-43（拉萨地块（冈底斯岩浆弧）成矿带），其次是Ⅲ-26（东昆仑成矿带），Ⅲ-32（义敦-香格里拉成矿带），Ⅲ-36（昌都-普洱成矿带），Ⅲ-8（觉罗塔格-黑鹰山成矿带）；在东部的40个Ⅲ级成矿带内预测资源量最多的是Ⅲ-69（长江中下游成矿带）和Ⅲ-71（武功山-杭州湾成矿带）。现选择其中部分重要的预测区成果进行剖析（表6-13）。

表 6-13　Ⅲ级成矿带中部分重要预测区

Ⅲ级成矿带	总预测资源量（×10⁴t）；$V=0.6V_d+0.4V_s$	A、B、C级预测区总资源量（×10⁴t）	典型预测区编号	最佳相似矿床	矿床类型	典型预测区资源量（×10⁴t）	预测级别	预测者
Ⅲ-36-①	1 061.85	A-166.0373 B-844.8016 C-51.0080	A-YC-2	玉龙	斑岩型	118.02	A	本项目组
Ⅲ-26	1 296.83	A-631.9840 B-79.0160 C-585.8300	A₁-YC-402	铜峪沟	矽卡岩型	150.87	A	青海
Ⅲ-8	1 057.78	A-636.6930 B-398.3558 C-22.7314	B-YC-26	水热泉子	海相火山岩型	30.47	B	内蒙古
Ⅲ-48-①	276.65	A-174.6880 B-90.9184 C-11.0464	A-YC-2	多宝山	斑岩型	120.22	A	黑龙江

续表 6-13

Ⅲ级成矿带	总预测资源量($\times 10^4$t);$V=0.6V_d+0.4V_s$	A、B、C级预测区总资源量($\times 10^4$t)	典型预测区编号	最佳相似矿床	矿床类型	典型预测区资源量($\times 10^4$t)	预测级别	预测者
Ⅲ-50	259.54	B-206.1256 C-53.4112	Cu-22-2	莲花山	热液型	29.19	A	内蒙古
Ⅲ-71	1 209.89	A-152.6711 B-1026.9894 C-30.2260	A-YC-2	德兴	斑岩型 (矽卡岩型)	大型	A	江西

一、昌都-普洱成矿带(Ⅲ-36)A-YC-2预测区

1. A-YC-2预测区分级评价

昌都-普洱铜成矿带中 A-YC-2 预测区位于藏东左贡县,预测区在 MAPGIS 中所投预测样点,符合在 Excel 中设定的 A 级检索条件(表 6-14,图 6-23):与玉龙典型矿床的相似度累频大于 95%,Cu 衬值图上具有异常,综合衬值图上异常分带清晰,并且至少 3 个元素衬值累频分级大于 80%;从地质矿产图上可以看出 A-YC-2 预测区分布有二长花岗岩,并有左贡县绕金乡麦巴铜钼矿矿点;由剥蚀程度比值等值线图可知,A-YC-2 预测区剥蚀程度与玉龙矿床为一个级别,故 A-YC-2 预测区剥蚀系数赋值为 0.3。通过 Cu-Mo-Au 组合异常求取异常规模和面金属量计算资源量。

表 6-14 昌都-普洱铜成矿带 A-YC-2 预测区分级评价

预测区编号	与玉龙铜矿相似度	Cu 衬值	综合衬值	衬值累频分级≥80%的元素个数	地质条件	矿点	剥蚀程度
A-YC-2	≥95%	>1.35	异常分带清晰且具有中带	6	预测区含有二长花岗岩,并有铜钼矿矿点	左贡县绕金乡麦巴铜钼矿矿点	0.3

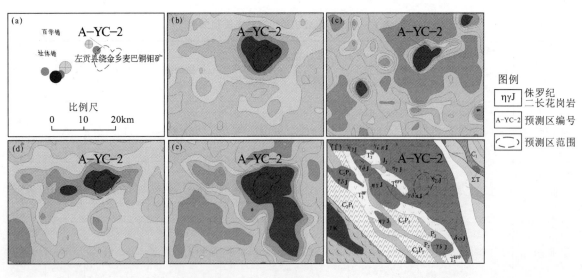

图 6-23 昌都-普洱铜成矿带 A 级预测区 A-YC-2 挑选要素剖析图
(a)预测区分布图;(b)综合异常图;(c)Cu 衬值异常图;(d)相似度图;(e)剥蚀程度图;(f)地质图

2. A-YC-2预测区铜矿资源量的估算

A-YC-2预测区选择了类比法、面金属量法进行Cu资源量计算(表6-15)。

表6-15 昌都-普洱成矿带A-YC-2预测区参数统计及资源量

预测区编号	比例尺	最佳相似矿床	预测类型	衬值元素组合($\geqslant 1.1$)	相似系数 R	剥蚀系数 F	$V=0.6V_d+0.4V_s$ ($\times 10^4$ t)
A-YC-2	1:20万	玉龙	斑岩型	Cu+Bi+Mo+Ag+Pb+W	0.73	0.3	94.70

二、东昆仑成矿带(Ⅲ-26)A1-YC-402预测区

1. A1-YC-402预测区分级评价

东昆仑铜成矿带中A1-YC-402预测区位于青海省格尔木市,预测区在MAPGIS中所投预测样点,符合在Excel中设定的A级检索条件(表6-16):与铜峪沟矽卡岩型矿床相比较,A1-YC-402预测区元素组合Cu、Cr、Ni、Co与矽卡岩型元素组合相似;预测区落位绿岩带,存在高钾偏碱性花岗岩;并且有格尔木市万保沟西支沟铜矿点。剥蚀程度与铜峪沟典型矿床一致,赋值为0.1。

表6-16 东昆仑铜成矿带A-YC-2预测区分级评价

预测区编号	与铜峪沟矿床相似元素	地质条件	矿点	剥蚀程度
A1-YC-402	Cu、Cr、Ni、Co	落位绿岩带,存在高钾偏碱性花岗岩	格尔木市万保沟西支沟铜矿点	0.1

2. A1-YC-402预测区铜矿资源量的估算

利用类比法和面金属量法计算得出A1-YC-402预测区的资源量为150.87×10^4 t(表6-17)。

表6-17 东昆仑成矿带A1-YC-402预测区参数统计及资源量

预测区编号	比例尺	最佳相似矿床	预测类型	衬值元素组合	相似系数 R	剥蚀系数 F	$V=0.6V_d+0.4V_s$ ($\times 10^4$ t)
A1-YC-402	1:50万	铜峪沟	矽卡岩型	Cu+Sn+Ag+Bi+Cd	0.91	0.1	150.87

三、觉罗塔格-黑鹰山成矿带(Ⅲ-8)B-YC-26预测区

1. B-YC-26预测区分级评价

觉罗塔格-黑鹰山铜成矿带中B-YC-26预测区位于新疆哈密市,预测区在MAPGIS中所投预测样点,符合在Excel中设定的B级检索条件(表6-18):与小热泉子典型矿床的相似度累频大于92%;Cu衬值>1.5(80%);B-YC-26预测区衬值>80%的元素为Ag、As、Zn、Sb、Co、Cd,小热泉子的规格化面金属量元素组合为Cu、Pb、Zn、Ag、As、Sb,前者与后者相同的个数与后者个数之比为0.67;并且至少9个元素衬值大于1.1;由剥蚀程度比值等值线图可知,B-YC-26预测区剥蚀程度低于小热泉子矿床,B-YC-26预测区剥蚀系数赋值为0.09。

表 6-18 觉罗塔格-黑鹰山铜成矿带 B-YC-26 预测区分级评价

预测区编号	与小热泉子铜矿相似度	Cu 衬值	规格化面金属量元素组合与小热泉子的比率(≥0.5)	衬值≥1.1 的元素个数(≥9)	矿点	剥蚀程度
B-YC-26	≥92%	>1.5	0.67	11	无	0.09

2. B-YC-26 预测区铜矿资源量的估算

通过 Cu-Zn 组合异常求取异常规模和面金属量计算资源量,按照经验值计算资源量为 30.47×10^4 t(表 6-19)。

表 6-19 觉罗塔格-黑鹰山成矿带 B-YC-26 预测区参数统计及资源量

预测区编号	比例尺	最佳相似矿床	预测类型	衬值元素组合 (≥1.1)	相似系数 R	剥蚀系数 F	$V=0.6V_d+0.4V_s$ ($\times 10^4$ t)
B-YC-26	1:20 万	小热泉子	海相火山岩型	Ag+As+Cd+Co+Cu+Hg+Ni+Sb+Sn+Zn	0.95	0.09	30.47

四、东乌珠穆沁旗-嫩江成矿带——多宝山-黑河成矿亚带(Ⅲ-48-①)A-YC-2 预测区

1. A-YC-2 预测区分级评价

多宝山铜成矿带中 A-YC-2 预测区位于黑龙江嫩江县(经度 127°02′44″,纬度 50°22′46″),预测区在 MAPGIS 中所投预测样点,符合在 Excel 中设定的 A 级检索条件(表 6-20,图 6-24);与多宝山典型矿床的相似度累频大于 98%,Cu 衬值图上具有异常,综合衬值图上异常分带清晰,并且至少 3 个元素衬值累频分级大于 80%;从地质矿产图上可以看出 A-YC-2 预测区含有二长花岗岩、石英闪长岩岩体,并有黑河市三道湾子铜钼矿矿点;由剥蚀程度比值等值线图可知,A-YC-2 预测区剥蚀程度比多宝山矿床低一个级别,故 A-YC-2 预测区剥蚀系数赋值为 0.3。通过 Cu-Mo-Au 组合异常求取异常规模和面金属量计算资源量。

表 6-20 多宝山铜成矿带 A-YC-2 预测区分级评价

预测区编号	与多宝山铜矿相似度	Cu 衬值	综合衬值	衬值累频分级 ≥80% 的元素个数	地质条件	矿点	剥蚀程度
A-YC-2	≥98%	>1.1	异常分带清晰且具有内带	6	预测区含有二长花岗岩、石英闪长岩岩体,并有黑河市三道湾子铜钼矿矿点	黑河市三道湾子铜钼矿矿点	0.3

2. A-YC-2 预测区铜矿资源量的估算

A-YC-2 预测区选择了类比法、面金属量法进行 Cu 资源量计算(表 6-21)。

表 6-21 多宝山铜成矿带 A-YC-2 预测区参数统计及资源量

预测区编号	比例尺	最佳相似矿床	预测类型	衬值元素组合 (≥1.1)	相似系数 R	剥蚀系数 F	$V=0.6V_d+0.4V_s$ ($\times 10^4$ t)
A-YC-2	1:10 万	多宝山	斑岩型	Ag+Au+Cu+Mo+Pb+Zn	0.624	0.3	120.22

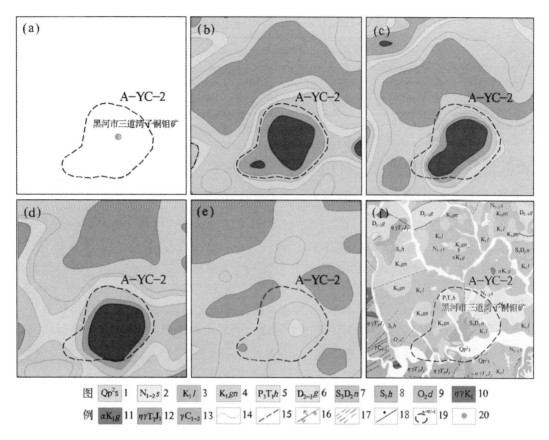

图 6-24 多宝山铜成矿带 A 级预测区 A-YC-2 挑选要素剖析图

(a)预测区分布图;(b)综合异常图;(c)Cu 衬值异常图;(d)相似度图;(e)剥蚀程度图;(f)地质图;1—一级阶地堆积;2—孙吴组;3—龙江组;4—光华组;5—花朵山组;6—根里河组;7—泥鳅河组;8—黄花沟组;9—多宝山组;10—早白垩世二长花岗岩;11—甘河期安山岩脉;12—晚三叠世至早侏罗世二长花岗岩;13—花岗岩;14—地质界线;15—推测断层;16—实测逆断层;17—糜棱岩带;18—实测角度不整合界线;19—预测区范围及编号;20—铜钼矿点

五、突泉-翁牛特成矿带(Ⅲ-50)Cu-22-2 预测区

1. 莲花山预测区评价

莲花山预测区位于内蒙古自治区突泉县新林镇,其铜矿床找矿预测区地球化学异常标志:

(1)区域上分布有 Cu、Ag、Pb、Zn、Ni、Co、Mo、Bi、As、Sb 等元素组成的高背景区(带)。

(2)在高背景区(带)中有以 Cu、Au、Ag、Pb、Zn、Ni、Co、W、Mo、As、Sb 为主的多元素局部异常。

(3)规模较大的 Cu 的局部异常上,Au、Ag、Pb、Zn、As、Sb 等元素具有明显的浓度分带和浓集中心,并在空间上相互重叠或套合。

新林镇莲花山热液型铜矿床找矿预测区地质地球化学特征:该预测区大地构造处于内蒙古兴安地槽褶皱系东部,中生界侏罗系、古生界二叠系地层在预测区内大面积出露,北东向、北西向构造发育,华力西期、印支期岩浆活动异常活跃,中酸性、酸性岩体遍布全区。分布于该预测区内的铜综合异常主要有:AS218乙、AS219甲、AS220甲、AS221丙、AS227甲、AS228乙,Cu、Au、Ag、Pb、Zn、As、Sb 等元素是其主要成矿元素或伴生元素。

2. Cu-22-2 预测区铜矿资源量的估算

Cu-22-2 预测区选择了类比法、面金属量法进行 Cu 资源量计算(表 6-22)。

表 6-22 莲花山铜成矿带 Cu-22-2 预测区参数统计及资源量

预测区编号	比例尺	最佳相似矿床	预测类型	最佳相似元素组合	相似系数	剥蚀系数	资源量(加权平均)($\times 10^4$ t)	
							类比法	考虑剥蚀
Cu-22-2-A	1:20万	莲花山	热液型	Cu+Pb+Zn+As+Mn+Bi	0.86	0.25	20.76	29.19

六、武功山-杭州湾成矿带(Ⅲ-71)A-YC-2 预测区

1. A-YC-2 预测区分级评价

武功山-杭州湾成矿带中 A-YC-2 预测区位于江西省景德镇市浮梁县，预测区在 MAPGIS 中所投预测样点，符合在 Excel 中设定的 A 级检索条件(图 6-25)：与德兴典型矿床的相似度累频大于 98%，Cu 衬值图、综合衬值图上具有异常，且分带清晰，并且至少 3 个元素衬值累频分级大于 90%；在地质矿产图上对预测样点的成矿条件进一步优选评价可知，A-YC-2 预测区成矿地质条件有利（处于两断裂之间，主要位于双桥山群横涌组与石炭、二叠纪地层接触带）；且发现朱溪 Cu 矿点；由剥蚀程度比值等值线图可知，A-YC-2 预测区剥蚀程度比德兴铜矿低一个等级。据最新勘查结果表明：在朱溪铜矿点南西侧深部，在花岗斑岩与碳酸盐岩的接触带发现了厚度较大的铜钨多金属矿体，自浅至深 Cu→Cu、W→W 的变化趋势，Cu 矿、Cu、W 矿主要赋存在 -200～-600m 标高，深部以白钨矿体为主。

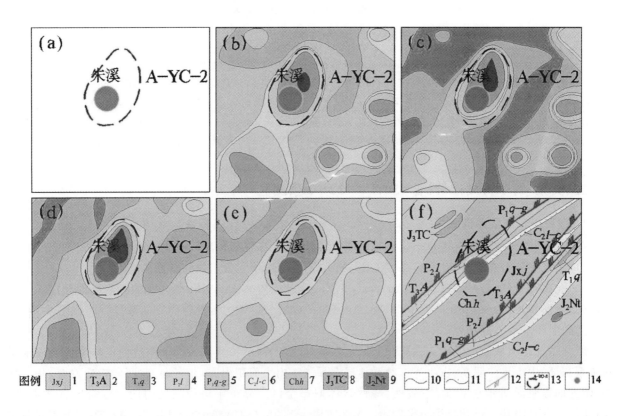

图 6-25 德兴矿田 A 级预测区 A-YC-2 挑选要素剖析图
(a)预测区分布图；(b)综合异常图；(c)Cu 衬值异常图；(d)相似度图；(e)剥蚀程度图；(f)地质图；
1—双桥山群计林组；2—安源群；3—青龙组；4—乐平组；5—孤峰组、小江边组、栖霞组；6—船山组、黄龙组、老虎洞组；7—双桥山群横涌组；8—铜厂超单元；9—灵山超单元南塘单元；10—地质界线；11—实测角度不整合界线；12—压扭性断裂；13—预测区范围及编号；14—铜矿点

第七章　结束语

1. 取得的主要成果

以上是全国矿产资源潜力评价项目"中国铜矿地质地球化学找矿模型及地球化学定量预测方法研究"的主要内容,经过五年多的不断探索和努力工作,取得了如下主要成果。

(1)本书以全国矿产资源潜力评价理论和方法为基础,在开展长江中下游和冈底斯铜成矿带地球化学定量预测方法试点的基础上,提出了我国铜矿资源地球化学定量预测工作思路和方法技术:即以我国已有的1:20万(1:50万)区域地球化学数据为主,综合利用1:5万~1:1万中大比例尺的地球化学资料,以现代成矿、成晕理论为指导,以现代计算机技术为手段,以"源"→"动"→"储"为基本建模思路,在Ⅲ级成矿带的尺度上,充分研究成矿区带的基础地质、成岩成矿规律、理论地球化学及勘查地球化学特征,研究总结典型矿床(矿田)的异常特征,建立矿床(矿田)、成矿带的地球化学找矿模型,为预测区的圈定和资源量的估算提供可类比的依据。

(2)提出了我国铜矿地质-地球化学找矿模型建立的思路和方法,以前人(1980—2012年期间)资料归纳整理为主,建立了斑岩型、矽卡岩型、海相火山岩型、陆相火山岩型、铜镍硫化物型、海相黑色岩系型、海相杂色岩系型、陆相红色砂岩型及热液脉型等9类25个铜矿床地质-地球化学找矿模型,为我国铜矿资源地球化学定量预测奠定了基础。

(3)指导全国各省(自治区、直辖市)开展了全国铜矿资源地球化学定量预测工作,在此基础上,汇总集成了全国各省(自治区、直辖市)完成的铜矿地球化学定量预测成果,编制形成了全国铜矿资源潜力地球化学定量预测成果图,并圈定了1 184个铜矿预测区,采用类比法和面金属量法,预测全国铜资源量为$18\,258.89\times10^4$ t。

(4)通过全国铜矿地球化学定量预测,研究并初步总结了地球化学定量预测的理论、方法体系,开创了我国中比例尺地球化学定量预测的先河,为全国其他矿产的地球化学定量预测起到了示范作用,使我国勘查地球化学从定性走向定量预测迈出了重要的一步。

在2008年至2013年铜矿地球化学定量预测全过程中,体会颇深,归纳起来有三点:

一是"一条龙"式的研究体系,即基础地质-成岩成矿机制-理论地球化学-勘查地球化学-现代GIS技术,项目人员组成研究群体,互相讨论,共同学习,取长补短。因此,在进行地球化学资源量预测的过程中,需要与地质、矿产等工作人员多交流、多沟通,请他们对地质基础和成矿规律多指导,从而提高矿产资源潜力评价中地球化学工作成果的应用程度。

二是五年来参加项目的师生,在前人大量工作的基础上,吸纳了许多成熟的思路和方法,通过多种途径的摸索尝试,反复计算,才使地球化学找矿从定性向定量方向迈出了长足的一步。就拿相似度(距离函数相似度、向量夹角相似度)的计算为例,先后选用全部元素计算相似度,特征元素计算相似度;平均值计算、最高值计算;统计学分级成图,人为分级成图,等等,通过反复遴选,最后选定既符合客观实际,又具有可操作性的方法。尽管这样,还存在许多不完善之处。

三是近年来的科研实践表明,开展精细地球化学找矿方法研究势在必行。所谓精细地球化学找矿方法是指:以地质为基础,以现代成矿成晕理论为指导,以勘查地球化学新技术、新方法及高精度的分析测试为支撑。其研究的内容有:在重要成矿区带内的典型矿床(矿田),建立三维地质、地球化学定量模型;建立深部成矿成晕机制与地表地球化学示踪指标之间的内在联系;在重要成矿区带内,以1:20万水系沉积物数据为基础,建立成矿带地质、地球化学找矿模型,并进行资源潜力评价。

2. 存在问题

铜矿资源地质、地球化学找矿模型的建立与定量预测研究进行了五年多,虽然理论基础和方法技术不断完善和提升,但由于这是一项探索性较强的工作,理论还不成熟、方法技术本身还有许多不妥之处,仍有不少问题和局限性。

(1)研究工作对单一成矿作用为主的矿床类型(如斑岩型、矽卡岩型铜矿)有比较成熟的模式和预测方法。但对于多期成矿作用叠加的成因类型复杂的矿床,由于元素组合、异常强度、元素空间分布等特征均有两种或两种以上因素的叠加,常出现你中有我、我中有你,互相剪不断、理不清的现象,这给资源量预测带来了一定的难度。

(2)对某些矿床类型(如沉积变质型铜矿),其成矿机制是沉积、富集的早期含矿层在后期区域变质及岩浆热液改造作用下富集成矿,因此元素空间分带(尤其是垂向分带)特征不明晰,这使剥蚀程度等指标的应用受到一定限制。

(3)典型矿床地球化学建模方面,由于是收集、引用和归纳前人资料和成果,存在以下不足:① 建模的指导思想和方法技术不统一,缺乏成岩-成矿-成晕同系统建模的指导思想,往往侧重成晕部分,忽略了成晕的母体-成岩、成矿作用;② 内生、表生分离,缺少内生与表生之间"量、质、动"的联系,各介质中大比例尺的地球化学数据,示踪元素种类、测试分析方法参差不齐;③ 缺乏多介质、多参数的分析和成果展示,大部分仅为元素分布的图示;④ 建立的仅是定性的理论模型,降低了在资源量估算中的可信度。

(4)有关预测区圈定和资源量估算的可信度的说明,预测区圈定的可信度与典型矿床选择的代表性和地质、地球化学找矿模型的完善程度密切相关。特别需要指出的是,中大比例尺的地球化学数据是找矿模型中地球化学元素组合选取的重要依据;资源量估算的可信度则取决于方法中参数的合理确定,主要是面金属量、异常规模、已知资源储量、相似系数和剥蚀系数等。

(5)典型矿床建立缺少1:5万、1:1万大中比例尺化探的原始数据与资料,缺少最新深部探矿资料(如湖南宝山深部见到铜钼矿,江西浮梁朱溪深部见到铜、钨矿等),这将影响到典型矿床建模的可靠程度。

3. 意见和建议

鉴于以上认识,特提出以下建议:

(1)由于这是一项探索性较强的工作,一些理论还不成熟,方法技术本身还有许多不妥之处,因此需要在常态性矿产资源潜力评价的实践和研究中不断改进、补充和完善,促使方法技术指南更加科学、实用、简便。

(2)典型矿床建模部分,需要统一的思想和方法技术,建立符合客观实际的地质、地球化学找矿模型,因此开展新一轮典型矿床的建模势在必行。

(3)加强预测区的综合研究,进一步提出针对性的工作部署,选择重点预测区进行验证,实现找矿突破。

总之,本次铜矿矿产资源地球化学模型建立与定量预测研究为预测区的圈定和资源量的估算工作提供了一个思路和一套基本的工作方法流程,其中更多的细节需要我们今后共同来检验、充实和创新。

参考文献

白万成,臧忠淑.基于 Arc View GIS 的矿床定位预测系统简介[J].地质与勘探,2004,40(3):52-54.
边千韬.白银厂矿田地质构造及成矿模式[M].北京:地震出版社,1989.
曹殿华.中甸地区斑岩铜矿成矿模式与综合勘查评价技术研究[D].北京:中国地质科学院博士学位论文,2007:1-91.
柴凤梅.新疆北部三个与岩浆型 Ni-Cu 硫化物矿床有关的镁铁-超镁铁质岩的地球化学特征对比[D].北京:中国地质大学（北京）博士学位论文,2006.
常印佛,刘湘培.长江中下游铜铁成矿带[M].北京:地质出版社,1991.
陈殿芬,艾永德德.乌奴格吐山斑岩铜钼矿床中金属矿物的特征[J].岩石矿物学杂志,1996,15(4):346-354.
陈富文,李华芹.东天山土屋-延东斑岩铜矿田成岩时代精确测定及其地质意义[J].地质学报,2005,79(2):256-261.
陈根文,吴延之.楚雄盆地砂岩铜矿床同位素特征及矿床成因[J].大地构造与成矿学,2002,26(3):279-284.
陈好寿,冉崇英.康滇地轴铜矿床同位素地球化学[M].北京:地质出版社,1992.
陈好寿.紫金山铜金矿床成矿年代及同位素找矿评价研究[J].大地构造与成矿学,1996,20(4):348-360.
陈和生.东川辉长岩型铜矿地质特征及其找矿意义[J].云南地质,1998,17(1):75-80.
陈建平,唐菊兴.藏东玉龙斑岩铜矿地质特征及成矿模型[J].地质学报,2009,83(12):1887-1900.
陈建平,王成善.西藏玉龙铜矿床次生氧化富集作用机制[J].地质学报,1998,72(2):153-161.
陈建平,王功文,侯昌波,等.基于 GIS 技术的西南三江北段矿产资源定量预测与评价[J].矿床地质,2005,24(1):15-24.
陈兰桂.折腰山、小铁山矿床的成因认识[J].中南矿冶学院学报,1983,(01):50-57.
陈文明,曲晓明.论东天山土屋-延东(斑岩)铜矿的容矿岩[J].矿床地质,2002,21(4):331-340.
陈毓川,裴荣富,宋天锐,等.中国矿床成矿系列初论[M].北京:地质出版社,1998.
陈毓川,朱裕生.中国矿床成矿模式[M].北京:地质出版社,1993.
陈毓川.中国矿床成矿系列初论[M].北京:地质出版社,1998.
陈毓川.中国主要成矿区带矿产资源远景评价[M].北京:地质出版社,1999.
陈毓蔚,毛存孝.我国显生代金属矿床铅同位素组成特征及其成因探讨[J].地球化学,1980,(3):215-229.
陈云升.地质矿产部地球物理地球化学勘查研究所所刊(第4号)[M].北京:地质出版社,1991.
陈志广,张连昌.内蒙古乌奴格吐山斑岩铜钼矿床低 Sr-Yb 型成矿斑岩地球化学特征及地质意义[J].岩石学报,2008,24(1):115-128.
陈志军,成秋明,陈建国.利用样本排序方法比较化探异常识别模型的效果[J].地球科学:中国地质大学学报,2009,34(2):353-364.
成秋明,张生元,左仁广,等.多重分形滤波方法和地球化学信息提取技术研究与进展[J].地学前缘,2009,16(2):185-198.
成秋明.地质异常的奇异性度量与隐伏源致矿异常识别[J].地球科学:中国地质大学学报,2011,36(2):307-316.
成秋明.非线性成矿预测理论:多重分形奇异性-广义自相似性-分形谱系模型与方法[J].地球科学,2006,31(3):337-348.
成秋明.应用复杂性-非线性理论开展成矿预测——奇异性理论-广义自相似性-分形谱系多重分形理论与应用[J].矿床地质,2006(25):463-466.
程培生.异常评序方法的改进及其应用效果[J].物探与化探,2002,26(6):441-442.
程裕淇,陈毓川,赵一鸣.初论矿床的成矿系列问题[J].中国地质科学院院报.1979,1(1):32-58.
迟清华,鄢明才.应用地球化学元素丰度数据手册[M].北京:地质出版社,2007.
崔彬,李忠文.江西九-瑞地区铜金成矿系列[M].武汉:中国地质大学出版社,1992.
邓军,侯增谦.三江特提斯复合造山与成矿作用[J].矿床地质,2010,29(1):37-42.
邓军,潘凤雏,李胜荣,等.西藏甲马铜多金属矿床成矿模式[J].矿床地质,2002,21:372-375.
杜光树.喷流成因矽卡岩与成矿——以西藏甲马铜多金属矿床为例[M].成都:四川科学技术出版社,1998.
杜琦,马晓阳.斑岩铜矿成因探讨[M].北京:地质出版社,2008.
杜琦.多宝山斑岩铜矿床[M].北京:地质出版社,1988.

费光春,李佑国,陈旭,等.川西乡城-稻城-得荣中带地区浅成花岗岩岩石化学特征及成矿潜力探讨[J].新疆地质,2006,24(3):305—309.

费红彩,董普.内蒙古霍各乞铜多金属矿床的含矿建造及矿床成因分析[J].现代地质,2004,18(1):32—40.

冯健行.多宝山铜矿硫同位素空间分布特征[J].地质与勘探,2008,44(1):46—49.

高辉,Hronsky J.金川铜镍矿床成矿模式、控矿因素分析与找矿[J].地质与勘探,2009,45(3):218—228.

高亚林.金川矿区地质特征、时空演化及深边部找矿研究[D].兰州:兰州大学博士学位论文,2009:1—134.

龚琳,何毅特.云南东川元古宙裂谷型铜矿[M].北京:冶金工业出版社,1996.

龚鹏,龚敏.老矿区深部资源量预测的地球化学方法——以江西九江城门山铜矿深部铜资源量预测为例[J].地质通报,2010,29(2-3):414—420.

龚鹏,李娟,胡小梅,等.区域地球化学定量预测方法技术在矿产资源潜力评价中的应用[J].地质论评,2012,58(6):1101—1109.

郭贵恩,马彦青.纳日贡玛含矿斑岩体形成机制及其成矿模式分析[J].西北地质,2010,43(3):28—35.

郭利果,刘玉平.SHRIMP锆石年代学对西藏玉龙斑岩铜矿成矿年龄的制约[J].岩石学报,2006,22(4):1009—1016.

韩宝福,季建清.新疆喀拉通克和黄山东含铜镍矿镁铁-超镁铁杂岩体的SHRIMP锆石U-Pb年龄及其地质意义[J].科学通报,2004,49(22):2324—2328.

韩春明,肖文交.新疆喀拉通克铜镍硫化物矿床Re-Os同位素研究及其地质意义[J].岩石学报,2006,22(1):163—170.

韩春明.东天山铜矿区域成矿系列研究[D].北京:中国地质大学(北京)博士学位论文,2003:1—139.

侯广顺,唐红峰.东天山觉罗塔格构造带火山岩的铅同位素组成及意义[J].中国地质,2006,33(3):509—515.

侯广顺,唐红峰.东天山土屋-延东斑岩铜矿围岩的同位素年代和地球化学研究[J].岩石学报,2005,21(6):1729—1736.

侯增谦,杨竹森.安徽铜陵冬瓜山大型铜矿:海底喷流-沉积与矽卡岩化叠加复合成矿过程[J].地质学报,2011,85(5):659—686.

胡明铭,郑明华.藏东玉龙铜矿床似层状矿体成矿物质来源[J].矿物岩石,1999,19(3):73—76.

胡云中,任天祥,马振东,等.中国地球化学场及其与成矿关系[M].北京:地质出版社,2006.

华仁民.东川式层状铜矿的沉积-改造成因[J].矿床地质,1989,8(2):3—13.

黄斌.安徽铜陵地区块状硫-铁-金矿床的铅同位素特征[J].地质学报,1991,65(4):347—359.

黄崇轲,白冶.中国铜矿床[M].北京:地质出版社,2001.

黄力军,刘瑞德.乌奴格吐山铜矿物化探异常特征及外围找矿[J].物探与化探,2004,28(5):418—420.

黄文斌,肖克炎,丁建华,等.基于GIS的固体矿产资源潜力评价.地质学报,2011,85(11):1834—1843.

黄勇,丁俊.西藏雄村铜金矿床Ⅰ号矿体成矿构造背景与成矿物质来源探讨[J].成都理工大学学报(自然科学版),2011,38(3):306—312.

黄勇.西藏谢通门县雄村铜金矿矿床地球化学特征[D].成都:成都理工大学硕士学位论文,2009:1—74.

季克俭,冀树楷.中条山区铜矿找矿远景研究[R],1990.

季绍新,王文斌.赣西北铜矿[M].北京:地质出版社,1990.

冀树楷.中华人民共和国地质矿产部地质专报(4)矿床与矿产(第27号)中条山铜矿成矿模式及勘查模式[M].北京:地质出版社,1992.

江俊杰,张娟.江西省矿产资源潜力评价化探资料应用成果报告[R].全国重要矿产资源潜力预测评价项目.江西省地质调查研究院,2011:1—326.

焦保权,崔明洙,赵坤,等.吉林省海沟金矿床的地球化学异常模式[J].吉林地质,2008,27(1):67—74.

金俊杰,陈建国.地球化学异常提取的自适应衬值滤波法[J].物探与化探,2011,35(4):526—531.

金力夫,孙凤兴.内蒙古乌奴格吐山斑岩铜钼矿床地质及深部预测[J].长春地质学院学报,1983,20(1):61—67.

金丕兴,庞凤琴.布敦花铜矿床成矿地质特征[J].吉林地质,1983,(4):1—12.

况蜀鄂,曾春明.鄂东南区域化探异常特征及评序[J].物探与化探,2000,24(5):373—376.

郎兴海,陈毓川.西藏谢通门县雄村斑岩型铜金矿床成因讨论——来自元素的空间分布特征的证据[J].地质论评,2010,56(3):384—402.

郎兴海,陈毓川.西藏谢通门县雄村斑岩型铜金矿集区Ⅰ号矿体的岩石地球化学特征:对成矿构造背景的约束[J].地质与勘探,2010,46(5):887—898.

郎兴海,唐菊兴.西藏谢通门县雄村斑岩型铜金矿集区Ⅱ号矿体中辉钼矿Re-Os年代学及地质意义[J].矿物岩石,2010,30(4):55—61.

参考文献

冷成彪,张兴春.滇西北雪鸡坪斑岩铜矿S、Pb同位素组成及对成矿物质来源的示踪[J].矿物岩石,2008,(4):80-88.

黎枫佶.西藏墨竹工卡县甲玛铜多金属矿三维模型构建和资源量估算[D].成都:成都理工大学硕士学位论文,2010:1-58.

李爱生,韩志安.化探在山西省刁泉大型银金铜矿床发现中的作用[J].中国地质,2001,28(11):29-34.

李宝强,张晶,孟广路,等.西北地区矿产资源潜力地球化学评价中成矿元素异常的圈定方法[J].地质通报,2010,29(11):1685-1695.

李冰.西藏冈底斯带驱龙斑岩铜矿床含矿斑岩的地球化学特征及其找矿意义[D].北京:中国地质大学(北京)硕士学位论文,2006:1-72.

李朝阳,徐贵忠.中国铜矿主要类型特征及其成矿远景[M].北京:地质出版社,2000.

李光明,刘波.西藏冈底斯成矿带南缘喜马拉雅早期成矿作用——来自冲木达铜金矿床的Re-Os同位素年龄证据[J].地质通报,2006,25(12):1481-1486.

李光明,芮宗瑶.西藏冈底斯成矿带甲马和知不拉铜多金属矿床的Re-Os同位素年龄及其意义[J].矿床地质,2005,24(5):481-489.

李惠.石英脉和蚀变岩型金矿床地球化学异常模式[M].北京:科学出版社,1991.

李磊.西藏墨竹工卡县甲玛铜多金属矿床控矿构造研究[D].成都:成都理工大学硕士学位论文,2010:1-53.

李鹏.青海德尔尼铜矿成矿背景、矿床成因与找矿方向[D].西安:长安大学硕士学位论文,2008:1-62.

李双文,王金荣.白银厂矿田同位素特征及其流体成矿作用研究[J].兰州大学学报(自然科学版),2004,40(6):92-95.

李文昌.义敦岛弧构造演化与普朗超大型斑岩铜矿成矿模型[D].北京:中国地质大学(北京)博士学位论文,2003:1-106.

李武俊,唐开金.区域化探异常研究方法探讨[J].陕西地质,1991,9(1):57-67.

李晓晖,袁峰,贾蔡,等.基于多维分形模型与指示克里格方法的地球化学异常识别研究[J].地理与地理信息科学,2011,27(6):23-27.

李应桂,成杭新.铜镍矿床勘查中岩体含矿性的地球化学评价[J].物探与化探,1995,19(4):241-252.

李永胜,吕志成,严光生,等.西藏甲玛铜多金属矿床S、Pb、H、O同位素特征及其指示意义[J].地学前缘,2012,19(4):71-81.

李玉超,乌爱军.辽宁省矿产资源潜力评价——辽宁省铜地球化学定量预测成果报告[R].全国重要矿产资源潜力预测评价项目.辽宁省地质矿产调查院,2011:1-48.

李兆龙,许文斗.内蒙古中部层控多金属矿床硫、铅、碳和氧同位素组成及矿床成因[J].地球化学,1986,(1):13-22.

梁贞.多元统计分析方法在普朗铜矿地球化学特征研究中的应用[D].北京:中国地质大学(北京)硕士学位论文,2007:1-44.

刘长征,陈岳龙,许光,等.地球化学块体理论在青海沱沱河地区铅锌资源潜力预测中的应用[J].地学前缘,2011,18(5):271-282.

刘城先.内蒙古布敦化铜矿成矿系列和成矿模式[J].长春工程学院学报(自然科学版),2001,2(4):30-32.

刘崇民,胡树起.西藏驱龙斑岩铜钼矿地球化学异常特征[J].物探与化探,2003,27(6):441-444.

刘崇民.金属矿床原生晕研究进展[J].地质学报,2006,80(10):1520-1538.

刘大文,谢学锦.基于地球化学块体概念的中国锡资源潜力评价[J].中国地质,2005,32(1):25-32.

刘大文.地球化学块体的概念及其研究意义[J].地球化学,2002,31(6):539-548.

刘德权,陈毓川.土屋-延东铜钼矿田与成矿有关问题的讨论[J].矿床地质,2003,22(4):334-344.

刘军,武广.黑龙江省多宝山斑岩型铜(钼)矿床成矿流体特征及演化[J].岩石学报,2010,26(5):1450-1464.

刘琦胜,吴珍汉.念青唐古拉花岗岩锆石离子探针U-Pb同位素测年[J].科学通报,2003,48(20):2170-2175.

刘清泉,欧阳宗圻.成矿-成晕地球化学模式及其研究意义[J].桂林冶金地质学院学报,1983,(1):53-66.

刘悟辉,廖启林.阿尔泰山南缘典型铜、镍、铅锌矿床成矿模式初探[J].地质找矿论丛,2006,21(3):173-177.

刘向冲,侯翠霞,申维,等.MML-EM方法及其在化探数据混合分布中的应用[J].地球科学:中国地质大学学报,2011,2(36):355-359.

刘英俊,高维敬.赣西北地体Au分布及其成矿地球化学研究[J].地质找矿论丛,1992,7(4):1-12.

刘英俊,马东升.论江南型金矿床的成矿作用地球化学[J].桂林冶金地质学院学报,1991,11(2):130-138.

刘英俊,沙鹏.江西德兴地区中元古界双桥山群含金建造的地球化学研究[J].桂林冶金地质学院学报,1989,9(2):115-126.

刘勇,周贤旭.基于MapGIS综合找矿信息香炉山钨矿田钨资源预测[J].东华理工大学学报(自然科学版),2010,33(3):262-269.

刘玉堂,李维杰.内蒙古霍各乞铜多金属矿床含矿建造及矿床成因[J].桂林工学院学报,2004,24(3):261-268.
刘元平,刘养雄,宋秉田,等.甘肃省矿产资源铜矿地球化学定量预测成果总结[R].全国重要矿产资源潜力预测评价项目.甘肃省地质调查院,2011:1-82.
刘增铁,任家琪.青海铜矿[M].北京:地质出版社,2008.
娄德波,肖克炎,丁建华,等.矿产资源评价系统(MRAS)在全国矿产资源潜力评价中的应用[J].地质通报,2010,29(011):1677-1684.
卢树东.江西彭山矿田张十八铅锌矿地质特征与成矿物质来源研究[D].北京:中国地质大学(北京)硕士学位论文,2005:1-78.
鲁海峰,薛万文.纳日贡玛铜钼矿床地质特征及成因类型探讨[J].青海国土经略,2006,(3):37-40.
陆建军,郭维民.安徽铜陵冬瓜山铜(金)矿床成矿模式[J].岩石学报,2008,24(8):1857-1864.
路远发.赛什塘-日龙沟矿带成矿地球化学特征及矿床成因[J].西北地质,1990(3):20-26.
罗君烈.滇中中元古代早期铜铁矿床的成矿类型[J].云南地质,1995,14(4):291-303.
罗素菲.区域化探异常(老资料)评价、评序方法讨论[J].物探与化探,1986,10(5):332-342.
马鸿文.西藏玉龙斑岩铜矿带花岗岩类与成矿[M].武汉:中国地质大学出版社,1990.
马振东,单光祥.长江中下游地区多位一体大型、超大型铜矿形成机制的地质、地球化学研究[J].矿床地质,1997,16(3):225-234.
马振东,单光祥.长江中下游及邻区区域铅同位素组成背景及其应用[J].地质学报,1996,70(4):324-334.
马振东,李艳霞.沉积叠加改造型矿床的物源与富集机制的地球化学研究[J].矿床地质,1999,18(2):110-120.
马振东.矿产资源地球化学模型建立与定量预测研究——以长江中下游铜多金属成矿带为例[R].武汉:中国地质大学,2008:1-68.
毛景文,张作衡,裴荣富,等.中国矿床模型概论[M].北京:地质出版社,2012.
孟良义,黄恩邦.城门山铜、钼矿床的稳定同位素地质[J].长春地质学院学报,1988,18(3):269-276.
孟良义.论长江中下游侵入型块状硫化物矿床[J].长春地质学院学报,1986,(4):51-58.
孟祥金,侯增谦.西藏冈底斯成矿带驱龙铜矿Re-Os年龄及成矿学意义[J].地质论评,2003,49(6):660-666.
孟祥金,侯增谦.西藏驱龙斑岩铜矿S、Pb同位素组成:对含矿斑岩与成矿物质来源的指示[J].地质学报,2006,80(4):554-560.
孟祥金.西藏碰撞造山带冈底斯中新世斑岩铜矿成矿作用研究[D].北京:中国地质科学院博士学位论文,2004:1-91.
莫宣学,董国臣.西藏冈底斯带花岗岩的时空分布特征及地壳生长演化信息[J].高校地质学报,2005,11(3):281-290.
牟云.赤峰解放营子地区水系沉积物地球化学特征及异常评价[D].吉林:吉林大学硕士学位论文,2012.
欧阳宗圻.典型有色金属矿床地球化学异常模式[M].北京:科学出版社,1990.
潘家永,张乾.滇西羊拉铜矿床稳定同位素地球化学研究[J].矿物学报,2000,20(4):385-389.
潘小菲,宋玉财.德兴铜厂斑岩型铜金矿床热液演化过程[J].地质学报,2009,83(12):1929-1950.
庞雪娇.山西中条山南和沟、老宝滩铜矿床矿化富集规律及矿床成因探讨[D].长春:吉林大学硕士学位论文,2010:1-105.
裴荣富.中国矿床模式[M].北京:地质出版社,1995.
彭秀红.白银厂矿田构造-岩浆-成矿动态演化模式[D].成都:成都理工大学博士学位论文,2007:1-97.
皮桥辉,刘长征.内蒙古霍各乞海西期侵入岩形成时代、成因及其与铜矿体的关系[J].矿床地质,2010,29(3):437-451.
钱锦și,沈远仁.中华人民共和国地质矿产部地质专报(4)矿床与矿产(第15号)云南大红山古火山岩铁铜矿[M].北京:地质出版社,1990.
秦东悦."证据权"法在大兴安岭中南段矿产资源评价中的应用[D].北京:中国地质大学(北京)硕士学位论文,2010:1-41.
秦克章,李光明.西藏首例独立钼矿——冈底斯沙让大型斑岩钼矿的发现及其意义[J].中国地质,2008,35(6):1101-1112.
秦克章,李惠民.内蒙古乌奴格吐山斑岩铜钼矿床的成岩、成矿时代[J].地质论评,1999,45(2):180-185.
秦志鹏,汪雄武,唐菊兴,等.西藏甲玛埃达克质斑岩的地球化学特征及意义[J].吉林大学学报:地球科学版,2012,42(增刊1):267-279.
秦志鹏.西藏甲玛铜多金属矿床似埃达克岩的成岩成矿作用[M].成都:成都理工大学硕士学位论文,2010.
曲晓明,侯增谦.S、Pb同位素对冈底斯斑岩铜矿带成矿物质来源和造山带物质循环的指示[J].地质通报,2002,21(11):768-776.
曲晓明,侯增谦.冈底斯斑岩铜矿(化)带:西藏第二条"玉龙"铜矿带[J].矿床地质,2001,20(4):355-366.
曲晓明,辛洪波.西藏雄村特大型铜金矿床容矿火山岩的成因及其对成矿的贡献[J].地质学报,2007,81(7):964-971.

冉崇英.康滇地轴铜矿床地球化学与矿床层楼结构机理[M].北京:科学出版社,1993.
冉红彦,肖森宏.喀拉通克含矿岩体的微量元素与成岩构造环境[J].地球化学,23(4):392-401.
任秉琛,杨兴科.东天山土屋特大型斑岩铜矿成矿地质特征与矿床对比[J].西北地质,2002,35(3):67-75.
任国栋.乌奴格吐山斑岩铜钼矿床成矿模式探讨[J].地质与勘探,1987,23(8):16-23.
任启江,刘孝善.安徽庐枞中生代火山构造洼地及其成矿作用[M].北京:地质出版社,1991.
任天祥,伍宗华.区域化探异常筛选与查证的方法技术[M].北京:地质出版社,1998.
阮天健,朱有光.地球化学找矿[M].北京:地质出版社,1985.
芮宗瑶,王龙生.东天山土屋和延东斑岩铜矿床时代讨论[J].矿床地质,2002,21(1):16-22.
芮宗瑶.中国斑岩铜(钼)矿床[M].北京:地质出版社,1984.
邵跃.热液矿床岩石测量(原生晕法)找矿[M].北京:地质出版社,1997.
佘宏全,丰成友,张德全,等.西藏冈底斯中东段砂卡岩铜-铅-锌多金属矿床特征及成矿远景分析[J].矿床地质,2005,24(5):508-520.
沈苏.西昌-滇中地区主要矿产成矿规律及找矿方向[M].重庆:重庆出版社,1988.
沈渭洲,陈繁荣.江西银山多金属矿床的稳定同位素研究[J].南京大学学报(地球科学),1991,(2):186-194.
盛继福.大兴安岭中段成矿环境与铜多金属矿床地质特征[M].北京:地震出版社,1999.
施俊法,唐金荣,周平,等.关于找矿模型的探讨[J].地质通报,2011,(7):13.
史长义,张金华,黄笑梅.中国铜多金属矿田区域地质地球化学异常结构模式及预测评价[M].北京:地质出版社,2002.
史长义,张金华,黄笑梅.子区中位数衬值滤波法及弱小异常识别[J].物探与化探,1999,23(4):250-257.
史长义.勘查数据分析(EDA)技术的应用[J].地质与勘探,1993,29(11),52-58.
舒全安,等.鄂东铁铜矿产地质[M].北京:冶金工业出版社,1992.
宋保昌,蔡新平.云南中甸红山铜-多金属矿床新生代热泉喷流沉积型矿床[J].地质科学,2006,41(4):700-710.
宋磊,汪雄武,唐菊兴,等.从喷流成因到斑岩-矽卡岩成矿系统:甲玛铜多金属矿床成功勘查的几点启示[J].矿床地质,2011,30(2):219-230.
宋忠宝,王轩.东昆仑德尔尼矿床中矿床(体)的叠加成矿作用研究[J].西北地质,2007,40(4):1-6.
孙焕振,童霆.化探异常的分类、评价和检查方法的讨论[J].物探与化探,1989,13(4):241-251.
孙继源.中条裂谷铜矿床[M].北京:地质出版社,1995.
孙克祥.滇中元古宙铁铜矿床[M].武汉:中国地质大学出版社,1991.
孙涛,钱壮志.喀拉通克铜镍矿床硫同位素组成特征及其地质意义[J].地球科学与环境学报,2010:32(4):344-349.
孙兴国.内蒙古龙头山Ag-Pb-Zn多金属矿床成矿模式及找矿模型[D].北京:中国科学院研究生院(地质与地球物理研究所)博士学位论文,2008:1-143.
谭凯旋.砂岩铜矿地球化学和成矿动力学[M].北京:地震出版社,1998.
汤中立,李文渊.金川铜镍硫化物(含铂)矿床成矿模式及地质对比[M].北京:地质出版社,1995.
汤中立.中国镍铜铂岩浆硫化物矿床与成矿预测[M].北京:地质出版社,2006.
唐菊兴,邓世林.西藏墨竹工卡县甲玛铜多金属矿床勘查模型[J].矿床地质,2011,30(2):179-196.
唐菊兴,多吉,刘鸿飞,等.冈底斯成矿带东段矿床成矿系列及找矿突破的关键问题研究[J].地球学报,2012,33(4):393-410.
唐菊兴,黄勇.西藏谢通门县雄村铜金矿床元素地球化学特征[J].矿床地质,2009,28(1):15-28.
唐菊兴,黎风佶.西藏谢通门县雄村铜金矿主要地质体形成的时限:锆石U-Pb、辉钼矿Re-Os年龄的证据[J].矿床地质,2010,29(3):461-475.
唐菊兴,王成辉.西藏玉龙斑岩铜钼矿辉钼矿铼-锇同位素定年及其成矿学意义[J].岩矿测试,2009,28(3):215-218.
唐菊兴,王登红.西藏甲玛铜多金属矿床地质特征及其矿床模型[J].地球学报,2010,31(4):495-506.
唐菊兴,张丽.西藏玉龙铜矿床——鼻状构造圈闭控制的特大型矿床[J].矿床地质,2006,25(6):652-662.
唐菊兴.西藏玉龙斑岩铜(钼)矿成矿作用与矿床定位预测研究[D].成都:成都理工大学博士学位论文,2003:1-190.
唐仁鲤,罗怀松.西藏玉龙斑岩铜(钼)矿带地质[M].北京:地质出版社,1995.
唐永成,吴言昌.安徽沿江地区铜金多金属矿床地质[M].北京:地质出版社,1998.
汪劲草,汤静如.金川超基性岩体形态演变对矿区构造的制约[J].地质学报,2011,85(3):323-329.
王斌.新疆哈密东戈壁钼矿床物化探异常特征及找矿模型[J].中国钼业,2011,35(5):7-10.
王登红.新疆阿舍勒火山岩型块状硫化物铜矿床成矿机制与成矿模式[D].北京:中国地质科学院博士学位论文,1995:1-

134.

王登红. 新疆阿舍勒火山岩型块状硫化物铜矿硫、铅同位素地球化学[J]. 地球化学,1996,25(6):582—590.

王建中. 新疆喀拉通克铜镍硫化物矿床成矿作用与成矿潜力研究[D]. 西安:长安大学博士学位论文,2010:1—140.

王京彬,王玉往. 大兴安岭中南段铜矿成矿背景及找矿潜力[J]. 地质与勘探,2000,36(5):1—4.

王丽梅,陈建平. 基于数字矿床模型的西藏玉龙斑岩型铜矿三维定位定量预测[J]. 地质通报,2010,29(4):565—570.

王亮亮,莫宣学. 西藏驱龙斑岩铜矿含矿斑岩的年代学与地球化学[J]. 岩石学报,2006,22(4):1001—1008.

王亮亮. 西藏冈底斯带驱龙含矿斑岩的特征及与Cu(Mo)成矿的关系[D]. 北京:中国地质大学(北京)博士学位论文,2007:1—83.

王强,赵振华. 德兴花岗闪长斑岩SHRIMP锆石U-Pb年代学和Nd-Sr同位素地球化学[J]. 岩石学报,2004,20(2):315—324.

王全明. 我国铜矿勘查程度及资源潜力预测[D]. 北京:中国地质大学(北京)博士学位论文,2005:1—162.

王荣全,宋雷鹰. 乌奴格吐山斑岩铜-钼矿地球化学特征及评价标志[J]. 矿产与地质,2007,21(5):515—519.

王瑞廷,毛景文,任小华,等. 区域地球化学异常评价的现状及其存在的问题. 中国地质,2005,32(1):168—175.

王润民,王志辉. 新疆喀拉通克一号岩体及铜镍硫化物矿床地质特征[J]. 中国地质科学院院报,1993:95—102.

王润民,赵昌龙. 中华人民共和国地质矿产部地质专报(4)矿床与矿产(第19号)新疆喀拉通克一号铜镍硫化物矿床[M]. 北京:地质出版社,1991.

王少怀,裴荣富. 再论紫金山矿田成矿系列与成矿模式[J]. 地质学报,2009,83(2):145—157.

王少怀. 紫金山铜金矿集区大比例尺成矿预测研究[D]. 北京:中国地质科学院博士学位论文,2007:1—219.

王世称. 综合信息矿产预测理论与方法[M]. 北京:科学出版社,2000.

王守旭,张兴春. 滇西北中甸普朗斑岩铜矿床地球化学与成矿机理初探[J]. 矿床地质,2007,26(3):277—288.

王守旭,张兴春. 中甸红山矽卡岩铜矿稳定同位素特征及其对成矿过程的指示[J]. 岩石学报,2008,24(3):480—488.

王思源,杨海英. 狼山造山带喷溢成矿研究[M]. 武汉:中国地质大学出版社,1993.

王崴平,唐菊兴. 西藏甲玛铜多金属矿床角岩岩石类型、成因意义及隐伏斑岩岩体定位预测[J]. 矿床地质,2011,30(6):1017—1038.

王文斌,季绍新. 江西九瑞地区含铜黄铁矿型矿床的地质特征及成因[J]. 中国地质科学院南京地质矿产研究所所刊,1986,7(2):26—43.

王喜臣,王训练. 黑龙江多宝山超大型斑岩铜矿的成矿作用和后期改造[J]. 地质科学,2007,42(1):124—133.

王湘云. 布敦花铜矿床蚀变交代岩特征及其找矿意义[J]. 内蒙古地质,1995,(Z1):36—53.

王焰,张旗. 北祁连白银矿田火山成因块状硫化物矿床成矿金属来源讨论[J]. 地质科技情报,2001,20(4):46—50.

王永华,龚敏. 江西九江城门山铜多金属矿床土壤轻烃找矿试验[J]. 地质通报,2010,29(7):1056—1061.

王永华,龚鹏. 成矿带1:20万水系沉积物地球化学分区的方法及地质意义:以西藏冈底斯铜多金属成矿带为例[J]. 现代地质,2010,24(4):801—806.

王永坤,张学全. 西藏玉龙斑岩型铜钼矿床的成矿分带特征[J]. 西藏地质,1992,(2):71—78.

王玉往,秦克章. VAMSD矿床系列最基性端员——青海省德尔尼大型铜钴矿床的地质特征和成因类型[J]. 矿床地质,1997,16(1):1—10.

王召林,杨志明. 纳日贡玛斑岩钼铜矿床:玉龙铜矿带的北延——来自辉钼矿Re-Os同位素年龄的证据[J]. 岩石学报,2008,24(3):503—510.

王忠玲. 江西城门山块状硫化物矿床地质特征及成因研究[J]. 地质找矿论丛,1991,6(1):47—57.

吴承烈,徐外生. 中国主要类型铜矿勘查地球化学模型[M]. 北京:地质出版社,1998.

吴承烈. 建立矿产地球化学模型-模式系统[J]. 物探与化探,1993,17(3):161—165.

吴淦国,张达. 铜陵矿集区侵入岩SHRIMP锆石U-Pb年龄及其深部动力学背景[J]. 中国科学:D辑,2008,38(5):630—645.

吴华,李华芹. 东天山哈密地区赤湖钼铜矿区斜长花岗斑岩锆石SHRIMP U-Pb年龄[J]. 地质通报,2006,25(5):549—552.

吴俊华,龚敏. 江西城门山铜矿含矿斑岩体风化作用地球化学特征[J]. 矿床地质,2010,29(3):501—509.

吴俊华,龚敏. 江西九江城门山铜矿三维地质地球化学特征与成矿预测[J]. 地质通报,2010,29(6):925—932.

吴礼锟. 易门铜矿的控矿构造[J]. 云南地质,1989,8(2):154—163.

吴良士,邹晓秋. 江西城门山铜矿铼-锇同位素年龄研究[J]. 矿床地质,1997,16(4):376—381.

吴鹏.大姚六苴铜矿床小河-石门坎矿段地质特征与地球化学异常模式[D].昆明:昆明理工大学硕士学位论文,2007:1—122.

吴延祥.青海铜峪沟铜矿床同位素地质特征[J].青海地质,1991,(1):11—19.

向运川,任天祥,牟绪赞,等.化探资料应用技术要求[M].北京:地质出版社,2010.

肖丙建.内蒙古自治区科右中旗布敦花铜矿床地质特征及成因[J].地质找矿论丛,2008,23(1):27—31.

肖克炎,王勇毅.中国矿产资源评价新技术与评价新模型[M].北京:地质出版社,2006.

谢学锦,刘大文,向运川,等.地球化学块体——概念和方法学的发展[J].中国地质,2002,29(3):225—233.

谢学锦.区域化探全国扫面工作方法的讨论[J].物探与化探,1979,1(1):18—26.

徐伯恩.云南中甸普朗斑岩铜矿硫、铅同位素组成[J].矿物学报,2011,(S1):655—656.

徐文艺,曲晓明.西藏雄村大型铜金矿床的特征、成因和动力学背景[J].地质学报,2006,80(9):1392—1406.

徐晓春,陆三明.安徽铜陵狮子山矿田岩浆岩锆石SHRIMP定年及其成因意义[J].地质学报,2008,82(4):500—509.

徐晓春,尹滔.铜陵冬瓜山层控矽卡岩型铜金矿床的成因机制:硫同位素制约[J].岩石学报,2010,26(9):2739—2750.

徐兆文,陆现彩.铜陵冬瓜山层状铜矿同位素地球化学及成矿机制研究[J].地质论评,2007,53(1):44—51.

徐志刚.中国成矿区带划分方案[M].北京:地质出版社,2008.

许光,李明喜,任智斌.青海省铜地球化学定量预测报告[R].全国重要矿产资源潜力预测评价项目.青海省地调院,2011:1—201.

许庆林.山西中条山铜矿峪铜矿矿床地质特征及成因研究[D].长春:吉林大学硕士学位论文,2010:1—103.

薛迪康,葛宗侠.鄂东南铜金矿床成矿模式与找矿模型[M].武汉:中国地质大学出版社,1997.

薛浩江,刘志明,朱梅花,等.太行山南段甘陶河群地层的地球化学异常特征及找矿意义[J].地质找矿论丛,2009,24(3):255—259.

阎鹏仁.辽宁红透山式铜锌矿床地球化学异常特征及找矿评价指标[J].物探与化探,1990,14(5):365—373.

杨海明,苏尚国.内蒙古狼山北侧中元古代变基性岩特征及其成矿意义[J].矿床地质,1992,11(2):142—153.

杨合群.金川铜镍矿床硫同位素地球化学[J].西北地质,1989,(2):20—23.

杨少平,张华.西藏驱龙铜矿区及其外围找矿前景地球化学评价[J].地质学报,2006,80(10):1558—1565.

杨应选.西昌-滇中前寒武系层控铜矿[M].重庆:重庆出版社,1988.

杨永忠.区域化探综合异常评序方法初探[J].物探化探计算技术,1999,21(4):314—318.

杨志明,侯增谦.青海纳日贡玛斑岩钼(铜)矿床:岩石成因及构造控制[J].岩石学报,2008,24(3):489—502.

杨志明,侯增谦.西藏驱龙矿区早侏罗世斑岩的Sr-Nd-Pb及锆石Hf同位素研究[J].岩石学报,2011,27(7):2003—2010.

杨志明.西藏驱龙超大型斑岩铜矿床-岩浆作用与矿床成因[D].北京:中国地质科学院博士学位论文,2008:1—142.

姚敬金,张素兰.中国主要大型有色、贵金属矿床综合信息找矿模型[M].北京:地质出版社,2002.

姚晓峰,王友,畅哲生,等.西藏甲玛铜多金属矿矽卡岩特征及成因意义[J].成都理工大学学报(自然科学版),2011,38(6):662—670.

叶霖.东川稀矿山式铜矿地球化学研究[D].贵阳:中国科学院研究生院(地球化学研究所)博士学位论文,2004:1—116.

叶水盛.综合信息矿产预测系统在内蒙古大兴安岭东南部多金属矿床密集区预测应用研究[D].长春:吉林大学博士学位论文,2007:1—210.

应立娟,唐菊兴.西藏甲玛超大型铜矿区斑岩脉成岩时代及其与成矿的关系[J].岩石学报,2011,27(7):2095—2102.

应立娟,王登红.西藏甲玛铜多金属矿辉钼矿Re-Os定年及其成矿意义[J].地质学报,2010,84(8):1165—1174.

于凤金.红透山式矿床成矿模式与找矿模型研究[D].沈阳:东北大学博士学位论文,2006:1—101.

余金杰,杨海明.霍各乞铜多金属矿床的地质-地球化学特征及矿质来源[J].矿床地质,1993,12(1):67—76.

余学东,邵跃.福建紫金山地区地球化学勘查及找矿预测[J].有色金属矿产与勘查,1995,4(3):145—152.

余学东,邵跃.福建紫金山铜金矿床地质地球化学找矿模型及应用[J].物探与化探,1995,19(5):321—331.

俞惠隆,曹微.湖北徐家山锑矿床特征,稳定同位素组成及其成矿机理的初步探讨[J].地质论评,1986,32(3):264—275.

云南省冶金地质勘探公司.砂岩铜矿地质滇中砂岩铜矿床的实践与认识[M].北京:冶金工业出版社,1977.

曾普胜,侯增谦.滇西北普朗斑岩铜矿床成矿时代及其意义[J].地质通报,2004,23(11):1127—1131.

曾普胜,莫宣学.滇西北中甸斑岩及斑岩铜矿[J].矿床地质,2003,22(4):393—400.

扎日木合塔尔,塔依尔依玛木.东天山土屋-延东斑岩铜矿带矿产资源GIS预测[J].地质与勘探,2004,40(3):55—59.

翟裕生,王建平,邓军,等.成矿系统时空演化及其找矿意义[J].现代地质,2008,22(2):143—150.

翟裕生.成矿系列研究[M].武汉:中国地质大学出版社,1996.
翟裕生.地球系统、成矿系统到勘查系统[J].地学前缘,2007,14(1):172-181.
翟裕生.论成矿系统[J].地学前缘,1999,6(1):13-27.
翟裕生.区域成矿学[M].北京:地质出版社,1999.
张本仁,骆庭川,高山,等.秦巴岩石圈构造及成矿规律地球化学研究[M].武汉:中国地质大学出版社,1994.
张本仁.勘查地球物理勘察地球化学文集(第9集)成矿区带区域地球化学与地球化学找矿方法研究[M].北京:地质出版社,1989.
张达玉,周涛发.新疆东天山地区延西铜矿床的地球化学、成矿年代学及其地质意义[J].岩石学报,2010,26(11):3327-3338.
张德全.中华人民共和国地质矿产部地质专报(4)矿床与矿产(第30号)紫金山铜金矿床蚀变和矿化分带[M].北京:地质出版社,1992.
张冬梅,金辉,刘伟.基于Kriging的多重GEP演化建模趋势分析圈定区域化探异常研究[J].应用基础与工程科学学报,2012,20(3):526-538.
张海心.内蒙古乌奴格吐山铜钼矿床地质特征及成矿模式[D].长春:吉林大学硕士学位论文,2006:1-72,Ⅰ-Ⅵ.
张江.紫金山铜金矿床地质地球化学特征[J].地质与勘探,2001,37(2):17-22.
张理刚,吴克隆.论"华夏古大陆"——铅同位素研究证据[J].地质论评,1994,40(3):200-208.
张理刚,邢凤鸣.安徽中生代花岗岩铅同位素组成与铅同位素省划分[J].岩石学报,1993,9(2):105-114.
张理刚.东亚岩石圈块体地质——上地幔、基底和花岗岩同位素地球化学及其动力学[M].北京:科学出版社,1995.
张连昌,秦克章.东天山土屋-延东斑岩铜矿带埃达克岩及其与成矿作用的关系[J].岩石学报,2004,20(2):259-268.
张乾,潘家永.滇西地区上地幔铅同位素组成的确定及其应用[J].地质地球化学,2002,30(3):1-6.
张青,马志超,樊永刚.内蒙古自治区铜矿地球化学定量预测成果报告[R].全国重要矿产资源潜力预测评价项目.内蒙古自治区地质调查院,2011:1-99.
张森,赵东方.辽宁红透山铜锌矿床地质特征及成因浅析[J].地质与资源,2007,16(3):173-182.
张世照.组合元素NAP值异常评序方法及其应用[J].地质与勘探,1991,27(1):15.
张双奎,靳职斌.山西省铜地球化学定量预测成果报告[R].全国重要矿产资源潜力预测评价项目.山西省地球物理化学勘查院,2011:1-62.
张雅静.辽宁红透山铜锌矿矿床地质特征及成矿模式研究[D].长春:吉林大学硕士学位论文,2010:1-74.
张艳宜,史晓红.区域化探中异常评序问题的探讨[J].矿产与地质,1995,9(2):128-134.
张焱,周永章.多重地球化学背景下地球化学弱异常增强识别与信息提取[J].地球化学,2012,41(3):278-291.
张焱,周永章.奇异性理论在钦杭成矿带(南段)庞西垌银金矿产资源预测中的应用[J].长沙:中南大学学报:自然科学版,2012,43(9):3558-3564.
张玉泉,谢应雯.钾玄岩系列:藏东玉龙铜矿带含矿斑岩Sr、Nd、Pb同位素组成[J].地质科学,1998,33(3):359-366.
张振飞,赵世华,马智民,等.基于GIS和单元簇的模糊逻辑推理及其在区域矿产预测中的应用[J].现代地质,2001,15(1):59-63.
张作衡,柴凤梅.新疆喀拉通克铜镍硫化物矿床Re-Os同位素测年及成矿物质来源示踪[J].岩石矿物学杂志,2005,24(4):285-293.
章邦桐,张富生.安庐石英正长岩带的地质和地球化学特征及成因探讨[J].岩石学报,1988,4(3):1-14.
章午生.德尔尼铜矿地质[M].北京:地质出版社,1981.
赵鹏大.地质异常成矿预测理论与实践[M].武汉:中国地质大学出版社,1999.
赵荣军.不同方法在栾川北部化探数据处理中的应用[J].地质与勘探,2006,42(3):67-71.
赵希林,毛建仁.闽西南地区紫金山岩体锆石SHRIMP定年及其地质意义[J].中国地质,2008,35(4):590-597.
赵一鸣,毕承思.黑龙江多宝山、铜山大型斑岩铜(钼)矿床中辉钼矿的铼-锇同位素年龄[J].地球学报,1997,18(1):61-67.
赵一鸣,吴良士.中国主要金属矿床成矿规律[M].北京:地质出版社,2004.
赵元艺,赵广江.黑龙江多宝山铜矿田稀土元素地球化学特征及多宝山铜矿床成因模式[J].吉林地质,1995,(2):71-78.
赵云长,陈文鳌.阿舍勒黄铁矿型铜矿床地质特征[J].新疆地质,1992,(1):62-73.
赵志强,马战友,杜晓冉,等.新疆阿尔金山清水泉-花泉子地区地球化学特征[J].物探与化探,2004,28(6):509-511.
真允庆.中条裂谷与落家河铜矿床[M].武汉:中国地质大学出版社,1993.
郑文宝,陈毓川.西藏甲玛铜多金属矿元素分布规律及地质意义[J].矿床地质,2010,29(5):775-784.

郑文宝,冷秋锋,畅哲生,等.西藏甲玛矿区钼成矿作用与找矿方向[J].成都理工大学学报(自然科学版),2011,38(1):59-66.

郑文宝,唐菊兴.西藏甲玛铜多金属矿床地质地球化学特征及成因浅析[J].地质与勘探,2010,46(6):985-994.

郑文宝.西藏墨竹工卡县甲玛铜多金属矿矿床地球化学特征[D].成都:成都理工大学硕士学位论文,2009:1-71.

郑有业,陈仁义,庞迎春,等."协优"成矿预测方法的理论探索与实践[J].地球科学:中国地质大学学报,2009(3):511-524.

郑有业,多吉.西藏冈底斯巨型斑岩铜矿带勘查研究最新进展[J].中国地质,2007,34(2):324-334.

郑有业,多吉.西藏吉如斑岩铜矿床的发现过程及意义[J].矿床地质,2007,26(3):317-321.

郑有业,高顺宝.西藏冲江大型斑岩铜(钼金)矿床的发现及意义[J].地球科学:中国地质大学学报,2004,29(3):333-339.

郑有业,张刚阳.西藏冈底斯朱诺斑岩铜矿床成岩成矿时代约束[J].科学通报,2007,52(21):2542-2548.

中条山铜矿地质编写组.中条山铜矿地质[M].北京:地质出版社,1978.

周军,李惠,任燕.新疆矿产资源潜力评价——铜地球化学定量预测成果报告[R].全国重要矿产资源潜力预测评价项目.新疆维吾尔自治区地质调查院,2011:1-171.

周平,唐金荣,施俊法,等.铜资源现状与发展态势分析[J].岩石矿物学杂志,2012,31(5):750-756.

周清.德兴斑岩铜矿含矿斑岩成因及成矿机制[D].南京:南京大学博士学位论文,2011:1-98.

周泰禧,陈江峰.北淮阳花岗岩-正长岩带地球化学特征及其大地构造意义[J].地质论评,1995,41(2):144-151.

周涛发,岳书仓.安徽安庆铜矿床硫同位素地球化学[J].地球科学:中国地质大学学报,1995,20(6):705-711.

周伟,王玉德.青海纳日贡玛始新世-渐新世含矿斑岩体地球化学特征[J].沉积与特提斯地质,2007,27(4):99-105.

周晓东,伍玲,曹全欣.地球化学填图与地球化学块体的谱系分析——编号系统及谱系树图的自动绘制[J].地质通报,2007,26(7):892-898.

周云,唐菊兴,秦志鹏,等.甲玛铜多金属矿床S、Pb同位素组成及地质意义[J].金属矿山,2012,6:102-105.

朱炳球,徐外生.江西某地"复合型"铜矿床地球化学异常特征[J].物探与化探,1981,5(4):213-220.

朱炳泉,常向阳,等.华南扬子地球化学边界及其对超大型矿床形成的控制[J].中国科学:B辑,1995,25(9):1004-1008.

朱炳泉.矿石Pb同位素三维空间拓扑图解用于地球化学省与矿种区划[J].地球化学,1993(3):209-216.

朱训,黄崇轲.德兴斑岩铜矿[M].北京:地质出版社,1983.

朱训.中国矿情(第2卷) 金属矿产[M].北京:科学出版社,1999.

朱裕生,肖克炎.中国主要成矿区带成矿地质特征及矿床成矿谱系[M].北京:地质出版社,2007.

祝朝辉,刘淑霞.滇西地区下地壳铅同位素的组成及其意义[J].地质与勘探,2009,45(5):509-515.

庄道泽,王世称.土屋、延东铜矿田综合信息预测模型[J].新疆地质,2003,21(3):293-297.

庄道泽.新疆东天山地区土屋、延东铜矿地球化学特征与异常查证方法[J].地质与勘探,2003,39(5):67-71.

邹长毅,李应桂.新疆阿舍勒铜多金属矿床原生地球化学特征[J].物探与化探,1999,23(3):227-232.

邹光华.中国主要类型金矿床找矿模型论文集[M].北京:地质出版社,1996.

邹海俊.楚雄盆地构造变形及其成矿作用研究[D].昆明:昆明理工大学博士学位论文,2008:1-242.

邹海洋.新疆喀拉通克铜镍硫化物矿床成岩成矿模式及找矿预测研究[D].长沙:中南大学博士学位论文,2002:1-135.

左群超,杨东来,吴轩,等.化探资料应用数据模型[M].北京:地质出版社,2011.

[苏]索洛沃夫 А П,著.金属量测量的理论和实践基础[M].阮天健,林名章,吴荣祥,译.北京:中国工业出版社,1964:1-202.

Allegre C J, Lewin E. Scaling laws and geochemical distributions[J]. Earth and Planetary Science Letters,1995,132(1):1-13.

Anderson D L. Chemical composition of the mantle[J]. J Geophys Res,1983,88(S1):B41-B52.

Celenk O,Clark A L,deVletter D R, et al. Workshop on abundance estimation[J]. Mathematical Geology, 1978, 10(5):473-480.

Chen Y L. MRPM: three visual basic programs for mineral resource potential mapping[J]. Computers & Geosciences,2004,30(9-10):969-983.

Cheng Q M. Singularity theory and methods for mapping geochemical anomalies caused by buried sources and for medicting undiscovered mineral deposits in covered areas[J]. Journal of Geochemical Exploration,2012,122:55-70. doi:10.1016/j.gexplo.2012.07.007

Duval J S. A microsoft windows version of the MARKS monte carlo resource simulator[R]. US Geological Survey Open File

Report 00-415. 2000, http://pubs.usgs.gov/of/2000/of00-415.

Feiss P G. Magmatic sources of copper in porphyry copper deposits[J]. Economic Geology,1978,73(3):397−404.

Garrett R G, Goss T I. The evaluation of sampling and analytical variation in regional geochemical surveys[J]. Geochemical Exploration, 1978: 371−383.

Holser W T, Kaplan I R. Isotope geochemistry of sedimentary sulfates[J]. Chemical Geology,1966,1:93−135.

Hou Z, Zhang H, et al. Porphyry Cu(-Mo-Au) deposits related to melting of thickened mafic lower crust: examples from the eastern Tethyan metallogenic domain[J]. Ore Geology Reviews,2011,39(1):21−45.

Jiang Y H, Jiang S Y, et al. Low-degree melting of a metasomatized lithospheric mantle for the origin of Cenozoic Yulong monzogranite-porphyry, east Tibet: geochemical and Sr − Nd − Pb − Hf isotopic constraints[J]. Earth and Planetary Science Letters,2006,241(3−4):617−633.

Lisitsin V. Methods of three-part quantitative assessments of undiscovered mineral resources: examples from Victoria, Australia[J]. Mathematical Geosciences, 2010,42(5):571−582.

McKelvey V E. Relation of reserves of the elements to their crustal abundances[J]. American Journal of Science, 1960, 258: 234−241.

Mookherjee A, Panigrahi M K. Reserve base in relation to crustal abundance of metals: another look[J]. Journal of Geochemical Exploration,1994,51(1):1−9.

Nesbitt H W, Young G M. Early Proterozoic climates and plate motions inferred from major element chemistry of lutites[J]. Nature,1982,299(5885):715−717.

Nishiyama T, Adachi T. Resource depletion calculated by the ratio of the reserve plus cumulative consumption to the crustal abundance for gold[J]. Natural Resources Research, 1995,4(3):253−261.

Pan Y, Dong P. The Lower Changjiang (Yangzi/Yangtze River) metallogenic belt, east central China: intrusion-and wall rock-hosted Cu − Fe − Au, Mo, Zn, Pb, Ag deposits[J]. Ore Geology Reviews,1999,15(4):177−242.

Porwal A K, Carranza E J M, Hale M. A hybrid fuzzy weights-of-evidence model for mineral potential mapping[J]. Natural Resources Research 2006,15(1):1−14.

Porwal A K, Kreuzer O P. Introduction to the special issue: mineral prospectivity analysis and quantitative resource estimation[J]. Ore Geology Reviews,2010,38(3):121−127.

Qian Z, Jiajun L, et al. An estimate of the lead isotopic compositions of upper mantle and upper crust and implications for the source of lead in the Jinding Pb − Zn deposit in western Yunnan, China[J]. Geochemical Journal,2002,36(3):271−287.

Railsback L B. An earth scientist's periodic table of the elements and their ions[J]. Geology, 2003, 31(9):737−740.

Taylor S R, McLennan S M. The continental crust: its composition and evolution[J]. Blackwell Scientific, 1985.

Taylor S R, McLennan S M. The geochemical evolution of the continental crust[J]. Rev. Geophys,1995,33(2):241−265.

Turekian K K, Wedepohl K H. Distribution of the elements in some major units of the earth's crust. 1961,72(2):175−192.

Wang Y, Shen W, Zhao P D. MRQP: a windows-based mixed-language program for mineral resource quantitative prediction [J]. Computers & Geosciences,2008,34(11):1631−1637.

Xie X J, Liu D W, Xiang Y C, et al. Geochemical blocks for predicting large ore deposits-concept and methodology[J]. Journal of Geochemical Exploration, 2004,84(2):77−91. doi:10.1016/j.gexplo.2004.03.004

Yongqing C, Jingning H, et al. Geochemical characteristics and zonation of primary halos of pulang porphyry copper deposit, northwestern Yunnan Province, southwestern China[J]. Journal of China University of Geosciences,2008,19(4):371−377.

Zhaowen X, Xiancai L, et al. Metallogenetic mechanism and timing of late superimposing fluid mineralization in the Dongguashan diplogenetic stratified copper deposit, Anhui Province[J]. Acta Geologica Sinica-English Edition,2005,79(3): 405−413.

Zhu X Q, Qian Z, He Y L, et al. Lead Isotopic composition and lead source of the Huogeqi Cu-Pb-Zn deposit, Inner Mongolia, China[J]. Acta Geologica Sinica-English Edition, 2006, 80(4): 528−539.